U0127908

Mobile Intelligent Systems Testing: Principles and Practices

移动智能系统测试
原理与实践

主编 何泾沙 周悦

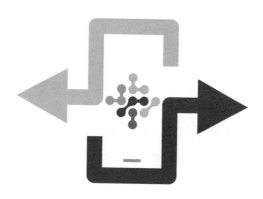

机械工业出版社
China Machine Press

图书在版编目（CIP）数据

移动智能系统测试原理与实践 / 何泾沙，周悦主编 . —北京：机械工业出版社，2016.6
（移动开发）

ISBN 978-7-111-53830-1

I.移… II.①何… ②周… III. 移动通信 – 智能系统 – 系统测试 IV. TN929.5

中国版本图书馆 CIP 数据核字（2016）第 104468 号

移动智能系统测试原理与实践

出版发行：机械工业出版社（北京市西城区百万庄大街 22 号　邮政编码：100037）

责任编辑：曲　熠　　　　　　　　　　　责任校对：殷　虹

印　　刷：北京诚信伟业印刷有限公司

开　　本：186mm×240mm　1/16　　　　版　　次：2016 年 6 月第 1 版第 1 次印刷

书　　号：ISBN 978-7-111-53830-1　　　印　　张：27.5

　　　　　　　　　　　　　　　　　　　　定　　价：79.00 元

　　随着信息化系统建设复杂度的提高、网络与数据库的迅速发展及其应用的不断广泛和深入，社会对信息和信息技术的依赖程度不断增强，移动智能系统开始应用在社会生活的各个方面。移动智能系统在移动网络中引入具有智能功能的实体，是实现移动通信智能控制的一种网络系统。它是现有的移动网络与智能终端的结合，通过在移动网中引入移动业务交换点，使低层移动网与高层智能网相连，将移动交换与业务分离，形成移动智能网。移动智能网作为移动网的高层业务网，能够快速、方便、灵活、经济、有效地为移动网生成和实现各种新的业务，使客户对网络有更强的控制功能，方便、灵活地获取所需的信息。

　　本书以移动智能系统的基础理论知识、信息安全的基础知识、移动智能系统测试的基础知识为背景，以移动智能系统、移动智能终端和服务平台端测试知识为支撑，重点介绍功能测试、可靠性测试、可移植性测试、安全测试、性能测试、可维护性测试以及通信测试，使读者能够系统地了解并掌握移动智能系统测试的理论与方法，达到理论与实践相结合的学习效果。

　　本书由四个部分构成。第一部分包括第 1 ~ 3 章，主要介绍移动智能系统的基本概念、信息安全的相关知识、移动智能系统测试的基础知识，为后面的内容进行必要的准备和铺垫。第二部分包括第 4 ~ 8 章，系统地介绍移动智能终端测试的测试内容、测试方法、测试流程、测试工具等相关知识。第三部分包括第 9 ~ 11 章，详细介绍移动智能系统服务平台端测试的测试内容、测试方法、测试流程、测试工具等相关知识。第四部分包括第 12 ~ 13 章，重点介绍移动智能终端和移动智能系统服务平台端交互测试方面的内容。另外，附录介绍了国内外移动智能系统测试方面的相关标准。

　　本书旨在为读者提供移动智能系统测试相关的基础理论，并分别探讨了移动智能终端和智能服务平台端在功能测试、可靠性测试等方面的测试内容、测试方法和测试工具，最后介绍了双方交互测试方面的相关内容，并介绍国内外移动智能系统测试相关标准。全书涉及的内容十分广泛，既可供专业测试人员参考，也可供高等院校计算机、软件工程等专业的学生学习。

本书由北京工业大学何泾沙教授和北京软件产品质量检测检验中心周悦担任主编，由北京工业大学张伊璇担任副主编。北京工业大学周博、杜江浩、白鑫和北京软件产品质量检测检验中心孙陶、王欣鹏参与了第一部分的编写；北京工业大学高梦晨、李亚萌、方静、肖起、常成月和北京软件产品质量检测检验中心孙陶、郑丽娜、康艳艳参与了第二部分的编写；北京工业大学朱星烨、陈奕州、张亚君和北京软件产品质量检测检验中心郑丽娜、王坤、黄佳参与了第三部分的编写；北京工业大学郭军、轩兴刚参与了第四部分的编写；北京工业大学黄娜参与了本书的校稿。另外，北京软件产品质量检测检验中心王威、楼莉、郭澍、宋红波、任佩和北京市信息资源管理中心高顺尉参与了书中部分内容的编写和校稿工作，中国科学院软件研究所朱娜斐参与了本书的前期策划讨论、文献收集整理以及部分内容的编写工作。在此向每一位参编和参校人员以及所有为本书的编写做出贡献或提供过帮助的人表示衷心的感谢。本书的编写还得到以下科技项目或课题的支持：国家高技术研究发展计划（863 计划）（2015AA017204）、国家自然科学基金（61272500）、国家科技支撑计划（2015BAK32B00）、北京市自然科学基金（4142008）。

本书在编写过程中参考了国内外许多相关领域的文献，也从其他同行的工作中得到了启发，在此一并表示衷心的感谢。

由于编者水平及编写时间所限，书中难免存在疏漏与不足之处，敬请广大读者和同行专家批评指正。

编者

2016 年 4 月

Contents 目　　录

前言

第一部分　基础知识

第1章　移动智能系统 ………… 2

1.1　移动智能系统概述 ………… 2
　1.1.1　移动智能系统的概念 ……… 2
　1.1.2　移动智能系统架构 ……… 3
1.2　移动智能终端的组成 ………… 4
　1.2.1　硬件 ………… 4
　1.2.2　操作系统 ………… 5
　1.2.3　行业标准 ………… 6
　1.2.4　测试指标 ………… 7
1.3　服务平台体系结构 ………… 7
　1.3.1　移动运维服务体系 ………… 8
　1.3.2　移动应用开发体系 ………… 8
　1.3.3　硬件支持 ………… 8
　1.3.4　测试指标 ………… 9
1.4　相关通信技术 ………… 10
　1.4.1　语音编解码技术 ………… 10
　1.4.2　调制与解调技术 ………… 10
　1.4.3　扩频通信技术 ………… 13
　1.4.4　分集接收技术 ………… 14
　1.4.5　链路自适应技术 ………… 19
　1.4.6　OFDM 技术 ………… 19

　1.4.7　软件无线电技术 ………… 21
　1.4.8　智能天线技术 ………… 23
　1.4.9　MIMO 技术 ………… 24
　1.4.10　移动通信技术的发展历程 … 27
本章小结 ………… 28

第2章　信息安全 ………… 29

2.1　信息系统安全威胁 ………… 29
　2.1.1　信息系统安全概述 ………… 30
　2.1.2　信息系统面临的威胁 ……… 31
　2.1.3　信息系统的脆弱性 ………… 33
　2.1.4　移动智能终端系统安全
　　　　威胁 ………… 36
2.2　加密技术 ………… 37
　2.2.1　加密技术概述 ………… 37
　2.2.2　标准加密算法 ………… 39
　2.2.3　密钥管理 ………… 41
　2.2.4　移动智能终端加密和保护
　　　　技术 ………… 43
2.3　认证技术 ………… 45
　2.3.1　身份与认证 ………… 45
　2.3.2　身份验证技术 ………… 47
　2.3.3　移动智能终端认证技术 …… 49
2.4　安全管理 ………… 51
　2.4.1　信息系统安全管理策略 …… 51

2.4.2 移动智能终端安全管理
策略 ……………… 54
本章小结 ……………………… 58

第3章 移动智能系统测试 ……… 59
3.1 软件测试基础 ………………… 59
3.1.1 软件测试的发展 ……… 60
3.1.2 软件错误类型及出现原因 … 61
3.1.3 软件测试的定义 ……… 62
3.1.4 软件测试的对象 ……… 62
3.1.5 软件测试的目的 ……… 63
3.1.6 软件测试的原则 ……… 63
3.1.7 软件测试的重要性 …… 64
3.1.8 软件测试的复杂性 …… 65
3.1.9 软件测试的经济性 …… 65
3.2 移动智能系统测试概述 …… 66
3.2.1 移动平台的特性 ……… 66
3.2.2 移动智能系统测试简介 …… 67
3.3 移动智能系统测试方法 …… 68
3.3.1 黑盒测试 ……………… 68
3.3.2 白盒测试 ……………… 69
3.3.3 静态测试 ……………… 70
3.3.4 动态测试 ……………… 72
3.3.5 单元测试 ……………… 73
3.3.6 集成测试 ……………… 74
3.3.7 系统测试 ……………… 75
3.4 移动智能系统测试流程 …… 77
3.4.1 测试流程概述 ……… 77
3.4.2 测试流程分析 …………… 78
本章小结 ……………………… 85

第二部分 移动智能终端测试

第4章 移动智能终端功能测试 ……… 88
4.1 移动智能终端功能测试概述 …… 88

4.1.1 测试目的 ……………… 88
4.1.2 测试要求 ……………… 89
4.1.3 测试准备 ……………… 89
4.2 移动智能终端功能测试内容 …… 90
4.2.1 软件功能测试内容 ……… 90
4.2.2 硬件功能测试内容 ……… 95
4.3 移动智能终端功能测试方法与
流程 ……………………… 95
4.3.1 软件功能测试方法与流程 … 95
4.3.2 硬件功能测试方法与流程 … 99
4.4 移动智能终端功能测试工具 …… 100
4.4.1 软件功能测试工具 ……… 100
4.4.2 硬件功能测试工具 ……… 102
4.5 测试案例与分析 ………… 102
4.5.1 项目背景 ……………… 102
4.5.2 被测软件及实施方案 …… 103
本章小结 ……………………… 105

**第5章 移动智能终端可靠性
测试** ……………………… 106
5.1 移动智能终端可靠性测试
概述 ……………………… 106
5.1.1 测试目的 ……………… 107
5.1.2 测试要求 ……………… 107
5.1.3 测试准备 ……………… 107
5.2 移动智能终端可靠性测试
内容 ……………………… 108
5.2.1 可靠性测试指标 ……… 108
5.2.2 软件可靠性测试内容 …… 109
5.2.3 硬件可靠性测试内容 …… 111
5.3 移动智能终端可靠性测试
方法 ……………………… 115
5.3.1 可靠性指标测试方法 …… 115
5.3.2 软件可靠性测试方法 …… 116
5.3.3 硬件可靠性测试方法 …… 120

5.4 移动智能终端可靠性测试
流程 ·················· 124
5.4.1 软件可靠性测试流程 ······· 124
5.4.2 硬件可靠性测试流程 ······· 126
5.5 移动智能终端可靠性测试
工具 ·················· 129
5.5.1 软件可靠性测试工具 ······· 130
5.5.2 硬件可靠性测试工具 ······· 132
5.6 测试案例与分析 ·········· 134
5.6.1 项目背景 ············· 134
5.6.2 被测软件及实施方案 ······ 134
本章小结 ················· 137

第6章 移动智能终端可移植性
测试 ·················· 138
6.1 移动智能终端可移植性测试
概述 ·················· 138
6.1.1 测试目的 ············· 139
6.1.2 测试要求 ············· 139
6.1.3 测试准备 ············· 140
6.2 移动智能终端可移植性测试
内容 ·················· 141
6.2.1 适应性测试 ··········· 142
6.2.2 易安装性测试 ·········· 143
6.2.3 兼容性测试 ··········· 145
6.2.4 共存性测试 ··········· 147
6.3 移动智能终端可移植性测试
方法 ·················· 148
6.3.1 适应性测试方法 ········· 148
6.3.2 易安装性测试方法 ········ 153
6.3.3 兼容性测试方法 ········· 157
6.3.4 共存性测试方法 ········· 161
6.4 移动智能终端可移植性测试
流程 ·················· 163
6.4.1 适应性测试流程 ·········· 165

6.4.2 易安装性测试流程 ········ 166
6.4.3 兼容性测试流程 ········· 166
6.4.4 共存性测试流程 ········· 167
6.5 移动智能终端可移植性测试
工具 ·················· 167
6.5.1 TestDirector ··········· 168
6.5.2 TestQuest ············· 169
6.5.3 Bugzilla ············· 171
6.6 测试案例与分析 ·········· 171
6.6.1 项目背景 ············· 171
6.6.2 被测软件及实施方案 ······ 171
本章小结 ················· 174

第7章 移动智能终端安全测试 ······· 175
7.1 移动智能终端安全测试概述 ··· 175
7.1.1 测试目的 ············· 175
7.1.2 测试要求 ············· 176
7.1.3 测试准备 ············· 177
7.2 移动智能终端硬件安全测试 ··· 179
7.2.1 移动智能终端硬件安全测试
内容 ················ 179
7.2.2 移动智能终端硬件安全测试
方法 ················ 181
7.2.3 移动智能终端硬件安全测试
流程 ················ 182
7.2.4 移动智能终端硬件安全测试
工具 ················ 184
7.2.5 测试案例与分析 ········· 184
7.3 移动智能终端系统安全测试 ··· 185
7.3.1 移动智能终端系统安全测试
内容 ················ 185
7.3.2 移动智能终端系统安全测试
方法 ················ 187
7.3.3 移动智能终端系统安全测试

流程 ················· 189
7.3.4 移动智能终端系统安全测试
工具 ··············· 191
7.3.5 测试案例与分析 ········· 193
7.4 移动智能终端软件安全测试 ··· 195
7.4.1 移动智能终端软件安全测试
内容 ··············· 195
7.4.2 移动智能终端软件安全测试
方法 ··············· 197
7.4.3 移动智能终端软件安全测试
流程 ··············· 198
7.4.4 移动智能终端软件安全测试
工具 ··············· 204
7.4.5 测试案例与分析 ········· 205
7.5 移动支付安全测试 ············· 208
7.5.1 移动支付安全测试内容 ··· 209
7.5.2 移动支付安全测试方法 ··· 209
7.5.3 移动支付安全测试流程 ··· 209
7.5.4 移动支付安全测试工具 ··· 211
7.5.5 测试案例与分析 ········· 212
本章小结 ··························· 215

第8章 面向移动智能终端的其他
测试 ······················ 216
8.1 移动智能终端性能测试 ········· 216
8.1.1 性能测试的概念 ··········· 217
8.1.2 性能测试内容与方法 ······ 218
8.1.3 性能测试流程与工具 ······ 220
8.2 移动智能终端易用性测试 ······· 223
8.2.1 易用性测试的概念 ········· 223
8.2.2 易用性测试内容 ··········· 227
8.2.3 易用性测试方法 ··········· 232
8.3 移动智能终端可维护性测试 ··· 236
8.3.1 可维护性测试的概念 ······ 236
8.3.2 可维护性测试内容 ········· 239

8.3.3 可维护性测试方法 ········· 241
8.4 测试案例与分析 ··············· 244
8.4.1 项目背景 ················· 244
8.4.2 被测软件及实施方案 ······ 245
本章小结 ··························· 247

第三部分 服务平台端测试

第9章 服务平台端性能测试 ········· 250
9.1 服务平台端性能测试概述 ······· 250
9.1.1 服务平台端 ··············· 250
9.1.2 服务器性能 ··············· 252
9.1.3 服务器性能瓶颈 ··········· 254
9.1.4 服务器性能测试 ··········· 254
9.2 服务平台端性能测试内容 ······· 254
9.2.1 用户并发测试 ············· 254
9.2.2 疲劳强度测试 ············· 256
9.2.3 资源监控与数据采集 ······ 257
9.3 服务平台端性能测试方法 ······· 259
9.4 服务平台端性能测试流程 ······· 261
9.4.1 性能需求调研分析 ········· 261
9.4.2 确定测试方案 ············· 262
9.4.3 设计测试场景 ············· 263
9.4.4 确定测试计划 ············· 263
9.4.5 准备测试工具、脚本及
测试数据 ··············· 264
9.4.6 制定测试策略 ············· 265
9.4.7 搭建测试环境 ············· 266
9.4.8 执行性能测试 ············· 269
9.4.9 性能测试诊断与分析 ······ 270
9.4.10 性能测试结果交付 ········· 271
9.5 服务平台端性能测试工具 ······· 271
9.5.1 LoadRunner ··············· 272
9.5.2 Webload ················· 274

9.5.3　QALoad ················· 275

9.5.4　其他性能测试工具 ········ 276

9.6　测试案例与分析 ············· 277

9.6.1　项目背景 ············· 277

9.6.2　被测软件及实施方案 ····· 278

本章小结 ···················· 280

第10章　服务平台端安全测试 ······· 281

10.1　服务平台端安全测试概述 ····· 281

10.1.1　服务器分类 ············· 281

10.1.2　服务器安全 ············· 284

10.2　常见安全威胁与漏洞 ········· 285

10.2.1　常见安全威胁 ········· 285

10.2.2　常见漏洞 ············· 286

10.3　服务平台端安全测试内容 ····· 287

10.3.1　物理安全 ············· 288

10.3.2　网络安全 ············· 290

10.3.3　主机安全 ············· 293

10.3.4　应用安全 ············· 296

10.3.5　数据安全 ············· 299

10.3.6　管理安全 ············· 300

10.4　服务平台端测试方法 ········· 301

10.4.1　测试原则 ············· 301

10.4.2　测试方法 ············· 301

10.5　服务平台端测试流程 ········· 302

10.5.1　物理安全测试流程 ······ 302

10.5.2　网络安全测试流程 ······ 307

10.5.3　主机安全测试流程 ······ 311

10.5.4　应用安全测试流程 ······ 315

10.5.5　数据安全测试流程 ······ 320

10.5.6　管理安全测试流程 ······ 322

10.6　服务平台端测试工具 ········· 325

10.7　测试案例与分析 ············· 325

10.7.1　服务平台测试流程 ······ 326

10.7.2　关键测试项目分析 ······ 326

10.7.3　对整体测评的理解 ····· 328

10.7.4　整体测评结论 ········· 328

10.7.5　测试工具 ············· 329

本章小结 ···················· 329

第11章　服务平台端其他测试技术 ··· 330

11.1　服务平台端功能测试技术 ····· 330

11.1.1　测试目的 ············· 330

11.1.2　测试内容 ············· 331

11.1.3　测试方法 ············· 333

11.2　服务平台端可靠性测试
技术 ···················· 335

11.2.1　测试目的 ············· 335

11.2.2　可靠性技术 ········· 336

11.2.3　测试内容 ············· 338

11.2.4　测试方法 ············· 342

11.3　服务平台端可维护性测试
技术 ···················· 344

11.3.1　测试目的 ············· 344

11.3.2　测试内容 ············· 345

11.3.3　测试方法 ············· 347

11.4　服务平台端易用性测试
技术 ···················· 351

11.4.1　测试目的 ············· 351

11.4.2　测试内容 ············· 352

11.4.3　测试方法 ············· 354

11.5　服务平台端可移植性测试
技术 ···················· 355

11.5.1　测试目的 ············· 355

11.5.2　测试内容 ············· 356

11.5.3　测试方法 ············· 357

本章小结 ···················· 359

第四部分　交互测试

第12章　数据推送和接收测试 ……… 362

12.1　数据推送的基本概念 ………… 362

12.1.1　推送相关知识 ………… 363

12.1.2　移动智能终端的推送 ……… 363

12.1.3　服务器的推送 ………… 365

12.1.4　推送方案的评价标准 …… 365

12.2　移动智能终端到服务平台的
数据传输测试 ……………… 366

12.2.1　移动通信网络的安全
标准 ………………… 366

12.2.2　移动环境 ……………… 367

12.2.3　测试面临的挑战 ……… 368

12.2.4　传输测试原理 ………… 368

12.2.5　基于 JSON 技术的数据
传输测试 …………… 369

12.2.6　Wi-Fi、3G 数据传输能耗
测试 ………………… 371

12.2.7　USB、红外、蓝牙测试 … 373

12.3　服务平台到移动智能终端的
数据传输测试 ……………… 374

12.3.1　服务器推送技术的发展 … 374

12.3.2　服务器推送技术实现
方式 ………………… 376

12.3.3　基于 SOAP 协议的网络
性能测试 …………… 377

12.3.3　Web 服务器负载测试 …… 380

12.3.4　Web 服务器压力测试 …… 385

本章小结 ………………… 386

第13章　通信安全测试 ……………… 387

13.1　无线通信与移动通信的基本
概念 ……………………… 388

13.1.1　无线通信基本技术 ……… 388

13.1.2　无线通信网络的分类 …… 389

13.2　无线通信安全基础 …………… 390

13.2.1　无线通信安全历史 ……… 390

13.2.2　无线通信网的主要安全
威胁 ………………… 392

13.2.3　移动通信系统的安全
要求 ………………… 395

13.2.4　移动通信系统的安全
体系 ………………… 396

13.3　数据加密测试 ………………… 399

13.3.1　网络通信与数据加密技术的
内涵 ………………… 399

13.3.2　常见的数据加密方法 …… 400

13.3.3　常见的数据安全加密
技术 ………………… 400

13.3.4　加密协议 ……………… 401

13.3.5　加密协议测试与内存模糊
测试 ………………… 402

13.3.6　协议安全测试 ………… 408

13.4　安全信道测试 ………………… 412

13.4.1　安全信道的设计 ……… 412

13.4.2　安全信道分析 ………… 413

13.4.3　可信信道分析 ………… 414

13.5　4G 网络简介 ………………… 416

13.5.1　4G 的核心技术 ………… 416

13.5.2　4G 的特点 …………… 417

13.5.3　4G 面临的问题 ………… 419

本章小结 ………………… 420

附录　移动智能系统测试相关标准 … 421

参考文献 ………………………… 427

第一部分 *Part 1*

基 础 知 识

- 第1章　移动智能系统
- 第2章　信息安全
- 第3章　移动智能系统测试

移动智能系统

本章导读

本章首先介绍移动智能系统相关的基本概念、定义及结构，然后对组成移动智能系统的主要部分——企业移动服务平台和个人移动智能终端进行详细的讲解，最后阐述移动智能系统中各部件之间进行通信时所采用的一些关键技术。

应掌握的知识要点：

- 移动智能系统的概念
- 移动智能系统架构
- 个人移动终端的组成原理
- 企业服务平台结构体系
- 相关的移动通信关键技术
- 移动通信技术的发展历程

1.1 移动智能系统概述

如今，手机等移动通信设备的使用随处可见，人们通过个人数字助理设备和具有无线连接功能的笔记本电脑就能连接网络获取信息，这种称为移动计算的应用正在全球范围内迅速增加。各大移动手机生产商竞相发布各自产品的最新版本。这对于必须紧跟信息服务以获得商业优势的移动服务提供商来说是一个巨大的挑战。

1.1.1 移动智能系统的概念

无线技术的快速发展造就了移动计算模式。它引入了随时随地的计算概念，由此诞生的应用具有广阔前景。但是在计算机真正实现其潜力之前，仍有一些重要的问题需要解决，如存储容量受限、断线频率、带宽窄、安全问题、非对称通信费用和带宽以及小屏幕尺寸等。计算智能是一种在研究中用于分析各种问题的强大的、不可或缺的方法，它通过学习、自适应或演化计算来构建方案，在某种意义上可称为智能方案。这种方法已经用于解决各种不同领域的问题，如安全、市场营销、图像质量预测以及风险评估等。因此，利用它来解决移动计算的问题也颇具潜力。

将计算智能方法应用到移动模式具有广阔的应用前景，二者的结合产生了一个新的概念，即移动智能。移动智能可使许多应用获益，包括数据库的查询处理、多媒体、网络安全、信息检索、电子商务系统、网络流量与应用以及搜索引擎等。

移动智能系统（mobile intelligence system）由硬件和软件两部分组成。硬件主要包括服务设备和便携式终端设备；软件是服务设备与终端设备上运行的程序以及相应的文档，这些程序及文档使硬件设备具有了接收和存储信息、按程序快速计算和判断并输出处理结果等能力，进而能够使整个系统产生近似人类智能的行为。

对"智能"一词很难给出一个完整确切的定义，但一般可做如下表述：智能是人类大脑的较高级活动的体现，至少应具备自动地获取和应用知识的能力、思维与推理的能力、问题求解的能力和自动学习的能力。

1.1.2　移动智能系统架构

由于实际情况的不同，现实中遇到的移动智能系统均存在或大或小的差异，但是就本质而言，它们的基本架构体系是十分相似的。只要掌握了移动智能系统最基本的架构，在遇到实际的问题时就可以有章可循地分析问题并解决问题。一般情况下，移动智能系统的基本架构如图1-1所示。

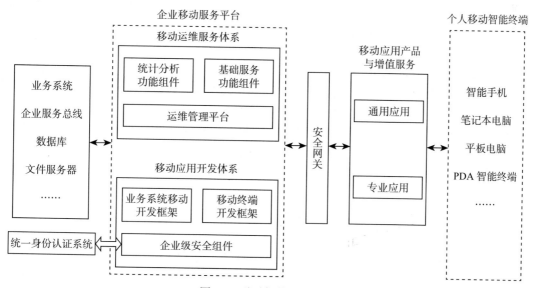

图1-1　移动智能系统架构

在移动智能系统架构中，两个最为重要的组成部分为企业移动服务平台和个人移动智能终端。在企业移动服务平台端，设有认证用户以及管理员身份的统一认证系统以及其他辅助企业移动服务平台正常运行的子系统，主要包括业务系统、企业服务总线、数据库和文件服务器等。另外，企业移动服务平台和个人移动智能终端之间，设有保护企业移动服务平台免受外部攻击的安全网关，以及支持个人移动智能终端功能扩展的移动应用产品与增值服务。

目前，移动智能系统凭借其可移动性以及海量用户的优势，正逐渐地改变人们的生活状态以及互联网产业的格局。而移动智能系统构架也在应用过程中通过用户与市场的反馈不断改变着自身的结构。但无论如何改变，企业移动服务平台和个人移动智能终端都是移动智能系统中不可或缺的两部分，因此，进一步了解这两个部分的组成原理是十分必要的。

接下来的两节将对移动智能系统的两个不可或缺的组成部分——移动智能终端和服务平台体系作更加详细的介绍。

1.2　移动智能终端的组成

移动智能终端（mobile intelligent terminal）即为安装有开放式操作系统，可装载相应的程序来实现相应的功能的设备。其主要代表为智能手机、笔记本电脑、平板电脑、POS 机、车载计算机等，但多数情况下是指具有多种应用功能的智能手机和平板电脑。这些移动智能终端的主要特点为：① 本身是开放性的 OS 平台；② 基本上均具备 PDA（Personal Digital Assistant，个人数字助理）的功能；③ 都可以无线接入互联网；④ 可扩展性强，功能强大。

目前的移动智能终端已具有较好的处理能力、内存、存储介质和操作系统，是一个完整的超小型计算机系统，可以完成较为复杂的处理任务。不同的移动智能终端完全或部分实现了通话、拍照、听音乐、玩电子游戏、定位、信息处理、指纹扫描、身份证扫描、条码扫描、IC 卡、智能卡扫描和酒精含量检测等功能，因此被广泛地应用于移动办公、移动执法、快递、保险、通信等领域。

移动智能终端的逻辑结构通常可分为三层：底层硬件、中层操作系统及上层应用。底层硬件主要包括中央处理器（Central Processing Unit，CPU）、存储器（memory）以及输入/输出设备（Input/Output Device，I/O Device），中层操作系统主要是指开放智能操作系统以及操作平台，上层应用常见的有 Email、Office、GPS 以及 SNS。由于对上层应用的测试属于应用软件测试的范畴，而本书的主要目的是介绍移动智能终端基本配置（底层硬件和中层操作系统）的测试方法，所以不再对上层应用的测试作过多陈述。

1.2.1　硬件

移动智能终端的硬件构成主要有三大核心部件：CPU、存储器以及输入/输出设备。

CPU。CPU 是一块集成电路，是一台移动智能终端的运算核心和控制核心，主要包括运算器（Arithmetic Logic Unit，ALU）和高速缓冲存储器（cache）及实现它们之间联系的数据、控制及状态的总线（bus）。目前移动智能终端中的 CPU 主要采用 ARM 架构，主流主频在 1GHz 以上并已经向多核领域发展。

存储器。存储器是移动智能系统中的记忆设备，用来存放程序和数据。移动智能终端中的全部信息，包括输入的原始数据、计算机程序、中间运行结果和最终运行结果都保存在存储器中。它根据控制器指定的位置存入和取出信息。有了存储器，移动智能终端才有记忆功能，才能保证正常工作。目前移动智能终端中所使用的存储器分为只读存储器（Red Only Memory，ROM）和随机存储器（Random Access Memory，RAM），相当于计算机的硬盘和内存。

输入/输出设备。输入设备是人或外部与计算机进行交互的一种装置，用于把原始数据和处理这些数据的程序输入计算机。它是计算机与用户或其他设备通信的桥梁，也是用户和计算机系统之间进行信息交换的主要装置之一。键盘、鼠标、摄像头、扫描仪、光笔、手写输入板、游戏杆、语音输入装置等都属于输入设备。输出设备也是人与计算机交互的一种部件，用于数据的输出。它把各种计算结果数据或信息以数字、字符、图像、声音等形式表示出来，常见的有显示器、打印机、绘图仪、影像输出系统、语音输出系统、磁记录设备等。

1.2.2　操作系统

移动操作系统（Mobile Operating System，Mobile OS）是指在移动设备上运作的操作系统，它近似在台式机上运行的操作系统，但通常较为简单，而且提供了无线通信的功能。

在移动操作系统出现前，移动设备如手提电话一般使用嵌入式系统运作。1993年，IBM推出了首台智能型手机IBM Simon。其后Palm及Microsoft公司先后于1996年推出Palm OS及Windows CE，开启移动操作系统争霸的局面。Nokia、Black Berry（黑莓）公司在手机上发展了移动操作系统，以争夺市场。2007年，Apple公司推出iPhone，搭载iOS操作系统，着重于应用触控式面板，改进用户接口与用户体验。9月，Google成立开放手持设备联盟，推出Android操作系统。

由于Apple iOS以及Google Android的推波助澜，智能手机曾呈现爆量的增加，至今各厂商已推出不同的移动操作系统，包括Google的Android、Apple的iOS、Microsoft的Windows Phone等。市场调研机构Gartner的报告显示，从2015年5月到2016年4月，iOS的市场份额总体有明显的下滑趋势，2015年7月份为20.41%左右，10月份下跌到17.7%，11月份稍微上升，此后的表现几乎维持在18.8%不变。而Android操作系统的市场份额由2015年5月的64%一直增长到10月份的67.15%，11月份虽出现了小幅下滑，但很快又恢复了增长的势头。

Android。Android是一个基于开放源代码的Linux平台的操作系统，受Google及参与开放手持设备联盟的主要硬件和软件开发商（如Intel、HTC、ARM公司、Samsung、Motorola等）的支持。Android至今最新为6.0版本，其中一个特色是每一个发布版本的开发代号均与甜点有关，如1.6版本的甜甜圈（Donut）和2.2版本的霜冻优格（Froyo）等。大多数主要移动服务供应商均有支持Android设备使用的网络。自推出首台设备HTC Dream后，使用Android的设备数量一直大幅度增长。Android系统的主要优缺点如表1-1所示。

表 1-1 Android 系统的主要优缺点

优点	缺点
无限开放性及可扩展性，用户选择范围广	系统对硬件要求高，功耗大
强大的 Google 作为传媒平台	原生态系统部分功能欠缺，需第三方软件支持
基于较为成熟的 Linux 系统，系统版本更新快且越来越稳定	系统运行欠稳定，安全性能不太高
较强的可移植性和强大的操作性，多媒体性能佳	系统版本众多，软件兼容性有待提高
基于互联网设计，支持介于计算机与手机之间的所有设备	
支持更强大的硬件设备，运行速度更快	

iOS。iOS 是由 Apple 公司所开发的封闭源代码和专有系统。iPhone、iPod Touch、iPad 和 Apple TV 都是以源自 OS X 的 iOS 作为操作系统，至今最新为 9 版本。在 2008 年 7 月 11 日发布 2.0 版本前，iOS 不支持第三方应用程序。在此之前，一般会通过越狱的方式容许安装第三方应用程序，而此途径至今已然有效。目前所有的 iOS 设备都是由 Apple 公司开发的，并由富士康或其他 Apple 的合作伙伴制造。iOS 系统的主要优缺点如表 1-2 所示。

表 1-2 iOS 系统的主要优缺点

优点	缺点
界面清晰明了，多点触控技术带来绝佳的触控体验	商务功能欠缺，无蓝牙文件传输功能、存储卡设置功能，像素低，电池内置
强大的硬件设置，系统运行速度快且非常稳定	第三方软件比较封闭，软件安装仅限于 Apple Store
第三方应用软件丰富且精品软件较多	同步资料操作极为繁琐
内置多种人机交互应用软件，多媒体、娱乐性能很强	
全球影响力大	

Windows Phone。Windows Phone 是由 Microsoft 公司开发的封闭源代码和专有系统。它是继 Android 和 iOS 后的第三大移动操作系统。2010 年 2 月 15 日，Microsoft 公布了其下一代移动操作系统 Windows Phone。其新的移动操作系统包含一个来自于 Microsoft "Metro UI" 的全新接口。Windows Phone 设备主要合作厂商包含 Nokia、HTC、Samsung。截至 2014 年 9 月，Windows Phone 的市场份额为 3%。Windows Phone 系统的主要优缺点如表 1-3 所示。

表 1-3 Windows Phone 系统的主要优缺点

优点	缺点
较强的商务功能，类似计算机桌面，熟悉计算机者容易上手，且全面兼容 Office 办公软件环境	多层菜单，操作复杂，不熟悉计算机者较难上手，操作体验一般
拥有高速的 CPU 和大容量的内存	成本价高，系统对硬件要求高，功耗很大
海量的第三方软件，软硬件的扩展性很广	文件占用内存过多，系统运行不够稳定，容易死机
网络连接功能很强大	
多媒体功能强大	

1.2.3 行业标准

由于移动智能终端涉及硬件、操作系统、无线接入、应用服务等多方面技术，并且全球各大组织、运营商和终端厂商出于自身利益，很难形成统一的标准。目前主流标准主要有以下 4 个：

1）ITU 确定的全球四大 3G 标准（WCDMA、CDMA2000、TD-SCDMA 和 WiMAX）。

2）3GPP、3GPP2 和 OMA 等国际标准化组织都对各类无线多媒体业务制定了一系列完善的业务规范。

3）Java 组织 JCP 制定了 Java 终端框架规范。

4）我国在字符库与中文输入等方面制定了一些国家标准。

移动智能终端的不断普及，必将推动移动互联网和物联网的进一步发展，而网络的进一步发展也将使得移动终端的功能变得更加强大。未来各个移动智能终端厂商的竞争将会是平台的竞争，而这些竞争也终将催生出标准化的移动智能终端。

1.2.4　测试指标

功能性。功能测试的关注点在于移动智能终端产品及其应用产品能够做什么，测试依据通常来自产品的规格说明文档、特定领域的专业知识或者对于移动智能终端的其他隐性的要求。

可靠性。移动智能终端可靠性测试是指在特定时间内、特定环境中能够正确提供用户所希望服务的可能性，该测试也是在移动智能终端测试过程中十分重要的一个环节。

可移植性。移动智能终端可移植性测试是用来衡量智能终端软部件（"软部件"一般指应用程序或系统）从一种环境转移到另一种环境中时能够正常工作的难易程度。良好的可移植性不仅可以延长智能终端软部件的生命周期，还可以拓展其应用环境。所以，可移植性测试对移动智能终端来说必不可少。

安全性。移动终端作为移动业务对用户的唯一体现形式以及存储用户个人信息的载体，应配合移动网络保证移动业务的安全，实现移动网络与移动终端之间通信通道的安全可靠，同时保证用户个人信息的机密性、完整性。为了达到以上安全目的，移动终端应提供措施保证系统参数、系统数据、用户数据、密钥信息、证书、应用程序等的完整性、机密性，还要保证终端关键器件的完整性、可靠性以及用户身份的真实性。

除了以上四种主要测试指标之外，移动智能终端的测试指标还包括性能、易用性以及可维护性。具体的测试方法与流程以及常用的测试工具将在本书第二部分做详细的介绍。

1.3　服务平台体系结构

如果把移动智能终端看作个人用户手中的便携式"前端"，那么为其提供各种服务支持的强大"后台"就是各大移动服务提供商所构架的服务平台。根据服务群体的差异，各服务平台之间也存在着差异，但总体而言，所有的服务平台均包括两个不可或缺的体系：移动运维服务体系和移动应用开发体系。

1.3.1 移动运维服务体系

移动运维服务体系主要由3个部件构成，它们分别是统计分析功能组件、基础服务功能组件和运维管理平台。

统计分析功能组件。统计分析功能组件用于统计分析。运用统计方法、定量与定性的结合是统计分析的重要特征。随着统计方法的普及，不仅统计工作者可以进行统计分析，各行各业的工作者都可以运用统计方法进行统计分析。只将统计工作者参与的分析活动称为统计分析的说法严格说来是不正确的。提供高质量、准确而又及时的统计数据和高层次、有一定深度和广度的统计分析报告是统计分析的产品。从一定意义上讲，提供高水平的统计分析报告是统计数据经过深加工的最终产品。

基础服务功能组件。基础服务功能组件包含移动运营商能为移动产品用户提供的最基本的服务。通常情况下，这些基础服务主要包括语音通话、短信、上网以及业务办理与查询等，另外，根据统计分析功能组件所取得的分析结果的不同，移动运营商也会根据用户的使用行为推出各种不同的特色服务。

运维管理平台。运维管理平台主要是为企业服务器管理员而开发的，以帮助服务器管理员实现服务器的正常运行并在服务器出现问题时及时给予维护建议。运维管理平台是运维服务体系中最基础的模块，因为如果服务器无法正常运行，那么整个服务平台的运行都将陷入瘫痪。

1.3.2 移动应用开发体系

移动应用开发体系主要由3个部件构成，它们分别是业务系统移动开发框架、移动终端开发框架和企业级安全组件。

业务系统移动开发框架。业务系统移动开发框架是软件开发人员为了在开发移动运营商的业务系统时有章可循而设计的。这个框架不仅可以帮助开发人员了解以往开发人员已经开发出的业务软件的结构和功能，而且可以在开发人员开发新的移动业务时提供必要的帮助。因此，业务系统移动开发框架是保障整个业务系统不断丰富、结构一致的重要组件。

移动终端开发框架。移动终端开发框架是软件开发人员为了在开发移动用户所使用的应用软件时有章可循而设计的。这个框架可以保障不同移动终端软件开发人员开发出来的软件都可以同移动服务平台端开发出的服务软件正常通信，很好地实现了软件的跨平台性和结构的一致性，使得用户在拥有海量应用的情况下也不会遇到服务盲区。

企业级安全组件。企业级安全组件是整个服务平台的防护网，比普通系统级别的安全组件或防火墙拥有更为强大的监控与防御功能。该组件不仅保护移动运维服务体系中各个功能组件免受外部的各种恶意攻击，而且保证移动运行在服务器端的各种移动应用的安全。

1.3.3 硬件支持

企业移动服务平台主要布置在企业内部的服务器上，因此其硬件支持从物理层面上讲就是一些存储文件与运行程序的服务器集群。而服务平台的功能是否齐全、强大以至于智能化，主要取决于配置在服务器上的软件系统，主要包括前面所讲到的移动运维服务体系和移动应用开发体系，而服务平台的性能与安却主要决定于支持服务平台运行的服务器的安全。下面主要讲解服务器的相关知识。

作为硬件来说，服务器通常是指那些具有较高计算能力，能够提供给多个用户使用的计算机。服务器与 PC 的不同点很多，例如，PC 在一个时刻通常只为一个用户服务。服务器与主机不同，主机是通过终端给用户使用的，服务器是通过网络给客户端用户使用的。和普通的 PC 相比，服务器需要连续地工作在 7×24 小时环境中，这就意味着服务器需要更多的稳定性技术 RAS，如支持使用 ECC 内存。

根据不同的计算能力，服务器又分为工作组级服务器、部门级服务器和企业级服务器。服务器操作系统是指运行在服务器硬件上的操作系统。服务器操作系统需要管理和充分利用服务器硬件的计算能力并提供给服务器硬件上的软件使用。

现在，市场上有很多为服务器作平台的操作系统。例如，类 UNIX 操作系统，由于是 UNIX 的后代，大多都有较好的作服务器平台的功能。常见的类 UNIX 服务器操作系统有 AIX、HP-UX、IRIX、Linux、FreeBSD、Solaris、Mac OS X Server、OpenBSD、NetBSD 和 SCO OpenServer。Microsoft 也推出了 Microsoft Windows 服务器版本，如早期的 Windows NT Server 以及后来的 Windows 2000 Server、Windows Server 2003 和 Windows Server 2008，乃至现在的 Windows Server 2012。

1.3.4　测试指标

性能。服务器性能用来表明服务器软件系统或者构件对于其及时性要求的符合程度，可以用时间或者空间进行度量。服务器性能好坏体现在：当服务器系统在一定的负载压力下工作时，能否及时响应终端的服务请求。影响服务器软件性能的因素很多，主要有硬件设施、网络、操作系统、并发用户数、系统积累的数据量、中间件等。服务器性能测试则是要通过一定的专业测试方法确保服务器各项性能达标。

安全性。服务器平台的安全性主要包括物理安全、网络安全、主机安全、应用安全、数据安全以及人员的管理安全六个方面。其中，每个方面又包括不同的安全要求等级，对应不同的安全要求等级则需要提供相应的保护力度。服务器平台安全性测试即借助专业的测试工具来验证服务器平台应对各种安全威胁以及恶意攻击的能力。

功能性。服务平台端功能测试是指测试产品在服务平台端能否实现其所设计的功能，通过对一个系统所有的特性和功能进行测试以确保其符合需求和规范。服务平台端功能测试的主要目的是测试产品在服务平台端能否正确运行、功能上有无错误、是否满足用户的需求，以及文件服务器、数据库服务器、应用程序服务器能否正常运行、满足调用。

服务器平台的测试指标主要包括以上三种，具体测试方法与流程以及常用的测试工具将在本书第三部分中详细介绍。

1.4 相关通信技术

以上对移动智能系统的定义、架构以及移动智能系统架构中最重要的组成部分进行了基本的介绍，这些内容属于移动智能系统组成中那些相对独立静态的部分。下面将主要介绍移动智能系统各个组成部件之间进行通信时所用到的关键技术，这些内容属于移动智能系统中那些相互交流动态的部分。

1.4.1 语音编解码技术

数字移动网可提供高于模拟移动网的系统容量，这需要高质量、低速率的语音编码技术与高效率数字调制技术相结合。目前，降低话音编码速率和提高话音质量是国际上语音编码技术的两个主要研究方向。这是因为，语音编码速率与传输信号带宽成比例关系，即语音编码速率减半，传输信号所占用带宽也减半，而系统容量增加一倍，频率利用率可有效提高。同时，为了抑制误码对语音质量的影响，要研究抗误码能力强的编码方式，即采取高效纠错 / 检测编码的方案。

语音编码技术是将语音波形通过采样、量化，然后利用二进制码表示出来，即将模拟信号转变为数字信号，然后在信道中传输；语音解码技术是上述过程的逆过程。语音编、解码技术要尽可能地使语音信号的原始波形在接收方无失真地恢复，主要分为波形编码、参数编码和混合编码这三大类。

波形编码。该技术基于时域模拟话音的波形，按一定的速率采样、量化，对每个量化点用代码表示。解码是相反的过程，将接收的数字信号序列经解码和滤波后恢复成模拟信号。波形编码能提供很好的话音质量，但编码速率较高，一般应用在对信号带宽要求不高的通信中。常见的波形编码技术包括脉冲编码调制（PCM）、增量调制（DM）、差分脉冲编码调制（DPCM）、自适应差分脉冲编码调制（ADPCM）、自适应增量调制（ADM）、自适应传输编码（ATC）等。

参数编码。参数编码又称声源编码，该技术基于发音模型，从模拟话音中提取各个特征参量并进行量化编码，可实现低速率语音编码，但话音质量只能达到中等。常见的参数编码技术包括线性预测编码（LPC）声码器和余弦声码器等。20 世纪 80 年代中期人们又对 LCP 声码器进行了改进，提出了混合激励、规则激励等。

混合编码。混合编码是将波形编码和参数编码结合起来，吸收有波形编码的高质量和参数编码的低速率这两者的优点。常见的混合编码技术有基于线性预测技术的分析 - 合成编码算法，如泛欧 GSM 系统的规则脉冲激励 - 长期预测编码（RPE-LTP）混合编码方案等。

1.4.2 调制与解调技术

调制就是对信号源的编码信息进行处理，使其变为适合于信道传输的形式的过程。一般来说，信号源的编码信息（信源）含有直流分量和频率较低的频率分量，称为基带信号。基带信号往往不能作为传输信号，因此必须把基带信号转变为一个相对基带频率而言频率非常高的带通信号以适合于信道传输。这个带通信号叫作已调信号，而基带信号叫作调制信号。调制是通过改变高频载波的幅度、相位或者频率，使其随着基带信号的变化而变化来实现的；而解调则是将基带信号从载波中提取出来以便预定的接收者（信宿）处理和理解的过程。

调制可分为两类：线性调制和非线性调制。线性调制包括调幅（AM）、抑制载波双边带调幅（DSB-SC）、单边带调幅（SSB）、残留边带调幅（VSB）等。非线性调幅的抗干扰性能较强，包括调频（FM）、移频键控（FSK）、移相键控（PSK）、差分移相键控（DPSK）等线性调制特点。线性调制不改变信号的原始频谱结构，而非线性调制改变了信号的原始频谱结构。根据调制的方式，调制可划分为连续调制和脉冲调制。按调制技术分，调制可分为模拟调制技术与数字调制技术，其主要区别是：模拟调制是对载波信号的某些参量进行连续调制，在接收端对载波信号的调制参量连续估值；而数字调制是用载波信号的某些离散状态来表征所传送信息，在接收端只对载波信号的离散调制参量进行检测。

（1）正交振幅调制

在现代通信中，提高频谱利用率一直是人们关注的焦点之一。正交振幅调制（Quadrature Amplitude Modulation，QAM）就是一种频谱利用率很高的调制方式，其在中、大容量数字微波通信系统、有线电视网络高速数据传输、卫星通信系统等领域得到了广泛应用。在移动通信中，随着微蜂窝和微微蜂窝的出现，信道传输特性发生了很大变化。因此，在传统蜂窝系统中不能应用的 QAM 也引起人们的重视。QAM 是用两个独立的基带数字信号对两个相互正交的同频载波进行抑制载波的双边带调制，利用这种已调信号在同一带宽内频谱正交的性质来实现两路并行的数字信息传输。

QAM 信号调制原理如图 1-2 所示。为了抑制已调信号的带外辐射，该 L 电平的基带信号还要经过预调制低通滤波器（LPF）。

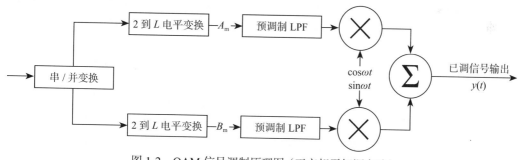

图 1-2　QAM 信号调制原理图（正交相干解调方法）

QAM 信号同样可以采用正交相干解调方法，其解调器原理如图 1-3 所示。多电平判决器对多电平基带信号进行判决和检测。

（2）最小移频键控

数字频率调制和数字相位调制由于已调信号包络恒定，因此有利于在非线性特性的信道中传输。由于一般 FSK 信号相位不连续、频偏较大等原因，其频谱利用率较低。最小移频键控（Minimum Frequency Shift Keying，MSK）是二进制连续相位 FSK 的一种特殊形式，它能有效改善上述不足。MSK 有时也称为快速移频键控（FFSK），所谓"最小"是指这种调制方式能以最小的调制指数（0.5）获得正交信号；而"快速"是指在给定同样的频带内，MSK 能比 2PSK 的数据传输速率更高，且在带外的频谱分量要比 2PSK 衰减得快。MSK 信号具有以下特点：

- ❑ MSK 信号是恒定包络信号。
- ❑ 在码元转换时刻，信号的相位是连续的，以载波相位为基准的信号相位在一个码元期间内 ±π/2 线性地变化。
- ❑ 在一个码元期间内，信号应包括四分之一载波周期的整数倍，信号的频率偏移等于 1/（$4T_{\mathrm{S}}$），相应的调制指数 $h=0.5$。

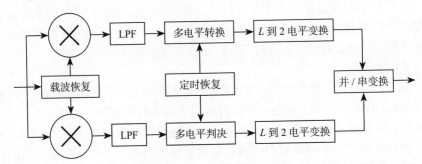

图 1-3 QAM 信号调制原理图

（3）DQPSK $\dfrac{\pi}{4}$ 调制

DQPSK $\dfrac{\pi}{4}$ 调制是一种正交相移键控调制方式，综合了 QPSK 和 OQPSK 两种调制方式的优点。DQPSK 有比 QPSK 更小的包络波动，在多径扩展和衰落的情况下，DQPSK 比 OQPSK 的性能更好。DQPSK 能够采用非相干解调，从而使得接收机实现大大简化。DQPSK 已被用于北美和日本的数字蜂窝移动通信系统。调制器原理如图 1-4 所示。

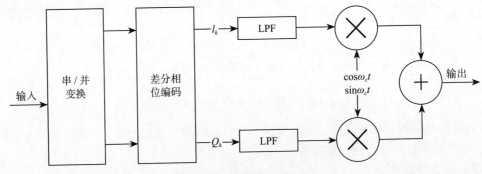

图 1-4 调制器原理图

为了抑制已调信号的带外功率辐射，在进行正交调制前先使同相支路信号和正交支路信号 I_{k} 和 Q_{k} 通过具有线性相位特性和平方根升余弦幅频特性的低通滤波器。

解调器原理如图 1-5 所示。

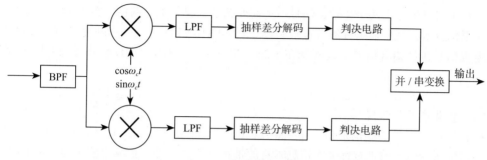

图 1-5　解调器原理图

还可采用 FM 鉴频器检测，流程如图 1-6 所示。

图 1-6　FM 鉴频器检测流程图（正交相干解调方法）

（4）正交频分复用技术

上述所讨论的数字调制解调方式均属于串行体制，和串行体制相对应的一种体制是并行体制。它是将高速率的信息数据流经串／并变换，分割为若干路低速率并行数据流，然后每路低速率数据采用一个独立的载波调制并叠加在一起构成发送信号，这种系统也称为多载波传输系统。在并行体制中，正交频分复用（Orthogonal Frequency Division Multiplexing，OFDM）方式是一种高效调制技术，具有较强的抗多径传播、频率选择性衰落的能力以及较高的频谱利用率。OFDM 系统已成功地应用于接入网中的高速数字环路 HDSL、非对称数字环路 ADSL、高清晰度电视 HDTV 的地面广播系统。在移动通信领域，OFDM 是第三代、第四代移动通信系统准备采用的技术之一。多载波传输系统原理如图 1-7 所示。

图 1-7　多载波传输系统原理图

OFDM 是一种高效调制技术，其基本原理是将发送的数据流分散到许多个子载波上，使各子载波的信号速率大为降低，从而能够提高抗多径和抗衰落的能力。为了提高频谱利用率，OFDM 方式中各子载波频谱保持相互正交，在接收端通过相关解调技术分离出各子载波，同时消除码间干扰的影响。

1.4.3　扩频通信技术

传输任何信息都需要一定的带宽，称为信息带宽。例如，语音信息的带宽为 20～20 000Hz，普通电视图像信息的带宽大约为 6MHz。为了充分利用频率资源，通常都是尽量压缩传输带宽。例如，电话是基带传输，通常把带宽限制在 3400Hz 左右。如使用调幅信号传输，因为调制过程中将产生上下两个边带，信号带宽需要达到信息带宽的两倍，而在实际传输中，采用压缩限幅技术，把广播语音的带宽限制在 $2 \times 4500\text{Hz}=9\text{kHz}$ 左右；采用边带压缩技术，把普通电视信号包括语音信号一起限制在 $1.2 \times 6.5\text{MHz} \approx 8\text{MHz}$。即使在普通的调频通信上，最大也只把信号带宽放宽到信息带宽的十几倍左右，这些都是采用了窄带通信技术。扩频通信技术属于宽带通信技术，通常的扩频信号带宽与信息带宽之比高达几百甚至几千倍。

（1）扩频通信的定义

扩频通信，即扩展频谱通信（spread spectrum communication）技术，它的基本特点是其传输信息所用信号的带宽远大于信息本身的带宽。除此以外，扩频通信还具有如下特征：

❑ 它是一种数字传输方式。

❑ 带宽的展宽是利用与被传信息无关的函数（扩频函数）对被传信息进行调制实现的。

❑ 在接收端使用相同的扩频函数对扩频信号进行相关解调，还原出被传信息。

（2）扩频通信的理论基础

香农（C. E. Shannon）在信息论研究中总结出的信道容量公式（即香农公式）如下：

$$C = W \times \log_2 (1+S/N)$$

式中：C 为信息的传输速率；S 为有用信号功率；W 为频带宽度；N 为噪声功率。

由香农公式可以看出：为了提高信息的传输速率 C，可以从两种途径实现，即加大带宽 W 或提高信噪比 S/N。换句话说，当信号的传输速率 C 一定时，信号带宽 W 和信噪比 S/N 是可以互换的，即增加信号带宽可以降低对信噪比的要求，当带宽增加到一定程度，允许信噪比进一步降低，有用信号功率接近噪声功率甚至淹没在噪声之下也是可能的。扩频通信就是用宽带传输技术来换取信噪比上的好处，这是扩频通信的基本思想和理论依据。

扩频通信的主要优点：

❑ 抗干扰性强，误码率低。

❑ 易于同频使用，提高了无线频谱的利用率。

❑ 扩频通信是数字通信，特别适合数字话音和数据同时传输。

❑ 扩频通信自身具有加密功能，保密性强，便于开展各种通信业务。

❑ 扩频通信容易采用码分多址、语音压缩等多项新技术，更加适用于计算机网络以及数字化的话音、图像信息传输。

❑ 扩频通信绝大部分是数字电路，设备高度集成，安装简便，易于维护，也十分小巧可靠，便于安装，便于扩展，平均无故障率时间也很长。另外，扩频设备一般采用积木式结构，组网方式灵活，方便统一规划、分期实施，利于扩容，有效地保护前期投资。

1.4.4 分集接收技术

衰落效应是影响无线通信质量的主要因素之一。其中的快衰落深度可达 $30 \sim 40\text{dB}$，利用加大发射功率、增加天线尺寸和高度等方法来克服这种深衰落不仅不现实，而且会造成对其他电台的干扰。而采用分集方法可以降低衰落效应，分集方法即在若干个支路上接收相互间相关性很小的载有同一消息的信号，然后通过合并技术再将各个支路信号合并输出，那么便可在接收终端上大大降低深衰落的概率。相应地，还需要采用分集技术减轻衰落的影响，以获得分集增益，提高接收灵敏度，这种技术已广泛应用于包括移动通信、短波通信等随参信道中。在第二和第三代移动通信系统中，这些分集接收技术都已得到了广泛应用。

分集接收技术是一项主要的抗衰落技术，可以大大提高多径衰落信道传输下的可靠性。在实际的移动通信系统中，移动台常常工作在城市建筑群或其他复杂的地理环境中，而且移动的速度和方向是任意的。发送的信号经过反射、散射等传播路径后，到达接收端的信号往往是多个幅度和相位各不相同的信号的叠加，使接收到的信号幅度出现随机起伏变化，形成多径衰落。不同路径的信号分量具有不同的传播时延、相位和振幅，并附加有信道噪声，它们的叠加会使复合信号相互抵消或增强，导致严重的衰落。这种衰落会降低可获得的有用信号功率并增加干扰的影响，使得接收机的接收信号产生失真、波形展宽、波形重叠和畸变，甚至造成通信系统解调器的输出出现大量差错，以至完全不能通信。此外，如果发射机或接收机处于移动状态，或者信道环境发生变化，会引起信道特性随时间随机变化，接收到的信号由于多普勒效应会产生更为严重的失真。在实际的移动通信中，除了多径衰落外还有阴影衰落。当信号受到高大建筑物（如移动台移动到背离基站的大楼面前）或地形起伏等的阻挡，接收到的信号幅度将降低。另外，气象条件等的变化也都会影响信号的传播，使接收到的信号幅度和相位发生变化。这些都是移动信道独有的特性，给移动通信带来了不利的影响。

为了提高移动通信系统的性能，可以采用分集、均衡和信道编码这3种技术来改善接收信号的质量，它们既可以单独使用，也可以组合使用。

1. 分集技术的基本原理

根据信号论原理，若有其他衰减程度的原发送信号副本提供给接收机，则有助于接收信号的正确判决。这种通过提供传送信号多个副本来提高接收信号正确判决率的方法称为分集。分集技术是用来补偿衰落信道损耗的，通常利用无线传播环境中同一信号的独立样本之间不相关的特点，使用一定的信号合并技术改善接收信号，以抵抗衰落引起的不良影响。空间分集手段可以克服空间选择性衰落，但是分集接收机之间的距离要满足大于3倍波长的基本条件。

分集的基本原理是通过多个信道（时间、频率或者空间）接收到承载相同信息的多个副本，由于多个信道的传输特性不同，信号多个副本的衰落就不会相同。接收机使用多个副本包含的信息能比较正确地恢复出原发送信号。如果不采用分集技术，在噪声受限的条件下，发射机必须要发送较高的功率，才能保证信道情况较差时链路正常连接。在移动无线环境中，由于手持终端的电池容量非常有限，因此反向链路中所能获得的功率也非常有限，而采用分集方法可以降低发射功率，这在移动通信中非常重要。

分集技术包括两个方面：一是分散传输，使接收机能够获得多个统计独立的、携带同一信息的衰落信号；二是集中处理，即把接收机收到的多个统计独立的衰落信号进行合并以降低衰落的影响。因此，要获得分集效果最重要的条件是各个信号之间应该是"不相关"的。

2. 分集技术的分类

总结起来，分集技术的实质可以认为是涉及空间、时间、频率、相位和编码多种资源相互组合的一种多天线技术。根据所涉及资源的不同，分集技术可分为如下几个大类。

（1）空间分集

在移动通信中，空间略有变动就可能出现较大的场强变化。当使用两个接收信道时，它们受到的衰落影响是不相关的，且二者在同一时刻经受深衰落谷点影响的可能性也很小，因此这一设想引出了利用两副接收天线的方案，独立地接收同一信号，再合并输出，衰落的程度被大大地减小，这就是空间分集。

空间分集是利用场强随空间的随机变化实现的，空间距离越大，多径传播的差异就越大，所接收场强的相关性就越小。这里，相关性是一个统计术语，表明信号间相似的程度，因此必须确定必要的空间距离。经过测试和统计，CCIR 建议为了获得满意的分集效果，移动单元两副天线的间距大于 0.6 个波长，即 $d > 0.61$，并且最好选在 1/4 的奇数倍附近。若减小天线间距，即使小到 1/4，也能获得相当好的分集效果。

空间分集分为空间分集发送和空间分集接收两个系统。其中空间分集接收是在空间不同的垂直高度上设置几副天线，同时接收一个发射天线的微波信号，然后合成或选择其中一个强信号，这种方式称为空间分集接收。接收端天线之间的距离应大于波长的一半，以保证接收天线输出信号的衰落特性是相互独立的，也就是说，当某一副接收天线的输出信号很低时，其他接收天线的输出则不一定在同一时刻也出现幅度低的现象，经相应的合并电路从中选出信号幅度较大、信噪比最佳的一路，得到一个总的接收天线输出信号，这样就降低了信道衰落的影响，改善了传输的可靠性。空间分集接收的优点是分集增益高，缺点是需另外单独的接收天线。

空间分集还有两类变化形式：

极化分集。它利用在同一地点两个极化方向相互正交的天线发出的信号可以呈现不相关的衰落特性进行分集接收，即在收发端天线上安装水平、垂直极化天线，就可以把得到的两路衰落特性不相关的信号进行极化分集。其优点是结构紧凑，节省空间；缺点是由于发射功率要分配到两副天线上，因此有 3dB 的损失。

角度分集。由于地形、地貌、接收环境的不同，使得到达接收端的不同路径信号可能来自不同的方向，这样在接收端可以采用方向性天线，分别指向不同的到达方向。而每个方向性天线接收到的多径信号是不相关的。

（2）频率分集

频率分集是采用两个或两个以上具有一定频率间隔的微波频率同时发送和接收同一信息，然后进行合成或选择，利用位于不同频段的信号经衰落信道后在统计上的不相关特性（即不同频段衰落统计特性上的差异）来实现抗频率选择性衰落的功能。实现时可以将待发送的信息分别调制在频率不相关的载波上发射，所谓频率不相关的载波是指不同的载波之间的间隔大于频率相干区间。

采用两个微波频率时的频率分集称为二重频率分集。同空间分集系统一样，在频率分集系统中要求两个分集接收信号相关性较小（即频率相关性较小），只有这样，才不会使两个微波频率在给定的路由上同时发生深衰落，并获得较好的频率分集改善效果。在一定的范围内，两个微波频率 f_1 与 f_2 相差，即频率间隔 $\Delta f = f_2 - f_1$ 越大，两个不同频率信号之间衰落的相关性越小。

频率分集与空间分集相比较，其优点是在接收端可以减少接收天线及相应设备的数量，缺点是要占用更多的频带资源，所以，一般又称它为带内（频带内）分集，并且在发送端可能需要采用多个发射机。

（3）时间分集

时间分集是将同一信号在不同时间区间多次重发，只要各次发送的时间间隔足够大，则各次发送降格出现的衰落将是相互独立统计的。时间分集正是利用这些衰落在统计上互不相关的特点（即时间上衰落统计特性上的差异）来实现抗时间选择性衰落的功能的。为了保证重复发送的数字信号具有独立的衰落特性，重复发送的时间间隔应该满足：

$$\Delta t \geqslant \frac{1}{2f_m} = \frac{1}{2(v/\lambda)}$$

式中：f_m 为衰落频率；v 为移动台运动速度；最后一个参数为工作波长。

若移动台是静止的，则移动速度 $v=0$，此时要求重复发送的时间间隔为无穷大，这表明时间分集对于静止状态的移动台是无效果的。时间分集与空间分集相比较，其优点是减少了接收天线及相应设备的数目，缺点是占用时隙资源增大了开销，降低了传输效率。

（4）极化分集

在移动环境下，两副在同一地点、极化方向相互正交的天线发出的信号呈现出不相关的衰落特性。利用这一特点，在收发端分别装上垂直极化天线和水平极化天线，就可以得到两路衰落特性不相关的信号。所谓定向双极化天线就是把垂直极化和水平极化两副接收天线集成到一个物理实体中，通过极化分集接收来达到空间分集接收的效果，所以极化分集实际上是空间分集的特殊情况，其分集支路只有两路。

这种方法的优点是它只需一根天线，结构紧凑，节省空间；缺点是它的分集接收效果低于空间分集接收天线，并且由于发射功率要分配到两副天线上，将会造成 3dB 的信号功率损失。

分集增益依赖于天线间不相关特性的好坏，通过在水平或垂直方向上天线位置间的分离来实现空间分集。若采用交叉极化天线，同样需要满足这种隔离度要求。对于极化分集的双极化天线来说，天线中两个交叉极化辐射源的正交性是决定微波信号上行链路分集增益的主要因素。该分集增益依赖于双极化天线中两个交叉极化辐射源是否在相同的覆盖区域内提供了相同的信号场强。两个交叉极化辐射源要求具有很好的正交特性，并且在整个 120° 扇区及切换重叠区内保持很好的水平跟踪特性，代替空间分集天线所取得的覆盖效果。为了获得好的覆盖效果，要求天线在整个扇区范围内均具有高的交叉极化分辨率。双极化天线在整个扇区范围内的正交特性，（即两个分集接收天线端口信号的不相关性）决定了双极化天线总的分集效果。为了在双极化天线的两个分集接收端口获得较好的信号不相关特性，两个端口之间的隔离度通常要求达到 30dB 以上。

3. 接收合并技术

分集技术是研究如何充分利用传输中的多径信号能量，以改善传输的可靠性，它也是一项研究利用信号的基本参量在时域、频域与空域中，如何分散开又如何收集起来的技术。"分"与"集"是一对矛盾，在接收端取得若干个相互独立的支路信号以后，可以通过合并技术来得到分集增益。从合并所处的位置来看，合并可以在检测器以前，即在中频和射频上进行合并，且多半是在中频上合并；合并也可以在检测器以后，即在基带上进行合并。合并时采用的准则与方式主要分为 4 种：最大比合并（Maximal Ratio Combining，MRC）、等增益合并（Equal Gain Combining，EGC）、选择式合并（Selection Combining，SC）和切换合并（Switching Combining）。

（1）最大比合并

在接收端由多个分集支路，经过相位调整后，按照适当的增益系数，同相相加，再送入检测器进行检测。在接收端各个不相关的分集支路经过相位校正，并按适当的可变增益加权再相加后送入检测器进行相干检测。在做的时候可以设定第 i 个支路的可变增益加权系数为该分集支路的信号幅度与噪声功率之比。

最大比合并方案在接收端只需对接收信号做线性处理，然后利用最大似然检测即可还原出发送端的原始信息。其译码过程简单、易实现。合并增益与分集支路数 N 成正比。

（2）等增益合并

等增益合并也称为相位均衡，仅仅对信道的相位偏移进行校正而对幅度不做校正。等增益合并不是任何意义上的最佳合并方式，只有假设每一路信号的信噪比相同的情况下，在信噪比最大化的意义上，它才是最佳的。它输出的结果是各路信号幅值的叠加。对于 CDMA 系统，它维持了接收信号中各用户信号间的正交性状态，即认可衰落在各个通道间造成的差异，也不影响系统的信噪比。当在某些系统中对接收信号的幅度测量不便时，可选用等增益合并。

当 N（分集重数）较大时，等增益合并与最大比合并后相差不多，仅差 1dB 左右。等增益合并实现比较简单，其设备也简单。

（3）选择式合并

采用选择式合并技术时，N 个接收机的输出信号先送入选择逻辑，选择逻辑再从 N 个接收信号中选择具有最高基带信噪比的基带信号作为输出。每增加一条分集支路，对选择式分集输出信噪比的贡献仅为总分集支路数的倒数倍。

（4）切换合并

接收机扫描所有的分集支路，并选择信噪比（SNR）在特定的预设门限之上的特定分支。在该信号的 SNR 降低到所设的门限值之下之前，选择该信号作为输出信号。当 SNR 低于设定的门限时，接收机开始重新扫描并切换到另一个分支，该方案也称为扫描合并。由于切换合并并非连续选择最好的瞬间信号，因此比选择式合并可能要差一些。但是，由于切换合并并不需要同时连续不停地监视所有的分集支路，因此这种方法要简单得多。

对于选择式合并和切换合并而言，两者的输出信号都是只等于所有分集支路中的一个信号。另外，它们也不需要知道信道状态信息。因此，这两种方案既可用于相干调制，也可用于非相干调制。

1.4.5　链路自适应技术

实际的无线信道具有两大特点：时变特性和衰落特性，这是由通信双方、反射体、散射体之间的相对运动或者传输媒质本身的变化引起的。因此，无线信道的信道容量也是一个时变的随机变量。要最大限度地利用信道容量，只能使系统采用的调制编码方式、差错控制方式等也能适应信道的容量变化，也就是具有自适应信道特性的能力，这就是链路自适应技术。

（1）自适应调制和编码技术

自适应编码调制（Adaptive Modulation and Coding，AMC）是通过改变调制和编码的格式并使它在系统限制范围内和当前的信道条件相适应，以便能最大限度地发送信息，实现比较高的通信速率。

AMC 根据系统的 C/I 测量或者相似的测量报告决定将采用的编码和调制格式，以适应每一个用户的信道质量，提供高速率传输和高的频谱利用率。对于一个 AMC 系统来说，居民小区中有利位置上的用户采用的是高速率调制和编码，能够实现更高的下行数据速率，进而提高居民小区的平均吞吐量。

目前，AMC 技术已应用于 HSPDA 和 IEEE 802.16 中。

（2）快速混合自动重传

快速混合自动重传（H-ARQ）是一种链路自适应的技术，是 ARQ 和 FEC 相结合的纠错方法，与 FEC 共同完成无差错数据的传输保护；是指接收方在检出传输错误的情况下，保存接收到的数据，并要求发送方重传刚刚传输错误的数据。在 H-ARQ 中，链路层的信息用于进行重传判决，H-ARQ 能够自动地适应信道条件的变化并且对测量误差和时延不敏感。

AMC 和 H-ARQ 两者结合起来可以得到最好的效果：AMC 提供粗略的数据速率选择，而 H-ARQ 可以根据数据信道条件对数据速率进行较精细的调整，从而更大限度地利用信道容。

1.4.6　OFDM 技术

OFDM 技术的主要思想是将信道分成若干正交子信道，将高速数据信号转换成并行的低速子数据流，调制在每个子信道上进行传输。OFDM 并不是新生的事物，它由多载波调制（Multi-carrier Modulation，MCM）发展而来。美国军方早在 20 世纪的五六十年代就创建了第一个 MCM 系统，而在 1970 年衍生出了采用大规模子载波和频率重叠技术的 OFDM 系统。但在以后相当长一段时间里，OFDM 理论向实践迈进的脚步放缓慢了。由于 OFDM 的各个子载波相互正交，可采用 FFT 实现这种调制，但在实际应用中，实时傅里叶变换设备的复杂度、发射机和接收机振荡器的稳定性以及射频功率放大器的线性要求等因素都成为 OFDM 技术实现的制约条件。20 世纪 80 年代，MCM 获得了突破性进展，大规模集成电路让 OFDM 技术的实现不再是难以逾越的障碍。

1. OFDM 的关键技术

OFDM 是一种无线环境下的高速传输系统。无线信道的频率响应曲线大多是非平坦的。OFDM 技术的主要思想是在频率内将给定信道分成许多正交的子信道，在每个子信道上使用一个载波进行调制，并且在各自载波进行传输。这样，尽管总的信道是非平坦的，具有频率选择性，但是每个子信道是相对平坦的，在每个子信道上进行窄带传输，信号带宽小于信道的相应带宽，因此可以大大消除信号波形间的干扰。由于在 OFDM 系统中各个子信道的载波相应正交，它们的频谱是相互重叠的，这样不但减小了子载波间的相互干扰，而且提高了频谱利用率。

（1）同步技术

基于循环前缀（Cyclic Prefix，CP）。由 OFDM 中设置了 CP，则可以利用这种冗余信息来进行同步，通常采用 MLE 算法，但是在多径信道中，由于 ISI 的影响会破坏 CP 的循环性，因此会影响 CP 算法的有效性，而且利用 CP 进行频偏估计的范围是有限的，只能估计频偏的分数部分。因此基于 CP 的同步算法往往只能用于时偏的粗估计和分数频偏的估计。

基于训练符号。基于训练符号的同步方法是在时域上将已知信息加入待发 OFDM 符号，通常置于 OFDM 符号前或者由多个 OFDM 符号构成的帧的起始位置处。

基于子载波的导频。基于子载波的导频又称为频域导频，即在特定子载波位置处加入导频信号。引入导频的主要目的是在接收端对信道进行估计和恢复，同时也可以被用于时域同步。这种方法常用于连续数据传输系统，如 DVB-T（Digital Video Broadcasting）中的连续导频和离散导频等。在这些系统中，有较多数量的子载波，所以导频的开销是可以容忍的。

（2）平均功率比解决技术

由于 OFDM 信号是由一系列的子信道信号重叠起来的，因此很容易造成较大的平均功率比（Peak-to-Average power Ratio，PAR）。大的 OFDM PAR 信号通过功率放大器时会有很大的频谱扩展和带内失真。由于出现大的 PAR 的概率并不大，可以把具有大的 PAR 值的 OFDM 信号去掉。但是去掉不大的 PAR 值的 OFDM 信号会影响信号的性能，所以采用的技术必须保证这样的影响尽量小。

（3）训练序列 / 导频及信道估计技术

接收端使用差分检测时不需要信道估计，但是仍需要一些导频信号提供初始的相位参考，差分检测可以降低系统的复杂程度和导频的数量，但降低了信噪比。尤其是在 OFDM 系统中，系统对频偏比较敏感，所以使用相干检测。在系统采用相干检测时，信道估计是必需的。此时可以使用训练序列和导频作为辅助信息，训练序列通常用在非时变信道中，而在时变信道中一般使用导频信号。在 OFDM 系统中，导频信号是时频二维的。为了提高估计的精度，可以插入连续导频和分散导频，导频的数量是估计精度和系统复杂度的折中。导频信号之间的间隔取决于信道的相干时间和相干带宽，在时域上，导频的间隔应小于相干时间；在频域上，导频的间隔应小于相干带宽。实际应用中，导频模式的设计要根据具体情况而定。

（4）调制解调方式

OFDM 作为一种多载波调制方式，其每个子载波所使用的调制方式可以不同，各个子载波根据信道状况的不同选择不同的调制方式，如 BPSK、QP2SK、8PSK、16QAM、64QAM 等，并以频谱利用率和误码率之间的最佳平衡为原则，通过选择满足一定误码率的最佳调制方式可以获得最大的频谱利用率。

（5）信道编码与交织

信道编码与交织是提高数字通信系统性能的常用方法。对于衰落信道中的随机错误，可采用信道编码技术；对于突发错误，可采用交织技术。通常同时采用这两种技术，以进一步改善整个系统的性能。在 OFDM 系统中，其结构特性为在子载波间进行编码创造了机会，形成 COFDM 方式。编码方式可以是分组码、卷积码等多种，其中卷积码的效果要比分组码好。

2. OFDM 的优点与缺点

OFDM 的优点如下。

❏ OFDM 能够有效地对抗频率选择性衰落和载波间干扰，并通过将各自信道联合编码，实现子信道间的频率分集作用，从而使系统的整体性能得以提高。

❏ OFDM 使用正交的子载波作为子信道，极大地提高了频谱利用率，子载波个数越多，系统的频谱利用率越高。

❏ 由于 OFDM 的自适应调制可以根据信道环境的优劣采用更合理的调制方式并通过使用加载算法，可以将数据集中到条件好的信道上进行高速传输。

❏ 把高速率数据流进行串/并转换，并采用插入循环前缀的方法，消除 ISI 造成的不利影响，甚至可以不要均衡器，减少接收机内均衡的复杂程度。

❏ 无线数据业务一般存在非对称性，OFDM 可以机动地调整信道数来实现上、下行链路中不同的传输速率。

❏ OFDM 易于和其他多种接入方式结合使用。

OFDM 的缺点如下。

❏ 对频偏和相位噪声很敏感。由于发送端和接收端的上、下行转换器和调谐振荡器带来的相位噪声抖动、频偏以及相位噪声会使子载波间的正交特性遭到破坏，仅 1% 的频偏就能使信噪比下降 30dB。

❏ OFDM 所采用的自适应调制技术以及加载算法会增加发射机和接收机的复杂度，并且当终端移动速度高于 30km/h 时，信道变化加快，刷新频率增加，用于调频的比特开销也相应增加，此时，自适应性调制会变得比较不适合，同时会降低系统效率。

为了满足未来无线多媒体的通信需求，人们正加紧实现 3G 系统商业化的同时，开始了后 3G 的研究。从技术方面看，3G 主要以 CDMA 为核心技术，而未来移动通信系统技术则以 OFDM 为主。在宽带接入系统中，OFDM 是一项基本技术，由于该系统良好的特性，将成为下一代蜂窝移动通信网络的无线接入技术。

1.4.7 软件无线电技术

软件无线电（software radio）这个术语最早是美军为了解决多国部队各军兵种进行联

合作战时所遇到的互联互通互操作（简称"三互"）问题而提出来的。军用电台一般是根据某种特定用途设计的，功能单一。虽然有些电台的基本结构相似，但其信号特点差异很大，例如，工作频段、调制方式、波形结构、通信协议、编码方式或加密方式不同。这些差异极大地限制了不同电台之间的互通性，给协同作战带来困难。同样，民用通信也存在互通性问题，例如，现有移动通信系统的制式、频率各不相同，不能互通和兼容，给人们从事跨国经商、旅游等活动带来极大不便。为解决无线通信的互通性问题，各国进行了积极探索。1992 年 5 月，在美国通信体系会议上，MITRE 公司的 Joe Mitola 首次明确提出软件无线电的概念。

（1）软件无线电的概念及特点

所谓软件无线电，就是说其通路的调制波形是由软件确定的，即软件无线电是一种用软件实现物理层连接的无线通信设计。软件无线电的核心是将宽带 A/D、D/A 尽可能靠近天线，用软件实现尽可能多的无线电功能；其中心思想是在一个标准化、模块化的通用硬件平台上，通过软件编程，实现一种具有多通路、多层次和多模式无线通信功能的开放式体系结构。应用软件无线电技术，一个移动终端可以在不同系统和平台间畅通无阻地使用。

软件无线电的主要优点是具有多频段、多功能通信能力和很强的灵活性，可以通过增加软件模块，很容易地增加新的功能。它可以与其他任何体制电台实现空中接口以进行不同制式间的通信，并可以作为其他电台的射频中继；还可通过无线加载来改变软件模块或更新软件；亦可以根据所需功能的强弱，取舍选择软件模块，降低系统成本，节约费用开支。

此外，软件无线电具有较强的开放性系统软件。由于采用了标准化、模块化的结构，其硬件可以随着器件和技术的发展而更新或扩展，软件也可以随需要而不断升级。软件无线电不仅能和新体制电台通信，还能与旧体制电台相兼容。这样，既延长了旧体制通信系统的使用寿命，也保证了软件无线电本身有很长的生命周期。另外，它支持网络的功能强，网络结构能灵活改变。

（2）软件无线电的基本结构

多频段、多功能软件无线电框架结构原理如图 1-8 所示。除天线、射频发射、接收模块未能实现可编程外，从中频（含零中频）至基带的全部数字信号处理过程，均由可编程器件和软件实现，包括从中频采样后各种类型的信号调制、解调、解扩（DS）、解跳、同步、相关运算、滤波、信道编解码、语音、数据编译码、信道控制、电台功能控制、信息安全等。

目前，软件无线电在国内外得到迅速发展，在诸多重大工程项目如美国国防部已完成的"Speakeasy 计划"二期工程、欧盟的 ACTSFIRST 项目及我国研究开发的第二代同步轨道航天测控设备方案等得以广泛应用。

随着无线网络的发展，各种无线通信体系结构和设计规范不断出现。未来的无缝多模式网络要求无线电终端和基站具有灵活的 RF 频段、信道接入模式、数据速率和应用功能。软件无线电可以通过灵活的应变能力，提高业务质量；同时可以简化硬件组成，快速适应新出现的标准和管理方式。

可以预见，随着现代计算机软、硬件技术与微电子技术的迅猛发展，软件无线电技术必将在未来得到更快、更完善的发展。

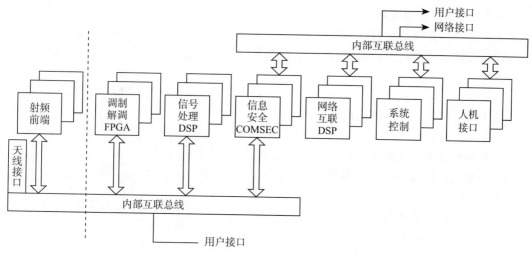

图 1-8 多频段、多功能软件无线电框架结构原理图

1.4.8 智能天线技术

智能天线起源于军事上雷达和声呐系统中所采用的自适应天线。最初研究对象是雷达天线阵，目的是提高雷达的系统性能和电子对抗的能力。近年来，随着微机和数字信号处理技术的发展，DSP 芯片的处理能力日益提高，价格也逐渐能够为科研和生产所接受，这在一定程度上促进了自适应天线的快速发展。

20 世纪 50 年代，美国出于增强卫星通信信号的需要，开始研究最初意义上的自适应天线。早期自适应天线研究主要局限于雷达系统，其波束形成网络由微波器件完成。自适应天线阵列的概念自 1959 年提出以来，其发展大体可划分为 4 个阶段，IEEE 天线传播杂志（T-AP）对这 4 个阶段作了总结，20 世纪 60 年代为主波束自适应控制发展阶段，如自适应波束操纵天线等；70 年代为零向自适应控制发展阶段，如自适应滤波、自适应调零、自适应旁瓣对消、自适应杂波控制等；80 年代为对空间信号来向估计的空间谱估计发展阶段，如最大似然谱估计、最大熵谱估计、特征空间正交谱估算等；从 90 年代以后，即进入第 4 阶段，主要是进行实用性研究，并派生出了一些新名词和概念，如数字波束形成天线、智能天线，它们有着相同的技术内容，只是侧重点不同而已，从发展过程来看，它们一脉相承。

智能天线的基本思想是：天线以多个高增益窄波束动态地跟踪多个期望用户，在接收模式下，来自窄波束之外的信号被抑制；在发射模式下，能使期望用户接收的信号功率最大，同时使窄波束照射范围以外的非期望用户受到的干扰最小。智能天线利用用户空间位置的不同来区分不同用户。智能天线与传统天线概念有本质的区别，其理论支撑是信号统计检测与估计理论、信号处理及最优控制理论；其技术基础是自适应天线和高分辨阵列信号处理。

（1）智能天线的结构

智能天线的结构原理如图 1-9 所示。

智能天线的系统组成如下。

天线阵列：天线阵元数量与天线阵元的配置方式，对智能天线的性能有着重要的影响。

模数转换：接收链路将模拟信号转换为数字信号；发射链路将数字信号转换为模拟信号。

智能处理：天线波束在一定范围内能根据用户的需要和天线传播环境的变化而自适应地进行调整，包括：以数字信号处理器和自适应算法为核心的自适应数字信号处理器、用来产生自适应的最优权值系数，以及以动态自适应加权网络构成的自适应波束形成网络。

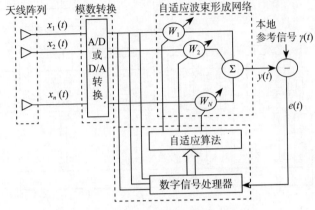

图 1-9 智能天线的结构原理图

（2）智能天线的优点

智能天线是第三代移动通信（3G）不可缺少的空域信号处理技术。归纳起来，智能天线具有以下几个突出的优点：

❏ 具有测向和自适应调零功能，能把主波束对准入射信号并自适应实时地跟踪信号。同时还能把零响应点对准干扰信号。

❏ 提高输入信号的信噪比。显然，采用多天线阵列将截获更多的空间信号，即获得阵列增益。

❏ 能识别不同入射方向的直射波和反射波，具有较强的抗多径衰落和同波道干扰的能力；能减小普通均衡技术很难处理的快衰落对系统性能的影响；提高了接收机的载干比。

❏ 增强系统抗频率选择性衰落的能力，因为天线阵列本质上具有空间分集的能力。

❏ 智能天线能自适应调节天线增益，较好地解决远近效应问题，为移动台的进一步简化提供了条件。越区切换是根据基台接收的移动台功率电平来判断的，而阴影效应和多径衰落常导致错误的跨区转接，增加了网络管理的负荷和用户的呼损率。在相邻小区应用智能天线技术，可以实时地测量和记录移动台的位置和速度，为越区切换提供更可靠的依据。

1.4.9　MIMO 技术

多输入多输出技术（Multiple-Input Multiple-Output，MIMO）是指在发射端和接收端分别使用多个发射天线和接收天线，使信号通过发射端与接收端的多个天线传送和接收，从而改善通信质量。它能充分利用空间资源，通过多个天线实现多发多收，在不增加频谱资源和天线发射功率的情况下，可以成倍地提高系统信道容量，显示出明显的优势，被视为下一代移动通信的核心技术。

（1）MIMO 系统原理

MIMO 系统在发射端和接收端均采用多个天线和多个通道，如图 1-10 所示。

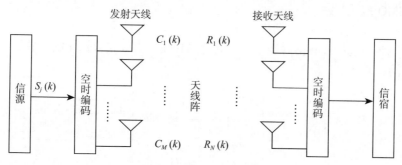

图 1-10 MIMO 系统原理

传输信息流 $S(k)$ 经过空时编码形成 M 个信息子流 $C_i(k)$, i=1, 2,…, M，这 M 个子流由 M 个天线发送出去，经空间信道后由 N 个接收天线接收，多天线接收机能够利用先进的空时编码处理技术分开并解码这些数据子流，从而实现最佳处理。MIMO 是在收发两端使用多个天线，每个收发天线之间对应一个 MIMO 子信道，在收发天线之间形成 $M \times N$ 信道矩阵 $\boldsymbol{H}$，在某一时刻 t，信道矩阵为

$$\boldsymbol{H}(t)=\begin{bmatrix} h_{1,1}^t & h_{2,1}^t \cdots h_{M,1}^t \\ h_{1,2}^t & h_{2,2}^t \cdots h_{M,2}^t \\ \vdots & \vdots \quad\ \vdots \\ h_{1,N}^t & h_{2,N}^t \cdots h_{M,N}^t \end{bmatrix}$$

式中：$\boldsymbol{H}$ 的元素是任意一对收发天线之间的增益。

M 个子流同时发送到信道，各发射信号占用同一个频带，因而并未增加带宽。若各发射天线间的通道响应独立，则 MIMO 系统可以创造多个并行空间信道。通过这些并行的信道独立传输信息，必然可以提高数据传输速率。对于信道矩阵参数确定的 MIMO 信道，假定发射端总的发射功率为 P，与发送天线的数量 M 无关；接收端的噪声用 $N \times 1$ 矩阵 $\boldsymbol{n}$ 表示，其元素是独立的零均值高斯复数变量，各个接收天线的噪声功率均为 σ^2，ρ 为接地端平均信噪比。此时，发射信号是 M 维统计独立、能量相同、高斯分布的复向量。发射功率平均分配到每一个天线上，则容量公式为

$$C=\log_2[\det(\boldsymbol{I}_N + \frac{\rho}{M} \boldsymbol{HH}^{\mathrm{H}})]$$

固定 N，令 M 增大，使得 $\frac{1}{M} \boldsymbol{HH}^{\mathrm{H}} \to \boldsymbol{I}_N$，这时可以获得到容量的近似表达式：

$$C=N \log_2(1+\rho)$$

式中：det 代表行列式，$\boldsymbol{I}_N$ 代表 M 维单位矩阵，$\boldsymbol{H}^{\mathrm{H}}$ 表示 $\boldsymbol{H}$ 的共轭转置。

从上式可以看出，此时的信道容量随着天线数的增加而线性增大，即可以利用 MIMO

信道成倍地提高无线信道容量，在不增加带宽和天线发射功率的情况下，频谱利用率可以成倍地提高，充分展现了 MIMO 技术的巨大优越性。

（2）MIMO 应用方案

前面分析指出 MIMO 技术优势明显，但对频率选择性衰落无能为力，而 OFDM 技术却有很强的抗频率选择性衰落的能力。因此将两种技术有效整合，便成为最佳的实用方案，如图 1-11 所示。

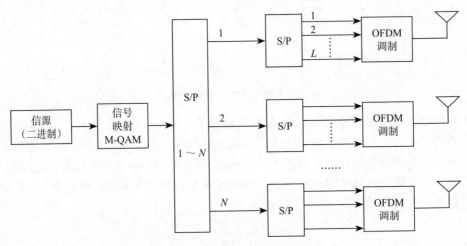

图 1-11　MIMO+OFDM 实现框图

在本方案中，数据应进行两次串 / 并转换，首先将数据分成 N 个并行数据流，将这 N 个数据流中的第 n ($n \in [1, N]$) 个数据流进行第二次串 / 并转换成 L 个并行数据流，分别对应 L 个子载波，接着对这 L 个并行数据流进行 IFFT 变换，再将信号从频域转换到时域，然后从第 n ($n \in [1, N]$) 个天线上发送出去。这样共有 NL 个 M-QAM（正交振幅调制）符号被发送。整个 MIMO 系统假定具有 N 个发送天线，M 个接收天线。在接收端第 m ($m \in [1, M]$) 个天线接收到的第 l ($l \in [l, L]$) 个子载波的接收信号为

$$r_{m,l} = \sum H_{m,n,l} C_{n,l} \qquad {}_{m,l} \qquad (l=1, 2, \cdots, L)$$

式中：$H_{m,n,l}$ 是第 l 个子载波频率上的从第 n 个发送天线到第 m 个接收天线之间的信道矩阵，并且假定该信道矩阵在接收端是已知的，$C_{n,l}$ 是第 l 个子载波频率上的从第 n 个发送天线发送的符号，$\eta_{m,l}$ 是第 l 个子载波频率上的从第 m 个接收天线接收到的高斯白噪声。这样在接收端接收到的第 l 个子载波频率上的 N 个符号可以通过 V-BLAST 算法进行解译码，重复进行 L 次以后，NL 个 M-QAM 符号就可以被恢复出来。

MIMO OFDM 系统通过在 OFDM 传输系统中采用天线阵列来实现空间分集，以提高信号质量，是 MIMO 与 OFDM 相结合而产生的一种新技术。它采用了时间、频率、空间 3 种分集方法，使无线系统对噪声、干扰、多径的容限大大增加。

1.4.10　移动通信技术的发展历程

移动通信可以说从无线电发明之日就产生了，1897 年，马可尼所完成的无线通信实验就是在固定站与一艘拖船之间进行的。而蜂窝移动通信的发展是在 20 世纪 70 年代中期以后的事。移动通信综合利用了有线、无线的传输方式，为人们提供了一种快速便捷的通信手段。由于电子技术，尤其是半导体、集成电路及计算机技术的发展，以及市场的推动，使物美价廉、轻便可靠、性能优越的移动通信设备成为可能。移动通信发展至今，主要走过了两代，而第三代正处于紧张的研制阶段，部分厂家已经推出实验产品。

第一阶段是模拟蜂窝移动通信网（20 世纪 70 年代中期至 80 年代中期）。1978 年，美国贝尔实验室研制成功先进移动电话系统（Advantage Mobile Phone System，AMPS），建成了蜂窝状移动通信系统。而其他工业化国家也相继开发出蜂窝式移动通信网。这一阶段相对于以前的移动通信系统，最重要的突破是贝尔实验室在 70 年代提出的蜂窝网的概念。蜂窝网即小区制，由于实现了频率复用，大大提高了系统容量。第一代移动通信系统的典型代表是美国的 AMPS 系统和后来的改进型系统 TACS，以及 NMT 和 NTT 等。先进的移动电话系统使用模拟蜂窝传输的 800MHz 频带，在北美、南美和部分环太平洋国家广泛使用；总接入通信系统使用 900MHz 频带，分欧洲和日本两种版本，英国、日本和部分亚洲国家广泛使用此标准。第一代移动通信系统的主要特点是采用频分复用，语音信号为模拟调制，每隔 30kHz/25kHz 设置一个模拟用户信道。第一代移动通信系统在商业上取得了巨大的成功，但是其弊端也日渐显露出来：频谱利用率低、业务种类有限、无高速数据业务、保密性差、易被窃听和盗号、设备成本高、体积大、质量大。

为了解决模拟系统中存在的这些根本性技术缺陷，数字移动通信技术应运而生，并且发展起来，这就是以 GSM 和 IS-95 为代表的第二代移动通信系统，起始于 80 年代中期。欧洲首先推出了泛欧数字移动通信网的体系。随后，美国和日本也制定了各自的数字移动通信体制。数字移动通网相对于模拟移动通信，提高了频谱利用率，支持多种业务服务，并与 ISDN 等兼容。第二代移动通信系统以传输话音和低速数据业务为目的，因此又称为窄带数字通信系统。第二代数字蜂窝移动通信系统的典型代表是美国的 DAMPS（Digital AMPS）系统、IS-95 和欧洲的 GSM（Global System for Mobile Communication）系统。

- ❑ DAMPS 也称北美数字蜂窝（IS-54），使用 800MHz 频带，是两种北美数字蜂窝标准中推出较早的一种，指定使用 TDMA 多址方式。
- ❑ IS-95 是北美的另一种数字蜂窝标准，使用 800MHz 或 1900MHz 频带，指定使用 CDMA 多址方式，已成为美国个人通信系统网的首选技术。
- ❑ GSM 发源于欧洲，它是作为全球数字蜂窝通信的 DMA 标准而设计的，支持 64Kb/s 的数据速率，可与 ISDN 互连。GSM 使用 900MHz 频带，使用 1800MHz 频带的称为 DCS1800。GSM 采用 FDD 双工方式和 TDMA 多址方式，每载频支持 8 个信道，信号带宽 200kHz。GSM 标准体制较为完善，技术相对成熟，不足之处是相对于模拟系统容量增加不多，仅仅为模拟系统的两倍左右，无法和模拟系统兼容。

由于第二代移动通信以传输话音和低速数据业务为目的，从 1996 年开始，为了解决中速数据传输问题，又出现了 2.5 代的移动通信系统，如 GPRS 和 IS-95B。移动通信现在主要提供的服务仍然是语音服务以及低速率数据服务。由于网络的发展，数据和多媒体通信的发展势头很快，所以，第三代移动通信的目标就是移动宽带多媒体通信。从发展前景看，由于自有的技术优势，CDMA 技术已经成为第三代移动通信的核心技术。

为实现上述目标，对 3G 无线传输技术（Radio Transmission Technology，RTT）提出了以下要求：① 高速传输支持多媒体业务，室内环境至少 2Mb/s，室内外步行环境至少 384kb/s，室外车辆运动中至少 144kb/s，卫星移动环境至少 9.6kb/s；② 传输速率能够按需分配；③ 上下行链路能适应不对称需求。

第三代移动通信系统最早由国际电信联盟（ITU）于 1985 年提出，当时称为未来公众陆地移动通信系统（Future Public Land Mobile Telecommunication System，FPLMTS），1996 年更名为 IMT-2000（International Mobile Telecommunication-2000），意为该系统工作在 2000MHz 频段，最高业务速率可达 2000kb/s，预期在 2000 年左右得到商用。主要体制有 WCDMA、CDMA 2000 和 TD-SCDMA。

综观移动通信的发展历程，当代移动通信可分为 3 个阶段：

第一阶段模拟制式的移动通信系统，得益于 20 世纪 70 年代的两项关键突破：微处理器的发明和交换及控制链路的数字化。AMPS 是美国推出的世界上第一个 1G 移动通信系统，充分利用 FDMA 技术实现国内范围的语音通信。

第二阶段是数字蜂窝通信系统，于 20 世纪 80 年代末开发。2G 是包括语音在内的全数字化系统，新技术体现在通话质量和系统容量的提升。GSM（Global System for Mobile Communication）是第一个商业运营的 2G 系统，采用 TDMA 技术。

第三阶段是移动多媒体通信系统，提供的业务包括语音、传真、数据、多媒体娱乐和全球无缝漫游等。NTT 和爱立信 1996 年开始开发 3G（ETSI 于 1998 年），1998 年国际电信联盟推出 WCDMA 和 CDMA 2000 两种商用标准（中国 2000 年推出 TD-SCDMA 标准，2001 年 3 月被 3GPP 接纳，起源于李世鹤发起的 SCDMA）。第一个 3G 网络运营于 2001 年的日本。3G 技术提供 2Mbit/s 标准用户速率（高速移动下提供 144Mbit/s 速率）。

目前，4G 网络已经开始普及，其详细介绍见 13.5 节。

本章小结

本章开始主要介绍了移动智能系统相关的概念以及移动智能系统的基本架构，接着对移动智能系统基本架构中的重要组成部分——移动智能终端和服务平台体系进行了较为详细的分析讲解，同时也对二者在测试过程中所用到的主要指标作了概括性的描述。最后主要介绍了移动智能系统中各个部件间进行通信时所采用的关键通信技术，主要包括语音编码技术、调制解调技术、多址技术、分集技术、扩频通信、链路自适应技术、OFDM、软件无线电、智能天线及 MIMO 等，而通信过程中的数据加密测试以及安全信道测试将在本书第四部分中进行详细介绍。通过学习本章，读者可以对移动智能系统的静态构成组件与动态通信技术以及测试过程中的各个指标有一个总体的了解，为进一步学习后续章节打下坚实的基础。

第 2 章 *Chapter 2*

信 息 安 全

本章导读

　　本章将介绍信息安全相关知识，首先介绍信息安全中常用到的标准机密算法原理，然后介绍信息系统中常见的认证技术，最后介绍了信息系统的安全管理方面的知识。

　　应掌握的知识要点：

- 信息系统安全威胁
- 加密技术
- 认证技术
- 安全管理

2.1　信息系统安全威胁

　　信息安全是指信息系统的硬件、软件和数据不因偶然和恶意的原因而遭到破坏、更改和泄露，保障系统连续正常运行、信息服务不中断。信息安全的本质和目的是保护合法用户使用系统资源和访问系统中存储的信息的权利和利益，保护用户的隐私。

　　信息安全工作的基本原则是在安全法律、法规、政策的支持与指导下，通过采用适当的安全技术与安全管理措施，防止信息财产被恶意或偶然地在未经合理授权的情况下被泄露、更改、破坏或使信息被非法的系统辨识、控制，避免攻击者利用信息系统的安全漏洞进行窃听、冒充、诈骗等。

　　信息安全建立在保密性（confidentiality）、完整性（integrity）和可用性（availability）之上。对这 3 种信息安全基本特性的解释随着适用环境的不同而不同。在某种特定环境下，对这 3 种特性的解释是由个体需求、习惯和特定组织的法律法规决定的。

2.1.1 信息系统安全概述

在计算机科学中，操作系统用于协调硬件和软件的工作。不安全的操作系统会造成网络通信和应用软件的安全面临威胁，甚至造成整个信息系统的瘫痪。数据库系统作为信息的载体，也是信息系统的核心部件，其安全性直接关系信息系统的安全。

（1）信息系统相关概念

信息系统是以提供特定信息处理功能、满足特定业务需要为主要目标的计算机应用系统。现代化的大型信息系统都是建立在计算机操作系统和计算机网络不断发展的基础上的。典型的信息系统多为分布式系统，同一个信息系统内，不同的硬件、软件和固件有可能会被部署在不同的计算机上。对于大型信息系统，由于业务需要，其计算机节点可能会被部署在不同的位置和环境下。

上面提及的信息安全概念都是理论上的定义。信息系统安全是一个更为具体的实际概念，信息系统的特征决定了信息系统安全需要考虑的主要内容。在评价信息系统是否安全时，需要考虑以下几个问题：

❑ 信息系统是否满足机构自身的发展目的或使命要求。

❑ 信息系统是否能为机构的长远发展提供安全方面的保障。

❑ 机构在信息安全方面所投入的成本与所保护的信息价值是否平衡。

❑ 什么程度的信息系统安全保障在给定的系统环境下能保护的最大价值是多少。

❑ 信息系统如何有效地实现安全保障。

（2）信息系统安全相关知识模块

为了更深入系统地了解信息系统安全的基本概念，下面主要从技术、管理、标准、法规等方面来介绍信息系统安全的知识模块。信息系统安全知识主要包括信息系统安全法律法规、信息系统安全标准体系、信息系统安全管理体系和信息系统安全技术体系等知识模块，其中，法律法规是信息系统安全目标和安全需求的依据；标准体系是信息系统安全性检查、评估和测评的依据；管理体系是信息系统安全风险分析与控制的理论基础与处理框架；技术体系是信息系统安全风险控制的手段与安全管理的工具。

信息系统安全技术是实现安全信息系统所采用的安全技术的构建框架，包括信息系统安全的基本属性、信息系统安全的组成与相互关系、信息系统安全等级划分、信息系统安全保障的基本框架、信息系统风险控制手段及其技术支持等。

从具体的应用软件构建划分，信息系统安全技术分为传输安全、系统安全、应用程序安全和软件安全等技术。根据所涉及技术的不同，可将信息系统安全技术粗略地分为信息系统硬件安全技术、操作系统安全技术、数据库安全技术、软件安全技术、身份认证技术、访问控制技术、安全审计技术、入侵监测技术、安全通信技术。这些都是构建安全信息系统的必要技术，而且必须合理有序地加以综合应用，形成一个支撑安全信息系统的技术平台。

信息系统安全管理构建在安全目标和风险管理的基础之上。一个机构的信息系统安全管理体系从机构的安全目标出发，利用机构体系结构这一工具，分析并理解机构自身的管理运行架构，并纳入安全管理理念，对实现信息系统安全所采用的安全管理措施进行描述，包括信息系统的安全目标、安全需求、风险评估、工程管理、运行控制和管理、系统监督检查和管理等方面，在整个信息系统的生命周期内实现机构的全面可持续的安全目标。信息系统安全管理主要包括以下内容：安全目标确定、安全需求获取与分类、风险分析与评估、风险管理与控制、安全计划制订、安全策略与机制实现和安全措施实施。

信息系统安全管理各组成部分的关系具体如下：信息系统的安全目标由与国家安全相关的法律法规、机构组织结构、机构的业务需求等因素确定；将安全目标细化、规范化为安全需求，安全需求再按照信息资产（如业务功能、数据）的不同安全属性和重要性进行分类；对安全需求分类后，要分析系统可能受到的安全威胁和面临的各种风险，并对风险的影响和可能性进行评估，得出风险评估结果；根据风险评估结果，选择不同的应对措施和策略，以便管理和控制风险；制订安全计划；设定安全策略和相应的策略实现机制；实施安全措施。

很明显，在信息系统安全管理的各组成部分中，有很多的管理概念与管理过程并不属于计算机的技术范畴，但同时是选择技术手段的依据。例如，信息资产的重要性、风险影响的评估、应对措施的选择等问题，都需要机构的最高管理层对机构的治理、业务效益、开发过程管理等问题做出管理决策。那么从机构目标的角度看，安全管理并不是单纯的技术管理，也涉及整个机构长远发展的管理。

（3）信息系统安全标准

标准是技术发展的产物，它又进一步推动技术的发展。完整的信息系统安全标准体系是建立信息系统安全体系的重要组成部分，也是信息系统安全体系实现规范化管理的重要保证。

信息系统安全标准是对信息安全系统的安全技术和安全管理的机制、操作和界面的规范，是从技术和管理方向，以标准的形式对有关信息安全的技术、管理、实施等具体操作进行的规范化描述。

除了信息安全标准对信息安全的技术、管理、实施进行规范之外，国家及行业的相关安全标准规范也明确地规定了安全目标和安全需求。因此，机构在构建信息系统之前，必须先明确机构的安全目标和安全需求，确保将要实现的信息系统安全特性符合机构的目标，此时，国家法律法规和标准规范将作为制定安全目标和安全需求的重要依据。

2.1.2　信息系统面临的威胁

信息系统安全的风险指对信息系统的组成要素及其功能造成某种损害的潜在可能。下面从不同角度介绍信息系统安全风险的特征。

（1）依据来源分类

自然灾害威胁。自然灾害是不以人的意志为转移的一些自然事件，如台风、地震、雷电、洪涝和火灾等。

虽然不能阻止这些灾害的发生，但可以通过技术或管理手段避免或降低灾害带来的损失。例如，采取防雷、防火、防水和防地震以及自然灾害预防方案等。

意外人为威胁。意外人为威胁主要由系统内部人员（设计人员、操作人员和管理人员等）的操作不当或失误引起的。这种威胁的发生是偶然的，但是时有发生的，并且存在于信息系统开发的整个生命周期中。安全专家经过长期研究得到一个结论：无论是私人机构还是公共机构，大约 65% 的损失是由于无意的错误或疏忽所造成的。

有意人为威胁。有意人为威胁主要来自两种情况，即好奇心人为威胁和敌意性人为威胁。前者通常由一些好奇心强者实施，后者往往由竞争对手、泄愤者和间谍等实施。

（2）依据作用对象分类

针对信息的威胁是指偶然地或故意地造成信息系统中信息在如下几个方面的损失。

机密性（confidentiality）。数据在传输或存储时有被非法截取的可能，就会形成机密性威胁，如被监听、被分析等。提高信息机密性的方法有数据加密、进行访问控制以及对访问者进行身份验证等，以保证数据不被非授权者知晓。

完整性（integrity）。完整性威胁是指数据在传输或存储过程中被篡改、被丢失或被破坏的可能。为了保护数据的完整性，可以进行数据的完整性校验以及认证等，可以发现数据是否被篡改，进而可以进行数据的恢复。

可用性（availability）。可用性指保障合法用户正常使用信息的能力。例如，拒绝访问的攻击，导致了合法用户正常访问信息资源的能力丧失。

真实性（authenticity）。真实性主要是指接收方所具有的辨认假冒和抗拒否认的能力。

因此，针对信息（资源）的威胁可以归结为以下 3 类。

信息破坏。非法取得信息的使用权，删除、修改、插入、恶意添加或重发某些数据，以影响正常用户对信息的正常使用。

信息泄密。故意或偶然地非法截获或分析某些信息系统中的信息，造成系统数据泄密。

假冒或否认。假冒某一可信任方进行通信或者对发送的数据事后予以否认。

针对系统的威胁包括对系统硬件的威胁、对系统软件的威胁和对系统使用者的威胁。

对于通过线路、计算机网络以及主机、光盘、磁盘等的盗窃和破坏都是对信息系统实体的威胁。计算机病毒等恶意程序是对系统软件的威胁，流氓软件等是对系统访问者的威胁等。通过旁路控制，躲过系统的认证或访问控制进行未授权的访问等。通过对系统的威胁可以使系统运行不正常或瘫痪，丧失可用性。

（3）依据方法分类

针对信息系统的威胁有许多方法或手段，下面是几种主要的威胁方法。

信息泄露（information leakage）。信息泄露指系统的敏感数据有意或无意地被未授权者知晓。信息泄露的主要途径包括：① 在传输中利用电磁辐射或搭接线路的方式窃取；② 授权者向未授权者泄露，例如，一个公司职员用文件名传输公写的秘密文件的同时，对文件名编码，使公司的正常秘密文件传输信道被乱用为隐蔽的泄密信道；③ 存储设备被盗窃或盗用，即未授权者利用特定的工具捕获网络中的数据流量、流向、通行频带、数据长度等数据并进行分析，从中获取敏感信息。

扫描（scanning）。扫描是指利用特定的软件工具向目标发送特制的数据包，对响应进行分析，以了解目标网络或主机的特征。

入侵（intrusion）。入侵即非授权访问，是指没有经过授权（同意）就获得系统的访问权限或特权，对系统进行非正常访问，或擅自扩大访问权限越权访问系统信息。主要的非授权访问形式有如下几种：① 旁路控制，即攻击者利用系统漏洞绕过系统的访问控制而渗入系统内部；② 假冒，即某个未经授权的实体通过出示伪造的凭证骗取某个系统的信任，非法取得系统访问权或得到额外的特权；③ 口令破解，即利用专门的工具穷举或猜测用户口令；④ 合法用户的非授权访问，即合法用户进入系统后擅自扩大访问权限或越权访问。

拒绝服务（denial of service）。拒绝服务指系统可用性因服务中断而遭到破坏。拒绝服务攻击常常通过用户进程消耗过多的系统资源造成系统阻塞或瘫痪。

抵赖（denial）。通信一方由于某种原因而实施的下列行为都称为抵赖：发送方事后否认自己曾经发送过某些消息；接收方事后否认自己曾经收到过某些消息；发送方事后否认自己曾经发送过某些消息的内容；接收方事后否认自己曾经收到过某些消息的内容。

滥用（mis-use）。滥用泛指一切对信息系统产生不良影响的活动，主要表现为传播恶意代码。恶意代码是一些对于系统有副作用的代码，它们或者独立存在，或者依附于其他程序（如计算机病毒、特洛伊木马、逻辑炸弹等），进行大量复制系统资源或删除、修改等破坏性操作，或执行窃取敏感数据的任务。

复制和重放（copy and replay）。攻击者为了达到混淆视听、扰乱系统的目的，常常先记录系统中收发信息，然后在适当的时候复制、重放，使系统难辨真伪。例如，C 实体截获了B 实体发往 A 实体的订单，然后重复地向 A 发送复制的订单，使得 A 的工作出现混乱。

不良信息（deleterious information）。发布或传播不良信息，如发布垃圾电子邮件，传播包括色情、暴力、毒品、邪教、赌博等内容的信息。

2.1.3　信息系统的脆弱性

1. 信息系统脆弱性的根源

信息系统的脆弱性（vulnerability）是指从自身分析信息系统被威胁而出现异常的各种根源和因素。脆弱性导致系统呈现一些薄弱环节或漏洞。任何威胁都是因为系统本身具有薄弱环节或漏洞才形成或出现的。信息系统脆弱性的根源很多，下面是一些主要方面。

（1）基于信息属性的本源性脆弱

区别于物质和能量，信息具有依附性、多质性、非消耗性、可共享性（可重用性）、易伪性、聚变性和增殖性。在研究信息系统的安全时，主要关注信息的依附性、多质性、可共享性和易伪性。对于现代信息系统来说，信息往往以数字形式传输和保存。这种虚拟性使得信息系统更易被复制，更易被改变。

（2）基于系统复杂性的结构性脆弱

人类信息系统出现于人类起源，而它的发展水平是随着科学技术的进步而不断提高的，是随着人类对信息资源的需求不断增长而进步的。穴石记事、结绳记事、文字纸张、算盘、烽火、电报、计算器、电话、计算机、网络都是人类信息工具的阶段性产物，是不同时期信息系统的重要组成要素。可以看出，由于信息系统在社会生活中的地位越来越重要，人们总是不断用最先进的技术武装它。同时，为了使它的功能不断强大，还采用了综合性技术，其中主要是信息处理技术和信息传输技术。这些技术综合性应用的结果是，信息系统不断趋于复杂。

信息系统除了技术上的复杂性外，功能的扩充和需求的扩展，使其规模也越来越大。这就是人们常说的80%的人只使用其中20%的功能。一般来说，系统规模越大、越复杂，设计、建造和管理的难度就越大，所包含的漏洞就越多，系统就越脆弱。例如，Windows操作系统尽管推出已经有十几年之久，但其漏洞还是不断被发现。

信息系统安全是一个多种要素的复杂集成，是一种"互动关联性"很强的安全。按照木桶原理，整体的脆弱性等于最薄弱处和最薄弱时刻的脆弱性，只要有一处存在安全隐患，系统就存在安全隐患；只要有1%的不安全，就等于100%的不安全；只要某个时刻表现出脆弱，系统就是全程的脆弱。

（3）基于攻防不对称性的普通性脆弱

在这个充满竞争的时代，攻击与防御相伴而生并且永不会完结。不过，防御往往要比攻击付出更多的代价，因为攻击可以在任意时刻发起，防御必须随时警惕；攻击可以选择一个薄弱点进行，防御必须全线设防；攻击包含了对未知缺陷的探测，防御只能对已知的攻击进行防御；攻击常在暗处，具有隐蔽性，防御常在明处，表面看来完美，使人容易疏忽，丧失警惕；攻击可以肆意进行，防御必须遵循一定的规则进行。

信息系统在社会中的重要地位导致它不断受到花样翻新的攻击。而威胁和脆弱性是一个相对的概念。攻与防之间的严重不对称导致了系统脆弱性的上升，增加了防御的难度和成本。同时，在攻击与防御的相互博弈中，信息系统的安全是一个动态的概念，因而不可能一劳永逸地解决。

（4）基于网络的开放和数据库共享的应用性脆弱

现代信息系统是基于信息处理和信息传输技术的。现代信息处理的重要支撑技术是数据库技术，现代通信技术的支持是电磁通信和计算机网络。而数据库的共享性、电磁通信的易攻击性和计算机网络的开放性，都使信息系统显得非常脆弱。

2. 信息系统脆弱性的表现

信息系统的脆弱性表现为安全漏洞（也称bug）。如前所述，计算机的安全漏洞是全方位的，也是动态的。下面介绍几个主要的方面。

（1）芯片的脆弱性

安全漏洞不仅存在于软件之中，还存在于硬件之中，特别是芯片中。1997年法新社在一篇报道中就引用了Intel公司发言人汤姆沃尔德的一段话：我们已经确认奔腾和具有多媒体扩展（MMX）技术的奔腾处理器芯片存在一处新的缺陷。这个缺陷导致当操作者取得特权发出一个特殊指令时，系统将会死机。

（2）操作系统安全漏洞

操作系统是对计算机系统的软硬件资源进行管理、控制的大型综合软件，是计算机系统运行的基础，操作系统的安全漏洞是计算机系统不安全的重要原因。根据国际权威组织SANS和FBI于2003年公布的安全漏洞报告，在Internet的安全漏洞中，排在前20名的几乎都是操作系统的漏洞。

从理论上说，任何实际运行的操作系统都会有各自的漏洞。下面列举操作系统的脆弱性的一些共性方面：

后门式漏洞。后门或称陷门（trap door）是一种操作系统的无口令入口，由一段程序实现，通常是系统开发者为调试、测试、维修而设置的简便入口。例如，在特定的时间按下特定的键或提供特定的参数，就会对预定的事件或事件序列产生非授权的影响。后门的发现是非常困难的。因此，攻击者常挖空心思地设计后门，形成隐蔽的信道监视系统运行或伺机对系统发起攻击。例如，操作系统提供的调试器（debug）、向导（wizard）以及 daemon 软件，都有可能被攻击者利用而进入系统。

"补丁"式漏洞。操作系统支持动态连接。因此，操作系统才可以动态地安装 I/O 驱动程序和其他系统服务，也才能通过打"补丁"的方式修补安全漏洞。当然，也为攻击者提供了用打"补丁"的方式来破坏系统的机会。

远程创建进程式漏洞。操作系统允许远程进程的创建和激活。由于被创建的进程可以继承创建进程的权力，就为攻击者在远程安装攻击软件提供了可能。例如，攻击者可以在远程把"补丁"打在一个特权用户上，使用这种特权对系统进行攻击。

（3）数据库的安全脆弱性

当前数据库系统设计时主要考虑的内容是数据的共享性、一致性、完整性和访问的可控制性，对于安全的考虑较少，这使数据库系统表现得比较脆弱。例如：

❑ 数据库中存放着大量数据，这些数据的重要性、机密性各不相同，而它们要被不同职责和权力的用户共享，这是十分不安全的。

❑ 数据库数据的共享性可能导致一个用户对数据的修改影响其他用户的正常使用。

❑ 数据库一般不保存历史数据，一个数据被修改，旧值就会被破坏。

❑ 联机数据库可以被多用户共享，可能会因多个用户操作而使数据的完整性破坏。

（4）计算机网络的安全脆弱性

计算机网络是通信技术与计算机技术相结合的产物，它的脆弱性主要表现在如下几个方面：

❑ 传输中的脆弱性，如电磁辐射、串音干扰、线路窃听等。

❑ 网络体系结构的开放性脆弱。一个计算机网络要连接多个用户，这本身就是一个不安全因素。特别是对于目前已经普遍使用的 TCP/IP 来说，由于当初主要考虑的是网络互联和传输的效率问题，没有很好地解决安全问题，所以安全的薄弱环节较多。

❑ 网络服务的安全脆弱性。例如，Web 服务、FTP 服务、电子邮件服务、DNS 服务、路由服务、Telnet 服务等都分别存在自己的漏洞或安全问题。

3. 健壮的信息系统

健壮的信息系统可以支持高并发。在操作系统中，并发是指一个时间段中有几个程序都处于已启动运行到运行完毕之间的状态，且这几个程序都在同一个处理机上运行，但在任一时间点上只有一个程序在处理机上运行。并发环境下，由于程序的封闭性被打破，出现了新的特点：程序与计算不再一一对应，一个程序副本可以有多个计算。并发程序之间有相互制约关系，直接制约体现为一个程序需要另一个程序的计算结果，间接制约体现为多个程序竞争某一资源，如处理机、缓冲区等。并发程序在执行中是断续推进的。

我们在调整和完善信息系统的过程中，首先要确定调整目标，找到系统瓶颈。可以通过监控手段来实现这个目的。监控目标主要分为四个：硬件资源、操作系统、数据库和应用软件。各个部分需要同时监控。数据可通过日志或监控工具进行收集。

健壮的信息系统的数据是稳定的。数据备份是容灾的基础，它是指为防止系统出现操作失误或系统故障导致数据丢失，而将全部或部分数据集合从应用主机的硬盘或阵列复制到其他存储介质的过程。传统的数据备份主要是采用内置或外置的磁带机进行冷备份。但是这种方式只能防止操作失误等人为故障，而且其恢复时间也很长。随着技术的不断发展和数据的海量增加，不少企业开始采用网络备份。网络备份一般通过专业的数据存储管理软件结合相应的硬件和存储设备来实现。更多并发、监控和备份技术详见第9章。

2.1.4 移动智能终端系统安全威胁

随着信息技术和网络技术的发展与普及，智能终端呈现出迅猛发展趋势。中国互联网络信息中心日前发布的数据显示，中国手机网民规模呈现指数形势增长。其中智能手机网民规模达到六成。美国市场研究公司 Forrester 预测，智能手机用户数量在未来两年内将达到 10 亿。美国市场研究公司 Nielsen 的统计数据显示，美国智能手机覆盖率为 50%，其中就操作系统而言，Android 仍居首位，iOS 位居第二。这两个系统基本占据了智能手机操作系统的所有市场。智能终端的使用已经引起各类提供网络信息服务企业的关注，他们纷纷将自己的软件系统移植到智能终端上或者开发专用的智能终端应用软件。智能终端一般具有 GPS（用于测量准确位置），加上扬声器和通信功能，极易变成远程可控制的窃听设备。例如，FlexiSpy 公司提供基于智能手机的窃听产品，苹果公司提供服务帮助用户寻找丢失的手机。智能终端里还有连接电子邮件服务器的用户名、口令及其他凭证信息，攻击者可以借此进一步攻击企业网络。

许多政府、军方、企业组织禁止员工在工作时访问公用网络，使得他们只能在个人智能终端上进行这些活动，这导致原本管理员可以监控的行为呈现一个失控的状态，并且使用者通常觉察不到智能终端已经遭到攻击。

现在智能终端上常用的防火墙策略是采用黑名单或白名单。黑名单的问题是会漏掉某些恶意网站，而白名单的问题是，任意一个曾经可信的网站都有可能出错或被攻击，进而变成攻击跳板。例如，2009 年 9 月访问纽约时报网站的读者受到一个恶意广告的攻击，欺骗用户安装一个假的杀毒软件。许多用户用智能终端与朋友、同事和社会网络联系，因此，他们希望终端系统应非常可靠，可以保护他们的个人信息（包括联系人、电子邮件、日程、照片、位置等）。他们希望个人信息不会被暗中泄露，通信费用不会无端产生，移动终端应该随时可以使用，即使在安装新的应用之后。另一方面，尽管移动终端较 PC 更为个人化和重要，但是移动用户不希望被复杂的安全机制影响，也不希望必须通过专业技术才能安全使用自己的移动终端。当然，他们更不希望，反病毒软件扫描移动终端时，必须等待扫描结束，才能拨打电话。当前的智能终端通常采用时钟频率高于 1GHz 的 ARM 处理器，有的设备中采用双核或四核的 CPU 甚至更高的时钟频率。它们具有 GB 级别的存储器和百兆级别的网络通信，比很多桌面计算机配置高且速度快。很多厂商的智能终端已经或即将采用UNIX类的操作系统，安全界研究人员已经开始关注智能终端的安全性，他们将把虚拟化、安全启动、信息流控制、多级安全等安全特性应用到智能终端中。

从上述分析可以看出，智能终端本质上是计算机，智能终端目前已经成为安全攻击的重要目标。对于智能终端而言，主要的安全威胁包括：

❏ 基于网站和网络的攻击。此类攻击通常是因为访问恶意网站或非法网站而引发的。
❏ 恶意软件。这种软件包括传统手机病毒、手机蠕虫病毒、特洛伊木马病毒等。
❏ 社会工程学攻击。此类攻击（如钓鱼攻击）利用社会工程学诱使用户泄露敏感信息或诱导用户在手机上安装恶意软件。
❏ 网络可用资源和服务滥用。此类攻击的目的是滥用智能终端相关的网络、计算或身份资源而达到非法目的。
❏ 恶意和无意的数据丢失。当员工或黑客从受保护的智能终端或网络中获取敏感信息时，通常会导致数据丢失。
❏ 对智能终端数据完整性的攻击。攻击者在未得到数据所有方允许的情况下试图对数据进行破坏或修改。因此，智能终端应具有一个系统级的安全模型，提供合适的安全机制，管理哪些应用可以安装，以及它们可以在终端上做哪些事情。后面章节将针对当前主流智能终端系统，对其安全模型及安全机制进行分析。

2.2 加密技术

加密方法是使用算法和密钥加密信息的方法。加密体制通过采用适当的加密方法使得通信双方能在不安全的信道上进行信息的秘密交换。一种加密体制由使用适当的密钥把明文转变成密文的方法和它的反过程组成。密钥是完成转换的基本因素。

2.2.1 加密技术概述

1. 信息加密技术的分类
从不同的角度根据不同的标准，可以把密码分成若干类。

（1）按应用技术或历史发展阶段划分

手工密码。以手工完成加密作业，或者以简单器具辅助操作的密码，叫作手工密码，第一次世界大战前主要使用这种作业形式。

机械密码。以机械密码机或电动密码机来完成加解密作业的密码，叫作机械密码。这种密码在第一次世界大战到第二次世界大战期间得到普遍应用。

电子机内乱密码。通过电子电路，以严格的程序进行逻辑运算，以少量制乱元素生产大量的加密乱码，因为其制乱是在加解密过程中完成的而不需预先制作，所以称为电子机内内乱密码。这种密码从 20 世纪 50 年代末期出现到 70 年代广泛应用。

计算机密码。计算机密码以计算机软件编程进行算法加密为特点，适用于计算机数据保护和网络通信等广泛用途的密码。

（2）按保密程度划分

理论上保密的密码。不管获取多少密文和有多大的计算能力，对明文始终不能得到唯一解的密码，叫作理论上保密的密码，也叫作理论不可破的密码，随机一次一密的密码就属于这种。

实际上保密的密码。在理论上可破，但在现有客观条件下，无法通过计算来确定唯一解的密码，叫作实际上保密的密码。

不保密的密码。在获取一定数量的密文后可以得到唯一解的密码，叫作不保密的密码。例如，早期单表代替密码、后来的多表代替密码及明文加少量密钥等密码，现在都称为不保密的密码。

（3）按密钥方式划分

对称式密码。对称式密码也称单密钥密码，收发双方使用相同的密钥，传统的密码都属于此类。

非对称式密码。非对称式密码也称双密钥密码，收发双方使用不同的密钥，现代密码中的公共密钥密码就属于此类密码。

（4）按明文形态划分

模拟型密码。模拟型密码，用以加密模拟信息，如对动态范围之内连续变化的语音信号加密。

数字型密码。数字型密码用于加密数字信息，对两个离散电平构成 0 和 1 二进制关系的电报信息进行加密。

（5）按加密范围划分

分组密码。其加密方式是首先将明文序列以固定长度进行分组，每一组明文用相同的密钥和加密函数进行运算。一般为了减少存储量和提高运算速度，密钥的长度有限，因而加密函数的复杂性成为系统安全的关键。分组密钥常用香农所提出的迭代密钥体制，把一个密钥技术强度较弱的函数经过多次迭代后获得强的密钥函数，每次迭代称为一轮，每一轮由上一轮的输出和本轮密钥经过替代盒进行加密。每一轮的子密钥都不同，由主密钥控制下的密钥编排算法而得到。分组密码设计的核心是构造既具有可逆性又有很强的非线性的算法。加密函数重复地使用了代替和置换两种基本的加密变换。香农于 1949 年发现了隐蔽信息的两种技术：混乱和扩散。混乱是改变信息块使输出位和输入位无明显的统计关系；扩散是将明文位和密钥的效应传播到密文的其他位。另外，在基本加密算法前后，还要进行移位和扩展。

序列密码。序列密码的加密过程是把报文、话音、图像和数据等原始信息转换成明文数据序列，然后将它同密钥序列行逐位加密，生成加密序列发送给接收者。接收者用相同密钥序列进行逐位解密来恢复明列。序列密码的安全性主要依赖密钥序列，密钥序列是由少量的置乱（密钥）通过密钥序列产生器产生的大量伪随机序列。布尔函数是密钥序列产生器的重要组成部分。

（6）按编制原理划分

密码可分为移位、代替和置换3种以及它们的组合形式。古今中外的密码，不论其形态多么繁杂，变化多么巧妙，都是按照这3种基本原理编制出来的。移位、代替和置换这3种原理在密码的编制和使用中相互结合，灵活应用。

2. 信息加密方式

数据加密技术是所有网络上通信安全所依赖的基本技术。数据加密有3种方式：链路加密方式、节点对节点加密方式和端对端的加密方式。

链路加密方式。一般网络通信安全主要采取这种方式。链路加密方式就是把网络上传输的数据报文每一个比特进行加密，不但对数据报文正文加密，而且把路由信息、校验和等控制信息全部加密。因此，当数据报文传输到某个中间节点时，必须被解密以获得路由信息和校验和，进行路由选择、差错检测，然后再被加密，发送给下一个节点，直到数据报文到达目的节点为止。链路加密方式只对通信链路中的数据加密，不对网络节点内的数据加密。中间节点上的数据报文是以明文出现的，而且要求网络中的每一个中间节点都要配置安全单元（信息加密），相邻两个节点的安全单元使用相同的密钥。它的优点在于不受由于加、解密对系统要求的变化等的影响，容易采用；缺点是需要目前公共网络提供者配合、修改它们的交换节点，使用起来不太方便。

节点对节点加密方式。在中间节点安装用于加、解密的保护装置，可以解决节点中数据是明文的缺点，由这个装置来完成一个密钥向另一个密钥的变换，节点不会再出现明文，但是它和链路加密方式一样有一个共同的缺点，就是需要目前公共网络提供者配合、修改它们的交换节点，增加安全单元或保护装置。

端对端加密方式。由发送方加密的数据在没有到达最终目的地接收节点之前是不被解密的，加、解密只是在源、目的节点进行。这种方式可以实现按各通信对象的要求改变加密密钥以及按应用程序进行密钥管理等，而且采用此方式可以解决文件加密问题。链路加密方式是对整个链路的通信采取保护措施，而端对端加密方式则对整个网络系统采取保护措施。因此，端对端加密方式是未来的发展趋势。

2.2.2 标准加密算法

1. 基于共享密钥的加密方法及技术

基于共享密钥的加密方法又称为对称密钥加密方法。对称密码学的基本思想是共享密钥。例如，用户 Alice 和 Bob 相互通信，采用双方共享的密钥和对称密钥加密方法保护消息，攻击者 Eve 即使截获密文，也会因为没有适当的密钥不能得到任何关于通信内容的有效信息。通常使用流密码（stream cipher）和分组密码（block cipher）实现对称密钥加密。

（1）流密码

流密码又称序列密码，是对称密码学中的重要体制之一，它的起源可以追溯到20世纪20年代的 Vernam 密码。Vernam 密码简单且易于实现，Vernam 密码的关键是生成随机的密钥序列。

流密码是一种方便快捷的加密方法，在现实中得到了广泛的应用。RC4 密码是目前普遍使用的流密码之一，是美国麻省理工学院 Ron Rivest 于 1987 年设计的密钥长度可变的流密码算法。RC4 密码不仅已经应用于 Microsoft Windows 和 Lotus Notes 等应用程序中，而且应用于安全套接层（Secure Sockets Layer，SSL）保护 Internet 的信息流，还应用在无线局域网通信协议 WEP（Wired Equivalent Privacy）以及蜂窝数字数据包规范中。在数字蜂窝 GSM（Group Special Mobile）移动通信系统中，A5 密码被用于加密从电话到基站的信息。

（2）分组密码

分组密码满足 $M = C = \{0, 1\}^n$，n 称为密码的分组长度。这是一个二元分组密码的概念，一般地，码元不限于二元，且 M 和 C 的长度不一定相等。对于密钥 k，加密函数 E 是 $\{0, 1\}^n$ 上的一个置换，消息空间由分组长度为 n 的 $2n$ 个明文消息构成。分组密码的加密原理是：将明文按照某一规定的 n 比特长度分组，最后一组长度不够时要用规定的值填充，使其成为完整的一组，然后使用相同的密钥对每一分组分别进行加密。典型的分组加密方法有 DES、三重 DES、AES 和 IDEA 等。

1973 年，美国国家标准局（National Bureau of Standards，NBS）公开征集用于保护商用信息的密码算法，并于 1975 年公布了数据加密标准（Data Encryption Standard，DES）。随后人们陆续设计了许多成熟的分组密码算法，如 IDEA、SAFER、Skipjack、RC5、Blowfish、Rijndael 等。分组密码的核心问题是设计足够复杂的算法，以实现香农提出的混乱和扩散准则。数据加密标准 DES 是最著名的、使用最广泛的对称密钥分组加密算法。1977 年 1 月 15 日美国联邦信息处理标准版 46（FIPS PUB 46）中给出了 DES 的完整描述。DES 算法首开先例成为了第一代公开的、完全说明实现细节的商业级现代算法，并被世界公认。

DES 处理比特的明文分组并产生 64 比特的密文分组。密钥的有效大小为 56 比特，更准确地说，输入密钥 64 比特，其中 8 比特（8，16，…，64）可用做校验位。DES 加密过程要经过 16 轮迭代，从 56 比特的有效密钥生成 16 个子密钥 $\{k_1, k_2, \cdots, k_{16}\}$，每个子密钥 k_i 的长度是 48 比特，在 16 轮迭代中使用。解密和加密采用相同的算法，并且所使用的密钥也相同，只是各个子密钥的使用顺序不同。

DES 已走到了它生命的尽头，56 比特密钥实在太小，三重 DES 只是在一定程度上解决了密钥长度的问题。另外，DES 的设计主要针对硬件实现，而今在许多领域都需要有软件的实现方法，在这种情况下，DES 的效率相对较低。1997 年 4 月 15 日，美国国家标准技术研究所 NIST 发起征集高级加密标准（Advanced Encryption Standard，AES）算法的活动，并成立了 AES 工作组，目的是确定一个非保密的、公开披露的、全球免费使用的加密算法，用于保护 21 世纪政府的敏感信息。AES 的基本特点是：比三重 DES 快，至少和三重 DES 一样安全，分组长度为 128 比特，密钥长度为 128/192/256 比特。

2000 年 10 月，美国国家标准技术研究所 NIST 选择 Rijndael 密码作为高级加密标准 AES。Rijndael 密码是一种迭代型分组密码，由比利时密码学家 Joan Daemon 和 Vincent Rijmen 设计，使用了有限域上的算术运算。数据分组长度和密钥长度都可变，并可独立指定为 128、192 或 256 比特，随着分组长度不同，迭代次数也不同。Rijndael 密码可在很多处理器和专用硬件上高效地实现。

国际数据加密算法（International Data Encryption Algorithm，IDEA）是由瑞士联邦理工学院的 Xuejia Lai 和 James Massey 于 1990 年提出的，能够抵抗差分密码分析。IDEA 算法使用 128 比特的输入密钥 k，将 64 比特的明文分组 m 加密成 64 比特的密文分组 c。著名的电子邮件安全软件 PGP（Pretty Good Privacy）就采用了 IDEA 算法进行数据加密。

2. 基于公钥的加密方法及技术

公钥密码学的基本思想是公开密钥。为了保证公钥密码系统的安全，必须确保从公钥 ke 计算私钥 kd 是不可行的，密钥空间足够大，存在有效的算法实现随机选择密钥。公钥密码的安全性取决于某些困难问题的难解性。公钥密码中常见的难解问题有大整数分解问题、离散对数问题、椭圆曲线上的离散对数问题等。RSA、ElGamal 和 ECC 都是公钥加密方法的典型代表。

1977 年美国麻省理工学院的三位数学家 Ron Rivest、Adi Shamir 和 Len Adleman 成功地设计了一个公钥密码算法，该算法根据设计者的名字被命名为 RSA 算法。在其后的 30 年中，RSA 成为世界上应用最为广泛的公钥密码算法。RSA 密码的安全性基于大整数分解的困难性。若已知两个大素数 p 和 q，求 n 是容易的，而由 n 求 p 和 q 则是困难的，这就是大整数分解问题。RSA 算法分为密钥生成、加密和解密 3 个阶段。

1985 年，Koblitz 和 Miller 分别提出利用椭圆曲线来开发公钥密码体制。椭圆曲线密码（Elliptive Curve Cryptography，ECC）的安全性基于椭圆曲线离散对数求解的困难性。目前普遍认为，椭圆曲线离散对数问题要比大整数因子分解和有限域上的离散对数问题难解得多。椭圆曲线是满足一类方程的点的集合，通过在点间定义一种特殊的运算，可以得到一个群，称为椭圆曲线群。

与 RSA 密码相比，ECC 密码能用较短的密钥实现较高的安全性。就是说，要达到同样的安全强度，ECC 算法所需的密钥长度远比 RSA 算法短，并且随着加密强度的提高，ECC 的密钥长度变化不大。

2.2.3 密钥管理

19 世纪荷兰语言学家 Auguste Kerckhoffs Von Nieuwenhoff 在他的著作《La Crypthographie Militaire》中首先提出了密码分析学的 Kerckhoffs 原则：攻击者可以知道密码系统的所有细节，包括算法及其实现过程，而密码系统的安全完全依赖于密钥的安全。

（1）基于共享密钥系统的密钥管理方法及技术

密钥必须经常更换，这是安全保密所必需的。否则，即使采用很强的密码算法，同一份密钥使用时间越长，攻击者截获的密文越多，破译密码的可能性就越大。密钥管理就是要在参与通信的各方中建立密钥并保护密钥的一整套过程和机制。密钥管理包括密钥产生、密钥注册、密钥认证、密钥注销、密钥分发、密钥安装、密钥储存、密钥导出及密钥销毁等一系列技术问题。密钥管理的目的是确保使用中的密钥是安全的，即保护密钥的秘密性，防止非授权使用密钥。许多标准化组织提出了一些密钥管理技术的标准，如 ISO 11770-X

和 IEEE 1363。

　　每个密钥都有其生命周期，有其自身的产生、使用和消亡的过程。在密钥的生命周期中有 4 个主要的状态：即将活动状态（pending active）、活动状态（active）、活动后状态（post active）和废弃状态（obsolete）。在即将活动状态中，密钥已经生成，但还未投入实际使用。活动状态是密钥在实际的密码系统中使用的状态。在活动后状态中，密钥已不能像在活动状态中一样正常使用了，如只能用于解密和验证。废弃状态是指密钥已经不可使用了，所有与此密钥有关的记录都应被删除。

　　密钥安全概念分为两级：第一级是长期的密钥，称为主密钥；第二级和一次会话有关，称为会话密钥。主密钥的管理涉及密钥的产生、注册、认证、注销、分发、安装、储存、导出及销毁等一系列技术问题。会话密钥只与当前的一次会话有关，是为了保证安全通信会话而建立的临时性密钥。所谓密钥的建立就是参与密码协议的双方或多方都得到可用的共享密钥的过程。主密钥的建立由专门的密钥管理机构完成，会话密钥的建立则由参与会话的各方协商完成。密钥的建立是信息安全通信中的关键问题，对安全通信的实现有着重要的影响。下面着重介绍会话密钥的建立方法。

　　密钥的建立是一个复杂的过程，参与协议的各方可能用直接或者间接的方式进行交流，可能属于同一个信任域，也可能属于不同的信任域，还可能使用可信第三方（Trusted Third Party，TTP）提供的服务。

　　（2）基于公钥系统的密钥管理方法及技术

　　在公钥密码系统中，公钥是公开传播的。公钥的这种公开性为信息安全通信带来了深远的影响，同时为攻击者提供了可乘之机。例如，攻击者可以用一个假公钥替换用户的真实的公钥。因此，发展安全公钥密码系统的关键问题是如何确保公钥的真实性。我们将从密钥协商和公钥证书两个方面来讨论基于公钥密码系统的密钥管理方法和技术。

　　公钥密码系统的一个重要应用是分配会话密钥，使两个互不认识的用户可以建立一个共享密钥，然后双方就可以利用该共享密钥保障通信的安全。例如，Alice 和 Bob 相互发送消息，Alice 首先建立一个共享密钥 key，并用 Bob 的公钥 ke 加密 key 得到密文 c，然后把密文 c 传送给 Bob。接收方 Bob 用自己的私钥 kd 解密密文 c 得到共享密钥 key。最终，Alice 和 Bob 可以利用共享密钥 key 来保障双方会话的安全。在这种密钥建立的过程中，只有 Alice 对密钥的建立有贡献，Bob 只是被动地接收 Alice 发送的密钥。为了增加密钥的随机性，有时需要通信双方都对密钥的建立做出贡献。密钥协商就是这样的一种密钥建立方法。

　　（3）加密技术的应用

　　电子商务（E-business）要求顾客可以在网上进行商务活动，不必担心信用卡被盗用。之前，用户为防止信用卡的号码被窃取，需要通过电话订货，然后使用用户的信用卡进行付款。现在人们开始用 RSA（一种公开 / 私有密钥）加密技术，提高信用卡交易的安全性，从而使电子商务走向实用。

　　NETSCAPE 公司是 Internet 商业中领先技术的提供者，该公司提供了一种基于 RSA 和保密密钥的网络技术，称为安全插座层（Secure Sockets Layer，SSL）。

　　SSL3.0 用一种电子证书（electric certificate）来进行身份进行验证，之后双方就可以用保密密钥进行安全会话了。它同时使用"对称"和"非对称"加密方法，在客户与电子商务的服务器进行沟通的过程中，客户会产生一个 Session Key，然后客户用服务器端的公钥将 Session Key 加密，再传给服务器端，在双方都知道 Session Key 后，传输的数据都是以 Session Key 进行加密与解密的，但服务器端发给用户的公钥必须先向有关发证机关申请，以得到公证。

基于 SSL3.0 提供的安全保障，用户就可以自由订购商品并且给出信用卡号，也可以在网上和合作伙伴交流商业信息并且让供应商把订单和收货单从网上发过来，这样可以节省大量的纸张，为公司节省大量的电话、传真费用。在过去，电子信息交换（Electric Data Interchange，EDI）、信息交易（information transaction）和金融交易（financial transaction）都是在专用网络上完成的，使用专用网的费用大大高于互联网。更多加密方面的应用可参考第 7 章。

2.2.4 移动智能终端加密和保护技术

目前的智能终端操作系统主要由 iOS 系统和 Android 系统组成。本节主要针对这两个操作系统的加密技术进行阐述。

（1）基于 iOS 系统的移动终端加密和保护技术

由于 Apple 公司对 iOS 系统不采取开源策略，使得研究人员对其安全机制的深入了解变得十分困难。经过多年研究，一些安全研究人员给出了 iOS 系统的安全机制、安全模型和一些数据保护机制的细节，但是这些研究一方面只能通过逆向分析等方法，难以获取 iOS 系统内部的所有细节，另一方面，随着 iOS 系统的不断升级和更新，研究者也难以在短时间内掌握其改进和新机制的细节。同时，iOS 安全研究的另一大特点是黑客社区所做的研究和贡献更为突出。每次 iOS 的升级以及硬件设备的更新都伴随着一次对 iOS 越狱的研究高潮。iOS 越狱技术的研究者对 iOS 安全机制有更为深入的了解和实践。这些研究者们以开放的精神和坚持不懈的努力突破 Apple 公司为 iOS 系统设置的重重枷锁，不仅为其他研究者提供了大量的技术资料和源码，也使得 iOS 系统的安全性在攻防双方的较量中不断提升。

相较于 PC 等传统桌面设备，移动设备有着丢失、被盗、可能一直处于开机并且联网状态，因此 Apple 公司在 iOS 中引入了数据保护（data protection）技术来保护存储在设备 Flash 内存上的用户数据。从 iOS4 开始，Apple 公司就提供了数据保护应用程序接口给 iOS 应用程序开发者，用来更有效地保护好保存在文件与 keychain 中的数据。开发者只需要在声明哪些文件中的数据或者 keychain 里的项目是敏感数据并且在什么情况下才可以获取的。在程序源代码中，开发者使用代表着不同保护类的常量来标记这些受保护的数据和 keychain 项目，不同的保护类则以保护的是文件数据还是 keychain 项目、在什么条件下（手机是否解锁等）才启用保护来区分。

不同的保护类是通过一个层次结构的密钥体系实现的，在这个密钥体系中，每一个密钥都通过其他的一些密码和数据继承而来。iOS 系统结构的根部是 UID 密码与用户密码，UID 是一个设备唯一的、存在于板载加密运算器芯片里的数据，不可以直接被读取，但是可以用来加、解密数据。每当设备被解锁后，设备密码就会经过一个改进后的 PBKDF2 算法进行多次加密运算以生成设备密码（passcode key），设备密码会一直存在于内存中直到用户再次锁定设备后才会被销毁。UID密码还被用来加密一个静态字符串以生成设备密码（device key），设备密码用来加密各种代表着文件相关的保护类的类密码（class key）。有一些类密码也会同时经过设备密码加密，这样能保证该类密码只有在设备被解锁时才有效。数据保护应用程序接口（data protection API）用来让应用程序申明文件或者keychain项目在什么时候被加密以及通过向现有的应用程序接口中添加新定义的保护类标记使得这些加密后的文件或者keychain项目随时能重新被解密。要对某个文件进行保护，应用程序需要使用NS File Manager这个类的NS File Protect Key方法设置一个值，所有支持的值以及它们代表的含义如下：

- ❏ NS File Protection Complete。文件被保护，只有设备被解锁才能访问。
- ❏ NS File Protection Complete Unless Open。文件被保护，只有设备解锁后才能打开，但是打开后即使设备重新被锁定也可以继续使用和写入。
- ❏ NS File Protection Complete Until First。文件被保护，直到设备被成功启动并且用户输入登录密码完成验证。
- ❏ User Authentication。用户首次输入登录密码。
- ❏ NS File Protection None。文件不被保护，任何时刻都拒绝访问。

（2）基于Android系统的移动终端加密和保护技术

尽管Linux内核本身为Android平台提供了若干的安全特性，但是系统和用户数据在文件系统中都是以明文方式保存的，这为系统带来了不安全因素，例如，黑客在获取到设备后，由于文件系统没有密码保护，只要能够设法挂载文件系统，就可以绕过用户权限等控制，获取其中存储的数据。

Android系统中的文件系统加密功能是从3.0版本之后引入的新安全特性，该功能通过Linux内核中的dm-crypt模块实现。原生的Android系统只支持对数据（data）目录的加密，但是某些厂商对这个限制做了修改，除了对数据目录进行加密外，还支持对整个TF/SD卡进行加密操作，如三星的Galaxy Tab 2型号。

在Android 3.0之后的版本中，系统引入了完整的文件系统加密功能。系统可以使用内核中的dm-crypt模块对用户数据进行存储加密。加密采用128位的AES算法。为防止未经授权而访问用户数据，加密采用的密钥经过了重重保护。系统将用户输入的密码与一个随机种子结合，然后使用标准的PBKDF2算法使用SHA1重复地进行哈希计算，最后才会作为解密文件系统的密钥对文件系统进行解密，这样有效地防止对称密码猜测攻击（例如，"彩虹表"或"接力破解"）。为了防范密码词典破解攻击，Android系统允许系统管理员对密码的复杂程度进行规定，例如，必须含有大小写字母，必须包含数字等规定，以增强密码的安全性。文件系统加密只支持以用户输入密码的方式进行加密，并不支持图形方式的锁屏密码输入方式。

另外要注意的是，由于Android的文件系统加密依赖的内核模块dm-crypt只能在块设备层起作用，因此这种加密方式无法应用在YAFFS文件系统中，这是因为YAFFS文件系统在NAND Flash芯片的裸设备上进行各种操作。但是EMMC或类似的存储芯片是作为块设条挂载在内核中的，可以使用加密功能。

Android 系统的分区挂载的守护进程（volume daemon）叫作 vold，主要负责将各种存储设备（如 CMMC 或 SD/TF 卡等）挂载到文件系统的某个路径中，以便系统和用户使用。因此对加密文件系统的创建、挂载和卸载也可以在这里完成。

vold 针对加密文件系统增加一个新的卷标命令类，该类支持以下命令调用：检查密码；重新挂载；检查加密工作是否完成；将一个卷设为加密卷，修改密码；验证密码是否正确。

为了能够在系统启动时以图形方式使用用户输入加密文件系统的密码，开发者专门开发了一个在挂载加密文件系统前专门使用的临时框架。它不同于原来的框架，只实现了最少的功能以使用户可以输入密码并可以启动正式的框架。

为了实现挂载加密文件系统的工作，系统将所有的服务分配到了 3 个不同服务组中：核心（core）、主要（main）和后启动（late start）。其中，核心服务一旦启动后永远不会停止；主要服务在输入加密文件系统前需要关闭，并且在输入完毕后立即重新启动；后启动服务会在输入正确的磁盘密码且文件系统正确挂载到数据目录后才会启动。通过对这 3 个服务组的控制，实现了对数据分区进行加密的主要流程：关闭主要服务和后启动服务，卸载数据分区；将数据分区挂载到临时文件系统，然后启动主要服务和临时框架；对文件系统进行加密操作；停止主要服务和临时框架，卸载数据，然后挂载解密后的数据分区；启动主要服务和后启动服务。系统为此增加了相关属性，通过为这些属性赋予特定值可以触发系统进行以上操作。另外，系统增加了"class reset"的初始命令（init command）以停止服务进程，并且可以使用"class start"命令重新启动服务。如果使用旧的"class stop"命令，每个已经停止的服务会增加 SVC_DISABLED 状态标志，这样即使使用"class start"命令，该服务也不会启动。

2.3 认证技术

信息网络中相互通信的两个实体往往物理上相隔很远，甚至从未直接通信，那么一个实体如何确定是否真的在和另一个它所期望的实体通信，就显得十分重要。这正是认证及身份验证技术所要解决的问题。面对恶意的主动入侵者，鉴别远程实体的身份是困难的，密码学通常能为认证及身份验证提供良好的安全保证。

2.3.1 身份与认证

身份是实体在信息系统中的一种表示，用于区分不同的实体。一个实体指定一个唯一的身份表示。认证就是将某个身份与某个实体进行绑定。基于网络的认证机制要求实体向某个单一的系统进行认证，这个系统可以是本地的也可以是远程的。认证是具有传播性的。认证技术的共性是对某些参数的有效性进行检验，即检验这些参数是否满足某种预先确定的关系。身份认证是应用系统安全的第一道关口，是所有安全的基础。

（1）身份及身份鉴别

在信息安全系统中，某个身份对应某个用户。一个身份可以是一个任意个数的包含字母和数字的字符串表示的名字，它可能在某些方面是受限制的（如访问控制）。一个身份可以指由多个实体组成的一个主体，即群组。群组是可以快速对实体集执行访问控制和其他安全策略的一种简便的方法，可以作为把实体关联起来的基础。群组模型有静态模型和动态模型。如 Alice 属于某个实体集，就是静态模型，动态模型将实体集动态组建成分组。某个身份可能对应着一个角色集合。例如，当 UNIX 用户登录后，它们被分配到一个群组，成为该群组的成员。用户参与的每个进程都具有两种身份，即用户身份和群组身份。

身份鉴别是向信息安全系统表明某个身份的过程，是通过将一个证据与实体身份绑定来实现的。证据与身份之间是一一对应的关系。双方通信过程中，一方实体向另一方实体提供证据证明自己的身份，另一方通过相应的机制来验证证据，以确定该实体是否与证据所宣称的身份一致。

对身份标识符的信任一般通过证书实现，对证书的信任依赖于签证机构（Certification Authority，CA）的可信度以及 CA 隐含的信任保障等级。CA 隐含的信任保障等级可能很高，如颁发护照和办理签证的部门的信任保障等级就很高，而一个不知名的政府部门的信任保障等级就可能很低了。在基于桥 CA 的交叉证书和交叉认证技术中，CA 的可信度非常重要。桥 CA 是多信任域 PKI 体系（连接多个信任域）中的核心，是不同信任域之间的桥梁，主要负责为不同信任域的主 CA 管理交叉认证证书。通过交叉认证证书，每个 CA 的用户可以信任另外一个 CA 的用户，从而实现信任的扩展和互通。交叉认证依次让每一方根据交叉认证证书来仔细检查另一方事先颁布的身份审查策略、私钥保护策略、认证机构和目录基础设施操作策略等。可见，身份标识符和证书是相互关联的，关键点是身份标识符和证书都有信任方面的问题。

由 CA 产生的用户证书有两个特点：一是任何有 CA 公开密钥的用户都可以恢复并证实用户公开密钥；二是除了 CA 没有任何一方能不被察觉地更改证书。正是基于这两个方面的特点，证书是不可伪造的。因此证书可以放在一个目录内，而无需对目录提供特殊的保护。

（2）认证

当用户登录计算机、自动柜员机、电话银行系统，或者其他通信终端时，认证可以确认用户的身份，可以防止恶意用户对信息的主动攻击。

身份认证是某个实体证明他 / 她就是他 / 她所说的某个身份的过程。通过认证可以将一个实体绑定为信息安全系统内部的一个身份。认证与身份鉴别的区别在于，认证协议中 Alice 可以向 Bob 证明她是 Alice，但是任何其他人都无法向 Bob 证明她也是 Alice，即其他人不能在 Bob 面前冒充 Alice；身份鉴别协议中 Alice 可以向 Bob 证明她是 Alice，但是 Bob 无法从中得到额外的信息，以便向其他人证明他也是 Alice，即 Bob 不能在其他人面前冒充 Alice。

认证的方法主要有 4 种：① 实体知道一些信息，如身份证号码、个人识别码（Personal Identification Number，PIN）、出生日期（Date of Birth，DOB）等；② 实体拥有一些工具，如证章、信用卡、ID 卡和密钥等；③ 实体的本质特征，如指纹、声音、虹膜等；④ 实体的位置，如特定的大门、特殊的终端、特别的访问设备等。

认证系统至少由 3 个部分组成：第一部分为认证信息集合 A，用于生成和存储认证信息的集合；第二部分为补充信息集合 C，系统用于存储并验证认证信息的集合；第三部分为补充函数集合 F，根据认证信息生成补充信息的函数集合。还有两个可选部分：第四部分为认证函数集合 L，用于验证身份的函数集合；第五部分为选择函数集合 S，使得一个实体可以创建或修改认证信息和补充信息。

CA 颁发的证书可以标识身份。例如，个人可以从 3 种级别的 CA 获得证书（称为数字 ID）。级别 1 的 CA 认证个人 E-mail 地址，级别 2 的 CA 通过在线数据库对个人实名和地址鉴别，级别 3 的 CA 通过某种调查服务机构对背景进行检测。认证的目的有很多，其中两个主要目的是访问控制和可追查性。访问控制要求身份能用于访问控制机制以确定是否允许特定的操作或操作类型。可追查性要求身份能够跟踪所有操作的参与者，以及跟踪其身份的改变，使得参与者的任何操作都能被明确地标识出来。实现可追查性要依赖日志与审计两种技术。

2.3.2 身份验证技术

身份认证一般涉及识别和验证两个方面的内容。识别是指要明确访问者是谁，即必须对系统中的每个合法用户都有识别能力。要保证识别的有效性，必须保证任意两个不同的用户都不能具有相同的识别符。所谓验证是指在实体声称自己的身份后，信息安全系统对其所声称的身份进行确认，以防假冒。识别信息一般是非秘密的，而验证信息必须是保密的。身份验证技术是指计算机及网络系统确认操作者身份的过程所应用的技术手段。身份验证技术有很多形式，包括口令、质询 – 应答协议、利用信物的身份认证、生物认证等技术。

（1）口令

口令是与特定实体相关联的信息，用来证明实体所声称的身份确实属于该实体。基于口令的认证方法属于实体知道一些信息类型。实体提供一个口令，安全系统检查这个口令的有效性。如果这个口令和这个实体相关联，那么这个实体的身份被认证通过了；否则，这个实体被拒绝，认证失败。

另一种与口令类似、根据实体知道的信息进行身份认证的方法是：当某用户第一次进入系统时，系统向他提出一系列问题，如他曾就读的高中学校的全称、他父母的血型、他喜欢的作者名字以及他喜欢的颜色等。不是所有的问题都必须回答，但是，要回答足够多的问题。有些系统还允许用户添加他自己定义的一些问题与答案。系统要记住用户的问题与相应的答案，以后当该用户再访问系统时，系统就要向他提出这些问题，只要他能够正确地回答出足够多的问题，系统就认为该用户具有他所声称的合法身份。这种方法的优点是对用户比较友好，用户可以选择他非常熟悉而对其他人又不容易获得正确答案的信息作为问题，所以，它的安全性是有一定保障的。它的缺点是在系统与用户之间需要交换的认证信息比较多，有些时候觉得不方便或者比较麻烦。另外，这种方法还需要在系统中占据较大的存储空间来存储认证信息，认证时间也相应地长一些。它的安全性完全取决于对手对用户的背景知道多少，在高度安全的系统中，这种方法仍是不太适用的。

对口令最常见的攻击是字典攻击。字典攻击通过重复试验和连续排错的方法来猜测一个口令。对抗口令猜测的目的是最大限度地增加攻击者猜测出正确口令所花费的时间。

（2）质询－应答协议

随着网络应用的深入化和网络攻击手段的多样化，静态口令认证技术由于其自身的安全缺陷已不再适应安全性要求较高的网络应用系统。针对静态口令认证技术存在的安全缺陷，业界提出了一次性口令认证技术（one-time password authentication），也称为动态口令认证技术。动态口令认证是在登录过程中加入不确定因素，使每次登录时传送的认证信息都不相同，以提高登录过程安全性。一次性口令是质询－应答协议采用的方法之一，一个口令一旦使用就失效了。质询－应答协议采用的第二种方法是硬件支持的质询－应答程序，根据输入质询，硬件设备计算出一个适当的应答。

下面举例说明质询－应答协议，B 欲对 A 进行认证，首先 B 应该向 A 发出随机提问 Rand 作为质询，接着 A 就质询 Rand 计算认证参数 AP=fk (Rand) 作为应答，这里 f 是 A、B 事先约定的加密算法，k 是双方的共享密钥。收到应答后，B 进行同样的计算，以 AP 和 Rand 是否一致来确定 A 的身份。质询－应答协议的目的是对抗重放攻击。在质询－应答协议的每一步均有一个历史时间戳，保证了协议可以有效地抵抗重放攻击。质询－应答协议消除了传统口令认证技术的大部分安全缺陷，能有效抵抗传统口令认证技术所面临的主要安全威胁和攻击，为网络应用系统提供了更加安全可靠的用户身份验证保障。

（3）利用信物的身份认证

对于大多数人来说，利用授权用户所拥有的某种东西进行访问控制的方法并不陌生，我们经常使用这种方法。在日常生活中，几乎所有的人都有钥匙，有的用于开房门，有的用于开抽屉，有的用于开车子。对信息系统的访问控制也可以利用这种方法。我们可以在信息系统终端上加一把锁，使用该终端的第一步就是用钥匙打开相应的锁，然后进行相应的注册工作。但是，对于信息系统来讲，这种方法的最大缺点是它的可复制性。我们所用的普通钥匙是可以任意复制的，并且也很容易被人偷去。为了克服这个缺点，人们想了许多办法。

磁卡是目前广泛使用的一种设备，它是一个具有磁性条纹的塑料卡，这种卡已经广泛用于身份识别，如信用卡、校园一卡通、第二代身份证、公交卡，以及对安全区域的访问控制等。国际标准化组织（ISO）发布了相关标准，对卡的尺寸、磁条的大小等都有具体的规定，该组织还制定了几个其他的标准，对相应的数据记录格式也做了规定。

目前，人们常用的是智能卡。这种卡与普通磁卡的区别在于，这种卡带有智能化的微处理器与存储器，具有更高的防伪能力，一般不易伪造，因而更加安全。智能卡已经广泛地应用于我国银行、电信、交通等社会的各个方面，非接触式智能卡已被证明是处理大量交易最有效率的工具，最明显的例子是市政交通一卡通。市民持市政交通一卡通卡即可去部分便利店、超市、西饼屋、餐厅、药店、电影院刷卡消费，就可以实现日常生活中的交通出行以及日常生活的一卡付费，从而为市民提供了一种真正方便快捷的付费方式。

（4）生物认证

前面讨论了利用口令与信物进行身份认证的方法，由于口令会不经意地泄露，而信物又可能丢失或者被人伪造，所以，在对安全性要求较高的情况下，这两种方法都不太适用。为此，人们把注意力集中到了利用人类特征进行认证的方法上。

人类的特征可以分为两种：一种是人的生物特征，另一种是人的行为特征。使用生物特征作为身份证明与人类历史一样悠久。通过声音、外表来识别一个人，通过易容术来冒充一个人，这在古代就被广泛使用。法国在 1870 年前的四十多年中，一直使用着一种称作 Bertillon 的系统，它通过测量人体各部分的尺寸来识别不同的罪犯，如前臂长度、各手指长度、身高、头的宽度、脚的长度等。

生物认证是通过生物学特征和行为特征来辨识一个人的自动化方法。常用的特征有指纹、声音、眼睛、脸部、击键或者以上特征的综合。当给定用户一个账号，系统管理员要采用一系列的措施，在一个可接受的错误程度内识别该用户。只要该用户访问系统，生物认证机制就要验证用户的身份。只要与声明用户身份关联的已知数据进行比较，就可以确定该用户是得到认证还是被拒绝。人的特征具有很高的个体性，世界上几乎没有任何两个人的特征是完全相同的，所以这种方法的安全性极高，几乎不能伪造，对于不经意的使用也没有什么副作用，但一般来讲，采用这种方法的费用很高。

2.3.3 移动智能终端认证技术

移动智能终端的认证技术最容易被攻破。攻击者可能攻击软件系统中的一个弱点，而不是试图穿透一道坚固的防线。例如，一些密码算法需要很多年的时间才能攻破，因此攻击者不能攻击网络中的加密信道，取而代之，一个通信端点可能更加容易攻破。知道何时加固软件的弱点，意味着软件开发者需要知道软件是否足够安全。

（1）基于 iOS 系统的移动终端权限认证技术

iOS 继承了 UNIX 系统中传统的文件系统权限机制，把进程的权限按照用户、组来划分，绝大多数的 iOS 程序都以 mobile 权限运行。而且 iOS 针对传统的 UNIX 文件系统权限做出了改进，iPhone 曾经在 2009 年爆出的短信漏洞就是利用了非沙盒环境下的 iOS 系统进程 CommCenter 的漏洞，由于 CommCenter 具有 root 权限而被黑客利用获取了系统最高权限，而后 iOS 系统修复了这个漏洞，在权限系统里面增加了一个 wireless 用户，此后 CommCenter 不再以 root 权限运行而是以 W_wireless 身份运行了。

除了传统的 UNIX 文件系统权限机制，iOS 还引入了一种更为细化的权限作为补充，那就是权利字串（entitlement）。当应用程序进程需要访问系统的某项服务的时候，如请求发送短信，首先应用程序调用发送短信的 API，API 通过服务进程把应用程序的请求发送到负责管理短信发送的系统后台进程，系统后台进程会对请求调用 API 的进程进行审核，检查进程的权利字串是否包含允许发送短信的内容，如果没有，则会拒绝执行该 API 函数。

iOS 系统还应用了沙箱的安全机制，即系统下运行的所有第三方程序都必须处于沙箱的环境之下，处于沙箱中的程序无法访问沙箱外的任何资源或者文件，也无法对系统做出任何更改。应用程序在安装时会由系统分配一个随机名称的目录作为该应用程序的根目录，应用程序需要访问这个目录以外的资源或者文件必须要通过 Apple 提供的 API。

（2）基于 Android 系统的移动终端认证安全机制

Android 继承了 Linux 内核的安全机制，同时结合移动端的具体应用特点，进行了许多有益的改进和提升。

Windows 与 UNIX/Linux 等传统操作系统以用户为中心，假设用户之间是不可信的，更多考虑如何隔离不同用户对资源（存储区域与用户文件、内存区域与用户进程、底层设备等）的访问。在 Android 系统中，假设应用软件之间是不可信的，甚至用户自行安装的应用程序也是不可信的，因此，首先需要限制应用程序的功能，也就是将应用程序置于"沙箱"之内，实现应用程序之间的隔离，并且设定允许或拒绝 API 调用的权限，控制应用程序对资源的访问，如访问文件、目录、网络、传感器等。

Android 扩展了 Linux 内核安全模型的用户与权限机制，将多用户操作系统的用户隔离机制巧妙地移植为应用程序隔离。在 Linux 中，一个用户标识（UID）识别一个给定用户；在 Android 上，一个 UID 则识别一个应用程序。在安装应用程序时向其分配 UID。应用程序在设备上存续运行期间内，其 UID 保持不变。权限用于允许或限制应用程序（而非用户）对设备资源的访问。如此，Android 的安全机制与 Linux 内核的安全模型完美衔接。不同的应用程序分别属于不同的用户，因此，应用程序运行于自己独立的进程空间，与 UID 不同的应用程序自然形成资源隔离，如此便形成了一个操作系统级别的应用程序"沙箱"。

应用程序进程之间、应用程序与操作系统之间的安全性由 Linux 操作系统的标准进程级安全机制实现。在默认状态下，应用程序之间无法交互，运行在进程沙箱内的应用程序没有被分配权限，无法访问系统或资源。因此，无论是直接运行于操作系统之上的应用程序，还是运行于 Dalvik 虚拟机的应用程序都得到同样的安全隔离与保护，被限制在各自"沙箱"内的应用程序互不干扰，对系统与其他应用程序的损害可降至最低。Android 应用程序的"沙箱"机制即互相不具备信任关系的应用程序相互隔离，独自运行。

在很多情况下，源自同一开发者或同一开发机构的应用程序，相互间存在信任关系。Android 系统提供一种共享 UID（Shared User ID）机制，使具备信任关系的应用程序可以运行于同一进程空间。通常，这种信任关系由应用程序的数字签名确定，并且需要应用程序在 manifest 文件中使用相同的 UID。

进程沙箱为互不信任的应用程序之间提供了隔离机制，共享 UID 则为具备信任关系的应用程序提供了共享资源的机制。然而，由于用户自行安装的应用程序也不具备可信性，在默认情况下，Android 应用程序没有任何权限，不能访问保护设备的 API 与系统资源。因此，权限机制是 Android 安全机制的基础，决定允许或限制应用程序访问受限的 API 和系统资源。应用程序的权限需要明确定义，在安装时被用户确认，并且在运行时检查、执行、授予和撤销权限。在定制权限下，文件和内容提供者也可以受到保护，保护自己的数据不被其他应用获取。Android 根据不同的用户和组，分配不同权限，如访问网络、访问 GPS 数据等，这些 Android 权限在底层映射为 Linux 的用户与组权限。权限机制的实现层次简要概括如下。

应用层显式声明权限：应用程序包（APK 文件）的权限信息在 AndroidManifest.xml 文件中通过 <permission>、<permission-group> 与 <permission-tree> 等标签指定。需要申请某个权限，使用 <uses-permission> 指定。

权限声明包含权限名称、属于的权限组与保护级别。

权限组是权限按功能分成的不同集合，其中包含多个具体权限，例如，发短信、无线上网与拨打电话的权限可列入一个产生费用的权限组。

权限的保护级别分为 Normal、Dangerous、Signature 与 Signatureor system 4 种，不同的级别限定了应用程序行使此权限时的认证方式。例如，Normal 只要申请就可用，Dangerous 权限在安装时经用户确认才可用，Signature 与 Signatureor system 权限需要应用程序必须为系统用户，如 OEM 制造商或 ODM 制造商等。

框架层与系统层逐级验证，如果某权限未在 AndroidManifest.xml 中声明，那么程序运行时会出错。通过命令行调试工具 logcat 查看系统日志可发现需要某权限的错误信息。

共享 UID 的应用程序可与系统另一用户程序同一签名，也可同一权限。一般可在 AndroidManifest 文件中设置共享 UID 以获得系统权限。但是，这种程序属性通常由 OEM 植入，也就是说对系统软件起作用。Android 的权限管理模块在 2.3 版本之后，即使有 root 权限，仍无法执行很多底层命令和 API。例如，su 到 root 用户，执行 ls 等命令都会出现没有权限的错误。

2.4 安全管理

信息系统是复杂的，信息系统的安全也是复杂的。在制定安全措施时必须考虑一套科学的、系统的安全策略。

安全策略是控制和管理主体对客体访问时，为安全目的而制定的一组规则和目标约束，以及为达到安全目的而采取的步骤。安全策略可以反映一个组织或者一个系统的安全需求。信息安全策略的制定应以信息系统为对象，分析确立安全方针，并且依照这个方针制定相应的策略，供安全管理人员制定系统安全策略时参考。

2.4.1 信息系统安全管理策略

信息系统的安全管理策略可以根据管理的对象分为多种策略，这些策略主要包括以下几个方面。

（1）基于网络的安全管理策略

管理者为了防止对网络的非法访问或非授权用户使用的情况发生，可以采取监视日志、对不正当访问的检测功能、口令安全策略、用户身份识别（用户 ID）管理、加密、数据交换和灾害预防策略。

监视日志策略包括：读取日志，根据日志的内容至少可确定访问者的情况；可以确保日志本身的安全；对日志进行定期检查；应将日志保存到下次检查时。

对不正当访问的检测功能包括：当出现不正当访问时应设置能够将其查出并通知风险管理者的检测功能；设置对网络及主机等工作状态的监控功能；若利用终端进行访问，则对该终端设置指定功能；设置发现异常情况时能够使网络、主机等停止工作的功能。

对依据口令进行认证的网络应采取以下策略：用户必须设定口令，并努力做到保密；当用户设定口令时，应指导他们尽量避免设定易于猜测的词语，并在系统上设置拒绝这种口令的机制；指导用户每隔适当时间就更改口令，并在系统中设置促使更改的功能；限制口令的输入次数，采取措施使他人难以推测口令；用户一旦忘记口令，就提供口令指示，确认后口令恢复；对口令文本采取加密方法，努力做到保密；在网络访问登录时，进行身份识别和认证；对于认证方法，应按照信息系统的安全需求进行选择；设定可以确认前次登录日期与时间的功能。

用户身份识别（用户 ID）管理策略包括以下两个方面：对于因退职、调动、长期出差或留学而不再需要或长期不使用的用户 ID 予以注销；对长期未进行登记的用户以书面形式予以通知。

加密策略包括：进行通信时根据需要对数据实行加密；切实做好密钥的保管工作，特别是对用户密钥进行集中保管时要采取妥善的保管措施。

数据交换策略包括：在进行数据交换之前，对欲进行通信的对象进行必要的认证；以数字签名等形式确认数据的完整性；设定能够证明数据发出和接收以及可以防止欺骗的功能；在前 3 步利用加密操作的情况下，对用户的密钥进行集中管理时，要寻求妥善的管理方法。

灾害预防策略包括为防止因灾害、事故造成线路中断，有必要做成热备份线路。

（2）基于主机的安全管理策略

管理者为了防止对主机的非法访问或非授权用户使用的情况发生，可以采取监视日志、口令认证、安全漏洞管理、数据加密、主机物理管理和灾害预防策略。

监视日志策略包括：读取日志，根据日志的内容至少可确定访问者的情况；确保日志本身的安全；对日志进行定期检查；应将日志保存到下次检查时；具备检测不当访问的功能；设置出现不正当访问时，能够将其查出并通知风险管理者的功能。

对依据口令进行认证的主机等应采取以下策略：用户必须设定口令，并努力做到保密；当用户设定口令时，应指导他们尽量避免设定易于猜测的词语，并在系统上设置拒绝这种口令的机制；指导用户每隔适当时间就更改口令，并在系统中设置促使更改的功能；限制口令的输入次数，采取措施使他人难以推测口令；用户一旦忘记口令，就提供口令指示，确认后口令恢复；对口令文本采取加密方法，努力做到保密。

安全漏洞管理策略包括：采用专用软件，对是否存在安全漏洞进行检测；发现安全漏洞时，要采取措施将其清除。

数据加密策略包括：在保管数据时，要根据需要对数据等实行加密；要切实做好密钥的保管工作，特别是对用户密钥进行集中保管时要采取妥善的保管措施。

主机物理管理策略包括：应采取措施使各装置不易拆卸、安装或搬运；要采取措施，避免显示屏上的信息让用户以外的人直接得到或易于发现。

灾害预防策略包括：根据需要将装置制作成热备份的，要设置替代功能；设置自动恢复功能。

（3）基于设施的安全管理策略

管理者为了防止重要的计算机主机系统设施不受外部人员的侵入或者遭受灾害，可以采取以下措施：授予进入设施的资格、建立身份标识、设施出入管理、监控防范措施和灾害预防策略。

授予进入设施的资格策略包括：建立进入设施的资格（以下称资格）；资格授予最小范围的必需者，并限定资格的有效时间；资格仅授予个人；授予资格时，要注明可能进入的设施范围及进入设施的目的。

建立身份标识策略包括：对拥有资格的人员发给记有资格的有效期、可进入的设施范围及进入的目的、照片等个人识别信息的身份标识和 IC 卡等；有资格的人员标识遗失或损坏时，应立即报告安全总负责人；按照上一项报告后，即宣布该标识无效。

设施出入管理安全措施包括：为获准进入设施，要提交身份标识确认资格；限定允许出入设施的期限；将允许进入人员的姓名、准许有效期限、可进入的设施范围、进入目的以及进入设施的许可（以下称许可）等记录下来并妥善保存；对允许进入的人员发给徽章等进入设施的标志，并将该标志佩戴在明显的位置；进入设施的标志应按照身份标识中的上两项要求执行；在建筑物或计算机房的出入口处查验是否具有资格和许可；当从设施中搬出或搬入物资时，都应对该物资和搬运工作进行查验；搬运物资出入时，应记录负责人的姓名、物资名称、数量、搬运出入时间等，并保存；保安人员负责出入管理。

监控防范措施安全管理包括：限定设施出入口的数量，设置进行身份确认的措施；在设施内装设报警和防范摄像装置，以便在发现侵入时采取必要的防范措施；在建筑物、机房及外设间、配电室、空调室、主配电室（MDF）、中间配电室（IDF）、数据保存室等入口处设置报警装置，以便在发现侵入时采取必要的防范措施；让保安人员在设施内外进行巡视。

灾害预防策略包括：设施的地点应尽可能选在自然灾害较少的地方；建筑物应选择抗震、防火结构；各种设备都应采取措施，防止因地震所导致的移动、翻倒或振动；内装修应使用耐燃材料，采取防火措施；对电源设备要采取防止停电措施；对空气调节装置要采取防火和防水措施，使用水冷或热式空调设备时要采取防水的措施。

（4）基于数据管理的安全管理策略

管理者为了保护数据的安全，可以通过以下措施保证数据的安全：及时的数据管理、数据备份管理和数据审计。

数据管理措施包括：当重要数据的日志不再使用时，应先将数据清除，再将存储介质破坏，随后立即将该记录文件销毁；对记录有重要数据的记录文件应采取措施，做好保管场所携带出入的管理，将数据用密码保护；对于移动存储介质，根据需要应采取数据加密或物理方法禁止写入等措施。

数据备份措施包括：数据应定期或尽可能频繁地进行备份；对备份介质应制定妥善的保存办法、保存期限，与原介质在不同地方保管。

数据审计措施包括：应从信息系统的安全性、可信度、保全性和预防犯罪的角度进行审计；制定审计的方法并制成手册；有计划、定期地进行审计，若有重大事故发生或认为有危险发生，应随时进行审计；提交审计报告；安全总负责人应根据审计结果迅速采取必要的措施。

（5）信息系统开发、运行和维护中的安全管理策略

信息系统安全管理策略包括开发中的安全管理策略、运行中的安全管理策略和维护中的安全管理策略。

❑ 开发中的安全管理策略包括：采取措施防止将基础数据泄露给从事开发以外的其他人员，制定专门的系统设计文档，制定专门的运行和维护手册，运行手册中应制定

出危机范围和风险策略。

- ❑ 运行中的安全管理策略包括：根据手册操作，记录运行情况日志。
- ❑ 维护中的安全管理策略包括：根据手册操作，记录维护情况。

（6）基于安全事件的安全管理策略

管理者在发现犯罪时应能确保与有关部门取得联系，切实应对危机，从而确保安全。管理者可以通过以下措施保证事件安全：发现攻击时应该采取的管理措施、组织日常事务和风险管理体制和教育及培训策略。

发现攻击时应采取的管理措施包括：当发现对用户等进行攻击、事故或侵害等其他信息系统安全的行为或事件（以下简称攻击）时，有义务立即向危机管理负责人报告；应将受到攻击的对象、非法访问的结果、出入时的日志以及其后审计或调查所需的信息等作为发现攻击行为的状态保存下来；及时向相关部门通报；发现非法访问行为且需要得到相关部门援助时，提出申请；调查结束，在进行系统恢复时，应将操作过程记录下来。

组织日常事务和风险管理体制安全措施包括：对于日常事务体制，设立专职的安全总负责人和审计负责人；对于风险管理体制，设专职的风险管理责任人、风险管理设备执行人和其他责任人。

教育及培训安全管理措施包括：将风险发生时的防范措施制成手册，发给用户并进行定期训练；让用户了解风险对社会带来较大的危害，从而提高安全意识；对用户策略实施情况进行审计，对措施不完备的地方加以改进。

（7）与开放性网络连接的信息系统应追加的安全措施

与开放性网络连接的信息系统应追加的安全措施如下：

一般措施。网络系统考虑通过开放性网络引入的不正当访问和恶意程序侵入，应当追加如下措施：与开放性网络的连接应限定在最小范围的功能、线路和主机；与开放性网络连接时，应采取措施预防对信息系统进行不正当的访问；利用防火墙时，应设定适当的条件；使用计算机系统时，应采取一定的安全措施，确保该信息系统的安全；关于网络结构等重要信息除非必要时，不得公开。

监视措施。应当设置对线路负荷状况的监视功能，发现异常情况时，应根据需要使之与相连接的开放性网络断开。

安全事件应对措施。在确保攻击发生时能与相关部门取得联系，对危机进行准确应对的同时，还应采取如下措施：与相关机构合作，快速追查攻击源头把握受侵害的情况，并采取措施，防止侵害的进一步扩大；对攻击进行分析，查明原因，与相关机构合作采取措施，防止攻击再次发生；限定用户，即尽可能将可通过开放性网络进行访问的用户加以限制；收集信息，即平时要注意收集通过开放性网络进行非法访问的信息。

2.4.2 移动智能终端安全管理策略

（1）基于 iOS 系统移动终端的安全管理机制

iOS 设备有着高度紧密集成的硬件及软件结构，使得系统每一层的运转都要经过验证，从最开始启动硬件设备并进行操作系统的安装到三方软件的安装，每一个步骤都经过分析与验证以保证后续步骤执行的操作是被信任的，并且保证这些步骤中使用软、硬件资源的合法性。一旦系统开始运行，依赖于 UNIX 内核的集成安全架构加固了运行时 iOS 的各项安全机制并且使得运行在系统高层的函数和应用可以信赖。

安全启动链，iOS 系统启动过程的每一个步骤都包含了由 Apple 签名加密的组件用以保证该步骤的正确性以及完整性，而且仅当验证了信任链后下一步骤才得以进行，这些加密的部件包括 bootloader、kernel、kernel extensions 及 baseband firmwareo。每当一台 iOS 设备开机时，它的应用处理器会立刻执行 Boot ROM 只读内存上的代码，这些无法被更改的代码在硬件芯片制造之初就被植入，因此显然是值得信任的。Boot ROM 的代码包含了 Apple 的根证书公钥，该公钥用来在 LLB（Low-Level Bootloader）加载之前验证其是否具有正确的 Apple 签名。当 LLB 执行完它的任务后，它就会验证和运行下一阶段的 bootloader、iBoot，最后由 iBoot 验证并且启动 iOS 内核。

一旦 iOS 内核启动起来，它管控的那些进程或者程序就可以被送进内核并得到运行，为了确保应用程序不被非法篡改，iOS 要求所有执行代码必须要具有由 Apple 颁发的证书签名。代码签名机制受控于强制性访问控制框架（Mandatory Access Control Framework，MACF），该系统框架由 FreeBSD 的 Trusted BSD MAC Framework 继承而来。MACF 允许有追加的访问控制策略，并且新的策略在框架的启动时刻被载入。

沙箱机制：所有在 iOS 系统下运行的第三方程序都必须处于沙箱的环境之下，处于沙箱中的程序无法访问沙箱外的任何资源或者文件，也无法对系统做出任何的更改。应用程序在安装时会由系统分配一个随机名称的目录作为该应用程序的根目录，应用程序需要访问这个目录以外的资源或者文件必须要通过 Apple 提供的 API。沙箱机制跟 AMFI 一样，也是 Trusted BSD 下的强制性访问框架下实施的策略模块。沙箱框架在其基础下增加了一些比较大的改动，包括在 Trusted BSD 系统调用 hooking 与策略管理引擎之上的一个用户空间可配置、每个进程都拥有的配置管理文件。整个 iOS 的沙箱机制由以下组件组成：① 一系列用户空间的库函数，用来配置和初始化沙箱；② 一个 Mach 服务，用来处理内核日志以及保存预设配置；③ 一个使用了 Trusted BSD API 的内核 extension，用来强制单个的访问控制策略；④ 一个内核支撑的 extension，提供了一个正则表达式引擎，用来对访问控制策略进行匹配运算。

地址空间布局随机化（ASLR）是从 iOS 4.3 开始引入的安全机制，它的作用是随机化每次程序在内存中加载的地址空间，能够把重要的数据（如操作系统内核）配置到恶意代码难以猜到的内存位置，令攻击者难以进行攻击。根据是否开启 PIE（Position Depend Executables），ASLR 机制共有两级保护模式。如果一个应用程序在编译时没有开启 PIE 功能就只具有有限的 ASLR 功能保护，具体来说，就是它的主程序与动态链接器（dyld）会加载在固定的内存地址中，主线程的栈也总是始于固定的内存地址。如果一个程序编译时开启了 PIE 功能，则会开启 ASLR 的所有特性，这个程序所有的内存区域都是随机化的。

（2）基于 Android 系统移动终端的安全管理机制

前面章节已经对 Android 系统移动终端认证安全机制进行了介绍，本节补充介绍其他方面的安全管理机制。

进程通信是应用程序进程之间通过操作系统交换数据与服务对象的机制。Linux 操作系统的传统进程间通信（IPC）有多种方式，如管道、命名管道、信号量、共享内存、消息队列，以及网络与 UNIX 套接字等。虽然理论上 Android 系统仍然可以使用传统的 Linux 进程通信机制，但是在实际中，Android 的应用程序几乎不使用这些传统方式。在 Android 的应用程序设计架构下，甚至看不到进程的概念，取而代之的是从组件（如 Intent、Activity、Service、Content Provider）的角度实现组件之间的相互通信。Android 应用程序通常由一系列 Activity 和 Service 组成。一般 Service 运行在独立的进程中，而 Activity 既可能运行在同一个进程中，也可能运行在不同的进程中。在不同进程中的 Activity 和 Service 要协作工作，实现完整的应用功能，必须进行通信，以获取数据与服务。这就回归到历史久远的 Client/Sever（C/S）模式。基于 C/S 的计算模式广泛应用于分布式计算的各个领域，如互联网、数据库访问等。在嵌入式智能手持设备中，为了以统一模式向应用开发者提供功能，这种 C/S 方式无处不在。Android 系统中的媒体播放、音视频设备、传感器设备（加速度、方位、温度、光亮度等）由不同的服务端（server）负责管理，使用服务的应用程序只要作为客户端（client）向服务端（server）发起请求即可。但是，C/S 方式对进程间通信机制在效率与安全性方面均面临挑战。

效率问题。传统的管道、命名管道、网络与 UNIX 套接字、消息总队列等需要多次复制数据（数据先从发送进程的用户区缓存复制到内核区缓存中，然后从内核缓存复制到接收进程的用户区缓存中，单向传输至少有两次复制操作），系统开销大，传统的共享内存（shmem）机制无需将数据从用户空间到内核空间反复复制，属于低层机制，但应用程序直接控制十分复杂，因而难以使用。

安全性问题。传统进程通信机制缺乏足够的安全措施：首先，传统进程通信的接收进程无法获得发送进程可靠的用户标识 / 进程标识（UID/PID），因而无法鉴别对方身份。Android 的应用程序有自己的 UID，可用于鉴别进程身份。在传统进程通信中，只能由发送进程在请求中自行填入 UID 与 PID，容易被恶意程序利用，是不可靠的。只有内置在进程通信机制内的可靠的进程身份标记才能提供必要的安全保障。其次，传统进程通信的访问接入点是公开的，如 FIFO 与 UNIX Domain Socket 的路径名、Socket 的 IP 地址与端口号、ISystem V 键值等，知道这些接入点的任何程序都可能试图建立连接。很难阻止恶意程序获得连接，如通过猜测地址获得连接。

Android 基于 Dianne Kyra Hackborn 的 OpenBinder 实现，引入 Binder 机制以满足系统进程通信对性能效率和安全性的要求。Binder 基于 C/S 通信模式，数据对象只需一次复制，并且自动传输发送进程的 UID/PID 信息，同时支持实名 Binder 与匿名 Binder。Binder 其实提供了远程过程调用（RPC）功能，概念上类似于 COM 和 CORBA 分布式组件架构。

Binder 进程通信机制由一系列组件组成：Client、Server、Service Manager，以及 Binder Driver。其中，Client、Server 和 Service Manager 是用户空间组件，而 Binder Driver 运行于内核空间。用户层的 Client 和 Server 基于 Binder Driver 和 Service Manager 进行通信。开发者通常无需了解 Binder Driver 与 Service Manager 的实现细节，只要按照规范设计实现自己的 Client 和 Server 组件即可。从 Android 应用程序设计的角度来看，进程通信机

在系统安全设计方面，Android 的进程通信机制设计具备优于传统 Linux 的重要优势。

Android 的匿名共享内存（Ashmem）机制基于 Linux 内核的共享内存，但是 Ashmem 与 cache shrinker 关联起来，增加了内存回收算法的注册接口，因此 Linux 内存管理系统将不再使用内存 K 域加以回收。Ashmem 以内核驱动的形式实现，在文件系统中创建 /dev/ashmem 设备文件。如果进程 A 与进程 B 需要共享内存，进程 A 可通过 open 命令打开该文件，用 ioctl 命令的参数 ASHMEM_SET_NAME 和 ASHMEM_SET_S1ZE 设置共享内存的名字和大小。mmap 使用 handle 获得共享的内存区域；进程 B 使用同样的 handle，由 mmap 获得同一块内存。handle 在进程间的传递可通过 Binder 等方式实现。

为有效回收，需要该内存区域的所有者通知 Ashmem 驱动。通过用户、Ashmem 驱动程序，以及 Linux 内存管理系统的协调，使内存管理更适应嵌入式移动设备内存较少的特点。Ashmem 机制辅助内存管理系统来有效管理不再使用的内存，同时通过 Binder 进程通信机制实现进程间的内存共享。

Ashmem 不但以 /dev/ashmem 设备文件的形式适应 Linux 开发者的习惯，而且在 Android 系统运行时和应用程序框架层提供了访问接口。其中，在应用程序框架层提供 Java 调用接口，在系统运行时提供了 C/C++ 调用接口。而实际上，应用程序框架层的 Java 调用接口是通过 JNI 方法来调用系统运行时的 C/C++ 调用接口的，最后进入到内核空间的 Ashmem 驱动程序中。

所有 Android 应用程序都必须有开发者的数字签名，即使用私有密钥数字签署一个给定的应用程序，以便识别代码的作者，检测应用程序是否发生了改变，并且在相同签名的应用程序之间建立信任，进而使具备互信关系的应用程序安全地共享资源。使用相同数字签名的不同应用程序可以相互授予权限来访问基于签名的 API。如果应用程序共享 UID，则可以运行在同一进程中，从而允许彼此访问对方的代码和数据。

应用程序签名需要生成私有密钥与公共密钥对，使用私有密钥签署公共密钥证书。应用程序商店与应用程序安装包都不会安装没有数字证书的应用。但是，签名的数字证书不需要权威机构来认证，应用程序签名可由第三方完成，如 OEM 厂商、运营商及应用程序商店等，也可由开发者自己完成签名，即自签名。自签名允许开发者不依赖于任何第三方自由发布应用程序。

在安装应用程序 APK 时，系统安装程序首先检查 APK 是否被签名，有签名才能够安装。当应用程序升级时，需要检查新版应用的数字签名与已安装的应用程序的签名是否相同，否则，会被当作一个全新的应用程序。通常，由同一个开发者设计的多个应用程序可采用同一私钥签名，在 manifest 文件中声明共享用户 ID，允许它们运行在相同的进程中，这样一来，这些应用程序可以共享代码和数据资源。Android 开发者们有可能把安装包命名为相同的名称，通过不同的签名可以把它们区分开，也保证了签名不同的包不被替换掉，同时有效地防止了恶意软件替换安装的应用。

Android 提供了基于签名的权限检查，应用程序间具有相同的数字签名，它们之间可以以一种安全的方式共享代码和数据。

本章小结

本章首先介绍了信息系统安全威胁，其中重点阐述了信息系统相关概念、信息系统相关知识体系和信息系统安全标准；信息系统面临的威胁，从不同的依据阐述了不同的威胁，包括来源、作用对象和方法；信息系统脆弱性的根源和表现，以及风险即脆弱性加上威胁的概念；基于移动智能终端的安全威胁。其次介绍了常见的加密技术和标准的加密算法、秘钥管理以及基于移动智能终端的加密和保护技术。然后介绍了身份认证技术和身份验证技术、基于移动智能终端的认证技术，并从目前主流的 iOS 系统和 Android 系统角度介绍了移动智能终端的操作系统。最后介绍了信息系统安全管理策略和移动智能终端安全管理策略，并针对基于 iOS 系统和 Android 系统的移动智能终端进行了详细的阐述。

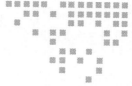

第 3 章　*Chapter 3*

移动智能系统测试

本章导读

本章将介绍软件测试相关的基本概念和移动智能系统测试的相关知识。通过本章内容的学习，可以了解软件测试基础知识，理解移动智能系统测试的基本方法和主要流程。

应掌握的知识要点：

- 软件测试基础知识
- 移动智能系统测试概述
- 移动智能系统测试方法
- 移动智能系统测试流程

3.1　软件测试基础

计算机科学技术的飞速发展，促进了软件产品的广泛应用。无论是软件的生产者还是软件的使用者，都在激烈的竞争中求生存、求发展，软件产品的质量至关重要，并已经成为关注的焦点。软件开发者为了占有市场，必须把产品质量作为企业的重要目标之一，进而才可以确保在激烈的竞争中获得胜利。而为了保证软件产品的质量，软件测试成为必不可少的重要过程与手段。

在开发大型软件系统的过程中，面对错综复杂的问题，软件开发者的主观认识不可能完全符合客观事实，而且与工程密切相关的各类人员之间的沟通和配合也不可能完美无缺，因此，在软件生命周期的每个阶段不可避免地会产生错误。尽管力求在每个阶段结束之前通过严格的技术审查，尽可能及早地发现并纠正错误，但是审查并不能发现所有错误，而且，在纠正这些错误的过程中还可能引入新的错误。如果在软件投入实际运行之前没有发现并纠正存在的错误，那么这些错误将在运行过程中暴露出来，到时候不仅要为改正这些错误付出高昂的代价，而且很可能产生严重后果。

软件测试在软件生命周期中分为两个阶段。在编写出每个模块的代码之后就对其进行测试，称为单元测试，模块的编写者和测试者是同一个人，编码和单元测试在软件生命周期中属于同一个阶段。在这个阶段结束之后，对软件系统还应该进行集成测试、确认测试和系统测试等，这是软件生命周期中的另一个独立的阶段，由专门的测试人员承担这项工作。

大量统计结果表明，软件测试的工作量占软件开发总工作量的40%以上，在特殊情况下，例如，对关系人的生命安全的软件要进行的测试所花费的成本可能相当于软件工程其他开发步骤总成本的3～5倍。因此，必须重视软件测试，不能以为编写出程序之后软件开发工作就完成了，实际上，后续还需要完成与开发工作同样多的工作量。

3.1.1 软件测试的发展

随着社会化生产应运而生的测试技术涉及多方面。在许多应用领域，测试是保证产品质量的关键。软件测试是软件工程的重要组成部分。

随着计算机的产生与发展，软件开发和软件测试相继出现。由于早期的计算机性能比较差，软件的可编程范围也比较狭窄，因此在这一阶段并没有系统的软件测试，更多的是一种调试测试，测试的目的主要是证实系统的可运行性。

20世纪50年代后期到20世纪60年代，许多高级语言相继诞生并且得到了广泛的应用，测试的对象逐渐转为用高级语言编写的系统。但是，由于受到硬件系统发展瓶颈的限制，软件测试位于次要地位，软件的正确性和可用性主要由编程人员的水平所决定。因此，软件测试理论和方法发展缓慢。

20世纪70年代以后，随着计算机系统速度的提高，软件在整个系统中变得越来越重要。在这个阶段，一方面，软件的规模越来越大，可视化的编程环境、日益完善的软件分析设计方法以及新的软件开发过程模型的出现使得大型软件的开发成为可能；另一方面，由于软件规模和复杂性迅速增加，软件面临着巨大的危机，软件测试受到重视，测试技术的研究也逐渐展开。

20世纪70年代中期，对软件测试技术的研究达到高潮。Goodenough和Gerhart首先提出了软件测试的理论，从而把软件测试这一实践性很强的学科提高到理论的高度。1982年6月在美国北卡罗来纳大学召开了首次软件测试的技术会议，这次会议讨论了软件测试问题，是软件测试技术发展中的一个重要里程碑。

随着软件产业的发展，对软件的成本、开发进度和质量都提出了更高的要求，对软件质量的控制已不再是传统意义上的软件测试。传统的测试一般在软件开发后期才介入，然而大量研究结果表明，设计活动引入的错误占软件开发过程中出现的所有错误的50%～65%。因此，测试已经不再是一个编码后才进行的活动，而是一个贯穿软件开发整个生命周期的质量控制活动。

目前，在测试理论、测试方法、测试过程和测试工具等方面的研究取得了很大的进展，这不仅使软件的质量有了基本的保证，而且使软件测试的工作量占到了软件开发总工作量的 40% 以上，软件测试日益受到重视。

3.1.2 软件错误类型及出现原因

（1）软件错误类型

根据软件错误的性质不同，可以把软件错误分为下述几种类型：

- ❑ 需求错误：软件需求制定得不合理或不正确，需求不完整，需求中含有逻辑错误，需求分析的文档有误等。
- ❑ 功能与性能错误：功能或性能存在错误，或遗漏了某些功能，或规定了某些冗余的错误；为用户提供的信息有误，或异常情况处理有误等。
- ❑ 软件结构错误：程序控制流或控制顺序有误，处理过程有误等。
- ❑ 数据错误：数据定义或数据结构有误，数据存取或数据操作有误等。例如，动态数据与静态数据混淆、参数与控制数据混淆等。
- ❑ 实现和编码错误：包括语法错误、数据名错误、局部变量与全局变量混淆或者程序逻辑有误等。
- ❑ 集成错误：软件的内部接口、外部接口有误，如软件各相关部分在时间配合、数据吞吐量等方面不协调等。
- ❑ 系统结构错误：操作系统调用错误或使用错误、恢复错误、诊断错误、分割及覆盖错误以及引用环境错误等。
- ❑ 测试定义与测试执行错误：包括测试方案设计与测试实施的错误、测试文档的问题、测试用例不够充分等。

由于软件结构错误、数据错误及功能与性能错误较普遍，因此这类错误的检测尤其受到重视。

（2）出现错误的原因

软件出现错误的原因是多方面的，归纳起来主要有如下几点：

- ❑ 交流不够、交流上有误解或者根本没有进行交流，在不清晰应该做什么或不应该做什么的情况下进行应用开发。
- ❑ 图形用户界面（GUI）、C/S 结构、分布式应用、数据通信、超大型关系数据库以及庞大的系统规模等，使得软件的复杂性呈指数增长。
- ❑ 程序设计错误。在软件设计阶段出现的错误，主要指概要设计、详细设计和编码步骤出现错误。
- ❑ 需求不断变化，需求变化的后果可能造成系统重新设计、项目日程重新安排、已经完成的工作部分重组甚至完全抛弃等。如果有许多小的改变或者一次大变化，项目各部分之间已知或未知的关系会相互影响，进而导致出现更多问题，还可能影响项目参与者的积极性。
- ❑ 时间压力。软件项目的日程表很难做到准确，很多时候需要预计和猜测。当最终期限到来之际，由于时间紧迫，容易出现错误。

- 代码文档不完整。在一些团队中，不鼓励程序员为代码编写文档，也不鼓励程序员将代码写得清晰和容易理解；相反，他们认为少写文档可以更快地进行编码，无法理解的代码更易于保密。显然，这是一种错误的认识。
- 软件开发工具不成熟。当软件产品的开发依赖于某些工具时，这些工具本身隐藏的问题可能会导致产品的错误。因此，应该选择比较成熟的开发工具，而不是追求先进的开发工具。

（3）软件错误与缺陷的分布

据统计分析，软件错误的分布大致为：需求分析阶段占56%，软件设计阶段占27%，编码阶段占7%，其他占10%。

软件开发阶段的早期错误较多，到后期将被放大，所有的错误都将付出代价，包括没有被发现的错误和在开发过程中很晚才发现的错误。没有被发现的错误会在系统中迁移、扩散，最终导致系统失效。开发过程中很晚才发现的错误甚至会造成返工。

3.1.3　软件测试的定义

软件测试是为了发现错误而执行程序的过程。这个定义明确指出寻找错误是软件测试的目的。

软件测试是软件工程的一个重要阶段，在软件投入运行前，对软件需求分析、设计和编码各阶段产品的最终检查，是为了保证软件开发产品的正确性、完整性和一致性，从而进行检测错误以及修正错误的过程。软件开发的目的是开发出满足用户需求的高质量、高性能软件产品，而软件测试以检查软件产品内容和功能特性为核心，是软件质量保证的关键步骤，也是成功实现软件开发目标的重要保障。

从用户的角度来看，希望通过软件测试找出软件中隐藏的错误，因此软件测试应该是为了发现错误而执行程序的过程。软件测试应该根据软件开发各阶段的规格说明和程序的内部结构而精心设计测试用例（即输入数据及其预期的输出结果），并利用测试用例去运行程序以发现程序中隐藏的错误。

软件测试的主要作用如下：

- 测试是执行一个系统或者程序的操作。
- 测试是带着发现问题和错误的意图来分析和执行程序的。
- 测试结果可以检验程序的功能和质量。
- 测试可以评估软件项目产品是否获得预期目标以及是否能被客户接受。
- 测试不仅包括对执行代码的测试，而且包括对需求等编码以外内容的测试。

3.1.4　软件测试的对象

在软件生命周期中，各阶段有不同的测试对象，形成了不同阶段的不同类型的测试。需求分析、概要设计、详细设计及编码等阶段的文档包括需求规格说明、概要设计规格说明、详细设计规格说明以及源程序，这些都是软件测试的对象。在程序设计结束后，对每一个模块都要进行测试，称为单元测试。在模块集成后，对集成在一起的模块进行测试，称为集成测试。在集成测试之后，需要检测和证实是否满足软件需求说明书中的要求，称为确认测试。将确认测试后的软件安装在运行环境下，对硬件、网络、操作系统及支持平台构成的整体系统进行测试，称为系统测试。

3.1.5 软件测试的目的

软件测试的目的是找出被测试软件存在的所有错误，但实际上测试人员不可能发现所有的错误。成功的测试是花费最少的时间和人力找出软件中潜在的各种错误。

测试能证实软件具有满足需求的功能和性能。此外，在构建测试方案的过程中，收集的数据可以为软件可靠性以及软件的整体质量提供一些比较重要的信息。但是，测试无法说明错误不存在，只能说明目前软件的状态良好。

软件测试不以发现错误为唯一目的，查不出错误的测试并非没有价值。通过分析错误产生的原因和错误的分布特征，可以帮助发现当前所采用的软件过程中的缺陷并加以改进。同时，这种分析也能帮助设计出有针对性的检测方法，改善测试的有效性。没有发现软件中错误的测试也是有价值的，因为整个测试过程本身就是评定测试软件质量的一种方法。如果在运行多次或者重新构建一套测试软件后而仍未发现软件错误，那么可以得出这样的结论：被测试软件已经比较完美。因为存在不同的针对性，所以软件测试也存在多个目的，其中重要的三个为：

❏ 证明测试人员所做的是客户所需的。
❏ 确保编程人员正确理解了设计的意图。
❏ 通过回归测试来保证目前运行的程序在将来仍然可以正常工作。

测试目的决定了测试方案的设计。如果为了表明程序是正确的而进行测试，就很可能设计一些不易暴露错误的测试方案；相反，如果测试是为了发现程序中存在的错误，就会设计出暴露错误的测试方案。

3.1.6 软件测试的原则

经过理论分析和工作实践，总结出如下一些软件测试原则。

尽早不断测试的原则。应当尽早不断地进行软件测试。据统计，约 60% 的错误来自设计以前，并且修正一个软件错误所需的费用将随着软件生命周期的发展而增加。错误发现越早，修正它所需的费用就越少。

IPO 原则。测试用例应包含测试输入（input）数据、测试操作（process）及其输出（output）结果这些基本部分，简称 IPO 原则。

独立测试原则。独立测试原则是指软件测试工作在经济上和管理上独立于开发机构的组织进行。程序员应避免检查自己的程序，程序设计机构也不应测试自己开发的程序。软件开发者难以客观、有效地测试自己的软件，要找出那些因为对需求的误解而产生的错误就更加困难。采用独立测试原则的优点如下：

❏ 客观性。经济上的独立性使其工作有更充分的条件按测试要求去完成。
❏ 专业性。软件测试需要专业队伍加以研究，并进行工程实践。专业化分工是提高测试水平、保证测试质量、充分发挥测试效率的必然途径。

❏ 权威性。由于专业优势,独立测试工作形成的测试结果更具有信服力和权威性。

合法和非合法原则。在设计时,测试用例应当包括合法的输入条件和不合法的输入条件。

错误群集原则。软件错误呈现群集现象。经验表明,某程序段剩余的错误数目与该程序段中已发现的错误数目成正比,因此应该对错误群集的程序段进行重点测试。

严格性原则。严格执行测试计划,排除测试的随意性。测试计划应包括:所测软件的功能、输入和输出、测试内容、测试的进度安排、资源要求、测试资料、测试工具、测试用例的选择、测试的控制方法和过程、系统的组装方式、跟踪规则、调试规则、回归测试的规定以及评价标准等。

覆盖原则。应当对每一个测试结果做全面的检查。

定义功能测试原则。检查程序是否做了要做的事是成功的一半,另一半要看程序是否做了不属于它做的事。

回归测试原则。应妥善保留测试用例。测试用例不仅可以用于回归测试,也可以为以后的测试提供参考。

错误不可避免原则。在测试时不能首先假设程序中没有错误。

3.1.7 软件测试的重要性

软件测试可以保证对需求和设计的理解与表达的正确性、实现的正确性以及运行的正确性,因为任何一个环节发生了问题都将在软件测试中表现出来;同时测试还可防止由于无意识的行为而引入的一些可能出现的错误,例如,对一些功能进行更改、分解或者扩展时而不小心引入的错误,也许会对整个程序功能造成不可预料的破坏。因此,一旦发生了上面的情况,就需要对更新后的工作结果进行重新测试。如果测试没有通过,则说明某个环节出现了问题。

软件测试是软件质量保证的重要手段。在软件开发总成本中,软件测试的开销要占到30% ~ 50%。如果把维护阶段也考虑在内,在整个软件生命周期,开发测试的成本所占比例会有所降低,但维护工作相当于二次开发,乃至多次开发,其中也包含许多测试工作,因此估计软件工作有 50% 的时间和 50% 以上的成本花在测试工作上。由此可见,要成功开发出高质量的软件产品,必须重视并加强软件测试工作。归纳起来,软件测试的重要性表现如下:

❏ 一个不好的测试程序可能导致任务失败,甚至可能影响操作的性能和可靠性,并且可能导致在维护阶段花费巨大的成本。

❏ 一个好的测试程序是项目成功的重要保证,复杂的项目在软件测试和验证上需要花费项目一半以上的成本,为了使测试有效,必须事先在计划和组织测试方面花费适当的时间。

❏ 一个好的测试程序可以极大地帮助定义需求和设计,这有助于项目在一开始就步入正轨,测试程序的好坏对整个项目的成功有着重要的影响。

❑ 一个好的测试程序可以使修改错误的成本变得很低。

❑ 一个好的测试程序可以弥补一个不好的软件项目，有助于发现项目存在的许多问题。

3.1.8　软件测试的复杂性

软件测试具有复杂性，因为只有彻底测试才能找出软件测试中的所有错误，但彻底测试是很复杂的，很多情况下甚至是不可能的。彻底测试就是让被测程序在一切可能的输入情况下全部执行一遍，通常也称这种测试为穷举测试。

黑盒法是穷举测试。只有把所有可能的输入都作为测试情况，才能以这种方法查找程序中所有的错误。实际上测试情况有无穷多种，不仅要测试所有合法的输入，而且要对那些不合法但是可能的输入进行测试，这显然不可能。

白盒法是穷举测试。贯穿程序的独立路径是天文数字，而且即使每条路径都测试了仍然可能有错误，这是因为：

❑ 穷举测试不能查出程序是错误的程序。

❑ 穷举测试不能查出程序遗漏路径的错误。

❑ 穷举测试可能发现不了一些与数据相关的错误。

3.1.9　软件测试的经济性

程序测试只能证明错误存在，但不能证明错误不存在。在实际测试中，穷举测试的工作量太大，根本行不通，这表明一切实际测试都是不彻底的，因此不能够保证被测试程序中不存在遗留的错误。软件工程的总目标是充分利用有限的人力和物力资源，高效率、高质量地完成测试。

为了降低测试成本，选择测试用例时应注意经济性的原则。

❑ 根据程序的重要性和一旦发生故障将造成的损失来确定它的测试等级。

❑ 研究测试策略，以便能使用尽可能少的测试用例，发现尽可能多的程序错误。掌握好测试量是至关重要的。测试不充分意味着让用户承担隐藏错误带来的危险，而过度测试会浪费许多宝贵的资源。

测试是软件生命周期中费用消耗最大的环节。测试费用除了测试的直接消耗外，还包括其他相关费用。

能够决定需要做多少次测试的主要影响因素如下。

系统的目的。系统的目的影响所需要进行的测试的数量。对那些可能产生严重后果的系统必须进行更多的测试。例如，一个用来控制密封燃气管道的系统应该比一个与有毒爆炸物品无关的系统有更高的可信度；一个安全关键软件的开发组比一个游戏软件开发组在查找错误方面的要求要严格得多。

潜在的用户数量。一个系统的潜在用户数量在很大程度上影响了测试必要性的程度。一个在全世界范围内拥有几千个用户的系统肯定比只有办公室中运行的有两三个用户的系统需要更多的测试。除此而外，处理内部系统中发现的错误，所花费用相对少一些，而要处理一个遍布全世界的错误就需要花费相当大的财力和精力。

信息的价值。在考虑测试的必要性时，需要将系统的价值考虑在内，一个支持许多家大银行或众多证券交易所的 C/S 系统比一个支持小商店的系统要进行更多的测试。这两个系统的用户都希望得到高质量、无错误的系统，但是前一种系统的影响力比后一种要大得多。因此应该从经济方面考虑投入与经济价值相对应的时间和费用去进行测试。

开发机构。一个没有标准和缺少经验的开发机构开发出的系统很可能有较多错误，而一个建立了严格标准和有很多经验的开发机构开发出来的系统存在的错误就相对少一些。因此，对于不同的开发机构来说，所需要的测试的必要性也不同。

测试的时机。测试量随着时间的推移发生改变。在一个竞争激烈的市场中，争取时间可能是制胜的关键，开始可能不在测试上花太多时间，但以后市场格局建立起来了，那么产品的质量就变得更重要了，测试量就要加大。也就是说，测试量应该针对合适的目标进行调整。

3.2　移动智能系统测试概述

3.2.1　移动平台的特性

为了能更有针对性地设计出优秀的测试用例，我们首先需要从平台特性的角度了解移动平台，在今后的测试工作中也可以围绕这些特性设计有针对性的测试用例。移动平台是一个智能移动操作系统，主要具有以下几个方面的特性。

（1）硬件资源方面的特性

❑ 只有一个应用程序正在运行，并且程序显示时只有一个窗口。在台式机和笔记本的操作系统中，多个程序可以同时运行，并且可以分别展示多个窗口，一般情况下在移动系统中，一个时间段内只有一个程序在运行并且全屏显示。

❑ 有限的内存和 CPU。不管手机方面的硬件如何快速发展，在相对固定的一段时间内，内存和 CPU 方面，其性能是无法达到台式机和笔记本的水平的。因此，在移动系统上运行的应用程序需要更高效的代码来执行任务。

❑ 多样化、不稳定的网络接入。在手机方面的网络接入点是可变化的，有以 Wi-Fi 为接入点的情况，还有用手机卡入网的情况。在用手机卡入网时，还可以根据网速和信号等方面有更细致的分类。台式机和笔记本没有这么多种网络接入方式，更不会存在接入点随时变化的情况，并且在多数情况下，现在的台式机和笔记本的网络接入是非常稳定的。

❑ 多样化且不同尺寸的屏幕。由于移动平台上的应用程序多数是全屏显示的，所以屏幕的大小决定了应用程序的显示方式。在移动平台上，用户可能持有不同分辨率屏幕的设备，还可能不断地进行横竖屏切换来调整使用应用程序的方式。

（2）用户使用时的特性

用户在使用移动应用程序时，一般会以快捷而简便的方式完成，这些操作需要在 10s 或者更短的时间内得到响应，响应时间过长会影响用户体验。另外，用户每天可能会多次打开相同的应用程序，而且每次使用应用程序的时间也可能非常短暂，这种使用方式对程序的性能提出了更高的要求。

　　用户使用设备时，可能会使用语音输入，可能会晃动设备，也可能直接使用地理位置信息，但是在台式机和笔记本方面，普通用户输入的绝大多数信息是通过键盘这个输入设备输入的。移动设备则有着比笔记本和台式机更加复杂和丰富的数据输入方式。处理丰富的输入方式，是移动开发者的一个难题。

3.2.2　移动智能系统测试简介

　　移动智能系统测试的目的与普通软件测试是相同的，都是为了发现软件缺陷，而后修正缺陷以提高软件的可靠性。移动智能系统安全性的失效可能会导致灾难性的后果，即使非安全性失效，由于其应用场合特殊也会导致重大经济损失。因此，往往移动智能系统对可靠性的要求比普通软件高，这就要求对移动智能系统进行严格的测试、确认和验证，以提高产品的可靠性。

（1）各阶段测试环境不同

　　移动智能系统开发和运行的环境是分开的，系统开发环境往往是交叉开发环境，因此，各个阶段测试的环境是不一样的。

　　在单元测试阶段，所有的单元测试可以在宿主机环境下进行，只有个别情况下会特别指定单元测试直接在目标机环境下进行，应该最大化在宿主机环境下进行软件测试的比例，通过尽可能小的目标单元访问其制定的目标单元界面，提高单元的有效性和针对性。

　　在宿主机平台上进行测试的速度比在目标机平台上快得多，当在宿主机平台上完成测试后可以在目标机环境下重复做一次简单的确认测试，确认测试结果在宿主机和目标机上相同。在目标机环境下进行确认测试将确定一些未知的、未预料到的、未说明的宿主机与目标机的不同之处，例如，目标机编译器可能有缺陷，但宿主机编译器则没有。

　　在集成测试阶段，软件集成也可在宿主机环境下完成，在宿主机平台上模拟目标机环境运行，在此级别上的确认测试可以确定一些与环境有关的问题，如内存定位和分配方面的一些错误。

　　在宿主机环境上的集成测试，依赖于目标系统的具体功能有多少。有些系统与目标机环境耦合得非常紧密，这种情况下就不适合在宿主机环境下进行集成。对于一个大型的软件开发而言，集成可以分为若干个级别，低级别的软件集成在宿主机平台上完成有很大优势，级别越高，集成越依赖目标机环境。

　　在系统测试和确认测试阶段，所有测试必须在目标机环境下执行。在宿主机上开发和执行系统测试，然后移植到目标机环境下重复执行是很方便的。对目标系统的依赖性会妨碍将宿主机上的系统测试移植到目标机系统上，而且只有少数开发者会涉及系统测试，所以有时放弃在宿主机上进行系统测试可能更方便。

　　确认测试最终必须在目标机环境下进行，因为系统的确认必须在真实系统下完成，而不能在宿主机环境下模拟，这关系智能系统软件的最终使用。

（2）移动智能系统测试的复杂多样性

因为移动智能系统的一个突出特点是其专用性，即一个嵌入式系统只进行特定的一项或几项工作，移动智能系统运行的平台都是为进行这些工作而开发出来的专用硬件电路，它们的体系结构、硬件电路，甚至所用的元器件都是不一样的，因此移动智能系统运行的平台也是复杂多样的。

由于开发平台的复杂多样性，使得移动智能系统的测试从测试环境的建立到测试用例的编写也是复杂多样的。与不同的开发平台对应的嵌入式软件是不相同的。移动智能系统测试在一定程度上并不只是针对嵌入式软件的测试，很多情况下是对系统在开发平台中同硬件的兼容性测试。因此，对任何一套嵌入式软件系统，都需要自己测试，创建自己的环境，编写自己的测试用例。

3.3 移动智能系统测试方法

针对移动智能系统测试方法，按是否查看程序内部结构分为黑盒测试（其中又分为功能测试和性能测试）、白盒测试；按是否运行程序分为静态测试、动态测试；按阶段划分分为单元测试、集成测试、系统测试、验收测试。

本节先简单介绍各种主要测试方法的概念，后续章节会详细介绍移动智能终端的重点测试方法、流程、工具等，例如功能测试、可靠性测试、可移植性测试、安全测试等。

3.3.1 黑盒测试

（1）黑盒测试的定义

黑盒测试是对系统的功能和接口进行测试，是一种从用户观点出发的测试，其目的是发现系统需求或者设计规格说明中的错误，因此又称功能测试。在测试期间，把被测程序看作一个黑盒子，测试人员并不清楚被测程序的源代码或者该程序的具体结构，不需要对软件结构有深入的了解，只需知道该程序的输入和输出之间的关系，依靠能够反映这一关系的功能规格说明书来确定测试用例和推断测试结果的正确性。黑盒测试仅在程序接口处进行测试，只检查被测程序功能是否符合规格说明书的要求，程序是否能适当地接受输入数据并产生正确的输出信息。

黑盒测试可用于证实被测系统功能的正确性和可操作性。测试人员通过输入数据，然后观察输出信息来了解被测系统的工作过程。通常测试人员在进行测试时不仅使用可以输出正确结果的输入数据，而且使用使结果出错的输入数据，进而了解被测软件如何处理各种类型的数据。

黑盒测试有两种基本方法，即通过测试和失败测试。先介绍通过测试，在进行通过测试时，实际上是确认软件能做什么，而不去考验其能力如何，软件测试人员只运用最简单、最直观的测试用例。失败测试（又称迫使出错测试）是指采取各种手段来寻找软件的缺陷，如为了破坏软件而设计和执行的测试用例。在进行失败测试之前，检测软件的基本功能是否能够实现。在确信软件能正确运行之后，就可以进行失败测试。

（2）黑盒测试要发现的问题

检测错误类型。黑盒测试仅考虑程序外部结构而不考虑内部逻辑结构，针对软件接口和系统功能进行测试。黑盒测试注重测试系统的功能需求，主要检测下述几类错误：

- ❏ 是否有不正确或遗漏的功能。
- ❏ 在接口上，输入能够正确被接受的数据，并且能够输出正确的结果。
- ❏ 是否有数据结构错误或外部信息（如数据文件）访问错误。
- ❏ 性能上是否能够满足最终需求。
- ❏ 是否有初始化或终止性错误。

回答的问题。黑盒测试主要用于测试的后期，不考虑控制结构，主要回答下述问题：

- ❏ 如何测试功能的有效性。
- ❏ 何种类型的输入将产生好的测试用例。
- ❏ 系统是否对特定的输入值敏感。
- ❏ 如何分隔数据类的边界。
- ❏ 系统能够承受何种数据率和数据量。
- ❏ 特定类型的数据组将对系统产生何种影响。

（3）黑盒测试方法

黑盒测试方法主要有等价类划分、边界值分析、因果图、错误推测等。等价类划分是指把所有可能的输入数据分成若干个等价的子集（称为等价类或等价区间），使得每个子集中的一个值在测试中的作用与这一子集中所有其他值的作用相同，在一个等价区间内任取一个测试用例就可以代表整个测试效果，这样用少量的测试用例就可以达到许多测试用例的测试效果，进而提高测试效率。边界值分析不是从等价类中任取一个测试用例，而是从等价类中挑选处于边界的数据作为测试用例。因果图适合描述多种输入条件的组合，继而产生多个相应动作，最终生成判定表，并依据判定表来设计测试用例。错误推测是根据经验、直觉和预测来设计测试用例的，其效果与测试人员的经验有关。

在黑盒测试方法中，等价类划分和边界值分析是较常使用的测试方法，也是系统检测的基本方法。

3.3.2　白盒测试

（1）白盒测试的定义

白盒测试要求测试人员清楚盒子内部的内容以及内部如何运作，是一种通过分析程序内部的逻辑与程序执行路线来设计测试用例的测试方法，因此白盒测试也称为逻辑驱动测试，以测试的深度为主。由于这种方法按照程序内部的逻辑进行测试，检验程序中的每条通路是否均按预定要求正确工作，因此白盒测试又称为结构测试。

白盒测试要求测试人员全面了解程序的内部逻辑结构，以检查程序处理过程的系统为基础，对程序中尽可能多的逻辑路径进行测试，检验内部控制结构和数据结构是否有错，实际的运行状态和预期是否一致。在白盒测试中，测试人员必须从检查程序的内部程序、程序的逻辑入手，从而得出测试数据。白盒测试的主要方法有程序结构分析、逻辑覆盖、程序插装、域测试、符号测试和路径分析等。

（2）白盒测试的作用

由于软件可能存在缺陷，因此要花费时间和精力来测试逻辑细节。软件存在的缺陷主要包括：

- ❏ 逻辑错误和不正确的假设。当设计和实现主流之外的功能、条件或控制时，往往出现错误。
- ❏ 主观认为不可能执行某条逻辑路径，但在正常的情况下其可能执行，同时控制数据流的一些无意识的假设可能导致设计的错误，只有通过路径测试才能发现这些错误。
- ❏ 随机的错误。当一个程序被翻译成程序设计语言的源代码时，有可能产生某些错误，多数可被语法检查机制发现，但是还有些错误只有在进行白盒测试时才可被发现。

（3）程序结构分析

如果使用白盒测试法对程序进行测试，必须首先了解这段程序的结构，才能保证后续测试工作的进行。要了解程序结构，必须进行结构分析，主要包括控制流分析和数据流分析两个方面。

控制流分析。控制流分析是指用控制流图来表示程序控制结构。在程序流程图中，框内标明了处理要求或条件，而这些要求或条件在进行路径分析时并不必要。为了更加突出程序流程图的结构，需要简化程序流程图，于是出现了控制流图。在控制流图中只有两种符号：结点和控制流线。

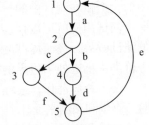

- ❏ 结点：用标有编号的圆圈表示，表示程序流程图中的矩形框、菱形框和汇合点。
- ❏ 控制流线：以带箭头的弧线表示，它与程序流程图中的流线一致，表明了程序控制的顺序。为了讨论和检查的方便，通常控制流线都标有名字。图 3-1 为一个简单的控制流图示例。

图 3-1 中，1、2、3 等数字代表了控制流图中的结点，a、b、c 等代表了控制流线。一个结点包含一组语句，这组语句或者全

图 3-1 控制流图

部是顺序语句，或者是除最后一个语句是控制转移语句外其他语句都是顺序语句。一个结点也可以是程序中的一个汇合点。可以看出，通过分析程序的控制流图，可以使测试人员非常清楚地知道待测程序的控制过程，从而为以后的测试工作打下坚实的基础。

数据流分析。可以利用数据流分析查找是否使用了未定义的变量，或定义的变量是否从未使用过等情况，这些都是程序错误的表现形式，如变量名混淆、拼错变量名字、丢失语句等。

3.3.3 静态测试

静态测试是不需要执行程序而进行测试的技术，其主要功能是检查系统与其描述是否一致，是否有冲突或歧义性。静态测试的主要特征是利用计算机作为工具来分析源程序，而不是运行程序。它检查的是软件系统在描述、表示和规格上的错误。静态测试是其他测

试的前提，包括代码检查、静态结构分析、代码质量度量等。静态测试可由人工进行，充分发挥人的逻辑思维优势；也可借助软件工具进行，加快分析速度和效果。

（1）静态测试的内容

代码检查。代码检查包括代码走查和代码审查，代码走查与代码审查的区别是：代码走查除了阅读程序外，还需要由测试人员运行程序并得到输出结果，然后由参加者对结果进行审查，以达到测试的目的。代码审查的主要内容是检查代码和设计的一致性、代码对标准的遵循程度和可读性、代码逻辑表达的正确性以及代码结构的合理性等方面。代码审查可以发现违背程序编写标准的问题，以及程序中不安全、不明确和模糊的部分，包括变量检查、命名和类型审查、程序逻辑审查、程序语法检查和程序结构检查等内容。

静态结构分析。静态结构分析主要以图形的方式描述程序的内部结构，如函数调动关系图、函数内部控制流图。其中函数调用关系图以图形方式描述一个应用程序中各个函数的调用和被调用关系；函数内部控制流图显示一个函数的逻辑结构，它由许多结点组成，一个结点代表一条语句或数条语句，结点间的连接称为边，边表示语句间的控制流向。

代码质量度量。软件的质量是软件属性的各种标准度量的组合。软件质量的 ISO/IEC 9126 国际标准包括 6 个方面：功能性、可靠性、易用性、效率性、可维护性和可移植性。对于软件开发人员来说，静态测试只是进行动态测试的预处理工作，并且已经成为一种自动化的代码校验方法。

（2）静态测试的任务

发现程序的错误：

❏ 使用了错误的局部变量或全局变量。

❏ 不匹配的参数。

❏ 未定义的变量。

❏ 遗漏的标号或代码。

❏ 不适当的循环嵌套或分支嵌套。

❏ 不适当的处理顺序。

❏ 无终止的死循环。

❏ 不允许的递归。

❏ 调用并不存在的子程序。

❏ 不适当的连接。

寻找潜伏问题的原因：

❏ 未使用过的变量。

❏ 不会执行到的冗余代码。

❏ 可疑的计算。

❏ 潜在的死循环。

提供程序的信息：

❏ 每一类型语句出现的次数。

❏ 所用变量和常量的交叉引用表。

❑ 未定义的变量标识符的使用方式。

❑ 过程的调用层次。

❑ 程序代码违背编码规则。

软件测试本质是对被测试内容确定一组测试用例。测试用例包含如下信息：

❑ 输入。输入实际上有两种类型，即前提（在测试用例执行之前已经存在的环境）和由某种测试方法所标识的实际输入。

❑ 输出。输出也有两类，即预期输出和实际输出。

❑ 测试活动要建立必要的前提条件，提供测试用例输入，观察输出，并且将实际输出与预期输出进行比较，以确定该测试是否通过。

❑ 良好的测试用例信息支持测试管理。测试用例信息应该能够记录测试用例的执行历史，包括测试用例是什么时候由谁运行的，每次执行的通过／失败记录，测试用例测试的是哪个软件版本。测试用例同样需要被开发、评审、使用、管理和保存。

❑ 为查错做准备。静态测试可为查错做准备，在静态测试过程中，计算机并不运行被测试的程序，这是静态测试与动态测试的根本区别。

3.3.4 动态测试

（1）动态测试的特点

动态测试使被测代码在相对真实的环境下运行，从多个角度观察与检测程序运行时的功能、逻辑、行为和结构，并且通过比较实际运行的输出结果和预期输出结果，发现其中的错误。动态测试技术是借助工具进行测试的技术，主要特征是计算机必须真正运行被测试的程序，通过输入测试用例，对其运行情况（输入／输出的对应关系）进行测试。动态测试是在满足一定要求的样本测试数据上执行程序并分析实际输出以发现错误的过程，主要特点如下：

❑ 运行被测试程序，获得程序运行的动态情况和真实结果，从而进行分析。

❑ 必须生成测试用例来运行程序，测试质量与测试用例密切相关。

❑ 生成测试用例、分析测试结果的工作量大，使得测试工作消耗较多。

❑ 动态测试中涉及人员多、设备多、数据多，要求有较好的管理制度和工作流程。

（2）动态测试的内容

动态测试包括功能确认与接口测试、覆盖率分析、性能分析、内存分析等。

功能确认与接口测试。 通过测试来确定各个单元功能的执行是否正确，其中包括单元接口、局部数据结构、重要的执行路径、异常处理的路径和边界影响条件等内容。

覆盖率分析。 覆盖率分析主要是对代码的执行路径的覆盖范围进行评估。语句覆盖、判定覆盖、条件覆盖、条件／判定覆盖、修正条件／判定覆盖、基本路径覆盖均从不同要求出发，为设计测试用例提出依据。

性能分析。 如果不能解决被测程序的性能分析问题，将降低并极大地影响被测程序的质量，于是查找和修改性能成为调整整个代码性能的瓶颈。性能分析需要的工具包括软件测试工具、硬件测试工具（如逻辑分析仪和仿真器等）和软硬件结合的测试工具等。

内存分析。内存泄漏指申请了一块内存，使用完毕后没有释放。它的一般表现方式是程序运行时间越长，占用内存越多，最终用尽全部内存，使整个系统崩溃。简单地说，由程序申请的一块内存，若没有任何一个指针指向它，那么这块内存就泄漏了。内存泄漏将导致系统运行崩溃，尤其是对于嵌入式系统，内存资源比较缺乏，应用非常广泛，而且往往有处于重要地位的系统，将可能导致无法预料的重大损失。通过测量内存使用情况，可以了解程序内存的分配情况，发现对内存的不正常使用，在系统崩溃前发现内存泄漏错误、内存分配错误，并精确显示发生错误时的前后情况，并指出发生错误的缘由。

3.3.5 单元测试

单元测试侧重于软件设计的最小单元（软件构建或模块）的验证工作，利用构件及设计描述作为指南，测试重要的控制路径以发现模块内的错误。测试的相对复杂度受到单元测试约束范围的限制。单元测试侧重于构件中的内部处理逻辑和数据结构。这种类型的测试可以对多个构件并行执行。

编写一个函数，执行其功能，检查功能是否正常，有时还要输出一些数据辅助进行判断，如弹出信息窗口，可以把这种单元测试称为临时单元测试。只进行了临时单元测试的软件，针对代码的测试很不充分，代码覆盖率要超过70%都很困难，未覆盖的代码可能遗留大量细小的错误，这些错误还会互相影响，当隐错（bug）暴露出来的时候难以调试，大幅度提高后续测试和维护成本，因此进行充分的单元测试是提高软件质量、降低开发成本的必由之路。

（1）单元测试的概念

单元测试是开发者通过编写代码检测被测代码的某单元功能是否正确而进行的测试。通常而言，单元测试用于判断特定条件（或者场景）下特定函数的行为。例如，将一个很大的值放入一个有序表中，然后确认该值是否出现在表的尾部，或者从字符串中删除匹配某种模式的字符，然后确认字符串确实不再包含这些字符。

单元测试与其他测试不同，可看作编码工作的一部分，是由程序员自己完成的，最终收益的也是程序员自己。可以这么说，程序员有责任编写功能代码，同时也有责任为自己的代码进行单元测试。执行单元测试，就是为了证明这段代码的行为与所期望的一致。经过单元测试的代码才是已完成的代码，提交产品代码时也要同时提交测试代码。测试部门可以对此做一定程度的审核。

单元测试的对象是系统设计的最小单位——模块。单元测试的依据由详细设计文档描述，单元测试应对模块内所有重要的控制路径设计测试用例，以便发现模块内部的错误。

（2）单元测试的作用

编写代码时，我们一定会反复调试以保证它能够通过编译。编译没有通过的代码是不能交付的。代码通过编译只能说明其语法正确，无法保证其语义正确，没有任何人可以轻易承诺这段代码的行为一定是正确的。单元测试就是用来验证这段代码的行为是否与所期望的一致。进行了单元测试，就可以自信地交付自己编写的代码。

对于程序员来说，如果养成了对自己所写的代码进行单元测试的习惯，不但可以写出高质量的代码，而且能提高编程水平。要进行充分的单元测试，应专门编写测试代码，并与产品代码隔离。一般认为，比较简单的方法是为产品工程建立对应的测试工程，为每个类建立对应的测试类，为每个函数（很简单的除外）建立测试函数。

（3）单元测试进行的时机

经验表明，应先编写产品函数的框架，然后编写测试函数，针对产品函数的功能编写测试用例，再编写产品函数的代码，每写一个功能点都运行测试，随时补充测试用例。所谓先编写产品函数的框架，是指先编写函数空的实现，有返回值的则随机返回一个值，编译通过后再编写测试代码，这时，函数名、参数表、返回类型都应该确定下来，所编写的测试代码以后需修改的可能性比较小。

（4）单元测试的特点

单元测试的特点如下：

- ❑ 它是一种验证行为。程序中的每一项功能都是通过测试来验证它的正确性的。在开发后期也可以增加功能或更改程序结构，而且它为代码的重构提供了保障。
- ❑ 它是一种设计行为。单元测试将使我们从调用者的角度来观察、思考，特别是测试先行（test-first），迫使程序员把程序设计成易于调用和可测试的，降低软件的耦合度。
- ❑ 它是一种编写文档的行为。单元测试是一种无价的文档，是展示函数或类如何使用的最佳文档。这份文档是可编译、可运行的，并且保持为最新内容，永远与代码同步。
- ❑ 它具有回归性。自动化的单元测试避免了代码出现回归问题，编写完成之后，可以随时随地快速运行测试。

3.3.6　集成测试

将经过单元测试的模块按设计要求连接起来，组成所规定的软件系统的过程称为集成。集成测试用于检查各个系统单元之间的接口是否正确，它是介于单元测试和系统测试的过渡阶段。不同的集成策略导致不同的集成测试方法。在实际工作中，时常有这样的情况发生：每个模块都能单独工作，但这些模块集成到一起之后就不能正常工作，主要原因是模块相互调用时，接口会引入许多新问题。例如，数据经过接口可能丢失；一个模块对另一个模块可能造成不应有的影响；单个模块可以接受的误差，在组装以后不断积累，则达到不可接受的程度等。单元测试后，必须进行集成测试，发现并排除单元集成后可能发生的问题，最终构成要求的软件系统。

（1）集成测试的定义

集成是指把多个单元组合起来形成更大的单元。集成测试（也称组装测试、联合测试）是在假定各个软件单元已经通过单元测试的前提下，检查各个软件单元之间的接口是否正确。集成测试是构造软件体系结构的系统化技术，同时也是进行一些旨在发现与接口相关的错误的测试。其目标是利用已通过单元测试的构件建立设计中描述的程序结构。

集成是多个单元的聚合，许多单元组合成模块，而这些模块又聚合成程序的更大部分，如子系统或系统。集成测试是单元测试的逻辑扩展，它的最简单的形式是将两个已经测试过的单元组合成一个组件，并且测试它们之间的接口。集成测试是在单元测试的基础上，测试将所有的软件单元按照概要设计规约的要求组装成模块、子系统或系统的过程中，各部分功能是否达到或实现相应技术指标及要求的活动。集成测试主要用于测试软件单元的组合能否正常工作以及与其他组的模块能否集成起来工作，测试构成系统的所有模块组合能否正常工作。集成测试参考的主要标准是软件概要设计，任何不符合该设计的程序模块行为都应该加以记录并上报。

在集成测试之前，单元测试应该已经完成，集成测试中所使用的对象应该是已经经过单元测试的软件单元。这一点很重要，因为如果不经过单元测试，那么集成测试的效果将会受到很大影响，并且会大幅增加软件单元代码纠错的代价。

（2）集成测试遵循的原则

要做好集成测试不是一件容易的事情，因为集成测试不容易把握。集成测试应针对总体设计尽早开始筹划，为了做好集成测试需要遵循以下原则：

❑ 所有公共接口都要测试。
❑ 关键模块必须进行充分的测试。
❑ 集成测试应当按一定的层次进行。
❑ 集成测试的策略应当综合考虑质量、成本和进度之间的关系进行选择。
❑ 集成测试应当尽早开始，并以总体设计为基础。
❑ 在模块与接口的划分上，测试人员应当和开发人员充分沟通。
❑ 当接口发生改变时，涉及的相关接口必须进行再测试。
❑ 测试执行结果应当如实记录。
❑ 集成测试应根据集成测试计划和方案进行，不能随意测试。
❑ 项目管理者应保证审核测试用例。

（3）集成测试的主要任务

集成测试的主要任务是解决以下5个方面的测试问题：

❑ 将各个模块连接起来，检查模块相互调用时，数据经过接口是否丢失。
❑ 将各个子功能组合起来，检查能否达到预期要求的各项功能。
❑ 一个模块的功能是否会对另一个模块的功能产生不利的影响。
❑ 全局数据结构是否有问题，会不会被异常修改。
❑ 单个模块的误差积累起来是否被放大，从而达到不可接受的程度。

3.3.7　系统测试

（1）系统测试的概念

集成测试通过以后，各模块已经组装成一个完整的软件包，这时进行系统测试。系统测试是指将通过集成测试的软件系统，与计算机硬件、外设、某些支撑软件的系统等其他系统元素组合在一起所进行的测试，目的在于通过与系统的需求定义做比较，发现软件与系统定义不符合或矛盾的地方。系统测试是对已经集成好的软件系统进行的彻底测试，以验证软件系统的正确性和性能等是否满足需求分析的要求。

系统测试通常是消耗测试资源最多的地方，一般可能会在一个相当长的时间段内，由独立的测试小组进行。计算机软件是计算机系统的一个组成部分，软件设计完成后应与硬件、外设等其他元素结合在一起，对软件系统进行整体测试和有效性测试。此时，较大的工作量集中在软件系统的某些模块与计算机系统中有关设备交互时的默契配合方面。例如，当软件系统调用打印机这种常见输出外设时，软件系统如何通过控制计算机系统平台去合理驱动、选择、设置和使用打印机。

由于系统已经成为一个完整的计算机系统，测试人员还要根据原始项目需求对软件产品进行确认，测试软件是否满足需求规约的要求，即验证软件功能与用户要求的一致性。在软件需求说明书中，详细定义了用户对软件的合理要求，其中包含的信息是测试的基础和根据。此外，还必须对文件资料是否完整、正确，以及软件的易移植性、兼容性、出错自动恢复功能、易维护性进行确认，这些问题都是系统测试要解决的。在使用测试用例完成有效性测试以后，如果发现软件的功能和性能与软件需求说明有差距，则需要列出缺陷表。在系统测试阶段若发现与需求不一致，修改的工作量往往是很大的，不大可能在预定进度完成期限之前得到改正，往往要与用户协商解决。

（2）系统测试的主要内容

系统测试完全采用黑盒测试技术，因为这时已不需要考虑组件模块的实现细节，而主要是根据需求分析确定的标准检验软件是否满足功能、行为、性能和系统协调性等方面的要求。

系统测试的对象不仅仅包括需要测试的软件系统，还要包括软件所依赖的硬件、外设，甚至包括某些数据、支持软件及其接口等。因此，必须将系统中的软件与各种依赖的资源结合起来，在系统实际运行环境下进行测试。系统测试应该由若干个不同测试类型组成，目的是充分运行系统，验证系统各部件是否均能正常工作并完成所赋予的任务。系统测试一般要完成以下几种测试。

功能测试。通过对系统进行黑盒测试，测试系统的输入、处理、输出等方面是否满足需求，主要包括需求规格定义的功能系统是否都已实现、各功能项的组合功能的实现情况、业务功能间存在的功能冲突情况等。

压力测试。压力测试是指模拟巨大的工作负荷以查看或评估应用程序在峰值或超越最大负载使用情况下如何执行操作。压力测试检验系统的能力最高能达到的实际限度。在压力测试中，程序被强制在它的设计能力极限状态下运行，进而超出极限，以验证在超出临界状态下系统的性能降低是不是灾难性的。例如，运行每秒产生 10 个终端的测试用例；定量地增长数据输入率，检查输入子功能的反应能力；运行需要最大存储空间的测试用例；运行可能导致硬盘数据剧烈抖动的测试用例等。

性能测试。性能测试检验安装在系统内的软件的运行性能。虽然从单元测试开始，每一个测试过程都包含性能测试，但是只有当系统真正集成之后，在真实环境中才能全面、可靠地测试软件的运行性能。这种测试有时需与强度测试结合起来进行，测试系统的数据精确度、时间特性（如响应时间、更新处理时间、数据转换及传输时间等）、适应性（在操作方式、运行环境与其他软件的接口发生变化时应具备的适应能力）是否满足设计要求。

恢复性测试。恢复性测试采取各种人工方法使软件出错，进而检验系统的恢复能力。如果系统本身能够自动恢复，应检验重新初始化、点设置机制、数据以及重新启动是否正确。如果这一恢复需要人工干预，则应考虑平均修复时间是否在限定的范围内。

安全性测试。安全性测试检查系统对非法入侵行为的防范能力，它通过设置一些企图突破系统安全保密措施的测试用例，检验系统是否有安全保密的漏洞。对于某些与人身、机器和环境的安全相关的软件，还需特别测试其保护措施和防护手段的有效性和可靠性。进行安全性测试期间，测试人员假扮非法入侵者，采用各种方法试图突破防线。例如，想方设法截取或破译口令；专门定做软件来破坏系统的保护机制；故意导致系统失败，企图趁恢复之机非法进入；试图通过浏览非保密数据推导所需信息等。

可维护性测试。可维护性是指一个软件系统或组件可以被修改的容易程度，这个修改一般是因为缺陷纠正、性能改进或特性增加引起的。

易用性测试。易用性测试是指用户使用软件时是否感觉方便，如是否最多单击三次就可以达到用户的目的。易用性和可用性存在一定的区别，可用性是指是否可以使用，而易用性是指是否方便使用。

可移植性测试。可移植性测试用于测试软件是否可以被成功移植到指定的硬件或软件平台上。

可靠性测试。可靠性测试指对软件或者硬件的一种质量测试，用来检测产品是否存在不可靠因素。

其他的一些测试类型还包括：

稳定性测试。在一定负荷的长期使用环境下，测试系统的稳定性。

兼容性测试。兼容性测试用于测试系统中软件与各种硬件设备的兼容性、与操作系统的兼容性、与支撑软件的兼容性等。若软件系统在组网环境下工作，还要测试软件系统对接入设备的支持情况，包括功能实现及群集性能等。

面向用户支持方面的测试。面向用户支持方面的测试主要是面向软件系统最终的使用操作者的测试。这里突出在操作者角度上，测试软件系统对用户支持的情况、数据的安全性，以及用户界面的规范性、友好型、可操作性等。

其他限制条件的测试。其他限制条件的测试如实用性、故障处理能力的测试等。

3.4 移动智能系统测试流程

3.4.1 测试流程概述

一般而言，软件测试从项目确立时就开始了，前后要经过如下主要环节：需求分析→测试计划→测试设计→测试环境搭建→测试执行→测试记录→缺陷管理→软件评估→测试总结→测试维护。

在进行有关问题阐述前，先明确分工，需求分析、测试计划、测试设计、测试环境搭建、测试执行等属于测试开发人员的工作范畴，而测试执行以及缺陷管理等属于普通测试人员的工作范畴，测试负责人负责整个测试各个环节的跟踪、实施、管理等。

以上流程各环节并未包含软件测试过程的全部，根据实际情况还可以进行测试计划评审、用例评审、测试培训等。在软件正式发行后，当遇到一些严重问题时，还需要进行一些后续维护测试等。

测试各环节并不是独立的，实际工作千变万化，各环节工作存在一些交叉、重叠在所难免，例如，编写测试用例的同时可以进行测试环境的搭建工作，当然也可能由于一些需求不清楚而重新进行需求分析等。

3.4.2 测试流程分析

（1）需求分析

需求分析（requirement analysis）是软件测试的一个重要环节，测试开发人员对这一环节的理解程度如何将直接影响后续有关测试工作的开展。可能有些人认为测试需求分析无关紧要，这种想法是很不对的。需求分析不但重要，而且至关重要。

一般而言，需求分析包括软件功能需求分析、测试环境需求分析、测试资源需求分析等。其中最基本的是软件功能需求分析，测试软件或系统首先要知道它能实现哪些功能以及是怎样实现的，例如，一款智能手机应包括 VoIP、Wi-Fi 以及 BlueTooth 等功能，因此应该知道软件是怎样实现这些功能的，为了实现这些功能需要哪些测试设备以及如何搭建相应的测试环境等，否则测试无从谈起。

总体来说，测试需求分析的依据有软件需求文档、软件规格书以及开发人员的设计文档等，这些是一个管理规范的公司在软件开发过程中应具备的文档。

（2）测试计划

测试计划明确了预定的测试活动的范围、途径、资源及进度安排，并确认了测试项、被测特征、测试任务、人员安排以及任何突发的风险。测试计划的主要内容如下所述。

测试项目简介。归纳所要求测试的软件项和软件特性，可以包括系统目标、背景、范围及引用材料等。在高层测试设计中，如果存在项目计划、质量保证计划、有关的政策、有关的标准等文件，则需要引用它们。

测试项。描述被测试的对象，包括其版本、修订级别，并指出在测试开始之前对逻辑关系或物理变换的要求。

被测试的特性。指明所有要测试的软件特性及其组合，指明与每个特性或特性组合有关的测试设计说明。

不被测试的特性。指出不被测试的所有特性和特性的有意义的组合及其理由。

测试方法。描述测试的总体方法，规定测试指定特性组合需要的主要活动和时间；规定所希望的测试程度，指明用于判断测试彻底的技术，例如，检查哪些语句至少执行过一次；指出对测试的主要限制，如测试项的可用性、测试资源的可用性和测试截止期限等。

测试开始条件和结束条件。规定各测试项在开始测试时需要满足的条件，以及测试通过和测试结束的条件。

测试提交的结果与格式。指出测试结果及显示的格式。

测试环境。测试环境包括测试的操作系统、需要安装的辅助测试工具（来源与参数设置），以及软件、硬件和网络环境设置。

测试者的任务、联系方式与培训。内容包括测试人员的名称、任务、电话、电子邮件等联系方式，以及为完成测试需要进行的项目课程培训。

测试进度与跟踪方式。内容包括：在软件项目进度中规定的测试里程碑以及所有测试项的传递时间；定义所需的新的测试里程碑，估计完成每项测试任务所需的时间，为每项测试任务和测试里程碑规定进度，对每项测试资源规定使用期限；规定报告和跟踪测试进度的方式，如每日报告、每周报告，以及书面报告、电话会议等。

测试风险与解决方式。预测测试计划中的风险；规定对各种风险的应急措施（延期传递的测试项可能需要加班、添加测试人员或减少测试内容）。

（3）测试设计

测试设计是一种特殊的软件系统的设计和实现，是通过执行另一个以发现错误为目标的软件系统来实现的。测试设计过程的输出是各测试阶段使用的测试用例。

将在测试计划阶段指定的测试活动，进而细化为若干个可执行的自测试过程，构造出测试计划中说明的执行测试所需的要素（这些要素通常包括驱动程序、测试数据集和实际执行测试所需的软件），同时为每个测试过程选择适当的测试用例，准备测试环境和测试工具。

测试设计是使用一个测试策略产生一个测试用例集的过程。

测试设计涉及 3 个问题：

❏ 有意义的测试点的识别。

❏ 将这些测试点放入一个测试序列。

❏ 为序列中的每个测试点定义预期的结果。

测试点是软件系统中一个可独立测试的功能或模块，测试用例是被测软件的具体测试步骤和预期结果的集合。

软件测试也是一种工程，也就是说，需要从工程的角度认识软件测试，以工程的方法完成软件测试工作。在测试之前，需要明确测试的内容以及如何完成对这些内容的测试，即通过设计测试用例来实现软件测试。

1）设计测试用例的意义。在软件测试中，测试用例的作用如下：

❏ 在进行软件测试时，可以将部分测试工作外包，并要求外包人员根据所设计的测试用例进行测试，这样做可以节省测试人员的数量。

❏ 当管理者不知道软件测试需要多长时间完成时，可以通过测试用例的种类和数量来估算所需要的时间。

❏ 当测试人员不知道要求测试到何种程度时，可以根据测试用例，基于不同的状况来调整测试内容。

❏ 由于利用模块化的方式来归纳测试用例，因此测试人员可以知道所进行的测试是属于程序的哪个部分。

❏ 可以根据测试用例的执行结果产生测试报告。

2）测试用例的概念。测试用例是指为实施一次测试而向被测系统提供的输入数据、操作或各种环境设置，是对测试流程中每个测试内容的进一步实例化，控制着软件测试的执行过程。

测试用例是以发现错误为目的而设计的一组测试数据和测试执行步骤。软件测试用例的主要内容如下：

❏ 测试索引：索引标识了测试需求，测试索引就是测试需求分析。

❏ 测试环境：测试实施步骤所需的资源及其状态。

❏ 测试输入：运行本测试所需的代码和数据，包括测试模拟程序和测试模拟数据。

❏ 测试操作：在测试中所执行的具体操作。

❏ 预期结果：比较测试结果的基准。

❏ 评价标准：根据测试结果与预期结果的偏差，判断被测对象质量状态的依据。

测试索引和测试环境在测试需求分析步骤定义，是软件测试计划的内容；测试输入、测试操作、预期结果和评价标准的描述性定义在软件设计步骤定义，是软件测试说明的内容；测试输入、测试操作、预期结果和评价标准的计算机表示（代码 / 数据定义）在软件测试实现步骤给出，是软件测试的产品。

软件测试用例是软件测试结果的生成器，即每执行一次测试用例都产生一组测试结果。一个典型的测试用例应该包括下列详细信息：测试目标、待测试的功能、测试环境及条件、测试日期、测试输入、测试操作、预期结果、评价标准，所有的测试用例应该经过专家评审才可以使用。

3）测试用例的类型。按测试目的不同，测试用例主要可分为以下几种类型：等价类划分测试用例、边界值测试用例、功能测试用例、设置测试用例、压力测试用例、错误处理测试用例、回归测试用例、状态测试用例、其他测试用例。

4）设计测试用例的原则。设计测试用例的原则如下：

❏ 一个好的测试用例能够发现之前没有发现的错误。

❏ 测试用例应由测试输入数据和与之对应的预期输出结果两部分组成。

❏ 在设计测试用例时，应当包含合理的输入条件和不合理的输入条件。

5）测试用例的策略与选择。设计测试用例应注意以下策略：

❏ 测试用例的代表性：能够代表各种合理和不合理的、合法和非法的、边界和越界的以及极限的输入数据、操作和环境设置等。

❏ 测试结果的可判定性：测试执行结果的正确性是可判定的或可评估的。

❏ 测试结果的可再现性：对于同样的测试用例，系统的执行结果应当是相同的。

测试用例的选择既要有一般情况，也应有极限情况以及最大和最小的边界值情况。测试的目的是暴露软件中隐藏的缺陷，所以在设计、选取测试用例和数据时要考虑那些易于发现缺陷的测试用例和数据，结合复杂的运行环境，在所有可能的输入条件和输出条件中确定测试数据，以此检查软件是否都能产生正确的输出。

测试用例的设计方法不是唯一的，具体到不同测试项目，会用到不同方法，每种类型的软件有各自的特点，每种测试用例设计的方法也有各自的特点，针对不同软件如何设计出全面的测试用例的问题非常重要。因此在实际测试中，常联合使用各种测试方法，形成综合策略，通常先用黑盒法设计基本的测试用例，再用白盒法补充一些必要的测试用例。

在实际测试中，综合使用各种方法才能有效提高测试效率和测试覆盖度，这就需要掌握这些方法的原理，积累更多的测试经验，以有效提高测试水平。

设计测试用例时可首先考虑等价类划分，包括输入条件和输出条件的等价划分，将无限测试变成有限测试，这是减少工作量和提高测试效率的有效方法。在任何情况下都必须使用边界值分析方法。经验表明，用这种方法设计出的测试用例发现程序错误的能力最强。注意对照程序逻辑检查已设计出的测试用例的逻辑覆盖程度，如果没有达到要求的覆盖标准，应当再补充足够的测试用例。

6）好的测试用例的特征：

❏ 可以最大程度地找出软件隐藏的缺陷。

❏ 可以最高效率地找出软件缺陷。

❏ 可以最大限度地满足测试覆盖要求。

❏ 既不能太复杂，也不能过分简单。

❏ 可以清楚地判定软件缺陷。

❏ 包含期望的正确的结果。

❏ 待查的输出结果或文件简单明了。

❏ 不包含重复的测试用例。

❏ 测试用例内容清晰、格式一致、分类组织。

7）测试用例的设计。下面介绍测试用例的文档、设置和设计方法。

测试用例文档。编写测试用例文档应有文档模板，须符合内部的规范要求。测试用例文档受制于测试用例管理软件的约束。软件产品或软件开发项目的测试用例一般以该产品的软件模块或子系统为单位，形成一个测试用例文档，但并不绝对。

测试用例文档由简介和测试用例两部分组成。简介部分编制了测试目的、测试范围、定义术语、参考文档、概述等。测试用例部分逐一列出各测试用例。每个具体测试用例应包括下列详细信息：用例编号、用例名称、测试等级、入口准则、验证步骤、期望结果（含判断标准）、出口准则、注释等。以上内容涵盖了测试用例的基本元素：测试索引、测试环境、测试输入、测试操作、预期结果和评价标准。

测试用例的设置。早期的测试用例是按功能设计的，后来引进的路径分析法，是按路径设计测试用例的，目前演变为按功能、路径混合模式设计测试用例。按功能测试是最简捷的，按用例规约遍历测试每一功能即可。对于涉及复杂操作的程序模块，其各功能的实施是相互影响、紧密相关的，可以演变出数量繁多的变化。没有严密的逻辑分析，产生遗漏在所难免。路径分析是一个很好的方法，其最大的优点是可以避免漏测试。

路径分析法也有局限性，例如，一个非常简单的维护模块就存在十余条路径，一个复杂的模块有几十到上百条路径。若一个子系统有十余个或更多的模块，这些模块相互有关联，再采用路径分析法，其路径数量呈几何级增长，达 5 位数或更多，这样路径分析法就无法使用了。这时子系统模块间的测试路径或测试用例还是要靠传统方法来设计，这也是按功能、路径混合模式设置用例的原因。

测试用例的设计方法。主要包括以下四个方面。

❑ 设计基本事件的测试用例。这项工作应该参照设计规格说明书，根据关联的功能、操作按路径分析法设计测试用例。而对孤立的功能直接按功能设计测试用例。基本事件的测试用例应包含所有需要实现的需求功能，覆盖率达100%。

❑ 设计备选事件和异常事件的测试用例。这项工作更复杂，例如，字典的代码是唯一的，不允许重复，那么测试中就需要验证字典新增程序中已存在有关字典代码的约束，若出现代码重复必须报错。在设计编码阶段形成的文档往往对备选事件和异常事件分析描述得不够详尽，而测试本身则要求验证全部非基本事件，并同时尽量发现其中的软件缺陷。

❑ 可以采用等价类划分法、边界值分析法、错误推测法、因果图法、逻辑覆盖法等设计测试用例。可以根据软件的不同性质采用不同的方法。如何灵活运用各种基本方法来设计完整的测试用例，并最终实现查出隐藏的缺陷，则依靠测试设计人员的经验和水平。

❑ 不论在白盒测试还是在黑盒测试中，为了节省时间和资源，提高效率，必须精心设计测试用例，即要从大量的可用测试用例中挑选少量的测试数据，使得采用这些测试数据也能达到最佳的测试效果。

软件测试的一个致命缺陷是测试的不完全性、不彻底性。由于对任何程序只能进行少量的有限测试，在发现错误时能说明程序有问题；但未发现错误时，不能说明程序中无错误。

（4）测试环境搭建

测试环境配置与测试直接相关。配置测试环境是测试实施的一个重要阶段，测试环境适合与否会严重影响测试结果的真实性和正确性。测试环境包括硬件环境和软件环境。硬件环境指测试必需的服务器、客户端、网络连接设备，以及打印机/扫描仪等辅助硬件设备所构成的环境；软件环境指被测软件运行时的操作系统、数据库及其他应用软件构成的环境。

1）环境配置过程中遇到的问题。建立一个测试平台很容易，但是要建立一个符合产品需求的测试环境相当困难。在建立测试环境时遇到的困难如下：

资源不足。建立一个完善的测试环境需要足够的预算来支持，对于一些小型企业来说，由于实际状况的制约，经常使用一些已经淘汰的机器来组成测试环境，就软件测试的观点而言，在测试环境不齐全的情况下所进行的软件测试，大部分只能进行功能层面的测试。

操作系统的更新。操作系统的种类繁多，特别是目前的硬件设备性能相当优异，不仅可以安装个人操作系统，而且可以安装服务器级的操作系统。操作系统不仅有版本的更新，还有修正版本的更新，对于配置环境来说，无疑需要特别注意。

硬件设备的更新。与软件相比，硬件设备的更新速度非常快。对于配置环境来说，这不仅影响投资，而且影响成果。例如，目前所投资测试环境的硬件是最新的设备，可是到了明年这些设备就成了过时的产品，到时候摆在面前的问题是：要淘汰目前的设备更换新的设备，还是部分硬件升级，其他保持不变。无论使用哪种方式，所需的预算及人力都属于投资的一部分。

新的软件不断推出。软件产业与硬件产业一样，有版本更新的影响因素存在。若现在所开发的软件与某一软件有依存关系，会导致只要有新版本的软件或修正版推出，测试人员就必须安装新的版本做测试。也就是说，只要有新的版本，测试的广度就会增加。

客户端复杂的使用环境。只要产品交付到客户手上，则使用权就属于客户，所以为了确保用户能够正确使用软件，最好的办法是在产品开发过程中做好使用规划。

综上所述，创造出好的测试环境难度很大，而且投资也不少，但是测试环境的配置是必需的，也就是说，在一个软件上市之前，进行软件测试必不可少。软件测试可以保证软件的质量，降低产品的退货率，从而提升产品的总体收入。

2）软件环境。在实际测试中，软件环境又可分为主测试环境和辅测试环境。

主测试环境。主测试环境是测试软件功能、安全可靠性、性能、易用性等指标的主要环境。一般来说，配置主测试环境可遵循下列原则：

- ❏ 符合软件运行的最低要求，测试环境首先要保证能支撑软件正常运行。
- ❏ 选用比较普及的操作系统和软件平台。
- ❏ 构造相对简单、独立的测试环境。除了操作系统，测试机上只安装软件运行和测试必需的软件，以免不相关的软件影响测试实施。
- ❏ 无毒的环境。利用有效的正版杀毒软件检测软件环境，保证测试环境中没有计算机病毒。

辅测试环境。辅测试环境常常用来满足不同的测试需求或特殊测试项目。例如：

- ❏ 兼容性测试：在满足软件运行要求的范围内，可选择一些典型的操作系统和常用主要软件，对其安装、卸载并对主要功能进行验证。
- ❏ 模拟真实环境测试：有些软件，特别是面向大众的商品化软件，在测试时常常需要考察其在真实环境中的表现。例如，测试杀毒软件的扫描速度时，硬盘上布置的不同类型文件的比例要尽量接近真实环境，这样测试出来的数据才有实际意义。
- ❏ 横向对比测试：利用辅测试环境模拟出完全一致的测试环境，从而保证各个被测软件平等对比。

测试环境的配置对于保证测试的正确性非常重要，因此，测试环境的配置必须明确说明。

（5）测试执行

按照测试计划，使用测试用例对待测项目进行逐一的、详细的测试，将获得的运行结果与预期结果进行比较、分析和评估，判断软件是否通过了某项测试，确定开发过程中将要执行的下一步骤，同时记录、跟踪和管理软件缺陷。

在每个测试执行之后，对发现的错误进行相应的修改。当软件修改以后，必须运行原有的全部或部分测试用例重新对其进行测试，并验证测试结果，这样可确保修改后的软件质量（这种测试就是回归测试）。

在执行过程中，按照评价标准评价测试工作和被测软件，当发现测试工作存在问题时，应该修订测试计划，并重新进行测试，直至测试达到规定的要求。另外，为避免在修改错误时又产生新的错误，应定期进行回归测试，即过一段时间以后，再回过头来对以前修复过的错误重新进行测试，看该错误是否会重新出现。

回归测试是确认已测试的问题已不再存在的一项工作，每进行完一个阶段应检验执行结果与测试设计文件中是否存在差异。若存在差异就应有针对性地进行适度的调整，可以修改测试设计文件与测试计划的进度等。

（6）测试记录

总的说来，缺陷记录包括两方面：由谁提交和缺陷描述。一般而言，缺陷是谁测试谁提交，有些公司可能为了保证所提交缺陷的质量，还会在提交前进行缺陷评估，以确保所提交的缺陷的准确性。

在描述缺陷时，至少包括表 3-1 所示的内容：

表 3-1　缺陷描述

序号	标题	预置条件	操作步骤	预期结果	实际结果	注释	严重程度	概率	版本	测试者	测试日期

以上是描述一个 bug 时通常所要描述的内容，在实际提交 bug 时，可以根据实际情况进行补充，如附上图片、log 文件等。

另外，一个版本软件测试完毕后，还要根据测试情况编制测试报告，这也是所要经过的一个环节。

（7）缺陷管理

在缺陷管理方面，很多公司都采取缺陷管理工具来进行管理，常见缺陷管理工具有 TestDirector、BugFree 等。

图 3-2 是一个 bug 从提出到关闭所经过的一些流程。

（8）软件评估

软件评估指软件经过一轮又一轮测试后，确认软件无重大问题或者问题很少的情况下，对准备发给客户的软件进行评估，以确定软件是否能够发行给客户或投放市场。

软件评估小组一般由项目负责人、营销人员、部门经理等组成，也可能由客户指定的第三方人员组成。

（9）测试总结

每个版本有每个版本的测试总结，每个

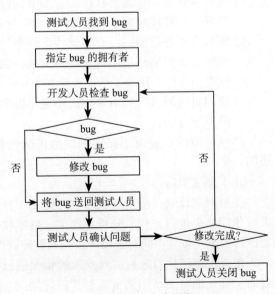

图 3-2　bug 生命周期

阶段有每个阶段的测试总结，当项目完成 RTM 后，一般要对整个项目做回顾总结，看有哪些做得不足的地方，有哪些经验可以供今后的测试工作借鉴。测试总结无严格格式和字数限制。

（10）测试维护

由于测试的不完全性，当软件正式发布后，客户在使用过程中，难免遇到一些问题，有的甚至是严重的问题，这就需要修改有关问题，修改后需要再次对软件进行测试、评估、发行。

本章小结

本章主要介绍了软件测试和移动智能系统测试的一些基本概念，包括软件测试基础知识，移动智能系统测试特性、测试方法、测试流程、对组织结构和人员要求等。希望读者可以掌握以上内容，为培养高水平的软件测试员奠定基础。后续章节将详细介绍移动智能终端的测试方法、流程和工具，以及服务平台的测试。

第二部分 *Part 2*

移动智能终端测试

- 第4章　移动智能终端功能测试
- 第5章　移动智能终端可靠性测试
- 第6章　移动智能终端可移植性测试
- 第7章　移动智能终端安全测试
- 第8章　面向移动智能终端的其他测试

Chapter 4 第 4 章

移动智能终端功能测试

本章导读

本章将介绍移动智能终端功能测试相关的基本概念、知识体系、常用名称和功能测试相关的常用工具；讲解移动智能终端功能测试内容，列举常见的移动智能终端功能测试方法、流程及常见工具；最后进行相应的案例分析。

应掌握的知识要点：

- 移动智能终端功能测试
- 移动智能终端功能测试内容
- 移动智能终端功能测试方法和流程
- 移动智能终端功能测试工具
- 相关案例分析

4.1 移动智能终端功能测试概述

移动智能终端功能测试（function testing）是为了确保程序以期望的方式运行而按功能要求对软件进行的测试，通过对一个系统的所有的特性和功能都进行测试以确保其符合需求和规范。根据移动智能终端的产品特性、操作描述和用户方案，测试一个产品的特性和可操作行为以确定它们是否满足设计需求，也称为黑盒测试或行为测试，其只需考虑待测试的各个功能，不需要考虑整个系统的内部结构和相关代码。一般从界面、架构出发，按照待测功能编写用例。输入相关数据在预期结果和实际结果之间进行比对测评。

4.1.1 测试目的

功能测试的关注点在于移动智能终端产品及其应用产品能够做什么，测试依据通常来自产品的规格说明文档、特定领域的专业知识或者对移动智能终端的其他隐性的要求。不同测试级别或不同测试阶段开展的功能测试也不同，例如，集成测试主要针对接口模块之间的功能；在系统测试中将移动智能终端与应用程序作为一个整体进行测试；针对综合系统，主要关注集成的多个系统之间的端到端的测试。

功能测试的主要目的有：

❑ 验证移动智能终端的需求和功能是否得到了完整的实现。

❑ 验证软件在正常和非正常情况下的功能和特性。

❑ 发现软件系统的缺陷、错误及不足。

❑ 获取移动智能终端产品的质量信息。

❑ 提前采取相应举措，预防用户使用终端设备时可能出现的问题。

❑ 提前发现开发过程中的问题和风险。

❑ 提供可以用以分析的测试结果和数据，分析其中薄弱环节。

4.1.2 测试要求

移动智能终端的功能测试不同于下文将要提到的性能测试和可靠性测试等专业需求很强的测试，在移动智能终端的功能测试中，主要采用的是黑盒测试方法。黑盒测试看似专业要求不高，但其实需要测试人员对于系统本身有更好的了解，因此对于移动智能终端的功能测试有以下要求。

❑ 详细了解操作系统、移动应用程序、移动设备硬件的详细设定，从不同角度掌握其特性（如质量特性、子特性等）。在了解其相关特性的基础上，才能进行有效的测试设定，确保在测试中无遗漏。

❑ 对于移动应用程序等，应仔细阅读应用的详细设计文档以及需求文档，只阅读产品使用说明并不能最大程度地了解产品特性和功能，只有在详细了解产品每一个模块的设计、实施思路的基础上，才能对移动应用程序的每一个细节做出详备的测试方案。

❑ 对潜在的范围、状态、边界等进行提取和分析。例如需要考虑在初始状态、初始数据、初始运行环境下操作系统、移动应用程序、移动设备硬件的测试结果，比较其与非初始情况下的测试结果是否存在差异性。对于内部等价类进行详细分析，以确保在不同条件下同一功能确实能够达到预期设计的功能效果。

❑ 关注点要深入系统之中，切勿只将关注点停留在系统 UI 上，还要对系统的整体运行、实际功能是否完备等内容进行相应测试。

4.1.3 测试准备

在移动智能终端功能测试中可以应用大量的经典测试技术，功能测试主要涵盖适应性、准确性、互操作性、安全保密性和辅助性等质量子特征。对于移动智能终端设备的测试，需要以下准备。

❑ 了解软件测试的流程、原则、测试用例分析设计及自动化测试方案设计。

❑ 负责项目／产品的测试工作，分析产品需求，建立测试环境和计划，保证产品质量以及测试工作的顺利进行。

❑ 按照软件工程规范和项目管理流程，实施、管理和指导软件开发不同阶段的各项测试。测试的计划安排包括人员安排、进度、使用的软硬件环境、测试的流程等。

❑ 提交测试报告并撰写用户说明书，参与软件测试技术和规范的改进和制定。

本章将针对上述内容提出部分解决方案。

4.2 移动智能终端功能测试内容

本节将会从软件功能测试内容和硬件功能测试内容两方面对移动智能终端功能测试内容进行介绍。相较于 PC 端功能测试，移动智能终端的功能测试存在特殊性，例如操作系统的独立性、操作界面的多样性、设备硬件的差异性以及移动应用程序在不同智能终端上的表现的区别性等，所以在移动智能终端测试中，我们需要针对不同组合分别进行测试。本书针对移动智能终端的特点，提炼出软件功能测试及硬件功能测试两部分，下面将进行详细介绍。

4.2.1 软件功能测试内容

本节将以软件功能测试的特性为出发点，针对移动智能终端软件的适合性、准确性、互操作性及辅助性进行介绍，在测试者了解功能测试的四个主要考虑因素及出发点后，将分别针对操作系统及移动应用程序进行简要展开，介绍其具体测试内容。首先对移动终端软件的四个特性进行介绍。

1. 移动终端软件的四个特性

（1）适合性测试

适合性指的是操作系统、移动应用程序为指定的任务和用户目标提供一组合适的功能的能力。适合性测试包括评估和确认测试对象完成任务时的适合程度，即操作系统、移动应用程序是否能够帮助客户执行期望的任务或者实现了客户需要的功能。例如，功能或者操作是否符合用户手册或者需求规格说明中的规定，以及是否提供合理和可接受的结果以实现用户任务期望的特定目标。

测试人员必须牢记在心的是，操作系统、移动应用程序的适合性不是从其本身呈现的，而应该从客户或者用户的角度评判，因为其目的是实现某些任务或者提供服务。用例测试技术是适合性测试经常采用的方法，因为用例很好地描述了客户任务和软件产品实现的功能。外部适合性度量宜对这样的属性进行测量，即发现在测试和用户运行系统期间出现的未满足的功能或不满意的操作。未满足的功能或不满意的操作可能是：

❑ 功能或操作未能按照用户手册或需求规格说明中规定的那样执行。

❑ 功能或操作未能提供合理和可接受的结果以实现用户任务所期望的特定目标。

（2）准确性测试

准确性测试指的是操作系统、移动应用程序提供具有所需精度的正确或相符的结果或效果的能力，主要用于验证操作系统或者应用程序是否满足定义的或隐含的需求，可以从以下方面（但不限于）考虑。

❑ 预期的准确性：在运行期间执行的任务的实际结果与预期结果的差别。

❑ 计算的准确性：由于计算本身的错误和数据精度方面的问题等导致的错误计算结果。

准确性测试除了验证测试对象的行为一致性问题之外，还常常需要考虑由于数据计算或者数据精度而引起的问题。外部准确性度量宜对这样的属性进行测量，即用户遇到不准确的事项的频率。这包括：

❑ 由于不充分的数据引起的不正确或不精确，如数据的有效数字太少，不足以做精确的计算。

❑ 实际的操作规程与操作手册上描述的规程不一致。

❑ 在运行期间所执行的任务的实际结果与预期的结果有差别。

（3）互操作性测试

互操作性测试主要与移动应用程序有关，软件产品与一个或更多的规定系统进行交互的能力，验证软件产品在多种制定的目标环境下是否可以正常工作（目标环境包括硬件、软件、中间件和操作系统版本等）。在描述互操作性测试时，需要明确识别多种制定的目标环境的组合，并在正式测试之前确保相关的环境配置就绪。选择功能性测试用例覆盖在目标环境中出现的不同组件，进而测试这些目标环境。

互操作性主要关注软件产品部署时和外部环境的接口说明，外部系统或者外部环境可以是软件产品的一部分，也可以是其需要集成的其他商业软件或硬件。软件产品的互操作性与多个不同的软件系统有关。具有良好互操作特性的软件在不需要较大变更的情况下，可以容易地与其他系统集成，因此变更的数目和用来完成这些变更所需的工作量可以作为评估软件产品互操作性的度量指标。

外部互操作性度量宜对这样的属性进行测量，如涉及数据和命令的通信缺失的功能数或事件数，而这类数据和命令在该软件产品和与之相连的其他系统、其他软件产品或设备之间应易于传送。

（4）辅助性测试

辅助性测试（accessibility test）有时也称为“无障碍测试”或“可达性测试”等。每个人在使用信息通信技术手段时都可能碰到不同的障碍或者阻碍，就是人们常说的“数字鸿沟”。在信息无障碍的领域里，需要消除信息通信技术手段中现有的一些障碍，同时通过技术创新为人们的生活增加便利。

信息交流障碍引起的需求可以分为以下5类。

❑ 身体和习惯差异障碍：由于身体移动性、灵活性、触碰能力、力量大小、耐力强度和身高等方面的差异所产生的需求，也包括人体机能弱化及获取造成障碍的人群（如老年群体）和使用习惯差异人群（如左撇子）的需求。

❑ 感官感知障碍：由于讲话能力、视觉、听觉、触觉、味觉、嗅觉和平衡能力等方面的差异所产生的需求。

❑ 认知障碍和文化差异障碍。由于学习能力（智商和记忆力）、地域差异和精神健康等方面的差异所产生的需求，也包括儿童群体的认知需求。

❑ 沟通障碍：由于语言读写和表达能力等方面的差异所产生需求，也包括儿童和文盲在沟通方面的需求。

❑ 混合型障碍：由于上述多方面差异而产生的需求。

总的来说，交流有障碍的人可能无法自如地操作和控制软件产品。例如，因为感官感知问题而不能获取设备信息，因为认知问题或文化差异障碍而不能正确理解设备，以及因为沟通问题而不能明确表达自身需求。因此在设计设备和业务时应充分考虑不同的障碍类型，并采用有针对性的辅助技术和功能以帮助各类人群实现无障碍的信息交流。

可移动操作系统消息的主要来源是网络，它是人们获得信息的一个很重要的渠道，信息无障碍服务的目的是帮助任何人在任何条件下获取所需要的网络信息。保证网页可以被任何人直接或借助辅助工具访问，网页测试要考虑如下方面。

❑ 内容的可感知性：包括为所有非文本内容提供替代文本，为多媒体信息提供同步替代文本，保证信息和结构可以与表现相分离，以及前景文字和背景要容易区分。

❑ 内容中接口组件的可操作性：包括所有功能都可通过接口操作，用户在阅读或与网页交互时可以控制实现，允许用户避开光敏性内容，提供帮助用户查找内容的机制，帮助用户避免错误并在出现错误时方便地加以纠正。

❑ 内容与控制的可理解性：包括文本内容可读并可理解，以及内容的可知和功能性的可预测。

❑ 兼容性要求：包括兼容目前及未来的用户代理（包括辅助技术），以确保内容是无障碍的或者提供一个无障碍的选项。

需要注意的是，在执行软件系统的辅助性测试时，需要考虑参照相关标准，如残疾歧视法案等。

2. 移动操作系统的软件功能测试

介绍完以上四个主要特性，下面将针对操作系统及移动应用程序展开详细说明，以使测试者对于相关内容有更直观的了解。在 Android 操作系统的功能测试中，以三个特性为出发点进行了说明；在 iOS 操作系统的功能测试中，将范围缩小到 iOS 部分特性并进行了用例分析；在移动 APP 功能测试中，将针对具体环节说明测试用例的设计。

（1）Android 平台的功能测试

Android 操作系统的特点在于其多样性，包括分辨率多样性及手机品牌多样性。系统的多样性产生的主要问题在于各个软件在各个系统中的行为会有所差异。所以在对 Android 操作系统进行测试时，需要考虑版本、机型甚至厂商定制等问题。对于一些定制性较强的系统，需要测试者针对其特性设定具体的测试用例。本节只针对原生 Android 操作系统的通用性较高的功能测试内容进行介绍，测试者可在此基础上结合测试系统特性进行合理增减。

❑ Android 操作系统的适合性测试主要是对系统主要功能的实现情况进行测试。参考 Android 用户使用手册，可以将测试内容大体划分为对系统基本操作功能实现情况的测试（包括通信模块、短信、桌面等）、对系统运行情况的测试（包括流畅度、分辨率等）、对系统附加功能的测试（包括指纹识别等），同时，用户手册中提到的任何与操作相关的功能，都应进行详尽的用例设计及黑盒测试。

❑ Android 操作系统的准确性测试不像适合性测试那么直观，对于准确性测试，可从两个方面进行理解。首先，对于操作系统运算本身，需要测试人员对 Android 操作系统进行深入了解，针对其内存分配合理化、系统运行情况等进行分析，从而对操作系统内部算法的合理性、准确性做出判断。而操作系统中相关 APP 的准确性操作属于另外一个层面，稍后给出说明。

❑ Android 操作系统辅助性测试主要测试在信息交流存在障碍的情况下，系统本身是否具备相关功能，以及能否解决相应问题。例如是否具有放大功能、反色功能、朗读功能等视觉障碍辅助功能，这需要测试者对于五类信息交流障碍进行分析，并编写测试用例。

Android 操作系统的测试涵盖方方面面，以上通过三个特性简要描述使测试者对测试内容的设定框架有初步了解，对于测试用例的设计，可参考以上三个特性分别展开。

（2）iOS 平台的功能测试

iOS 平台和 Android 平台存在一定的相似性，所以在 iOS 平台的介绍中不再重复以上特性，而是针对 IOS 平台的部分特性进行具体说明，以开拓测试者思路。

在测试时，应考虑 iOS 平台的如下特性以进行测试。

❑ 只有一个应用程序正在运行，并且程序在运行时只有一个窗口。在台式机或笔记本上，操作系统可以同时运行多个程序，并且可以同时分别展开多个窗口。而一般情况下，在 iOS 中同时有且只有一个应用程序。针对此特性，测试人员只需考虑单一窗口下针对唯一应用程序的功能性测试。

❑ 有限的内存和 CPU。无论手机的硬件发展如何迅速，在相对固定的一段时间里，移动设备的内存和 CPU 性能是没办法达到计算机的水平的。因此，在 iOS 系统上运行的应用程序需要执行更高效的代码。针对此特性，测试人员在功能性测试时更应注意应用程序是否具有较高的可执行性。

❑ 多样化且不稳定的网络接入。手机的网络接入点是可变化的，有以手机卡上网的情况，也有以 WiFi 为接入点的情况。在用手机卡上网时，还可以根据接入信号等方面的不同有更细致的分类。而台式机和笔记本没有这样的问题，其网络是相对稳定的。针对此特性，测试人员需要进一步对网络连接情况进行测试。

❑ 多样化且不同尺寸的屏幕。由于 iOS 平台上的应用程序多数都是全屏显示的，所以屏幕的大小决定了应用程序的展示方式。在 iOS 平台上，用户还可能通过频繁的横竖屏切换来调整使用应用程序的方式。针对此特性，测试人员需增加关于横竖屏切换的测试内容。

除了 iOS 平台本身的本性，测试人员还要考虑用户的使用特性。用户在使用手机应用程序时，一般都会以快捷而简便的方式完成，这些操作需要在相当短的时间内完成并得到响应，如果响应时间过长会严重影响用户体验。另外，用户每天可能会多次打开同一个应用程序，并且每次使用该应用的时间相当短暂，这种使用方式对应用程序的性能也有相当高的要求。

用户使用手机时，可能会使用语音输入、晃动手机、使用地理位置信息等，而这些在台式机和笔记本的使用中是不太涉及的，台式机和笔记本的输入一般都集中在键盘上。手机则有着更加复杂的数据输入。而处理丰富的输入方式正是 iOS 面临的一个难题。

针对以上特性，测试人员应积极修正功能测试量表，以求更有针对性、更准确地对 iOS 操作平台的相关内容进行测试。

（3）移动 APP 的功能测试

移动 APP 的测试在功能测试中占有很大比重，移动设备是否运行流畅且使用方便，这与移动 APP 的功能实现情况有很大的关联性。所以，我们将移动 APP 功能测试从操作系统功能测试中分离出来做进一步介绍，移动 APP 测试内容主要针对具体用例展开，包括以下几个方面。

❑ 安装测试：测试应用程序是否能够正确安装，安装路径是否能够指定，安装过程中意外情况的处理是否符合要求（被拦截、死机、重启、内存不足、断电等），是否允许预设自动启动等。

❑ 软件权限测试：是否有扣费风险（如发送短信、拨打电话等），是否有隐私泄露风险（如访问联系人信息等），检测 APP 的用户授权级别（如是否存在非法授权访问等），是否允许拍照等。

❑ 登录注册测试：测试无网络情况下是否有联网提醒，退出后是否清除缓存，输入时密码是否可见，是否有多次非法登录处理，是否有登录禁用账户处理，是否有登录超时处理，删除或修改后原用户是否可以登录等。

❑ 卸载测试：直接删除安装文件夹是否有提示信息，系统直接卸载程序是否有提示信息，卸载过程中出现意外情况（如死机、断电、重启）是否有应急机制等。

❑ UI 测试：用户界面布局风格是否统一，用语是否通俗易懂，部分操作反馈是否及时，相应界面是否有操作引导等。

❑ 运行测试：APP 安装完成后是否可以正常运行，运行速度是否可观，页面间切换是否流畅等。

❑ 应用前后台切换测试：APP 切换到后台后再返回时是否停留在上一次的操作界面、程序是否正常、功能状态是否正常，锁屏后重新进入 APP 是否正常，关闭进程后再开启是否正常，出现必须处理的提示框并来回切换后是否提示框还在等。

❑ 数据更新测试：哪些数据需要手动／自动刷新，确定数据时需从服务器请求还是有本地缓存，哪些数据从后台切换回前台时需要进行数据更新等。

❑ 更新测试：当有新版本时用户是否能够收到提醒，是否需要强制升级版本，当有新版本时是否需要删除本地版本，未删除本地版本是否可以正常更新等。

❑ PUSH 测试：PUSH 消息是否按照制定的业务规则发送，不接受推送的用户是否还会接收到 PUSH 消息（在 PUSH 前需检查用户登录身份是否能成功识别），PUSH 消息是否能够有针对性地推送等。

本节列出的移动 APP 功能测试内容较为详细，在实际应用中需要对具体需求进行分析，然后挑选需要的测试内容进行测试。

4.2.2 硬件功能测试内容

本节中提及的硬件功能测试主要是对移动智能终端的硬件设备进行初步的功能测试。目前，针对硬件的测试主要采用机械设备完成重复性操作，具有比人工更高的准确度和可信度。硬件功能测试主要包括按键测试、触碰测试、显示测试、屏幕测试、振动测试等内容。

- ❑ 按键测试（key test）：测试移动智能终端设备的按键灵敏度、抗干扰性、有效次数等。
- ❑ 触碰测试（touch test）：测试移动智能终端设备的触控灵敏度以及精密度。
- ❑ 显示测试（display check）：测试显示是否达标。
- ❑ 屏幕测试（screen test）：测试屏幕是否可以正常显示。
- ❑ 振动测试（vibration test）：测试是否有振动杂音。
- ❑ 屏幕灰度显示测试（screen grey scale test）：测试灰度显示是否达标。
- ❑ 彩条显示测试（color test）：测试彩条显示图是否达标。
- ❑ 声音测试（speaker test）：手机播放 1kHz 的标准音频，测试该音频是否达标。
- ❑ 声音回路及耳机测试（mic, earphone test）：测试通过声卡读取的音频是否达标。
- ❑ WiFi 测试（Wifi test）：测试 WiFi 是否达标。
- ❑ 运动传感器测试（G-sensor, position sensor test）：测试终端运动传感器是否达标。
- ❑ 靠近传感器测试（close sensor）：测试相机拍摄屏幕的亮度变化，分析是否达标。
- ❑ 按键背景灯显示测试（key light test）：测试是否存在不亮、断点、亮度不正确等故障。
- ❑ 前后摄像机测试（camera test）：测试是否有偏色、水纹、油彩等故障。
- ❑ 闪光灯测试（flash light test）：测试闪光灯是否工作正常。
- ❑ SIM 卡测试（SIM card test）：测试 SIM 是否正常工作。
- ❑ SD 卡测试（SD card test）：测试 SD 卡内容是否正确显示。

4.3 移动智能终端功能测试方法与流程

本节介绍移动智能终端功能测试的基本测试方法和流程，将详细介绍从测试计划、测试执行到最后产生测试报告的流程，在硬件功能测试方法中将简要介绍上一节中的硬件测试用例的测试方法，测试者可比对学习。

4.3.1 软件功能测试方法与流程

本节将针对软件功能测试的方法和流程进行介绍，主要包括测试计划、测试用例、待测智能终端和附件、测试设备和工具、测试执行、错误报告、进度报告和测试报告。这些内容基本概括了移动智能终端软件（操作系统、移动应用程序）的测试方法和具体流程，测试者在实际测试过程中可根据具体情况进行增删，具体实施样例也可参考本章最后的测试案例。

（1）测试计划

软件系统测试作为一个产品开发项目的一部分，一定要有测试计划（test plan）。计划由主管测试人员制定，参考文件为整个产品的开发计划。一般测试计划会定义如下信息。

❑ 测试任务：即需要测试什么和不需要测试什么。

❑ 工作量估算：需要多少人，测试多少天，测试几个周期。

❑ 日程表：每人每天需要做什么。

❑ 测试方法和流程：采用什么方法，遵循哪些流程。

❑ 测试资源：需要多少人员、设备、工具、文档等资源，以及对上述资源的要求。

❑ 测试输出：测试中需完成错误报告（error report）和进度报告（progress report），测试完成后需完成总结报告（summary report）。

测试计划将是整个测试项目的指导，定义了一切测试活动遵循的规则，因此最为重要。

（2）测试用例

测试过程中会以文档来描述智能终端的各种功能。这种文档称作"软件特性"（software specification）或"软件需求规格"（software requirement），但是这种文件是用开发语言而不是用测试语言写成的。如何区别这两种语言，请看下面的例子。

如果需要用户在 X 窗口中输入一个月份，在软件特性文档中通常会这样描述：X 窗口中提示用户输入一个月份，其可能的值为 1 ～ 12，如输入值超出此范围，将出现错误提示窗口。这就是典型的开发语言。虽然可以直接把这句话作为测试用例（test case）来用，但是会带来一定的问题，那就是无法保证测试人员完备地进行了测试。此时，需要有测试工程师根据软件需求特性，把开发语言"翻译"成测试语言，变成如表 4-1 所示的形式。

表 4-1 语言过渡示意表

序号	输入（input）	期望输出（expected output）	测试结果 (pass/fail/not available)
1	在月份输入窗口中输入 0	出现错误提示	
2	在月份输入窗口中输入 1	正常，当前月份变为 01	
3	在月份输入窗口中输入 5	正常，当前月份变为 05	
4	在月份输入窗口中输入 12	正常，当前月份变为 12	
5	在月份输入窗口中输入 13	出现错误提示	

面对一些复杂情况时，如果没有一个清晰的文档把所有测试的点一一列出，则很难保证测试的完备性。通常一个完整的测试用例会包含以下内容。

❑ 测试环境或先决条件：列出测试前需要具备的环境和先决条件。

❑ 输入：一个或一组操作就是测试的输入。

❑ 期望输出：每一个输入后，应该把需求特性规定的正确输出列到"期望输出"栏中，这样测试人员在测试的时候就可以判断实际的输出结果是否和期望输出一致，如果不一致，就说明这是一个错误（bug）。可以看出，这就是测试用例最重要的作用，即帮助测试人员（尤其是对系统不是非常熟悉或有把握的测试人员）判断输出是否正确。

（3）待测智能终端和附件

关于这一部分需要提醒的是：要把待测智能终端的操作系统、软件升级到需要测试的版本。升级可能需要特别的软件和工具，对此需要预先了解。

另外对于附件，例如充电器，均需有专门的说明书可供查询。

（4）测试设备和工具

移动智能终端的功能测试虽然绝大多数是手工进行的，但并不是说测试人员徒手就可以进行测试了。想想在测试中都需要什么呢？智能终端、测试计划、测试用例毫无疑问是需要的，除此之外，还需要下列内容：

❑ SIM 卡在大多数情况下是需要的，绝大多数功能（除紧急拨号外）若没有 SIM 卡将无法使用。

❑ 计算机和网络也是需要的，测试用例很多时候是存在网上的文件，如果测试时发现错误，填写错误报告也是在网上进行的。此外升级智能终端的软件也需要计算机。

❑ 还需要一些特殊的设备，比如升级智能终端软件的设备、同步 PC 与智能终端数据的设备等。

（5）测试执行

测试循环通常由以下任务组成。

首先要确定测试周期。一个测试循环的时间可长可短，但通常的做法是以两个软件版本发布的间隔作为一个测试周期的长度。例如每两周发布一个版本，则一个测试周期就为两周。得到一个新的版本意味着一个测试周期的开始，第一步是升级智能终端的软件。首先需要验证那些在以前版本中发现、在新的版本中已经被更改了的错误是否确实正确无误，尤其要注意的是改掉旧问题的同时是否带来新问题。每当测试中发现一个错误时，需要在错误数据库中填写一份错误报告单，经过错误更改流程，开发人员将更改软件中的错误，同时改变数据库中对应错误报告单的状态，系统会自动通知错误发现者到新的版本中验证错误是否已经被改正。

接下来，测试人员将按照测试用例的指导进行测试。检查每个测试用例是否通过，如果没有通过则需要填写错误报告单，如果通过则进行下一个测试用例的测试。

以上这些测试执行的行为都是一般意义上的。依据项目的实际情况，可能会安排一些特殊的测试阶段，典型的例子是压力测试。例如市场上报告发现了较难复现的 bug，项目通常会组织压力测试，测试人员得到的仅仅是错误的症状和可能使之出现的建议，但是无法提供精确的复现步骤，需要测试人员依据自己的理解和对系统的测试经验进行有重点的测试，目标就是抓住那些稍纵即逝的 bug 并试图找出复现步骤。

（6）错误报告

错误报告是测试工程师重要的工作成果之一，也是唯一对产品质量有直接帮助的成果。因此错误报告单的质量非常重要，也是衡量测试工程师水平和能力的关键标尺。

错误报告单的首要作用是描述问题，复现问题产生步骤。以帮助开发人员定位此问题。

报告单应该能够让开发人员独立定位错误和修改 bug。

一份合格的错误报告单至少应该具备以下内容：

❑ 被测试智能终端的软硬件版本。

❑ 该错误是否可以重现。

❑ 发现错误的步骤。

❑ 错误现象的描述。

❑ 本应出现的正确现象的描述。

所以，要做到让一个完全没有准备的人看懂并成功复现问题，需注意以下几点：

❑ 语言简练，减少重复。

❑ 步骤详细、准确，无跳步。

❑ 避免使用怪僻生词，尽量使用常见词。

❑ 尽量使用智能终端软件的术语。

撰写错误报告需要经验的积累，测试者应在工作中不断以上述要求督促自己，以达到最好效果。

（7）进度报告

面对较大规模的测试用例时，为了能够即时、准确地了解项目进展情况，同时把软件测试发现的错误情况上报汇总，通常都需要进度报告（progress report）。

进度报告一般包括以下一些内容：

❑ 工作时间（小时数）。

❑ 测试用例执行情况。包括已经完成的用例数目、出错的用例数目、通过的测试用例数目、未测的用例数目和无法测试的用例数目。

❑ 发现的所有错误的列表。

❑ 执行的所有测试用例及其结果的列表。

进度报告一般每天都需要实时提交，以保证测试经理随时能够对项目的进展和软件的稳定度有精确的了解。

（8）测试报告

作为对一个测试项目的总结，测试报告（test report）的内容应该包括：

❑ 测试活动的时间。

❑ 测试投入的人力。

❑ 测试效果和结论。

❑ 测试用例通过情况列表。

❑ 发现所有错误的列表。

❑ 所有仍未关闭的错误报告列表。

以上为软件（操作系统、移动应用程序）测试的基本方法和流程，对于不同的测试用例，需要分析其内容及共性，设计相关用例，按部就班进行测试工作，已达到及时发现问题、顺利解决问题的目的。

4.3.2 硬件功能测试方法与流程

本节将针对上文提到的硬件功能测试内容列举对应的测试方法，测试者可根据对应内容及上文提到的软件测试流程，尝试进行测试分析。

❑ 按键测试：气缸驱动按压头测试正面按键和侧面按键，按压力度由精密调压阀控制气缸气压来设定。

❑ 触碰测试：气缸驱动触碰头做触碰测试、点测试、划线、画图形。有多组气缸用于做多点触碰测试，包括多指触碰测试。

❑ 显示测试：通过相机或软件截屏直接提取屏幕显示内容，然后比对显示特征值，利用软件判断显示是否达标。

❑ 屏幕测试：相机拍摄不同背景的纯色屏幕显示，例如全白、全黑、全红，侦测屏幕的亮暗点、亮暗线。测试精度需配合工作距离，镜头可调，一般设定为 0.08mm，相当于视网膜屏幕的一个像素。在这种精度下，人眼已经较难分辨了。此时灰尘会引起误判，所以在测试要求高时，应在放入前先使用离子风枪清理其表面。

❑ 振动测试：使用治具下的振动传感器读取振动时的波形，并分析其频率、幅度等，与设定参数进行比较以判断是否达标。振动动时的音频会被录音，最后由操作员确认是否有振动杂音。

❑ 屏幕灰度显示测试：相机拍摄屏幕显示的灰度显示图，利用软件判断是否达标。

❑ 彩条显示测试：相机拍摄彩条显示图，利用软件判断是否达标。

❑ 声音测试：手机播放 1kHz 的标准音频，治具上的 Mic（人工耳）读取该音频，通过声卡、软件分析其幅度、频率、失真、谐波失真等，判断是否达标。

❑ 声音回路及耳机测试：治具人工嘴（speaker）播放 1kHz 标准音频，气缸驱动插入耳机，通过声卡读取音频，利用软件分析其是否达标。

❑ WiFi 测试：相机拍摄或者软件截屏，根据图像分析 WiFi 图标是否存在，判断当前连接的路由器名字及 IP 是否正确。

❑ 信号、GPS、FM 信号测试：相机拍摄或软件截屏，根据图像分析信号图标是否正确出现。

❑ 运动传感器测试：当设备倾斜放置或移动到不同位置时，其 XYZ 读数会变化。相机拍摄分析不同位置的 XYZ 显示数据，判别是否达标。

❑ 靠近传感器测试：气缸驱动遮盖传感器，相机拍摄屏幕亮度变化，分析是否达标。

❑ 按键背景灯显示测试：相机拍摄背景灯显示，分析其图案，判别是否存在不亮、断点、亮度不正确等故障。

❑ 前后摄像机测试：相机拍摄设备内安置的标准图片，利用软件读取该图片，分析相机是否工作正常。图片由操作员最后复检，确定是否有偏色、水纹、油彩等故障。

❑ 闪光灯测试：治具上的光感传感器侦测闪光灯是否工作正常。

❑ SIM 卡测试：相机拍摄或软件截屏，根据图像分析运营商、信号条是否正确显示。

❑ SD 卡测试：相机拍摄或软件截屏，根据图像分析 SD 卡内容是否正确显示。

4.4 移动智能终端功能测试工具

4.4.1 软件功能测试工具

1. MonkeyRunner 测试工具

（1）MonkeyRunner 简介

MonkeyRunner 工具提供了一个 API，使用此 API 写出的程序可以在 Android 代码之外控制 Android 设备和模拟器。通过 MonkeyRunner，可以写出一个 Python 程序去安装一个 Android 应用程序或测试包，运行它，向它发送模拟击键，截取它的用户界面图片，并将截图存储于工作站上。MonkeyRunner 工具的主要设计目的是用于测试功能 / 框架水平上的应用程序和设备，或用于运行单元测试套件，但当然也可以将其用于其他目的。

（2）MonkeyRunner 与 Monkey 的差别

Monkey：直接运行在设备或模拟器的 ADB 内核中，生成用户或系统的伪随机事件流。此工具将在第 5 章中详细介绍。

MonkeyRunner：在工作站上通过 API 定义的特定命令和事件控制设备或模拟器。

（3）MonkeyRunner 的测试类型

❑ 多设备控制（multiple device control）：MonkeyRunner API 可以跨多个设备或模拟器实施测试套件。可以在同一时间接上所有的设备或一次启动全部模拟器（或统一起），依据程序依次连接到每一个，然后运行一个或多个测试；也可以用程序启动一个配置好的模拟器，运行一个或多个测试，然后关闭模拟器。

❑ 功能测试（functional testing）：MonkeyRunner 可以为一个应用自动进行一次功能测试。提供按键或触摸事件的输入数值，然后观察输出结果的截屏。

❑ 回归测试（regression testing）：MonkeyRunner 可以运行某个应用，并将其结果截屏与既定已知正确的结果截屏相比较，以此测试应用的稳定性。

❑ 可扩展的自动化（extensible automation）：由于 MonkeyRunner 是一个 API 工具包，可以基于 Python 模块和程序开发一整套系统，以此来控制 Android 设备。除了使用 MonkeyRunner API 之外，还可以使用标准的 Python OS 和 subprocess 模块来调用 Android Debug Bridge 这样的 Android 工具。

（4）MonkeyRunner 运行环境

可以直接使用一个代码文件运行 MonkeyRunner，或者在交互式对话中输入 MonkeyRunner 语句。不论使用哪种方式，都需要调用 SDK 目录的 tools 子目录下的 MonkeyRunner 命令。如果提供一个文件名作为运行参数，则 MonkeyRunner 将视文件内容为 Python 程序，并加以运行；否则，它将提供一个交互对话环境。

MonkeyRunner 的命令语法为：

```
MonkeyRunner -plugin <plugin_jar> <program_filename> <program_options>
```

2. Frank 工具

Frank 提供了针对 iOS 平台的功能测试能力，可以模拟用户的操作对应用程序进行黑盒测试，并且使用 Cucumber 编写测试用例，使测试用例如同自然语言一样描述功能需求，让测试以"可执行的文档"的形式成为业务客户与交付团队之间的桥梁。

目前对移动 APP 的测试主要指下面几部分：

❑ 功能测试：遍历应用的每一个角落，查看应用的功能、逻辑是否正常。
❑ 性能测试：应用的性能怎样，如启动时间、反应时间等。
❑ 兼容性测试：对不同目标终端设备、操作系统版本的兼容性测试。

3. 云测试工具

云测试是指开发者将 APP 上传之后，在服务器端的自动化测试环境中部署和测试，相比开发者自己测试来说有很多优点，如不用购买真机、无需部署运行与维护环境等。下面对现有的云测试服务进行介绍。

（1）Testin 云测试

Testin 云测试平台是一个基于真实终端设备环境、基于自动化测试技术的 7×24 云端服务。Testin 在云端部署了 300 多款、1000 多部测试终端，并开放这些智能终端给全球移动开发者进行测试，开发者只需在 Testin 平台提交自己的 APP 应用，选择需要测试的网络、机型，便可进行在线的自动化测试，无须人工干预，自动输出含错误、报警信息等测试日志、UI 截图、内存/CPU/启动时间等在内的标准测试报告，支持 Android 与 iOS，业务也较为全面。

（2）TA 云测试

TA 云测试的前身是 CMET，是中国电信旗下的天翼空间应用工厂为开发者提供的一项服务，它提供一个客户端，可以在计算机上操控云端真机，获得与手持真机相同的感受；自动化进行应用在不同手机上的批量安装、运行和卸载，并输出测试报告；支持自动化脚本编辑、运行和深度体验测试。

（3）百度云测试 MTC

MTC 是百度云面向移动和 Web 开发者提供的服务，能够满足一般的测试需求，包括当前的热门机型，还支持云端客户端回放。它提供一个云众测服务，即开放者上传 APP，百度提供给用户下载测试，然后将反馈信息进行收集后返回给开发者，这在国外是一种比较流行的方式。

（4）TestObject

TestObject 所提供的云服务能够让应用开发商在一系列 Android 设备上自动远程测试其应用。开发商只需要上传其应用，并模拟用户与应用交互来生成一项测试。系统将会自动跟踪该交互，并以该交互为基础创建一个测试脚本，然后该脚本将会在云端中不同的设备上自动执行。测试结束后，TestObject 会发送一份详细的测试结果报告。该服务的计费方式的主要依据是测试所花费的时间和测试设备的数量。

4.其他测试工具

（1）Sikuli

Sikuli 是一种使用截图进行 UI 自动化测试的技术。Sikuli 包括 Sikul 脚本、基于 Jython 的 API 以及 Sikuli IDE。Sikuli 可以实现任何可以在显示器上看到的 UI 对象的自动化，可以通过编写一些代码来实现 Web 页面，支持 Window/Linux/Mac OS X 桌面应用，甚至 IPhone 和 Android 模拟器的自动化测试。Sikuli 原来只针对桌面应用，后来自然延伸到了 Android APP，测试方式让人眼前一亮。画一个框图，写一个简单的 Python 测试脚本（Java 脚本也可以），测试就做好了，简单又形象，具有逻辑。因为验证点依赖于图片比对，所以其瓶颈也在此。

（2）Clicktest

Clicktest 基于图片对比技术做了些优化，比对更加智能一些，跨手机的效果更好；支持录制回放，自定义了一些测试命令，易上手，可读性强，不再需要使用者（手工测试人员）编程。另外，Clicktest 支持工作流式的逻辑集成，可以灵活地组合测试步骤，增强复用性。Clicktest 是工具，不是平台。

4.4.2　硬件功能测试工具

移动智能终端的硬件测试主要依靠各类可编程自动平台，代替人工进行重复性、精准性工作，已达到对硬件进行测试的目的。下面将例举目前市场上常见的移动智能终端功能测试系统。

因市面上硬件测试机型复杂多样，仅以 MMI AMT-100 功能测试系统作为示例：

- ❑ 系统概述：设备包括可编程自动平台，带动多组按压触摸头（替代人工手），通过照相机和软件截屏图像读取（替代人工眼）、扬声器（替代人工嘴、耳）、其他传感器（振动传感器），替代人工对产品做全功能的 MMI 功能测试，从而实现自动化，提高效率，减少人工，减少错误，实现投资性价比。
- ❑ 适用产品：手机、平板、计算机、电视机、遥控器、汽车中控、玩具等具有按键、显示屏、Speaker、Mic、振动等功能的电子或其他产品。
- ❑ 适合应用：产品出货功能检测，以及硬件、软件重复性测试。

4.5　测试案例与分析

4.5.1　项目背景

订票业务是机票票务管理中最基本的业务，表面上看它只是机场业务的一个简单的部分，但它涉及管理、客户、服务等诸多方面。

随着互联网的快速发展和移动智能终端的遍及，越来越多的网民开始由传统的互联网上网方式扩展到了移动终端设备终端，传统的订票方式已经不能满足现代航空业务量剧增的客观要求，为此在原来传统的柜台、互联网售票业务系统的基础上，开发了机票票务系统（手机端）。

4.5.2 被测软件及实施方案

机票票务系统（手机端）具备传统机票订票的基本功能。与传统互联网订票方式相比，它不受用户区域的限制，用户通过它随时随地都可以上网订票，满足用户的购票需求，进一步为人们带来便利。

1. 被测软件简介

机票票务系统（手机端）采用 B/S 架构，涉及应用服务平台端、互联网终端和移动终端功能。其中，应用服务平台端为系统提供服务，涉及系统管理、后台业务管理、业务监控、统计分析等功能；互联网终端通过传统 PC，连接互联网访问系统；移动终端通过手机等终端，连接移动互联网访问系统。

移动终端和互联网终端的购票业务，支持共享用户、订单、票额等信息，并使用统一的购票业务规则，提供机票查询、预定、支付、选座、改签、退票、订单管理、个人信息管理等功能，为旅客提供方便、快捷的全新购票体验。

本次测试的目的是，通过对机票票务系统（手机端）的功能测试，发现该系统可能存在的功能性问题，以协助改进系统的运行质量，保证系统提供高质量的服务。

2. 实施方案

（1）测试前准备阶段

需求分析。分析该机票票务系统（手机端）软件，主要为移动终端用户提供以下方面的功能：

- ❏ 安装与卸载：安装、卸载手机客户端。
- ❏ 账户管理：用户注册，用户登录，信息修改，密码找回。
- ❏ 机票查询：根据日期 / 时间、出发 / 到达机场、机票类型等进行查询。
- ❏ 机票预订：查询并查看机票信息，机票预订，提交订单，在线支付，取消订单。
- ❏ 其他服务：选择取票方式，选座，预订专车接机，预订酒店。
- ❏ 订单查询：今日订单查询，未出现订单查询和历史订单查询，未完成订单查询，改签，退票，查看订单详情。
- ❏ 个人中心：管理常用联系人、送票地址、个人资料、密码修改。

本次测试的重点在于对系统手机端功能和业务流程进行详细测试，同时对涉及与应用平台端和互联网终端的共享的数据部分（如账户、订单、票额等）进行验证。

团队搭建。该项目组建一支 4 人的测试团队，其中测试经理 1 名，测试工程师 3 名。

测试经理负责测试内部管理以及与用户、开发人员等外部测试人员的交流；组织测试计划编写、测试文档审核；协调并实施项目计划中确定的活动；识别测试环境需求；为其他人员提供技术；编制测试报告。

测试工程师协助测试经理开展工作，负责测试文档审核、测试设计和测试执行；针对测试计划中每个测试点设计测试用例；按照测试用例执行功能性测试，并提交缺陷；组员间相互审核，确认缺陷。

确定缺陷管理方式以及工具。 依照设计好的测试用例对系统进行测试，将发现的缺陷按照用例中的测试编号分别予以记录，保证各类缺陷记录的维护、分配和修改。

（2）实施阶段

1）搭建测试环境：

❑ 服务器环境：数据库、应用、Web 服务器端，部署软件环境。

❑ 网络环境：互联网环境、移动互联网环境。

❑ 移动终端：4 部常用智能手机终端，如华为 C8816、iPhone 5S、华为 B199、三星 G3818。手机终端安装被测客户端软件。

2）编写测试计划。依据该系统实际情况制订测试计划，安排测试工作内容，根据业务流程及功能模块提炼测试功能点，以保证测试工作的顺利进行。

功能测试的重点在于对系统各功能点和业务流程进行测试，根据测试需求识别不同的测试过程以及测试条件，并形成测试计划，对每一个功能点从适合性、准确性和互操作性 3 个方面进行测试，验证功能点的功能是否实现。在测试计划中明确以下内容：

❑ 测试任务和范围；

❑ 人员、时间安排；

❑ 测试方法和流程；

❑ 测试启动和终止条件；

❑ 可交付成果等。

3）设计测试用例。采用建立测试用例库、黑盒测试的方法，制定覆盖全部功能模块的测试用例，通过测试用例的执行实现功能和业务流程测试，检查软件是否满足软件需求说明书中的确认标准，验证软件所有功能的完整性、正确性和一致性。

采用的测试技术包括等价类划分法、边界值分析法、因果图法、错误推测法等方法。根据系统技术方案和总体要求，分析各功能点测试的优先级别。对于用户经常使用、关系系统核心功能、优先级别较高的功能点，要求达到测试全覆盖，同时考虑对非法数据输入和异常处理的测试用例。

针对系统测试内容，设计每一个测试点的测试用例，测试用例举例如表 4-2 所示。

表 4-2 机票预订测试用例执行记录

用例标识	F-1001-01		质量特性		功能性
用例名称及说明	验证机票查询结果的正确性				
设计人员及时间	张三 YYYY/MM/DD		审核人员及时间		李四 YYYY/MM/DD
测试工具（含有辅助工具）	手工测试		操作系统		Android 4.2
测试平台	三星 G3818		分辨率		960×540 像素
前提和约束	安装机票票务系统（手机端）		过程和终止条件		网络中断，系统闪退
测试过程					
序号	测试步骤	测试数据	预期结果	实际结果	问题编号	备注
1	打开机票票务系统	—	成功打开系统并进入主界面			

（续）

测试过程						
序号	测试步骤	测试数据	预期结果	实际结果	问题编号	备注
2	进入"机票查询"界面	—	成功进入该界面			
3	设置出发/到达城市	北京/上海	显示当日所有机票信息			
4	设置筛选条件	经济舱	显示所有经济舱机票信息			
5	设置出发日期	2015.01.02	显示当日机票信息			
□通过　　□不通过			测试人员及时间			

4）执行测试，记录测试过程，提交缺陷。根据设计好的测试用例执行功能性测试，记录测试情况。当执行结果与预期结果不符时，记录并提交缺陷，缺陷记录举例如表4-3所示。

表 4-3　功能性缺陷记录

问题摘要	1001-机票查询结果不正确	样品版本	V2.0
测试平台	三星 G3818	操作系统	Android 4.2
严重程度等级	S4	可重现性	可以复现
详细描述	1. 打开机票票务系统（手机端），进入"机票查询"界面 2. 设置出发城市为"北京"，设置筛选条件为"经济舱"，查询结果显示有误，显示出头等舱机票		
提交人	李四	提交时间	2014/11/04
确认人	张三	确认时间	2014/11/06
所属模块	机票查询		

5）测试结果分析。对于用户经常使用、关系系统核心功能、优先级别较高的功能点，进行功能全覆盖测试，基本实现机票查询、预定、支付、选座、改签、退票、订单管理、个人信息管理等重要功能，基本符合用户预期需求；但系统在异常输入和异常操作情况下存在缺陷，建议改进。

本章小结

本章主要介绍了移动智能终端功能测试相关的基本概念，并针对移动智能终端功能测试内容、方法和流程、相关工具做了详细的说明。之后针对上述内容以订票业务为例展开功能测试的案例分析。

第 5 章

移动智能终端可靠性测试

本章导读

本章将对移动智能终端可靠性测试进行简要的介绍和描述。测试将从硬件可靠性测试方面和软件可靠性测试方面来展开，并通过对两方面的测试内容、方法、流程以及工具进行详细的介绍，最后配以相关的测试案例及分析，帮助读者更好地理解移动智能终端的可靠性测试。

应掌握的知识要点：

- 移动终端可靠性测试的基本概念
- 移动终端可靠性测试内容
- 移动终端可靠性测试方法
- 移动终端可靠性测试流程
- 移动终端可靠性测试工具

5.1 移动智能终端可靠性测试概述

移动智能终端可靠性是保证移动智能终端质量的重要因素。近些年来，由于故障所引发的移动智能终端的问题，不仅会造成用户使用障碍，而且会造成灾难性的事故，因此如果不能及时纠正移动智能终端中出现的故障频率极高的缺陷，就会使终端的质量不能得到保障，大大降低用户的体验感和实用性。移动智能终端可靠性测试的定义是在特定时间内、特定环境中能够正确提供用户所希望服务的可能性。可靠性测试是在移动智能终端测试过程中十分重要的一个环节。

5.1.1 测试目的

移动智能终端可靠性测试是为了保证和验证移动智能终端可靠性而进行的测试。为了保证测试的顺利实施，首先需要明确测试的目的。移动智能终端可靠性测试的主要目的包括以下 3 点：

- ❏ 通过对终端成熟性、容错性以及易恢复性的度量，有效地发现影响终端可靠性的缺陷，从而实现移动智能终端的可靠性增长。在测试的过程中一般先暴露的缺陷问题是高频率发生的缺陷问题，低频率发生的缺陷问题相对靠后出现。因为高频率发生的缺陷问题对于移动智能终端可靠性的影响较大，所以通过可靠性测试可以有效地解决一些高频率发生的缺陷问题，进而提高移动智能终端的可靠性。
- ❏ 验证移动智能终端可靠性是否满足需求、是否是正确的实现。通过对移动智能终端进行可靠性测试的失效故障情况进行分析，以此来验证其是否达到相对应的可靠性定量的标准。
- ❏ 估计、预测移动智能终端的可靠性水平。在移动智能终端的可靠性测试中，对失效数据的准确采集是对可靠性分析的基础，通过分析失效数据可以帮助评估可靠性的水平，也可通过其来预测移动智能终端的未来可靠性水平，从而更好地帮助管理人员决策。

5.1.2 测试要求

在进行移动智能终端的可靠性测试之前，为了保证移动智能终端的可靠性测试能够顺利完成，并且保证可靠性测试评估的准确性和真实性，需要明确测试的要求。因此移动智能终端的可靠性测试必须满足以下 3 点要求：

- ❏ 测试要全面，即覆盖影响移动智能终端可靠性的全部内容。移动终端的可靠性测试包含了软件部分和硬件部分的测试。其中软件部分包含移动智能终端的操作系统、浏览器、移动应用等方面，而硬件部分包括对机械部件寿命、结构耐久性、外观以及环境等方面的测试内容。这些测试点都是影响可靠性测试的因素，是对于移动智能终端可靠性测试的测试不可忽略内容。
- ❏ 测试中对数据的记录要真实、准确。在移动智能终端的可靠性测试评估中，主要依据是在测试过程中对测试失效数据的记录。如果记录的失效数据不准确、不真实，不仅会影响移动智能终端可靠性测试结果的真实性，更会影响移动智能终端的可靠性的评估。因此在测试过程中一定要保证测试数据的真实和准确。
- ❏ 对测试数据进行分析。移动智能终端的可靠性评估通过对可靠性测试中所记录的数据进行分析，从而得到概率分布，统计分析出可靠性。如果不进行有效的数据分析，同样会影响对移动智能终端的可靠性评估。

5.1.3 测试准备

移动智能终端的可靠性测试准备对于测试能否顺利完成十分重要。如果测试准备不充分就会出现如测试目标不明确、测试环境不一致、测试数据不精确等问题，这些问题也将会影响到最终测试数据的真实性和准确性，以及对可靠性测试结果的评估和判断。因此，在进行可靠性测试之前需要对移动智能终端的可靠性测试进行充分准备，其准备的内容主要包括以下 4 个方面：

❑ 明确测试对象。在移动智能终端的可靠性测试中，测试对象包括移动智能终端的软件部分以及硬件部分，其中在软件部分，测试对象主要针对浏览器和移动应用等方面；在硬件部分，测试对象主要针对移动智能终端的部件寿命、结构耐久性、外观等方面。

❑ 通过需求分析，制定测试方案。在测试方案中要明确识别被测试对象，硬件通过控制其机械或环境条件，软件通过触发其功能的输入和对应的数据域，来编写测试用例，并且对于测试用例的编写也要保证质量。

❑ 准备被测设备。移动智能终端可靠性测试必不可少的设备是被测试设备：移动智能终端，并且需要准备一定数量的移动智能终端。因此，在开始测试前，必须提前准备多部同款式、同类型的移动智能终端，从而确保测试结果并不存在偶然性。

❑ 准备测试设备和搭建测试环境。移动智能终端的可靠性测试须根据被测试终端设备、选定的测试工具以及设计的特定测试场景来分别准备相应的软 / 硬件及网络环境。由于移动终端可靠性测试从软件和硬件可靠性测试两方面展开，在软件可靠性测试中要准备测试工具如 Monkey 工具等；在硬件可靠性测试中，需要准备相关的硬件仪器，这些测试仪器包括温度试验箱、沙尘试验仪等。在开展可靠性测试前，必须将测试设备与测试环境的准备工作做好，因为测试准备是进行移动智能终端可靠性测试的前提条件。

5.2 移动智能终端可靠性测试内容

为了全面进行移动智能终端的可靠性测试，保证可靠性评估的准确性，在进行移动智能终端可靠性测试前，首先明确可靠性测试指标，以此作为进行移动智能终端可靠性测试的评估依据。并且依据可靠性测试指标，在可靠性测试中要包含对移动智能终端的软件可靠性测试和硬件可靠性测试。

5.2.1 可靠性测试指标

移动智能终端可靠性测试的主要度量指标包括成熟性、容错性、易恢复性、依从性。在对移动智能终端的软件和硬件进行可靠性测试时，需要参考上述 4 种度量标准进行，从而保证移动智能终端的可靠性评估的准确性。

成熟性。成熟性是终端产品为避免由终端软硬件自身存在的故障而导致终端失效的能力。成熟性的度量可从失效密度、故障密度、测试覆盖程度、测试成熟性、平均失效间隔时间等方面进行计算、评估。

容错性。容错性是在出现故障或违反规定接口的情况下，终端软硬件维持规定性能级别的能力。容错性的度量可从正常运行度、抵御误操作等方面进行计算、评估。

易恢复性。易恢复性是在终端失效的情况下，终端重建规定的性能级别和恢复直接受影响的数据的能力，可用可重启动性、可用性、易复原性来度量。

依从性。依从性是移动智能终端产品遵循与可靠性相关的标准、约定或法规的能力。

5.2.2　软件可靠性测试内容

软件可靠性测试是移动智能终端可靠性测试以及移动智能终端可靠性评估中重要的一部分。软件可靠性测试的定义与硬件可靠性测试的定义相似，软件可靠性是在规定的时间内运行软件，但又不发生故障的能力。

虽然软件可靠性测试的定义与硬件可靠性测试定义相似，但是软件可靠性测试的内容与硬件可靠性测试的内容是不尽相同的。相对而言，硬件的可靠性由时间这一因素决定，并且受设计、生产、运用过程以及环境因素的影响；而软件的可靠性受输入和使用相关的软件差错，或者软件存在的缺陷的影响。

移动智能终端的软件可靠性测试是在预期的使用环境或仿真环境下，按照操作剖面组织实施的测试。在使用中通常发生概率高的缺陷（即影响软件可靠性的主要缺陷）最先暴露，排除这些缺陷可以有效地提高软件可靠性。在软件可靠性测试过程中，可以根据用户给定的可靠性要求确定测试方案，生成测试用例，进行可靠性验证测试。软件可靠性测试及其失效数据分析，不仅可以验证软件可靠性是否满足给定需求，跟踪软件可靠性的增长情况，指导软件测试和交付，而且可以预测未来可能达到的可靠性水平，从而为软件开发及其管理提供决策依据。

对于移动智能终端的软件可靠性测试，就是在仿真移动智能终端的环境中或者在移动智能终端上，对移动智能终端中的软件实施可靠性测试。在移动智能终端中，其软件部分主要由操作系统、浏览器以及移动应用这 3 部分内容组成。因此在软件可靠性测试部分将按照操作系统、浏览器、移动应用 3 个方面来对移动智能终端的软件可靠性测试的测试内容进行介绍和描述。

（1）操作系统

移动智能终端的操作系统是用来管理移动智能终端硬件资源与软件资源的程序。操作系统对于整个移动智能终端的运作有着承上启下的关键作用，不仅向上支撑应用软件的功能、影响用户的最终体验，而且向下适配硬件系统、发挥终端硬件性能。对于移动智能终端操作系统的可靠性测试，其测试内容主要针对的是在操作系统运行使用时以及对操作系统进行输入 / 输出时出现软件故障的频率、时间，从而获得可用于软件可靠性测试评估的失效数据。对操作系统的测试范围包括外部接口、内部接口、软件结构、控制和顺序、资源管理 5 个方面。

由于目前主流的移动智能终端的操作系统包括了很多移动智能终端品牌都使用的 Android 操作系统、Apple 的 iOS 操作系统、Microsoft 的 Windows Phone 操作系统、RIM 的 BlackBerry 操作系统、Nokia 的 Symbian 操作系统等，在这些操作系统中，大部分都是不开源的系统，只有 Android 操作系统是开源的操作系统，因此对于移动智能终端操作系统的可靠性测试大部分是由操作系统的开发商来完成的，而一般公司、用户对于操作系统测试的涉猎范围则相对较小，主要可进行的测试是外部接口的可靠性测试和操作系统运行的可靠性测试。

外部接口的可靠性测试。外部接口适用于操作系统与外部环境进行通信的接口。外部接口的可靠性测试是在操作系统运行的情况下，对外部接口的输入和输出进行测试，从而获得失效密度、故障密度、平均失效间隔时间、正常运行度等方面数据，以此来度量其成熟性、容错性，最终评估外部接口的可靠性。

操作系统运行的可靠性测试。操作系统运行的可靠性测试的测试内容是使操作系统在真实的移动智能终端设备环境中运行，通过运转终端操作系统来检测并获得系统的失效密度、故障密度、测试覆盖率、正常运行度、抵御误操作、重启成功度等数据，以此为依据衡量操作系统的成熟性、容错性以及易恢复性，从而评估操作系统运行的可靠性。这项测试要包括操作系统中 UI 的操作运行，如滑动、拖动、锁屏和解锁等。

（2）浏览器

随着移动互联网的应用日趋广泛，互联网数据业务的比例不断加大，移动智能终端浏览器的可靠性测试也渐渐成为移动智能终端软件可靠性测试中不可或缺的一部分。如果移动智能终端浏览器在运行过程中出现故障，不能很好地承载网络通信，则说明浏览器没有较高的可靠性，这也将严重地影响浏览器的使用，产生用户在浏览器实用性、安全性等方面的问题。目前主流移动智能终端中的浏览器包括不同移动智能终端操作系统类型的浏览器，并且部分浏览器已经可以媲美台式机上的浏览器，这其中包括 Apple 的 Safari、Google 的 Chrome 以及 UCWeb、Opera、IE Mobile 等。

移动智能终端浏览器的可靠性测试是通过模拟用户在真实移动智能终端的场景下，通过对浏览器所打开的页面进行各种操作，如点击、拖拽等检测，获得终端中浏览器运行的故障密度和潜在故障概率，以及覆盖各方面测试内容保障测试的覆盖率等数据，从而度量终端中浏览器的成熟性，并以此为依据评估浏览器的可靠性。因此，在移动智能终端浏览器可靠性测试中，其测试内容包括浏览器功能可靠性测试、UI 可靠性测试以及业务功能可靠性测试等方面。

浏览器功能可靠性测试。浏览器功能可靠性测试的测试内容是通过运行、使用移动智能终端的浏览器，检查在运行过程中是否出现无法保存条目、图像无法正常打开一类的运行故障等问题。

UI 可靠性测试。UI 可靠性测试的测试内容是通过对移动智能终端中浏览器的各类按钮进行点击，从而来检测浏览器的跳转是否正常等方面内容。

业务功能可靠性测试。业务功能可靠性测试的测试内容是通过在移动智能终端的模拟环境下对浏览器进行推送业务、下载业务等，通过同时执行多个任务，检查并记录出现故障的时间及失效的数据。

（3）移动应用

移动应用是移动智能终端软件部分中所占比例最大的一部分内容。移动智能终端中包含各式各样的移动应用，在此可把移动应用划分成两部分，分别是基础应用和第三方应用。其中，基础应用是面向用户的基本应用功能，如拨号、短信、通讯录等，而第三方应用是应用软件厂商和互联网厂商开发并且发布运营的可装卸的应用软件，如地图、微信、微博等。

在移动应用的可靠性测试中，通过测试移动智能终端的失效密度、故障密度、测试覆盖率、正常运行度、抵御误操作、重启成功度等数据中的移动应用安装、运行、卸载的可靠性，功能的可靠性，性能的可靠性等方面来获得相应的数据，从而来度量移动应用的成熟性、容错性以及易恢复性，以此评估移动应用的可靠性。

移动应用安装、运行、卸载可靠性测试。移动应用安装、运行、卸载可靠性测试的测试内容是通过重复性地对应用程序进行安装、卸载来检查在安装、卸载过程中是否出现故障，并且通过对应用程序进行长时间的运行来检查移动智能终端中的应用是否出现故障，并且记录故障出现的时间和失效的数据等内容。

移动应用功能可靠性测试。移动应用功能可靠性测试的测试内容是针对应用程序的输入、输出，通过不断地对应用程序进行输入、输出，特别是输入应用中功能所规定的边界值，以查看应用程序是否可以正常运行，即应用程序功能是否出现故障。

移动应用性能可靠性测试。移动应用性能可靠性测试的测试内容是反复、长期对应用程序进行操作，应用程序是否可以正常运行；当多人同时使用应用程序时，应用程序是否可以正常运行；在使用该应用的同时打开多个应用进行交叉操作时，应用程序是否可以正常运行。

5.2.3　硬件可靠性测试内容

硬件可靠性测试主要检测移动智能终端的寿命、受环境的影响能力、结构的耐久性以及外观等性能方面的可靠性。因此，在硬件可靠性测试中，其测试内容可划分为加速寿命测试、环境适应测试、结构耐久性测试、外观测试、特殊条件测试及其他条件测试。通过上述测试内容，可以获得失效密度、故障密度、测试覆盖率、正常运行度、抵御误操作等方面数据，并且依据这些数据来度量终端硬件的成熟性、容错性、易恢复性，也通过对比相应的可靠性标准来度量硬件可靠性的依从性，最终帮助对移动智能终端硬件可靠性进行评估。

（1）加速寿命测试

加速寿命测试（Accelerated Life Test，ALT）是在既定的条件下，通过对待测移动终端进行不同的测试，从而来评估移动智能终端的使用寿命的一种寿命试验方法。加速寿命测试采用各类测试对移动终端进行寿命、监测终端的失效时间、度量终端的成熟性测试，从而评估其可靠性。加速寿命测试中还包含温度冲击测试、跌落测试、振动测试、高温/高湿测试、滚筒测试、静电测试。

温度冲击测试（thermal shock）。温度冲击测试又叫高低温循环冲击测试，测试内容是通过测试移动智能终端在不同温度情况下因热胀冷缩所产生的应力来考验终端的质量。

跌落测试（drop test）。跌落测试的测试内容是通过模拟移动智能终端的搬运期间可能受到的自由跌落，从而考验终端抗意外冲击的能力。

振动测试（vibration test）。振动测试的测试内容是通过测试移动智能终端在运输、安装及使用环境中所遭遇的各种振动，从而检测终端是否可承受各种环境振动的能力，并且该终端内部数据不出现丢失的现象。

高温 / 高湿测试（temperature and humidity test）。高温 / 高湿测试的测试内容是通过检查移动智能终端在高温、高湿的环境下其外观、结构和功能，从而体现其耐高温、高湿的性能。

滚筒测试（platen test）。滚筒测试的测试内容是针对在跌落测试中无法检测到的角度，通过模拟终端滚动的方式来进行测试。

静电测试（ESD test）。静电测试的测试内容是为了检测移动智能终端的抗静电干扰能力，测试通过移动智能终端接触不同放电条件，以检测所产生的静电放电（ESD）是否会造成终端的工作异常、死机等状况。

（2）环境适应测试

环境适应测试主要对移动智能终端在不同的温度、湿度环境下进行参数和功能测试，并且包含对移动智能终端抵抗恶劣环境下的可靠性测试，该测试中包括了灰尘测试和盐雾测试。

高温 / 低温参数测试（parametric test）。高温 / 低温参数测试的测试内容是在终端开机运作的过程中，通过改变温度环境，检测移动智能终端的电池性能、外观等方面是否出现异常。

高温 / 高湿参数测试（parametric test）。高温 / 高湿参数测试的测试内容是测试移动智能终端在高温、高湿的环境下对其外观、结构和功能等方面参数的检查，从而检测其耐高温、高湿的性能。

高温 / 低温功能测试（functional test）。高温 / 低温功能测试的测试内容是测试移动智能终端在高温低温的环境处理后，其外观、结构和功能的是否出现异常情况。

灰尘测试（dust test）。灰尘测试的测试内容是在室温环境下通过放入灰尘以检测在移动智能终端的显示区域中是否存在明显的灰尘，从而对移动智能终端结构的密闭性进行评估。

盐雾测试（salt fog test）。盐雾测试的测试内容是通过将移动智能终端放入氯化钠溶液中浸泡，再静置后来检测移动智能终端各种功能、外观有无腐蚀现象，从而判断终端的抗盐雾腐蚀能力。

（3）结构耐久性测试

结构耐久性测试通过按键测试、侧键测试、重复跌落测试、充电器插拔测试、笔插拔测试、触摸屏点击测试、触摸屏划线测试、电池 / 电池盖拆装测试、SD/SIM 卡拆装测试、耳机插拔测试、耳机导线连接强度测试、耳机导线折弯强度测试、耳机导线摆动疲劳测试13 种测试方式来检测移动智能终端的结构是否可靠，是否达到对其性能的最低要求。

按键测试（keypad test）。按键测试的测试内容是对移动终端中的导航键进行按压，检查其按键弹性是否正常。

侧键测试（side key test）。侧键测试的测试内容是对移动终端中的侧键进行按压，检查其按键弹性是否正常。对于目前大部分的移动智能终端来说，侧键一般是音量控制键。

重复跌落测试（micro-drop test）。重复跌落测试的测试内容是对移动终端不断进行跌落测试，检查其功能、屏幕等是否完好。

充电器插拔测试（charger test）。充电器插拔测试的测试内容是将充电器接上电源，连接移动智能终端的充电接口，等待其充电界面显示正常后，拔除充电插头，从而检测移动智能终端的接口是否完好，是否保存正常充电。

笔插拔测试（stylus test）。笔插拔测试的测试内容针对的是部分移动智能终端包含了终端的智能笔。通过不断将移动智能终端的智能笔插入、拔出并使用，从而来检测智能笔是否能够正常使用、其结构是否完好。

触摸屏点击测试（point activation life test）。触摸屏点击测试的测试内容是在移动智能终端的触摸屏上重复点击同一点，从而检测屏幕是否会出现电性能不良以及屏幕受损的情况。

触摸屏划线测试（lineation life test）。触摸屏划线测试的测试内容是在移动智能终端的触摸屏上重复一个位置划线，从而检测屏幕是否会出现电性能不良以及屏幕受损的情况。

电池 / 电池盖拆装测试（battery/battery cover test）。电池 / 电池盖拆装测试的测试内容是通过重复拆开并安装移动智能终端的电池以及电池盖，检测电池是否变形、磨损，电池是否能正常使用，电池盖是否出现异常。

SD/SIM 卡拆装测试（SD/SIM card test）。SD/SIM 卡拆装测试的测试内容是不断将移动智能终端的 SD 卡或 SIM 卡进行插入和拔出操作，从而检测移动智能终端 SD 卡或 SIM 卡的读取功能是否正常、使用是否正常。

耳机插拔测试（headset test）。耳机插拔测试的测试内容是将移动智能终端配套的耳机通过不断从移动智能终端的耳机接口的插入和拔出操作来检测耳机接口是否无损、使用是否正常。

耳机导线连接强度测试（cable pulling endurance test）。耳机导线连接强度测试的测试内容是将移动智能终端配套的耳机的部分导线进行持续拉伸，从而检测导线是否能够正常工作、是否变形。

耳机导线折弯强度测试（cable bending endurance test）。耳机导线折弯强度测试的测试内容是将移动智能终端配套的耳机的部分导线进行不断翻折，从而检测导线是否能够正常工作、是否变形。

耳机导线摆动疲劳测试（cable swing endurance test）。耳机导线摆动疲劳测试的测试内容是将移动智能终端配套的耳机的部分导线进行持续摆动，从而检测导线是否能够正常工作、是否变形。

（4）外观测试

外观测试是针对移动智能终端外壳所进行的测试，通过外观的测试来检测移动智能终端的外壳是否符合基本要求，具有可靠性。该测试主要由 6 个方面组成，分别是摩擦测试、附着力测试、汗液测试、硬度测试、镜面刮擦测试、紫外线照射测试。

摩擦测试（abrasion test）。摩擦测试的测试内容是对移动智能终端的外壳部分进行加速摩擦，从而检测移动智能终端的耐摩擦能力，检测其外观是否出现问题。

附着力测试（coating adhesion test）。附着力测试的测试内容是在移动智能终端中，对附着在其外壳表面的漆膜与其外壳表面结合能力的测试，从而检测漆膜与外壳表面的结合的坚牢程度，检测移动智能终端的外观是否出现异常。

汗液测试（perspiration test）。汗液测试的测试内容是通过模拟手部出汗时的环境，检测移动智能终端外壳的喷漆是否出现异常情况，移动智能终端外壳是否抗腐蚀。

硬度测试（hardness test）。硬度测试的测试内容是通过用硬物对移动智能终端进行刮划，查看在终端表面是否出现刮痕，检测移动智能终端的外壳是否出现异常。

镜面刮擦测试（lens scratch test）。镜面刮擦测试的测试内容是对移动智能终端屏幕以较大载重力进行反复刮擦，检测移动智能终端的屏幕是否出现异常。

紫外线照射测试（UV illuminant test）。紫外线照射测试的测试内容是对移动智能终端的外壳表面进行紫外线照射，检测终端表面喷漆是否出现褪色、变色、纹路、开裂、剥落等现象，从而检测移动智能终端的外壳是否出现异常。

（5）特殊条件测试

特殊条件测试是检测移动智能终端在面对一些特殊环境或条件时，其外观是否能保持正常，功能是否正常运行。该测试内容主要包括低温跌落测试、扭曲测试、软压测试3个方面。

低温跌落测试（low temperature drop test）。低温跌落测试的测试内容是在低温条件下，通过对移动智能终端进行自由跌落操作，检查其外观、结构、功能和电性能参数是否符合要求。

扭曲测试（twist test）。扭曲测试的测试内容是通过使用力矩对移动智能终端不断扭曲，从而检测其是否变形，其功能、电性能是否正常。

软压测试（squeeze test）。软压测试的测试内容是通过对移动智能终端施加适当的力，以此力对终端进行不断挤压，检测移动智能终端的结构、外观以及各项功能方面的参数。

（6）其他条件测试

其他条件测试中主要涵盖了对移动智能终端听筒、扬声器（俗称喇叭）、传声器（俗称麦克风）的寿命测试以及实际充电测试和对移动智能终端马达的振动疲劳测试。

听筒寿命测试（earphone life test）。听筒寿命测试的测试内容是测试移动智能终端的听筒的能力，即测试移动智能终端的听筒在长时间使用的条件下，是否能够保持正常的状态。

扬声器寿命测试（horn life test）。扬声器寿命测试的测试内容是测试移动智能终端的扬声器的能力，即测试移动智能终端的扬声器在长时间持续工作的条件下，是否能够保持正常的状态。

传声器寿命测试（microphone life test）。传声器寿命测试的测试内容是测试移动智能终端的传声器的能力，即测试移动智能终端的传声器在长时间持续工作的条件下，是否能够保持正常的状态。

实际充电测试（charge test）。实际充电测试的测试内容是在移动智能终端处于无法开机即没电的情况下，对移动智能终端进行充电，在充电中检测其电压是否能够维持在正常范围内。

马达振动疲劳测试（vibration test）。马达振动疲劳测试的测试内容是使移动智能终端的马达保持持续振动，从而检测马达的振动频率是否能够与初始状态保持一致，振动是否无异响，同时检查移动智能终端的功能是否正常。

5.3 移动智能终端可靠性测试方法

移动智能终端的可靠性测试方法包括可靠性指标测试方法、软件可靠性测试方法和硬件可靠性测试方法。其中，可靠性指标测试方法主要针对成熟性、容错性、易恢复性、依从性4种指标中的部分测试内容来对应进行介绍；软件可靠性测试方法是通过描述操作剖面划分、操作剖面使用以及具体实施方法来展开介绍的；硬件可靠性测试方法是从前面的硬件可靠性内容中所描述的寿命、结构、外观等方面来介绍对应的测试方法。

5.3.1 可靠性指标测试方法

可靠性指标中的成熟性、容错性、易恢复性以及依从性4个指标分别由多个方面进行度量，进而计算、评估。本节将介绍其中一些测试方法供读者参考。

（1）成熟性

成熟性的度量主要介绍失效密度、故障密度、测试覆盖程度、平均失效间隔时间的测试方法。

失效密度。失效密度测试的前置条件是被测终端软/硬件已经运行了一定的试验周期。测试目标是检测在试验周期中失效测试用例的数目。其测试方法是：统计所有试验周期中的失效测试用例数，记作 A；统计所执行的测试用例总数，记作 B；然后计算度量结果 $X=A/B$。其中测试结果中的 X 值越小越好。

故障密度。故障密度测试与失效密度测试相似，其前置条件也是被测终端软硬件已经运行了一定的试验周期。测试目标是检测在试验周期中的失效测试用例数目。故障密度测试的测试方法是：统计所有试验周期中故障测试用例数目，记作 A；选定一种规模度量的方法，如源代码行数或功能点数，将得到的产品规模记作 B；然后计算度量结果 $X=A/B$。其中测试结果中的 X 值越小越好。

测试覆盖程度。测试覆盖程度的前置条件是被测终端软硬件已经运行了一定的试验周期且已经进行了功能性测试。测试目标是检测是否满足规定的覆盖要求的测试用例比率。测试方法是：确定在测试期间实际执行的测试用例数，记作 A；统计按覆盖要求计划执行的测试用例数，记作 B；然后计算度量结果 $X=A/B$。测试结果 X 范围为 0～1，其中 X 越接近1越好。

平均失效间隔时间。平均失效间隔时间（Mean Time Between Failure，MTBF）指可修复产品两次相邻故障之间的平均时间，它是用来衡量软件可靠性的一个重要指标。测试的前置条件是被测终端软硬件已经运行了一定的试验周期且已经进行了功能性测试。测试方法是将运行时间记作 T_1；统计累计相继发生失效之间的时间间隔，并记作 T_2；将统计所有试验周期中失效总数记作 A；然后计算度量结果 $X=T_1/A$，$Y=T_2/A$。其测试结果 X 和 Y 越长越好。

（2）容错性

容错性的度量主要介绍避免死机率、抵御误操作率的测试方法。

避免死机率。避免死机率测试的前置条件是被测终端软硬件已经过一定的试验周期且已进行过功能性和失效密度测试。测试方法是：确定导致死机发生的失效数，记作 A；将失效密度测试中实际检测到的失效数记为 B；然后计算度量结果 $X=1-A/B$。测试结果 X 范围为 $0\sim1$，其中 X 越接近 1 越好。

抵御误操作率。抵御误操作率测试的前置条件是被测终端软硬件已经运行了一定的试验周期且已经进行了功能性测试。测试方法是：统计未发生关键的和严重失效的测试用例数，记作 A；将执行的误操作模式的测试用例总数记作 B；然后计算度量结果 $X=A/B$。测试结果 X 范围为 $0\sim1$，其中 X 越接近 1 越好。

（3）易恢复性

易恢复性的度量主要介绍平均恢复时间和易复原性的测试方法。

平均恢复时间。平均恢复时间测试的前置条件是被测终端软硬件已经运行了一定的试验周期且已经进行了功能性测试。测试方法是：确定每次从失效起到完全恢复所花费的时间，并分别记为 T_1，T_2，$\cdots$，T_n；统计特定的试验周期内进入恢复的总次数，并记为 N；然后计算度量结果 $X=(T_1+T_2+\cdots+T_n)/N$。测试结果 X 的值越小越好。

易复原性。易复原性测试的前置条件是被测终端软硬件已经运行了一定的试验周期且已经进行了功能性测试。测试方法是：统计成功完成恢复的测试用例数，记作 A；统计执行的恢复测试用例总数，记作 B；然后计算 $X=A/B$。测试结果 X 范围为 $0\sim1$，其中 X 越接近 1 越好。

（4）依从性

依从性测试的测试方法是记录在测试中规定的可靠的依从性还未实现的数量，记作 A，规定的可靠的依从性总数记作 B，然后计算 $X=1-A/B$。测试结果 X 范围为 $0\sim1$，其中 X 越接近 1 越好。

5.3.2 软件可靠性测试方法

为了保证移动智能终端软件可靠性测试能够顺利进行，全面覆盖前面中所提及的移动智能终端软件可靠性的测试内容，移动智能终端软件可靠性的测试方法将从操作剖面、统计测试等方面概念的介绍开始，再提供基于操作剖面的软件可靠性测试的具体介绍，包括对整体方法、操作剖面构造以及操作剖面使用等方面的内容，以期协助进行软件可靠性测试的分析和评估。

1. 基本概念

（1）操作剖面

操作剖面（operational profile）是系统测试数据输入域，以及各种输入数据组合的使用概率。软件的操作剖面指按时间或者按输入值范围描述软件的输入值的概率分布。软件的操作剖面是定量描述用户实际使用软件方式的有力工具，是实现软件可靠性测试的关键步骤，也是软件可靠性测试最主要的特征，并且软件可靠性测试数据是依赖于操作剖面来获得的。对于操作剖面是否能够代表、刻画软件的实际使用情况，主要依赖于软件可靠性测试人员对软件项目的整体模式、功能以及相应输入进行深入的分析，并且也取决于测试人员对于用户使用软件功能、任务的概率的了解。

总体来说，操作剖面是对软件实际使用情况的定量描述。操作剖面的建立可与软件开发同步进行，这样不仅能够缩短软件开发和发布所需的时间，也能够提高对操作剖面粒度划分的准确性。通过建立操作剖面可以量化测试代价，为移动智能终端软件的可靠性测试估算提供依据。

（2）统计测试

统计测试（statistical testing）是通过使用对输入统计分布进行分析来构造测试用例的一种测试设计方法。其测试用例可应用数据库、Word、Excel、XML等不同文档格式进行管理，从而能够方便地设计测试用例、记录执行结果并自动统计测试用例覆盖率。统计测试标识出频繁执行的部分，并随之调整测试策略，针对这些频繁执行的部分进行详尽的测试。通过提高关键模块的安全性和可靠性，提高整个系统的安全性和可靠性以及测试的性价比。统计测试进行的前提条件是生成能够如实反映系统使用情况的使用模型。以往使用模型的建立主要通过预测和估计得出，不能反映系统的真实情况。

2.基于操作剖面的软件可靠性测试

基于操作剖面的软件可靠性测试是按照操作剖面进行，在软件可靠性度量上的统计测试思想的应用，并对测试结果使用软件可靠性模型进行评价，其中操作剖面的构造是进行软件可靠性测试的基础。在基于操作剖面的软件可靠性测试中，在构造好操作剖面后，对操作剖面进行使用，依据操作剖面中的概率分布来随机生成测试用例，从而展开和实施测试；并且依据可靠性指标中的成熟性、容错性、易恢复性、依从性度量指标来对测试中所分析、统计获取到的数据进行评估，进而提供最终的软件可靠性测试的评估结果。

在基于操作剖面的软件可靠性测试中，又可将其划分为两种类型，分别是基于操作剖面的软件可靠性增长测试和验证测试。基于操作剖面的软件可靠性增长测试指发现软件中影响软件可靠性的故障，并排除故障实现软件可靠性的增长；验证测试则指验证在给定的统计置信度下，软件当前可靠性水平是否满足用户的要求。这两种类型的软件可靠性测试均通过软件的使用情况来构造操作剖面，生成测试用例来进行测试，从而获得失效数据，并对其进行可靠性分析。

因此对于移动智能终端软件可靠性测试，针对其基于操作剖面的软件可靠性测试方法将主要从操作剖面的构造和使用两方面进行介绍和分析。

（1）操作剖面的构造

操作剖面构造的方法将从分析移动智能终端需求说明书、确定操作模式、确定操作剖面粒度、选择表格或图形表示法、创建操作列表、确定概率分布以及验证概率分布准确性这 7 个方面来进行介绍。需要说明的是，构造操作剖面是一个迭代的过程，当移动智能终端需求说明书中的软件部分进行修改或预期使用发生任何改变时，都需对操作剖面进行适当的修改。

分析移动智能终端需求说明书。操作剖面反映了移动智能终端需求说明书对软件的预期使用情况，同时操作剖面的构建也依赖于移动智能终端需求说明书的描述。因此在建立操作剖面模型前，需对移动智能终端需求说明书进行充分的了解、评估，以确保需求说明书包含软件部分使用预期情况的描述，这也是操作剖面构建成功的第一步。此外，在分析移动智能终端需求说明书中要明确预期的用户、操作及环境。对于软件的使用指用户在某一特定环境下对软件进行的操作。明确了用户、操作以及软件的使用环境，就明确了软件可靠性测试中的认证对象。

- ❑ 用户：指与软件相互作用的任何实体，这些实体可能是另一个软件、人员或者硬件设备。用户类型包括个人用户类型和硬件用户类型，个人用户类型包括了对工作的描述、对各种系统资源的访问权限、对软件环境的熟悉程度以及软件相关方面等参数；硬件用户类型包括了软件配置等参数。
- ❑ 操作：指用户或者系统对软件所进行的对话、事务、交互等。例如，点击菜单中的条目，则弹出对应的操作对话框。操作处理的类型主要划分成交互处理、多用户、单用户、菜单驱动 4 个类型。为了保证可靠性测试的操作可以进行正常的处理，必须要明确软件的操作。
- ❑ 环境：指软件可以使用的环境。环境的类型包括与其他软件之间的交互环境（如数据库）、计算机系统的负载（如网络负载）以及对外来数据的访问等类型。

明确上述的用户、操作及环境有助于进一步构建操作剖面。

确定操作模式。由于对软件可靠性测试的操作剖面建模需要覆盖整个软件的各个输入、使用情况，因此操作剖面中的操作要包含参数的不同取值，这是一个非常大的组合数量，而操作剖面模型所要满足的基本要求就是在能够充分描述软件整体的同时，尽最大可能保证模型足够简单。例如，操作模式可根据不同功能模块的使用频率来进行分配，这样不仅可以在软件可靠性测试中更真实地反映软件系统在实际使用中的情况，也可以使每个功能都得到充分测试，满足可靠性测试的覆盖率。

确定操作剖面粒度。操作剖面的划分是按照层次结构，自顶向下把用户使用移动智能终端软件部分的输入空间划分为系统模式剖面，把系统模式剖面划分为功能剖面，最后把功能剖面划分为操作剖面。操作剖面粒度的划分十分重要，操作剖面粒度可根据不同功能模块进行划分，从而使软件中的每个功能都得到充分的测试。

选择表格或图形表示法。操作剖面的表示形式包括表格表示法和图形表示法两种。

- ❑ 表格表示法：将操作及其相关概率构成表格。在操作需要很少的属性来表示时，可选用表格表示法。表格表示法是目前应用比较广泛的方法，如表 5-1 所示。
- ❑ 图形表示法：一般用于操作需要多个属性时，每个操作为图中一条路径，每个属性值都有一个关联的发生概率，最终操作的发生概率由表示该操作的所有分支发生的概率相乘而得来，如图 5-1 所示。

创建操作列表。创建操作列表就是为每个操作所对应类型的用户创建一个操作列表，再进行合并。不同的操作表示方法所对应的操作列表的创建也不尽相同。在表格表示法中，直接列出了操作；而在图形表示法中，则通过标出属性和属性值的方式间接列出操作。

确定概率分布。确定概率分布包括两个步骤，分别是确定操作的出现率以及操作的发生概率。确定操作的出现率即记录操作在一段时间内发生的次数，其数据可来自真实环境下的数据或相关合理的估计。在不同的操作表示法中，表格表示法的出现率为操作的出现率，图形表示法的出现率为操作属性值的出现率。操作的发生率则是利用操作的出现率进行计算所得出的，其中在表格表示法中，操作的发生概率＝操作出现率／所有操作的总出现率；在图形表示法中，属性值的发生概率＝每个属性值的出现率／该属性的总出现率。发生概率的计算可协助确定操作的概率分布，并为后续的测试打下基础。

表 5-1 操作剖面的表格表示

操作	发生概率
操作 1	0.02
操作 2	0.05
操作 3	0.03
...	...
操作 $n-1$	0.04
操作 n	0.01

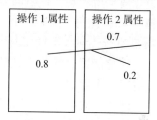

图 5-1 操作剖面的图形表示

验证概率分布准确性。验证概率分布准确性指根据对软件预期的使用情况的已有信息来对所确定的概率分布加以分析、验证，并随着软件的不断成熟以及对软件预期使用情况的不断深入了解，对概率分布进行不断完善。

（2）操作剖面的使用

操作剖面的使用指在操作剖面中规定了每个输入变量的取值区间，并且认为变量在取值区间内均匀分布或分段均匀分布，通过统计测试的方法来随机生成测试用例。正是由于移动智能终端的软件可靠性测试是一种随机测试，测试用例的选取方式是随机选取的，通过对操作的概率分布进行分析，可以使经常使用的操作得到最多的测试。但是在软件的使用中，有一些操作的使用率虽然并不是很高，但对整个软件的运行起着决定性的作用，对于这类操作，无论其概率分布的大小，都需要进行充足的测试。因此，在操作剖面的使用中有两个特别需要关注的方面，分别是关键性操作的使用和新增操作的使用。

关键性操作的使用。关键性操作是软件使用中十分关键的操作，也是移动智能终端软件可靠性评估中的关键部分。对关键性操作的主要处理方式是，对于不常使用的关键性操作，要进行基础性的测试，并对其进行覆盖性的测试，从而确保在测试过程中及时发现关键性操作中的缺陷或故障情况；另外，还要及时对概率分布进行调整，从而保证关键性操作测试能够得到更多的测试机会。

新增操作的使用。新增操作是软件新增加功能所带来的新的操作任务，特别是在以增量开发模型为软件整个生命周期的开发方法的软件系统中。对于新增操作的处理方式是针对新增操作来调整操作剖面粒度，并对新增操作进行单独的测试，从而保证新增操作的测试能够得到测试的机会，并及时对概率分布进行修改。

5.3.3 硬件可靠性测试方法

硬件可靠性测试方法与硬件可靠性测试内容相对应，主要针对的是加速寿命测试、环境适应测试、结构耐久性测试、外观测试、特殊条件测试及其他条件测试 6 个方面进行介绍，并且这些方法的部分参数设置由 YD/T 1539—2006 标准决定。

（1）加速寿命测试

加速寿命测试由温度冲击测试、跌落测试、振动测试、高温 / 高湿测试、滚筒测试、静电测试 6 部分组成，其中每一个测试的测试方法如下。

温度冲击测试。温度冲击测试又称高低温循环冲击测试，测试方法是将移动智能终端设置成关机状态，调节高温箱和低温箱的温度。首先在高温箱中放置 1h，再迅速放进低温箱中 1h，此为一个循环，执行循环 10 次，实验结束后将终端从温度冲击箱中取出，恢复 2h 后进行外观、机械和电性能检查。

跌落测试。跌落测试的测试方法是将移动智能终端设置成开机状态，使终端从一定高度进行 6 个面的自由跌落，6 个面的顺序依次是底部、右侧、左侧、顶部、反面和正面，并且每跌落一次都要对终端的外观、结构和功能进行检查。

振动测试。振动测试的测试方法是将移动智能终端放入振动箱中，设定适当的振动频率和振幅，垂直振动 1h 后，记录参数并查看终端的内存和设置是否丢失，外观、结构和功能参数是否符合要求。

高温 / 高湿测试。高温 / 高湿测试的测试方法是设置温湿度实验箱的温度值和湿度值后，将移动智能终端设置成关机状态，放入温湿度实验箱内，持续 24h 之后取出，恢复常温后，对终端的外观、结构和功能进行检查。

滚筒测试。滚筒测试的测试方法是将移动智能终端开机，使其处于正常工作状态下，放置于滚筒跌落实验机中，设置滚筒跌落实验机的滚动高度和转数，进行滚筒测试，每 50 次对终端的外观、结构、功能进行检测。滚筒跌落累计进行 200 次，并检测移动智能终端的外观、结构、功能。

静电测试。静电测试的测试方法是在室温条件下，将移动智能终端放置在静电测试仪的绝缘垫上，并且用充电器加电使终端处于充电状态下。打开静电枪和综合测试仪，将终端连接综合测试仪，通过拨叫 112 或 10086 等建立呼叫连接，在呼叫建立的条件下进行放电，通过调节放电方式分别对接触放电和空气放电以及放电级别进行测试，其中空气放电是先按住开关再让圆形枪头靠近测试位置，而接触放电是先让尖形枪头接触放电位置，再按开关放电。对终端指定部位放电 10 次，每测试一次，同时终端对应地放电一次，从而检查终端的功能、内存、信号和灵敏度，并观察手机在测试过程中有无死机、通信链路中断、LCD 显示异常、自动关机及其他异常现象。

（2）环境适应测试

环境适应测试主要包括针对不同的温度环境的测试，以及对恶劣环境的灰尘测试和盐雾测试。

高温 / 低温参数测试。高温 / 低温参数测试的测试方法是使移动智能终端处于关机状态，放入温度实验箱，持续 4h 之后（与环境温度平衡），在此环境下进行电性能检查。

高温 / 高湿参数测试。高温 / 高湿参数测试的测试方法是设置温湿度实验箱的温度值和湿度值后，使移动智能终端处于关机状态，并将其放入温湿度实验箱内，持续 24h 之后取出，恢复常温后，对终端的外观、结构和功能进行检查。

高温 / 低温功能测试。高温 / 低温功能测试的测试方法是使移动智能终端处于关机状态，并将其放入温度实验箱，在高温持续 24h 后转至低温持续 24h，并放置 2h 恢复至常温后进行移动智能终端的功能性检查。

灰尘测试。灰尘测试的测试方法是使移动智能终端处于关机状态，并将其放入灰尘实验箱内，设置灰尘大小，持续 3h，然后将终端从实验箱中取出，检查终端的各项功能是否正常，所有活动元器件是否运转自如，显示区域有无明显灰尘。

盐雾测试。盐雾测试的测试方法是使移动智能终端处于关机状态，使用 5% 氯化钠溶液喷洒终端（将终端用绳子悬挂起来，以避免溶液喷洒不均匀）。测试实验周期是 36h，测试中每 12h、24h、36h 检查一次移动智能终端的外观。实验结束后，将终端于常温下干燥，检查其功能和外观。

（3）结构耐久性测试

结构耐久性测试方法包含按键测试、侧键测试、重复跌落测试、充电器插拔测试、笔插拔测试、触摸屏点击测试、触摸屏划线测试、电池 / 电池盖拆装测试、SD/SIM 卡拆装测试、耳机插拔测试、耳机导线连接强度测试、耳机导线折弯强度测试、耳机导线摆动疲劳测试 13 种。

按键测试。按键测试的测试方法是将移动智能终端设置成关机状态，对终端的导航键及其他任意键进行 10 万次按压按键测试，检测终端的弹性和功能是否正常。

侧键测试。侧键测试的测试方法是将移动智能终端设置成关机状态，固定在测试夹上，用适当的力对侧键进行 5 万次按压测试。每进行 1 万次按压后，检查一遍移动智能终端侧键的弹性及功能。

重复跌落测试。重复跌落测试的测试方法是在室温条件下，将移动智能终端设置成开机状态，重复从适当的高度跌落 6000 次，检查移动智能终端各项功能是否正常，外观是否变形、破裂、掉漆以及显示屏是否破碎。

充电器插拔测试。充电器插拔测试的测试方法是在室温条件下，将移动智能终端设置成开机状态，将充电器接上电源，连接终端的充电接口，等待终端的充电界面显示正常后，插拔充电插头 5000 次。测试结束后，检测移动智能终端的充电接口有无损伤，充电功能是否正常。

笔插拔测试。笔插拔测试的测试方法是在室温条件下，将移动智能终端设置成开机状态，将终端中的笔插拔 2000 次，检查笔的输入功能是否正常，结构功能、外壳是否正常。

触摸屏点击测试。触摸屏点击测试的测试方法是将移动智能终端设置为开机状态，用塑料手写笔或者随机附带的手写笔，并设置适当的点击力度和点击速度来点击同一位置，并通过触摸屏测试仪来监测。测试结束后检查终端是否出现电性能不良，表面是否有损伤。

触摸屏划线测试。触摸屏划线测试的测试方法是将移动智能终端设置为开机状态，用塑料手写笔或者随机附带的手写笔，并设置适当的力度和划线速度来在同一位置划线，并通过触摸屏测试仪来监测。测试结束后检查终端是否出现电性能不良，表面是否有损伤。

电池／电池盖拆装测试。电池／电池盖拆装测试的测试方法是在室温条件下，将移动智能终端反复拆装 2000 次，分别在 500 次、1000 次、1500 次和 2000 次后检查电池盖的松紧度，从而检测终端的电池／电池盖的功能是否正常，电池触片和电池连接器有无下陷、磨损的现象。

SD/SIM 卡拆装测试。SD/SIM 卡拆装测试的测试方法是在室温条件下，将移动智能终端设置为开机状态，将 SD 卡或者 SIM 卡插入终端的卡槽中，然后拔出，反复进行 1000 次操作。测试后检测卡座有无变形、破损，并检查读卡功能能否正常使用。

耳机插拔测试。耳机插拔测试的测试方法是在室温条件下，将移动智能终端设置为开机状态，耳机插在移动智能终端的耳机插孔内，插拔 3000 次。检测终端及耳机的结构、功能、外观等。

耳机导线连接强度测试。耳机导线连接强度测试的测试方法是选取靠近耳塞的一段导线，将其两端固定在实验机上，用适当的力度持续拉伸 6s，循环 100 次。测试后检查导线功能是否正常，被覆盖外皮是否破裂、变形。

耳机导线折弯强度测试。耳机导线折弯强度测试的测试方法是选取靠近耳塞和靠近插头的一段导线，将导线两端固定，弯折 3000 次。测试后检查导线功能是否正常，被覆盖外皮是否破裂、变形。

耳机导线摆动疲劳测试。耳机导线摆动疲劳测试的测试方法是将耳塞和插头固定，用适当的力以 90°～120° 的角度反复摆动耳机末端 3000 次。测试后检查导线功能是否正常，被覆盖外皮是否破裂、变形。

（4）外观测试

外观测试方法包含了摩擦测试、附着力测试、汗液测试、硬度测试、镜面刮擦测试、紫外线照射测试 6 个方面的测试方法。

摩擦测试。摩擦测试的测试方法是在室温条件下，将移动智能终端固定在 RCA 耐磨耗仪上，设置测试频率，使用适当的摩擦力对终端外壳的漆进行测试。其中对 UV 漆进行 300 圈测试，对 PU 漆进行 150 圈测试，对橡胶漆进行 50 圈测试，对印刷漆进行 200 圈测试。在测试结束后，检查移动智能终端外壳涂层脱落的方格数是否不大于总方格数的 3%，单个方格涂层脱落面积是否不大于单个方格总面积的 15%。

附着力测试。附着力测试的测试方法是用刀片在移动智能终端的外壳表面刻出 100 个 $1mm^2$ 的方格（简称方格面），刻画的深度以露出外壳底部材质为止，再用胶带纸用力粘贴在方格面，1min 后迅速以 90° 的角度撕脱 3 次，然后检查方格面油漆是否脱落。

汗液测试。汗液测试的测试方法是把滤纸放于 pH 为 4.8 的酸性溶液中充分浸透，然后用胶带将浸有酸性溶液的滤纸贴在移动智能终端的外壳油漆表面，并确保滤纸与外壳表面充分接触，再放置在高湿、适当温度的环境下，24h 后从测试环境中取出并放置 2h 后检查移动智能终端的外壳表面。

硬度测试。硬度测试的测试方法是使用 2H 铅笔，其中对于橡胶漆材质的外壳使用 1H 铅笔，以 45° 的角度通过适当的力度在移动智能终端的外壳表面划出 3 ～ 5 条长度适当的线条。测试结束后，用橡皮擦去铅笔痕迹并检查外壳上是否留下痕迹。

镜面刮擦测试。镜面刮擦测试的测试方法是在室温条件下，将移动智能终端固定，以适当的力度在终端的表面反复划上 50 次。测试结束后检查终端的表面划伤宽度是否不大于 100μm。

紫外线照射测试。紫外线照射测试的测试方法是将移动智能终端的外壳放入气候测试箱中固定，使其外壳喷漆面朝向紫外线灯光。启动气候试验箱并升至适当的温度，开始计时，在紫外线为 340W/mm² 的光线下直射喷漆表面，测试周期为 48h，取出终端的外壳，放置室温恢复 2h 后检查移动智能终端的外壳是否与测试前一致。

（5）特殊条件测试

特殊条件测试方法包括低温跌落测试、扭曲测试、软压测试 3 个方面。

低温跌落测试。低温跌落测试的测试方法是将移动智能终端设置为开机状态，将其放置在适当温度的低温试验箱内 1h 后取出，进行 1.2m 的 6 个面跌落，6 个面的顺序依次是底部、右侧、左侧、顶部、反面和正面，进行两个循环。在测试结束后比较移动智能终端在低温跌落测试前后电性能参数是否不同。

扭曲测试。扭曲测试的测试方法是将移动智能终端装配电池，设置为关机状态，放置在扭力测试仪上。在扭力测试仪上，设置适当的速率，并将扭矩大小设置为机身厚度的 0.08 倍，循环 5000 次，每 500 次对终端的外观、功能进行检测，测试完成后拆机，对壳体内部以及主板、元器件进行检查。

软压测试。软压测试的测试方法是将移动智能终端设置为开机状态，并固定在坐压试验机上。使用适当的力，作用在横轴中心，并以适当的速率进行挤压，测试总共进行 500 次，正反面各 250 次。在测试结束后，检查移动智能终端是否变形，各项功能是否正常运转。

（6）其他条件测试

听筒寿命测试。听筒寿命测试的测试方法是在室温条件下，开启移动智能终端的听筒，并将音量调到最大，测试时间为 96h，并且每隔 2h 检查听筒的情况。

扬声器寿命测试。扬声器寿命测试的测试方法是在室温条件下，将移动智能终端设置为长时间响铃状态，音量调到最大，测试时间为 96h，并且每隔 2h 检查响铃情况。

传声器寿命测试。传声器寿命测试的测试方法是在室温条件下，开启移动智能终端传声器，测试时间为 96h，并且每隔 2h 检查传声器的情况。

实际充电测试。实际充电测试的测试方法是将移动智能终端充电 12h，然后用万用表测量电池的电压。

马达振动疲劳测试。马达振动疲劳测试的测试方法是在室温条件下，将移动智能终端设置为振动状态，然后使移动智能终端在振动状态下持续进行 96h 检测，并且每隔 2h 检查移动智能终端的振动是否出现异常。

5.4 移动智能终端可靠性测试流程

测试流程指设置、执行给定测试用例并对测试结果进行评估的一系列详细步骤。移动智能终端可靠性测试流程也将从软件可靠性测试流程以及硬件可靠性测试流程两个方面进行描述。软件可靠性测试流程包括整体测试流程、软件可靠性增长测试流程、软件可靠性验证测试流程。硬件可靠性测试流程包括整体测试流程和加速寿命测试流程、环境适应测试流程、结构耐久性测试流程等。

5.4.1 软件可靠性测试流程

下面对软件可靠性测试的整体流程以及在整体流程中针对操作剖面构造的流程进行描述，并且对在移动智能终端软件可靠性测试中按照移动智能终端软件可靠性增长测试和软件可靠性验证测试分类来分别进行测试流程的描述。

（1）软件可靠性测试整体流程

移动智能终端的软件可靠性测试整体流程是在对软件进行需求分析后就开始进行的软件可靠性测试。其测试流程如图 5-2 所示。

分析需求。首先对需求进行分析，这一步骤是后续流程操作的基础。在这一步骤中需要充分了解用户范围、整个软件应用所需要的环境条件等方面的内容，从而为后续操作步骤的执行和实施奠定基础。

制订测试计划。制订测试计划，首先明确软件的失效等级，如表 5-2 所示。根据等级判断是否存在出现危害度较大的 1 级和 2 级失效的可能性。如果存在这种可能性，则应进行故障树分析，标识出所有可能造成严重失效的功能需求及其相关的输入域，然后依据操作剖面来随机生成测试用例。制订测试计划阶段的阶段目标是：根据前一阶段整理的概率分布信息生成相对应的测试实例集，并计算出每一测试实例预期的软件输出结果。在按概率分布随机选择生成测试实例的同时，要保证测试的覆盖面，并且还要进行编写测试计划、确定测试顺序、分配测试资源等步骤。由于

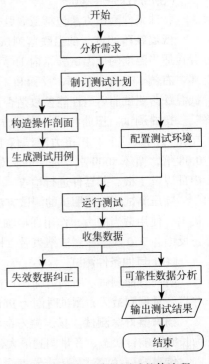

图 5-2 软件可靠性测试整体流程

本阶段前一部分的工作需要考虑大量的信息和数据，因此需要一个软件支持工具，建立数据库，并产生测试实例。另外，有时预测软件输出结果也需要大量的计算，有些复杂的软件甚至要用仿真器模拟输出结果。

表 5-2 失效等级

失效等级	描述
1：关键性失效	整个系统中止或严重毁坏数据库

（续）

失效等级	描述
2：严重性失效	重要功能无法正常运行，并且没有替代的运行方式
3：普通失效	绝大部分功能仍然可用，次要功能受到限制或要采用替代方式

构造操作剖面和配置测试环境。构造操作剖面的同时准备需求中移动智能终端的软件环境。其中操作剖面的构造流程是了解需求（分析移动智能终端需求说明书），确定操作模式（明确预期用户、操作及环境，划分用户和环境类型），确定操作剖面粒度，选择表格或图形表示法，创建操作列表，确定概率分布，以及验证概率分布，如图 5-3 所示。

运行测试。运行测试时，按测试计划和顺序对每一个测试实例进行测试，判断软件输出是否符合预期结果。测试时应记录测试结果、运行时间和判断结果。如果软件失效，那么还应记录失效现象和时间，以备以后核对，最终将所有的测试数据收集起来，为可靠性的评估保留数据基础。

收集数据。对于失效的数据，要进行反馈，及时修正这一错误，并且将所有收集的数据进行汇总、分析，通过对失效的数据进行分析，从而进行软件可靠性的评估，并输出移动智能终端的软件可靠性测试结果。其中在收集数据方面，收集的数据包括软件的输入数据、输出数据（以便进行失效分析和回归测试）、软件运行时间数据（可以是 CPU 执行时间、日历时间、时钟时间等）、可靠性失效数据及故障数据（可以度量、分析软件的成熟性、容错性、易恢复性、依从性等可靠性指标，有助于完成软件可靠性的评估）。

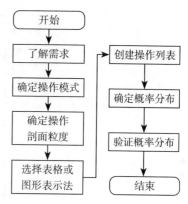

图 5-3　操作剖面的构造流程

（2）软件可靠性测试分类的测试流程

移动智能终端的软件可靠性测试分类可划分为两类，分别是移动智能终端的软件可靠性增长测试和移动智能终端的软件可靠性验证测试。其中，移动智能终端的软件可靠性增长测试的目的在于不断提高软件的可靠性，主要用于软件的开发和测试阶段；移动智能终端的软件可靠性验证测试的目的在于审核软件的可靠性是否满足用户的需求，主要用于软件的验收阶段。

软件可靠性增长测试。对于移动智能终端的软件可靠性增长测试，它是为了满足用户对软件的可靠性要求、提高软件的可靠性水平而对软件进行的可靠性测试。它是为了满足软件的可靠性指标要求，对软件进行测试 - 可靠性分析 - 修改 - 再测试 - 再分析 - 再修改的一个循环过程，其测试流程如图 5-4 所示。

软件可靠性验证测试。对于移动智能终端的软件可靠性验证测试，它是为了验证在给定的统计置信度下，软件当前的可靠性水平是否满足用户的要求而进行的测试，即在用户最终接收软件时，要确定软件的可靠性是否能够满足软件规格说明书中对可靠性方面的规定和指标。在对软件可靠性验证过程中，是不对软件进行修改的。软件可靠性验证测试流程如图 5-5 所示。

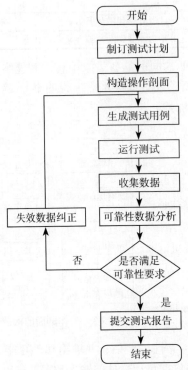

图 5-4 软件可靠性增长测试流程

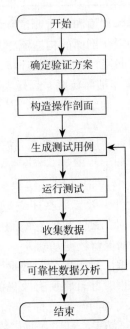

图 5-5 软件可靠性验证测试流程

5.4.2 硬件可靠性测试流程

硬件可靠性测试流程将从硬件可靠性测试的整体流程以及针对每部分硬件的可靠性测试内容（加速寿命测试流程、环境适应测试流程、结构耐久性测试流程、外观测试流程、特殊条件测试流程以及其他条件测试流程）来分别描述。

（1）硬件可靠性测试整体流程

硬件可靠性测试的整体流程是将在针对移动智能终端不同方面内容的测试融合来进行测试的流程。该流程中涵盖了部分硬件可靠性测试中的测试内容，如图 5-6 所示。

在硬件可靠性测试流程中包含了硬件可靠性测试中十分必要的测试内容，并且在硬件可靠性测试中要准备多台待测的移动智能终端。

首先在室温条件下对移动智能终端的电性能参数进行记录，并检查终端的各项功能是否正常。若正常则继续执行后续测试，反之则直接输出测试结果。

若在室温条件下测试正常，就可开始同步进行 ESD 静电测试和温度冲击测试。在 ESD 静电测试和温度冲击测试后对移动终端进行检测，并记录相应的测试参数。在 ESD 静电测试后可依次进行按键测试、SD/SIM 卡拆装测试、电池 / 电池盖拆装测试、耳机插拔测试，并且在每个测试后都将移动智能终端的电性能参数、功能、结构进行记录。

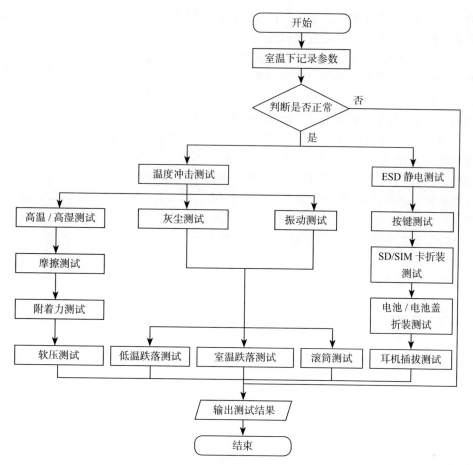

图 5-6　硬件可靠性测试流程

　　在温度冲击测试结束后，可同步进行灰尘测试、振动测试、高温/高湿测试，并相应对测试参数进行记录。在高温/高湿测试结束后依次对移动智能终端进行外观测试，包括摩擦测试、附着力测试和特殊测试中的软压测试，并记录移动智能终端的外观情况；而在灰尘测试和振动测试后对移动智能终端进行不同温度环境下的跌落测试、滚筒测试并且需要记录移动智能终端的电性能参数、功能、结构等情况。

　　最终在所有测试结束后，填写相关的测试报告，并提交测试结果。

　　（2）硬件可靠性测试部分流程

　　硬件可靠性测试流程可以按整体测试流程进行，也可针对加速寿命测试、环境适应测试、结构耐久测试、外观测试、特殊条件测试及其他条件测试这些不同的测试方面来规划测试流程。

　　加速寿命测试流程。在加速寿命测试流程中，移动智能终端首先要在室温下进行测试并记录其电性能参数、结构、功能情况等信息，然后依次进行温度冲击测试、跌落测试、振动测试、高温/高湿测试、滚筒测试、ESD 静电测试并记录下测试参数、结构、功能情况等信息，最后再次进行室温下测试，编写测试报告，提交测试结果。测试流程如图 5-7 所示。

环境适应测试流程。环境适应测试流程划分为一般环境测试流程和恶劣环境测试流程。其中一般环境测试流程依次是常温、低温、高温环境下的参数测试和高温/高湿测试，还有低温、高温环境下的功能测试；恶劣环境测试只包含了灰尘测试和盐雾测试。测试流程如图 5-8 所示。

结构耐久测试流程。结构耐久测试流程包含 13 个测试内容，由于这部分测试内容种类较多，本文在此列出一种测试流程仅供读者参考。结构耐久性测试的测试流程将依次进行按键测试、侧键测试、电池/电池盖拆装测试、SD/SIM 卡拆装测试等，并在每次测试结束后检查、记录移动智能终端的功能、结构的情况，最后填写并提交测试结果。测试流程如图 5-9 所示。

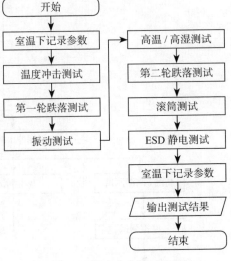

图 5-7　加速寿命测试流程

外观测试流程。外观测试流程需要同时进行摩擦测试、附着力测试、汗液测试、硬度测试、镜片刮擦测试和紫外线照射测试这 6 方面的测试，并在每次测试结束后检查移动智能终端的外观情况，最后填写并提交测试结果。测试流程如图 5-10 所示。

特殊条件测试流程。特殊条件测试流程是依次进行低温跌落测试、扭曲测试和软压测试 3 种测试，并检测移动智能终端的功能、结构、外观等情况，最后填写并提交测试结果。测试流程如图 5-11 所示。

其他条件测试流程。其他条件测试流程是依次进行扬声器寿命测试、听筒寿命测试、传声器寿命测试和马达振动疲劳测试，并检测移动智能终端的扬声器、听筒、传声器和马达的情况，最后填写并提交测试结果。测试流程如图 5-12 所示。

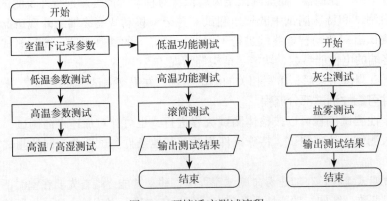

图 5-8　环境适应测试流程

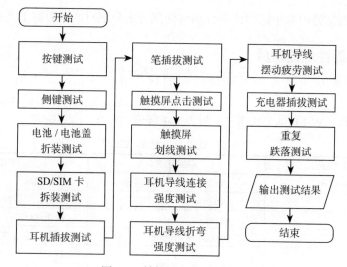

图 5-9 结构耐久性测试流程

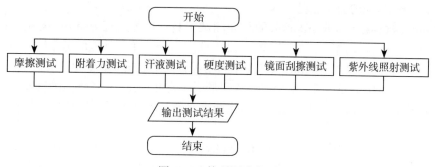

图 5-10 外观测试流程

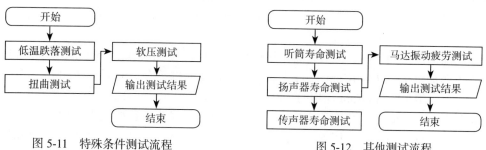

图 5-11 特殊条件测试流程   图 5-12 其他测试流程

5.5 移动智能终端可靠性测试工具

移动智能终端的测需要依赖于适当的测试工具才能顺利地进行，因此选择测试工具对于移动智能终端可靠性测试的制定、展开、实施、结果生成有着十分重要的作用和意义。

下面将针对移动可靠性内容中的软件部分和硬件部分来分别对所需要的工具进行介绍。

5.5.1 软件可靠性测试工具

软件可靠性测试工具用于对移动终端的软件进行测试，常用的 7 个工具分别是 AndroidTestCase 工具、Monkey 工具、Robotium 工具、Hopper 工具、Geekbench 工具、BrowserMark 工具、WebInject 工具等，如表 5-3 所示。

表 5-3　软件可靠性测试工具

测试工具名称	测试环境	测试对象
AndroidTestCase	Android	单元测试
Monkey	Android	压力、可靠性测试
Robotium	Android	性能测试
Hopper	Windows Mobile	压力、稳定性、可靠性测试
BrowserMark	各类浏览器	针对浏览器的性能测试
WebInject	各类浏览器	针对浏览器的自动化测试

（1）AndroidTestCase 工具

AndroidTestCase 工具是 Adnroid 的单元测试工具，也可进行 Android 的接口测试。通过该工具可对不同输入 / 输出进行测试，从而检测 Android 单元功能的可靠性。该工具继承了 Junit 工具，在测试中以 AndroidTestCase 为基类，其子类主要有 3 个：

❏ ApplicationTestCase 测试整个应用程序的类。它允许注入一个模拟的 Context 到应用程序中，在应用程序启动之前初始化测试参数，并在应用程序结束之后销毁之前检查应用程序。

❏ ProviderTestCase2 测试单个 ContentProvider 的类。因为它要求使用 MockContentResolver，并注入一个 IsolatedContext，因此 Content Provider 的测试是与 OS 孤立的。

❏ ServiceTestCase 测试单个 Service 的类。可以注入一个模拟的 Context 或模拟的 Application，或者两者都注入，又或者让 Android 提供 Context 和 MockApplication。

AndroidTestCase 测试实现步骤如下。

❏ 添加测试用例代码，让这些测试用例代码继承自 AndroidTestCase 类。Android 测试用例提供了方法 getContext( ) 来获取当前的上下文变量，这对于 Android 测试十分重要，很多的 Android 应用的 API 都需要上下文来进行查看、分析。

❏ 定义 testSuite 类，用来管理用例。一个 TestSuite 就是一系列用例的集合。

❏ 定义 testRunner 类，用来执行测试。由于 AndroidTestRunner 继承自 junit.runner. BaseTestRunner 类，但它并没有提供 UI，因此需要处理来 test Runner 的 callback 函数才可查看到测试结果。如果要使用 AndroidTestRunner，需要为其添加权限，否则将无法执行测试。

（2）Monkey 工具

Monkey 测试是 Android 平台自动化测试的一种手段，通过 Monkey 程序模拟用户触摸屏幕、滑动轨迹球、按键等操作来检测程序多长时间会发生异常。Monkey 是一个命令行工具，可以运行在模拟器或实际设备中，通过向系统发送伪随机的用户事件流，实现对全系统或某个应用程序进行压力测试和可靠性测试，并可帮助收集可靠性测试的评估数据。

Monkey 程序是 Android 系统自带的一款测试工具，该工具是由 Java 语言编写的程序，其在 Android 文件系统中的存放路径是 /system/framework/monkey.jar，而 monkey.jar 是由一个名为"monkey"的 Shell 脚本来启动执行的，Shell 脚本在 Android 文件系统中的存放路径是 /system/bin/monkey。因此通过在 CMD 窗口中执行"adb shell monkey｛＋命令参数｝"就可以进行 Monkey 测试。为便于理解这些命令，此处先将其命令简单划分为四大类：基本配置选项（如设置尝试的事件数量）、运行约束选项（如设置只对单独的一个包进行测试）、事件类型和频率（如设置触摸屏事件的发生频率）、调试选项（如设置忽略应用程序异常，继续向系统发送事件，直到计数完成）。

Monkey 测试准备。在执行 Monkey 测试之前，首先需要下载 ADB 工具（ADB 工具是 Google 提供的 Android 调试工具，可以通过 Linux 命令行访问手机）和 JDK v1.5 以上的版本的 Java 环境。在下载完成后对 ADB 和 JDK 进行安装，并配置对应的环境变量。在 JDK 环境和 ADB 工具环境配置完毕后即完成了 Monkey 测试工具的前期准备。

执行 Monkey 测试。进行 Monkey 测试需要通过 ADB 命令来执行。Monkey 命令的基本格式如下：

```
adb shell monkey -p com.android.xxx -v 180000 --throttle 500
```

其中，–p 代表一个包，即 Monkey 测试的测试对象，一条命令可以有多个包，每添加一个包则需要一个 –p；–v 代表返回结果的详尽程度，分为 3 级，分别是 level 1、level 2、level 3，级别越高，返回的日志会更详尽，1 级为 –v，2 级为 –v –v，3 级为 –v –v –v。

（3）Robotium 工具

Robotium 是一款国外的 Android 自动化测试框架，主要针对 Android 平台的应用进行黑盒自动化测试，是一种进行性能测试的工具。它提供了模拟各种手势操作（如点击、长按、滑动等）、查找和断言机制的 API，能够对各种控件进行操作。Robotium 结合 Android 官方提供的测试框架达到对应用程序进行自动化的测试。另外，Robotium 4.0 版本已经支持对 WebView 的操作。Robotium 支持 Activity、Dialog、Toast、Menu。

在利用 Robotium 工具进行测试中，首先进行 Java 测试用例的编写并编译，然后进行 APK 签名，安装 APK 到待测设备中，最后启动测试。

（4）Hopper 工具

Hopper 测试工具是一个可以在 PPC/SP 等 Windows 嵌入式操作系统上自动运行的一个可执行文件。Hopper 测试的正式说法为 MTTF 测试（Mean Time To Failure Test），即平均失败时间测试，或称平均无故障时间测试，也有人将其称为压力测试（stress test）、稳定性测试（stability test）、可靠性测试（reliability test），总之，Hopper 是一个测试系统的稳定性和可靠性的一个自动化测试工具。

Hopper 运行后会不间断、无规律、快速地对被测设备执行一系列的操作，其主要测试内容包括应用程序（如 Media Player、Mobile Word、Mobile Excel 等 Windows 自带的应用程序或者第三方软件）、菜单项（Hopper 会对菜单项进行一些打开、关闭等任意操作）、用户界面（UI）、数据输入（如电话号码输入、电话簿创建、任务创建等）以及驱动部分。

Hopper 测试的测试方式有两种，分别是连接 KITL 进行测试和独立设备测试。这两种测试方式各有自己的优点和缺点。在连接 KITL 进行测试时可以对运行状态进行查看、控制等，通过进行有关参数设置来改变 Hopper 的运行状态，KITL 是进行调试的最佳选择。使用独立设备测试时，其好处在于测试出的结果比较准确；缺点是不便于状态的跟踪、问题的分析。在目前，Hopper 工具一般使用独立设备测试方式来对软件进行检测。

（5）BrowserMark 工具

BrowserMark 工具是一款针对于浏览器性能的测试工具。该工具可以用来在台式机、笔记本、平板机、智能手机等各类平台上测试对比浏览器的性能。除了常见的浏览功能性测试（如页面加载、页面调整、HTML5 兼容性、网速），BrowserMark 还包括新领域的测试，如 WebGL、Canvas、HTML5 和 CSS3/3D 等方面。BrowserMark 能带来最客观、最真实的测试结果，只要在设备终端上运行 BrowserMark 测试工具，就可以了解到最好的浏览体验的浏览器的款式；也可帮助在移动智能终端的软件可靠性测试中对浏览器方面的测试。

（6）WebInject 工具

WebInject 是一个自动化测试工具，主要适合 Web 应用和 Web 服务，可以用于测试基于 HTTP 接口的系统组件，还可以用于服务器监控，可以作为测试框架管理功能自动化测试和回归自动化测试的测试套。

WebInject 包含 WebInject 引擎可以用命令行或者 GUI 调用 WebInject 引擎，其中 WebInject 引擎所对应的代码文件为 webinject.pl。

5.5.2 硬件可靠性测试工具

下面所介绍的硬件可靠性测试工具主要用于移动智能终端硬件可靠性测试。硬件可靠性测试工具主要包括温湿度试验箱、振动试验机、滚筒跌落试验机、静电测试仪、综合测试仪、沙尘试验箱、触摸屏测试仪、RCA 耐磨耗仪、刮擦测试仪、紫外线测试箱、扭曲测试、坐压试验机以及其他一些辅助工具。

温湿度试验箱。温湿度试验箱又称为环境试验箱或恒温恒湿试验箱。在该试验箱内可模拟高温 / 高湿、高温 / 低湿、低温 / 高湿、高温、低温等不同的环境条件，从而来帮助对移动智能终端进行高温 / 高湿、温度冲击等可靠性测试。

振动试验机。振动试验机又称为振动箱，主要用于辅助移动智能终端可靠性测试的振动测试。该试验机通过调节振动频率、振幅大小及设定特定的时间范围来对终端进行测试，从而可以帮助检测移动智能终端的抗振性能。

滚筒跌落试验机。滚筒跌落试验机是一种用于检测跌落测试和滚筒测试的重要工具。通过该工具，可对移动智能终端设定落下高度、落下频率以及落下次数等以进行跌落测试，并且通过设定该工具的滚筒数量参数来进行滚筒测试，从而协助完成移动智能终端可靠性测试中的跌落测试和滚筒测试。

静电测试仪。静电场测试仪是一个非接触式手提静电场测试仪。其可测范围在 ±20kV（工作距离为 1 英寸，25mm），配置有 2 个 LED 灯，确保测量时与被测物体保持 25mm，可用来测定纤维、纱线、织物、地毯、装饰织物）的静电性能，也可用来测定其他片、板状材料（如纸张、橡胶、塑料、复合板材等）的静电性能。仪器主机由电晕放电装置、探头和检测系统组成。利用给定的高压电场，对被测试样定时放电，使试样感应静电，从而进行静电电量大小、静电压半衰期、静电残留量的检测，以确定被测试样的静电性能。

综合测试仪。综合测试仪是一种具有快速、精确、自动测试所需的所有功能和性能的仪器，并且可用于静电测试（即 ESD 测试）中，主要通过虚拟的方式，帮助建立入网的呼叫连接，从而来帮助测试的展开和实施。

沙尘试验箱。沙尘试验箱是一种测试产品密封性的工具。通过在沙尘试验箱中释放适量的砂尘，检测产品是否能够抵抗灰尘进入，以此检测产品的密封性。该工具主要用在在移动智能终端的可靠性测试中，用于辅助进行灰尘测试。

触摸屏测试仪。触摸屏测试仪是一种用于测试触摸屏线性度的专用测试设备。近几年来由于触摸屏手机、终端的普及，这类仪器得到了广泛的应用。在进行触摸屏测试时，触摸屏测试仪通过与触摸屏端线连接的线路采样数据并对数据进行分析、计算，获得触摸屏的参数，从而帮助分析触摸屏的电性能和功能。

RCA 耐磨耗仪。RCA 耐磨耗仪是一种用于摩擦测试的仪器。该仪器根据不同材料和应用情况选择使用不同的砝码，以纸带为研磨介质，最终记录下转数结果，从而来测试移动智能终端可靠性中的耐摩擦性。

刮擦测试仪。刮擦测试仪与 RCA 耐磨耗仪相似，也是一种检测移动智能终端耐磨性的工具。该工具通过设定适当的力对移动终端表面进行反复刮擦，可查看终端的表面是否出现变化，是帮助移动智能终端进行镜面刮擦可靠性测试的重要工具。

紫外线测试箱。紫外线测试箱是一种检测产品耐久性的测试工具，是帮助移动智能终端进行紫外线可靠性测试所使用的工具。由于阳光中的紫外线是造成大多数材料耐久性能被破坏的主要因素，因此在紫外线测试箱中，通过紫外线光照射终端产品来检测产品的外观、功能是否完好。

扭曲测试仪。扭曲测试仪是一种测试产品耐用程度和内部抗扭曲性能的测试工具，可以辅助移动智能终端进行扭曲可靠性测试。在测试中，通过该工具来调节控制扭矩以及扭矩频率，从而检测移动智能终端的抗扭曲能力。

坐压试验机。坐压试验机是一种可执行不同标准的压力试验的测试专用设备。该设备拥有软压压座，可用于进行移动智能终端可靠性测试中的软压测试。

其他工具。锋利刀片是辅助检测移动智能终端附着力测试时所使用的工具，主要用来在移动智能终端外壳上进行划刻，从而查看外壳中漆膜与外壳表面的附着力。**铅笔**是辅助检测移动智能终端外观硬度测试的工具，主要用于在移动智能终端表面进行划刻，其中铅笔主要使用 2H 硬度的铅笔。**氯化钠溶液**是用来进行移动智能终端的盐雾测试的工具，并且氯化钠溶液的配比浓度为 5%。**人工汗液溶液**是一种用来进行移动智能终端的汗液测试的工具，该溶液模仿人类手部汗液（pH 为 4.7 ～ 4.8 的酸度溶液），从而辅助进行移动终端外观耐用性测试。这类酸性溶液按 11.3% 的氯化钠溶液、2.8% 的磷酸二氢钠、1.1% 的乳酸和 84.8% 的水来进行配制，也可按照其他方式进行配制。

5.6 测试案例与分析

5.6.1 项目背景

随着移动互联网的快速发展和移动智能终端的遍及，移动互联网的用户规模日益增多，越来越多的用户开始由传统的互联网上网方式扩展到了移动终端设备终端，与此同时，移动终端 APP 软件也得到了全面发展。

某社交软件系统（手机端）为一款移动应用 APP，为广大用户提供了手机端社交服务，如随时随地查找朋友、与好友聊天以及发送和接收文字、视频、音频消息，为移动用户带来了全新的社交体验。

在社交软件为广大客户带来便利的同时，移动终端用户的多种多样、移动无线信号的不稳定、手机中背景业务（如电话短信等同时运行的影响），以及手机异常事件（如服务器宕机、电量不足、手机重启、关机等）等对移动终端 APP 软件的稳定、可靠运行产生一定影响。

5.6.2 被测软件及实施方案

1. 被测软件简介

社交软件系统采用 B/S 架构，涉及应用服务平台端、互联网终端和移动终端功能。其中应用服务平台端为系统提供平台管理、用户管理、资源监控、数据统计等服务；互联网终端和移动终端共用系统账户和消息记录，分别通过互联网和移动终端访问系统。

社交软件系统（手机端）提供查找朋友、与好友聊天，发送和接收文字、视频、音频消息，消息管理、个人信息管理等功能。

测试的目的是，通过对社交软件系统（手机端）的可靠性进行测试，以发现系统存在的可靠性缺陷，以判定该社交软件系统（手机端）是否满足软件的可靠性需求，包括成熟性、容错性和易恢复性。

2. 实施方案

（1）测试前准备阶段

需求分析。分析该社交软件系统（手机端）软件，主要为移动智能手机用户提供查找朋友、与好友聊天，以及发送和接收文字、视频、音频消息等功能。

由于移动智能手机用户的不确定性、移动网络环境的不稳定性，以及移动终端设备的多样性，可靠性测试考虑终端软件的成熟性、容错性和易恢复性。具体通过以下方面进行测试：

❑ 安装、运行、卸载可靠性测试：通过重复性地安装、卸载，检查在安装、卸载过程中是否出现故障；通过长时间运行，检查是否出现故障，并且记录故障出现的时间和失效数据等方面内容。

❑ 功能可靠性测试：针对应用程序的输入、输出，通过不断地对应用程序进行输入、输出，特别是输入应用中功能所规定的边界值，以查看应用程序是否可以正常运行，即应用程序功能是否出现故障、是否成熟，具备容错性措施。

❑ 性能可靠性测试：反复、长期对应用程序进行操作，检查系统是否可以正常运行；当多人同时使用应用程序时，检查应用程序是否可以正常运行；在使用该应用的同时打开多个应用进行交叉操作时，检查应用程序是否可以正常运行。

团队搭建。组建一支 3 人的测试团队，其中测试经理 1 名、测试工程师 2 名。

测试经理负责测试内部管理以及与用户、开发人员等外部测试人员的交流；组织测试计划编写、测试文档审核；协调并实施项目计划中确定的活动；识别测试环境需求；为其他人员提供技术；编制测试报告。

测试工程师协助测试经理开展工作，负责测试文档审核、测试设计和测试执行；针对测试计划中每个测试点设计测试用例；按照测试用例执行功能性测试，并提交缺陷；组员间相互审核，确认缺陷。

确定缺陷管理方式以及工具。依照设计好的测试用例对系统进行测试，将发现的缺陷按照用例中的测试编号分别予以记录，保证各类缺陷记录的维护、分配和修改。

（2）实施阶段

1）搭建测试环境：

❑ 服务器环境：数据库、应用、Web 服务器端，部署软件环境。

❑ 网络环境：移动无线网络。

❑ 移动终端：安装被测软件，软件功能可正常运行。

2）编写测试计划。依据该系统实际情况制订测试计划，安排测试工作内容，检验系统在安装、运行、卸载可靠性、功能可靠性和性能可靠性。

采用手工测试和自动化测试相结合的方法对系统进行可靠性测试。在测试计划中明确以下内容：

❑ 测试任务和范围。

❑ 测试环境情况。

❑ 人员、时间安排。

❑ 测试方法和流程。

❑ 测试启动和终止条件。

❑ 测试用例开发。

❑ 缺陷管理。

❑ 可交付成果等。

3）设计测试用例。制定覆盖主要功能模块和业务流程的测试用例，同时考虑对非法数据输入和异常处理的测试用例，验证正常和异常情况下系统的运行情况是否满足可靠性需求。测试内容需涵盖软件系统的安装、运行、卸载可靠性、功能可靠性和性能可靠性。测试用例举例如表 5-4 所示。

表 5-4 测试用例执行记录

用例标识	T-P		质量特性		可靠性	
用例名称	功能可靠性					
设计人员	张三		审核人员		李四	
用例说明	发送消息过程中模拟手机来电		测试工具（含有辅助工具）		—	
测试平台	Samsung S4					
操作系统	Android 4.2.2					
分辨率						
前提和约束	安装被测软件，软件功能可正常运行		过程和终止条件		—	
测试过程						
序号	测试步骤	测试数据	预期结果	实际结果	问题编号	备注
1	打开手机客户端	—	成功进入程序			
2	进入"发送消息"页面，输入消息	—	打开页面且页面显示正常			
3	模拟手机来电，接听		接听完毕，返回发送消息页面，并可正常使用系统			
测试结果	□通过　　□不通过		测试人员及时间			

对系统进行黑盒测试，采用手工测试和自动化测试相结合的手段进行。

使用移动终端真机检测平台进行兼容性测试，测试过程如下：

❑ 录制和调试测试脚本。

❑ 在多个真机上回放测试脚本、监控设备信息。

❑ 获取监控报告，分析测试结果。

4）执行测试，记录测试过程，提交缺陷。根据设计好的测试用例执行功能性测试，记录测试情况。当执行结果与预期结果不符时，记录并提交缺陷，缺陷记录举例如表 5-5 所示。

表 5-5 缺陷记录

缺陷 1007- 发送消息过程中手机来电接听，再次返回时系统报错					
项目名称	某社交软件系统（手机端）	样本版本	V1.0	测试平台	Samsung S4
操作系统	Android 4.2.2	功能模块	可靠性	严重程度等级	S4
可重现性	可以复现	提交人	张三	确认人	李四
问题摘要	发送消息过程中手机来电接听，再次返回时系统报错				
详细描述	1. 打开某手机客户端，进入"发送消息"页面 2. 输入要发送的消息 3. 模拟手机来电，接听，再次返回时系统报错				
开发商		委托方		确认日期	

5）测试结果分析。经过对系统可靠性的测试，系统的安装、运行、卸载、功能和性能运行情况基本成熟，测试过程中运行基本稳定，易恢复，但在软件容错性方面存在一定缺陷。

本章小结

随着移动智能终端的使用越来越广泛，移动智能终端的质量越来越得到重视，而保障其质量的重要手段是进行移动智能终端可靠性测试。移动智能终端可靠性测试也是移动智能终端测试中十分重要的一个环节。本章通过对移动智能终端可靠性测试内容、方法、流程、工具等方面的介绍，并配以测试案例与分析，可以帮助读者更好地理解移动智能终端可靠性测试，从而更好地对终端进行可靠性分析、评估。

第 6 章

移动智能终端可移植性测试

本章导读

本章将依次介绍以下内容：移动智能终端可移植性测试的基本概念，包括可移植性测试目的、测试要求和测试准备；移动智能终端可移植性测试所涵盖的内容，并对此进行深入阐述；移动智能终端可移植性测试方法，分点描述了适应性测试方法、易安装性测试方法、兼容性测试方法和共存性测试方法；移动智能终端可移植性测试流程；在移动智能终端可移植性测试过程中所采用的工具；结合实际案例详细分析移动智能终端可移植性测试。最后对移动智能终端可移植性测试进行总结。

应掌握的知识要点：

- 移动智能终端可移植性测试的基本概念
- 移动智能终端可移植性测试方法
- 移动智能终端可移植性测试流程
- 移动智能终端可移植性测试工具

6.1　移动智能终端可移植性测试概述

随着移动智能终端的迅猛发展，系统和软件都面临着必须向新环境移植的需求，因此对系统和软件在多种环境中的运行能力有了更高的要求。可移植性作为软件质量的要素之一，可以解决这一问题。移动智能终端可移植性测试是用来衡量智能终端软部件（一般指应用程序或系统）从一种环境转移到另一种环境中还能正常工作的难易程度。良好的可移植性不仅可以延长智能终端软部件的生命周期，而且可以拓展其应用环境。所以，可移植性测试对于移动智能终端来说必不可少。

移动智能终端系统与软件的运行，受到诸多因素的影响。这些因素包括软件产品所依赖的硬件环境、系统与软件运行的软件环境（包括软件产品所必需的支撑软件环境和共存环境）以及系统与软件所需要的数据环境。这些因素都直接或者间接地影响系统与软件的可移植性，如图 6-1 所示。

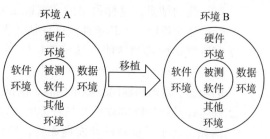

6.1.1　测试目的

从测试方面而言，移动智能终端可移植性测试的关注重点在测试对象的不同接口上面，如果软件产品能够符合接口标准，将会大大提高可移植性。具体地说，可移植性测试需要考虑适应性、易安装性、兼容性以及共存性测试。其测试目的在于：

图 6-1　系统与软件可移植性的影响因素示意图

- ❏ 利用可移植性测试方法发现移动智能终端软件产品内部可能存在的各种差错，修正潜在的错误和缺陷并对其进行改进，从而提高移动智能终端产品的质量，避免软件产品的某种错误和缺陷导致的商业风险。
- ❏ 通过分析移动智能终端可移植性测试过程中发现的问题帮助发现当前开发工作所采用的软件过程的缺陷，以便进行软件过程的改进。同时，可以通过对测试结果的分析整理修正软件开发规则，为软件产品的可靠性测试提供依据。
- ❏ 验证移动智能终端软件产品是否满足预期的可移植性需求。在整个软件产品开发生命周期中必须考虑到软件和系统的可移植性，并对其可移植性进行度量和评估，以确保软件产品的质量满足用户的需求，有效地避免不必要的损失，减少工作量。
- ❏ 作为对移动智能终端系统进行可移植性调试的参考，提高程序结构的灵活性，降低接口部分和智能终端软件其他部分的耦合性，为不同运行环境单独设计对应的接口部分。

6.1.2　测试要求

移动智能终端可移植性并不只是在系统开发的后期才需要考虑的，在整个软件产品开发生命周期都必须要考虑，因此移动智能终端可移植性测试要求把可移植性作为软件需求的一部分引入需求分析中。

可移植性测试要全部覆盖已定义的业务流程。移动智能终端可移植性测试包括适应性、易安装性、兼容性和共存性测试，这些都必须在测试过程中体现出来，因此测试要求应包含以下几个方面的内容：

- ❏ 移动智能终端可移植性测试需求应指明满足需求的正常的前置条件，同时要指明不满足需求时的出错条件。正常的前置条件是指能验证程序正确的输入条件，不满足需求时的出错条件是指异常的、临界的、可能引起问题异变的输入条件。这样有利于在测试执行过程中对被测对象从正、反两个方面进行全面的测试，从而尽可能多地发现移动智能终端软件产品中潜在的错误。

❑ 设计的移动智能终端可移植性测试用例必须是可核实的，即它们必须有一个可观察、可评测的结果，这样得出的数据说服力强，更具有真实性，从而保证了智能终端软件产品的质量，可移植性测试评估过程也能正常进行。

❑ 制订严格的移动智能终端可移植性测试计划，并尽可能早地开始测试。在测试中，错误发现越晚，修复错误的费用越高。测试计划应包括所测试移动智能终端软件产品的功能、输入和输出、测试内容、测试工具、测试用例的选择等。

❑ 确定移动智能终端软件产品可能的目标环境，对比分析不同的目标环境之间的异同。例如，对于手机软件开发商而言，应该考虑软件应用在 Android 不同版本上的可移植性或者在不同智能终端操作系统上的可移植性。

❑ 确定移动智能终端软件产品在不同目标环境下的支持库 / 软件。例如，图形用户界面可以选择可移植性强的支持库 / 软件，或者在不同的目标环境下选择不同的支持库 / 软件。

❑ 从整体优化的角度权衡移动智能终端的可移植性与效率、资源利用率之间，以及可移植性与成本、进度等之间的关系，设置移动智能终端可移植性测试目标，用以指导后续的开发过程。

6.1.3 测试准备

测试环境是移动智能终端可移植性测试执行的基础，因此在测试执行期间的第一步工作是检查测试设备、搭建测试环境以及检查测试环境。

（1）检查测试设备

测试环境和测试设备是指在完成智能终端可移植性测试过程中所需的硬件设施、软件和网络环境。它必须独立于其他非测试设备或环境，以防受到干扰。因此在执行可移植性测试之前必须检查测试所用的移动智能终端环境和设备的可用性。

测试环境一般包括移动智能终端软件产品运行的网络平台、软件平台、硬件平台以及其他辅助设备等。网络平台包括各种网络设备、线缆、连接器件组成的各种结构的网络。软件平台指被测软件产品运行时所需要的支持软件，包括操作系统、数据库软件、通信软件、工具软件等。硬件平台指移动智能终端软件产品运行时所需要的设备，可以是智能手机、笔记本电脑、PDA 智能终端、平板电脑等。其他辅助设备包括移动智能终端各种软件运行和验证其功能时所需要的机械、光学等设施。

网络设备的检查。移动智能终端网络设备的检查通过开启数据状态或查看是否能连接无线网、宽带、网卡等进行。若能正常上网则表示网络设备正常。

测试用平台软件和支持软件的检查。移动智能终端在测试过程中用的平台软件和支持软件是设备检查工作中的一个重要部分。其检查工作的主要内容如下：

❑ 常规性检查：主要检查移动智能终端软件的包装是否完整，附件是否齐全。

❑ 适用性检查：主要检查移动智能终端软件的类型、版本，确认该软件是否符合测试项目的需要。

❑ 介质检查：主要检查移动智能终端软件介质是否完好，是否能够正常使用。

硬件设备的检查。采用硬件检测软件对移动智能终端的硬件设备进行检查，主要的检查项目包括内存、通信端口等。如果移动智能终端硬件设备有自带的检测程序，可以执行其专用的检测程序进行检查。

特殊问题的解决。在移动智能终端可移植性测试过程中遇到重新开机等情况时，在设备重启过程中，测试人员应该仔细观察测试设备的自检过程，以保证测试设备工作正常。

在测试移动智能终端设备检查过程中，如果产生异常，应及时通知相关部门进行处理。总之，所有移动智能终端的测试设备在进行可移植性测试之前，都必须保证其可用且可靠。

（2）搭建测试环境

理论上说，参与搭建移动智能终端可移植性测试环境的所有软硬件设备都需要重新进行安装和调试，以保证测试环境的纯洁，降低测试环境对可移植性测试结果的影响。

测试设备、软件的准备。根据该可移植性测试项目的测试计划中列出的设备清单，将所要用到的硬件、软件和其他设备准备齐全，经过检查确认设备能正常使用之后，开始测试环境的搭建。

软件的安装。移动智能终端可移植性测试中软件部分的安装包括系统软件安装、支持软件安装、其他测试辅助性软件安装等。

调试。调试是在移动智能终端的软硬件准备完成后，为使其更好地满足测试的需求而进行的试验和调整，主要包括测试用的设备部分。

在移动智能终端可移植性测试的调试中主要包括一些显示、通信、存储、设置等情况的验证，如果存在问题则进行调整或修改，以使其正常工作。

（3）检查测试环境

测试环境是测试执行的前提，如果移动智能终端的测试环境设置不正确，可移植性的测试结果就可能存在偏差。因此在移动智能终端可移植性测试执行之前，为确保测试环境的工作状态满足测试工作的需要，应该全面检查所搭建的测试环境。

测试环境的检查内容主要包括检查移动智能终端设备是否安装有其他和本次测试无关的软件或程序、检查软件产品移植后功能是否正常、检查软件产品移植后的智能终端是否满足测试的要求。另外，病毒检测也是移动智能终端可移植性测试环境检查的一项内容，因为病毒会导致测试结果偏离软件的真实质量状况，导致测试数据产生误差。

6.2　移动智能终端可移植性测试内容

移动智能终端可移植性测试通常和软件产品移植到某个特定的目标环境中的难易程度相关，涉及在原环境和目标环境中进行测试。首先，在原环境下对智能终端的软件产品进行测试，主要考查其功能是否满足预期的需求，该测试的顺利完成是后续实施在目标环境下测试的必要前提；然后在目标环境下对该软件产品进行测试，主要针对软件产品的可移植性进行。移动智能终端的可移植性测试需要在不同的目标平台上重复进行，在产品说明中应规定将该软件产品投入使用的不同配置或所支持的配置（硬件、软件）。

注意：对不同的工作任务、不同的边界值或不同的效率要求，可以规定不同配置，例如，这些系统可以是操作系统、处理器（包括协处理器）、内存规模、外存的类型和规模、扩展卡、输入和输出设备、网络环境、系统软件和其他软件。

广义的移动智能终端可移植性测试可分解为适应性测试、易安装性测试、兼容性测试、共存性测试 4 个子特性测试。下面将详细阐述这 4 种测试。

6.2.1 适应性测试

适应性测试是指移动智能终端软件产品是否能够适应不同的目标环境。具体地说，它是指测试该软件产品是否能在所有特定的目标环境下（硬件、软件、中间件和操作系统等）正确地运行，是否仍与在移植之前环境下（或规定的基础环境下）保持相同的操作步骤或者使用相同的执行流程，以及用户对功能操作的变化的适应程度。在针对智能终端的适应性进行测试时，需要明确各种指定的目标环境并完成配置，针对这些运行环境及环境中存在的各种组件，可选择一组功能测试用例完成测试。

适应性还涉及通过完成一个预订过程将移动智能终端软件产品移植到多种特定运行环境的能力，测试对该过程进行评估。适应性测试还可以与易安装性测试共同进行，辅以功能测试，验证移动智能终端软件产品在其他运行环境中是否会出现问题。

对于移动智能终端可移植性测试，从适应性方面考虑，可测试的软件产品配置项主要包括以下几个方面：

- ❑ 数据库适应性：对诸如数据文件、数据块或数据库等数据结构的适应能力，即用户或维护者是否能够容易地使智能终端软件产品适应目标环境中的数据库。
- ❑ 硬件适应性：对移动智能终端各种不同规定的硬件环境的适应能力，常见的硬件环境包括 CPU、存储设备、网络设备以及各类输出介质等设备。
- ❑ 操作系统适应性：用于测量移动智能终端目标软件对各种操作系统的适应能力。
- ❑ 支撑软件适应性：对移动智能终端中的系统软件或并行的应用程序等软件环境的适应能力。
- ❑ 组织环境适应性：对移动智能终端组织的基础设施的适应能力。
- ❑ 有效软件共存性：移动智能终端系统与软件与其他软件的共存能力。
- ❑ 通信适应性：用于测量移动智能终端目标软件对不同通信方式的适应能力，包括不同接入方式（如无线、有线等）、通信协议（如 NETBEUI、IPX/SPX、TCP/IP）等。
- ❑ 数据适应性：用于测量移动智能终端目标软件适应于不同的规定环境时，其对数据的适应情况。

移动智能终端软件产品是否易于移植，也即用户移植的友好性。适应性宜用表 6-1 中的属性进行表征。

表 6-1 移动智能终端适应性

名称	描述	说明
硬件适应性	当系统与软件相关的硬件环境发生变化时，系统与软件对其的适应能力	考虑 CPU、存储设备、网络设备、输入 / 输出设备的变化对系统与软件的影响

（续）

名称	描述	说明
操作系统适应性	系统与软件对规定的操作系统的适应能力	宜考虑对相同类型操作系统的适应情况，和对不同类型操作系统的适应情况
数据库适应性	系统与软件对所使用的数据库的适应能力	对未采用数据库的系统和软件可不考虑指标
支撑软件适应性	系统与软件对正常运行所必须依赖的支撑软件的适应能力	支撑软件包括中间件、语言运行环境以及其他必须安装的支撑软件等
组织环境适应性	系统与软件对运行模式调整的适应能力	本指标涉及用户组织的业务运行环境
通信适应性	系统与软件对传输模式调整的适应能力	无交互传输的系统或软件可不考虑此项指标。宜考虑调整通信协议，以及在有线和无线网络之间的传输差异
数据适应性	系统与软件试图适应于规定的环境，其所使用的相关数据在规定环境下使用的完备程度	宜同时考虑数据类型的变化和数据格式的变化

6.2.2　易安装性测试

易安装性测试的目的是确保移动智能终端软件产品在正常情况和异常情况的不同条件下借助使用与安装介质一起提供的安装指南和文档的帮助，能够正确地被安装和使用，其中正常情况如软部件进行首次安装、升级、完整的或自定义的安装，异常情况包括存储空间或磁盘空间不足、缺少目录创建权限等。易安装性测试包括测试安装代码以及安装说明手册。安装说明手册用来指导如何安装移动智能终端软件产品，安装代码提供安装程序能够运行的基础数据。

移动智能终端的易安装性测试应该考虑以下 4 个方面：

❑ 安装过程测试，也即测试软件配置项安装的工作量、安装的可定制性、安装设计的完备性、安装操作的简易性。

❑ 不同目标环境下的安装测试。

❑ 软件升级测试。

❑ 卸载测试。

（1）安装过程测试

安装过程测试主要指按照安装向导或遵照安装说明手册的步骤验证能否正确地安装移动智能终端软件产品。在测试过程中需要注意，测试人员应该以一个不懂移动智能终端设备的用户的心态来进行安装，一个好的安装过程无论用户是否懂移动智能终端设备都可以顺利地将软件产品安装好。根据移动智能终端具体的情况，安装过程可能是全自动化的，也可能需要用户的操作。如果安装过程需要用户的协助，程序必须能够为用户的执行动作提供指导，同时指出系统推荐的操作。

移动智能终端安装过程测试一般从以下几个方面来进行：

❑ 安装文档是否正确、清晰。如果用户能够实施安装，遵循安装文档中的信息是否能成功地安装软件。

❑ 安装操作是否完备。

- ❑ 安装过程是否容易进行操作。用户可以选择相应的选项针对不同的智能终端设备的软硬件配置进行不同程度的安装。如果是自动安装，整个安装过程必须能够自动完成，不需要手工介入。如果是半自动安装，在需要用户输入时应当停止执行，等待用户输入。如果是手动安装，在安装软件时应该给用户提供充分的提示信息。
- ❑ 安装向导是否能够在一定时间内或一定步骤内完成整个安装过程。
- ❑ 测试安装向导是否可以成功地识别无效的移动智能终端硬件平台或不同的智能终端系统配置。
- ❑ 测试安装移动智能终端软件产品是否能够正确处理安装过程中所出现的失败，并且不会使智能终端设备系统处于某个不确定的状态（如软件产品只安装了一部分或造成错误的系统配置）。
- ❑ 是否涉及第三方程序的安装。
- ❑ 是否涉及智能终端设备系统权限。
- ❑ 是否容易重新安装。
- ❑ 安装效率也即移动智能终端系统与软件实施安装过程所耗费的时间。
- ❑ 安装完成以后的功能在规定的环境中是否完备。
- ❑ 当用户能够实施安装且该软件对已安装的任何部件具有任何共存性约束时，则这种约束应在安装前予以陈述。

（2）不同环境下的安装测试

测试移动智能终端软件产品可安装时最大的一个难点是，在不同环境下测试终端设备系统是否能够被正确地安装。因为在客户端中可能出现各种不同的环境，但是在测试过程中又很难去模拟，这样就可能出现在测试过程中没有问题，实际应用时用户却无法安装的情况。

不同环境的安装测试一般从以下几个方面进行：

- ❑ 移动智能终端设备系统的安装环境是否干净。
- ❑ 考虑不同操作系统带来的影响。要在软件能够运行的集中智能终端操作系统下都进行安装。
- ❑ 若测试的软件设计为不依赖开发环境而运行的，这就要求测试软件产品在不安装开发环境的计算机中是否能够正常安装和使用。
- ❑ 软件安装完成后是否会影响其他应用软件或受到其他软件的影响，特别是与其相关性大的软件。
- ❑ 对于软件应用程序的成功安装和正确运行，应就产品说明中列出的所有支持平台和系统加以验证。

（3）系统升级测试

系统升级测试是指移动智能终端设备测试用软件产品是否能被正确地升级，它包含两个方面的内容，首先是该软件产品的功能是否能被正确地升级；其次是升级的方式。软件的升级方式有以下两种情况：

- ❑ 供应商提供网络安装包的下载，由用户自己下载安装。

❑ 网络在线升级。

在移动智能终端可能出现以下两种升级测试的场景：

❑ 用户未将旧版本的软件产品卸载，而是直接安装新版本的软件，这种升级方式也是修复升级。

❑ 用户先将旧版本的软件产品卸载后再安装新版本的软件。

移动智能终端软件产品升级测试一般从以下几个方面进行：

❑ 是否提供网络安装包的下载。

❑ 是否支持网络在线升级。

❑ 升级后的软件产品功能是否与需求说明书一致。

❑ 升级模块的功能是否与需求说明书一致。

（4）卸载测试

卸载测试是指对已在移动智能终端中安装好的软件产品进行卸载操作，测试卸载是否正确。卸载必须要清理掉安装期间产生的所有组件和文件。在移动智能终端上不应当有任何安装产生的残留。

卸载测试一般从以下几个方面进行：

❑ 通过正常卸载方式是否可以完全卸载，并且不影响操作系统和其他软件的正常使用。

❑ 升级后是否可以正确卸载该软件产品。

❑ 测试软件产品卸载后，再次安装是否正常。

❑ 卸载过程中是否可以取消卸载。

6.2.3　兼容性测试

如果不存在相互依赖关系的移动智能终端系统可以在同一环境中运行，而且不影响彼此的行为，则称为"兼容"。移动智能终端的兼容性测试是指验证其软件产品在一个特定的硬件、软件、操作系统等环境下是否能够正常地运行，检查软件产品之间是否能正确地交互和共享信息，以及检查软件版本之间的兼容性问题，包括硬件之间、软件之间和软硬件之间的兼容性，如图 6-2 所示。

如果移动智能终端系统中没有安装其他应用程序，则可能无法检测软件产品的兼容性；但是如果将软件产品部署到另一个安装了其他应用程序的移动智能终端环境中，则可能会出现兼容性的问题。因此，兼容性测试更多的是发现移动智能终端的软件产品在某个特定的环境下是否无法正常使用。它包括两个方面的含

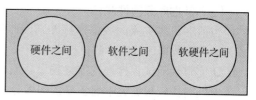

图 6-2　移动智能终端软件之间、硬件之间和软硬件之间的兼容性

义，一是指待发布的软件产品在特定的软硬件平台上是否能正常运行；二是指软件产品对智能终端制定平台上的其他软件是否有影响。兼容性好的软件有助于增加其产品的市场和用户的数量。

移动智能终端的兼容性测试主要包括硬件兼容性测试、软件兼容性测试，其中各测试

类型的关注点如下：

1. 硬件兼容性测试

硬件平台是软件运行的基础，不管是笔记本电脑、智能手机、平板电脑，抑或是 PDA 设备，都有一个硬件平台来支持。但是即使是同一类硬件，也可能来自不同的生产厂商，所以在软件设计的时候就必须考虑如何兼容这些不同生产厂商的产品。

移动智能终端硬件兼容性测试具体主要包括以下几点：

❏ 移动智能终端的最低配置是否满足软件产品运行要求，在最低配置下，所有的产品功能必须能够完整地执行，产品的运行速度、响应时间应该在用户可接受的范围之内。

❏ 推荐配置的设定是否合理，在推荐配置下运行速度是否达到用户标准。

❏ 软件产品与移动智能终端设备整机的兼容性是否有特别的声明，其中考虑最多的是显示器兼容性的测试，因为不同的显示器支持的最佳分辨率不一致，但分辨率会直接影响软件产品的显示情况。

2. 软件兼容性测试

软件兼容是指待发布软件与常用软件在同一移动智能终端环境下使用时相互之间的影响。软件兼容性测试主要考虑 4 个方面：操作系统兼容性测试、数据库兼容性测试、浏览器兼容性测试、多平台兼容性测试。

（1）操作系统兼容性测试

操作系统兼容性测试是指在一个操作系统上开发的应用程序不做任何修改、不用重新编译即可直接在其他操作系统上运行。

移动智能终端软件产品的开发与所使用的操作系统有很大的关系，因为当前软件开发技术的限制以及各种操作系统之间存在着巨大的差异性，大多数的软件并不能达到理想的平台无关性。如果移动智能终端软件产品承诺可以在多种操作系统上运行，那么必须测试它与不同操作系统的兼容性。操作系统兼容性测试的内容不仅包括在每种平台上进行易安装性测试，还需对关键流程进行检查。对于某种具体的软件产品，需要进行哪些操作系统上的兼容性测试取决于其用户文档上对用户的承诺。

（2）数据库兼容性测试

当前有很多主流的数据库标准，因此各种数据库管理系统之间的互操作性和互移植性成为焦点，数据库兼容性测试要点如下：

❏ 完整性测试：检查智能终端设备原数据库中的各种对象是否全部移入新的数据库中，同时比较数据表中的各项数据内容是否相同。

❏ 应用系统测试：模拟普通用户操作应用的过程，得出应用操作的运行结果后对其进行检查，如果开发过程中使用了存储过程，在数据库移植时比较容易出错。

❏ 性能测试：数据库升级后，需要对升级后的数据库性能进行详细测试，并与在原数据库中记录的性能基准数据进行对比，检查数据库升级后性能的变化情况。

（3）浏览器兼容性测试

浏览器是 Web 客户端最核心的构件，来自不同厂商的浏览器对 Java、JavaScript、

ActiveX、Plug-ins 或不同的 HTML 规格有不同的支持。除此之外，在不同的浏览器中，框架和层次结构风格的显示也不相同，有些甚至不显示。不同的浏览器对安全性的设置也不尽相同。

测试移动智能终端浏览器兼容性的方法是创建一个兼容性矩阵表。在这个矩阵中，测试不同厂商、不同版本的浏览器对某些构件和设置的兼容性。

（4）多平台兼容性测试

多平台兼容性测试是兼容性测试的一种，其目的是检验移动智能终端软件产品是否能够在多个平台上运行。在测试过程中，通过测试软件产品在多个不同平台上的运行来确定平台变化是否会导致其性能下降。针对多平台测试，测试内容主要包括测试软件产品跨硬件平台能力、跨操作系统能力、对多种数据库的支持、客户端的兼容性测试等。

多平台兼容性测试包括验证和确认活动，这样做的目的是保证移动智能终端的软件产品能够以相同或相似的方式在不同的平台上运行。在多个平台上的确认活动可以通过并行测试来完成，验证活动可以通过比较不同平台的处理结果来完成。如果软件产品能够覆盖尽可能多的平台，它吸引的客户数量将更多。

在多平台测试中有一些限制条件，需注意以下事项：

❏ 由于在所有的移动智能终端平台上执行兼容性测试是不可行的，因此在多平台兼容性测试中必须定义好包括哪些平台。平台数目不能是无限的，软件产品支持当前已有的所有平台也是不可能的，实际测试案例中可能将一个软件部署到一个平台上，而这个平台没有包含在测试中。

❏ 用于测试的平台有可能不是软件投入使用后实际运行时的平台。当平台由于更新而发生变化时，之前所执行的那些兼容性测试可能不再有效。

❏ 当移动智能终端平台发生变化时，对其软件产品可允许的性能变化必须要在需求描述中说明。

❏ 所需的移动智能终端平台和配置的列表可能不是完全的，每个平台都有多种配置，因此需对此做出某些假设，因为穷举测试既不可行也没有必要。

6.2.4　共存性测试

共存性是指移动智能终端软件产品是否能在规定环境下替换其他软件以及被替换的难易程度，尤其对于那些以商业现货软件（COTS）为特定组件的软件产品。

在集成过程中会有一些可替换的组件集成后构成一个完整的系统，因而共存性测试可以与功能集成测试并行进行，可以通过技术评审和检查评估软件的共存性，关键点在于可被替换组件的接口是否定义得非常清楚。

在共存性测试方面，应该考虑两个方面的软件配置项：一是数据的连续使用，即是否能够继续使用被其替代的软件使用过的数据；二是功能的内含性，是指在原软件被更换后，观察用户或维护者能否继续容易地使用类似功能。

共存性宜用表 6-2 中的属性进行表征。

表 6-2 移动智能终端共存性

名称	描述	说明
数据的连续使用	在更换原先软件之后，观察用户或维护者能否继续使用同样的数据	—
功能的内含性	在更换原先软件之后，观察用户或维护者能否继续容易地使用类似功能	—

6.3　移动智能终端可移植性测试方法

移动智能终端可移植性测试方法分为适应性测试方法、易安装性测试方法、兼容性测试方法和共存性测试方法。

6.3.1　适应性测试方法

根据移动智能终端的特点，适应性测试方法如下：

❑ 根据软件产品需求搭建相应的测试环境。

❑ 测试软件产品在不同的硬件配置状况下的适应性。

❑ 测试软件产品在不同的软件环境（包括操作系统、数据库、支持软件、其他软件、通信以及数据状况）下的适应性。

移动智能终端宜对软件对于环境的适应能力相关的属性进行测量，如表 6-3 所示。

表 6-3 移动智能终端适应性

指标名称	指标描述	测量、公式及数据元素计算	测试输入	测量值说明
硬件适应性	系统与软件在适应新的环境过程中，硬件环境对软件适应能力造成影响	$X=A/B$ 式中： A——系统与软件能够适应的硬件数量 B——期望系统和软件能适应且正确运行的硬件环境类型的总数	问题解决报告 运行报告	$0 \leqslant X \leqslant 1$，越接近 1 越好
注：建议进行有硬件环境配置的过载组合测试，这些硬件环境配置可能会与用户的各种运行环境结合起来				
操作系统适应性	系统与软件对各种操作系统的适应能力。 对于操作系统的适应性，需综合考虑其他相关度量特性	$X=A/B$ 式中： A——系统和软件能成功适应的操作系统个数； B——期望系统和软件能成功适应的操作系统个数	问题解决报告 运行报告	$0 \leqslant X \leqslant 1$，越接近 1 越好
注：建议进行与操作系统软件结合的过载组合测试，这些软件可能会在用户的各种运行环境中结合起来运行				
数据库适应性	在软件运行的新环境中，数据库软件对软件正确运行的影响	$X=A/B$ 式中： A——系统和软件能成功适应的数据库个数； B——期望系统和软件能成功适应的数据库个数	问题解决报告 运行报告	$0 \leqslant X \leqslant 1$，越接近 1 越好

（续）

指标名称	指标描述	测量、公式及数据元素计算	测试输入	测量值说明
支撑软件适应性	在软件运行的新环境中，各类支撑软件对软件正确运行的影响	$X=A/B$ 式中： A——系统与软件能成功适应的支撑软件个数； B——期望系统与软件能成功适应的支撑软件个数	问题解决报告 运行报告	$0 \leqslant X \leqslant 1$，越接近 1 越好
组织环境适应性	系统与软件对于环境的适应能力	$X=1-A/B$ 式中： A——在用户的业务环节中运行测试期间没有完成任务或不足以使任务满足适当级别的运行的功能总数； B——运行测试的功能总数	问题解决报告 运行报告	$0 \leqslant X \leqslant 1$，越接近 1 越好

注 1：建议在测试中要考虑与用户的业务环境的基础部分相结合的各种可能的问题
注 2：组织环境的适应性涉及用户组织的业务运行环境

指标名称	指标描述	测量、公式及数据元素计算	测试输入	测量值说明
通信适应性	系统与软件对传输模式调整的适应能力	$X=A/B$ 式中： A——用户能够成功适应的通信模式的数量； B——用户期望能够适应的通信模式的数量	问题解决报告 运行报告	$0 \leqslant X \leqslant 1$，越接近 1 越好
数据适应性	系统与软件对数据变化的适应能力	$X=A/B$ 式中： A——在适应环境中运行成功并被观察到的数据种类数； B——期望能在软件适应的环境中运行的数据种类总数	问题解决报告 运行报告	$0 \leqslant X \leqslant 1$，越接近 1 越好

注：这些数据主要包括的数据类型有数据文件、数据元组或数据库，以便适应不同的数据量、数据项或数据结构。在公式中的 A、B 必须计数相同类型的数据，当业务的范围扩展时，可能需要这样的适应性

1. 硬件适应性测试

前置条件：要移植的目标环境已经准备完毕。

测试输入：需求规格说明书、设计规格说明书、移植的目标硬件环境。

测试类型：计数 / 计数。

测试方法：组合测试。

测试过程：

1）确定移动智能终端硬件适应性测试范围，应对系统中以下主要硬件部件的可移植性进行考量，如 CPU、I/O 设备、存储器、屏、摄像头等。

2）确定移动智能终端硬件适应性测试的输入，输入可以包括需求规格说明书、设计规格说明书等，将适应的硬件环境数量标记为 B。

3）根据移动智能终端硬件适应性测试输入确定需进行测试硬件适应性测试矩阵表，如表 6-4 所示。

表 6-4　移动智能终端硬件适应性测试矩阵表

类型	环境 1	环境 2	环境 3	环境 4	环境 5	⋯	环境 B
CPU	QSD8250	A4	OMAP3430	S5PC110	Tegra2	⋯	⋯
GPU	Adreno 200	PowerVR SGX535	PowerVR SGX530	PowerVR SGX540	Geforce ULV	⋯	⋯
处理器	Xscale PXA210	Intel PXA272	ARM720T	TI OMAP	ARM946T	⋯	⋯
屏	TFT	IPS	SLCD	ASV	NOVA	⋯	⋯
摄像头	CCD	CMOS	背照式 CMOS	卡尔·蔡司	VGA	⋯	⋯
硬盘	IDE	SCSI	光纤硬盘	SATA	SSD	⋯	⋯
⋯	⋯	⋯	⋯	⋯	⋯		
N	⋯	⋯	⋯	⋯	⋯		

4）经过实际测试验证后，将能满足软件运行情况的硬件环境总数记为 A。

5）根据测量公式 $X=A/B$，计算出测量结果。

2. 软件适应性测试

（1）操作系统适应性测试

前置条件：移植的目标操作系统已经准备完毕。

测试输入：需求规格说明书、设计规格说明书、移植的目标操作系统环境。

测试类型：计数 / 计数。

测试方法：统计移植成功的操作系统个数。

测试过程：

1）统计要移植的所有操作系统 OS1、OS2、OS3、⋯、OSn，共 B 个。

2）保持移动智能终端其他软件环境不变，将软件应用或者系统移植到新的操作系统上。

3）将最终移植成功的操作系统个数记为 A。

4）根据测量公式 $X=A/B$，计算出测量结果。

（2）数据库适应性测试

前置条件：移植的目标数据库已经准备完毕。

测试输入：需求规格说明书、设计规格说明书、移植的目标数据库环境。

测试类型：计数 / 计数。

测试方法：统计移植成功的数据库个数。

测试过程：

1）统计要移植的所有智能终端数据库为 DB1、DB2、DB3、⋯、DBn，记为 B 个。

2）根据数据表移植完整性（M）和数据库可访问性（N）来计算数据库的可移植性 Xi。若所有数据表均被移植成功，则 $M=1$，否则 $M=0$。若可建立起与数据库的连接，则 $N=1$，否则 $N=0$。$Xi=Mi*Ni$，同时将数据记录到数据库适应性表中，如表 6-5 所示。

3）根据测量公式 $X=A/B$，计算出测量结果。

表 6-5 数据库适应性表

数据库	数据表移植完整性	数据库可访问性	目标数据库的可移植性
DB1	$M1$	$N1$	$X1=M1*N1$
DB2	$M2$	$N2$	$X2=M2*N2$
…	…	…	…
DBn	Mn	Nn	$Xn=Mn*Nn$

注：若 $X1=1$，表明在 DB1 上移植成功；若 $X1=0$，表明在 DB1 上移植不成功，统计最终移植成功的数据库个数，记为 A。

（3）支撑软件适应性测试

前置条件：要移植的智能终端目标支撑环境已经准备完毕。

测试输入：需求规格说明书、设计规格说明书、移植的目标支撑环境。

测量类型：计数 / 计数。

测试方法：组合测试。

测试过程：

1）确定移动智能终端支持软件适应性测试的输入，输入可以包括需求规格说明书、设计规格说明书等，将适应的支撑软件数量标记为 B。

2）根据支撑软件适应性的测试输入确定需要进行测试的支撑软件适应性矩阵表，如表 6-6 所示：

表 6-6 支撑软件适应性矩阵表

类型	环境 1	环境 2	环境 3	环境 4	环境 5	…	环境 B
应用服务器	Weblogic	Websphere	Resin	JRun	JBoss Application Server	…	…
消息中间件	MQSeries	Tuxedo	IMTS	Tuxedo 6	iSwitch	…	…
邮件服务	IMAP	SMTP	POP3	MAP	HTTP		
ERP/CRM	Oracle NCA	SAP-Web	PeopleSoft Enterprise	Siebel-Web	PeopleSoft-Tuxedo		
…	…	…				…	…
N	…	…				…	…

注：除指定支撑软件之外的其他硬件及配置完全一致。

3）在经过实际测试验证之后，将能满足软件正常运行的硬件环境的总数标记为 A。

4）根据测量公式 $X=A/B$，计算出测量结果。

（4）有效软件共存性测试

前置条件：系统已经开发完毕，需要共存的软件环境已经准备好。

测试输入：需求规格说明书、设计规格说明书、需共存的软件环境。

测试类型：计数 / 计数。

测试方法：计数共存的软件环境。

测试过程：

1）根据产品说明、安装部署手册或相关文档中的共存性声明，选定需要进行共存性测试的软件范围清单。范围清单内的软件个数计数为 B。

2）从清单中选取一个软件，部署到目标软件的环境中。检查目标软件能否正常运行，检查项包括但不局限于以下 3 项：

❑ 软件能否正常启动。

❑ 软件的各个功能点功能是否正常实现。

❑ 软件的数据有无丢失。

3）应根据用户需求和软件的实际运行情况，选取以下 3 种策略中的一种进行测试：

❑ 选取全部功能点进行测试。

❑ 选取部分重要功能点进行测试。

❑ 对可能受到影响的功能点进行测试。

4）从清单中选取下一个软件，重复步骤 2 和步骤 3，直至范围清单中的软件都经过测试。将能够让目标软件正常运行的软件个数计数为 A。

5）根据测量工时 $X=A/B$，计算出测量结果。

（5）组织环境适应性测试

前置条件：系统已经开发完毕，要求共存的软件环境准备好。

测试输入：需求规格说明书、设计规格说明书、需共存的软件环境。

测量类型：计数 / 计数。

测试方法：专家评审法。

测试过程：

1）记录运行测试的功能总数，记为 B。

2）在业务环境中运行测试期间，评审由于无法适应组织业务而没有完成的功能数以及不足以使测试任务满足适当级别的运行的功能。在评审时宜考虑：

❑ 业务所涉及的关键组织环境。

❑ 业务运行涉及频度最高的组织环境。

❑ 用户指定的组织环境。

3）将无法适应组织的功能总数记为 A。

4）根据度量公式 $X=1-A/B$，计算出测量结果。

（6）通信适应性测试

前置条件：移动智能终端系统已经开发完毕，需要适应的通信模式已经准备完毕。

测试输入：需求规格说明书、设计规格说明书、用户操作手册、需适应的通信环境。

测试类型：计数 / 计数。

测试方法：统计适应的通信环境数量。

测试过程：

1）确定移动智能终端通信适应性的测试输入，包括需求规格说明书、设计规格说明书、用户操作手册等。

2）选择在测试输入中提出了要求，并且在当前所能提供的能力下可以测试的通信模式，将通信模式的数量计数为 B。

❑ 对于因为条件限制无法进行通信测试，但测试输入中有要求的通信模式，在最终结果中需给出相关表述。

❏ 确定作为可判定通信成功的软件内容以及结果条件，如指定的功能模块、操作流程
或数据交互格式等。

3）在不同的通信模式下执行通信适应性测试的内容，并记录其结果，如果结果达到判定条件，则将其计数为 A。

4）根据测量公式 $X=A/B$，计算出测量结果。

（7）数据适应性测试

前置条件：移动智能终端系统已经开发完毕，要安装的目标系统已经准备完毕。

测试输入：需求规格说明书、设计规格说明书、测试文档（如测试需求、测试计划）、用户操作手册、移植前后的两套系统。

测试类型：计数 / 计数。

测试方法：将对于不同的数据格式要求的适应性进行对比。

测试过程：

1）确定数据格式的适应性测试输入，包括需求规格说明书、设计规格说明书、用户操作手册等。

2）A 是指在适应的环境中运行成功并且能被观察到的数据种类数，B 是指期望能在软件适应的环境中运行的数据种类总数。

3）根据测试输入整理出有适应性要求的数据，包括数据类型和数据格式。

❏ 数据类型：软件中各种功能涉及的数据类型，如导入或导出功能需要支持多种数据
类型，每增加一种声明的数据类型，就需要对 B 进行计数。

❏ 数据格式：软件中涉及的数据格式要求，如要求支持多种结构的 XML Schema，每
增加一种结构的声明，即需要对 B 进行计数。

❏ 统计最终的 B 值，应同时考虑上述两种情况，相加后作为 B 的最终值。

4）对软件进行测试或验证，若能够实现指定的数据类型，或能够支持要求的数据格式，则进行记录，并计数成 A。

5）根据测量公式 $X=A/B$，计算出测量结果。

6.3.2 易安装性测试方法

若软件产品在不同移动智能终端环境下的安装步骤是不一样的，则需要分别对其安装的有效性进行统计。例如，某一个软件声明既可以部署在 Android 环境下，又可以部署在 iOS 环境下，且两个环境下的安装步骤是不一样的，则应该分别计算该软件在 Android 环境和 iOS 环境下安装的有效性。移动智能终端易安装性测试方法描述如下：

❏ 根据软件产品需求设计搭建相应的测试环境。

❏ 测试软件产品在移动智能终端环境下的安装正确性。

❏ 测试软件产品在移动智能终端环境下的安装影响性。

❏ 测试软件产品在移动智能终端环境下的安装难易性。

❏ 测试软件产品在移动智能终端环境下的安装灵活性。

❏ 测试软件产品在移动智能终端环境下的安装效率。

易安装性用来度量移植的可实施性，如表 6-7 所示。

表 6-7　移动智能终端易安装性

指标名称	指标描述	测量、公式及数据元素计算	测量输入	测量值说明
安装正确性	在移植过程中，遵循有效的安装指导，在安装完成后，软件产品是否能顺利运行	$X=A/B$ 式中： A——软件在新环境下安装成功的次数； B——软件在新环境下安装的总次数	问题解决报告 运行报告	$0 \leqslant X \leqslant 1$，越接近 1 越好
安装影响性	在移植过程中，软件安装过程中或安装完成后是否会影响其他软件或者环境的运行及设置	$X=A/B$ 式中： A——在安装过程中以及安装完毕后，运行状态受到影响的软件数量； B——在该环境下运行的软件总数	问题解决报告 运行报告	$0 \leqslant X \leqslant 1$，越接近 0 越好
安装难易性	在移植过程中，软件产品的安装步骤是否能够通过简易的用户操作来实现	$X=A/B$ 式中： A——在安装过程中，需要由用户人为介入以保证安装能够正常执行的步骤次数； B——在安装过程中，总共需要的操作步骤次数	问题解决报告 运行报告	$0 \leqslant X \leqslant 1$，越接近 0 越好
安装灵活性	在移植过程中，软件是否可以定制安装	$X=A/B$ 式中： A——在安装过程中，可由用户进行定制的步骤次数； B——在安装过程中，总共需要的操作步骤次数	问题解决报告 运行报告	$0 \leqslant X \leqslant 1$，越接近 1 越好
安装效率	在移植过程中，从开始安装软件到安装完成所消耗的时间	$X=T$ 式中： T——在安装过程中实际消耗的时间	问题解决报告 运行报告	$0 \leqslant X$，X越小越好

注：可以使用下列补充性度量。

1. 安装的费力程度：在安装中用户的手工动作数 $X=A$，A 为安装所需要用户手工动作数，$0<X$，X 越小越好。

2. 安装的简易性：支持安装的级别 $X=A$，A 是如下一些等级：

● 只要执行安程程序，其他什么也不必做（最好）。

● 按安装指南安装（好）。

● 在安装中需要修改程度的源代码（差）。

3. 在安装中所费人力的减少：用户安装过程必须减少的比率 $X=1-A/B$，其中，A 为在步骤简化后用户必须要执行的安装操作步骤数；B 为一般要执行的安装操作步骤数；$0 \leqslant X \leqslant 1$，越接近于 1 越好。

4. 用户手工安装的简易性：用户手工安装操作的简单程度，X 为用户操作简易性的评分。

1. 安装正确性测试

前置条件：移动智能终端软件系统已经开发完毕，要安装的目标程序已经准备完毕。

测试输入：产品说明书、用户操作手册、安装手册或相关文档。

测试类型：计数 / 计数。

测试方法：计数正确安装的环境数量。

测试过程：

1）根据产品说明书、用户操作手册、安装手册或相关文档，获取软件产品的适用环境范围。例如，一个软件声明其支持 Android、iOS 等操作系统。

2）按照软件的声明，搭建相关的测试环境。例如，声明支持 Android、iOS 等操作系统的软件需要搭建其声明中支持的全部环境。

3）按照安装手册的安装步骤，将软件分别安装部署到目标环境中。将安装的总次数计数为 B。

4）检查软件安装是否成功，同时将软件安装成功的次数计数为 A。检查项包括但不局限于以下 3 项：

❑ 软件是否能够正常启动。

❑ 软件每个功能点的功能是否能正常实现。

❑ 软件的数据是否有丢失现象。

5）根据测量公式 $X=A/B$，计算出测量结果。

2. 安装影响性测试

前置条件：移动智能终端软件系统已经开发完毕，要安装的目标系统已经准备完毕。

测试输入：产品说明书、用户操作手册、安装手册或相关文档。

测试类型：计数 / 计数。

测试方法：计数成功安装的环境数量。

测试过程：

1）根据产品说明书、用户操作手册、安装手册或相关文档，获取软件的适用环境范围。

2）搭建与安装相关的测试环境，同时根据移动智能终端中移植环境的不同进行以下分类。

❑ 如果被测软件是从原有环境移植到同平台的新环境下的，记录在两种环境下均需要运行的软件名称与版本（如系统软件、主要支撑软件、用户需要运行的业务系统等），其数量记为 B。

❑ 如果被测软件是从原有环境移植到不同平台的新环境下的，则对安装的影响性不做度量。

3）按照安装手册的安装步骤将软件分别安装部署到目标环境中。

4）完成安装操作后，检查环境中原有软件的运行状态有没有受到影响，若有，则将受影响软件的个数记为 A。检查项包括但不局限于以下 4 项：

❑ 软件是否能够正常启动。

❑ 软件每个功能点的功能是否能够正常实现。

❑ 软件的数据项是否有丢失现象。

❑ 软件的状态参数和配置是否被改变。

5）根据测量公式 $X=A/B$，计算出测量结果。

3. 安装难易性测试

前置条件：移动智能终端系统已经开发完毕，要安装的目标系统已经准备完毕。

测试输入：产品说明书、用户操作手册、安装手册或相关文档。

测试类型：计数/计数。

测试方法：统计安装成功的环境数量。

测试过程：

1）根据产品说明书、用户操作手册、安装手册或相关文档，得到软件的整个安装操作流程。

2）根据安装手册的步骤进行安装，并统计以下两种信息：

❑ 安装过程的总步骤数，将其数量记为 B。

❑ 必须通过手工操作的步骤数（例如，在笔记本电脑上安装某些程序时需要手工将配置文件复制至服务器端，或者手工建立数据库表、数据库访问权限等），计数为 A。

注：此处的手工操作是指通过安装工具进行安装之外的辅助操作。在自动化安装过程中，安装工具提供基于灵活性考虑的手工配置，不属于手工操作的范围。

3）根据度量公式 $X=A/B$，计算出度量结果。

4. 安装灵活性测试

前置条件：移动智能终端软件系统已经开发完毕，要安装的目标系统已经准备完毕。

测试输入：产品说明书、用户操作手册、安装手册或相关文档。

测试类型：计数/计数。

测试方法：统计可以定制的步骤和总步骤数目。

测试过程：

1）根据产品说明书、用户操作手册、安装手册或相关文档，得到软件的整个安装操作流程。

2）根据安装手册提供的操作步骤进行安装，同时统计安装过程中的总步骤数，将其记为 B。

3）根据安装工具本身所提供的配置功能，将用户希望定制并且能够进行定制的步骤（如用户权限、系统组件等）计数为 A。

4）根据测量公式 $X=A/B$，计算出测量结果。

5. 安装效率测试

前置条件：移动智能终端软件系统已经开发完毕，要安装的目标系统已经准备完毕。

测试输入：产品说明书、用户操作手册、安装手册或相关文档。

测量类型：计数/计数。

测试方法：统计可以定制的步骤和总步骤数。

测试过程：

1）根据产品说明书、用户操作手册、安装手册或相关文档，得到软件的整个安装操作流程。

2）通过需求调研、查阅文档等形式获得用户期望的安装时间，并将该时间计数为 B。

3）根据安装手册提供的步骤进行安装操作，同时在安装过程开始时进行计时，在安装过程结束后停止计时。检查软件是否安装成功，检查项包括以下 3 项：

❑ 软件是否能够正常启动。

❑ 软件每个功能点的功能是否正常实现。

❑ 软件的数据是否有丢失现象。

如果软件安装成功，将上述记录的安装时间记为 A。

4）根据测量公式 $X=A/B$，计算出测量结果。

6.3.3 兼容性测试方法

移动智能终端兼容性测试要求待测试软件产品在特定的硬件平台上、不同的操作系统平台上、不同的应用软件之间以及在不同的网络等环境中能正常运行的测试。其测试方法包括以下几个方面：

❑ 根据软件产品需求设计搭建相应的测试环境。

❑ 测试软件产品在不同的硬件环境中的兼容性。

❑ 测试软件产品在不同的操作系统上运行的兼容性，包括待测试项目能在统一操作系统的不同版本上正常运行。

❑ 测试软件产品与数据库的兼容性。

❑ 测试软件产品与浏览器的兼容性。

❑ 定义测试的基础平台，并将它作为判断软件产品运行或失效的基础平台。

移动智能终端兼容性宜对软件对于环境的兼容能力相关的属性进行测量，如表 6-8 所示。

表 6-8 移动智能终端兼容性

指标名称	指标描述	测量、公式及数据元素计算	测量值说明
硬件兼容性	系统与软件在新的环境中，硬件环境对其造成的影响	$X=A/B$ 式中： A——满足软件运行情况的硬件环境的总数； B——兼容的硬件环境数量	$0 \le X \le 1$，越接近 1 越好
操作系统兼容性	系统和软件对各种操作系统的适应能力	$X=A/B$ 式中： A——最终移植成功的操作系统数； B——要移植的操作系统总数	$0 \le X \le 1$，越接近 1 越好
数据库兼容性	在软件运行的新环境中，数据库软件对其正确运行的影响	$X=A/B$ 式中： A——最终移植成功的数据库数； B——要移植的数据库总数	$0 \le X \le 1$，越接近 1 越好
浏览器兼容性	在软件运行的新环境中，浏览器对其正确运行的影响	$X=A/B$ 式中： A——可兼容的浏览器总数 B——满足软件产品兼容性情况的浏览器总数	$0 \le X \le 1$，越接近 1 越好
多平台兼容性	系统和软件在多平台的兼容性	$X=A/B$ 式中： A——满足软件产品兼容性的平台总数； B——兼容的平台环境数	$0 \le X \le 1$，越接近 1 越好

1. 硬件兼容性测试

前置条件：移植的目标移动智能终端硬件环境已经准备完毕。

测试输入：需求规格说明书、设计规格说明书、移植的目标移动智能终端硬件环境。

测量类型：计数／计数。

测试方法：组合测试。

测试过程：

1）确定系统最低配置是否满足测试需求。

2）确定硬件兼容性的测试范围，应该对移动智能终端中以下主要硬件部件的兼容性进行考量，如 GPU、Flash、I/O 设备、屏、摄像头、电源等。

3）确定硬件兼容性测试的输入，输入包括需求规格说明书、设计规格说明书等，将兼容的硬件环境数量记为 B。

4）依照硬件兼容性的测试输入确定移动智能终端硬件兼容性测试矩阵表，如表 6-9 所示。

表 6-9　移动智能终端硬件兼容性测试矩阵表

类型	环境 1	环境 2	环境 3	环境 4	环境 5	…	环境 B
CPU	QSD8250	A4	OMAP3430	S5PC110	Tegra2	…	…
GPU	Adreno 200	PowerVR SGX535	PowerVR SGX530	PowerVR SGX540	Geforce ULV	…	…
处理器	Xscale PXA210	Intel PXA272	ARM720T	TI OMAP	ARM946T	…	…
屏	TFT	IPS	SLCD	ASV	NOVA	…	…
摄像头	CCD	CMOS	背照式 CMOS	卡尔·蔡司	VGA	…	…
硬盘	IDE	SCSI	光纤硬盘	SATA	SSD	…	…
…	…	…	…	…	…	…	…
N	…	…	…	…	…	…	…

注：在衡量移动智能终端硬件兼容性时，应确保除指定硬件之外的硬件及其配置完全相同。

5）经过实际测试验证之后，将能满足软件运行情况的硬件环境的总数标记为 A。

6）根据测量公式 $X=A/B$，计算出测量结果。

2. 操作系统兼容性测试

前置条件：要移植的目标移动智能终端操作系统已经准备完毕。

测试输入：需求规格说明书、设计规格说明书、要移植的目标移动智能终端操作系统环境。

测量类型：计数／计数。

测试方法：统计移植后成功兼容的操作系统数目。

测试过程：

1）确定要移植的所有操作系统 OS1、OS2、OS3、…、OSn，共 B 个。

2）确保其他软件环境一致，将软件产品移植到新的操作系统上。

3）统计最终移植成功的操作系统数，记为 A，同时记录操作系统兼容性测试矩阵表，如表 6-10 所示。

表 6-10　移动智能终端操作系统兼容性测试矩阵表

类型	操作系统 1	操作系统 2	操作系统 3	操作系统 4	操作系统 5	…	操作系统 n
Android 手机	Android 2.0	Android 3.0	Android 4.0	Android 4.3	Android 4.5	…	…
IPhone	iOS 4	iOS 5	iOS 6	iOS 7	iOS 8	…	…
Windows	Windows XP	Windows 7	Windows 8	Windows Vista	Windows 10	…	…
…	…	…	…	…	…	…	…
N	…	…	…	…	…	…	…

4）根据测量公式 $X=A/B$，计算出测量结果。

3. 数据库兼容性测试

前置条件：要移植的目标移动智能终端数据库已经准备完毕。

测试输入：需求规格说明书、设计规格说明书、要移植的目标移动智能终端数据库环境。

测量类型：计数 / 计数。

测试方法：统计移植后能够兼容的数据库数量。

测试过程：

1）确定要移植的所有数据库 DB1、DB2、…、DBn，共 B 个。

2）检查数据表移植完整性（M），测试移动智能终端设备原数据库中的数据是否已经全部移入新的数据库中，同时比较数据表中的各项数据内容是否相同。

3）检查软件产品功能正确性（R），模拟用户操作流程，得出应用操作的运行结果后对其进行检查。

4）检查数据库可访问性（N）；

5）根据数据表移植完整性、软件产品功能正确性、数据库可访问性计算数据库可移植性 P。所有数据表均被移植成功，则 M=1，否则 M=0。移植后软件产品每个功能点均正常运行，则 R=1，否则 R=0。课件里与数据库的连接，则 N=1，否则 N=0。$Pi=Mi*Ri*Ni$。将数据输入到数据库兼容性矩阵表中，如表 6-11 所示。

表 6-11　移动智能终端数据库兼容性矩阵表

数据库	数据表移植完整性	软件产品功能正确性	数据库可访问性	目标数据库可移植性
DB1	M1	R1	N1	P1=M1*R1*N1
DB2	M2	R2	N2	P2=M2*R2*N2
DB3	M3	R3	N3	P3=M3*R3*N3
DB4	M4	R4	N4	P4=M4*R4*N4
…	…	…	…	…
DBn	Mn	Rn	Nn	Pn=Mn*Rn*Nn

注：若 $Pi=1$，则在 DBi 上移植成功；若 $Pi=0$，则在 DBi 上移植不成功。统计最终移植成功的数据库数目，记为 A。

6）根据测量公式 $X=A/B$，计算出测量结果。

4. 浏览器兼容性测试

前置条件：要移植的移动智能终端目标浏览器环境已经准备完毕。

测试输入：需求规格说明书、设计规格说明书、要移植的移动智能终端目标浏览器环境。

测量类型：计数 / 计数。

测试方法：组合测试。

测试过程：

1）确定移动智能终端浏览器兼容性测试的输入，输入可以包括需求规格说明书、设计规格说明书等，将兼容的浏览器环境数量记为 B。

2）根据移动智能终端浏览器兼容性测试输入创建兼容性矩阵表，如表 6-12 所示。

表 6-12 移动智能终端浏览器兼容性测试矩阵表

类型	浏览器版本 1	浏览器版本 2	浏览器版本 3	浏览器版本 4	浏览器版本 5	…	浏览器版本 n
IE	12.0	11.0	10.0	9.0	8.0	…	…
Chrome	30	29	28	27	26	…	…
Firefox	19.0	18.0	4.0	5.0	6.0	…	…
Opera	10 α	9.2	9.0	8.0	7.3	…	…
…	…	…	…	…	…	…	…
N	…	…	…	…	…	…	…

注：在衡量浏览器兼容性时，需确保除浏览器外的其他配置完全一致。

3）经过实际测试验证之后，将能满足软件产品兼容性情况的浏览器总数记为 A。

4）根据测量公式 $X=A/B$，计算出测量结果。

5. 多平台兼容性测试

前置条件：移动智能终端系统已经准备好，要移植的目标平台已经准备完毕。

测试输入：需求规格说明书、设计规格说明书、测试兼容的平台环境。

测量类型：计数 / 计数。

测试方法：统计能够兼容的平台数量。

测试过程：

1）定义测试的基础平台，将其作为判断应用运行成功或失败的母平台。

2）确定平台兼容性测试的输入，将兼容的平台环境数记为 B。

3）根据移动智能终端平台兼容性测试输入确定需进行测试的多平台兼容性测试矩阵表，如表 6-13 所示。

表 6-13 移动智能终端多平台兼容性测试矩阵表

母平台	平台 1	平台 2	平台 3	平台 4	平台 5	平台 6	…	平台 B
PM1	PA1	PB1	PC1	PD1	PE1	PF1	…	…
…	…	…	…	…	…	…	…	…
PMn	PAn	PBn	PCn	PDn	PEn	PFn	…	…

注：在度量多平台兼容性时，应确保除平台之外的其他配置完全一致。

4）将经过实际测试验证，能满足软件产品兼容性的平台总数记为 A。

5）根据测量公式 $X=A/B$，计算出测量结果。

6.3.4 共存性测试方法

在移动智能终端上进行共存性的测试方法主要是以下几个方面：

❑ 根据软件产品需求设计搭建相应的测试环境。

❑ 测试软件系统版本替换后的正确性。

❑ 测试软件系统版本覆盖升级后的一致性。

移动智能终端共存性宜对表 6-14 中的属性进行测量，即当系统或用户试图用该软件代替软件环境中其他规定的软件时的用户行为。

表 6-14　移动智能终端共存性

指标名称	指标描述	测量、公式及数据元素计算	测量值说明
替换的正确性	系统与软件在变更之后是否能继续使用相同的数据	$X=A/B$ 式中： A——在其他更换的软件中使用并证实能继续使用的数据个数； B——在其他更换的软件中使用并计划能继续重新使用的数据个数	$0 \leqslant X \leqslant 1$，越接近 1 越好
替换的一致性	系统与软件在变更之后是否能继续使用相同的数据	$X=A/B$ 式中： A——在新版软件中产生类似结果而无需变更的功能数； B——由要更换的其他系统与软件提供的有类似功能并已测试过的功能数	$0 \leqslant X \leqslant 1$，越接近 1 越好

1. 替换的正确性测试

前置条件：移动智能终端软件系统已经开发完成，要安装的目标系统已经准备好。

测试输入：需求规格说明书、设计规格说明书、测试文档、用户操作手册，替换前后的两个版本。

测试类型：计数 / 计数。

测试方法：将替换后的软件产品版本的功能和替换前的功能进行比较。

测试过程：

1）确定功能正确性的测试输入，包括需求规格说明书、设计规格说明书、测试文档、用户操作手册等。

2）确定需要重新测试或验证的功能点，将功能点的个数记为 B。

❑ 获取软件产品最新的功能列表，然后确定功能列表。

❑ 如果资源和环境条件充足，可对所有功能点重新进行测试或验证。

❑ 如果资源有限或者环境不完善，可以按以下原则来确定需要重新测试或验证的功能点：①可以由用户指定需要重新测试或验证的功能点；②受移植影响特别显著地功能点；③涉及关键技术的功能点，如具有高复杂度算法的功能或者采用了最新技术的功能；④涉及关键业务的功能点，特别是具有行业特征的功能，如证券行业的数据查询。当用户无法给出系统的关键业务时，可以由测试人员引导客户，梳理出关键功能业务，方便进行测试或验证。

3）在替换完成后，对选定的功能点逐一进行测试或验证，同时记录结果，将测试或验证结果不符合的功能点数记为 A。

4）根据测量公式 $X=A/B$，计算出测量结果。

2. 替换的一致性测试

前置条件：移动智能终端软件系统已经开发完成，要安装的目标系统已经准备完毕。

测试输入：需求规格说明书、设计规格说明书、测试文档、用户操作手册、替换前后的两套系统。

测量类型：计数/计数。

测试方法：将替换以后的软件产品功能和替换前的功能进行对比。

测试过程：

1）确定移动智能终端软件产品功能一致性的测试输入，包括需求规格说明书、设计规格说明书、测试文档、用户操作手册等。

2）确定需要进行重新测试或验证的功能点，将功能点的个数记为 B。

3）获取软件产品最新的功能列表，确定功能列表。

4）在资源充足或环境完善的条件下，可以对软件产品的所有功能点进行重新测试或验证；如果资源有限或者环境不完善，可按以下原则确定需要重新测试或验证的功能点：

❑ 由用户来指定需要重新验证的功能点。

❑ 在功能的正确性测试或验证过程中被选择的功能点。

❑ 受移植影响特别显著地功能点。例如，如果软件产品的数据库产生了移植调整，则应该选择涉及存储功能的功能点，测试或验证其是否能够正确实现存储。

❑ 涉及关键技术的功能点，如具有高复杂度算法的功能或应用了最新技术的功能。

❑ 涉及关键业务的功能点，特别是具有明显行业特征的功能，如证券行业的数据查询等，当用户无法给出软件产品的关键业务时，可以由测试人员引导客户，梳理出关键业务功能，方便进行测试或验证。

❑ 工作流引擎涉及的功能点或者涉及流程操作的功能点。

5）逐一测试或验证选定的功能点，同时记录测试结果。功能正确性关注的是功能点执行的最终的预期结果，而功能一致性测试的关注点为功能点执行的操作过程。

❑ 功能正确性符合。功能正确性符合包括以下几个方面：首先，如果该软件产品与用户原来的操作习惯不一致，但是在相关文档中描述了移植调整以后的操作，包括操作步骤和流程的增删改、功能执行权限变更等情况；其次，如果对某系统中的一个表单进行保存、提交的操作，原操作是提交后就可以作为正式生效的表单数据，即可进行表单入库的操作，当移植调整过后，提交该表单，必须经过审核过程才能进行表单入库的操作，这就表明与用户原操作习惯不一致；最后，软件产品界面元素与其原界面元素不尽相同，但是进行了显著的标识，譬如操作按钮的名称发生细微变化，或者界面位置产生变化等，如原始界面中 P1 位置输入为"实际工作量"，P2 位置输入为"计划工作量"，移植后调整为 P1 位置输入为"计划工作量"，P2 位置输入则变为"实际工作量"。

❑ 功能正确性不符合。功能正确性不符合可表述为如下两个方面：其一，与用户原操作习惯不一致，但是并没有在相关文档中描述移植调整后的操作，包括操作步骤或流程的增删改，功能执行权限变更等；其二，软件产品界面元素与原软件界面不一致，但是并没有进行显著地标识，例如操作按钮名称发生细微变化或输入项位置产生变化等等。

6）将符合步骤 5 表述的所有记录结果数记为 A。

7）根据测量公式 $X=1-A/B$，计算出测量结果。

6.4　移动智能终端可移植性测试流程

根据移动智能终端可移植性测试特点，得出可移植性测试生命周期，如图 6-3 所示。

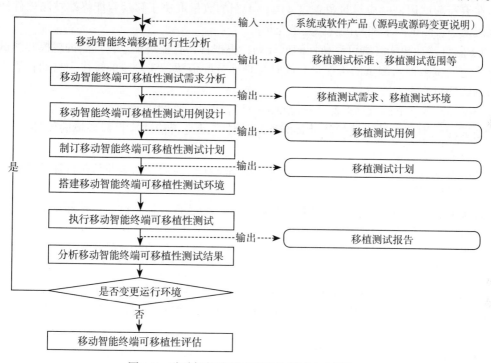

图 6-3　移动智能终端可移植性测试生命周期

在移动智能终端软件产品移植过程中，其测试的生命周期与软部件的移植过程同步。一个典型的移动智能终端移植测试生命周期主要包含以下阶段：

1）移动智能终端移植可行性分析：将系统或软件移植时，对相关因素进行分析和考量，为后续确定测试目标和测试范围做好准备。该阶段的主要目标为以下 4 个方面：

❏ 了解移植的移动智能终端系统或软件的体系结构，以便在目标环境中进行重构。

❏ 了解移植的移动智能终端系统或软件的运行环境，以便后期创建相应的测试环境。

❏ 确定移动智能终端目标环境和原环境的差异性。

❏ 明确衡量移动智能终端系统或软件可移植性的具体指标。

2）移动智能终端可移植性测试需求分析：明确可移植性测试的测试目标、测试范围及为这些测试点分配所需的各种资源（硬件资源、软件资源、人力资源等）。需求分析阶段可以通过以下几个方面来完成：

- ❏ 移动智能终端被测软件产品对可移植性的要求是否很高。
- ❏ 移动智能终端软件产品对其他质量特性是否有特别的要求，如可靠性、安全能力等。
- ❏ 用户期望的移动智能终端软件产品功能点的覆盖范围。
- ❏ 为完成可移植性测试分配的所有资源。

3）移动智能终端可移植性测试用例设计：根据可移植性测试需求创建详细的测试用例。移植测试的用例应该包括 4 类：适应性测试用例、易安装性测试用例、兼容性测试用例、共存性测试用例。

在编写测试用例时应尽量覆盖这 4 类，用例的数量取决于移动智能终端被测软件产品的规模大小、测试需求和测试资源是否充裕。

4）制订移动智能终端可移植性测试计划：根据移动智能终端软件产品的规模和测试需求来决定测试类型与测试的工作量，同时合理地分配资源，该阶段的输出为移动智能终端移植测试计划。

根据移动智能终端软件产品移植测试的类型制订相应的测试计划：

- ❏ 适应性测试：被移植的移动智能终端软件产品是否能适应目标环境的硬件、软件、数据库等。
- ❏ 易安装性测试：被移植的移动智能终端系统或软件是否能够顺利在目标环境中进行安装配置。
- ❏ 兼容性测试：用于测试移动智能终端软件产品是否与移植后的目标环境的硬件、软件、数据库等兼容。
- ❏ 共存性测试：测试移动智能终端系统或软件移植后的功能点是否正确，与原操作是否相吻合。

5）搭建移动智能终端可移植性测试环境：根据可移植性测试需求和测试计划建立测试必需的软件及硬件环境。对于每一次进行的移植测试，都必须明确移植前后的环境，建立测试环境时可以按照以下方式进行：

- ❏ 搭建、配置以及测试硬件环境。
- ❏ 搭建、配置以及测试操作系统。
- ❏ 搭建、配置以及测试网络环境。
- ❏ 搭建、配置以及测试数据库。
- ❏ 搭建、配置以及测试移植软件产品所依赖的其他软件环境。
- ❏ 对整合后的测试环境进行测试。

6）执行移动智能终端可移植性测试：执行可移植性测试用例并对测试结果进行记录和管理。判断移植后的移动智能终端系统或软件是否正常工作。此外，测试人员可将软件产品在原环境和目标环境下的运行结果进行对比，从而发现移植的软件产品在目标环境中存在的问题，根据测试结果记录测试过程中发现的 bug。当测试完成后，得出测试报告的同时总结移动智能终端软件产品的功能完成情况。

7）分析移动智能终端可移植性测试结果：首先将可移植性测试结果与预期目标进行比较，判断用例是否执行成功，从而得出各指标的值。其次判断是否需要更换环境进行新的可移植性测试，如果需要，则进入第二轮可移植性测试生命周期，如果不需要，则进入评估阶段。

根据移动智能终端可移植性测试生命周期及其测试类型的分析，又可以将移动智能终端可移植性测试流程划分为适应性测试流程、易安装性测试流程、兼容性测试流程和共存性测试流程。

6.4.1　适应性测试流程

移动智能终端适应性测试流程如下：

❑ 制订适应性测试计划并准备适应性测试用例和适应性测试规程，包括软硬件的适应性测试，其中软件适应性测试又包括与操作系统、数据库、支撑软件、其他软件、通信以及数据的适应性测试。
❑ 对照基线化软件和基线化分配需求即软件需求的文档，进行移动智能终端软件产品适应性测试。
❑ 用文档记载在适应性测试期间所鉴别出的问题并跟踪直到结束。
❑ 将适应性测试结果写成文档并作为确定软件是否满足其需求的基础。
❑ 提交适应性测试分析报告。

移动智能端适应性测试流程如图 6-4 所示。

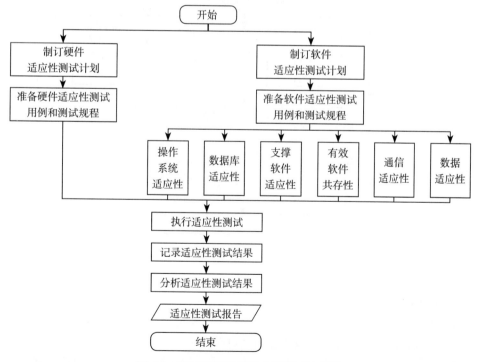

图 6-4　移动智能终端适应性测试流程图

6.4.2 易安装性测试流程

移动智能终端易安装性测试流程如下：

❑ 制订易安装性测试计划并准备易安装性测试规程。

❑ 对照基线化软件和基线化分配需求及软件需求的文档，进行移动智能终端软件产品易安装性测试。

❑ 用文档记载易安装性测试期间所鉴别出的问题并跟踪直到结束。

❑ 将易安装性测试结果写成文档并作为确定软件是否满足其需求的基础。

❑ 提交易安装性测试分析报告。

移动智能端易安装性测试流程如图 6-5 所示。

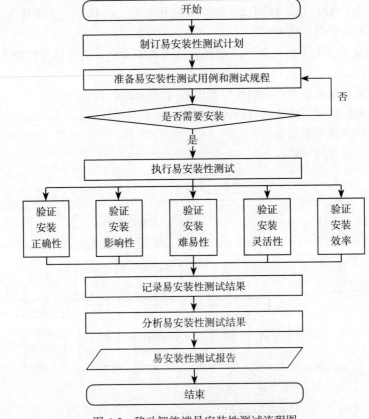

图 6-5　移动智能端易安装性测试流程图

6.4.3 兼容性测试流程

移动智能终端兼容性测试流程如下：

❑ 制订兼容性测试计划并准备兼容性测试规程。

❑ 对照基线化软件和基线化分配需求即软件需求的文档，进行移动智能终端软件产品兼容性测试。

❏ 用文档记载兼容性测试期间所鉴别出的问题并跟踪直到结束。

❏ 将兼容性测试结果写成文档并作为确定软件是否满足其需求的基础。

❏ 提交兼容性测试分析报告。

移动智能端兼容性测试流程如图6-6所示。

6.4.4　共存性测试流程

移动智能终端共存性测试流程如下：

❏ 制订共存性测试计划并准备共存性测试规程。

❏ 对照基线化软件和基线化分配需求及软件需求的文档，进行移动智能终端软件产品共存性测试。

❏ 用文档记载在共存性测试期间所鉴别出的问题并跟踪直到结束。

❏ 将共存性测试结果写成文档并作为确定软件是否满足其需求的基础。

❏ 提交共存性测试分析报告。

移动智能端共存性测试流程如图6-7所示。

6.5　移动智能终端可移植性测试工具

自从Apple公司的iOS系统和Google公司的Android系统诞生后，标志着世界正式进入以移动智能终端为象征的移动互联网时代。移动智能终端凭借其功能丰富和便携的优点受到越来越多的人的追捧，展现出巨大的市场潜力。在此背景下，软件提供商、终端制造商和个体开发者纷纷投入到移动应用开发领域。但是由于成本限制，很多应用无法在不同版本的操作系

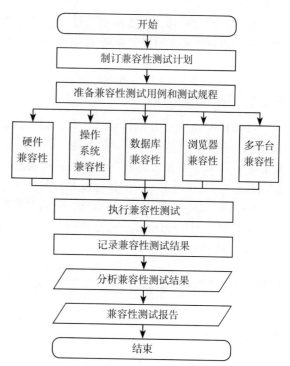

图6-6　移动智能终端兼容性测试流程图

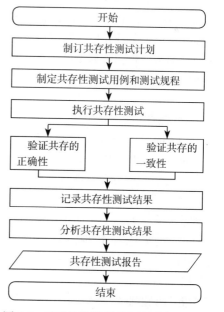

图6-7　移动智能终端共存性测试流程图

统、不同型号的网络环境下测试，再加上专业测试工具的欠缺，导致应用软件故障率居高不下。

因此，如何对移动智能终端软件产品进行全面、有效的测试成为移动互联网产业的重中之重。本章主要介绍如何使用 TestDirector、TestQuest 和 Bugzilla 工具对移动智能终端进行可移植性测试。

6.5.1 TestDirector

TestDirector 是一款测试管理工具，它将测试过程流水化，可以进行测试需求管理、测试计划管理、测试执行以及缺陷管理。TestDirector 能消除组织机构间、地域间的障碍。它能让测试人员、开发人员和其他相关人员通过一个中央数据仓库，在不同地方就能交互测试信息。同时，TestDirector 具有强大的图标统计功能，会自动生成丰富的统计图表。

TestDirector 是 B/S 结构的软件，只需要在服务器端安装软件，所有的客户端就可以通过浏览器来访问 TestDirector，方便测试人员的团队合作和沟通交流。TestDirector 的功能模块如表 6-15 所示。

表 6-15　TestDirector 功能模块

需求管理	定义测试需求，包括定义正在测试的内容、需求的主题和条目并分析这些需求
测试计划管理	开发测试计划，包括定义测试目标和策略、将测试计划分为不同的类别、对测试进行定义和开发、定义哪些需要自动化测试、将测试与需求进行连接和分析测试计划
测试执行	运行测试并分析测试结果
缺陷管理	增加新缺陷，确定缺陷修复属性，修复打开的缺陷和分析缺陷数据

TestDirector 的总体管理流程分为 4 步，即确认需求（specify requirements）、制订测试计划（plan tests）、执行测试（execute tests）、缺陷跟踪（track defects）。各阶段含义如下：

❑ 确认需求：分析并确认测试需求。

❑ 制订测试计划：依据测试需求制订测试计划。

❑ 执行测试：创建测试实例并执行。

❑ 缺陷跟踪：缺陷跟踪和管理，并生成测试报告和各种测试统计图表。

（1）确认需求

TestDirector 确认需求阶段的流程可以进一步分解为 4 个环节，即定义测试范围（define testing scope）、创建需求（create requirements）、详细描述需求（detail requirement）、分析需求（analyze requirements）。各环节的具体含义如下：

❑ 定义测试范围：将需求说明书中的所有需求转化为测试需求。

❑ 创建需求：将需求说明书中的所有需求转化为测试需求。

❑ 详细描述需求：详细描述每一个需求，包括其含义、作者等信息。

❑ 分析需求：生成各种测试报告和统计图表，以分析和评估这些需求能否达到设定的测试目标。

（2）制订测试计划

TestDirector 制订测试计划阶段可以进一步分解为 7 个环节，即定义测试策略（define

tesing strategy）、定义测试模块（define test subjects）、定义测试集（define tests）、创建需求关联（create requirement coverage）、定义测试步骤（design test steps）、自动化测试（automate tests）、分析测试计划（analyze test plan），各环节的具体含义如下：

- ❏ 定义测试策略：定义具体的测试策略。
- ❏ 定义测试模块：将被测系统划分为若干个分等级的功能模块。
- ❏ 定义测试集：为每一个模块设计测试集，即测试实例。
- ❏ 定义需求关联：将测试需求和测试计划做一个关联，使测试需求自动转化为具体的测试计划。
- ❏ 定义测试步骤：为每一个测试集设计具体的测试步骤。
- ❏ 自动化测试：创建自动化测试脚本。
- ❏ 分析测试计划：借助自动生成的测试报告和统计图表来分析和评估测试计划。

（3）执行测试

TestDirector 执行测试阶段可以进一步分解为 5 个环节，即创建测试集（create test sets）、制订执行方案（schedule runs）、运行测试（run tests）、分析测试结果（analyze test results），各环节的具体含义如下：

- ❏ 创建测试集：一个测试集可以包含多个测试项。
- ❏ 制订执行方案。
- ❏ 运行测试：执行测试计划阶段编写的测试项。
- ❏ 分析测试结果：借助自动生成的各种报告和统计图表来分析测试的执行结果。

（4）缺陷跟踪

TestDirector 缺陷跟踪阶段可以进一步分解为 5 个环节，即添加报告（add defect）、评估新缺陷（review new defect）、修复 open 缺陷（repair open defect）、测试新版本（test new build）、分析缺陷数据（analyze defect data），各环节具体含义如下：

- ❏ 添加缺陷报告：质量保障人员、开发人员、项目经理、最终用户都可以在测试的任何阶段添加缺陷报告。
- ❏ 评估新缺陷：分析评估新提交的缺陷，确认哪些缺陷需要解决。
- ❏ 修复 open 缺陷：修复状态为 open 的缺陷。
- ❏ 测试新版本：回归测试新的版本。
- ❏ 分析缺陷数据：通过自动生成的报告和统计表进行分析。

6.5.2 TestQuest

由于移动智能终端平台越来越多样化，功能元器件越来越复杂，应用越来越多样化（例如短信、彩信等），验证过程和认证过程也越来越复杂，完全采用手工测试已经不能满足需求，必须采用自动化测试来解决，以最大程度提高测试效率，缩短测试时间。

TestQuest 就是这样一个方便高效的自动化测试工具。它通过执行某种程序设计语言编制的自动测试程序控制被测软件的行为，模拟手工测试步骤，完成全自动或半自动的测试。该工具对程序中的对象有很高的识别能力，含有可编辑的脚本化语言，支持驱动测试，支持错误处理，支持外部数据库，可以有效地发现应用软件存在的问题。

TestQuest 的测试平台 CountDown 可以适用于各种各样的移动终端应用软件测试，如多种应用服务、多平台、多种操作系统以及多种制式的手机。TestQuest 提供了自适应的自动测试系统的概念，实现了测试软件可以在不同的移动终端之间分享和共用，这表明在一款移动终端上开发的所有测试软件可以很轻松地移植到另外的终端上面，有利于提高移动终端测试的效率。另外，CountDown 支持端到端的测试，用户可以把不同操作系统的终端连接到自动测试系统上面来测试不同终端的兼容性。

下面具体介绍 TestQuest 的测试方法。

TestQuest 通过模拟目标系统的输入信号和分析识别目标系统的输出信号来测试目标系统操作行为的正确性，从而达到自动化测试的目的。此外，它通过脚本控制实现目标系统的输入信号，监控模块采集目标系统的数据信号，信号的分析识别以及判断操作则通过脚本控制来实现。

（1）搭建测试环境

使用 TestQuest 测试的第一步是搭建测试环境。先要对目标设备进行分析，熟悉目标设备的软硬件结构、设备的功能和信号的有效输出端口类型等，方便进行硬件的连接。对于普通的计算机平台，可以在目标设备中植入代理使用 TCP/IP 网络进行软连接或通过使用鼠标、键盘、离散量等硬件模拟模块仿真信号的输入，同时通过 VGA 视频信号采集卡监控被测软件的运行实现硬连接。

（2）脚本自动录制

TestQuest 采用录制 / 回放技术，同时提供可视化的录制界面。脚本采用基础的 C 语言的语法，可以自定义测试的功能函数，达到覆盖测试阶段的各种功能需求；同时也可以对脚本进行编辑、调试、运行，并将这些功能集成在一个环境中；另外，它还具有很强的信号仿真能力，可以模拟各种类型的信号，帮助被测软件运行。

TestQuest 提供两种模拟连接方式：第一种是硬连接，通过硬件设备进行连接，不需要向目标系统导入任何代理，如视频采集卡、串口卡等；第二种是软连接，通过在目标系统中植入 TestQuest 的代理进行 TCP/IP 等的连接，TestQuest 提供了众多不同操作系统的代理，如 Linux、Windows CE 等。由此可知，使用 TestQuest 进行移动智能终端应用软件可移植性测试时需选择并建立模拟连接方式，配置好基本的参数，完成脚本录制与编辑调试的过程。

（3）测试执行与监控

TestQuest 可以直接在脚本录制器上执行测试并监控整个测试过程，也可以通过测试脚本的执行模块来执行测试脚本。

TestQuest 提供脚本文件的测试管理功能。在设置完成后，点击运行即开始自动化测试。TestQuest 通过监视输出信号完成对被测系统的执行状态、执行结果的判定。系统通过监视和匹配被测设备的输出信号来判断设备的工作状况，包括设备是否正常工作，执行结果是否有误，从而完成对设备的测试。而对于可视化的测试应用，则通过 TestQuest 的监视功能直观查看脚本当前运行是执行目标设备的哪个操作以及操作后目标系统的响应界面。

（4）测试结果分析

TestQuest 的测试结果是以日志文件的形式存在的，同时可以实时地将测试脚本的执行结果记录下来，以便测试人员快速定位错误所在，对其进行处理。每一行脚本执行结束后会将相应的执行结果输出到日志文件中，同时会自动记录测试失败时的现场资料。例如，若脚本执行的是图片查找操作，则输出的信息包含图片的具体位置、图片的查找区域等。如果发生错误，它会记录具体的错误原因，如在查找区域没有找到图片、图片不匹配等。

6.5.3 Bugzilla

Bugzilla 是一款开源的产品缺陷记录及跟踪工具，由 Mozilla 公司提供。Bugzilla 能够为使用者建立一个完善的 bug 跟踪体系，可以管理软件开发中缺陷的提交、修复、关闭等整个生命周期，主要包括报告 bug、查询 bug 记录并产生报表、处理并解决 bug、管理员系统初始化和设置 4 个部分。

Bugzilla 具有以下特点：

- ❏ 能够清楚传达缺陷。该系统使用数据库进行管理，提供全面、详尽的报告输入项，生产标准化的 bug 报告。
- ❏ 运行方便快捷，管理安全。
- ❏ 系统具有灵活、强大的配置能力。Bugzilla 可以对软件产品设定不同的模块，并针对不同的模块设定开发人员和测试人员，具备完整的产品分类方案和细致的安全策略。
- ❏ 自动发送 E-mail 给相关人员。根据设定的不同责任人，自动发送最新的动态消息，提高测试人员和开发人员的沟通效率。

6.6 测试案例与分析

6.6.1 项目背景

仍以机票票务系统（手机端）为例，由于移动终端的多样性和不确定性，要求该系统（手机端）可以适应不同的用户环境，可以在不同的网络环境、移动终端等都能稳定运行。

6.6.2 被测软件及实施方案

1. 被测软件简介

本机票票务系统的相关内容参见前面内容，这里不再赘述。本次测试的目的是，通过对机票票务系统（手机端）的可移植性测试，发现系统存在的可移植性缺陷，目的是判定该手机端机票票务系统是否满足软件的可移植性需求，包括适应性、易安装性、兼容性和共存性。

2. 实施方案

（1）测试前准备阶段

需求分析。分析该机票票务系统（手机端）软件，主要为移动智能手机用户提供购票服务，通过移动终端实现电子机票的购票、退票、改签等功能。

由于移动智能手机用户的不确定性、移动网络环境的不稳定性，以及移动终端设备的多样性，可移植性的测试考虑适应性、易安装性、兼容性和共存性测试的内容，主要表现为系统在不同移动终端的安装和卸载、功能运行、页面显示等运行的能力。

团队搭建。该项目组建一支 3 人的测试团队，其中测试经理 1 名，测试工程师 2 名。

测试经理负责测试内部管理以及与用户、开发人员等外部测试人员的交流；组织测试计划编写、测试文档审核；协调并实施项目计划中确定的活动；识别测试环境需求；为其他人员提供技术；编制测试报告。

测试工程师协助测试经理开展工作，负责测试文档审核、测试设计和测试执行；针对测试计划中每个测试点设计测试用例；按照测试用例执行功能性测试，并提交缺陷；组员间相互审核确认缺陷。

确定缺陷管理方式以及工具。依照设计好的测试用例对系统进行测试，将发现的缺陷按照用例中的测试编号分别记录，保证各类缺陷记录的维护、分配和修改。

（2）实施阶段

1）搭建测试环境：

❏ 服务器环境：数据库、应用、Web 服务器端，部署软件环境。

❏ 网络接入方式：中国移动、中国联通两家运营商，2G、3G、4G，Wi-Fi 等。

❏ 100 款不同的移动终端，涉及：

常见品牌：Apple、Samsung、HTC、华为等。

不同型号：各品牌的不同型号。

不同的操作系统：Android、Apple、Windows 等多个版本。

不同终端种类：手机、平板。

不同分辨率、多种屏幕大小。

❏ 搭建移动终端真机检测平台，用于在不同终端上进行批量测试。

2）编写测试计划。依据该系统实际情况制订测试计划，安排测试工作内容，在测试计划中明确了测试任务和范围、人员安排、时间安排、测试方法和流程、可交付成果等内容。

采用手工测试和自动化测试相结合的方法对系统进行可移植性测试。通过测试系统在不同移动终端的安装和卸载、功能运行、页面显示等运行情况来验证系统在适应性、易安装性、兼容性和共存性的能力。

❏ 适应性：软件适应不同环境的能力，如网络环境适应性、硬件适应性、软件适应性等。

❏ 易安装性：安装和卸载的正确性、对系统的影响、难易程度和灵活性等。

❏ 兼容性：是否兼容不同的移动终端设备、操作系统、屏幕大小、分辨率等。

❏ 共存性：是否能在规定环境下替换其他软件以及被替换的难易程度。

3）设计测试用例。对系统进行黑盒测试，利用手工测试和自动化测试相结合的手段进行。

主要测试软件是否能适应目标环境的硬件、软件等；测试软件是否能顺利在目标环境中进行安装、配置；测试软件是否能与不同移动终端设备兼容；测试软件在移植到不同移动终端设备之后功能点的实现是否正确。测试用例举例如表6-16所示。

表6-16 测试用例执行记录

用例标识	T-P		质量特性		可移植性	
用例名称	功能页面展示					
设计人员	张三		审核人员		李四	
用例说明	主要功能页面显示		测试工具（含有辅助工具）		移动终端真机检测平台	
测试平台	不同的真机测试平台					
操作系统	iOS 7、iOS 8、Android 4.0、Android 4.1、Android 4.2、Android 4.3、Android 4.4 等					
分辨率/像素	960×540、1280×720、480×800、1920×1080、480×854、2560×1440、320×480、2048×1536、1800×1080 等					
前提和约束	安装订票软件手机客户端		过程和终止条件		网络中断，系统闪退	
测试过程						
序号	测试步骤	测试数据	预期结果	实际结果	问题编号	备注
1	打开手机客户端		成功进入程序	—		
2	进入"机票预定"页面		打开页面且页面显示正常	部分文字显示残缺	1007	
测试结果	□通过	□不通过	测试人员及时间	张三		

使用手工测试、移动终端真机检测平台进行兼容性测试，测试过程如下：

❏ 录制和调试测试脚本。

❏ 在多个真机上，同时回放测试脚本、监控设备信息。

❏ 获取监控报告，分析测试结果。

4）执行测试，记录测试过程，提交缺陷。测试过程中用文档记载可移植性测试期间所鉴别出的问题并跟踪，缺陷记录举例如表6-17所示。

表6-17 缺陷记录

缺陷 1007- 部分机型中，设置机票种类筛选条件时备选项无法显示					
项目名称		样本版本	V2.0	测试平台	Samsung S4
操作系统	Android 4.2.2	功能模块	可移植性	严重程度等级	S4
可重现性	可以复现	提交人	张三	确认人	李四
问题摘要	某型号手机中部分文字显示残缺				
详细描述					
1. 某型号手机中打开某手机客户端，进入"机票预定"页面					
2. 同时选择"头等舱"、"公务舱"和"经济舱"时，"头等舱"的"头"字显示残缺					
开发商		委托方		确认日期	

5）测试结果分析。在所测试的大多数移动终端、操作系统中，系统的安装和卸载、功能运行、页面显示基本正常，可以在不同移动终端完成实现用户注册、登录、管理等基础功能及机票查询，支付、改签、退票、订单处理等重要功能，基本满足了用户的相应需求；

但在部分型号的手机终端中存在软件无法安装、部分页面信息显示残缺的现象。

本章小结

本章介绍了移动智能终端可移植性测试的基础知识，首先从测试目的、测试要求和测试准备上介绍了移动智能终端可移植性测试，其次详细阐述了移动智能终端可移植性测试的内容，并概述了移动智能终端可移植性测试方法，然后主要介绍了移动智能终端可移植性测试的流程，详细介绍了移动智能终端可移植性测试工具，最后配备可移植性测试案例的分析，帮助读者更好地理解可以执行测试。

第 7 章 *Chapter 7*

移动智能终端安全测试

本章导读

本章将介绍移动智能终端安全测试的相关技术和方法，主要包括智能终端硬件安全、系统安全、软件安全和支付安全的相关内容，并从智能终端相关安全概念进行阐述，形象地介绍了安全测试的方法、步骤和测试工具。其中应该重点掌握智能终端软件安全和系统安全的相关安全机制和测试方法，了解如何通过静态安全测试和动态安全测试对系统和软件进行安全检测。

应掌握的知识要点：
- 移动智能终端安全测试的基础知识
- 移动智能终端硬件安全测试
- 移动智能终端系统安全测试
- 移动智能终端软件安全测试
- 移动支付安全测试

7.1 移动智能终端安全测试概述

7.1.1 测试目的

随着移动通信技术的发展，移动终端设备的功能发生了巨大的变化，最初只有拨打电话的语音通话功能，接着出现了短消息业务和基于 WAP 的 Web 浏览，后来又有了多媒体短信业务及各种无线增值业务，移动终端也从简单的通话工具逐渐成为集合 PDA、MP3、游戏机、照相机、GPS、NFC 芯片等功能于一体，可以进行互联网服务、文档编辑、文件存储、多媒体娱乐、数码影像摄制的移动多媒体终端，其应用深入人们生活的方方面面。这使得移动终端的应用越来越多地涉及商业机密和个人隐私等敏感信息，终端的安全性也显得更加重要。

恶意软件的恶意行为往往隐藏在普通软件的后台运行中，通过隐形拨打电话、发送注册短信、拦截确认短信、自动联网下载推送广告等方式，使用户在毫不知情的情况下被扣去大量的通信费用，造成严重经济损失。部分恶意应用在后台搜集用户敏感信息，将用户的详细地理位置信息、手机的信息、联系人列表信息等敏感数据发送到指定服务器中。此外，还有部分恶意软件通过肆意获得最高权限方式，在未经用户同意的情况下恶意删除用户数据，更改系统外观，耗费系统资源，恶意删除系统组件，对用户的正常使用造成严重的破坏。虽然目前面市的一些终端自称信息安全终端，采用了生物特征识别、数据加密保护、终端杀毒软件等技术，但对终端的安全保护程度远远不够。

所以，只有对移动智能终端的安全性进行全面的检测，及时查出各种系统漏洞、应用软件漏洞、硬件安全隐患，才能有效地确保移动智能终端的全方位安全，切实保护用户的隐私和数据安全。

7.1.2 测试要求

移动终端作为移动业务对用户的唯一体现形式以及存储用户个人信息的载体，应配合移动网络保证移动业务的安全，实现移动网络与移动终端之间通信通道的安全可靠，同时保证用户个人信息的机密性、完整性。

为了达到以上安全目的，移动终端应提供措施保证系统参数、系统数据、用户数据、密钥信息、证书、应用程序等的完整性、机密性，终端关键器件的完整性、可靠性以及用户身份的真实性。因此在进行移动终端应用开发、设计时应充分考虑和提供一系列安全策略，主要如下：

❏ 应提供措施对系统程序、应用程序、终端关键器件等进行一致性检验。

❏ 应能够基于角色，为用户提供受控和受限的资源及对象的访问、操作权限。

❏ 能够在不同角色用户访问移动终端之前，对用户的身份进行认证，识别用户所对应的角色，然后根据用户的角色对用户进行授权。

❏ 应提供措施对密钥、证书、系统参数、用户数据等进行有效的安全管理，保证存储数据的机密性、完整性、可靠性。

❏ 移动终端应可对各个物理接口进行接入安全控制。

❏ 应保证系统程序、不同的应用程序及其所使用数据在物理及逻辑上的隔离。

❏ 应提供记录安全相关事件的手段，以帮助管理及抵抗潜在攻击。

❏ 移动终端中的关键器件应具有抵抗防篡改等物理攻击的能力，或应使通过此类攻击获得有效信息十分困难，以提高移动终端的自身安全防护能力。

❏ 应具有完善的系统操作权限管理能力。

❏ 应能够安全地接入网络。

❏ 应能够与智能卡安全地进行信息交互。

❑ 应能够识别不同的应用并启用对应的安全策略。

7.1.3 测试准备

在进行测试之前，需要首先了解一下移动终端操作系统的安全知识，现在大多数人都在使用基于 iOS 和 Android 操作系统的手机，其中 iOS 是基于 UNIX 内核进行开发的，Android是基于 Linux 内核进行开发的。下面对两种操作系统的安全规则特性进行简单的介绍。

1. Android 平台的安全特性

Android 的安全机制，既有传统的 Linux 安全机制，也有 Dalvik 虚拟机的相关安全机制，同时，Google 的开发团队还针对手机的使用特性，在应用框架层、运行环境层、内核层都增加了针对 Android 自身特点的安全设计。Android 是一个权限分离的系统，权限管理机制是从 Linux 移植过来的，通过为每一个应用分配唯一的 UID 和 GID，达到将不同应用程序的数据和权限进行隔离的目的。与此同时，Android 还提供了 Permission 机制，主要用来对应用程序可以执行的某些具体操作进行权限细分和访问控制。

（1）签名机制

Android 中每一个程序都被打包成 APK 格式以方便安装。APK 文件与 Java 标准 jar 文件类似，APK 文件中包括所有应用程序文件，如图片、声音、Android 可直接执行的应用程序 dex 文件等。Android 要求所有应用程序都经过数字签名认证。签名文件通常是 Android确认不同应用程序是否来自同源开发者的依据。更为重要的是，Android 系统中有的权限也是基于签名的。例如，system 级别的权限有专门的签名与之对应，对应签名若不正确，相应权限也就无法获得。签名的机制为开发者保护自己的 Android 应用程序以及协调组合同一来源应用程序的后继开发工作提供了方便。

（2）进程安全

Android 应用程序运行在它们自己的 Linux 进程上，并被分配一个唯一的用户 ID。默认情况下，运行在基本沙箱进程中的应用程序没有被分配权限，因而防止了此类应用程序访问系统或资源。同时 Android 提供了一种机制，可以使两个应用程序打破如上所说的这种隔离。在应用程序中的 AndroidManifest.xml 文件，配置 SharedUserId 属性来给不同的包分配相同的 UID，与其他受信任的应用程序运行在同一进程中，从而共享对其数据和代码的访问。当然，两个包需要有相同的签名，即应用的来源必须是一致的，否则签名验证也就没有意义了。Android 会为程序存储的数据分配该程序的 UID。

（3）文件访问控制机制

Android 应用程序的安装目录分为 3 部分：

❑ /data/app 用于保存所有安装文件的包。

❑ /data/data 用于保存每个应用程序的私有目录。

❑ /data/dalvik-cache 用于保存每个应用程序的文件，主要是为了提高效率。

Android 中的文件访问控制来源于 Linux 权限控制机制。每一文件访问权限都与其拥有者、所属组号和读写执行 3 个向量组共同控制。文件在创建时将被赋予不同应用程序 ID，从而不能被其他应用程序访问，除非它们拥有相同 ID 或文件被设置为全局可读写。另一个增强安全的设计是将系统镜像挂载为只读。所有重要的可执行程序和配置文件位于固件中，只有在系统初始化时进行加载。所有的用户和程序数据都存储在数据分区。而且，当 Android 系统处于"安全模式"时，数据分区的数据不会加载，从而可以对系统进行有效的恢复管理。

系统级的重要可执行文件和配置文件加载在 system/app 中，它们具有只读的属性，用户程序通常都部署在 data/app 中，这样的部署方式保证了文件系统在物理存储上的隔离。这样做的好处是即使恶意软件具有写文件的权限，也无法更改系统级文件。但是，这样做也给用户带来了一些困扰，有些带有恶意软件的 ROM 将恶意软件放在系统级文件系统中，这样用户即使使用反病毒软件，也会无法对病毒进行查杀。

（4）Permission 机制

Permission 本质上是一种访问控制机制。一个应用程序如果没有对应的 Permission，将不能进行相应的操作。Android 系统为应用程序提供了对应的 API 接口来访问系统资源。应用程序在通过这些 API 接口访问系统资源时，必须申请对应的 Permission。申请的 Permission 一般在应用程序包中的 AndroidManifest.xml 文件中声明。可以看出，Permission 在一定程度上反映了程序功能。所以一些 Android 安全研究人员试图从 Permission 中分析应用程序是否存在恶意攻击行为。

应用程序在安装到 Android 系统之前，系统安装程序会让用户检查其 Permission 请求。用户根据自己的判断将适当的权限赋予正在安装的应用程序。一旦应用程序的 Permission 声明得到用户的确认，而被成功安装后，就真正形成的了应用程序的访问能力。应用程序在调用 API 访问系统资源时，系统资源会检查应用程序的访问能力，即其包含的 Permission。随后，系统资源将自己的访问能力要求与应用程序的能力进行对比，一旦符合要求，访问请求就被允许。

2. iOS 平台的安全特性

（1）系统与硬件高度集成

所有 iOS 设备在处理器内都集成有一段名为 Boot Room 的代码，此代码被植入到处理器内的一块存储上，并且被设置为只读。系统启动时，Boot Room 通过 Apple 的 Apple Root CA Public 证书对低级别 BootLoader 进行验证，如果通过验证，低级别 BootLoader 将运行 iBoot，启动 iOS 的内核，由此带动系统。这样，处理器内植入的 Boot Room 保证了 iOS 系统只能在自已设备上运行，而这些设备无法运行 iOS 之外的系统。

iOS 设备的系统升级之后是不允许降级的，这样做的好处是系统的安全等级只会越来越高，而不会出现由于系统降级，已修复安全风险又暴露出来的问题。iOS 在升级之前，要进行联网认证，如果通过验证，将会返回一个通过的结果，结果中加入了与设备唯一相关的 ECID。此值是无法重用的，只能对应一台设备，且只能使用一次。通过这种机制，保证了系统升级过程是符合 Apple 要求的，提高了较高的安全性。

iOS 系统封闭，攻击面小。可用于进攻 iOS 平台安全机制的渠道称为攻击面。其有两条必需条件，即有可攻击的漏洞及攻击代码。漏洞通常源于各类应用。例如，iOS 不支持

Flash，一方面是版权原因，另一方面 Flash 具备大量可用于攻击的漏洞。因此，iOS 不支持 Flash，有效地减小了攻击面。

Apple 公司除了缩小攻击者可采用的攻击漏洞外，还对攻击者攻击后可使用的提权脚本进行了限制。其典型例子就是 sh、rm、ls 等程序在 iOS 内都无法执行。这个设计使攻击者即使攻击成功，也无程序可运行，必须要自己复制或者书写，增加了攻击的难度及检测被发现的概率。

（2）权限隔离

权限分组。iOS 平台使用了类似于 UNIX 系统的权限分组，对不同的程序使用不同的用户组，对其权限进行隔离。例如，Safari 属于 mobile 用户，而更重要的用户进程则属于 root 用户。当攻击者通过攻击代码获得了 Safari 进程的完全控制权，这个时候攻击者会发现自己受限于 mobile 用户的低权限，而无法执行权限更高的系统进程活动。

沙盒机制。iOS 应用程序只能在为该改程序创建的文件系统中读取文件，不可以去其他地方访问，此区域称为沙盒。每个应用程序都有自己的存储空间，并且应用程序不能翻越自己的空间去访问别的存储空间的内容，应用程序请求的数据都要通过权限检测，假如不符合条件，则不会得到访问数据的权限。

代码签名机制。引入代码签名的主要目的是通过这种机制来限制运行在 iOS 系统上的应用软件，如果一个程序没有得到 Apple 公司的代码签名认证，将无法运行在 iOS 系统上。

通过代码签名机制既可以让恶意软件很难在系统上运行，还可以防止漏洞的利用。代码签名的大体实现流程：一般开发者开发的程序在使用 Apple 颁发的证书进行签名以后，提交到 APP Store，再由 Apple 进行审核，审核成功后，Apple 使用其私钥对程序进行签名，用户从 APP Store 上下载安装程序时，iOS 调用系统进程对应用程序进行证书校验。代码签名机制使得在 iOS 设备上运行的代码是可控的，并且 Apple 公司严格的审核机制也使得 iOS 系统上的恶意软件数量远远小于开放的 Android 系统。

7.2　移动智能终端硬件安全测试

7.2.1　移动智能终端硬件安全测试内容

随着各种无线（如蓝牙、Wi-Fi、超宽带）接入技术的发展，以及越来越多的移动设备计算和通信能力的提高，无处不在的移动接入服务正迅速成为现实。同时终端系统自身的一些发展特性也促使它更容易受到移动网络的威胁。基于 Android、iOS、Windows Mobile 等操作系统的终端不断扩大，同时终端使用的芯片等硬件也都不断固定下来，使手机有了标准的硬件体系。

许多安全工具的设计者将他们自己限制在计算机系统的"较高层次"，例如，他们仅仅关注应用程序或者操作系统，但是计算活动不仅发生在软件中，还会发生在软件周围的硬件和物理环境中。

安全协处理器是可信的计算设备，它扩展现存的系统并确保程序以可信的方式运行。

基于一个系统，协处理器可以提供对应用程序的机密和篡改保护。通常，移动智能终端硬件安全测试有以下内容：

（1）电池安全测试

随着智能手机的普及，人们会发现，手机的电池越来越不耐用了，因此，使用手机电池也是有讲究的，一旦使用不当，甚至会带来安全事故。近年来，不断有智能手机电池接二连三发生爆炸的情况。由此可见电池的安全性测试是十分必要的。

（2）芯片安全测试

大部分智能手机的芯片基本上是固定的，芯片的安全关系着用户数据的保密性是否到位，因此出现了安全芯片。安全芯片就是可信任平台模块（Trusted Platform Module，TPM），是一个可独立进行密钥生成、加解密的装置，内部拥有独立的处理器和存储单元，可存储密钥和特征数据，为计算机提供加密和安全认证服务。用安全芯片进行加密，密钥被存储在硬件中，被窃的数据无法解密，从而保护商业隐私和数据安全。

（3）蓝牙安全测试

蓝牙是一种支持设备短距离通信（一般 10m 内）的无线电技术，能在包括移动电话、PDA、无线耳机、笔记本电脑、相关外设等之间进行无线信息交换。利用"蓝牙"技术，能够有效地简化移动通信终端设备之间的通信，也能够简化设备与 Internet 之间的通信，从而使数据传输变得更加迅速、高效。众所周知，有数据的传输涉及安全问题，那么蓝牙的安全如何保障？后续会有相关章节重点讲解关于蓝牙的安全测试。

（4）NFC 安全测试

NFC 即近场通信技术，是由非接触式射频识别（RFID）及互联互通技术整合演变而来，在单一芯片上结合感应式读卡器、感应式卡片和点对点的功能，能在短距离内与兼容设备进行识别和数据交换。其工作频率为 13.56MHz。使用这种手机支付方案的用户必须更换特制的手机。目前这项技术在日韩被广泛应用。手机用户凭着配置了支付功能的手机可以行遍全国，他们的手机可以用作机场登机验证、大厦的门禁钥匙、交通一卡通、信用卡、支付卡等。NFC 安全有几个重要的领域，分析、解决每一种可能的弱点。窃听、数据破坏、数据篡改、中间人攻击等是近场通信安全可能遭到破坏的一些方式。尽管其通信范围短，减少了威胁的可能性，但并不能完全确保安全，所以各个安全问题必须得到处理以确保不被破坏。

（5）关键器件安全测试

❑ 基带芯片应能抵抗探针探测、光学显微镜探测等物理攻击，或应使通过此类攻击难以获得有效信息。

❑ 基带芯片的结构应具有抵抗逻辑操纵或修改的能力，以抵抗软件逻辑攻击。

❑ 基带芯片在硬件设计和软件开发上应使其所储存或运算的机密信息不会通过分析电流波形、频率、能量消耗、功率等表征变化而泄露。

❑ 移动终端出厂时所有芯片测试模式需禁用。

❑ 基带芯片应具有高低压检测的功能，以防止攻击者输入特殊电压而使芯片进入非正常工作状态。当基带芯片检测到输入电压超过正常工作电压范围时，应采取相应的安全措施，如停止正常工作、自锁等，以保护基带芯片的稳定性。

7.2.2　移动智能终端硬件安全测试方法

移动智能终端近些年的快速发展，迫使人们必须正视硬件安全测试方面的问题，但是关于移动智能终端硬件安全测试的方法并不是太多，也正是因为如此，才会导致移动智能终端的安全问题频频发生。下面分别从电池安全测试、芯片安全测试、蓝牙安全测试、NFC 安全测试等方面重点说明移动智能终端硬件安全测试的相关问题。

（1）电池安全测试方法

依次进行外短路测试、热冲击测试、针刺测试、重物冲击测试、耐过充性能测试。

（2）芯片安全测试方法

针对移动智能终端的芯片，分析其中可能导致安全隐患的结构，使用一系列专门设计的测试向量来激励特定的电路单元和被测电路网络，结合电路的结构分析，对芯片的组成部分逐一分析，确定电路中是否存在怀疑的结构。同时，通过模拟各种特殊环境应力条件（如超高频信号、电磁脉冲环境、过电应力条件等），分别在芯片处于非工作状态或不正常工作状态下测试其功能和参数，与常规工作状态进行比较，检测芯片内部是否存在易受外加信号触发的结构。针对移动智能终端的嵌入式软件的芯片，需要进行软硬件的协同测试。采用快速原型系统，将芯片置于系统仿真验证环境中，对芯片的各个功能块利用与其有关的成套系统测试分别孤立地加以测试验证，辨别其中的特殊模块，特别是其中的控制数据流向、信号传递的模块，与常规控制模块进行比较。同时，软硬件协同测试有利于分辨电路控制指令的功能，确定各个阶段电路的工作状态。在芯片的检测过程中，单步跟踪和断点是根本技术。

（3）蓝牙安全测试方法

生产或销售蓝牙设备的公司都必须首先签署蓝牙协议，证明自己的产品符合蓝牙系统规范，其产品必须按照蓝牙设备测试规范逐一进行验证，因此，对蓝牙设备进行测试成为产品走向市场必不可少的一部。此处论述蓝牙设备底层硬件模块功能的测试以及蓝牙协议的一致性测试。

蓝牙技术规范（specification）包括协议和应用规范两个部分。协议定义了各功能元素（如串口仿真协议、服务发现协议等）的工作方式；应用规范则阐述了为实现特定的应用模式，各层协议间的运转协同机制。

整个蓝牙协议体系结构可分为底层硬件模块、中间协议层软件模块和高端应用层。底层硬件部分包括无线跳频（RF）、基带（BB）和链路管理层（LM），中间协议层包括逻辑链路控制和适应协议（L2CAP）、服务发现协议（SDP）、串口仿真协议（RFCOMM）和电话通信协议（TCS），在蓝牙协议栈的最上部是各种高层应用框架。主要通过建立测试模式完成无线基带层的验证或兼容性测试。

（4）NFC 安全测试方法

NFC 是近距离的技术，但这也并不能使其免于安全攻击，因为 NFC 使用无线电波通信，发射器附近都会收到电波，而不仅仅限定于预定的接收器，其他装置收到信号是可能的。接受该信号的技术难度并不高。尽管 NFC 的范围仅有几厘米，攻击者仍可能从较远的距离截获有用的信号：对于被动模式信号而言，可达 1m ；对于主动模式信号而言，则可达 10m。防止窃听很困难，因为预定的接收器需要可靠地接收信号，该信号必须有足够的强度，窃听者却不需要接受全部通信，仅需一定百分比的内容也许就足够了。况且，攻击者也许会使用较大、较高级的天线，而在销售点终端的合法接收器等的布局也许会限制其天线的尺寸和性能。这要求信号够强以确保通信可靠。防止窃听的唯一方案是采用安全信道。测试时，使两个带有 NFC 通信的移动终端进行通信，准备窃听器在一定范围内进行窃听，分别设置不同的窃听环境以此判断窃听时的最佳窃听条件。然后再次测试，此时的 NFC 移动智能终端将采用安全信道通信的方式，在最佳窃听条件的情况下，发现也很难窃听到信息。

由此可见，NFC 使用安全信道之后，目前所发现的 NFC 不安全因素（如窃听、数据破坏、数据篡改、中间人攻击等问题）皆可以得到有效的改善。

7.2.3　移动智能终端硬件安全测试流程

（1）硬件自检模块检测

测试条件：

移动终端工作正常。由厂商提供合法可替换用的硬件以及非法可替换的硬件。

基带芯片、记录系统程序的存储器。

测试步骤：

1）将移动终端开机。

2）将移动终端关机。

3）移出移动终端中的某一硬件。

4）将移动终端开机。

5）将移动终端关机。

6）将步骤 3 移出的硬件替换为另一非法的硬件（厂商提供）。

7）将移动终端开机。

8）将移动终端关机。

9）将步骤 5 替换的非法硬件替换为另一合法硬件（厂商提供）。

10）将移动终端开机。

测试结果：

1）在步骤 2 被测移动终端应提示用户有一个无线数据连接请求。

2）用户如果选择接受该连接，则两终端应可正常进行数据传输。

3）用户如果选择拒绝该连接，则两终端间的无线数据连接应立即中止。

（2）电池安全测试流程

外短路测试。 电池标准充电后，选用电阻值小于 50mΩ 的导线连接电池的正负极进行测试。测试至电池外壳温度下降到室温后结束实验。判定基准为电池不爆炸、不起火。

热冲击测试。 电池标准充电后，将电池放入鼓风式烘箱内，以（5±12）℃/min 的速率由温室升温至 130℃±2℃，并在此温度下恒温 30min。判定基准为手机电池不起火、不爆炸则为合格。

针刺测试。电池充满电后，在垂直于电池纵轴方向中心位置以直径为3mm的钢钉以不低于12m/s的速度刺穿。判定基准是，电池漏液、冒烟、不爆炸、不起火。

重物冲击测试。电池标准充电后，在电池的最大面纵放一根直径为7.9mm的不锈钢圆杆，10kg重锤自1m高度处自由落在电池最大面（不锈钢圆杆）上。判定基准为电池变形、不爆炸、不起火。

耐过充性能测试。在环境温度为23℃±2℃的条件下，电池标准放电后，以3℃（2100mA）电流充电至4.6V，然后转为恒压充电至截止电流（20mA）或8h。判断基准为，电池不爆炸、不起火、不漏液。

（3）芯片安全测试流程

采用快速原型系统，将芯片置于系统仿真验证环境中，对芯片的各个功能块利用与其有关的成套系统分别孤立地加以测试验证，辨别其中的特殊模块，特别是其中的控制数据流向、信号传递的模块，与常规控制模块进行比较。

（4）蓝牙安全测试流程

蓝牙设备测试模式的建立需要测试设备（TESTER）和被测试设备（DUT）组成一个微微网，其中TESTER作为主设备，对测试过程有完全控制权，DUT作为从设备可以是蓝牙发送设备，也可以是蓝牙接收设备。除此之外，还可以在TESTER上使用附加的测量设备。

测试使用无线接口在本地执行激活操作或者用软件（或硬件）接口在本地执行激活操作。当使用无线接口在本地执行激活操作时，通过TESTER发出LMP（链路管理协议）指令，命令DUT进入测试模式，在接收到激活指令后，DUT将返回LMP-Accepted指令，终止所有标准操作，然后进入测试模式；若DUT未能完成本地激活，将返回LMP-Not-Accepted指令。当使用软件（或硬件）接口在本地执行激活操作时，通过DUT执行寻呼（Page）扫描和查询（Inquiry）扫描，直到建立与TESTER的连接为止。建立连接以后分别进行发送端测试和回送测试。

在TESTER和DUT组成的微微网中，DUT按从单元的发送定时周期性地发送测试分组，当主单元发送收POLL分组时，发送端测试开始工作。测试设备以其TX时隙（控制指令或POLL分组）执行发送操作。主单元轮询间隔是预定义的固定值，即使从单元没有接受到分组，正在测试的设备也能按照正常定时进行数据发送。

在回送测试中，被测设备接收常规基带分组，经解码后由被测设备使用相同的分组类型返回有效载荷，返回分组将在测试设备传输后的TX时隙或下一个TX时隙发回。测试设备可以选择启用或停止伪随机序列加噪。

（5）外围接口安全测试

对于具备底部连接器、USB、红外、蓝牙、WLAN等外部接口的移动终端，当有无线连接方式（红外、蓝牙、WLAN等）请求进行数据连接时，移动终端应提示用户是否接受该无线连接。对于有线数据连接方式（底部连接器、USB等），该提示为可选要求。

测试要求：验证当移动终端具备无线外围接口时，当以无线方式进行数据连接，移动终端会提示用户是否接受此次连接。本测试仅适用于具备红外、蓝牙、WLAN等无线外围接口的移动终端。

测试步骤：

1）将被测移动终端开机。

2）操作另一终端（具备相应无线连接方式的终端）与被测终端建立无线数据连接。

测试结果：

1）在测试步骤的第2步中，被测移动终端应提示用户有一个无线数据连接请求。

2）用户如果选择接受该连接，则两终端应可正常进行数据传输。

3）用户如果选择拒绝该连接，则两终端间的无线数据连接应立即中止。

7.2.4 移动智能终端硬件安全测试工具

由于很多测试软件基于操作系统对系统和软件进行安全测试，没有直接对硬件安全测试的软件，现在有很多测试仪器可以直接对硬件的安全性和稳定性进行直观的测试。移动智能终端硬件安全是智能系统安全的一部分，因此硬件安全测试对智能系统安全测试有很重要的意义。

7.2.5 测试案例与分析

移动终端芯片的安全测试包括移动终端基带芯片调试端口的安全测试、访问数据存储芯片的安全测试、对系统软件和关键参数的安全存储测试、加密单元的芯片安全测试。下面以芯片数据加密安全测试为例进行分析。

测试内容：芯片数据加密安全测试。

测试条件：终端厂商提供一个简单的能在被测手机上执行的二进制可执行代码（如刷屏程序）、加密算法、被测手机 Chip ID 和密文段地址空间。

测试与步骤及结果如表 7-1 所示。

表 7-1 测试步骤及结果

序号	测试步骤	测试结果
1	将终端厂商提供的未加密程序下载到被测手机	下载完成
2	系统开机	开机不成功
3	在 PC 上使用被测手机的 Chip ID 经指定 Hash 算法生成软件加密密钥，然后使用终端厂商提供的加密算法及密钥加密程序中密文段地址空间，生成密文程序	修改完成
4	将步骤 3 中得到的密文程序下载到被测手机	下载完成
5	系统开机	开机成功
6	在 PC 上任意修改终端厂商提供的密文段内的数据，得到伪加密程序	修改完成
7	将步骤 6 中得到的密文程序下载到被测手机	下载完成
8	系统开机	开机不成功
9	更改 Chip ID，重复步骤 3 和 4	修改完成
10	系统开机	开机不成功

结果分析：经过被测终端厂商提供的加密算法生成的加密程序可以下载到被测手机中，

且可以正常开机，被测手机未经加密和被篡改的加密程序无法识别。

7.3 移动智能终端系统安全测试

Android、iOS 等智能终端系统的出现，大大推动了移动终端的快速发展，系统功能逐渐完善给人们带来了极大的方便。但是与此同时，各种安全问题也逐渐凸现出来，如手机病毒和恶意软件、无线和有线网络传输安全、隐私泄露、垃圾短信和骚扰电话、手机间谍窃听软件、手机木马程序、手机流氓软件等，严重威胁用户、企业、运营商等的安全和利益，政府部门和重要的行业参与者一致认为移动智能终端安全已成为当今社会亟待解决的问题。

这其中，由于 Android 系统的开源性，导致其在安全问题上比 iOS 更容易产生系统漏洞，在 2013 年一年内，Android 系统被曝出 3 个号称史上最严重的安卓系统漏洞。

签名漏洞（也称 Mater Key 漏洞）。黑客利用该漏洞可在不破坏数字签名情况下，将木马程序植入正规应用，从而混入审核不严的应用市场，实现窃隐私、偷话费等。

手机锁屏漏洞。2013 年 12 月初，境外曝出 Android 手机锁屏漏洞，利用该漏洞，黑客可绕过锁屏图案和密码，直接进入手机获取私密信息，进而盗取用户的通讯录、照片、短信等。

WebView 漏洞。2013 年 9 月，Android WebView 漏洞曝光，危及超过 90% 的 Android 手机及大批应用。只要点击好友发来的恶意网址消息或通过第三方浏览器访问恶意网页就会 "中招"，恶意程序可通过系统后台默认安装到手机。

仅 2013 年一年的时间，就暴露出 3 个巨大漏洞，对用户的数据和隐私安全造成了严重的威胁。目前多家公司均针对智能终端提出了相应的安全保证方案，但缺乏对移动智能终端安全性进行评测的指标体系、准则和方法。目前传统的终端安全性测试评估方式，因开销较大、复杂等不适于操作系统多样、可裁减、可定制，以及应用软件丰富的移动智能终端。下面将结合移动智能终端的自身特性，介绍简单、高效、全面的移动智能终端操作系统的安全评测方法。

7.3.1 移动智能终端系统安全测试内容

1. 存储测试

中国早在 2007 年发布了针对移动终端信息安全技术要求的标准 YDT 1699—2007 和安全测试标准 YDT 1700—2007，这两个标准主要针对比较简单的传统终端操作系统，其安全要求和测试的重点都放在终端数据访问机制上，缺乏对数据存储安全的要求和测试方法的具体描述。美国标准是目前比较成熟的移动智能终端安全标准。目前移动智能终端系统和传统计算机终端的安全测评研究成果主要集中在数据访问机制上。目前对移动终端系统数据存储安全进行测试的主要问题是缺乏基于标准描述的全面的测试方法、难以在终端系统实现等。

移动终端数据安全的最终目标是保障终端数据的完整性和机密性。系统须采用身份鉴别、客体标记、访问控制、数据加密和日志审计等安全机制，以确保数据的安全存储、安全传输、安全使用及安全销毁。

（1）数据完整性测试

数据完整主要通过各种算法（如 MD5、SSH 等）对数据进行检验，保障数据没有被非法更改或破坏。数据完整性是移动智能终端系统所必须具备的一项基本的安全功能。在我国的安全测试标准中，对数据完整性做如下描述：移动终端应能够检测存储在移动终端内的数据是否被篡改，以防止出现非法修改存储数据的逻辑攻击。可以看出，上述说明缺乏从系统整体层面上的考虑，只是片面地强调防止数据的修改，没有对完整性进行确切的规定和规范其测试内容。

数据完整性测试即移动智能终端系统应能提供完整性算法，并对系统中存储的数据进行完整性检验，当发现数据遭到非法修改或破坏时可以发现。具体测试要素包括：

❏ 系统是否提供完整性加密算法。

❏ 系统所使用的算法是否是其声称的算法，是否符合国家相关密码规范。

❏ 所提供的算法是否能有效进行完整性检测。

❏ 系统是否提供相关接口以方便算法的替换。

❏ 验证机密数据、敏感数据和用户私有数据在存储的时候，系统是否对其进行有效的完整性校验。

❏ 当数据遭到完整性攻击时系统能否报警。

（2）数据机密性测试

数据加密是为了保证数据的机密性，使用各种加密算法对数据进行加密运算，使非授权用户难以窃取正确的数据。数据机密性是移动智能终端系统所必须具备的一项基本的安全功能，用于保护系统机密数据、用户敏感数据等。

移动智能终端的数据机密性需要满足 3 个条件：对系统中存储的重要数据进行加密、对用户私有存储数据进行加密以及加密后的数据再利用。

对系统中存储的重要数据进行加密，具体测试要素包括：

❏ 系统是否提供加密算法。

❏ 所提供的算法是否是其声称的算法，是否符合国家相关密码规范。

❏ 所提供的算法是否能对数据进行加密。

对用户私有存储数据（机密数据、敏感数据）进行加密，具体测试要素包括：

❏ 验证机密数据（密钥、口令、IMEI、安全配置信息）是否默认加密存储。

❏ 敏感数据（系统核心数据、证书、审计记录）是否按重要性程度进行加密存储。

❏ 用户私有数据（电话簿、短信、通信记录、用户自选敏感数据）可否由用户选择提供加密存储。

移动终端系统内部资源的分配与动态管理应确保数据机密性的情况下被再利用，具体测试要素包括：

❏ 系统是否保证非授权用户不能查找（包括对数据进行读取粘贴、合并、打印、比较等手段）使用后返还给系统的记录介质中的数据。

❑ 系统是否保证非授权用户不能查找已经分配给他的记录介质中的以前数据。

2. 渗透测试

渗透测试是指安全工程师通过模拟恶意攻击者的技术方法，对目标网络、系统、主机的安全防护系统进行深入测试，从而发现安全隐患的一种评估方式。现在将渗透测试的概念引入移动智能终端的测试领域中，在移动智能终端上进行渗透测试。

7.3.2 移动智能终端系统安全测试方法

移动智能终端操作系统安全测评包括安全测试与安全评估两个技术过程。与一般意义上的软件测试不同的是，移动智能终端安全测试的着眼点在于移动智能终端操作系统中安全相关的部分，即数据处理和存储时进行数据保护的部分，以及预防、检测和减小授权用户、未授权用户执行的未授权活动所造成后果的部分，而对于移动智能终端操作系统应该具备的常用功能则不过多关注。移动智能终端操作系统安全评估建立在安全功能测试上对操作系统的安全性给出的评估结果，是针对操作系统这个整体来说的，是对安全测试产生的数据进行分析、形成结论的技术活动。

1. 漏洞扫描

系统安全漏洞是指受限制的智能终端、组件、应用程序或其他联机资源的无意中留下的不受保护的入口点。漏洞是硬件软件或使用策略上的缺陷，它们会使智能终端遭受病毒和黑客攻击。总之，漏洞是系统在具体实现中的错误，如在建立安全机制中考虑规划上的缺陷、在系统和其他软件编程中的错误，以及在使用该系统提供的安全机制时人为的配置错误等。

移动智能终端操作系统安全漏洞扫描的主要目的是：自动评估由于移动智能终端操作系统的固有缺陷或配置方式不当所导致的安全漏洞。扫描软件在被测操作系统中运行，通过一系列测试手段来探查、发现其潜在的安全缺陷。常见导致系统安全漏洞的原因有以下几种。

（1）设置错误

从安全角度来说，移动智能终端操作系统软件的设置是很困难的，设置时一个小的失误就可能导致一系列的安全漏洞。扫描工具应该可以检查系统配置，搜索安全漏洞，判断是否符合安全策略。例如，用户将 Android 手机进行 root，获取系统权限，当恶意软件申请访问系统资源的时候，用户错误地点击允许，更有甚者可以直接绕过用户的决策，访问系统资源，从而造成安全隐患。

（2）黑客踪迹

黑客留下的踪迹通常是可以检测的，例如，扫描软件可以检查网络是否处于"杂收"模式，如果是则表明可能有黑客正从那个智能终端上窥探并在网络上盗取数据。

（3）木马程序

黑客经常在系统文件中设置有特殊意图的木马程序，对安全构成很大威胁，扫描工具要检查这种恶意应用程序的存在。

（4）关键系统文件完整性的威胁

扫描工具要能够检查关键系统文件的非授权修改和不合适的版本，这种检查不但提供了一种检测漏洞的手段，而且有助于版本控制。

2. 功能测评

（1）形式化验证

形式化验证是分析移动智能终端操作系统最精确的方法，原则上就是用数学与逻辑的方法描述和验证软件。在形式化验证中，移动智能终端操作系统被简化为一个要证明的"定理"。定理断言该移动智能终端操作系统是正确的，即它提供了所有所应提供的安全特性，而不提供任何其他功能。对于软件来讲还有很多没有解决的问题。软件的描述非常复杂，一个软件描述所包含的状态空间通常来讲可以是无限的，因此验证的难度很大。

对于逻辑推理来说，不足之处在于推理的难度。对于稍微复杂的系统，自动化的推理就难以胜任。人为的推理有很大的缺点，除了费时费力外，还有不确定性，例如，一个定理推不出来，并不能说明这个定理不成立，很可能是推理方法和策略应用不当。

模型检测的好处在于它有全自动化的检测过程，并且如果一个性质不满足，它能给出这个性质不满足的理由。我们即可据此对我们的系统描述进行改进。模型检测的困难首先是它所能检测的是有限状态模型。这样对于一般软件来讲，需要有一个从任意状态到有限状态的建模过程，并且这样的一个模型的状态空间会面临组合爆炸的问题。特别对于大型系统，形式化验证异常复杂。

形式化验证方法主要应用于对安全机制或安全策略模型的分析验证中。通过形式化验证，测评人员可以判断安全机制或安全策略模型是否完好地定义了移动智能终端操作系统的安全目标。

（2）非形式化确认

"确认"的概念更为广泛、普遍，包括验证，同时也包括其他一些不太严格的让人们相信程序正确性的方法。要完成一个安全操作系统确认，可以结合安全需求检查、设计及代码检查、功能规范检查和模块及系统测试等方法。

（3）入侵检测

入侵检测（intrusion detection）是对入侵行为的检测，通过收集和分析网络行为、安全日志、审计数据、其他网络上可以获得的信息以及计算机系统中若干关键点的信息，检查网络或系统中是否存在违反安全策略的行为和被攻击的迹象。入侵检测作为一种积极的安全防护技术，提供了对内部攻击、外部攻击和误操作的实时保护，在智能终端系统受到危害之前拦截和响应入侵，因此被认为是防火墙之后的"第二道安全闸门"。

模拟入侵检测可作为移动智能终端操作系统安全测评的辅助手段。其基本出发点是设立由熟悉操作系统典型安全漏洞的成员所构成的漏洞集合，让他们利用安全漏洞扫描软件等尝试发现可能存在的系统配置等安全漏洞，并进一步通过特定的入侵检测方法扫描智能终端的漏洞，如发现漏洞可以尝试获取文件或植入特洛伊木马窃取口令账号、完成关键系统文件修改甚至直接摧毁正在测试中的智能终端操作系统。如果通过入侵检测没能获取智能终端的权限，也没能将病毒或者恶意代码植入智能终端中，并且没有窥视到用户的文件和隐私，则说明该智能终端的安全性能是符合标准的。

（4）隐蔽通道分析

研究高安全性的移动智能终端操作系统必须进行隐蔽通道分析，尽可能地搜索出所有的隐蔽通道，测量或估计它们的带宽并给予适当的处理，以控制隐蔽通道对系统的破坏。因此，隐蔽通道的分析一般包含3个方面的内容：隐蔽通道标识，隐蔽通道带宽的计算与工程测量，以及对被标识的隐蔽通道进行适当的处理。

7.3.3　移动智能终端系统安全测试流程

1. 测试环境准备

在进行安全测试之前，需要搭建测试的环境，方便测试者用 PC 终端对手机的流量和各种使用权限进行检测，以发现漏洞。

（1）测试对象

为了方便测试，有些人可能会选择用模拟器来模拟 Android 手机，但是，这种方式也存在一些弊端，例如，测试速度比较慢，无法模拟出所有硬件环境。所以，建议采用真机和模拟器相配合的方式进行测试，对于模拟器推荐使用 GenyMotion，其从速度上和模拟的效果上都要优于其他测试工具。

（2）HTTP 代理设置

使用 HTTP 代理的主要目的是，通过对 PC 的数据流量的分析来检测 Android 端的各种基于 Web 的漏洞信息。这里用到的软件是 ProxyDroid，默认设置只能代理 80 端口和 443 端口的 HTTP 流量，如果是其他端口的 HTTP 流量就需要配置 iptables 转发端口到手机的 8123 端口或者 8124 端口上。这样做也存在一些问题，默认的软件只能对 80 端口和 443 端口进行转发，而有些应用可能通过别的端口与服务端进行通信，从而导致检测缺乏完整性。

代理机制如图 7-1 所示。

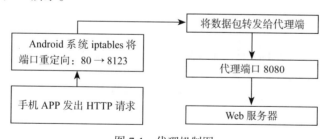

图 7-1　代理机制图

（3）探测修改本地存储

将手机进行 root，获取系统权限。检索本地存储，需要检测的文件类型有数据库文件（SQLite 数据）、shared_prefs（程序私有文件）、Cache（缓存数据）、Lib（本地库）以及其他文件可能存储在手机存储卡或者 SD 卡中。

所用文件管理器为 ES 文件浏览器、RE（Root Explorer）管理器。

有些文件可能不方便在手机上用软件进行分析，adb pull 命令就为测试者提供了比较便利的方法，可以将系统文件下载到 PC 上，然后借助其他的编辑软件将文件打开进行分析。

与 ADB 的方式类似，还有一种更为简单、便捷的方式，即使用 SSH 的方式来控制手机。如果想实现这种功能，首先要在手机端安装 SSHDroid，并且设置好参数；然后，在 PC 端用 SSH 软件就可以远程向 Android 端执行代码了。

2. 渗透攻击检测

（1）端口扫描

NMap 是一款网络端口扫描软件，用来扫描目标系统的网络端口，确定哪些服务运行在哪些端口上，首先要扫描目标主机，确认哪些端口和服务是开放的，用如下所示的 NMap 命令可以扫描对应的智能终端的 IP 为 192.168.1.2 的系统所开放的端口：

```
nmap -sS -Pn -A 192.168.1.2
```

（2）判断漏洞版本

打开 Metasploit 框架之后首先判断该漏洞的版本，通过设定目标 IP 和查找该软件的相关渗透攻击模块锁定漏洞。

（3）进行攻击检测

锁定漏洞，进行攻击，获取主机的信息，检测移动终端的漏洞。

3. 存储器检测

（1）数据完整性测试

以目前流行的智能终端操作系统 Android 为例。Android 系统默认将用户登录密码的 SHA1 值存放在目录 /data/ system/ gesture.key 中。系统将用户登录时输入的密码计算成 SHA1 值再去和 gesture.key 中保存的 SHA1 值比较，而 Android 系统本身并不"知道"用户的密码。Android 系统提供丰富的完整性加密算法接口，如 MD5、SHA1、HMAC-SHA1 等。

具体测试步骤如图 7-2 所示。

1）设置终端开机密码为 userpwd1，备份系统自动生成密码文件 /data/system/password.key1。

2）对 userpwd1 生成 SHA1 码，并与存储在 password.key1 中的数据比较，判断是否一致。

3）更改 userpwd1，备份系统自动存储密码文件 /data/system/password.key2，将 password.key2 与 password.key1 中的数据比较，判断是否不一致。

4）替换加密接口，重复步骤 1 至步骤 3。

（2）数据机密性测试

智能终端系统提供了丰富的加密算法接口，如 DES、AES、RSA 等。密码算法并不是测试重点，重点是测试系统能否提供加密算法的功能，以 DES 为例，设计测试方法如下：

1）创建测试文件，分别为测试 1、测试 2，利用系统提供的 DES 接口对测试 1（测试数据）进行加密存储。

2）对测试 2（对比数据）生成 DES 密文，对比测试 1 和测试 2 密文是否一致。

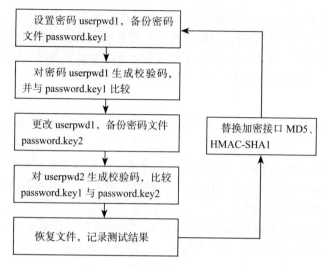

图 7-2 数据完整性测试流程图

3）替换加密算法，重复步骤 1 和步骤 2。测试完成，恢复文件，删除测试 1 和测试 2，记录测试结果。

具体测试流程如图 7-3 所示。

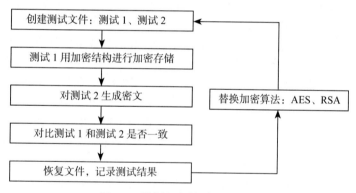

图 7-3 数据机密性测试流程图

7.3.4 移动智能终端系统安全测试工具

1. X-RAY 工具

到目前为止，Android 已被发现存在大量的提权漏洞，虽然这些提权漏洞随着系统版本的升级已被解决，但是市场上还存在着大量使用老版本系统的设备。提权漏洞在被合法软件利用（如一键 Root 工具）的同时也被大量恶意软件利用，恶意软件可以利用这些提权漏洞获取系统 Root 权限，这样就可以在用户不知情的情况下，在后台进行下载并安装软件、发送付费短信、上传隐私信息等恶意行为。X-Ray 扫描逻辑如下：

1）联网获取漏洞信息，漏洞信息包含客户端处理检测漏洞的方式。

2）根据返回的不同漏洞类型，做如下处理：部分漏洞需要上传文件到服务器，通过服务器反汇编和特征匹配来确定是否存在漏洞；部分漏洞需要下载用于检测漏洞的可执行文件，然后运行以判断是否存在漏洞。

2. 测试软件 Drozer

Drozer 是 Android 的一个全面的安全审计和攻击框架，具有以下特点：

速度更快的 Android 安全评估。Ddrozer 通过自动化的检查和繁琐的文件分析，减少为 Android 安全评估的时间。测试者只需要执行几条简单的命令，就可以对手机实体进行安全检测。能够与软件所暴露出来的漏洞进行实时的交互攻击，可以在手机上动态地执行 Java 代码，而不用编译和安装测试脚本。

对真正的 Android 设备进行测试。Drozer 在 Android 的模拟器和真实设备上都可以运行。它不需要进行 USB 调试等测试前的准备，安装 Dorzer 就可以在其生产的设备状态进行评估，同时取得更好的测试结果。

自动化和扩展。Drozer 有很多扩展模块，可以找到它们进行测试以发现 Android 安全问题。

3. 渗透测试工具 Metasploit

Metasploit 渗透测试框架主要由 Ruby 脚本语言编写完成，具有良好的跨平台特性，可以在 Windows 和 Linux 等主流种操作系统上安装使用。专业的安全审计系统 BackTrack 也集成了 Metasploit 渗透测试框架。下面介绍 Metasploit 的模块组成和使用方法。

（1）Metasploit 的用户接口

msfgui 图形化界面。对于初学者而言，msfgui 图形化界面是 Metasploit 渗透测试框架中最容易上手的界面。在界面中输入目标系统的 IP 地址，选择攻击载荷，即可使用 Metasploit 进行渗透攻击。当我们对移动智能终端进行测试的时候，就可以输入需要测试的已经介入目标网络的 IP，然后选择攻击载荷和攻击策略就可以对该终端进行渗透测试，触发渗透攻击后，就可以在 msfgui 界面的 Jobs 标签页上看到正在执行的各项渗透任务。如果渗透成功，本地主机与目标主机之间会建立起一个稳定的控制会话。在 Session 标签页中以查看所有活动会话的详细情况，也可以向目标主机发送各种命令。

msfconsole 控制台终端。msfconsole 控制台终端是 Metasploit 渗透测试框架中最专业的用户界面。虽然对于初学者而言，控制台终端在使用时比图形化界面要稍微困难一些，但是掌握了 msfconsole 控制台终端的命令后，用户将很快体验到它的强大和便利。与图形化界面相比，Msfconsole 控制台终端可以使用 Metasploit 渗透测试框架中的大部分模块，也可以直接执行外部的 Shell 命令和第三方工具。控制台终端符合 Linux 系统的使用习惯，并且支持 Linux 系统中的各种特性。另外，控制台终端是效率最高、运行最稳定的用户界面。

msfcli 命令行界面。msfcli 命令行界面兼容脚本自动化处理及其他命令行软件。使用这个界面时可以直接处理脚本程序，并且能够通过 Linux 的管道机制将测试结果传输给其他程序进行后续处理。如果要对某个网络中的所有主机进行统一的安全检查，安全工程师可以以某一台主机为例配置好渗透测试参数，然后编写一段简单的脚本程序对网络中的所有主机进行检查，最后将检查结果输出到日志文件。利用日志文件中记载的检查结果，测试者可以对该网络的安全状况进行深入分析。

（2）Metasploit 的功能模块

辅助模块。Metasploit 框架提供了大量辅助模块去完成渗透测试前的信息搜集工作。这些模块的功能包括扫描查点、密码收集、口令猜测、信息嗅探、模糊测试以及网络协议欺骗等。在渗透测试之前利用辅助模块获取目标系统的详细信息，可以帮助测试者发起更有针对性的测试。

渗透攻击模块。作为最核心的模块，渗透攻击模块负责对目标系统中的漏洞进行渗透，并渗透工作完成后，植入攻击载荷。如果攻击载荷也能成功执行，那么就可以获得目标系统的控制权了。

空指令模块。在构造恶意数据覆盖缓冲区时，一般要在攻击载荷之前添加一段空指令区。这样构造的恶意数据给攻击载荷提供了一个较大的"安全滑行区"，从而避免受到内存地址随机化和返回地址计算偏差等问题的影响，大大提高了渗透攻击的成功概率。

7.3.5 测试案例与分析

智能终端操作系统安全测试采用安全功能测试和安全风险评估的方法，测试内容包括身份鉴别、访问控制、安全审计、病毒检查、客体重用、软件管理、机密性和完整性等，以安全审计进行详细说明。

测评内容：Android 系统 – 审计功能测试。

测评指标：

❑ 移动终端应能够对安全事件生成安全审计，每一条审计记录应至少包含事件的类型、发生的日期和时间、执行结果（失败或成功）和用户标识等信息。

❑ 移动终端应提供界面让授权用户访问审计记录，允许授权用户远程调用日志文件。

❑ 移动终端应限定每个日志文件的大小，当审计存储已满或受到攻击时，操作系统决定如何进行下一步操作。

❑ 移动终端应保证审计记录存储的完整性和机密性。操作系统应对审计记录进行严格的访问控制，授权用户可以修改和删除，但对于认证剩余次数等审计记录只能由操作系统进行修改、复位等操作。

❑ 移动终端应该具有根据安全事件的类型、针对那些会对移动终端安全构成威胁的操作不予执行并且进行主动告警的能力。告警内容应包括安全时间的威胁类型以及相应操作的潜在威胁信息。

测评方法：

❑ 在 Android 系统中，日志文件存储在 /dev/log 文件夹下，在配置好环境变量的情况下，通过 adb shell 命令验证日志分别存储在哪些缓冲区中，通过 logcat 命令读取日志以验证是否有相应的日志记录，由测试人员手动验证各条日志记录中是否包含以下内容：事件发生的日期和时间、事件的类型、用户身份、事件的结果（失败或成功）。

❑ 通过在真机或模拟器上操作，验证移动智能终端是否提供查阅界面及是否选择性查阅一定类型的日志信息，如特定时间、优先级的日志信息。

❑ 循环进行某项操作，如编程循环输入 verbose 日志信息，使得日志缓冲区写满，然后观察再有日志需要记录时 Android 系统是否覆盖最老数据。

❑ 以非授权用户身份对日志进行读取、删除等操作，验证 Android 系统能否保证审计记录的完整性等。通过 logcat 读取日志信息，若为明文，则 Android 系统未对日志信息进行加密保护。

❑ 通过在真机或模拟器上进行模拟攻击，如读取或修改开机口令文件、读取安全配置信息、获取未授权的服务等，验证系统是否进行告警并阻止其执行。

测评实例分析：在配置好环境变量的情况下，通过 USB 连接真机进行测评，进入 adb shell，调用 ls-l/dev/log 指令，结果如下：

```
Crw-rw--w- root log10,25 2013-07-14 14:59 system
Crw-rw--w- root log10,26 2013-07-14 14:59 radio
Crw-rw--w- root log10,27 2013-07-14 14:59 events
Crw-rw--w- root log10,28 2013-07-14 14:59 main
```

验证 Android 日志系统，将应用日志信息分类存储在 4 个日志缓冲区中，通过命令行工具读取日志信息，并将其保存在 Android.log 文件中，指令如下：

```
Adb logcat -v long ActivityManager: I*:S>android.log
```

在未指定要查看的日志缓冲区时，默认读取 system 和 main 中的内容，结果如下：

```
---------beginning of /dev/log/system
[05-06 20:27:59767 124 :0x8b W/ ActivityManager]
Activity pause timout for historyRecord{40546db0 com.htc.launcher/.launcher}
[05-06 20:28:08.472 124:0x81 I/ ActivityManager]
Starting activity:Intent {flg=0x10000000
cmp=com.htc.android.psclient/.usbConnectionSettings} from pid 28818
---------beginning of /dev/log/main
```

经分析可得每条日志信息包含事件类型、发生的日期和时间、执行结果（失败或成功）、优先级、用户标识等信息，这与源码分析结果一致。

测评结果：根据对 Android 日志系统的测评可知 Android 系统能够对相关的安全事件生成有效的审计记录，并且授权用户可以进行选择性查阅。Android 系统并未提供可视化的查询界面，但可以通过 DDMS 对应用程序的日志进行实时查阅；Android 系统能够有效阻止并授权用户对日志信息的非法操作。但是 Android 日志系统无法阻止不同的应用程序把毫无关联的日志信息保存到同样的日志文件中，这样不利于日志文件的筛选；应用程序无法动态地改变日志配置，因为 Android 日志系统在操作系统设计结束时已经确定，只能修改源代码；Android 系统没有对日志信息进行备份，在日志满时简单覆盖最老的信息，造成有用信息丢失。

7.4　移动智能终端软件安全测试

软件安全测试是确定软件的安全特性实现是否与预期设计一致的过程，包括安全功能测试、渗透测试与验证过程。软件安全测试有其不同于其他测试类型的特殊性，安全性相关缺陷不同于一般的软件缺陷。软件安全漏洞的严重性要比其他软件缺陷大，一个很难发现的软件安全漏洞可能导致大量用户受到影响，而一个很难发现的软件缺陷可能只影响很少一部分用户。安全测试与传统测试类型的最大区别是，它强调软件在执行过程中要避免去触及安全"黄线"，而不是软件计划要去做什么。非安全性缺陷常常是违反规约，即软件应当做 A，它却做了 B。安全性缺陷常常由软件的副作用引起，即软件应当做 A，它做了 A 的同时，又做了 B。

常见软件的漏洞及风险如下：

（1）静态破解

通过 APKTool、dex2jar、JD-GUI、DDMS、签名工具等，APK 非常容易被反编译成可读文件，稍加修改就能重新打包成新的 APK。利用这个漏洞，恶意软件的编制者可以将现有的软件进行破解，从而修改软件逻辑、插入恶意代码、替换广告商、植入木马程序等。

（2）密码泄露

有些开发人员经常对不经过处理的明文密码进行存储或者传输。

1）如果手机 root 权限被非授权者获取了，手机存储的内部数据就可以直接被读取出来，明文密码也就直接泄露了。

2）如果开发者把明文密码存储在 SD 卡上，就可以在不经过获取 root 权限的前提下获取明文密码。

3）如果开发者在传输过程中没有将明文密码进行加密，入侵者可直接抓取并分析公共 Wi-Fi 的数据包，就有可能获取账号和密码。

（3）界面截取

通过 adb shell 命令或第三方软件获取 root 权限，在手机界面截取用户填写的隐私信息，随后进行恶意行为。

（4）输入法攻击

通过对系统的输入法进行攻击，从而对用户填写的隐私信息进行截获、转存等恶意操作，窃取敏感信息。例如，窃取者可以将输入法修改后重新打包，在修改过的输入法程序中植入远程推送代码，通过网络获取用户输入的各种信息。

（5）本地储存数据窃取

通过获取 root 权限，对手机中应用储存的数据进行窃取、编辑、转存等恶意行为，直接威胁用户隐私。

7.4.1　移动智能终端软件安全测试内容

测试的主要目的是避免恶意软件的侵害。经过分析总结，在 Android 平台上常见的恶意软件行为有以下几方面。

（1）恶意扣费

病毒在后台自动发送服务注册短信、拨打电话进行恶意扣费，同时会对服务商发回的服务确认短信进行屏蔽，破坏系统的正常功能，对用户造成资费损失。

（2）隐私窃取

病毒通过后台服务窃取用户的隐私信息，包括通话录音、短信内容、IMEI、地理位置、通讯录、浏览器历史记录等，然后上传到病毒编写者的服务器端，或者电子邮箱。

（3）远程控制

病毒在智能终端开机的时候，随系统自动启动，与服务端进行通信，从中获取加密的指令，解密后执行相应的恶意操作。这种远程控制类病毒对用户的危害极大，不法分子可以轻松地获取任何用户的隐私资料。

（4）系统破坏

病毒通过系统漏洞进行 root 提权，并执行系统级权限的操作，可以终止杀毒软件的后台进程，拨打跨国服务电话，获取高额利润，更改网络连接状态，替换系统软件，屏蔽运营商短信等。

（5）数据的存储安全

根据安全级别，移动终端中的数据分为机密数据、敏感数据、私有数据、普通数据。

机密数据是指对移动终端安全、应用安全等起重要作用的数据，如密钥、口令、IMEI、安全配置信息等。机密数据在存储时要进行加密和完整性校验。

敏感数据是指对移动终端安全、应用安全等起一定作用的数据，如系统数据、证书、审计记录等。

私有数据是指和终端使用者有关的个人数据。私有数据在存储时应进行完整性校验，并由用户决定是否需要进行加密存储。只用终端使用者才能读取与修改此类数据。

普通数据是指对移动终端安全、应用安全等没有影响的数据，如一张无关紧要的图片。普通数据的存储没有特殊要求，可以以明文形式存放。

❏ 机密性要求：移动终端应能对重要数据进行加密。

❏ 完整性要求：移动终端应能够检测存储在移动终端内的数据是否被篡改，以防止出现非法修改存储数据的逻辑攻击。

（6）日志安全

日志管理包括对系统日志应用程序安装、更新、删除日志，用户操作过程中的错误日志，历史记录以及与安全事件相关的审计记录等进行管理。操作系统应确保正确、及时地对所发生的事件进行记录，所有的日志至少应包括事件发生的日期和时间、事件发起者、事件的类型、事件的简单描述信息等内容。

由于日志文件反映了系统的安全状态、用户的使用习惯等信息，操作系统应对日志文件进行加密存储，并只对授权用户提供访问权限。

操作系统应提供界面让授权用户访问日志文件，并允许授权用户对日志文件内容进行全部删除或部分删除。

操作系统应限定每个日志文件的大小，当文件大小达到预先设定的值后，操作系统决定如何进行下一步操作，如存储到外设上，或直接删除等。

（7）其他恶意行为

病毒会在后台联网下载大量软件，消耗用户流量；执行一些比较耗电的操作，以消耗用户的电量；通过钓鱼欺骗等方式，诱骗用户进行网上交易，从而获取支付用户的账号与密码，盗取用户的现金。

7.4.2　移动智能终端软件安全测试方法

1. 静态测试

基于行为的静态测试方法主要利用工具对恶意代码进行反汇编抽取特征信息，归纳其代码结构和系统调用，判别软件行为，然后通过一定的阈值来判断是否是恶意软件，从而实现对未知恶意软件的静态测试。静态测试的内容主要有静态特征提取、特征预处理、软件行为判定、恶意行为检测、分类算法等，其中对准确度影响较大的是静态特征抽取和分类算法。更加细粒度的静态特征抽取和更加合理的分类算法可以提高测试的准确度，因此静态特征抽取和分类算法是系统极为关键的技术部分。鉴于分类算法的数学性较强，在此不做赘述，这里仅介绍静态特征抽取的相关内容。

静态特征抽取是指通过软件逆向手段获得应用的特征信息。结合 Android 平台应用的结构特点和运行特点，为了更准确地判断应用的行为特征，对于 Android 平台待测应用需要抽取的特征信息如下：

AndroidManifest.xml 配置信息。该信息需要在应用运行之前传递给系统，包含该应用的所有信息，因此可以通过分析 AndroidManifest.xml 文件获取该应用程序的权限信息和组件信息。

源代码中的 Intent 信息。在参考文档中，对 Intent 的定义是执行某操作的一个抽象描述，它被广泛用于应用内部和程序之间的通信。Android 平台每执行一次操作，都会先实例化一个 Intent，它负责描述操作的动作和动作要传递的数据，系统根据实例化的信息找到相应组件，将实例传递给组件，实现组件的调用，完成一次操作。因此，根据 Intent 信息可以清楚了解到应用要进行的操作的抽象描述。

源代码中关键 API 调用信息。无论恶意代码如何变种或者采用源码混淆技术，恶意行为终究都需要通过调用系统平台 API 提供的调用信息来实现。通过分析 API 调用的信息，可以非常清晰地了解软件的意图。例如，当 Content Provider 相关代码执行数据搜索操作时，就会触发系统权限验证机制来检查其是否具有特定权限。因此根据 Content URL 信息，我们可以知道应用想要读取的内容目标以及可能进行的操作。

源代码中的 Content Provider 的 Content URL 信息。Android 平台的 Content Prvider 组件是独立的系统应用，与系统线程和 API 库是完全分离的部分，应用向系统申请权限后就可以通过 Content URL 路径对资源进行访问和进行相应的操作。

2. 动态测试

基于行为模式的动态测试方法主要利用 Android 平台动态监控技术实时读取系统运行状态参数作为数据源，将其抽象成数学模型，分析一个应用在运行时的行为转换模式，然后通过一定的阈值来判断其是否是恶意软件，从而实现能够对未知恶意软件的动态测试。与静态测试方式相比，由于静态测试要求恶意样本库的数量和多样性越多越好，但是覆盖性不可能达到全覆盖的程度，当病毒程序通过加壳的方式将恶意代码进行伪装的时候，静态分析是不会检测出来的，因此静态测试一定存在漏检，采用基于行为模式的动态测试方法对静态测试会有互补作用。相对于传统的动态监控方式，动态测试监控系统状态的动态变化，不能细致分辨执行过程中的恶意行为。

动态测试内容主要有动态系统监控、特征预处理、行为模式建模、恶意行为模式识别等。由于行为模式识别涉及模式识别的算法，有兴趣的读者可以参阅 HMM（隐马尔科夫模型）算法。

（1）系统状态动态监控

数据分析的数据源主要来自内核调用或应用层框架调用，由于恶意软件的恶意行为大多属于资源偷窃型和资源破坏型，因此选取应用层框架调用作为建模对象，而内核调用可能造成系统运行不稳定。

注册监听系统通知（被动获取）。对于安全检测软件，不需要对系统所有的资源都加以监听，只要监听用户的隐私信息变化和可能对系统造成危害的资源即可。通过系统广播，我们可以收听短信、电话、网络连接状态等信息。

通过平台调用访问（主动获取）。一般的智能终端操作都具有系统软件状态信息和硬件运行状态信息的读取能力。我们首先通过读取系统所有运行的进程，然后根据进程 ID 可以调用 Debug.MemoryInfo 中的 dalvikPrivateDirty 字段，由此获取特定进程占用的内存大小以及内存信息，这样就实现了对应用内存信息的实时读取。

（2）特征预处理

由于在动态特征抽取模块读取的短信、通话、网络状态、电池电量、内存、CPU 使用率、网络流量信息组成的原始特征样本库拥有较多多余特征，需要通过预处理模块来对原始样本库进行精细化过滤处理。

等级量化阶段。这个阶段需要对样本进行等级量化处理，在 HMM 中要求：状态信息不能是数字量化的，必须是可确定的等级化的。是否发送短信、是否拨打电话、是否改变网络状态、系统对电池电量等级划分、是否有通知栏通知，这些信息是不需要量化处理的，因为它们具有确定的状态集合。内存、CPU 使用率、网络流量信息是通过设定比较前后两个状态之间的差值来确定的，将这些参数统一划分为若干个等级，然后判断每个样本值所处的等级。

向量化阶段。将等级划分后的参数进行向量化，对于短信、通话、网络状态、电池电量、内存、CPU 使用率、网络流量信息（上传与下载）、通知栏，用多维向量来表述其在每个时间点上的系统状态。

7.4.3 移动智能终端软件安全测试流程

1. 静态测试流程

静态测试平台一般多为 B/S 架构，独立于运行平台，系统输入为智能终端应用程序，经过反编译、静态分析、检测识别等步骤后，向用户呈现可视化的分析结果。

系统模块化框架如图7-4所示，反编译模块、语法解析模块、特征抽取规则模块、应用功能识别模块、功能分类数据库、可视化结果生成构成了系统的主要组成部分。我们首先通过反编译模块提取应用程序中的配置文件和经过编译的源文件。通过语法解析模块解析配置文件中的节点信息和源文件中的语法结构，深度提取应用程序特征信息。然后根据特征抽取规则对抽取出来的大量特征信息进行筛选过滤以提取关键特征属性，经过预处理后识别其应用功能。最后通过恶意行为分类器，检测是否具有恶意行为并可视化输出结果。

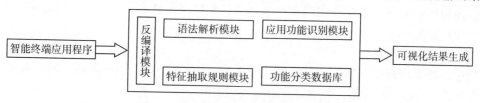

图7-4 静态测试方法的系统模块化框架

静态测试需要使用大量的已知样本作为分类依据，所以系统的检测流程分为采集阶段和测试阶段。首先判断工作阶段，如果是采集阶段，只采集软件的静态特征存入数据库中；如果是测试阶段，先采集静态特征，然后读取数据库进行特征匹配。具体的测试流程如图7-5所示。

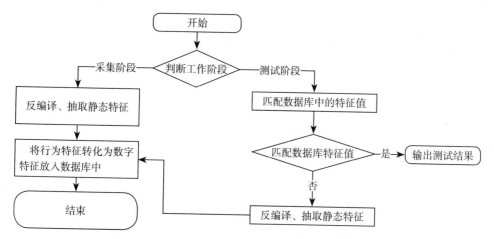

图7-5 静态测试流程图

在测试阶段，将未出现在训练样本中的测试样本输入到分类器中，测试样本也将经过反编译、抽取静态特征、生成特征向量后，输入到恶意行为分类器，对其恶意行为进行检测。

具体模块介绍：

（1）反编译模块

反编译是指通过对他人软件的目标程序（可执行程序）进行"逆向分析、研究"工作，以推导出他人的软件产品所使用的思路、原理、结构、算法、处理过程、运行方法等设计要素，某些特定情况下可能推导出源代码。反编译可作为自己开发软件时的参考，或者直接用于自己的软件产品中。例如，Android 应用程序是采用 Java 语言编写后编译打包成扩展名为 APK 的文件。APK 文件类似于 Windows 平台下的 EXE 程序，是经过压缩算法压缩后的文件，它内部包含了特定的文件和目录。通过反编译工具（如 APKTool）反编译处理后，应用内部的目录结构包含以下文件：AndroidManifest.xml、smali 目录、META-INF 目录、res 目录等，这些目录的子目录和文件与开发时的源码目录组织结构是一致的。其中 smali 文件夹中对应的是应用源代码的二进制文件，与源代码中的结构是一一匹配的。最终，经过反编译模块的处理，得到应用程序在编译后的源代码文件和相关的 Manifest 配置文件，这些文件是静态分析的输入文件。

（2）语法解析模块

通过语法解析模块对输入的 Manifest 文件和 smali 文件进行语法解析，同时输出原始特征样本并进行进一步分析，详细过程如图 7-6 所示。

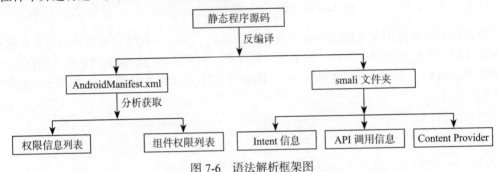

图 7-6　语法解析框架图

在 AndroidManifest.xml 中分析得到权限信息列表和组件权限列表，借助 Intent 字典和 API 字典，通过对比字典扫描二进制文件获取一部分重要信息。

AndroidManifest.xml 文件信息抽取。该文件是每个程序中必需的配置文件，它位于整个 Android 程序的根目录，是标准的 XML 文件，普遍采用 SAX 解析器抽取 XML 文件的部分节点信息，通常需要扫描的节点有 use-permission、Permission、Permission-tree、Permission-Group、Receiver、Service、Activity 等，通过对前 4 种 Permission 节点扫描可以得到应用向 Android 系统申请的权限信息列表。通过扫描 Activity 节点可以得到与用户交互类的类名和路径。通过扫描 Service 节点可以得到应用运行的后台线程所在类。通过扫描 Receiver 节点可以获得应用所注册的收听系统通知的类。通过这几个节点的信息明确该应用程序所调用的 API 的位置。

smali 文件信息抽取。将应用程序反编译以后，程序中所有的类都会在 smali 文件下创建一个独立的文件，在 Java 中，每一种变量都有自身相关的属性和语法规范。通过观察发现格式文件有着与程序元素类似的结构。无论普通类、抽象类、接口类或者内部类，在反编译后的代码中，它们都以单独的文件来存放。

分析 smali 文件的主要目的是获取该程序调用的系统 API、Intent、Content Provider，在解析过程中，不仅考虑调用了哪些，还考虑它们在怎样的组件中使用，因为 API 和 Intent 信息在不同的组件中使用有着不同的意图，因此在程序实际操作过程中，先解析 Manifest

配置文件中的声明组件信息，然后再根据组件名称去寻找相应的 smali 文件夹。因此，最终在语法解析模块，我们要从源代码中解析出来的信息包括权限、API、Intent、Content Provider，用于后面应用行为的识别与判断。

（3）特征抽取规则模块

特征抽取模块一般采用自动化检测和手工检测相结合的方式。在自动化检测阶段，采用 Randoop 工具，这是一款基于反馈指导（feedback-directed）、面向对象的自动化测试工具，在测试时将其移植到 Android 应用中，采用自动化方式生成单元测试用例，用于对权限进行测试。Randoop 以一种随机的方式选择方法生成测试类的函数调用序列，利用这种序列生成测试用例，当调用序列是唯一的时候，就执行此测试序列。Randoop 使用 Java 反射机制从提供的测试池的类中生成测试方案，所以它是支持私有方法测试的，目的是使测试用例可以覆盖整个测试池。Randoop 测试流程如图 7-7 所示。

Randoop 测试方法也存在缺陷，如果 Randoop 无法找到正确对象类型的序列中的池来调用一个方法，那么将永远不会尝试调用那个方法。因此，对于那些不正确的和没有覆盖到的测试，可以采用人工编写的方法来弥补。测试过程中，需要遵守 API 存在的特定调用顺序，而在测试的时候，需要测试不向系统申请任何权限和申请相关权限两种情况，如果系统在没有权限的时候抛出了异常而在申请了权限的时候顺利运行，说明测试用例是正确的。

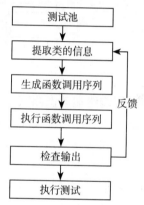

图 7-7　Randoop 测试流程图

（4）预处理模块

由于前期搜集信息组成的原始特征样本库体积十分庞大，需要通过预处理模块来对原始样本库精细化过滤处理，通过对权限信息的并联关系进行优化，可以大大减少系统的计算成本。最后对所得数据进行向量化，若应用中存在此属性，则向量中此元素的值为 1；若向量元素的值为 0，则代表当前应用中不存在此属性。

（5）应用功能识别模块

为了能使恶意行为检测流程中有更好的检测效果，系统根据不同的行为进行不同的聚类。对于良性软件样本和恶意软件样本，为了识别其不同意图，系统中分别使用了 K-means 算法和 GMM 算法来对应用样本进行聚类，经过聚类分析以后，可以将同一类别下的应用归结为具有相似的功能。原则上很多的聚类算法都可以对恶意软件进行检测，在该系统中适合使用监督算法来进行聚类，所以选择 KNN 算法和 Naive Bayes 算法对恶意软件进行聚类。由于具体的算法过程过于复杂，这里不再进行详细的描述。有兴趣的读者可以了解一下这几种算法。

在静态测试部分，首先阐述了系统模块化框架，然后分别从采集阶段和测试阶段叙述了系统的检测流程。之后，详细介绍了系统各个模块的实现，在建模过程中结合移动平台的自身结构特点，对抽取的静态特征不断做过滤和优化，提高了特征向量在聚类中的有效程度，能够更准确、快速地检测恶意行为。在检测过程中，应用功能识别模块能够细致地分辨恶意软件的行为。最后，将恶意软件的详细信息呈现出来，并且有的系统还能对一些漏洞提出补救意见。

2.动态测试流程

动态测试框架如图 7-8 所示。

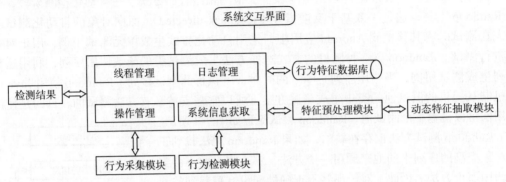

图 7-8 动态测试框架

智能终端动态测试系统包括动态特征抽取模块、特征预处理模块、行为特征数据库、主服务组件、系统交互界面、行为采集模块、行为检测模块。系统交互界面用于向用户呈现可视化交互界面，给用户提供配置应用参数、开启和关闭服务、可视化提醒、可视化搜集参数等功能的显示界面。动态特征抽取模块直接与 Android 系统框架通信，通过监控的方式以固定时间间隔来搜集得到的特征参数，通过特征预处理模块对搜集到的原始数据进行预处理得到行为序列。

从系统内部运行的角度来看，动态测试流程如图 7-9 所示，由于对系统长时间进行监控，因此系统的测试流程每隔 T 秒循环一次，由主服务组件控制服务的开启和关闭。服务开启时，主服务组件首先调用系统监控模块方法触发动态特征抽取，经过特征的预处理（转换、过滤、向量化），再经过循环过程形成行为序列，在 HMM 建模后，由行为检测模块进行评估，最后在检测到恶意行为的情况下提醒用户。

图 7-9 动态测试内部运行流程框图

动态测试流程如图 7-10 所示。

（1）动态特征抽取模块

动态特征抽取模块根据配置文件负责对系统特定的系统状态进行拦截和读取参数，在经过转换、过滤、向量化等步骤后，最终生成观测序列并将其存储到 SQL 数据库中。动态特征抽取模块开始运行后，动态地获取系统的进程、任务、应用程序数据等，通过特定的程序对获取的数据进行筛选，最终得到短信、通话、网络状态、电池电量、Activities 栈顶的 Activity、内存、CPU 使用率、网络流量、通知栏等信息。

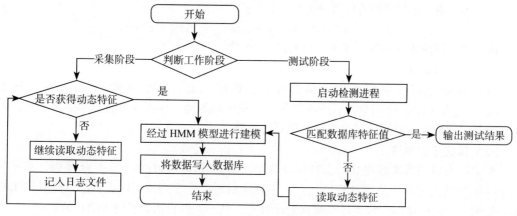

图 7-10 动态测试流程图

注册 BroadcastReceiver 组件被动接收系统状态变化。测试系统通过调用系统的 ContentObserver 类，实现对系统状态变化时系统发出通知的监听。该类采用观察者模式实现，用于监听资源数据库的变化。测试系统只需要继承 ContentObserver 类，然后向系统申请相关权限，就可以在回调函数中收到系统广播通知。可监听的三类广播为：

❏ 通话类广播：监听接收拨打电话事件。
❏ 网络连接状态广播：用于监听网络状态改变。
❏ 电池电量等级广播：通过注册监听电池消耗变化事件的系统广播来实现对系统电量信息的监控。

通过平台 API 调用主动读取状态参数。

❏ 进程参数获取。在 Android 平台中，对 Activity 的管理是通过栈来实现的，即当前运行的活动的 Activity 是栈顶的那个 Activity。Activity 处在栈顶则应用处在前台运行状态，Activity 处在栈内非栈顶状态则应用处在可见状态，拥有服务且无 Activity 处在栈顶则应用处在服务状态，无活动进程时处在未启动状态。获得当前栈顶的 Activity 是由 Activity 管理器（ActivityManager 类）来实现的。通过 Debug. MemoryInfo 和进程 ID 获取进程（正在运行的）内存占用信息。

❏ 网络状态参数获取。恶意软件的大多数恶意行为都是基于网络通信来实现的，因此网络流量统计是系统检测的重要参数。通过对指定进程总的网络下载量和总的网络上传量的统计，分析恶意软件的联网情况，当检测系统发现联网状况出现异常的时候，能够动态地锁定联网软件的进程，进而监控联网内容、发送的数据包，并分析软件的行为，由此判断该软件是否为恶意软件。

❏ CPU 状态参数获取。CPU 使用率信息可以通过对文件系统中的日志文件进行读取后换算得到，单个进程 CPU 使用率日志文件路径是 /proc/pid/stat，其中 pid 为进程 ID。日志文件中与 CPU 使用率相关的参数有 utime（用户态运行的时间）、stime（核心态运行的时间）、cutime（所有曾经在用户态运行的线程所占的时间）、cstime（所有曾经在核心态运行的线程所占的时间）。由这些已知指标可以计算出进程的总 CPU 时间（该值包括其所有线程的 CPU 时间）：

$$ProcessCpuTime = utime + stime + cutime + cstime$$

该公式在系统多核情况下还需乘以 CPU 的个数。

（2）预处理模块

由于在动态特征抽取模块读取的通话、网络状态、电池电量、Activities 栈顶的 Activity、内存、CPU 使用率、网络流量信息组成的原始特征样本库拥有较多多余特征，需要通过预处理模块来对原始样本库精细化过滤处理。

（3）算法分析模块

恶意行为检测模块需要从动态特征抽取模块得到被监控程序的动态特征序列，将序列保存在队列结构中用于给滑动窗口处理。主程序对每个短序列使用向前算法计算其输出概率，如果大于阈值则向用户发送警报和记录日志，从而达到检测恶意行为的目的。

7.4.4 移动智能终端软件安全测试工具

（1）AppScan Source 8.7

AppScan Source 的扫描引擎使用 Source to Sink 技术作为其核心工作机理。数据流作为 AppScan Source 的跟踪线索，如果工具发现了一个 Sink，就会生成一个 Finding（结果），即一个可能的漏洞。使用工具的好处就在于可以不用深究这些细节，通过可视化的方法，直接对扫描进行配置，分析已有的结果，按需进行处理。

对于安全分析人员，只需经过配置、优选、分析 3 个步骤，就可以实现代码诊断分析的完整过程。

配置。在配置视图中，可以新建或导入现有项目，根据项目的脚本语言选择不同的配置过程，如 Java 语言可能需要配置 Java 文件路径、包含 JSP 文件的 Web 上下文路径、编译需要的类路径、使用 JDK 的哪个版本等。配置好后，选择该项目，右击"扫描应用（或项目）"即可。

优选。优选视图是扫描结果的展现视图，内容非常丰富，可以用多种方式分类，如漏洞类型、项目、文件等，还可以用柱状条、圆饼或表格展示。通常，漏洞的严重等级仅仅会分成高、中、低、严重、一般等，而在 AppScan Source for Security 中，我们可以从多维的、带有一定"可信度"的角度来理解扫描出来的漏洞。

分析。分析视图是对扫描结果进行深入探究的视图。该视图内容丰富且包含了多种具有产品特色和专利技术的功能。分析过程含有一个庞大的漏洞信息知识库，库中内容包括对每一个漏洞的详细解释、"好"代码和"坏"代码片段示例、行业标准信息（如 CWE 的链接）等。这些信息可以帮助安全分析人员快速理解问题，也有利于开发人员修复问题。

（2）WebScarab

WebScarab 主要是一款代理软件，或许没有其他的工具能和 OWASP（Open Web Application Security Project，开放式 Web 应用程序安全项目）的 WebScarab 如此丰富的功能相媲美了，工具中包含的有用模块很多，常用的有 HTTP 代理、网络爬行、网络蜘蛛、会话 ID 分析、自动脚本接口、模糊测试工具、对所有流行的 Web 格式的编码 / 解码、Web 服务描述语言和 SOAP 解析器等。WebScarab 基于 GUN 通用公共授权（General Public License）版本协议，和 Paros 一样是用 Java 编写的，因此安装需要 JRE 环境。

WebScarab 工具采用 Web 代理原理，客户端与 Web 服务器之间的 HTTP 请求与响应都需要经过 WebScarab 进行转发，WebScarab 将收到的 HTTP 请求消息进行分析，并将分析结果图形化，如图 7-11 所示。

图 7-11　WebScarab 工作流程图

❑ WebScarab 以代理的形式工作，因此只能捕获设置其为代理的应用程序发出的数据。

❑ WebScarab 能够捕获客户端发出的 HTTP 请求，并能够在发送给服务器之前进行修改。

❑ WebScarab 能够捕获 Web 服务器的应答，并能够在发送给客户端之前进行修改。

（3）爱加密漏洞分析

爱加密采用静态漏洞检测的方式，用户可以将 APP 上传到爱加密的服务器，服务端通过反编译获取源码，对源码进行分析，最后生成测试报告。爱加密的具体功能有：

❑ 检查 DEX、RES 文件是否存在源代码和资源文件被窃取、替换等安全问题。

❑ 扫描签名、XML 文件是否存在安全漏洞，是否存在被注入、嵌入代码等风险。

❑ 检测 APP 是否存在被二次打包，然后植入后门程序或第三方代码等风险。

❑ 一键生成 APP 关于源码、文件、权限、关键字等方面的安全风险分析报告。

7.4.5　测试案例与分析

测试对象：某单机游戏 APK。

测试过程：

在线扫描。目前，国内外部分安全厂商提供手机应用在线检测功能，如国内的金山火眼、奇虎 360、网秦，国外的 VirusTotal、Comodo 等。在线扫描能给出应用的初步检测结果，包括应用基本信息、相关行为、拥有的权限、启动方式、文件操作、联网行为等。

静态测试。使用 Gapktool 工具对该 APK 进行逆向反编译，基本上可以得到 APK 的源代码，如图 7-12 所示。分析 AndroidManifest.xml 文件，可以明确 APK 所申请的各项权限，是否申请了该类应用完全无须申请的权限等。通过分析源代码中一些关键函数和硬编码的字符串，可以发现应用是否有发送恶意扣费短信、获取手机隐私信息、违规外联偷跑流量、接受远程控制指令等特征。一些应用的开发者使用了自定义的加解密函数或 Hash 函数，分析源代码可以发现这些自定义函数中的缺陷和敏感信息，如私钥等。有些应用的关键代码可能不是 Java 开发，而是编译成 Linux 下的 so 文件，然后在 APK 运行过程中再加载，可以使用 IDA Pro 工具对其进行反汇编得到汇编指令，并结合 IDA Pro 的插件 Hex-Rays，将汇编指令转换为伪代码（见图 7-13），然后进行后续分析。

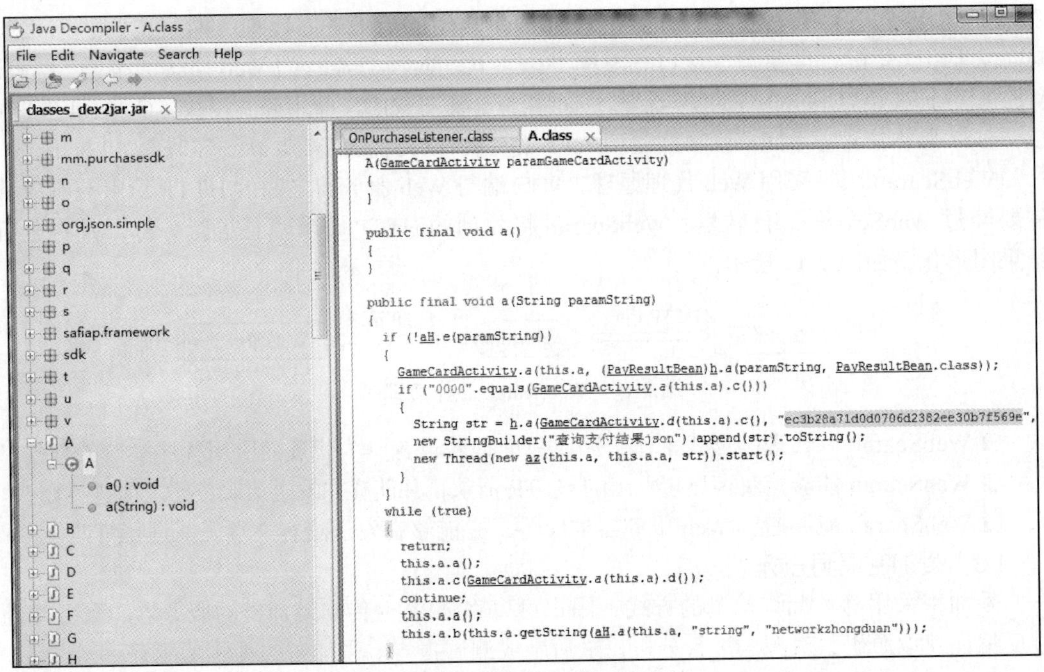

图 7-12 APK 的源代码

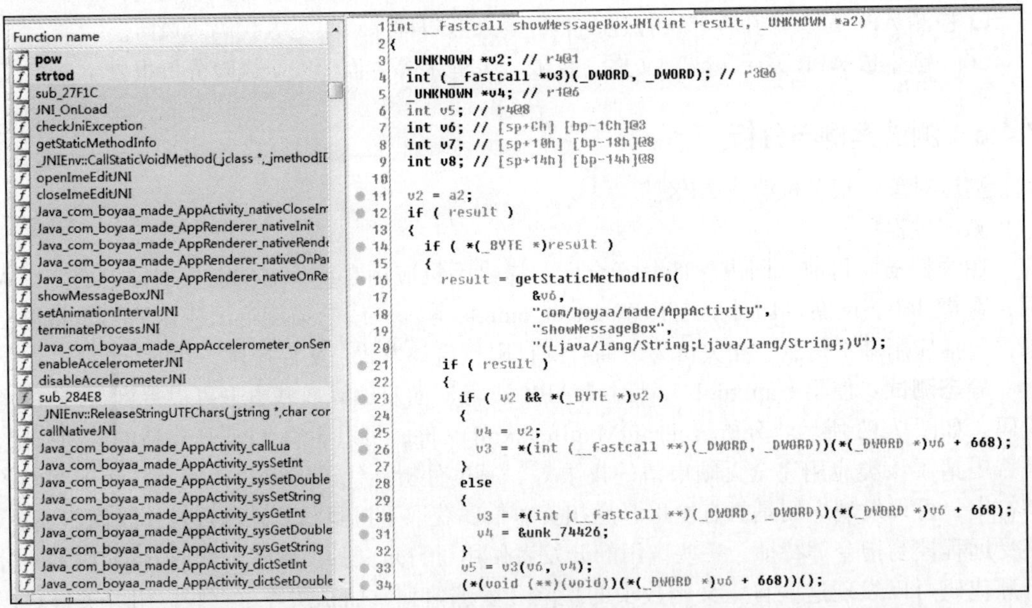

图 7-13 伪代码

动态测试。单纯进行静态测试是不够的，静态测试的效果依赖于反汇编和反编译工具，恶意代码可能通过混淆加壳等方法加大反汇编难度和代码分析难度，甚至无法反汇编。但是代码总是要执行，从而产生各种行为，因此基于行为分析的动态测试也是至关重要。在这里，我们使用的是慧眼移动终端恶意代码检测系统，该系统基于硬件的安全仿真沙箱，所使用的硬件沙箱仿真设备是自定义的 Google Nexus 5 手机。当应用安装到沙箱手机中后，系统自动进行仿真，运行应用，并尽可能多地触发应用的各种行为。自动仿真完成后，还可以进行人工仿真，系统将根据在仿真过程中产生的各种行为（如获取手机号、IMEI 号，隐蔽发送短信，隐藏应用图标等，包括应用运行过程中捕获到的 PCAP 流量包，如图 7-14 所示）来判断应用是否是恶意的。

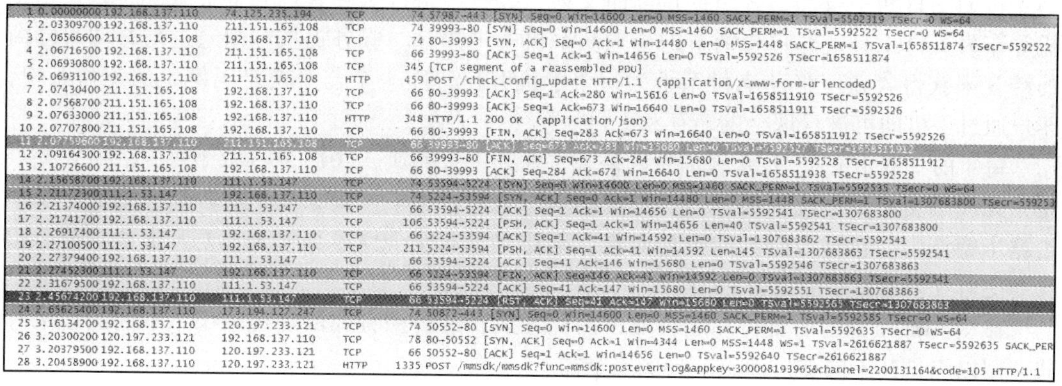

图 7-14　PCAP 流量包

结果分析：通过对该单机游戏 APK 的在线扫描、静态测试和动态测试，发现其具有读写发送手机短信、拨打电话等功能，这些是其正常功能。但是还存在通过 Wi-Fi/GPS 读取位置信息、改变 Wi-Fi 连接状态、获取手机 IMEI 号等敏感行为，因此判断该应用为具有恶意行为的应用，如图 7-15 所示。

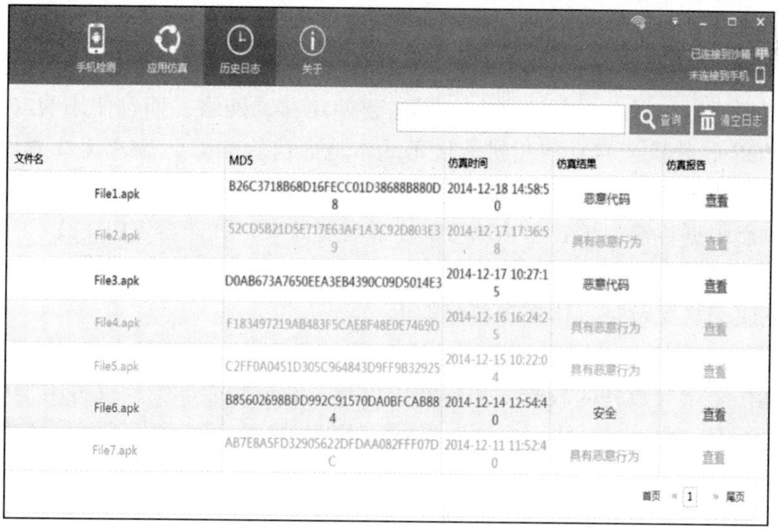

图 7-15　结果分析

7.5 移动支付安全测试

移动支付是移动运营商和金融机构共同推出的能够实现远程在线支付的移动增值业务。移动支付狭义上是指使用手机作为终端的通信工具，广义上是指交易双方为了某种货物或者服务，以移动终端设备为载体，通过移动通信网络实现的商业交易。移动支付所使用的移动终端可以是手机、PDA、移动 PC 等，其方式包括手机短信、互动式语音应答、WAP 等。

具体来说，移动支付就是将移动网络与金融系统相结合，将移动通信网络作为实现移动支付的工具和手段，为客户提供商品交易、缴费、银行账号管理等金融服务。它采用手机等作为支付工具，客户将消费的金额从手机费中扣除，服务提供方则通过与移动运营商的结算来获得收益。移动支付系统为每个手机客户建立一个与手机号码绑定的支付账户，客户通过手机即可进行现金的转存和支付。

每年的"双十一"，是年轻消费者格外关注的一大盛典，2015 年"双十一"的一大亮点是：无线端交易额占比明显上升，手机端支付额将近占了一半，在 900 多亿的总成交额中占据半壁江山。在这一巨大的数据面前，移动支付的安全性显得尤为重要。本章主要介绍移动支付安全的基本测试方法。

移动支付分为近场支付和远程支付两种方式，这两种方式的实现采用了不同的技术方式，用以满足其不同支付地点差异的安全需求。

近场支付。近场支付利用射频、红外、蓝牙等技术，实现手机与其他智能终端的通信与信息交换，进而完成交易支付，具体实现技术如下：

❏ 红外与蓝牙：通过无线通信进行数据传输，两者的终端普及率均较高。前者的成本低，不易被干扰；后者的传输距离较远，且信号没有方向性。

❏ 无线射频识别技术（RFID）：通过射频信号自动识别目标对象并获取数据。RFID 技术的安全性高、速度快且存储量大，但其基础设施投入大、成本高、终端要求较高。

❏ NFC（Near Field Communication，近场支付）：消费者在购买商品或服务时，即时采用 NFC 技术通过手机等手持设备完成支付，是一种新兴的移动支付技术。支付的处理在现场进行，并且在线下进行，不需要使用移动网络，而是使用 NFC 射频通道实现与 POS 收款机或自动售货机等设备的本地通信。NFC 近距离无线通信是近场支付的主流技术，它是一种短距离的高频无线通信技术，允许电子设备之间进行非接触式点对点数据传输。该技术由 RFID 技术演变而来，并兼容 RFID 技术。

远程支付。远程支付利用无线网络，通过手机向提供某种商品（或服务）的商家发出交易申请，并完成交易支付，具体实现技术如下：

❏ 交互语音应答技术：用手机拨打电话实现支付过程。它的稳定性和实时性较好，但由于操作复杂导致耗时较长，通信费用较高，安全性能不佳，仅适用于小额支付。

❏ 短消息服务（Short Message Service, SMS）技术：通过发送短信完成支付。这种方式的用户群体广泛，费用低，易于操作，普通手机即可实现，但是安全性差，不能确定短信发送及接收的响应时间。

❏ 非结构化补充数据业务（Unstructured Supplementary Service Data，USSD）技术：通

信网络在用户使用手机向网络发送事先预定的数字或符号后，为用户提供相应的服务。该技术操作简单，交易成本低，具有较高的安全性，但对终端要求较高，需要特定终端支持。

❏ 无线应用协议（Wireless Application Protocol，WAP）技术：利用手机连接 Internet 完成支付。该方法交互性强，但由于网络不稳定，造成指令的响应速度不能确定，使用费用较高，且需要终端支持。

7.5.1　移动支付安全测试内容

不论移动支付采用何种技术实现，其安全性都是影响支付业务能否发展的关键因素。移动支付的安全性涉及用户信息的保密、用户资金和支付信息的安全等问题，其面临的安全风险主要来自于无线链路、服务网络和终端。具体而言，主要包括：

窃听。窃听是最简单的获取非加密网络信息的形式，这种方式可以同样应用于无线网络。由于无线网络本身的开放性，以及短消息等数据一般都是明文传输，使得通过无线空中接口进行窃听成为可能。攻击者通过窃听有可能了解支付流程，获取用户的隐私信息，甚至破解支付协议中的秘密信息。

重传交易信息。攻击者截获传输中的交易信息，并把交易信息多次传送给服务网络。多次重复传送的信息有可能给支付方或接收方带来损失。

终端窃取与假冒。攻击者有可能通过窃取移动终端或 SIM 卡来假冒合法用户，从而非法参与支付活动，给系统和交易双方造成损失。通过本地和远程写卡方式，攻击者还有可能修改、插入或删除存储在终端上的应用软件和数据，从而破坏终端的物理或逻辑控制。

中间人攻击。如果攻击者设法使用户和服务提供商间的通信变成由攻击者转发，那么该中间人可完全控制移动支付的过程，并从中非法牟利。

交易抵赖。当移动支付成为普遍行为时，就可能存在支付欺诈问题。用户可能对发出的支付行为进行否认，也可能对花费的费用及业务资料来源进行否认。随着开放程度的加强，来自服务提供商的抵赖可能性也会有所增加。

拒绝服务。破坏移动支付服务网络，使得系统丧失服务功能，影响移动支付的正常运行，阻止用户发起或接受相关的支付行为。

7.5.2　移动支付安全测试方法

前面已经介绍了移动智能终端系统安全测试方法和软件安全测试方法，支付安全测试方法与其是一样的，只是所关注的侧重点会有所不同，支付安全更加关注与身份信息的认证和传输过程中的电子凭证的安全性。所以，在移动支付安全测试流程中着重介绍这两个方面的相关测试的具体流程。

7.5.3　移动支付安全测试流程

具体的安全测试内容可以分为以下 3 部分：智能终端本身的安全测试、数据传输过程安全测试、服务端安全测试。

在前面已经介绍了关于智能终端软件安全测试和系统安全测试的相关内容，这里主要针对移动支付过程中存在的安全隐患进行详细的测试，如短信拦截测试。由于在进行支付的过程中需要获取短信校验码，然后通过认证以后才能进行交易，因此短信的安全性在支付过程中起着关键性作用，具体的测试方法如下。

1. 短信安全检测

短信是智能终端支付过程中至关重要的一个方面，当黑客截获用户短信并且知道支付密码的时候，就可以随意转出手机银行中的电子现金。所以，短信安全在整个测试过程中扮演着非常重要的角色。由于短信是在系统动态运行过程中接收到的，因此必须采用动态测试的方法对短信的接收方和发送方进行测试，以防止恶意应用调用或者拦截短信内容，具体步骤如下：

1）获取手机的系统权限，可以访问到系统的广播数据。

2）监听短信类广播：监听发送短信事件，虽然系统没有提供广播事件，但是可以通过监控短消息数据库来实现，在系统中使用 Content Provider 对系统数据进行集中管理，通过读取短信数据表，动态地监听短信的变化情况。

3）通过监听短信广播，获取到短信的内容、接收方和发送方，对这 3 类信息进行分析处理，去掉没有意义的词汇，只保留特征动词，发送给特征匹配模块进行裁决。

4）特征匹配模块接收到数据以后，与数据库进行特征匹配，如果在恶意特征匹配过程中匹配成功，则可基本断定此短信为恶意短信，即可能存在恶意内容，或者不是用户行为，由恶意程序将短信发送到恶意接收方。

2. 边界检测

边界检测框架如图 7-16 所示。

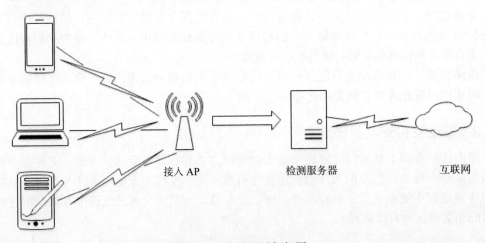

接入 AP　　　　　检测服务器　　　　　互联网

图 7-16　边界测试框架图

检测设备是一台运行在 Linux 平台上的已安装的检测工具和进行特殊配置的服务器，内含软无线接入点（即 AP）。待检测终端通过强制设置为 Wi-Fi 接入模式，接入到软无线接入点，进而接入互联网。

检测时，在服务器捕获待检测终端联网的通信数据，并做相应的处理，如重组、解码等，最后将还原的网络数据与事先建立的敏感数据库中的信息做匹配，检测该终端是否存在敏感信息泄露的情况。检测过程中，对移动智能终端上的各种可能产生数据业务的应用软件（如游戏软件、浏览器、应用客户端等）进行手动触发。整个检测系统主要由敏感数据库、网络抓包、敏感信息检测 3 部分组成。

（1）敏感数据库

为了检测在服务器端捕获到的数据中是否含有用户的隐私信息，第一项初始化工作是将移动终端上的隐私信息提取出来，建立成敏感数据库，用于后续的数据匹配。这里敏感数据指的是从待检测终端中导出的以记录形式保存的隐私信息，包括两大类：用户信息和终端信息。用户信息包括通讯录、短信、通话记录、账号、密码、应用程序、文件、照片等；而终端信息主要是手机号码、IMEI（国际移动设备身份码，手机唯一标识）、IMSI（国际移动用户识别码，用户唯一标识）、地理位置、基站信息等。

（2）网络抓包

1）发起访问。

2）服务器端有两个网络接口，一个用于移动智能终端接入并实时抓包，一个用于接入互联网。移动智能终端联网的数据会经过检测设备的网络接口，各种可能泄露隐私数据的应用层数据报文能被检测设备实时抓取到。

3）由于在发送端需要对大数据包进行分段后再传输，这样在检测端就必须先将分段后的数据包重组才能得到完整的数据流。

（3）敏感信息检测

1）读取数据包发送的时间、源 IP 地址、源端口号、目的 IP 地址、目的端口号、协议类型、载荷数据，并暂存这些信息。

2）解析终端发出的 HTTP 报文。根据 HTTP 请求和响应的报文格式提取请求 URL、主机名和头字段信息（如浏览器类型、传输数据类型等）。

3）敏感数据的匹配。匹配过程中无论是否已经匹配到某敏感数据，都需要将敏感数据库中的每一条数据在报文数据中匹配一次，以找出该数据包中泄漏的所有信息。其中对每一条从敏感数据库中读出的数据，除了要对其本身在数据中做匹配外，还要对其做字母大小写变换、字符串倒序、MD5 加密、SHA1 加密、Base64 等变换，并将这些变换后的结果都在报文数据中做一次匹配，以防应用程序以这些常见的变换方式处理信息后发送出去。在一个数据包匹配过程中，一旦匹配到某条敏感数据或其变换形式，就将匹配标志量置 1，表示匹配到敏感数据。

4）生成测试报告。

7.5.4　移动支付安全测试工具

移动支付安全测试工具应该与智能终端软件安全测试工具和智能终端系统测试工具配合使用，检测智能终端系统、软件和传输过程的安全性。

Libpcap 即数据包捕获函数库，是 UNIX/Linux 平台下的网络数据包捕获函数库。它是一个独立于系统的用户层数据包捕获的 API 接口，为底层网络监测提供了一个可移植的框架。Libpcap 由网络分接头和数据过滤器组成，利用 BPF（BSD Packet Filter）算法对网卡接收到的链路层数据进行过滤，根据用户定义的规则决定是否接受此数据包以及需要复制的数据包内容。工作步骤如下：

1）设置监听网卡：调用 pcap_lookupdev( ) 选择监听的网卡设备。

2）打开监听设备：调用 pcap_open_live( ) 把网卡设置为混杂模式，此模式下可以接收所有经过该网卡的数据包，不论其目的地址是否为本机。

3）设置监听规则：调用 pcap_compile( ) 对抓包过滤条件（BPF）进行编译，然后调用 pcap_setfilter( ) 实施该规则。

4）处理特定分组：调用 pcap_loop( )，将接收分组数设为 −1，表示无限循环。

5）设置回调（callback）函数：每次抓到一个符合过滤条件的数据包就循环调用回调函数进行分析和处理。

6）关闭监听：调用 pcap_close( )，结束监听。

7.5.5 测试案例与分析

1. 案例背景
本移动远程支付系统主要提供了前端支付平台和后端管理平台，该企业已和几家大银行合作实现了电子支付，前端为广大用户提供安全快速的电子支付、转账收款、水电煤缴费等生活服务，后端主要实现了客户管理、账户管理、交易处理、资金结算、差错处理、统计报表和运营管理等功能，系统采用 B/S 结构模式，应用服务器使用 Windows Server 操作系统和 Tomcat 及 IIS 中间件，数据库服务器使用 Linux 操作系统和 Oracle 数据库系统。

该移动远程支付系统作为本次安全性检测的应用系统，检测范围主要包括被测应用系统的应用安全方面，如身份鉴别、访问控制和 WAP 页面安全等。

2. 测试内容
依据 GB/T 22239—2008《信息安全技术 – 信息系统安全等级保护基本要求》，针对常见的信息系统，应用安全从以下 14 个方面进行测试：

- ❏ 身份鉴别
- ❏ 访问控制
- ❏ 安全审计
- ❏ 剩余信息保护
- ❏ 报文完整性
- ❏ 报文保密性
- ❏ 抗抵赖性
- ❏ 应用容错
- ❏ 资源控制

❑ WAP 页面安全

❑ 报文安全

❑ 编码安全

❑ 电子安全认证

❑ 客户端程序安全

对于移动支付而言，支付安全更加关注身份信息的认证和传输过程中电子凭证的安全性，除了要严格检测上述方面以外，还需要进一步对如下几个方面进行检测。

❑ WAP 页面安全：检测系统是否采用登录防穷举措施，是否提供安全控件、数字证书和独立的支付密码，页面是否采取防篡改和防钓鱼措施。

❑ 电子认证应用：对内对外业务和关键业务是否使用第三方电子认证机构证书，是否使用有效的电子签名，是否对服务器证书私钥进行有效保护。

❑ 报文安全：检测报文格式是否符合要求，验证报文完整性、报文私密性。

❑ 客户端程序安全：如何保护客户端应用程序和配置文件，查看其版本是否最新，保证登录密码和支付密码的安全。

3. 测试流程

（1）搭建测试环境

❑ 网络环境：互联网环境、移动互联网环境。

❑ 服务器环境：数据库、应用、Web 服务器端，需部署软件环境。

❑ 移动终端：常用智能手机终端，并安装被测客户端软件。

（2）编写测试计划

依据该系统实际情况制定测试计划，安排测试工作内容。移动支付应用系统的测试重点在于对应用系统的安全性进行测试，根据测试需求识别不同的测试过程以及测试条件，并形成测试计划。测试计划中明确了如下内容：

❑ 测试依据

❑ 测试任务

❑ 测试内容

❑ 测试环境情况

❑ 人员安排

❑ 时间安排

❑ 测试方法和流程

❑ 测试启动和终止条件

❑ 缺陷管理

❑ 可交付成果

（3）设计测试用例、执行测试、提交缺陷

安全性检测主要采取人工访谈、手工检查和工具检查方式，检测系统中是否存在窃听、重传交易信息、终端窃取与假冒、中间人攻击、交易抵赖、拒绝服务等安全漏洞。

针对每个检测项，分别设计检测方法、操作步骤和预期结果，并在检测过程中根据设计好的测试用例执行安全检测，记录检测情况，若执行结果与预期结果不符，则记录并提交缺陷。测试用例执行情况如表 7-2 所示。

表 7-2 电子认证应用测试用例实例

用例标识	S-1001-01		质量特性	功能性
用例名称及说明	电子认证应用测试用例实例			
设计人员及时间	张三 YYYY/MM/DD		审核人员及时间	李四 YYYY/MM/DD
测试工具（含有辅助工具）	/		操作系统	Android 4.2
测试平台	三星 G3818		分辨率	960×540
前提和约束	系统运行正常		过程的终止条件	网络中断，系统闪退

测试过程

序号	具体方法／操作步骤	预期结果	实际结果	缺陷级别
01	1. 应访谈安全员，确认系统内是否使用了第三方电子认证证书，使用范围包括哪些业务 2. 应检查对外业务处理过程，确认是否使用了第三方电子认证证书，该证书是否经过认证 3. 应检查内部业务处理过程，确认是否使用了电子认证证书，明确证书来源 4. 应检查其他业务处理过程，确认是否使用了第三方电子认证证书，明确证书来源	1. 在对外业务处理过程中，使用了经过认证的第三方电子认证证书 2. 在内部业务（仅涉及本机构内人员或设备的业务）处理过程中，使用了自建证书（非第三方电子认证证书）或第三方电子认证证书	未使用电子认证证书	建议性问题
02	1. 应访谈安全员，了解系统内部的关键业务，确认这些业务是否使用了电子认证技术 2. 应检查应用系统，查看关键业务使用电子认证技术的情况	关键业务使用了电子认证技术	关键业务实现未使用电子认证技术来保证交易的完整性和抗抵赖性	一般性问题
03	1. 检查对外业务系统的设计文档，查看是否采用第三方电子签名，并访谈应用系统管理员，查看与第三方电子签名提供商所签订的合同 2. 查看对内业务系统的设计文档，查看是否采用第三方电子签名或者自建的电子签名，如果采用第三方电子签名，查看与第三方电子签名提供商所签订的合同	1. 在对外业务系统的设计文档中明确写出了采用第三方的电子证书，与第三方电子证书提供商的合同在有效期之内 2. 在对内业务系统的设计文档中写出了需要电子证书，如果采用第三方电子证书，与第三方电子证书提供商的合同在有效期之内	在支付机构与商户之间的交易处理过程中，未实现有效的电子签名	严重性问题

4. 测试结果分析

应用系统具有权限分配的功能，可为不同的角色分配不同的权限，采取了身份鉴别、访问控制、剩余信息保护和应用容错等方面的措施。

但在客户端程序安全、报文完整性、报文保密性和抗抵赖性方面安全性较高。在身份鉴别、WAP 页面安全、访问控制、安全审计、剩余信息保护、资源控制、应用容错、编码安全和电子认证应用方面存在安全脆弱性，建议加强安全措施。

本章小结

本章从智能终端安全方面，对智能终端硬件、系统、软件和支付安全进行测试，其中不仅包括测试的基础理论的指导，还结合相应的测试工具给出了具体的测试方案，具有很强的操作性和理论性。由于不具备硬件测试的环境，对智能终端硬件安全方面的测试方法略有欠缺。智能终端软件和系统安全测试相结合，没有安全、稳定的系统环境的支持，再安全的软件也不可能稳定运行，智能终端软件安全测试采用静态测试和动态测试相结合的方式，对智能终端应用软件进行全方位测试，确保软件的安全性。支付作为日常生活中最敏感、安全性要求最高的应用环节，在对系统和应用进行测试确保安全的同时，还要对其进行更加严格的测试，才能确保支付环境的纯粹，保障用户的财产安全。

第 8 章

面向移动智能终端的其他测试

本章导读

本章将介绍面向移动智能终端的其他测试的概念、内容以及方法。首先介绍移动智能终端性能测试的概念、内容和方法；然后介绍移动智能终端易用性测试的概念、内容和方法；最后介绍移动智能终端维护性测试的概念、内容和方法；并在每节之后辅以测试案例与分析。

应掌握的知识要点：

- 移动智能终端性能测试的基本概念
- 移动智能终端易用性测试的基本概念
- 移动智能终端维护性测试的基本概念
- 移动智能终端性能测试内容
- 移动智能终端易用性测试内容
- 移动智能终端维护性测试内容
- 移动智能终端其他测试方法

8.1 移动智能终端性能测试

随着移动智能终端的逐渐发展，性能测试也变得火热起来。从各大测试论坛和测试交流群的交流主题的热门程度来看，性能测试已经成为大家非常感兴趣的话题。性能测试作为移动智能终端测试行业技术性相对较高的工作，对于测试新手来说入门有一定的难度，因此下面专门探讨性能测试的基本概念、测试方法及基本内容。

8.1.1 性能测试的概念

移动智能终端的性能一般是指用于鉴定、评估其在特定环境下完成任务的若干指标，如执行效率、资源消耗、稳定性、安全性、可扩展性等。对于很多移动智能终端系统，如实时系统和嵌入式系统等，仅能满足功能要求是不够的，还应满足性能要求，性能已成为衡量系统质量的重要标准之一。性能测试就是对移动智能终端在使用时的性能指标进行测试，判断系统集成之后在实际的使用环境下能否稳定、可靠地运行。

性能测试的目的是验证系统是否能够达到用户提出的性能指标，同时发现其中存在的性能瓶颈，优化软件，最后实现优化系统的目的。具体有：

- ❏ 测试中得到的负荷和响应时间数据被用于验证所计划的模型的能力，并帮助做出策略。
- ❏ 识别体系中的弱点。受控的负荷可以被增加到一个非常极端的水平，并突破它，从而修复体系的瓶颈或薄弱的地方。
- ❏ 系统调优。重复运行测试，验证调整系统的活动得到了预期的结果，从而改进性能。
- ❏ 检测终端中的问题。长时间的测试执行可导致程序发生由于内存泄漏引起的失败，揭示程序中的隐含的问题或冲突。
- ❏ 验证稳定性（resilience）和可靠性（reliability）。在一个生产负荷下执行测试一定的时间是评估系统稳定性和可靠性是否满足要求的唯一方法。

系统的性能是一个很宽泛的概念，覆盖面非常广泛，狭义的性能测试是通过模拟生产运行的业务压力量和使用场景组合，测试系统的性能是否满足生产性能要求。通俗地说，狭义的性能测试就是要在特定的运行条件下验证系统的能力状态。广义的性能测试对一个系统而言，则包括执行效率、资源占用、系统稳定性、安全性、兼容性、可靠性、可扩展性等。性能测试是为了描述测试对象与性能相关的特征并对其进行评价而实施和执行的一类测试。它主要通过自动化的测试工具模拟多种正常、峰值以及异常负载条件来对系统的各项性能指标进行测试。通常将负载测试、压力测试等统称为性能测试。

常见的性能测试指标有事务处理时间、最大事务处理时间、事务操作时间、最大消耗的内存量、高峰运行时间、吞吐量等。下面详细介绍这些常用的性能指标。

事务处理时间：事务处理时间是指完成一项事务所需的运行时间，用于评价事务处理效率。通常，事务处理时间越短，效率越高。

最大事务处理时间：最大事务处理时间是一个很重要的性能测试指标，首先需要分析哪些事务耗时多，然后再将这些事务所花费的时间分别测出来，花费时间最多的就是最大事务处理时间。

事务操作时间：事务操作时间用来评价需要用户进行操作的事务处理需要花费的时间，主要体现了用户操作方面的效率。测试事务操作时间，需要一个计时器，测试多个不同的用户花费的时间，然后取平均值。

最大消耗的内存量：最大消耗的内存量表示应该配置什么级别的终端硬件才能运行系统，是硬件成本的直接反映。最大消耗的内存量测试可以通过性能监视器来进行。

高峰运行时间：高峰运行时间是指系统在高峰内存消耗时期所运行的时间。如果系统在高峰时期所使用内存与硬件提供内存接近，则可以通过提高高峰运行时间来提高系统性能。

吞吐量：吞吐量是指在一次性能测试过程中网络上传输数据量的总和。一般来说，吞吐量用请求数 / 秒或页面数 / 秒来衡量。吞吐量指标有以下两个作用。

❑ 协助设计性能测试场景，衡量性能测试场景是否达到了预期的设计目标。在设计性能测试场景时，根据估算吞吐量数据，测试场景的事务发生频率等。

❑ 协助分析新能瓶颈。吞吐量是性能瓶颈的重要表现形式。因此，有针对性的测试吞吐量可以尽快定位到性能瓶颈所在的位置。

8.1.2 性能测试内容与方法

常规的性能测试是指通过模拟生产运行的业务压力或用户使用场景来测试系统的性能是否满足生产性能的要求。例如，以实际投产环境进行测试，以求出最大吞吐量与最佳响应时间，以保证上线的平稳、安全等。性能测试是一种"正常"的测试，主要测试正常使用时系统是否满足要求，同时可能为了保留系统的扩展空间而进行一些稍稍超出"正常"范围的测试。

常见的性能测试与广义的性能测试相似，它们都包括压力测试、负载测试、强度测试、疲劳强度测试、并发（程序）测试、大数据量测试、配置测试、可靠性测试、失败测试、稳定性测试和可恢复性测试。

（1）压力测试

压力测试是对终端系统不断施加压力的测试，是通过确定一个系统的瓶颈或不能接收用户请求的性能点来获得系统能提供的最大服务级别的测试，测试系统的事务响应时间何时会变得不可接受或事务不能正常执行。

压力测试的目的是发现在什么条件下系统的性能变得不可接受，并通过对应用程序施加越来越大的负载，直到发现应用程序性能下降的拐点。压力测试和负载测试有些类似，但是通常把负载测试描述成一种特定类型的压力测试。例如，增加程序数量或延长压力时间以对终端系统进行压力测试。

压力测试的主要特点有：

❑ 主要目的是检查系统处于压力性能下时应用的表现。

❑ 一般通过模拟负载等方法，使得系统的资源使用达到较高的水平。

❑ 一般用于测试系统的稳定性。也就是说，这种测试是让系统处在很大强度的压力之下，看系统是否稳定，哪里会出问题。

（2）负载测试

负载测试指对终端系统不断增加压力，直到系统的一些性能指标达到极限，例如，响应时间超过预定指标或某种资源已经达到饱和状态。这种测试可以找到系统的处理极限，为系统调优提供依据。压力测试侧重压力大小，而负载测试往往强调压力持续的时间。在实际工作中，没有必要严格区分这两个概念。

负载测试的主要特点有：

❑ 主要目的是找到系统处理能力的极限。

❑ 需要在给定的测试环境下进行，通常也需要考虑被测试系统的业务压力量和典型场景，使得测试结果具有业务上的意义。

❏ 一般用来了解系统的性能容量，或配合性能调优来使用。也就是说，这种方法是对一个系统持续不断地加压，观察终端系统在什么时候会崩溃。

（3）强度测试

强度测试主要用于检查终端系统对异常情况的抵抗能力。它总是迫使系统在异常的资源配置下运行。强度测试是一种特别重要的测试，对测试系统的稳定性以及系统未来的扩展空间均具有重要的意义。在这种异常条件下进行测试，更容易发现系统是否稳定以及性能方面是否容易扩展。

（4）疲劳强度测试

疲劳强度测试是一类特殊的强度测试，主要测试终端系统长时间运行后的性能表现，如 7×24 小时的压力测试。

（5）并发（程序）测试

并发（程序）测试主要指当测试用户访问多个应用程序时是否存在死锁或其他性能问题，几乎所有的性能测试都会涉及并发测试。在具体的性能测试工作中，并发程序往往都是借助工具来进行模拟的。这种性能测试方法的主要目的是发现系统中可能隐藏的并发访问的问题，如系统中的内存泄漏、线程锁和资源争用方面的问题。并发测试可以在开发的各个阶段使用所需要的相关测试工具来配合和支持。

（6）大数据量测试

大数据量测试分为两种：一种是针对某些系统存储、传输、统计查询等业务进行大数据量的测试；另一种是与并发测试相结合的极限状态下的综合数据测试。例如，专项的大数据量测试主要针对前者，后者尽量在并发测试中进行。此外，也可以把大数据量测试分为运行时大数据量测试与历史大数据量测试，以进行测试用例设计。

（7）配置测试

配置测试主要指通过测试找到终端系统各项资源的最优分配原则。配置测试是系统调优的重要依据。配置测试本质上是前面提到的某些性能测试组合在一起而进行的测试。这种性能测试方法的主要目的是了解各种不同因素对系统性能影响的程度，从而判断出最值所进行的调优操作。配置测试一般在对系统性能状况有初步了解后进行，用于性能调优和规划能力。这种测试的关注点是"微调"，通过对软硬件的不断调整，找到它们的最佳状态，因此使系统达到一个最佳的状态。

（8）可靠性测试

可靠性测试指在给终端系统加载一定业务压力的情况下，使系统运行一段时间，以此检测系统是否稳定。可靠性测试的主要目的是验证系统是否支持长期稳定的运行。该测试需要在压力下持续运行一段时间，一般 2～3 天。测试过程中需要关注系统的运行状况，也就是说，这种测试的关注点是"稳定"，不需要给系统太大压力，只要系统能长时间处于一个稳定状态即可。

（9）失败测试

对于有冗余备份和负载均衡的系统，通过失败测试来检验如果系统局部发生故障，用户是否能够继续使用系统，用户所受到的影响有多大。失败测试的主要目的是验证在局部故障情况下，系统能否继续使用。当问题发生时，失败测试得出"能支持多少程序运行"的结论和"采用何种应急措施"的方案。一般来说，只有对系统持续运行指标有明确要求的系统才需要进行失败测试。

（10）稳定性测试

稳定性测试即测试系统在一定负载下长时间运行后是否会发生问题。系统的某些问题是不能立刻暴露出来的，或者说需要时间积累才能达到度量的程度。有些系统问题只有在运行一天或一周甚至更长的时间才会暴露。这种问题一般是程序占用资源却不能及时释放而引起的。例如，内存泄漏问题经过一段时间积累才会慢慢变得显著，在运行初期却很难检测出来。

（11）可恢复性测试

可恢复性测试用于测试系统能否快速地从错误状态中恢复到正常状态。例如，在一个配有负载均衡的系统中，主机承受了压力而无法正常工作后，备份机是否能够快速地接管负载。可恢复测试通常结合压力测试一起来做。

性能测试的类型很多，实际上它们大多是密切相关的。例如，运行 8 小时来测试系统是否可靠，而这个测试极有可能包含了可靠性测试、强度测试、并发（程序）测试、负载测试，等等。因此，当实施性能测试时绝不能割裂它们的内部联系去进行，而应分析它们之间的关系，以一种高效方式来规划与设计性能测试。

8.1.3 性能测试流程与工具

进行性能测试的目的是验证移动终端系统是否能够达到用户提出的性能指标，同时发现系统中存在的性能瓶颈，起到优化系统的目的，主要包括以下几个方面：

❏ 评估系统的能力：测试中得到的负荷和响应时间数据可以被用于验证所计划的模型的能力，并帮助做出决策。

❏ 识别体系中的弱点：受控的负荷可以被增加到一个极端的水平并突破之，从而修复体系的瓶颈或薄弱的地方。

❏ 系统调优：重复运行测试，验证调整系统的活动得到了预期的结果，从而改进性能。

❏ 检测系统中的问题：长时间的测试执行可导致程序发生由于内存泄漏引起的失败，解释程序中隐含的问题或冲突。

❏ 验证稳定性和可靠性：在一个生产负荷下执行测试一定的时间是评估系统稳定性和可靠性是否满足要求的唯一方法。

性能测试一般通过自动化的测试工具模拟多种正常、峰值以及异常负载条件来对系统的各项性能指标进行测试。性能测试主要测试系统产品在实际应用中的性能特征，在不同的运行环境下，测试结果会有所不同。性能测试包括的测试内容很多，可以将性能测试概括为 3 个方面，即应用在客户端性能的测试、应用在网络上性能的测试和应用在服务器端性能的测试。通常情况下，这 3 个方面有效、合理地结合，可以达到对系统性能全面的分析和瓶颈的预测。

性能测试可通过手工或利用自动化测试工具来完成。手工测试的成本非常高，且效果难以保障。因此，性能测试一般需要有自动化测试工具的支持，如 LoadRunner 等。当然，自动化测试不能代替手工测试，只能辅助完成性能测试。

性能测试是对软件需求规格说明中的性能需求逐项进行的测试，以验证其性能是否满足要求，例如，测试在获得定量结果时程序计算的精确性（处理精度），测试其时间特性和实际完成功能的时间（响应时间），测试为完成功能所处理的数据量，测试程序运行所占用的空间，测试负荷潜力，测试配置项各部分的协调性，测试软件性能和硬件性能的集成，测试系统对并发事物和并发用户访问的能力。

与一般测试的过程一样，性能测试过程如图 8-1 所示。

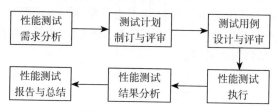

图 8-1　性能测试过程

Mercury Interactive 公司开发的 LoadrRunner 是一套预测系统行为和性能的工业标准集负载测试工具，其通过模拟上千万用户实施并发负载和实时监测的方式来确认和查找性能问题，并以此对整个系统架构进行测试。

LoadRunner 主要包括 5 大组件，它们或者作为独立的模块分别完成各自功能，或者作为 LoadRunner 的一部分彼此衔接，与其他模块共同完成系统性能的整体测试。这 5 大组件分别是：

- ❏ 虚拟用户生成器（virtual user generator）：用于捕获实际用户业务流程和创建自动性能测试脚本。
- ❏ 控制器（controller）：用于组织、驱动、管理和监控负载测试。
- ❏ 负载生成器（load generator）：通过运行虚拟用户生成负载。
- ❏ 分析组件（analysis）：用于查看、分析和比较性能测试结果。
- ❏ 启动组件（launcher）：为执行 LoadRunner 各项任务提供同一界面。

基于 LoadRunner 实施系统性能测试步骤如图 8-2 所示。

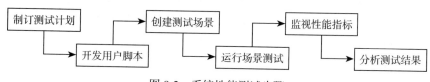

图 8-2　系统性能测试步骤

（1）制订测试计划

1）分析系统及应用程序，掌握被测系统的软硬件配置情况，确保 LoadRunner 创建的测试能够真实反映运行环境。一是确定系统组成，列出系统所有组件以及组件之间的关系；

二是描述系统配置，例如，了解服务器使用的数据库类型；三是熟悉系统应用，例如，掌握系统各项功能以及业务应用的用户数量。

2）定义测试目标，可定义"系统容量"测试目标为"系统在性能没有严重下降的情况下能够处理的负载量"，定义"系统瓶颈"测试目标为"系统中造成响应时间增加的组件"，等等。

3）执行规划测试，包括选择测试环境、配置测试运行、确定度量指标、计算性能参数等。

（2）开发用户脚本

1）录制 Vuser 初级脚本，通过虚拟用户生成器将实际用户在应用程序中按业务流程操作的过程录制到自动脚本中，作为后续性能测试的基础。虚拟用户脚本分 3 个部分：vuser_init、vuser_end 和 Action。其中前两个部分都不能重复执行，一般用于录制用户登录系统和注销关闭操作，而用户登录后的行为则录制在 Action 中，这部分操作可重复执行。

2）完善测试脚本，增强脚本灵活性。

❑ 插入事务，在测试过程中，针对感兴趣的系统性能表现相对应的某些操作，利用起始点和结束点定义一段事务。当脚本运行到该事务起始点时，LoadRunner 开始计时直至事务结束，由此可测试这一系列操作耗费的时间。

❑ 插入集合点，与事务相结合，模拟多用户某一行为（如查询、修改）的并发操作，测试系统负载承受能力。

❑ 插入注释，帮助了解测试进程。

❑ 参数化，即在脚本中使用参数取代某些常量值，从而模拟多个用户执行不同内容操作的行为。

❑ 插入函数，支持 C 语言标准函数和数据类型。

❑ 插入文本、图片检查机制，通过检查 Web 服务器返回的网页是否存在制定的文本或图片，验证网站功能的有效性。

3）配置运行参数，保证设置 LoadRunner 遇到错误时的处理方法、网络模拟贷款是否按照"思考时间"执行脚本等。

4）单机运行测试脚本。启动运行命令，虚拟用户生成器自动编译脚本，检查是否存在语法错误，若无则运行测试脚本并显示运行结果。

（3）创建测试场景

一个测试场景包括运行虚拟用户活动的负载生成器列表、测试脚本列表和虚拟用户组。场景有两种：一种是通过制定运行虚拟用户数来管理负载测试的手动场景（manual scenario），另一种是通过定义性能测试的具体目标来自动创建测试活动的面向目标场景（goal-oriented scenario）。

手动场景的主要配置步骤如下。

第一步，配置列表。在场景群组中注意添加已经开发完成的测试脚本，分别制定运行对应测试操作的虚拟用户数目，同时指定生成该负载的计算机名称或 IP 地址。同一测试脚本可由不同的生成器模拟多台计算机实施操作。

第二步，配置运作。主要对虚拟用户的加载范式、运行规律和降压过程进行设置。例如，模拟对系统逐步加压和减压测试时，可设置阶梯式的虚拟用户加载过程和退出过程；模拟对系统持续疲劳测试时，可设置加载完所有虚拟用户后场景继续运行的时间，等等。

第三步，配置其他项目。配置项目还包括设置集合点策略、测试结果文件保存路径、测试执行选项，等等。

面向目标场景的第一步和第三步设置与手动场景类似，关键区别在于对场景测试运作的配置。在面向目标场景中，必须制定测试所要达到的目标。例如，需要测试多少人可以同时使用该系统，可选择虚拟用户数为目标；需要测试 Web 服务器的服务能力，可选择每秒点击数、每秒响应事务数或每分钟返回页面数为目标；需要测试多用户并发访问网站对 Web 服务器的影响，可选择事务响应时间为目标。对应于每一测试目标，还可进一步设置虚拟用户加载行为、目标成功或失败后场景处理方法等具体选项。

（4）运行场景测试

完成配置以后，运行场景测试，同时观察相关统计信息（如失败用户数、失败事务数、运行错误数等），判断测试场景的执行情况。

（5）监视性能指标

在运行场景测试过程中，LoadRunner 提供了包括系统资源、Web 资源、数据库资源、中间件乃至整个基础架构各种性能指标的适时展现功能。每一项性能指标下还可进一步细分项目，譬如对应于 Windows 系统资源，其涵盖内存相关、处理器相关、磁盘相关、网络相关等多个性能指标子项目，从而为综合衡量被测系统资源性能提供了丰富的参考信息。

（6）分析测试结果

性能测试的最终目的是在测试运行期间或运行结束以后，通过有效分析测试结果，实现对被测系统性能表现的科学评估。

系统性能测试是一门涉及面既广且深的学问，工程人员需要具备扎实的软件工程基本功、全方位的问题综合分析能力，以及丰富的项目管理经验。LoadRunner 提供了系统性能测试的有效工具，然而性能测试的关键在于结合具体应用，多学习、多时间、多研究、多积累。

8.2 移动智能终端易用性测试

当代社会，移动智能终端的迅速发展给我们的生活带来巨大的方便。智能系统是移动智能终端的重要组成部分，智能系统的易用性一直是系统开发中的一个关键问题，开发易用性高的系统是系统开发人员追求的目标。如何在开发的全过程中从根本上提高系统的易用性，是每个软件人员（包括系统分析人员、项目经理、编码人员、测试人员等）必须思考的问题。

8.2.1 易用性测试的概念

易用性（useability）是交互的适应性、功能性和有效性的集中体现。人体工程学（ergonomics）是一门将日常使用的东西设计为易于使用和实用性强的学科。在 GB/T 16260—2006（ISO 9126：2001）《软件工程 产品质量》质量模型中，提出的易用性包含易理解性、易学习性和易操作性，即易用性是指在指定条件下使用时，软件产品被理解、学习、使用和吸引用户的能力，包括易理解性、易学习性、易操作性、吸引性、依从性。

易理解性指标（见表 8-1）能够评估新用户在没有受到培训情况下对软件系统的认识程度。

表 8-1　易理解性

名称	描述	说明
明显的功能	基于初始的条件，产品的功能（或功能的类型）能被用户识别的比例是多少	用户在未接受任何培训的情况下，初次使用系统，能够认识且知道其大致用途
描述的完整性	在阅读完用户手册后能正确理解的功能（或功能的类型）比例是多少	用户能够了解、正确执行该功能，并能够得到预期的结果
演示能力	需要演示的功能中具有演示能力的比例是多少	例如，在查毒软件中，应该具有演示如何升级病毒库，及如何对系统的重要数据备份，这些需要一定专业知识才可理解或完成
演示的有效性	在演示或指导之后用户能成功执行功能的比例是多少	例如，在查毒软件中，用户在看到如何升级病毒库，及如何对系统的重要数据备份的功能演示后，能够正确并成功执行
输入的有效性检查	输入项提供了对有效数据进行检查的比例是多少	例如，在机票预定系统中，用户在输入时间时，系统应对用户输入的时间格式进行校验

易学习性指标（见表 8-2）能够评估用户要用多长时间才能学会如何使用某一指定的功能，及评估软件系统的帮助和文档的有效性。

表 8-2　易学习性

名称	描述	说明
帮助文档的有效性	在阅读完帮助文档后能理解的功能（或功能的类型）比例是多少	用户在阅读完帮助文档后，不再畏惧并可以使用的功能比例
帮助机制的有效性	在使用了帮助文档后，能正确地完成任务的比例是多少	用户可以完整、准确地完成任务，并得到预期的结果

易操作性指标（见表 8-3）能够评估用户能否操作和控制软件系统完成用户预期或指定任务。

吸引性指标（见表 8-4）能够评估软件系统的外观，主要受屏幕设计、颜色等因素的影响。

表 8-3　易操作性

名称	描述	说明
使用中默认值的可用性	为便于操作，用户能否易于选择参数值	例如，用户可以任意选择字体大小、颜色及界面的显示比例
完成指定任务的步骤数目	用户完成指定任务所用的步骤数目	指定任务一般选择被测系统涉及业务的关键任务或频繁执行的任务
操作的复杂性	用户完成指定任务的总体复杂度	使用的姿势（单击、拖、双击）、用户输入模式之间的切换、需要的导航程度
完成指定任务过程中误操作的次数	用户完成指定任务进行操作时所产生的误操作数	例如，用户能够完整地完成任务，期间有误操作的次数

（续）

名称	描述	说明
错误纠正	用户能否容易地纠正任务中的错误	例如，在用户错误操作时，被测软件是否能给出提示并帮助用户纠正错误；或在用户自身意识到错误时，也能够容易地纠正
发生错误的影响力	用户发生错误之后，对完成任务的影响程度	例如，用户在执行过程中发生错误后，是否会造成任务无法完成、任务中断，中断时间的长短，以及是否能继续执行
可还原性	用户正确地还原到操作之前状态的能力如何	例如，完成任务前的任何一步都可以还原到操作的初始状态
运行差错的易恢复性	能够容忍用户差错并帮助用户恢复的功能的比例是多少	包括系统发现的用户操作错误和用户自身发现的错误
使用中的消息的可理解性	用户是否容易理解软件系统的消息，用户是否容易记住重要的消息，在开始下一步动作之前是否有任何引起用户延缓理解的消息	例如，在用户出现错误时，系统给出的消息是否能让用户明白所犯错误，并且能够从该信息中知道如何纠正错误
运行状态的易监控性	具有运行状态监控能力的功能的比例是多少	监控信息包括任务的进度、系统的状态、功能的运行结果等信息
界面元素易定制性	是否提供多种界面风格或方案供用户选择	例如，用户可以选择界面的颜色、配色风格、字体大小及字体颜色
界面布局的易定制性	用户能否为方便自己定制界面的布局	例如，用户可以将界面元素配置成自己习惯的风格，或易于操作的形式
快捷方式的易定制性	用户能否方便地定制快捷方式	例如，快捷键和快捷菜单、按钮等
操作规程的易定制性	用户能否为方便自己容易地定制其操作规程	用户可以简化或细化操作步骤。例如，在电子商务系统中，在选中某种商品时，用户可选择在选中某商品时，系统是否给出提示，该件商品已装入购物车
特殊辅助功能	提供辅助功能的种类	例如，提供语音输入、语音提示、显示提示、眼球移动捕捉器或其他为身体障碍人士提供辅助的功能
无障碍程度	能让有身体障碍的用户操作的功能比例是多少	例如，有视觉障碍的用户可以自行完成某系统 90% 的功能，而另外 10% 的功能需要在其他人的帮助下完成
一致性	系统的各部分之间以及与系统之外的相关因素是否保持一致	例如，光标位置、显示格式、用词、菜单样式等内容是否一致；系统的其他版本、其他相关系统、传统习惯、相关标准和规范是否一致

表 8-4　吸引性

名称	描述	说明
界面色彩对视觉的吸引性	色彩对用户有多大的吸引力，是否让用户感到视觉舒适，从而减少视觉工作量	例如，颜色是否搭配合理，是否符合目标用户的审美观点
界面元素形状的舒适度	界面各种元素的形状是否舒适	例如，界面元素的形状是否符合相关要求，是否符合用户的习惯认识

（续）

名称	描述	说明
界面元素尺寸的合理性	界面各种元素的尺寸是否合理	例如，界面元素的尺寸是否能符合特定用户的要求，是否符合业务习惯
布局的合理性	界面各种元素的配合是否合理，能否减少记忆工作	例如，界面元素是否能够摆放在用户容易找到的地方，用户是否能在完成某操作后通过界面提示知道下一步如何操作。回忆密码、密令向量、数据对象和控制的名字和位置，以及对象之间的其他关系所需的记忆量是否合理
用户的感受度	用户对软件直观感觉的综合评价	例如，界面整体效果是否让用户感觉舒适

由软件的易用性测试可定义系统易用性测试的概念，即易用性测试包括针对应用程序的测试和对用户手册系统文档的测试。通常采用质量外部模型来评价易用性，包括如下方面的测试：易理解性测试、易学习性测试、易操作性测试、吸引性测试、依从性测试。

易用性测试中需要考虑的问题如下：

❏ 每个用户界面是否都根据用户的智力、教育背景和环境要求而进行了调整。

❏ 程序的输出是否有意义、不模糊且没有杂乱信息。

❏ 错误诊断信息是否直接、易于理解。

❏ 整体用户界面是否在语法、惯例、语义、格式和风格等方面具有完整性和一致性。

❏ 在准确性极为重要的环境下，系统是否易于使用。

（1）用户界面测试

系统测试员要负责测试系统的易用性，其中包括其用户界面。用于与系统交互的方式称为用户界面（UI）。测试员不需要去设计用户界面，只需要把自己当作用户，然后去找出用户界面中的问题即可。一个优秀的用户界面主要由以下要素构成：

符合标准和规范。最重要的用户界面要素是系统符合现行的标准和规范，或者有不符合的理由。注意：如果测试在特定平台上运行的系统，就需要把该平台的标准和规范作为产品说明书的补充内容，并根据它建立测试用例。

这些标准和规范由系统易用性专家开发。它们是经由大量正规测试、使用、尝试和错误而设计出的方便用户的规则。也并非要完全遵守准则，有时开发小组可能想对标准和规范有所提高。平台也可能没有标准，也许测试的系统就是平台本身。在这种情况下，设计小组可能成为系统易用性标准的创立者。

直观。用户界面应该做到洁净、不突兀、不拥挤，用户界面的组织和布局必须合理，没有多余的功能，除此之外，还要求帮助系统对使用者有帮助。

一致。如果系统或者平台有一个标准，就要遵守它。如果没有，就要注意系统的特性，确保相似的操作以相似的方式进行。

灵活。多种视图的选择要流畅，不卡顿，状态跳转时的延迟应该尽可能短，状态的终止与跳过也应该及时且不啰嗦。数据输入和输出也应尽可能地做到流畅、优美。

舒适。软件使用起来应该舒适，不能给用户的使用带来障碍和困难。

正确。确保用户界面是否做了该做的事，保障其正确性。

实用。是否实用是优秀用户界面的最后一个要素。

（2）辅助选项测试

辅助选项测试（accessibility testing）是为有残疾障碍的人进行的测试。残疾有许多种：视力损伤、听力损伤、运动损伤、认知和语言障碍等。

法律要求。开发残疾人可以使用的用户界面，这方面可以参考一些法律规定。

系统中的辅助特性。智能操作系统需要定义、编制和测试自己的辅助选项，此时需要为辅助选项建立测试用例。例如，Windows 系统提供了粘滞键、筛选键、切换键、声音卫士、声音显示、高对比度、鼠标键、串行键辅助选项。因此智能终端操作也可以像 Windows 系统那样提供一系列的辅助选项。

总之，不要让易用性测试的模糊性和主观性阻碍测试工作。易用性测试的模糊和主观是必然的，即使是设计用户界面的专家也承认这一点。

8.2.2 易用性测试内容

由易用性测试的概念可知，易用性测试可分为易理解性测试、易学习性测试、易操作性测试、吸引性测试、依从性测试。

易理解性测试内容包括明显的功能测试、描述的完整性测试、演示能力测试、演示的有效性测试、输入的有效性检查测试等，如表 8-5 所示。

表 8-5 易理解性

测试内容	测量、公式及数据元素计算	测量值说明
明显的功能	$X=A/B$ 式中： A——在培训前，用户可以根据界面提示进行操作的功能数 B——在培训前，用户应该根据界面提示进行操作的功能数	$0 \leqslant X \leqslant 1$，越接近 1 越好
描述的完整性	$X=A/B$ 式中： A——在阅读完用户手册后能正确理解的功能（或功能的类型）数 B——用户需要理解的功能（或功能的类型）数	$0 \leqslant X \leqslant 1$，越接近 1 越好
演示能力	$X=A/B$ 式中： A——在需要演示的功能中具有演示能力的功能数 B——需要演示的功能数	$0 \leqslant X \leqslant 1$，越接近 1 越好
演示的有效性	$X=A/B$ 式中： A——在演示或指导之后用户能成功执行的功能数 B——用户本应需要执行的功能数	$0 \leqslant X \leqslant 1$，越接近 1 越好
输入的有效性检查	$X=A/B$ 式中： A——能够对输入数据进行有效性检查的功能数 B——要求对输入数据进行有效性检查的功能数	$0 \leqslant X \leqslant 1$，越接近 1 越好

易学习性测试内容包括帮助文档的有效性测试、帮助机制的有效性测试等内容，如表 8-6 所示。

表 8-6 易学习性

指标名称	测量、公式及数据元素计算	测量值说明
帮助文档的有效性	$X=A/B$ 式中： A——用户在阅读完帮助文档后理解的功能数 B——软件的功能数	$0 \leq X \leq 1$，越接近 1 越好
帮助机制的有效性	$X=A/B$ 式中： A——用户使用帮助文档后完成的功能数 B——用户需要使用帮助文档完成的功能数	$0 \leq X \leq 1$，越接近 1 越好

易操作性测试内容包括使用中默认值的可用性测试、完成指定任务的步骤数量测试、操作的复杂性测试、完成指定任务过程中误操作的次数测试、错误纠正测试等，如表 8-7 所示。

表 8-7 易操作性

指标名称	测量、公式及数据元素计算	测量值说明
使用中默认值的可用性	$X=A/B$ 式中： A——用户可自己选择的参数的功能数 B——要求可供用户自己选择参数的功能数	$0 \leq X \leq 1$，越接近 1 越好
完成指定任务的步骤数量	$X=A/B$ 式中： A——符合完成所用的步骤数要求的任务数 B——要求必须进行评测的任务数目	$0 \leq X \leq 1$，越接近 1 越好
操作的复杂性	$X=A/B$ 式中： A——用户完成指定任务的动作数 B——要求用户完成指定任务所要求的动作数	$0 \leq X \leq 1$，越接近 1 越好
完成指定任务过程中误操作的次数	$X=A/B$ 式中： A——用户在使用系统完成某项任务时出现误操作的步骤次数 B——用户在正常情况下，完成某项任务所用的步骤次数	$0 \leq X \leq 1$，越接近 1 越好
错误纠正	$X=A/B$ 式中： A——用户在使用系统完成某项任务时成功纠正错误的次数 B——用户在使用系统完成某项任务时出现错误的次数	$0 \leq X \leq 1$，越接近 1 越好
发生错误的影响力	$X=A/B$ 式中： A——用户在完成任务过程中出现误操作后，完成任务所需要的时间 B——用户使用系统完成某项任务的完成时间	$1 \leq X \leq \infty$，越接近 1 越好

（续）

指标名称	测量、公式及数据元素计算	测量值说明
可还原性	$X=A/B$ 式中： A——可以恢复到原状态的功能数 B——要求可以恢复到原状态的功能数	$0 \leqslant X \leqslant 1$，越接近 1 越好
运行差错的易恢复性	$X=A/B$ 式中： A——能够容忍用户差错并帮助用户恢复的功能数 B——软件的功能数	$0 \leqslant X \leqslant 1$，越接近 1 越好
使用中的消息的可理解性	$X=A/B$ 式中： A——在使用过系统后，能够被用户理解的系统消息数 B——使用系统过程中提示的消息数	$0 \leqslant X \leqslant 1$，越接近 1 越好
运行状态的易监控性	$X=A/B$ 式中： A——能够向用户提供运行状态查看的功能数 B——要求向用户提供运行状态查看的功能数	$0 \leqslant X \leqslant 1$，越接近 1 越好
界面元素易定制性	$X=A/B$ 式中： A——用户可以选择多种风格或方案的功能数 B——要求用户可以选择多种风格或方案的功能数	$0 \leqslant X \leqslant 1$，越接近 1 越好
界面布局的易定制性	$X=A/B$ 式中： A——用户可以改变的界面布局元素数 B——要求用户可以改变的界面元素数	$0 \leqslant X \leqslant 1$，越接近 1 越好
快捷方式的易定制性	$X=A/B$ 式中： A——用户可以自定义快捷键的功能数 B——要求用户可以自定义快捷键的功能数	$0 \leqslant X \leqslant 1$，越接近 1 越好
操作规程的易定制性	$X=A/B$ 式中： A——用户可以自定义操作规程的功能数 B——要求用户可以自定义操作规程的功能数	$0 \leqslant X \leqslant 1$，越接近 1 越好
特殊辅助功能	$X=A/B$ 式中： A——已经提供辅助功能的种类数 B——要求提供辅助功能的种类数	$0 \leqslant X \leqslant 1$，越接近 1 越好
无障碍程度	$X=A/B$ 式中： A——能让有身体障碍的用户操作的功能数 B——软件的功能数	$0 \leqslant X \leqslant 1$，越接近 1 越好
一致性	$X=A/B$ 式中： A——符合内、外部一致性要求的系统元素数 B——要求必须符合内部一致性要求的系统元素数	$0 \leqslant X \leqslant 1$，越接近 1 越好，表明该系统一致性越好

吸引性测试内容包括界面色彩对视觉的吸引性测试、界面元素形状的舒适度测试、界面元素尺寸的合理性测试、布局的合理性测试、用户的感受度测试等等一些内容。

表 8-8 吸引性

指标名称	测量、公式及数据元素计算	测量值说明
界面色彩对视觉的吸引性	$X=A/B$ 式中： A——在使用过系统后，感觉界面配色方案舒适的用户人数 B——使用过系统的用户人数	$0 \leqslant X \leqslant 1$，越接近 1 越好，表明该系统的配色方案舒适度越好，越被用户所接受
界面元素形状的舒适度	$X=A/B$ 式中： A——在使用过系统后，感觉界面形状方案舒适的用户人数 B——使用过系统的用户人数	$0 \leqslant X \leqslant 1$，越接近 1 越好，表明该系统的形状方案舒适度越好，越被用户所接受
界面元素尺寸的合理性	$X=A/B$ 式中： A——在使用过系统后，感觉界面尺寸方案舒适的用户人数 B——使用过系统的用户人数	$0 \leqslant X \leqslant 1$，越接近 1 越好，表明该系统的尺寸方案舒适度越好，越被用户所接受
布局的合理性	$X=A/B$ 式中： A——符合工作要求及操作方便性要求的界面布局及元素数 B——要求必须符合工作要求及操作方便性要求的界面布局及元素数	$0 \leqslant X \leqslant 1$，越接近 1 越好，表明该系统界面布局越符合工作要求且操作方便性好
用户的感受度	$X=A/B$ 式中： A——对用户进行调查，认为感受度高的用户 B——进行调查的所有用户	$0 \leqslant X \leqslant 1$，越接近 1 越好，表明该系统用户感受度好

依从性测试设计和实施的一般原则如下：

❑ 在软件需求分析和 UI 设计阶段，测试人员的职责是参与同行评审，了解软件需求和 UI，根据经验，从测试角度提出建议。测试人员要注意易用性测试的主导是 UI 设计部门的用户研究人员，测试人员参与这些活动或者直接阅读易用性测试报告，可以了解软件面向的用户和用户行为模式，从而为后面的易用性测试设计打下基础。

❑ 测试人员在 UI 设计阶段结束后，再提出主观看法的易用性问题一定要非常慎重，因为很难得到客观的数据支持，个人的主观看法没有足够的说服力，容易引起纠纷，影响项目进度，而且几乎不能得到修改。

❑ 在测试设计阶段，测试人员的职责是根据软件需求规格说明书、UI 设计说明书，以及软件易用性的测试准则，在测试说明中设计易用性测试策略。

❑ 在测试实施阶段，测试人员的职责是执行易用性测试。

❑ 建议在软件完整交付之后尽早专门进行一次 UI 的验证测试，验证软件与 UI 设计说明书是否一致。这样可以集中提出和及时处理 UI 在正确性、一致性方面的问题，因为 UI 修改对软件影响较大，集中处理和尽早处理可以保证项目进度。

❑ UI 的验证测试建议由测试人员主导控制，UI 设计人员协助，原因是 UI 某些内容（如像素级别的微小偏差）是需要专业经验才能判断的，同时 UI 人员可以在此时全面了解 UI 与软件代码的结合情况。

❑ UI 的确认测试和回归测试，尽量使用自动化工具完成。

❑ 版本的更新、需求的更动必然触发 UI 的回归测试。注意控制测试阶段中间 UI 测试进行的时机和次数，否则影响项目进度。过多测试会加大测试工作量，降低测试效率。不及时的测试会贻误修改时机，加大修改工作量。

❑ 测试阶段结束之前，最后进行一次最终版本的 UI 确认测试，保证最终版本的 UI 正确性和一致性。

❑ 帮助设施的专项测试安排在测试阶段后期，同样需要在最后与最终版本的 UI 进行功能同步确认测试，保证与最终版本的一致性。

由上面内容可知，易用性测试则可从以下几个方面入手：

（1）**导航测试**

导航描述了用户在一个页面内操作的方式，用于不同的用户接口控件之间（如按钮、对话框、列表和窗口等），或在不同的链接页面之间。通过考虑下列问题，可以决定一个应用系统是否易于导航：导航是否直观？系统的主要部分是否可通过主页存取？系统是否需要站点地图、搜索引擎或其他导航的帮助？

在一个页面上放太多信息往往起到与预期相反的效果。应用系统的用户趋向于目的驱动，很快地扫描一个应用系统，看是否有满足自己需要的信息，如果没有，就会很快地离开。很少有用户愿意花时间去熟悉应用系统的结构。

因此，应用系统导航帮助要尽可能地准确。导航的另一个重要方面是应用系统的页面结构、导航、菜单、链接的风格是否一致，确保用户凭直觉就知道应用系统里面是否还有内容，内容在什么地方。应用系统的层次一旦确定，就要着手测试用户导航功能，让最终用户参与这种测试，效果将更加明显。

（2）**图形测试**

在应用系统中，适当的图片和动画既能起到广告宣传的作用，又能起到美化页面的功能。一个应用系统的图形可以包括图片、动画、边框、颜色、字体、背景、按钮等。图形测试的内容有：

1）要确保图形有明确的用途，图片或动画不要胡乱地堆在一起，以免浪费传输时间。应用系统的图片尺寸要尽量地小，并且要能清楚地说明某件事情，一般都链接到某个具体的页面。

2）验证所有页面字体的风格是否一致。

3）背景颜色应该与字体颜色和前景颜色相搭配。

4）图片的大小和质量也是一个很重要的因素，一般采用 JPG 或 GIF 格式压缩。

（3）**内容测试**

内容测试用来检验应用系统所提供信息的正确性、准确性和相关性。信息的正确性是指信息是可靠的还是误传的。例如，在商品价格列表中，错误的价格可能引起财政问题甚至导致法律纠纷。信息的准确性是指信息是否有语法或拼写错误，这种测试通常使用一些文字处理软件来进行，例如，使用 Microsoft Word 的"拼音与语法检查"功能。信息的相关性是指是否可以在当前页面找到与当前浏览信息相关的信息列表或入口，即一般 Web 站点中的所谓"相关文章列表"。

（4）整体界面测试

整体界面是指整个应用系统的页面结构设计应给用户以整体感。例如，当用户浏览应用系统时是否感到舒适，是否凭直觉就知道要找的信息在什么地方，整个应用系统的设计风格是否一致等问题都是需要在整体界面测试中注意的。

对整体界面的测试过程，其实是一个对最终用户进行调查的过程。一般应用系统采取在主页上做一个调查问卷的形式，以得到最终用户的反馈信息。对于所有的易用性测试来说，需要有外部人员（与应用系统开发没有联系或联系很少的人员）的参与，最好是最终用户的参与。

界面是系统与用户交互的最直接的层面，界面的好坏决定用户对系统的第一印象。而设计优良的界面能够引导用户自己完成相应的操作，起到向导的作用。界面如同人的面孔，具有吸引用户的直接优势。设计合理的界面能给用户带来轻松愉悦的感受和成功的感觉，相反界面设计失败，让用户有挫败感，再实用、强大的功能都可能在用户的畏惧与放弃中付诸东流。

8.2.3 易用性测试方法

易用性评价应该使用模糊综合评价法。该方法根据模糊数学的隶属理论把定性评价转化为定量评价，即用模糊数学对受到多种因素制约的事物或对象做出一个总体的评价。运用模糊综合评价法进行决策时有 3 个步骤：

1）确定评价因素、评价等级。

2）构造评判矩阵和确定权重。

3）进行模糊合成，做出决策。

其中，评价因素是对指标评议的具体内容，评价等级是评价因素的优劣程度，被评价因素确定了一个从指标到等级的模糊关系矩阵以及权重，权重表示指标相对重要性大小的量度值。

由易用性测试的概念及内容可知，易用性测试方法可分为数学模型、客观评价和主观评价 3 大类，如图 8-3 所示。

数学模型是用构建数学模型的方式来模拟人际交互的过程。这种方法把人机交互的过程看作解决问题的过程。此类方法适合于无法进行用户测试的情形。客观评价分为两类，一类是用户测试法，另一类是技术测试法。其中用户测试法是以用户行为作为观测对象，由测试人员分析、判断并记录测试结果的一类方法。此类方法适合于可以由用户行为决定测试结果的情形。根据测试地点的不同，用户测试法可分为实验室测试和现场测试；根据实验设计方法的不同，用户测试法可分为有控制条件的统计试验和非正式的易用性观察测试。主观评价是以系统的使用者（专家或普通用户）对被测系统的主观判断为最终测试结果的一类方法。此类方法适合于由用户主观评价决定测试结果的情形。主观评价类方法包括评审法和调查法两种。其中评审法根据具体实施方式的不同可细分启发式评估和走查法，走查法又可分为认知走查和协作走查。

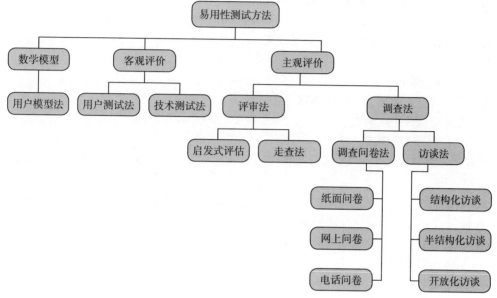

图 8-3　易用性测试方法分类

1. 总体原则

系统软件易用性主要是在软件需求分析和 UI 设计阶段，使用软件可用性工程的各种方法来保证的。在系统软件确认测试中，易用性测试最大比例的工作是对软件产品和 UI 设计的一致性，以及软件 UI 的正确性进行测试。其他易用性因素的测试则由测试人员根据上文的种种细则和测试经验，与其他质量特性的测试混合进行。

2. 易用性测试设计

界定软件易用性相关内容范围，定义移动智能终端系统的易用性测试范围，特别是需要独立专项执行的测试项目。由测试人员进行的主要易用性测试项目如下：

（1）UI 静态测试

根据需求规格说明书与 UI 设计规格说明书描述，沿菜单树遍历，确认所有 UI 元素图形，文字显示正常，位置正确，内容正确。UI 元素包括下拉式菜单、工具条、滚动条、对话框、按钮、图标和其他控制。根据软件使用环境确认各种变动和参数设置下 UI 正常。

1）屏幕保护、休眠等操作执行和恢复后对界面没有造成变形、显示失常等影响。

2）切换变更屏幕分辨率以及颜色质量对界面没有造成变形、显示失常等影响。切换变更包括直接变更和重启后变更两种情况。由于显示器尺寸普遍增大。640×480 像素测试优先级可以降低，1024×768 像素以上测试优先级上升。

3）切换变更字体大小对界面没有造成变形、显示失常等影响。

（2）UI 交互信息测试

1）交互方式正确性：一致性测试。

❑ 菜单、右键菜单、按钮等常规交互方式。

❑ 热键、功能键等键盘交互方式。

❑ 语音输入、语音识别等音频交互方式。

❑ 手写。

❑ 遥控器、操纵杆、触摸屏等其他交互方式。

2）交互信息正确性、一致性测试。

3）交互信息合法性测试。

（3）UI 逻辑流程测试

根据需求规格说明书与 UI 设计规格说明书描述，沿菜单树遍历，确认所有用户操作逻辑和流程正确。

1）状态跳转测试：灵活的软件实现同一任务有多种选择和方式，结果是增加了通向软件各种状态的途径。状态转换图将变得更加复杂，测试人员需要花费更多时间决定测试哪些相互连接的路径。

2）输入 / 输出测试。

3）非法处理测试：

❑ 输入时能够识别非法数据。

❑ 非法的输入或操作应有足够的提示说明。

❑ 对运行过程中出现问题而引起错误的地方要有提示，让用户明白错误出处，避免形成无限期的等待。

❑ 提示、警告或错误说明应该清楚、明了、恰当。

❑ 多次或不正确按鼠标不会导致无法预料的副作用。

4）风险处理测试：

❑ 对可能造成数据无法恢复的操作必须提供确认信息，给用户放弃选择的机会。

❑ 对错误操作最好支持可逆性处理，如取消系列操作。

❑ 对可能发生严重后果的操作要有补救措施。通过补救措施，用户可以回到原来的正确状态。

❑ 对可能造成等待时间较长的操作应该提供取消功能。

❑ 协议确认等需要用户注意的对话框默认选项应当为不同意等否定选项，即需要用户确认才可以继续。

❑ 阻止用户做出未经授权或没有意义的操作。

❑ 对可能引起致命错误或系统出错的输入字符或动作要加以限制或屏蔽。

❑ 在输入有效性字符之前应该阻止用户进行只有输入之后才可进行的操作。

❑ 对一些特殊符号的输入、与系统使用的符号相冲突的字符等进行判断并阻止用户输入该字符。常见特殊字符有 *、&、^、%、$、#、@、!、～、空格等。

- ❏ 尽可能避免用户无意录入无效的数据。可以采用相关控件限制用户输入值的种类。
- ❏ 当用户做出选择的可能性只有两个时，可以采用单选框。
- ❏ 当选择的可能性多一些时，可以采用复选框，每一种选择都是有效的，用户不可能输入任何一种无效的选择。

5）安装卸载测试：尽量减少用户的操作，统计完成安装任务中用户点击的次数，输入的长度越少越好。

- ❏ 安装时需要替换文件版本。理想情况建议安装自动实现，或让用户选择一次批量处理。
- ❏ 重复安装，已有低版本再装高版本，修复性安装的操作尽可能简短、明确。
- ❏ 自动识别语言环境，进行自动适应的安装或者运行。
- ❏ 安装过程中的各对话框应当大小相同、风格一致，"下一步"等继续按钮应当处于同一位置，默认选中按钮应当是"下一步"等继续按钮。

（4）帮助设施测试

- ❏ 帮助设施调用和链接测试。
- ❏ 帮助设施内容正确性测试。
- ❏ 帮助设施一致性测试。
- ❏ 帮助设施索引和搜索测试。

帮助设施要有即时针对性。在界面上调用帮助设施时应该能够及时定位到与该操作相对的帮助设施的位置。再次打开使用过的帮助设施时建议自动定位到上次位置。使用向导平台，最好提供逐级问答的引导方式。使用索引、主题词和关键词，用户可以用关键词在帮助索引中搜索所要的帮助内容。文档的设计（布局、缩进和图形）应便于信息的理解。帮助设施有简略和详细不同的版本，显示给用户的信息有更详细的文档解释，提供及时调用系统帮助的功能。

（5）自动化测试

易用性测试主要针对对象的一些属性进行测试，但每个测试版本都去验证对象的属性，效率比较低，然而不去验证又会担心开发者修改对象的属性。可以借助自动化测试实现易用性测试的完成，但不是所有的属性都适合通过自动化测试实现，在测试中应该有选择地对服务平台端的易用性进行测试。

易用性自动化测试包括以下步骤：

1）获取实际测试过程中对象的相关属性。

2）将实际对象属性与预期对象属性进行比较。

3）如果不同，测试结果标注 FAIL，如果相同，则测试结果标注 PASS。

完成上面步骤之后需要绘制易用性测试表，列出需要测试的对象名、对象属性以及各属性的预期结果。在测试过程中，获取实际运行时对象属性值，并将它填写在易用性测试表中。之后再比较预期结果和实际结果的值是否相同，如果相同则在结果列中标注 PASS（字体颜色为绿色），否则标注 FAIL（字体颜色为红色）。

界定系统全部 UI 静态界面与元素集合，设计静态测试用例，可以考虑使用自动化工具和脚本。界定系统包含的交互方式、交互信息集合，可以根据软件用户分析和易用性测试报告，使用 ALAC（Act Like A Customer）方法设计用例。界定系统操作逻辑流程，可以使用流程图描述，可以根据软件用户分析和易用性测试报告，使用 ALAC 方法设计用例。界定系统帮助设施方式，设计相关测试用例。根据易用性测试准则，考虑其他易用性因素的测试。根据项目进度，安排需要独立专项测试的测试时间，安排回归测试的时间和次数。

8.3 移动智能终端可维护性测试

在移动智能终端系统的开发中，当系统开发完成之后，系统维护随即开始，因此，系统的可维护性测试也变得至关重要。可维护性测试是系统开发完成之后必须考虑的问题，本部分给出的可维护性测试过程是一个较为完备的流程，实际进行可维护性测试时可根据不同的情况对测试流程进行简化和修改。下面介绍可维护性测试的基本概念，以及可维护性测试的方法及基本内容。

8.3.1 可维护性测试的概念

可维护性测试是验证系统是否能够满足用户的维护需求的一种测试活动。维护是在软件交付使用后进行的修改，修改之前必须理解待修改的对象，修改之后应该进行必要的测试，以保证所做的修改是正确的。如果是改正性维护，还必须预先进行调试以确定错误的具体位置。

主要从易分析性、可测试性、可修改性、可移植性、可重用性、规范性 6 个方面对系统与软件的维护性进行度量。

1. 易分析性

软件易分析性表现为用户理解软件的结构、功能、接口和内部处理过程的难易程度。模块化（模块结构良好，高内聚，松耦合）、详细的设计文档、结构化设计、程序内部的文档和良好的高级程序设计语言等，都对提高软件的可理解性有重要贡献。

软件易分析性是系统与软件对维护过程提供动态分析的支持能力，包括：

❏ 失效诊断的效率：系统与软件对失效进行定位的表现。

❏ 对失效诊断的支持：系统与软件对失效诊断的支持表现。

2. 可测试性

诊断和测试的容易程度取决于软件容易理解的程度。良好的文档对诊断和测试是至关重要的，此外，软件结构、可用的测试工具和调试工具，以及以前设计的测试过程也是非常重要的。维护人员应该能够得到在开发阶段用过的测试方案，以便进行回归测试。在设计阶段应该尽力把软件设计成容易测试和容易诊断的。

对于程序模块来说，可以用程序复杂度来度量它的可测试性。模块的环形复杂度越大，可执行的路径就越多，全面测试它的难度就越高，因此，软件的可测试性也可以靠软件的模块化来衡量。软件可测试性是系统与软件为维护过程通过模块化对维护实施的支持能力，包括：

❑ 模块间的耦合性：系统与软件各模块之间耦合程度对维护的影响。

❑ 模块结构的合理性：系统与软件各模块结构的合理程度。

3. 可修改性

软件可修改性是对系统与软件实施维护的容易程度的支持能力，包括修改实施的效率、修改的可控制性等。软件容易修改的程度和软件设计原理及启发规则直接有关。耦合、内聚、信息隐藏、局部化、控制域与作用域的关系等，都影响软件的可修改性。可修改性即对系统与软件实施维护动作的便利性，修改的可控制性是维护实施过程中的系统与软件的可控性。

4. 可移植性

软件可移植性指的是把程序从一种计算环境（硬件配置和操作系统）转移到另一种计算环境的难易程度。把与硬件、操作系统以及其他外部设备有关的程序代码集中放到特定的程序模块中，可以把因环境变化而必须修改的程序局限在少数程序模块中，从而降低修改的难度。

5. 可重用性

重用是指同一事物不做修改或稍加改动就可在不同环境中多次重复使用。大量使用可重用的软件构件来开发软件，可以从下述两个方面提高软件的可维护性。

❑ 通常，可重用的软件构件在开发时经过很严格的测试，可靠性比较高，且在每次重用过程中都会发现并清除一些错误，随着时间推移，这样的构件将变成实质上无错误的。因此，软件中使用的可重用构件越多，软件的可靠性越高，改正性维护需求越少。

❑ 将可重用的软件构件再次应用在新环境中。软件中使用的可重用构件越多，适应性和完善性维护越容易。

6. 规范性

软件规范性是系统与软件对维护过程所涉及的代码、数据和文档等静态要素的可理解性的支持能力，包括：

❑ 代码易读性：系统与软件的代码规范对维护的硬性。

❑ 文档维护指导性：系统与软件的相关文档对维护的指导程度。

❑ 数据的规范性：系统与软件的数据规范对维护的影响。

代码易读性包括注释的充分性、注释的规范性、代码的规范性、代码规范的符合性4个方面，如表8-9所示。

表8-9 代码易读性

名称	描述	说明
注释的充分性	注释的数量是否足够充分	存在注释的方法数占所抽样方法数的百分比
注释的规范性	注释是否规范、易于理解和分析	注释规范的方法数占所有抽样方法数的百分比
代码的规范性	代码的编写遵从代码编写规范的程度	遵从规范的代码行数占抽样代码行数的百分比
代码规范的符合性	代码编写规范得到遵守的程度	遵守的代码编写规范占所有代码编写规范比例

文档维护指导性宜用表 8-10 中的属性进行表征。

表 8-10　文档维护指导性

名称	描述	说明
对维护的指导性	在维护分析和实施的过程中，文档能提供的指导程度	文档可以提供指导的问题数量占维护过程中所有问题数量的百分比
文档与软件的符合程度	文档与软件的实际功能间的一致程度	文档描述与软件实际情况的一致程度

文档是影响软件可维护性的决定因素。由于长期使用的大型软件系统在使用过程中必然会经过多次修改，因此文档比程序代码更重要。

软件系统的文档可以分为用户文档和系统文档两类。用户文档主要描述系统功能和使用方法，并不关心这些功能是怎样实现的；系统文档描述系统设计实现和测试等各方面的内容。

总的说来，软件文档应该满足下述要求：

❑ 必须描述如何使用这个系统，没有这种描述则即使最简单的系统也无法使用。

❑ 必须描述怎样安装和管理这个系统。

❑ 必须描述系统需求和设计。

❑ 必须描述系统的实现和测试，以便使系统可维护的。

下面分别讨论用户文档和系统文档。

（1）用户文档

用户文档是用户了解系统的第一步，它应该能使用户获得对系统的准确的初步印象。文档的结构方式应该使用户能够方便地根据需要阅读有关的内容。

用户文档至少应该包括下述 5 方面的内容。

❑ 功能描述：说明系统能做什么。

❑ 安装文档：说明怎样安装这个系统以及怎样使系统适应特定的硬件配置。

❑ 使用手册：简要说明如何着手使用这个系统（应该通过丰富的示例说明怎样使用常用的系统功能，还应该说明用户操作错误时怎样恢复和重新启动）。

❑ 参考手册：详尽描述用户可以使用的所有系统设施以及它们的使用方法，还应该解释系统可能产生的各种出错信息的含义（对参考手册最主要的要求是完整，因此通常使用形式化的描述技术）。

❑ 操作员指南（如果需要有系统操作员）：说明操作员应该如何处理使用中出现的各种情况。

上述内容可以分别作为独立的文档，也可以作为一个文档的不同分册，具体做法应该由系统规模决定。

（2）系统文档

系统文档指从问题定义、需求说明到验收测试计划这样一系列和系统实现有关的文档。描述系统设计、实现和测试的文档对于理解程序和维护程序来说是极端重要的。和用户文档类似，系统文档的结构也应该能把读者从对系统概貌的了解，引导到对系统每个方面、每个特点的更形式化、更具体的认识。

可维护性是所有软件都应该具备的基本特点，必须在开发阶段保证软件具有可维护因素。在软件工程过程的每一个阶段都应该考虑并努力提高软件的可维护性，在每个阶段结束前的技术审查和管理复审中，应该着重对可维护性进行复审。

在需求分析阶段的复审过程中，应该对将来要改进的部分和可能会修改的部分加以注意并指明；应该讨论软件的可移植性问题，并且考虑可能影响软件维护的系统界面。在正式的和非正式的设计复审期间，应该从容易修改、模块化和功能独立的目标出发，评价软件的结构和过程；设计中应该对将来可能修改的部分预做准备。代码复审应该强调编码风格和内部说明文档这两个影响可维护性的因素。在设计和编码过程中应该尽量使用可重用的软件构件，如果需要开发新的构件，也应该注意提高构件的可重用性。

在软件正式交付使用前，每个测试步骤都针对程序中可能需要做预防性维护的部分。在测试结束时进行最正式的可维护性复审，这个复审称为配置复审。配置复审的目的是保证软件配置的所有成分是完整的、一致的和可理解的，而且为了便于修改和管理已经编目归档了。

在完成了每项维护工作之后，应该对软件维护本身进行仔细认真的复审。维护应该针对整个软件配置，不应该只修改源程序代码。当对源程序代码的修改没有反映在设计文档或用户手册中时，就会产生严重的后果。每当对数据、软件结构、模块过程或任何其他有关的软件特点进行改动时，必须立即修改相应的技术文档。不能准确反映软件当前状态的设计文档可能比完全没有文档更坏，在以后的维护工作中很可能因文档不完全符合实际而不能正确理解软件，从而在维护中引入过多的错误。

用户通常根据描述软件特点和使用方法的用户文档来使用、评价软件。如果对软件的可执行部分的修改没有及时反映在用户文档中，则必然会使用户因为受挫折而产生不满。

如果在软件再次交付使用之前，对软件配置进行了严格的复审，则可大大减少文档的问题。事实上，某些维护要求可能并不需要修改软件设计或源程序代码，只是表明用户文档不清楚或不准确，因此需要对文档做必要的维护。

8.3.2　可维护性测试内容

测试需求分析的第一步是分析软件产品。应该对系统的硬件和软件组件、系统配置以及系统功能特点有一个了解。对软件产品进行分析可以确保使用的测试环境能够在测试中精确地反映软件产品的环境和配置，使测试人员能够精确地测试软件系统。操作系统类软件产品的需求分析主要包括以下几点：

确定操作系统的结构设计和工作方式。移动终端系统的结构设计和工作方式决定了维护方式和可维护性，不同类型（或系列）的智能终端系统产品维护功能点的工作原理可能不相同，在进行可维护性测试之前首先要明确系统的结构设计和工作方式。例如，绘制一份系统结构示意图，如果可能，可以从现有文档中提取一份示意图，示意图要包括主要的系统组件，同时给出系统的工作方式或工作流程，以充分了解可能影响系统可维护性的要素。

确定系统配置。确定操作系统在某种应用需求下正常工作时的配置需求。通过系统使用说明书中系统的配置需求、配置文件和配置项的说明，以充分了解系统，以便对系统的各项维护功能进行精确的测试。

充分了解系统的维护功能。用户要充分了解系统的各项维护功能的使用方式；高级测试人员（系统设计人员或/和领域专家）在充分了解测试功能使用方式的基础上，要了解维护功能的原理，例如，系统的备份、恢复原理，数据清理功能的工作原理等，以便精确判断测试结果。

测试需求是系统维护应用需求的衍生，而且测试用例也必须覆盖测试需求，否则，这个测试过程就是不完整的。在操作系统的可维护性测试中需要确定以下可维护性需求：

1）测试的对象系统是操作系统类软件产品。

2）用户包括普通用户和系统管理员。

3）操作系统类软件产品的可维护性测试需求如表 8-11 所示。

表 8-11 操作系统的用户维护需求与测试目标的关系

测试目标集	具体测试目标	用户需求描述
用户数据恢复功能	用户数据完全恢复功能	用户能够通过系统提供的数据完全恢复功能成功地进行用户数据恢复
	用户自定义数据恢复功能	用户能够通过系统提供的自定义数据恢复功能成功地进行用户自定义数据恢复，例如，可以选择恢复哪些用户的数据和恢复用户的哪些数据等
系统恢复功能	系统完全恢复功能	用户能够通过系统提供的系统完全恢复功能成功地进行系统数据恢复，例如，Android 系统的系统盘完全恢复
	自定义系统恢复功能	用户能够通过系统提供的系统自定义恢复功能成功地进行系统数据恢复，如自定义恢复系统的某些配置文件、系统日志等
	系统故障恢复功能	用户能够通过系统提供的系统故障恢复功能成功地进行系统故障恢复，如 Android 网络连接的失败或网络故障修复功能等
配置优化	自动优化功能	用户能够通过系统提供的自动优化功能进行系统的配置优化，如文件系统优化、交换分区优化、启动优化等
	自定义优化功能	用户能够通过系统提供的自定义优化功能进行系统的配置优化，如文件系统优化、交换分区优化、启动优化等
系统清理	系统垃圾数据清理功能	系统能够通过系统垃圾数据清理功能进行系统的垃圾数据清理，例如，一些临时文件、缓存文件、注册表中的无效键值等都可以视为垃圾数据
	自定义用户数据清理功能	系统能够通过自定义用户数据清理功能进行用户数据的清理，例如，删除某个用户后可以选择清除此用户相关的数据
	自定义系统数据清理功能	系统能够通过自定义系统数据清理功能进行系统数据的清理

操作系统类软件产品的可维护性测试环境搭建过程及注意事项：

❑ 参考系统的安装配置说明书，明确操作系统所依赖的硬件平台，以及最低配置需求。

❑ 参考系统安装配置说明书，按照用户的使用需求，选择安装类型并安装，要确保在安装配置阶段不出现任何错误。

❑ 参考系统配置说明书，按照用户的应用需求，对系统进行应用配置，要确保系统配置的正确性。

在实施可维护性测试时，需要运行系统相关的维护功能，这就需要足够而且真实性的

（续）

数据支持才可以运行测试维护功能，并验证维护功能是否成功执行。操作系统类软件产品的维护功能测试测试指标与数据准备的对应关系如表 8-12 所示。

表 8-12 测试指标与数据准备的对应关系表

测试指标集	具体测试指标	测试数据准备
用户数据恢复功能	用户数据完全恢复功能	首先，注册若干个用户，这是为测试操作系统的可维护性必须做的一步（注：若是多用户系统，则推荐注册 3 个以上用户，包括系统管理员；若是单用户则只需要一个用户）。然后给用户一定的使用时间，在这段时间内，用户将按照正常的使用方式使用系统制造用户数据，要保证硬盘中数据类型的比例和分布情况接近真实场景
	用户自定义数据恢复功能	
系统恢复功能	系统完全恢复功能	系统在真实的运行环境中使用一段时间之后，系统会对一些主要的配置文件、日志文件等系统数据进行更新，从而得到系统恢复功能所需要的一个数据状态，即若在此状态执行备份，则执行恢复功能后，系统将恢复到此状态
	自定义系统恢复功能	
	系统故障恢复功能	阅读系统说明文档和设计文档，明确系统对哪些关键功能点设置了故障恢复功能；明确什么情况导致的故障可以恢复，从而可以准备故障数据和设计制造故障的手段
配置优化	自动优化功能	系统在真实的环境中使用一段时间，并在使用过程中根据应用需求对系统进行相应的配置。为了检查优化功能，可以对系统的配置进行任意修改，包括极端的设置，例如，交换分区设为最小或最大、开启大量服务和进程等，使系统进入一个需要优化的状态
	自定义优化功能	
系统清理	系统垃圾数据清理功能	用户在真实的环境中高密度、多样性地使用系统，要保证在硬盘中制造的数据类型、数量和比例要尽量接近真实系统环境
	自定义用户数据清理功能	
	自定义系统数据清理功能	

8.3.3 可维护性测试方法

常见的可维护测试方法有专家评审法、技术测试法和用户调查法。各类方法说明如下：

❏ 专家评审法：一种主观的测评方法。评审时，应根据被评审对象和评审目的，设计评审项目表，列出打分栏目、分值、权值和打分规则。可由 N 个专家组成一个评审组，专家根据自身的经验与认知，进行判断打分。然后依据专家的权重和统计规则，进行分值汇总计算，其计算得出的值作为评审的结果。打分规则可以是分等级的，也可以是一个取值区间，或选择一个其他的合适规则。

❏ 技术测试法：一种客观的测评方法。技术测试时，可依据被测对象和测试目的，选择采用适用的自动化测试工具进行，也可由人工进行手工测试。技术测试获得的结果通常是一种量化的测量结果。

❏ 用户调查法：一种面向特定用户群的问卷征询方法。用户调查时，应根据调查的目的和特定的用户群，设计调查表，让被调查对象填写并反馈，调查表的回收数应达到一定的数量，并不低于发出数的适当比例。然后，对回收的调查表进行汇总计算，其计算得出的值作为用户调查的结果。

可维护性测试目的是测试出某系统提供的维护功能是否能够满足用户的维护需求，操作系统可维护性测试方法采用维护功能点检查的黑盒测试法。操作系统类软件产品测试用例的设计是在测试环境和测试数据准备好的基础上进行的。表 8-13 是操作系统类软件产品的测试用例设计方法和可维护性测试点的对应关系。

表 8-13　操作系统可维护性测试用例设计对应关系表

测试指标集	具体测试指标	测试用例设计
用户数据恢复功能	用户数据完全恢复功能	1. 执行系统的用户数据完全备份功能，将用户数据备份到指定的位置 2. 继续使用系统，改变系统中的用户数据，使系统进入另一个状态 3. 执行用户数据完全恢复功能，进行用户数据恢复 4. 对比两个状态，检查恢复功能是否执行成功，即用户数据是否恢复到了指定的状态
	用户自定义数据恢复功能	1. 执行系统的用户自定义备份功能，将用户数据备份到指定的位置 2. 继续使用系统，改变系统中的用户数据，使系统进入另一个状态 3. 执行用户自定义数据恢复功能，进行用户数据恢复 4. 对比两个状态，检查恢复功能是否执行成功，即用户数据是否恢复到了指定的状态
系统恢复功能	系统完全恢复功能	1. 执行系统数据的完全备份功能，对系统数据进行完全备份 2. 继续使用系统，改变系统数据，使系统进入另一个状态 3. 执行系统完全恢复功能，进行系统数据恢复 4. 对比两个状态，检查恢复功能是否执行成功，即系统数据是否恢复到了指定的状态
系统恢复功能	自定义系统恢复功能	1. 对系统的部分关键数据进行备份，从而得到自定义系统恢复功能所需要的数据 2. 继续使用系统，改变系统数据，使系统进入另一个状态 3. 执行自定义系统恢复功能，进行系统数据恢复 4. 对比两个状态，检查恢复功能是否执行成功，即系统数据是否恢复到了指定的状态
	系统故障恢复功能	1. 执行故障数据或者执行制造故障的其他手段，制造关键功能点的故障 2. 执行系统故障恢复功能，进行故障修复 3. 检查故障是否成功修复，即系统是否恢复到了故障之前的状态
配置优化	自动优化功能	1. 参考系统的系统配置手册，对系统的一些关键性的配置文件进行修改，例如，修改虚拟内存的大小、系统的启动选项、文件系统类型、服务进程最大连接数、进程的优先级等 2. 执行自动优化功能或自定义优化功能，进行系统的配置优化配置 3. 对比系统优化之前和优化之后的状态，检查优化配置功能是否成功执行
	自定义优化功能	

（续）

测试指标集	具体测试指标	测试用例设计
系统清理	系统垃圾数据清理功能	1. 让系统在真实的环境中运行一段时间，在这段时间中，用户要尽可能地高密度、多样性使用系统，使系统产生的各类文件的比例尽可能地接近真实 2. 执行系统垃圾数据清理功能，进行垃圾数据清理 3. 检查维护功能的执行结果，查看是否能够清理掉系统的垃圾数据
	自定义用户数据清理功能 自定义系统数据清理功能	1. 让系统在真实的环境中运行一段时间，在这段时间中，用户要尽可能地高密度、多样性地使用系统，使系统产生的各类文件的比例尽可能地接近真实 2. 执行自定义用户数据清理功能（或系统数据清理功能），进行数据清理 3. 检查维护功能的执行结果，查看是否能够根据维护需求清理掉相应的数据
说明	注1： <ul><li>对用户数据进行完全备份时，要按照备份功能中的不同选项组合进行多种备份，从而充分覆盖测试点。</li><li>在备份过程中要确保备份数据的正确性。</li><li>在执行各项维护功能时，要根据维护功能中的不同选项组合进行维护测试。</li></ul>注2：一些典型的垃圾数据文件为碎片文件（以 .bak、.tmp、.error 等为扩展名的文件），也包括以被删除用户名或 ID 为标识的文件、缓存文件等。

　　一个可维护的软件或者系统都应是可理解的、可测试的、可修改的，但要同时很好地实现这 3 个目标，需要付出相当大的努力，而且也不一定能成功，因为这 3 个可维护性因素的相对重要性会随着软件的用途和应用环境的变化而变化。因而，应对软件的可维护性因素赋予不同的优先级，这样不仅有助于提高软件的质量，而且会对软件生存周期的费用产生较大的影响。总体而言，系统的可维护性从多个角度进行，并且贯穿整个软件的生存周期。

　　使用结构化程序设计技术。结构化程序设计可使软件各模块的结构和模块间的关系都相对标准化。

　　选择维护性能好的程序设计语言。选择不同的程序设计语言，对软件的可维护性也有产生较大地影响。明显地，高级语言比低级语言更容易理解，但同样是高级语言，可理解性也有较大差异。例如，用户使用第四代编程语言开发应用软件和使用普通高级语言相比具有质量高、效率高、易理解、易扩展的优势。第四代编程语言采用面向对象思想设计的结构，因而可读性好，且由于继承特性的存在，即使需求发生变化，维护工作也只是在局部模块中进行，因而维护起来方便，成本也低。

　　健全文档。文档是影响软件可维护性的决定因素，一般包括用户文档和系统文档。由于软件系统在长期的使用过程中必然会经历多次修改，因而文档比程序代码更重要。文档结构要标准化、容易理解。对软件的任何修改都应在相应的文档中反映出来，即文档应与软件当前状况相对应，否则在以后的维护工作中，会增加维护工作的难度。健全的文档应满足文档的可维护性，文档维护指导性包含对维护的指导性、文档与软件的符合程度两个指标名称，如表 8-14 所示。

表 8-14 文档维护指导性

指标名称	指标描述	测量、公式及数据元素计算	测量值说明
对维护的指导性	在维护分析和实施的过程中，文档能提供的指导程度	$X=A/B$ 式中： A——用户通过查找文档能解决的问题数 B——在维护分析过程（诊断、修改和验证）中相关人员（提出方、实施方和验证方）发现问题的总数	$0 \leqslant X \leqslant 1$，$X$ 越接近 1 越好
文档与软件的符合程度	文档与软件的实际功能间的一致程度	$X=A/B$ 式中： A——抽样模块中，有正确文档描述的模块个数 B——抽样模块个数	$0 \leqslant X \leqslant 1$，$X$ 越接近 1 越好

可维护性复审。可维护性是所有软件都努力追求的一个基本特征，在软件工程的每一个阶段都应考虑提高软件可维护性的可能，在每个阶段结束前的技术审查和管理复审中，应着重对可维护性进行复审。在需求分析阶段的复审中，应对将来可能修改和可以改进的部分加以注释和说明，对软件的可移植性加以讨论并考虑可能影响软件维护的系统界面；在设计阶段复审期间，应该从易于维护和提高设计总体质量的角度出发，全面评审总体结构设计、数据结构设计、过程设计和人机界面设计；代码复审阶段主要强调编程风格和内部文档这两个因素；测试复审中应注意暗示程序中可能需要做预防性维护的部分。正式的可维护性复审放在系统测试完成之后，称为配置复审。其目的是减少混乱，提高软件生存率。同时在完成每项维护工作之后，都应对软件维护本身进行仔细的复审。

系统维护是系统生存周期的最后阶段，也是耗费时间和精力最多的阶段。在系统运行时，需有计划地对其进行改正性、适应性、完善性或预防性维护。系统的可维护性是衡量系统质量的重要指标，也是延长系统寿命的重要因素，只有在分析了影响系统可维护性因素的基础上，才能给出提高系统可维护性的方法。

8.4 测试案例与分析

8.4.1 项目背景

随着移动互联网的快速发展和移动智能终端的遍及，移动终端 APP 软件也得到了全面发展。

以社交软件系统（手机端）为例，它是一款移动应用 APP，在为广大客户带来便利的同时，移动终端用户对系统的性能、易用性和可维护性提出了更高的要求。

8.4.2　被测软件及实施方案

1. 被测软件简介

本机票票务系统采用 B/S 架构，涉及应用服务平台端、互联网终端和移动终端功能。其中应用服务平台端为系统提供服务；互联网终端通过传统 PC 连接互联网访问系统；移动终端通过手机等终端，连接移动互联网访问系统。

机票票务系统（手机端）提供机票查询、预定、支付、选座、改签、退票、订单管理、个人信息管理等功能，为旅客提供方便快捷的购票全新体验。

本次测试的目的，是通过对机票票务系统（手机端）的可移植性测试，以发现系统存在的可移植性缺陷，目的是为判定该手机端机票票务系统是否满足软件的可移植性需求，包括适应性、易安装性、兼容性和共存性。

2. 实施方案

（1）测试前准备阶段

需求分析。分析该社交软件系统（手机端）软件，主要是为移动智能手机用户提供查找朋友、与好友聊天以及发送和接收文字、视频、音频消息等功能。

由于该软件运行在移动终端，其 CPU、内存资源有限，无法与 PC 终端相提并论，在终端软件运行过程中，需要关注系统的运行性能情况；另一方面，为了让移动智能终端用户在使用过程中有较好的用户体验，在软件的易用性方面提出了较高要求；同时，由于移动终端软件更新较频繁，给软件的可维护性提出了相应需求，具体测试内容如下：

- ❏ 性能：在该软件使用过程中，CPU、内存等资源占用情况。
- ❏ 易用性：系统使用时的易理解、易浏览、易学习和易操作性。
- ❏ 可维护性：在软件修改时系统的可理解性、可测试性、可修改性、可移植性和可重用性。

团队搭建。组建一支 3 人的测试团队，其中测试经理 1 名，测试工程师 3 名。

测试经理负责测试内部管理以及与用户、开发人员等外部测试人员的交流；组织测试计划编写、测试文档审核；协调并实施项目计划中确定的活动；识别测试环境需求；为其他人员提供技术；编制测试报告。

3 名测试工程师分别负责性能、易用性和可维护性的测试，同时协助测试经理开展工作，负责测试文档审核、测试设计和测试执行：针对测试计划中每个测试点设计测试用例；按照测试用例执行功能性测试，并提交缺陷；组员间相互审核确认缺陷。

确定缺陷管理方式以及工具。依照设计好的测试用例对系统进行测试，将发现的缺陷按照用例中的测试编号分别予以记录，保证各类缺陷记录的维护、分配和修改。

（2）实施阶段

1）搭建测试环境：

- ❏ 服务器环境：数据库、应用、Web 服务器端，部署软件环境。
- ❏ 网络环境：移动无线网络。

❑ 移动终端：安装被测软件，软件功能可正常运行。

❑ 搭建移动终端真机检测平台，用于在测试过程中对终端资源占用情况进行监控。

2）编写测试计划。依据该系统实际情况制订测试计划，安排测试工作内容，在测试计划中明确测试任务和范围、人员安排、时间安排、测试方法和流程、可交付成果等内容。其中：

❑ 性能：采用手工测试和自动化测试相结合的方法对系统性能进行测试。通过系统在移动终端的安装和卸载、功能运行、页面展示等功能的过程中监控系统的 CPU、内存资源，以获取移动 APP 的性能数据。

❑ 易用性：采用手工测试方法，通过对系统进行导航、图形、内容、整体界面等方面的测试，以验证移动 APP 在易理解性、易浏览性、易学习性和易操作性等方面是否满足设计需求。

❑ 可维护性：采用手工测试方法，通过对系统的安装、升级、数据恢复、系统恢复、配置优化、垃圾清理等功能的测试，检查系统的可理解性、可测试性、可修改性、可移植性和可重用性是否满足需求。

3）设计测试用例。对系统进行黑盒测试，制定覆盖主要功能模块和业务流程的测试用例，同时考虑对非法数据输入和异常处理的测试用例，验证正常和异常情况下系统的运行情况是否满足性能、易用性和可维护性需求。测试用例举例如表 8-15 所示。

表 8-15　测试用例执行记录

用例标识	T-P		质量特性	易用性			
用例名称	对系统整体显示进行测试						
设计人员	张三		审核人员	李四			
用例说明	对系统整体显示进行测试		测试工具（含有辅助工具）	—			
测试平台	Samsung S4						
操作系统	Android 4.2.2						
分辨率	—						
前提和约束	安装被测软件，软件功能可正常运行		过程和终止条件	—			
测试过程							
序号	测试步骤	测试数据	预期结果	实际结果	问题编号	备注	
1	打开手机客户端	—	成功进入程序				
2	进入"个人信息管理"页面	—	打开页面且页面显示正常				
测试结果	□通过　　　　□不通过		测试人员及时间				

使用移动终端真机检测平台进行测试，测试过程如下：

❑ 录制和调试测试脚本。

❑ 在多个真机上，回放测试脚本，监控设备信息。

❑ 获取监控报告，分析测试结果。

4）执行测试，记录测试过程，提交缺陷。根据设计好的测试用例执行功能性测试，记录测试情况。当执行结果与预期结果不符时，则记录并提交缺陷，缺陷记录举例如表 8-16 所示。

表 8-16 缺陷记录

			缺陷 1007- 系统部分页面显示有残缺			
项目名称	某社交软件系统（手机端）	样本版本	V1.0	测试平台	Samsung S4	
操作系统	Android 4.2.2	功能模块	可移植性	严重程度等级	S4	
可重现性	可以复现	提交人	张三	确认人	李四	
问题摘要	系统部分页面显示有残缺					
详细描述	系统部分页面显示有残缺，例如： 1."发送消息"页面右上角的"更多"文字显示有残缺 2."个人信息管理"页面的图片显示有残缺					
开发商		委托方		确认日期		

5）测试结果分析。经过对系统性能、易用性和可维护性的测试表明：

❑ 系统在 CPU、内存资源占用情况正常。

❑ 系统页面信息较易理解、浏览和学习，软件操作简便，在系统的页面展示方面有待进一步改进。

❑ 具有较好的可维护性，建议在帮助设施、文档方面进行加强。

本章小结

本章主要介绍了面向移动智能终端的除功能测试、可靠性测试、可移植性测试和安全测试外的其他测试，包括移动智能终端的性能测试、移动智能终端的易用性测试及移动智能终端的可维护性测试。本章分别对以上 3 种测试方法的概念、内容以及方法分别进行了介绍，并且配有相应测试案例与分析方法，供读者理解相关内容。

第三部分 *Part 3*

服务平台端测试

■ 第9章　服务平台端性能测试
■ 第10章　服务平台端安全测试
■ 第11章　服务平台端其他测试技术

第 9 章

服务平台端性能测试

本章导读

本章主要介绍服务平台端性能测试。服务平台端即能与移动智能终端产生交互的服务器的集合。本章除了阐述服务平台端性能测试的主要概念外，还将介绍各类型服务器性能测试的内容、方法、流程、工具，并在最后配备相应的案例。

应掌握的知识要点：

- 服务平台端性能测试的概念
- 服务平台端性能测试的概念
- 服务平台端性能测试的内容
- 服务器性能测试方法
- 服务器性能测试流程
- 常用性能测试工具

9.1　服务平台端性能测试概述

首先简要介绍与移动智能终端交互的服务平台的主要构成，然后介绍其中服务器性能及性能测试的相关概念。

9.1.1　服务平台端

服务平台端由一系列可以管理资源并为用户提供服务的服务器组成。相对于普通计算机，作为服务器的计算机在稳定性、安全性、性能等方面都要求更高，因此 CPU、内存、磁盘系统、网络等硬件和普通计算机有所不同。服务平台中的服务器作为网络环境中的高性能计算机,需要侦听网络上的移动智能终端设备(客户端)提交的服务请求,并提供相应的服务,为此,这些服务器必须具有承担服务并且保障服务的能力。同时,服务平台端的数据库服务器还存储着挂靠在该平台上的各个移动智能终端设备的各种数据和文件,以备终端需要时调用或者恢复。

一个能与移动智能终端交互的典型的信息服务平台系统通常包括 Web 服务器、数据库服务器和应用服务器等各个环节,如图 9-1 所示。

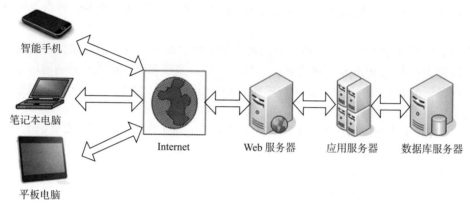

图 9-1　典型信息服务平台

(1) Web 服务器

Web 服务器是 Web 网站的载体,是网站程序存储的主机。对于使用移动智能终端的用户来说,服务平台端的 Web 服务器可以在网络环境下为客户提供某种服务,例如,向发出请求的浏览器提供文档的程序,或者在用户通过智能终端 Web 浏览器提供信息的基础上运行脚本和程序。

Web 服务器一般负责处理静态页面,动态页面将转发给应用服务器,应用服务器再将其中的数据访问请求转发给数据库服务器进行处理,如图 9-2 所示。

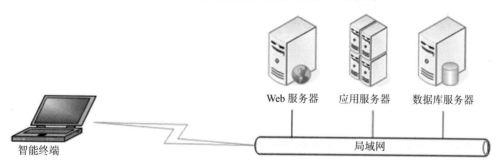

图 9-2　Web 服务器的作用

(2) 数据库服务器

运行在局域网中的一台或多台计算机和数据库管理系统软件共同构成了数据库服务器。数据库服务器为客户应用提供服务,这些服务包括查询、更新、事务管理、索引、高速缓存、查询优化、安全及多用户存取控制等。在 C/S 模型中，数据库服务器软件（后端）主要用于处理移动智能终端发过来的数据查询或数据操纵的请求。

（3）应用服务器

应用服务器是位于前端（以浏览器为基础）和后端（诸如历史遗留应用）之间的基于组件的中间件平台，主要提供应用的激活和其他相关服务，如负载平衡，通过多线程和连接池技术提高处理效率等。它高速存取后端系统的信息，处理业务逻辑，集成企业计算中的资源和应用，为安全、状态维护、数据访问、数据存取提供中间件服务，并负责处理动态的页面请求。

应用服务器继承了传统事务监控器的高可伸缩性、高可用性、高可靠性、高效等高级特性，还能为事务性 Web 应用的创建、部署、运行、集成和维护提供所需的通用服务。应用程序服务器的客户端（包含图形用户界面）可能会运行在一台 PC、一台 Web 服务器或者其他的应用程序服务器上。

通常 J2EE 架构的应用服务器上部署的是 JSP、Servlet 等 Java 应用，常见的 J2EE 架构的应用服务器有 WebSphere、WebLogic、JBoss、Tomcat 等。应用服务器在整个应用服务框架中的位置及作用如图 9-3 所示。

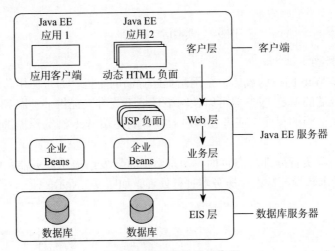

图 9-3　应用服务器的作用

9.1.2　服务器性能

性能是一种指标，用来表明软件系统或者构件对于其及时性要求的符合程度，可以用时间或者空间进行度量。软件系统的性能好坏体现在：当系统在一定的负载压力工作的情况下，能否及时响应客户的服务请求。对于用户来说，这是可以直接感受的，因此很重要。

影响服务器性能的因素很多，主要有硬件设施、网络、操作系统、并发用户数、系统积累的数据量、中间件等。通常，与移动智能终端性能测试一样，衡量服务器性能好坏也有一些常见指标，这些指标有的适用于所有服务器，有的则适用于个别的服务器。

（1）响应时间

响应时间（response time）是服务器对客户端发出的请求做出响应所需要的时间。从单个任务的角度来说，响应时间是完成该事务所需要的时间；从用户的角度来说，响应时间是感受到系统为其服务所耗费的时间，即端到端的时间。由此可见，响应时间直接体现了用户体验。响应时间可以细分为以下3个：

- 服务器端响应时间（server time）：服务器完成交易请求执行的时间，用来度量服务器的处理能力，是服务器重要性能指标，也是本章测试的重点。
- 网络响应时间（network time）：网络硬件传输交易请求和交易结果所耗费的时间。
- 客户端响应时间（client time）：客户端在构建请求和展现交易结果时所耗费的时间。

（2）吞吐量

吞吐量（throughput）反映服务器的处理能力，即单位时间内服务器处理客户请求/事务/单位数据的数量。应用系统的吞吐量由多种因素作用而成，包括用户请求数、用户请求交易的特性和数据量大小，以及应用实例和数据库的性能。

（3）性能计数器与资源利用率

性能计数器是描述服务器的数据指标，具有监视和分析服务器系统性能的作用。例如，Windows系统的内存数、进程数和系统缓存等都是常见的性能计数器。

与性能计数器相关的资源利用率（resource utilization）指服务器软件资源对硬件资源的占用情况，常用的资源占有率有CPU占有率、内存使用率、磁盘I/O、网络I/O。通常情况下：

$$资源利用率 = 资源的实际使用 / 总的资源可用量$$

通过对资源利用率进行横向对比，可发现性能的瓶颈所在。资源利用率需要结合响应时间变化曲线、系统负载曲线等各种指标进行综合分析。

（4）并发用户数

并发指有多个类似的用户请求同时访问应用服务器。并发用户数（concurrent user）用来度量服务器并发容量和同步协调能力。

并发一般指多个用户同一时间进行同样的业务交易的动作行为，因此在调研并发用户数时需要根据实际用户对业务操作的行为模式进行区分。

（5）点击率

点击率（hit per second）即每秒用户向Web服务器提交的HTTP请求数，它并不是我们通常意义所了解的用户点击鼠标的次数，而是按照客户端向Web服务器发起的HTTP请求数计算的。这个指标是Web应用里特有的指标，用户每发出一次申请，服务器就要处理一次，因此"点击"是Web应用能够处理交易的最小单位。点击率越大，服务器的压力也越大。

（6）TPS

TPS（transaction per second）即每秒系统能够处理交易或事务的数量，是性能测试工具LoadRunner中重要的性能参数指标。

9.1.3 服务器性能瓶颈

瓶颈是服务器系统的主要性能障碍，任何对数据流或处理速度予以定义限制的系统资源（如硬件、软件或带宽）都会产生瓶颈。在 Web 应用程序中，瓶颈可限制数据吞吐量或应用程序连接数，从而直接影响性能和可扩展性。这些问题将会在系统体系结构的所有级别出现，包括网络层、Web 服务器、应用服务器以及数据库服务器等。

9.1.4 服务器性能测试

服务器性能测试是通过某种特定的方式对被测服务器系统按照一定的测试策略施压，获取服务器系统的各项性能指标，以评价服务器系统能否满足用户性能需求的过程。除了识别服务器系统的瓶颈位置和产生瓶颈的原因外，性能测试还能够优化和调整服务平台的配置（包括软件和硬件），以求达到各个服务器的最高性能。另外，一旦服务平台加入新的服务器模块，性能测试可以帮助判断新模块是否对整个系统的性能产生影响。

对服务平台进行性能测试，就是针对服务平台中的各个组成服务器制订性能测试策略和计划，并分别执行性能测试，然后对服务器的性能问题进行定位和优化，以使服务器系统尽可能达到客户的要求。服务器端的性能测试主要关注的问题有 CPU 的利用率是否超过65%、线程队列是否太长、每秒处理事务的数量、服务时间长短、能够支撑在线用户和支持并发用户的数量、内存是否发生泄漏、磁盘 I/O 是否频繁等。

针对移动智能终端的服务平台不同于一般的软件或者系统，其一旦上线后使用人数比较多，对实时性交互的要求较高，对系统的响应时间、并发用户数等都有一定的要求。因此服务平台的性能测试非常重要，它可以避免服务平台投入使用之后才发现由于性能问题造成的系统崩溃和大量损失。性能测试描述如表 9-1 所示。

表 9-1 性能测试描述表

测试目标	测试服务器系统关键环节的基本性能指标，分析系统性能瓶颈，并提交性能测试报告
测试技术	1. 在模拟环境中进行并发测试，获取系统相应指标 2. 实施负载压力测试，分析系统性能瓶颈 3. 在大数据量条件和长时间工作的条件下，对系统进行测试，评估系统稳定性
完成标准	按性能测试计划完成测试，提交性能测试报告

9.2 服务平台端性能测试内容

9.2.1 用户并发测试

用户并发测试需要同时进行压力测试和负载测试。实际测试时，针对每个业务功能设计用户并发测试用例，使测试结果能够更全面地反映服务器的真实性能。测试用例越多，测试结果越精确。

❑ 压力测试：通过增加用户数量来加重系统负担，以检测服务器能接受的最大用户数是否达到要求。通常这个虚拟用户数量会根据性能需求做出调整，以百为基本单位。

❑ 负载测试：测试不同数量用户并发访问时，服务器的响应速度是否控制在合理的范围之内。由于不同的操作，对服务器发出的数据请求数量是不一致的，从而导致完成整个事务的响应时间也不一样，因此必须分别设计不同的测试用例进行比对观察和分析。

实际测试中，针对每个业务功能或用户请求，都应该设计各自的用户并发测试用例，例如，针对数据录入，可以编写打开空表、打开少量数据的数据表、打开较多数据的数据表等设计详细的性能测试用例，针对信息发布或者浏览器网页访问也是如此。测试用例越详细，其结果越能更全面地反映服务器的真实性能。这里以"打开一个少量数据的单表"为例编写用户并发测试用例表，如表9-2所示，测试记录表如表9-3所示。

表9-2　用户并发测试用例

测试用例			
测试类型	用户并发测试	编制人	编制时间
功能特性	服务器程序能够接受移动智能终端发来的数据请求，将数据请求结果返回智能终端，接受 X 个用户以上的并发访问，提供合理的并发访问速度		
测试目的	在数据录入程序中，用户正常登录，打开一个有少量数据的数据表，通过增加用户数量来加重系统负担，以检验测试对象能接受的最大用户数来确定性能是否达到要求，即压力测试；测试不同数量的用户并发访问速度是否合理，即负载测试		
测试前置条件	每一个并发测试都要求重启应用服务器程序，以避免连续的测试影响测试精度		
操作步骤	操作描述		期望结果
1	启动测试工具，调用测试业务管理数据录入程序，进行脚本录制		
2	选择脚本录制操作，选择协议		
3	输入用户名与口令，登录系统		可以登录
4	点击测试对象，录入界面，选择"单表录入"		打开单表录入界面
……	……		
n	开始执行测试		
$n+1$	手工循环测试3次		
$n+2$	取3次测试中的平均记录，包括用户并发数、用户通过数、事务数、通过事务数、失败事务数、错误事务数、事务平均响应时间、服务器状态等，记录在《用户并发测试记录表》(表9-3) 中		
$n+3$	在每次确认服务器程序重新启动后，重复测试执行步骤，每次增加用户数量，然后记录		

表9-3　用户并发测试记录表

测试说明	每一次测试都要求重启应用服务器程序，以避免相互影响							
测试项	用户并发数	用户通过数	事务数	通过事务数	失败事务数	错误事务数	事务平均响应时间	服务器状态
数据录入	用户正常登录，打开一个有少量数据的单表							
备注								
结果分析								

9.2.2 疲劳强度测试

疲劳强度测试即在指定用户并发访问数量的情况下服务器能够正常工作的时间，考查平均响应时间是否一致，找出因资源不足或资源争用而导致的错误。如果内存或者磁盘空间不足，测试对象可能会表现出一些在正常条件下并不明显的缺陷，而其他缺陷则可能是由于争用共享资源（如数据库锁或网络带宽）而造成的。

与用户并发测试一样，针对不同的功能，需要设计不同的测试用例、不同的用户并发数，并且都要进行长时间的测试，才能正确反映服务器程序的真实性能。疲劳强度测试用例表如表 9-4 所示，测试记录表如表 9-5 所示。

表 9-4 疲劳强度测试用例

测试用例					
测试类型	疲劳强度测试	编制人		编制时间	
功能特性	服务器程序能够接受移动智能终端发来的数据请求，将数据请求结果返回智能终端，提供合理的并发访问速度，在并发情况下承受长时间的数据访问请求				
测试目的	验证在一定数量的用户并发访问下，用户能否正常登录，打开一个有少量数据的单表，服务器能够正常工作的时间以及平均响应时间是否一致				
测试前置条件	每一个并发测试都要求重启应用服务器程序，以避免连续的测试影响测试精度				
操作步骤	操作描述			期望结果	
1	启动测试工具，调用测试业务管理数据录入程序，进行脚本录制				
2	选择脚本录制操作，选择协议				
3	输入用户名与口令，登录系统			可以登录	
4	点击测试对象，录入界面，选择"单表录入"			打开单表录入界面	
……	……				
n	开始执行测试				
n+1	每过两小时，将事务数、通过事务数、失败事务数、错误事务数、事务平均响应时间、服务器内存数量、服务器状态记录在《疲劳强度测试记录表》(见表 9-5)中			长时间运行，服务器程序稳定	
n+2	在测试执行过程中，不间断地手工反复打开数据管理平台录入程序和访问信息发布网页，观察这两个程序是否都能正常显示和操作			智能终端程序不受影响，可以访问和操作	

表 9-5 疲劳强度测试记录表

测试说明	连续运行 X 小时，设置添加 X 用户并发							
测试项	时间	事务数	通过事务数	失败事务数	错误事务数	事务平均响应时间	服务器内存数量	服务器状态
数据录入	用户正常登录，打开一个有少量数据的单表							
备注								
结果分析								

9.2.3 资源监控与数据采集

服务器性能测试很重要的内容是对服务器各个资源进行监控，通过资源的各种数据指标查看服务器的系统资源利用率，然后判断该服务器是否满足用户对性能的需求。下面列举了服务器常用的操作系统或数据库系统所涉及的指标，进行性能测试时，可以通过采集这些指标来判断当前服务器的性能和使用情况。

（1）UNIX/Linux 监控指标

UNIX/Linux 作为强大的多用户多任务的操作系统而广为使用。UNIX/Linux 性能指标可以用性能测试工具 LoadRunner 或者其他工具、命令来监控。具体指标类型和说明见表 9-6。

表 9-6　Linux 中的指标类型和说明

指标类型	指标名称	指标描述
CPU	CPU utilization	CPU 的使用时间百分比
	system mode CPU utilization	在系统模式下使用 CPU 的时间百分比
	user mode CPU utilization	在用户模式下使用 CPU 的时间百分比
内存	page-in rate	每秒读入物理内存中的页数
	page-out rate	每秒写入页面文件和从物理内存中删除的页数
	paging rate	每秒读入物理内存或写入页面文件的页数
磁盘	disk rate	磁盘传输速率

（2）Oracle 数据库监控指标

Oracle 数据库系统是以分布式数据库为核心的一组软件产品，是目前应用最为广泛的数据库管理系统。Oracle 数据库的性能指标监控可以使用 Statspack、AWR、Spotlight、LoadRunner 等工具和命令。具体指标类型如表 9-7 所示。

表 9-7　Oracle 中的指标类型和说明

指标类型	指标名称	指标描述
静态配置指标	shared pool	共享池大小
	PGA	程序全局区情况
	SGA	系统全局区情况
	sessions	活动会话
	log archive start	数据库是否运行于归档模式
	lock SGA	实例的 SGA 是否完全为物理内存
	tablespace information	当前数据库各表空间大小、类型、使用情况等
	datafile information	当前数据库各数据文件大小、存放位置及使用情况等
实时运行指标	run queue	Oracle 的队列长度
	top SQL	最占资源的 SQL
	alert<SID>.log	数据库日常运行告警信息
	buffer hit/%	数据块在数据缓冲区中的命中率
	in-memory sort	排序操作在内存中进行的比率
	library hit/%	主要代表 SQL 在共享区的命中率
	soft parse/%	Oracle 对 SQL 的解析过程中，软解析所占的百分比

（续）

指标类型	指标名称	指标描述
实时运行指标	latch hit/%	获得锁存的次数与请求锁存的次数的比率
	execute to parse/%	SQL 语句执行与解析的比率
	shared pool memory usage/%	在采集点时刻，共享池内存被使用的比例
	wait event	衡量 Oracle 运行状况。事件分为空闲等待事件和非空闲等待事件

（3）WebLogic 监控指标

WebLogic 是 Oracle 公司出品的目前市场上主要应用的应用服务器，确切地说，它是一个基于 Java EE 架构的中间件，用于开发、集成、部署和管理大型分布式 Web 应用、网络应用和数据库应用的 Java 应用服务器。要检测 WebLogic 指标，使用 WebLogic 自带的监控工具和 LoadRunner 相结合的方式即可，具体指标如表 9-8 所示。

表 9-8　WebLogic 监控指标及描述

指标类型	指标名称	指标描述
JVM 运行时间	heap size current	返回当前 JVM 堆中内存数，单位为 h/B
	heap free current	返回当前 JVM 堆中空闲内存数，单位为 h/B
执行队列运行时间	execute thread currentIdle count	返回队列中当前空闲线程数
	pending request oldest time	返回队列中最长的等待时间
	pending request current count	返回队列中等待的请求数
JDBC 连接池运行时间	waiting for connection high count	返回本 JDBCConnectionPool RuntimeMBean 上最大等待连接数
	waiting for connection current count	返回当前等待连接的总数
	max capacity	返回 JDBC 池的最大能力
	wait seconds high count/s	返回等待连接中等待最长时间者
	active connections current count	返回当前活动连接总数
	active connections high count	返回本 JDBCConnectionPool RuntimeMBean

（4）Tuxedo 监控

Tuxedo 是一个 C/S 的中间件产品，它在客户端和服务器之间进行调节，以保证正确地处理事务，相当于事务处理（TP）监督器。作为一个开放的平台，Tuxedo 支持 50 多种硬件体系和操作系统平台。

要实现对 Tuxedo 的监控，既可使用 LoadRunner 的资源监控器，也可直接使用 Tuxedo 本身的监控命令监控和查看系统日志。通过监控可以：

❏ 检查清理日志，查看是否有系统出错的记录，有无服务异常错误记录，有无服务被重启记录等，若没有异常情况则清除无用历史日志，以节约空间。

❏ 查看服务器的运行情况，如运行时间、占用内存大小、请求数目、忙闲程度等。

❏ 查看客户机的连接情况，检查 Maxclient 参数是否足够、License 参数是否满足并发要求。

❏ 检查服务的运行情况和处理交易数量。

❑ 查看队列的使用情况，主要查看交易高峰期队列中消息的增加情况，确定是否需要对服务数进行调整。

9.3　服务平台端性能测试方法

服务平台端性能测试方法有以下几种。

（1）负载测试

负载测试通过模拟真实的用户行为，从用户的角度考查系统在既定负载下的性能表现，是最常见的为验证一般性能需求而进行的性能测试。

执行负载测试时，通过不断加压（逐渐增加模拟用户的数量）来观察系统在不同负载下的响应时间和数据吞吐量、资源占用情况等，以检验系统行为和特性，直到系统性能出现瓶颈或者资源达到饱和，查看过程中系统会不会出现性能瓶颈、内存泄漏、不能实现同步等问题。负载测试预期的结果是用户的性能需求得到满足。此指标一般体现为响应时间、交易容量、并发容量和资源使用。

（2）压力测试

压力测试用于考查系统在极端条件下的容错能力和可恢复能力，即当系统出现问题时的处理方式。例如，当负载远远高于用户需求（大数据量、大量并发用户等）时，系统还能不能保持稳定，会不会造成系统崩溃等问题。压力测试分为高负载下的长时间的稳定性压力测试和极限负载情况下导致系统崩溃的破坏性压力测试。压力测试通常设定 CPU 使用率达到 75% 以上，内存使用率达到 70% 以上。

（3）并发测试

并发测试用来验证当多个用户并发访问同一个应用、模块、数据时系统的并发处理能力，用于发现诸如内存泄漏、线程锁、资源争用、数据库死锁等问题。通常并发测试相当于同时进行压力测试和负载测试。

一般服务器端和大量虚拟客户端建立并发连接，通过客户端的响应时间和被测服务器端的性能检测情况来判断系统是否达到了既定的并发能力指标。想确定用户并发数，必须知道被测服务器所承载的在线用户数，如用户总量、用户平均在线数值、用户最高峰在线数值等。

并发测试往往涉及服务器的并发容量，以及多进程 / 多线程协调同步可能带来的问题，因此并发测试通常是性能测试中必须做的一项测试。

（4）基准测试

当软件系统增加一个新的模块的时候，通常需要基准测试来判断新模块对整个系统的性能影响。按照基准测试的方法，需要在打开和关闭新模块的状态下各做至少一次测试。先记录关闭模块之前各个系统的性能指标，作为测试基准（benchmark），然后与打开模块状态下的系统指标做比较，以判断模块对系统性能的影响。

可测量、可重复、可对比是基准测试的三大原则。可测量是指测试的输入和输出之间是可达的，即测试过程是可以实现的，并且测试结果可以量化表示；可重复是指按照测试过程实现的结果是相同的或者处于可接受的置信区间之内,而不受测试的时间、地点和执行者的影响;可对比是指一类测试对象的测试结果具有线性关系,测试结果的大小直接决定性能的高低。做基准测试时,要注意每次改变且仅改变一个参数。

（5）稳定性测试

有些服务器的软件系统问题并不能第一时间被检测出来,只有运行了一天、一个星期甚至更长的时间才会暴露。这种问题一般是程序长期占用资源却不能及时释放引起的。这时就需要做稳定性测试,查看系统在一定负载下长时间运行后是否有问题。

（6）可恢复测试

可恢复测试用于检验测试系统能否快速从错误状态中恢复。通常,可恢复测试可以结合压力测试一起进行。

（7）识别性能瓶颈

关于性能瓶颈对于服务器系统性能的重要性已在前面介绍过,这里不再赘述。服务平台性能测试很重要的一个目的是识别系统的瓶颈和产生瓶颈的原因。目前识别瓶颈的方法有两种。

快速瓶颈识别（Rapid Bottleneck Identify,RBI）是 Empirix 公司提出的一种用于快速识别系统性能瓶颈的方法,可以帮助质量保证专业人员非常快速地发现 Web 应用程序的性能限制,并确定这些限制对最终用户体验的影响。RBI 方法的开发历经数年,涵盖了所有类型平台的测试,可显著缩短负载测试周期,同时允许进行更加彻底的测试。

使用 RBI 方法基于以下 3 条原则:

❏ 所有 Web 应用程序都具有瓶颈。

❏ 每次只能发现其中一个瓶颈。

❏ 应该将重点放在最可能出现瓶颈的地方。

在确定具体的性能瓶颈时,RBI 将性能瓶颈的定位按照"自上而下"的方式进行分析,即首先确定是由并发还是由吞吐量引发性能限制,然后从网络、数据库、应用服务器和代码本身 4 个环节确定系统性能的具体瓶颈。从简单到复杂的测试流程可以使得出现问题时,所有其他可能的原因均被排除。着重于吞吐量测试,然后进行并发性测试,并使用结构化流程测试方法,可确保快速隔离瓶颈,从而提高效率并降低成本。

虽然 RBI 方法在性能瓶颈的定位过程中发挥了良好的作用,但只是将吞吐量作为系统瓶颈的关键因素,没有考虑全面的性能指标,同时也没有提供完整的性能测试过程和性能缺陷分析方法。

通常情况下**性能下降曲线**描述的是响应时间随用户数增长而出现的下降趋势,有时也可以指吞吐量等其他数据的下降曲线。典型的响应时间性能下降曲线可以划分为:单用户区域、性能平坦区、压力区域、性能拐点。对于性能测试来说,找到这些区域和拐点,就可以找到产生性能瓶颈的地方。因此,性能下降曲线分析法主要关注的是性能下降曲线上的各个区间和对应的拐点。通过识别不同的区间和拐点,为性能瓶颈的识别和调优提供依据。

目前 IBM、HP、OpenSource 等公司都有支持性能下降曲线的测试工具。但性能下降曲线只是着重考查由用户并发数带来的软件性能缺陷，性能测试指标定义不完全，而且对于定位代码内存泄漏、代码设计不合理等问题也收效甚微。

9.4　服务平台端性能测试流程

服务器性能测试流程概括如下：在确认系统功能后，进行性能测试需求调研，并确定测试方案；然后根据前期的性能测试需求分析结果及测试定义的方法，制定测试计划和策略，模拟真实环境下的硬件设备部署、操作系统部署、网络搭建，以及负载均衡部署、中间件及数据库的相关部署等；模拟一定量的虚拟并发用户，进行压力测试，同时监控分析系统是否满足预期的性能指标，识别性能可能出现的瓶颈，并进行性能优化，调优后进行复测，确保服务器的软件系统最终达到性能要求。图 9-4 给出了一般情况下服务器性能测试流程。

9.4.1　性能需求调研分析

开始性能测试之初，对被测服务平台进行全方位性能需求调研是很重要的，例如，服务平台需要多少种服务器与移动终端进行交互，客户端与系统服务器端交互采用何种通信协议，业务逻辑层的应用服务采用哪种类型的中间件来处理业务，数据库服务器采用哪种数据库系统，服务器是哪种类型的机器等。

性能需求的目的是尽可能找出造成服务器系统瓶颈的因素，为后面的测试场景提供依据。影响系统性能的原因有很多，例如：

❏ 环境配置性能需求：
- 应用配置需求：如整体框架，涉及哪些第三方组件、应用层与数据库层的接口，使用什么数据库等。
- 系统配置需求：客户端与服务器端的网络配置、应用服务器或数据库服务器的配置、各个服务器的操作系统等。

❏ 服务器性能指标要求：服务平台中连接的服务器资源使用情况、吞吐量、软件运行情况等。

❏ 系统设计需求：服务平台中每个服务器都采用什么样的系统架构、系统的技术实现、服务器之间的接口关系及其技术实现、当前被测

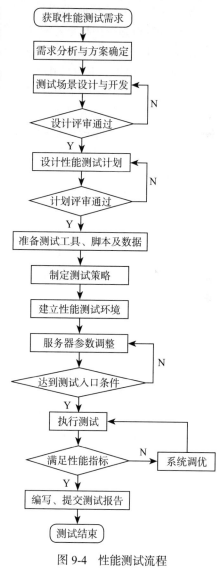

图 9-4　性能测试流程

系统的测试数据与其他相关系统测试数据的关系等。

❑ 工作负载需求：如用户的分布情况、哪些模块用户使用频繁、交互数据有什么特点等。

❑ 客户端性能指标要求：因为服务平台是针对移动智能终端的，因此要清楚知道有多少作为客户端的智能终端挂靠在服务平台上，以及各自的请求响应时间分布、请求的准确率等。在做性能需求调研时，要对客户提出的性能需求进行评审，确保性能需求的完整性、明确性、可测性。

关于一些约定俗成的性能需求，可以直接在设计系统需求之初就纳入考虑。例如，关于响应时间：

❑ 0.1～0.2s：用户认为得到的是即时的响应。

❑ 1～5s：用户能感觉到与信息的互动是基本顺畅的。用户注意到延迟，但是能感觉到计算机是按照指令正常"工作"中。

❑ 8s以上：用户会关注对话框，需要带有任务完成百分比的进度条或其他提示信息，在长时间的等待后，用户的思维可能需要一定的时间来返回并继续刚才的任务，重新熟悉和适应任务，因此工作效率受到影响。而超过8.5s的等待时间之后，超过一半的用户会选择放弃该Web页面。

当调查分析一个系统的性能需求和性能测试需求后，需要列出性能需求表（见表9-9），然后对性能需求逐条进行背景说明，同时根据客户性能需求整理出性能测试需求表（见表9-10）并交代系统背景，这样才能让测试人员充分了解客户需求并做出测试计划。

<table>
<tr><td colspan="2" align="center">表9-9　性能需求表</td><td colspan="2" align="center">表9-10　性能测试需求</td></tr>
<tr><td>需求ID</td><td>性能需求</td><td>需求ID</td><td>性能测试需求</td></tr>
<tr><td>1</td><td>系统将来可拓展的规划需求</td><td>1</td><td></td></tr>
<tr><td>2</td><td>平均峰值业务处理量</td><td>2</td><td></td></tr>
<tr><td>3</td><td>最大并发交易量下的响应时间</td><td>3</td><td></td></tr>
<tr><td>4</td><td>系统运行稳定需求</td><td>4</td><td></td></tr>
<tr><td>……</td><td>……</td><td>……</td><td></td></tr>
</table>

9.4.2　确定测试方案

一旦确定了被测试系统的性能测试需求，就要对这些性能测试需求进行全面分析，然后确定本次性能测试的测试方案。制定测试方案的目的是确定此次系统测试的目的，定义性能测试的入口准则、出口准则，确定测试的交易业务模型、业务指标，针对不同服务器的系统性能测试建立测试模型，明确测试指标，制定性能测试的测试策略、执行策略、监控分析策略，明确测试内容，选定测试工具，构造测试数据和业务基础数据，准备脚本，明确测试风险策略等。

（1）测试入口准则

进入性能测试时，要进行入口准则检查，以判断是否可以进入性能测试。一般来说，入口准则有以下几个方面：

❑ 性能测试计划（包括测试策略）编写完成且通过评审。

❑ 与业务人员沟通，并设计好测试场景。

❑ 整个系统功能趋于稳定，功能测试已经完成。

❑ 测试环境搭建完成，且通过验收。

❑ 测试环境应用部署完成，并验证可用。

❑ 性能测试脚本和测试数据准备结束。

❑ 预期性能指标确定。

（2）测试出口准则

一般来说，出口准则有以下几方面：

❑ 性能测试执行完成，系统达到性能测试指标。

❑ 性能测试执行完成，系统未达到测试指标，返回调优处理，调优后再进入测试直到达到性能测试指标后退出测试。

❑ 性能测试执行完成，系统未能达到测试指标但是被批准可以不予调优。

❑ 满足上述 3 个条件之一，且系统性能测试报告评审通过，则退出性能测试。

（3）收集测试指标

明确需要收集哪些指标并制表，让测试人员明白测试时应该关注服务器的哪些指标。各个服务器的指标类型和意义前面已经介绍过，这里不再赘述。性能指标收集表如表 9-11 所示。

表 9-11　性能指标收集表

指标编号	指标名称	被验证的性能需求
1		
2		
3		
……		

9.4.3　设计测试场景

测试场景是在模型生产或系统运行过程中为完成某个具体的业务功能而进行的一组相关的操作序列。一个测试场景可以通过一个或者一组相关的测试数据来验证。测试场景的设计对性能测试的结果有决定性的影响，需要和业务应用分析结合起来，最好和相关业务人员配合一起做性能测试用例设计和分析，这样，之后的性能测试策略的设计、性能测试得出的结果才比较符合实际应用场景。

在测试用例场景中，主要包括测试目的、用例场景简要描述、前置条件、特殊的规程说明、执行步骤、思考时间、加压方式、持续时间、减压方式等。

9.4.4　确定测试计划

制定规范的性能测试流程，可以保证测试的效率和质量，使测试工作按照预期的进度和测试策略有条不紊地进行。而制订测试计划可以约束各个活动的起止时间，为性能测试在准备、执行、分析与总结等环节给出合理的时间估算，并估算进度、分配资源与人员分工等。测试计划是整个测试管理很重要的部分。

测试计划文档的主要内容如下：
- ❏ 明确测试目的。
- ❏ 明确测试范围和测试对象。
- ❏ 明确测试环境要求（软硬件环境需求和人力资源需求）。
- ❏ 确定测试方案、测试方法和步骤。
- ❏ 制定测试工作的时间安排。
- ❏ 分析测试风险。
- ❏ 确定测试需要输出的结果以及结果表现形式。

9.4.5　准备测试工具、脚本及测试数据

分析系统架构模式、服务平台组成和技术特点后，下一步即进行自动化测试工具选型、录制脚本并充分调试，准备性能测试所需要的测试数据和业务基础数据。

自动化性能测试工具的原理是：通过录制、回放脚本、模拟多用户同时访问被测试系统，模拟负载压力，监控并记录各种性能指标，生成性能分析结果和报告，从而完成性能测试的基本任务。目前除了商业的测试工具（如 HP LoadRunner、IBM Rational Performance Tester、RadView Webload、Compuware QALoad 等），还有很多开源的测试工具（如 JMeter、Iozone 等）以及很多自主开发的性能测试程序和框架等，具体的测试工具会在后面章节介绍。

性能测试中涉及的测试数据分为两种：一种是执行测试用例中使用的测试数据，另一种是在大数据量下测试时需要的测试基础数据。两者的主要区别在于是否会在测试中直接用于测试执行，而测试基础数据可以转化为测试数据。由于构造数据的量级不同，可采用不同的构造数据的方法。

（1）使用自动化测试工具

使用自动化测试工具（如 QTP、WinRunner、Robot 等）录制脚本，参数化需要构造业务数据，然后运行脚本，通过反复运行业务场景在后台数据库中产生业务数据。
- ❏ 使用场合：不熟悉后台数据库结构，业务数据量需求不大。
- ❏ 优点：测试脚本只需要录制一遍，可以反复运行。
- ❏ 缺点：参数化数据，需对业务规则或者数据库表有一定了解，否则会导致运行失败。

（2）使用专门的测试数据产生工具

常用的数据构造工具有 Quest 公司的 DataFactory，开源的工具有 DBMonster 等。

DataFactory 是一种快速的、易于产生测试数据的工具，它能建模数据关系，且带有GUI。DataFactory 是一个功能强大的数据产生器，允许测试人员毫不费力地产生百万行有意义的测试数据。

DBMonster 是一个 Java 的开源外包项目，通过 JDBC 方式连接数据库，因此可以在任何支持 Java 和 JDBC 的平台上运行。DBMonster 可以协助产生大量的规则或者不规则数据，以便于数据库开发者基于这些数据进行数据库的调优。

（3）使用数据库脚本语言直接编写存储过程

要利用该方法构造基础数据，需要对后台数据库的表结构有一定的了解。例如，表之

间的关联关系，表的自增长键如何实现，表中的特殊字段的代码如何产生等，在熟悉了表结构的基础上编写存储过程。复杂业务系统的数据库结构往往相当复杂，可编写多个存储过程以分别产生各个表中的数据，然后由一个总的存储过程控制产生数据的规则和数量等。

❑ 使用场合：对数据库表表结构非常熟悉，并且熟悉相应的存储过程编写规则。

❑ 优点：在数据库后台执行，执行效率高。

❑ 缺点：需要花大量的时间熟悉表结构和存储过程的调试。

（4）使用其他辅助工具

使用 PowerDesigner 工具。首先从数据库 Reverse Engineering 中调出数据库的执行计划，然后设置测试数据所需要的文件，以及各个表所需要的测试数据量，再生成插入脚本，最后通过数据库的命令行执行这个 SQL 脚本，将数据嵌入数据库中。不同数据库的命令行程序不同，例如，MS SQL Server 中的命令是 osql，SyBase ASE 中的是 isql，Oracle 中的是 sqlplus 等。

❑ 使用场合：不熟悉后台数据库结构，需要产生大量业务数据（千万级）。

❑ 优点：进行相应设置之后，插入脚本自动生成，产生数据时不需要有业务数据。

❑ 缺点：对于千万级的测试数据需要分成若干个 SQL 脚本，分别产生，并行运行，对 Oracle 之类的数据库要考虑时间日期，以及时间戳类型的字段值的处理问题。

使用 Informatica 工具。Informatica 是数据挖掘工具，可利用该工具构造海量数据。在现有的业务数据的基础上使用 Informatica 工具，将现有的业务数据（平面文件数据或者数据库表中的数据）多次重复装载到数据库中，可以快速构造出千万级的大数据量数据，且生成的大数据量数据在质量和可用性方面有保障。

❑ 优点：生成速度快。

❑ 缺点：使用这种方法时，数据库相应的表中必须有相应的数据，且数据重复利用时也要考虑字段值重复的问题。

9.4.6 制定测试策略

测试策略也是测试需求分析和模型设计的一个重要过程。测试类型策略表如表 9-12 所示。

表 9-12　测试类型策略表

测试类型	测试策略
基准测试	基准测试是系统在无负载情况下，测试典型业务的响应时间指标，以作为响应时间的基准进行评估 1. 在与运营环境相同或者相近的环境上进行基准测试 2. 用典型服务请求测试脚本，在一个用户负载迭代 X 次的情况下，执行 3 遍，取均值，作为基准性能数据进行记录，包括响应时间、存吐量、CPU 和内存等
单一请求压力负载测试	基准测试之后，对服务器的单一请求进行压力负载测试，即在多个用户发出单一服务请求后服务器是否能承受最大并发用户的压力，服务器资源是否出现瓶颈 1. 根据性能需求分析准备至少 X 个虚拟用户 2. 明确单一请求的内容，如发一条消息，或者打开一个网页 3. 对每项单一服务请求进行由低到高的并发压力测试，分别选取依次增加的 3 个并发量执行测试，分别记录平均事务响应时间、交易成功数量等，监控各服务器资源，包括 CPU 和内存利用率、网络吞吐量、服务器时间和网络时间等

（续）

测试类型	测试策略
混合请求下压力负载测试	对典型服务请求按照一定比例组成与实际运营环境中类似的场景，在不同并发客户的情况下运行混合脚本，对服务器进行并发压力测试，并在后台监控各项资源指标
大数据量稳定性测试	为了测试系统的可靠性和稳定性，在系统中加载最大负载容量，运行混合服务请求脚本，持续运行 n 小时，并对各项指标进行资源监控，验证系统不间断运行状况下的可靠性和稳定性 1. 保证数据库中的数据为最大容量数据 2. 选择 X 个并发用户，设置服务请求递增的加载方式，设置持续施压 5 小时，对服务器持续高强度的压力 3. 在运行过程中，进行各项指标的资源监控，检查线程是否出现死锁、内存泄漏、网络瓶颈等

9.4.7 搭建测试环境

在进行性能测试之前，需要完成测试环境的搭建工作，这种环境包括支撑软件运行的软硬件环境和影响软件运行的外部条件。性能测试环境需要模拟生产环境，反映软件系统架构。一般 Web 应用系统可分为 3 层架构：表现层（Web 服务器）、业务逻辑层（应用服务器）、数据层（数据库服务器）。

性能测试环境一般包括硬件、网络和软件。

❏ 系统架构：采用分布式服务器集群还是集中式主机系统。

❏ 硬件配置：包括服务器、客户端、交换机。配置越高，系统的性能越好，但过高也可能造成资源浪费。

❏ 网络带宽：随着带宽的提高，客户端访问服务器的速度会有较大改善。

❏ 支撑软件：数据库（Oracle、MySQL 等）、中间件（Tomcat、Jboss、WebLogic 等）、被测软件、操作系统（Windows、Linux、UNIX 等）的选择都会对整个服务器系统的性能有所影响。

（1）搭建 ASP/ASP.NET 性能测试环境

IIS（Internet Information Services，互联网信息服务）是由 Microsoft 公司提供的基于运行 Windows 的互联网基本服务。IIS 是运行 ASP/ASP.NET 应用程序的必备条件，通常在做 ASP/ASP.NET 性能测试前，需要安装、部署 IIS 测试环境。

安装 IIS。选择"开始"→"控制面板"→"程序和功能"→"打开或关闭 Windows 功能"选项，在打开的"Windows 功能"对话框中选择 Internet 信息服务（IIS）及万维网相关的程序，单击"确定"按钮完成安装，如图 9-5 所示。

IIS 默认网站的主目录映射到硬盘的路径为 C:\inetpub\wwwroot，因此只要把 Web 页面文件复制到该目录下，就可以通过 IE 浏览器访问。启动 IE 浏览器，在地址栏中输入地址"http://localhost/"即可访问 HTML 页面的内容。

测试 IIS 的 .NET 框架支持。编写文件 CheckNet.apsx，存储在 C:\inetpub\wwwroot 下，文件内容如下：

```
<% @Page Language="C#" %>
<%Response.Write(" 恭喜你, .Net 框架安装成功 !");%>
```

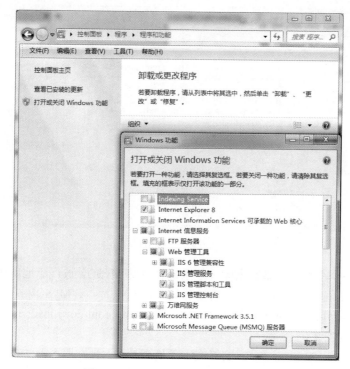

图 9-5　Window 7 系统下的 IIS 安装

在 IE 中，以 http://localhost/CheckNet.aspx 为地址进行测试，见到欢迎信息，则说明 IIS 安装成功。

管理 IIS。选择"开始"→"控制面板"→"系统和安全"→"管理工具"→"Internet 信息服务（IIS）管理器"选项，打开"Internet 信息服务（IIS）管理器"对话框，如图 9-6 所示，用这个管理器可以增加新的网站以及管理已存在的网站等。

（2）搭建 LAMP 性能测试环境

LAMP 是目前流行的网站架构，LAMP 指一组通常一起用来运行动态网站或者服务器的自由软件。

❑ Linux：操作系统。

❑ Apache：网页服务器。

❑ MySQL：数据库服务器。

❑ PHP\Perl\Python：脚本语言。

Apache 作为主流的 Web 服务器，可以运行在几乎所有的计算机平台上。由于其跨平台和安全性，Apache 是目前最流行的 Web 服务器端软件。关于 Apache 的详细信息和使用方法可以参考 Apache 网站的帮助文档（http://httpd.apache.org/docs）。

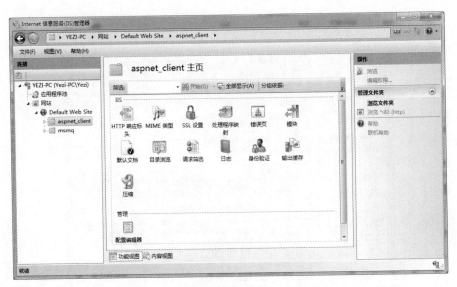

图 9-6 管理 IIS

MySQL 是一个小型关系型数据库管理系统，目前 MySQL 被广泛地应用在中小型网站中。由于体积小、速度快、总体成本低且源码开放这些特点，MySQL 成为许多中小型网站的数据库首选。可在 MySQL 的网页（http://dev.mysql.com/downloads/mysql/#downloads）下载 Linux 版本的安装包。

PHP（Hypertext Preprocessor，超级文本预处理）是一种在服务器端执行的嵌入 HTML 文档的脚本语言，语言风格类似于 C 语言，应用范围广泛。下载地址为 http://php.net/downloads.php。

LAMP 的性能环境部署就是分别对 Linux、Apache、MySQL 和 PHP\Perl\Python 进行环境搭建。与 .NET、J2EE 等网站解决方案相比，LAMP 具有开源、廉价的优势。如果没有特殊的要求，在搭建 LAMP 环境的时候可以考虑使用定制的一键安装包版本直接安装，这种方式避免了分别下载安装、配置的麻烦。

（3）搭建 J2EE 性能测试环境

J2EE（Java 2 Platform，Enterprise Edition）是企业及软件系统常用解决方案。J2EE 性能测试环境搭建主要是 Jboss、WebLogic、Tomcat 等 Web 应用服务器的安装、部署。

在搭建好测试环境之后，需要根据硬件配置和软件配置，对系统各个环境进行系统参数调整、Web 服务器参数调整、应用服务器参数调整、数据库服务器参数调整，并对调整好的参数进行备份，然后准备执行测试。测试人员需要提供被测系统的上线运营部署架构图、服务器配置表（见表 9-13）、测试主机硬件环境表（见表 9-14）和测试主机软件环境表（见表 9-15）。

表 9-13 服务器配置表

测试设备名	机型	CPU	内存	硬盘
数据库服务器				

（续）

测试设备名	机型	CPU	内存	硬盘
数据存储设备				
核心服务器				
……				

表 9-14 测试主机硬件环境表

测试设备名	机型	CPU	内存	硬盘
PC 服务器				

表 9-15 测试主机软件环境表

资源		类型
性能测试环境	数据库版本	
	操作系统版本	
	PC 服务器操作系统	
	压力测试工具	
	应用服务器（中间件）	

9.4.8 执行性能测试

搭建好测试环境之后，就可以开始性能测试的执行过程，这是整个性能测试中比较耗时的部分，完成之后就可以出具相应的性能测试分析报告。

在性能测试的执行过程中，最重要的是性能监控与数据收集。性能监控包括场景运行监控和资源监控。

场景运行监控涉及以下内容：

❑ 查看和记录事务运行情况，如成功事务个数、失败事务个数。

❑ 查看和记录虚拟用户状态。

❑ 查看和记录虚拟用户日志。

❑ 查看和记录事务响应时间、每秒事务数。

❑ 查看和记录点击率、吞吐量。

资源监控涉及以下内容：

❑ 查看和记录系统资源的使用情况，一般包括 CPU、内存、I/O、网络的资源使用情况。

❑ 查看和记录 Web 服务器资源的使用情况。

❑ 查看和记录 Web 应用服务器资源的使用情况。

❑ 查看和记录数据库资源的使用情况。

❑ 性能监控和性能数据收集方面的自动化工具有 SiteScope、Cacti 等，而 LoadRunner 的 Controller 模块也附带了相对完整的性能监控功能。

通常执行测试包括基本测试、单交易负载测试、混合场景测试、稳定性测试、异常测试等。除了基本测试是每个系统的性能测试都必须要做的以外，剩下的测试可以根据测试的服务器需求和性能需求分析报告自行进行。

9.4.9 性能测试诊断与分析

性能测试诊断与分析包括以下两方面。

（1）数据库服务器性能诊断与分析

数据库服务器常见的性能问题有以下几方面。

❑ 单一类型事务响应时间过长，造成的原因有：
- 数据库服务器负载。
- 糟糕的数据库设计。
- 事务粒度过大。
- 批任务对普通用户性能的影响。

❑ 并发处理能力差。

❑ 锁冲突严重，包括以下两种情况：
- 资源锁定造成数据库事务超时。
- 数据库死锁。

数据库性能问题的一般解决办法如下：

❑ 监视性能相关数据。

❑ 定位资源占用较大的事务并做出必要的优化或调整。

❑ 定位、修改锁冲突严重的应用逻辑。

❑ 对规模较大的数据或者无法通过一般优化解决的锁冲突进行分布。

（2）应用代码性能诊断与分析

程序代码中，与内存有关的问题可以分为两大类：内存访问错误和内存使用错误。

内存访问错误包括读内存错误和写内存错误。内存访问错误可能导致程序模块返回意想不到的结果，从而导致后续的程序模块运行异常。

内存使用错误主要是指程序模块申请的内存没有正确释放，系统可用内存逐渐减少，使程序运行逐渐变慢，直到停止。

导致内存泄漏的原因主要有以下几方面。

代码书写问题。通常情况下，内存泄漏是指堆内存的泄漏。堆内存是指程序从堆中分配的、大小任意的（内存块的大小可在程序运行期决定）、使用完以后必须显式释放的内存。应用程序一般使用 malloc、calloc、realloc、new 等函数从堆中分配到一块内存，使用后程序必须负责调用相应的 free 或者 delete 释放该内存块，否则这块内存就不能再次被使用，即该块内存泄漏了。

很多系统都存在内存泄漏问题，尤其是用缺乏自动垃圾回收机制的"非托管"语言（C、C++、Delphi 等）编写的程序。用户也许感觉不到内存泄漏造成的危害，甚至觉察不到内存泄漏问题的存在。但是内存泄漏是会累积的，对于服务器这种要长期大量、不断调用各种应用程序的系统，如果执行有内存泄漏问题的程序足够多，最终会耗尽所有可用内存，使软件执行越来越慢，甚至导致服务器停止响应。

通常情况下，如果编写程序时，分配完内存忘记回收、程序写法导致没办法回收、某些 API 函数使用不正确或者占用的空间没有得到及时的释放，都会导致内存泄漏。

堆栈内存泄漏和资源内存泄漏。内存泄漏是软件的致命伤，.NET 和 Java 平台虽然有自动垃圾回收和内存托管的机制，在编程上解决了内存管理的麻烦，但是如果代码编写不恰当，也会存在堆栈内存泄漏和资源内存泄漏等内存泄漏问题。利用 CLRProfiler 工具可以帮助检查程序是否存在线程泄漏问题。

9.4.10 性能测试结果交付

当结束整个服务平台的性能测试阶段后，测试人员需要整理从开始性能测试以后的重要文档以及测试执行结束后的测试报告和系统性能分析报告，提交给开发人员，并且跟踪缺陷处理情况。

性能测试中，缺陷报告是测试主要交付产物之一（见表 9-16），用于让研发人员及时准确地了解软件的缺陷，并做出处理，同时为了对缺陷进行统计，有时候也需要对缺陷进行分类。报告提交后，测试人员要跟踪缺陷处理情况。

表 9-16 缺陷列表

序号	发现问题	解决方法
1		
2		
3		

当性能测试执行过程结束后，测试人员需要整理测试结果，然后形成性能测试分析报告，报告内容包括本次性能测试所覆盖的范围、性能需求指标、交易类型划分、测试环境说明、测试方案、测试结果数据记录、系统调优过程与结果分析，以及系统评价。说明根据系统性能需求，经过设计性能测试计划、设计性能测试业务场景，执行性能测试后，系统是否能满足性能指标，还存在什么性能缺陷和瓶颈。性能测试报告中，应该采用图表的方式描述被测系统的性能表现，并做出简单的分析说明。

整个服务平台系统性能测试阶段结束后需要提交的报告清单见表 9-17。

表 9-17 性能测试交付物

交付物名称	责任人	参与者	交付日期
性能测试计划与策略			性能测试整体阶段开始前 5 天内
测试场景设计			测试执行前 5 天内
每轮次的阶段测试结果分析报告（包含缺陷列表）			性能测试各阶段里程碑
性能测试脚本			性能测试执行结束 3 天内
性能测试分析报告			性能测试结束 3 天内

9.5 服务平台端性能测试工具

随着 Web 应用的增多，服务器应用解决方案中以 Web 为核心的应用也越来越多，很多公司中各种应用的架构都以 Web 应用为主。一般的 Web 测试和以往的应用程序的测试侧重点不完全相同，在基本功能已经通过测试后，就要进行重要的系统性能测试了。系统的性能是一个很大的概念，覆盖面非常广泛，对于一个软件系统而言，包括执行效率、资源占用率、稳定性、安全性、兼容性、可靠性等。系统的负载测试和压力测试需要采用负载测试工具进行，虚拟一定数量的用户来测试系统的表现，检查是否满足预期的设计指标要求。负载测试的目标是测试当负载逐渐增加时，系统组成部分的相应输出项（通过量、响应时间、CPU 负载、内存使用等）如何决定系统的性能。

通常情况下，性能测试无法单纯依赖人工完成，需要借助性能测试工具来辅助完成性能测试工作。性能测试工具的主要作用是通过模拟现实的生产环境中真实的业务操作，对被测系统实施压力负载测试，监视被测试系统在不同场景、不同压力情况下的性能表现，找出系统潜在的性能瓶颈并进行分析优化。

性能测试工具至少应满足以下几点要求：

❑ 工具本身占用系统资源少，可扩展性好，可用性强。

❑ 能模拟真实业务操作，在并发时能真正产生业务压力。

❑ 对压力测试结果能很好地进行性能分析，快速找出被测试系统的瓶颈。

❑ 编写的测试脚本复用性强，且这些测试脚本能以多进程或者多线程在客户端运行，模拟实现多用户并发访问服务。

目前比较常用的商业化性能测试工具有 Load-Runner、Webload、QALoad 等，这些工具主要用于编写测试脚本（脚本中一般包括用户常用的功能）、设计测试场景和执行测试过程，然后分析得出报告。除此之外还有很多开源的性能测试工具以及开发人员自己设计搭建的性能测试框架和程序。图 9-7 为性能测试工具的简单原理。

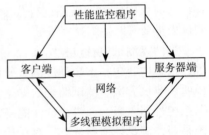

图 9-7 性能测试工具的简单原理

9.5.1 LoadRunner

目前，业界中有不少能够做性能和压力测试的工具，Mercury（美科利）Interactive 公司的 LoadRunner 作为目前应用最广泛的性能测试工具，已经成为行业的规范。

LoadRunner 是一种预测系统行为和性能的负载测试工具，通过模拟上千万用户实施并发负载及实时性能监测的方式来确认和查找问题。LoadRunner 能够对整个企业架构进行测试，适用于各种架构，支持广泛的协议和技术（如 Web、FTP、数据库等），能预测系统行为并优化系统性能。它通过模拟实际用户的操作行为和实行实时性能监测，帮助用户更快地查找和发现问题。LoadRunner 是一个强大的压力测试工具，它的脚本可以录制生成，自动关联；测试场景面向指标，实现了多方监控；测试结果采用图表显示，可以自由拆分组合。通过 LoadRunner 的测试结果图表对比，可以找出系统瓶颈的原因，一般来说，可以按照服务器硬件、网络、应用程序、操作系统、中间件的顺序进行分析。LoadRunner 是一款收费软件，根据测试项目和虚拟用户数目的不同而花费不同的费用。不过可以下载到免费使用的测试版本。LoadRunner 用于性能测试的主要流程如图 9-8 所示。

LoadRunner 主要有 3 个功能组件：使用 Virtual User Generator 创建和编辑脚本、使用 Controller 运行压力测试、使用 Analysis 对测试结果进行分析并生成测试报告。

使用 LoadRunner 进行性能测试的具体过程如下：

（1）创建虚拟用户

使用 LoadRunner 的 Virtual User Generator 模块，可以监视、记录客户端和服务器之间的通话，使虚拟用户能够模拟真实用户的操作行为和业务流程，并将其转化为相应的测试脚本语言集合，然后根据需求编辑测试脚本，设定脚本执行参数，最后在单机模式下运行脚本，看是否能通过，如果不通过要及时修改脚本。这样可以利用几套不同的实际发生数据来测试应用程序。

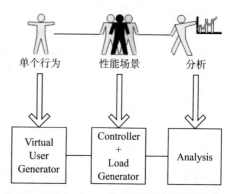

图 9-8　LoadRunner 用于性能测试的主要流程

（2）创建真实负载，建立执行场景

虚拟用户脚本生成后，使用 LoadRunner 的 Controller 可以根据需要设定负载方案、业务流程组合和虚拟用户数，创建不同的性能场景。LoadRunner 的每个场景都相当于一个具体的负载测试方案，包括测试脚本（反映业务流程）、虚拟用户数量（反映系统承受能力）、LoadGenerator 机器（用于平衡测试机自身压力）以及脚本间的执行顺序等。

Controller 能够创建给予目标和手工的性能测试场景，前者可使用户关注某项感兴趣的性能指标，后者则可全面考查整个软件系统在既定负载下的性能表现。

采用 LoadRunner Controller 调度虚拟用户，主要包括以下几个步骤：

1）创建场景（scenario），选择相应的测试脚本。

2）设置机器运行虚拟用户数，如果模拟多机测试，还需要配置其他机器并为每台机器都分配虚拟用户的数量或比例。

3）设置脚本执行计划（schedule）和用户加载方式。

4）设置场景的集合点、IP 欺骗和运行参数等。

（3）数据驱动

LoadRunner 做到了将业务流程和业务数据分离，使用 Data Wizard 可以自动实现其测试数据的参数化。Data Wizard 直接连接于数据库服务器，从中可以获取所需要的数据并直接将其输入到测试脚本，这样避免了人工处理数据的大工作量和失误。

（4）实时监控场景

LoadRunner 集成了实时的监控器。在场景执行过程中，用户可以根据需要选择一个或者多个监视窗口对关心的数据进行动态监控，如系统资源、网络设备、Web 服务器和数据库服务器的交易数据等。

（5）分析测试结果

一旦测试完毕，LoadRunner 将测试数据收集汇总，并自动保存在客户事先设定的结果文件目录中。然后提供高级的分析和报告工具——LoadRunner Analysis，它能够打开这些结果数据，帮助用户查找性能问题并分析原因，然后根据用户的定制要求生成详细的性能测试报告。

使用 LoadRunner 的 Web 交易细节检测器可以了解将所有的图像、框架和文本下载到每一个网页上所需的时间。例如，这个交易细节分析机制能够分析是否因为一个大尺寸的图形文件或第三方的数据组件造成应用系统运行速度减慢。另外，Web 交易细节检测器可以分解请求或数据从客户端到网络、网络到服务器上的反应时间，便于确认问题存在于哪个传输阶段，定位并查找真正出错的组件。例如，可以将网络延时进行分解，以判断 DNS 解析时间、连接服务器或 SSL 认证所花费的时间。通过使用 LoadRunner 的分析工具，能很快地查找到出错的位置并做出相应的调整。

9.5.2　Webload

Webload 是 RadView 公司推出的一个性能测试和分析工具。它让 Web 应用程序开发者自动执行压力测试，通过模拟真实用户的操作，生成压力负载来测试 Web 的性能。

用户创建的是基于 JavaScript 的测试脚本，称为议程（agenda），用它来模拟客户的行为，通过执行该脚本来衡量 Web 应用程序在真实环境下的性能。Webload 提供巡航控制器（cruise control）功能，利用巡航控制器，可以预定义 Web 应用程序应该满足的性能指标，然后测试系统是否满足这些需求指标；巡航控制器能够自动把负载加到 Web 应用程序，并将在此负荷下能够访问程序的客户数量生成报告。Webload 能够在测试会话执行期间对监测的系统性能生成实时的报告，这些测试结果通过一个易读的图形界面显示出来，并可以导出 Excel 和其他文件中。

（1）Webload 的通信设置

❏ 配置 SNMP 协议，使多个压力机之间互相通信：选择"开始"→"控制面板"→"添加或删除程序"→"添加 / 删除 Windows 组件"选项，在弹出的"Windows 组件向导"对话框中勾选"管理和监控工具"复选框，单击"下一步"按钮后选择 Windows 安装文件路径，单击"完成"按钮即可。

❏ 安装 TestTalk：TestTalk 在测试会话中监测压力机间的信息传递，如果通信不成功则报错。TestTalk 自动安装，测试执行时在后台自动运行，注意不要将它关闭。

（2）Webload 程序组成

Webload 程序包括：

❏ Agenda Authoring Tool for Explorer（SSL）。

❏ Visual AAT。

❏ Webload Console。

❏ Webload Reporter。

❏ 工具：TestTalk、PMM（Performance Measurements Manager，性能过程管理器）。

（3）Webload 性能测试工作流

❏ 计划一个压力会话（load session）。

❏ 创建测试议程（agenda）。

❏ 创建压力模板（load templates）。

❏ 运行压力模板。

Webload 结构如图 9-9 所示。

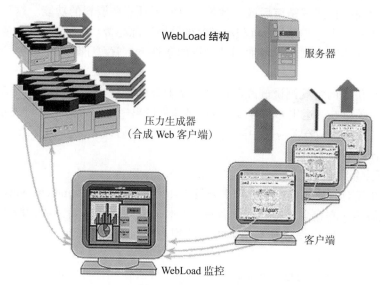

图 9-9　Webload 结构

9.5.3　QALoad

QALoad 是 C/S 系统、企业资源配置（ERP）和电子商务应用的自动化负载测试工具。QALoad 是 QACenter 性能版的一部分，通过可重复的、真实的测试能够彻底地度量应用的可扩展性和性能。

（1）QALoad 的功能

QALoad 的功能如下：

- ❑ 预测系统性能。当应用升级或者新应用部署时，负载测试能帮助确定系统是否能按计划处理用户负载。QALoad 并不需调用最终用户及其设备，它能够仿真数以千计的用户进行商业交易。通过 QALoad，用户可以预知业务量接近投产后真实水平时端对端的响应时间，以便满足投产后的服务水平要求。

- ❑ 通过重复测试寻找瓶颈问题。QALoad 的录制 / 回放能力提供了一种可重复的方法来验证负载下的应用性能，可以很容易地模拟数千个用户，并执行和运行测试。利用 QALoad 反复测试可以充分地测试与容量相关的问题，快速确认性能瓶颈并进行优化和调整。

- ❑ 从控制中心管理全局负载测试。QALoad Conductor 工具为定义、管理和执行负载测试提供了一个中心控制点。Conductor 通过执行测试脚本，管理无数的虚拟用户。Conductor 可以自动识别网络中可进行负载测试的机器，并在这些机器之间自动分布工作量，以避免网段超载。从 Conductor 自动启动和配置远程用户，跨国机构可以进行全球负载测试。在测试过程中，Conductor 还可以在负载测试期间收集有关性能和时间的统计数据。

- 验证应用的可扩展性。出于高可扩展性的设计考虑，QALoad 包括了远程存储虚拟用户响应时间并在测试结束后或其他特定时间下载这些资料的功能。这种方法可以增加测试能力，减少进行大型负载测试时的网络资源耗费。QALoad 采用轮询法采集响应时间，在不影响测试或增加测试投资的条件下，就可了解测试中究竟出现了什么情况。
- 快速创建仿真的负载测试。准确仿真复杂业务的进行，对于预测电子商务应用软件的功能至关重要。运用 QALoad，可以迅速创造出一些实际的安装测试方案，而不需要手工编写脚本或有关应用中间软件的详细知识和协议。

（2）QALoad 开发组件

QAload 开发组件包括：

- 脚本产生工具：使用 QALoad 脚本开发工作台（script development workbench）来开发测试脚本，它包含捕捉会话的各种工具，并且可以将其转换成为脚本，编辑和编译脚本。一旦完成编译脚本，就可以使用 QALoad Conductor 和 Player 组件测试系统。
- 记录工具：可以通过 QALoad 脚本开发工作台去访问，可以记录终端、浏览器或者客户端的交易。将这些交易存储在一个捕获文件中。
- 转换工具：在 QALoad 脚本开发工作台中去访问，可以将捕获文件转换成脚本，将从最初的会话中产生出一一对应的交易脚本。

（3）QALoad 测试组件

一个典型的负载测试由一个 QALoad Conductor 或者多个 QALoad Players 以及被测试的系统组成，组件包括：

- QALoad Conductor：用来控制所有的测试行为，如设置会话描述文件，初始化并且监测测试，生成报告并且分析测试结果。
- QALoad Player：用来创建虚拟用户来模拟多个向服务器发送中间件调用的客户。在一个典型的测试计划中，一个或者多个 QALoad Player 工作站运行在 Windows 32 位平台（Windows 2000、XP/NT）或 UNIX 环境中。

（4）QALoad 主要协议

QALoad 主要协议包括：

- 通信层：Winsock、IIOP、WWW、WAP、Net Load。
- 数据层：ODBC、MS SQL Server、Oracle、Oracle Forms Server、Sybase、DB2、ADO。
- 应用层：SAP、Tuxedo、Uniface、QARun、Java。

9.5.4　其他性能测试工具

（1）Iometer

Iometer 是 Windows 系统下对存储子系统的读写性能进行测试的软件，可以显示磁盘系统的最大 I/O 能力、磁盘系统的最大吞吐量、CPU 使用率、错误信息等。用户可以通过设置不同的测试参数，如存取类型（如顺序、随机）、读写块大小（如 64KB、256KB）、队列深度等，以模拟实际应用的读写环境进行测试。Iometer 操作简单，可以录制测试脚本，可以准确、有效地反映存储系统的读写性能，被各大服务器和存储厂商广泛采用。

（2）Sisoft Sandra

Sisoft 发行的 Sandra 系列测试软件是 Windows 系统下的基准评测软件。此软件有 30 多种测试项目，能够查看系统所有配件的信息，而且能够对部分配件（如 CPU、内存、硬盘等）进行打分（benchmark），并且可以与其他型号硬件的得分进行对比。另外，该软件还有系统稳定性综合测试、性能调整向导等附加功能。

Sisoft Sandra 软件在最近发布的 Intel bensley 平台上测试的内存带宽性能并不理想，不知道采用该软件测试的 FBD 内存性能是否还有参考价值，或许软件应该针对 FBD 内存带宽的测试项目做一个升级。

（3）IOzone

现在有很多的服务器系统采用 linux 操作系统，在 linux 平台下测试 I/O 性能可以采用 IOzone。

IOzone 是一个文件系统的工作台工具，可以测试不同的操作系统中文件系统的读写性能，可以测试 read、write、re-read、re-write、read backwards、read strided、fread、fwrite、random read、pread、mmap、aio_read、aio_write 等不同模式下的硬盘的性能。测试所有这些方面，生成 Excel 文件，另外，IOzone 还附带了用 gnuplot 画图的脚本。

该软件用在大规模机群系统上测试 NFS 的性能，更加具有说服力。

（4）Netperf

Netperf 可以测试服务器网络性能，主要针对基于 TCP 或 UDP 的传输。Netperf 根据应用的不同，可以进行不同模式的网络性能测试，即批量数据传输（bulk data transfer）模式和请求 / 应答（request/reponse）模式。Netperf 测试结果所反映的是一个系统能够以多快的速度向另外一个系统发送数据，以及另外一个系统能够以多快的速度接收数据。

Netperf 工具以 C/S 方式工作。服务器端是 Netserver，用来侦听来自客户端的连接，客户端是 Netperf，用来向服务器发起网络测试。在客户端与服务器之间，首先建立一个控制连接，传递有关测试配置的信息，以及测试的结果；在控制连接建立并传递了测试配置信息以后，客户端与服务器之间会再建立一个测试连接，用来回传特殊的流量模式，以测试网络的性能。

对于服务器系统来说，网络性能显得尤其重要，有些服务器为了节省成本而采用了桌面级的网络芯片，其性能可用这个软件测试。

9.6　测试案例与分析

9.6.1　项目背景

随着互联网和智能手机的迅速发展，与网民关系密切的网上商城出现了异常繁荣景象。网上商城提供产品宣传、商品选购、交易结算、订单跟踪、客户反馈等诸多功能，使用户足不出户就能买到自己所需要的各种商品。

然而，在网民享受网上商城带来的便利性的同时，很少会有人关注网上商城服务平台本身存在的性能问题。在系统提供给用户持续访问的同时，系统的压力问题是时刻存在的，特别是每次推出促销或"秒杀"（如"双十一"促销等）时，网民访问量骤增的瞬间会对服务系统造成很大的压力，如果没有任何应对措施，则可能造成系统瘫痪。

那么，当需要向一个庞大的客户群体提供服务时，网上商城平台的业务处理能力是否能够满足在业务高峰期的性能要求，它的性能瓶颈在哪里，以及到底能承受多大的压力等，通常采用全面有效的性能测试来解决这个问题。

9.6.2 被测软件及实施方案

1. 被测软件简介

某网上商城服务平台采用 B/S 架构，主要涉及后台管理、互联网终端购物和移动终端购物 3 个方面。其中后台管理主要为系统提供服务，涉及用户管理、业务监控、订单管理、交易管理、统计分析等功能；PC 终端用户通过传统互联网，移动智能终端用户通过移动互联网，分别访问系统，完成页面浏览、提交订单、订单支付和跟踪、退货、换货服务等功能。

网上商城系统移动终端和互联网终端提供购物业务，共享用户、订单、账户等信息，并使用统一的业务规则，为顾客提供方便快捷的全新购物体验。

2. 实施方案

（1）测试前准备阶段

需求分析。经过与用户充分沟通，本次测试目的在于对系统业务流程进行性能测试，验证被测系统的业务处理能力，在访问形式多样的情况下，是否能够满足在业务高峰期的性能要求，并对系统性能瓶颈进行定位分析，提供调优建议。

根据此测试目的，分析并调查系统以下方面内容：

❑ 用户量：系统实际和预计 1 ～ 3 年内用户数。

❑ 性能测试点：根据典型业务、使用频率高、算法复杂程度、涉及大数据量的功能操作，确定性能测试点，如"页面浏览"、"商品查询"、"新增订单"和"报表统计"等。

❑ 业务数据量：通过当前系统运营情况，推算 1 ～ 3 年内系统累计数据量。

团队搭建。该项目组建一支 3 人的测试团队，其中测试经理 1 名，测试工程师 2 名。

测试经理负责测试内部管理以及与用户、开发人员等外部测试人员的交流；组织测试计划编写、测试文档审核；协调并实施项目计划中确定的活动；识别测试环境需求；为其他人员提供技术；编制测试报告。

测试工程师协助测试经理开展工作，负责测试文档审核、测试设计和测试执行；针对测试计划中每个测试点调试脚本以及设计测试场景；按照测试用例执行性能测试，并提交缺陷；对性能瓶颈进行定位分析，提供性能调优建议。

测试方法。采用自动化测试方法，压力测试工具为 LoadRunner 性能测试工具。

模拟大用户量情况下对系统进行操作并发负载，同时对系统服务器性能进行实时监测，采集服务器的时间特性和资源利用性。

（2）实施阶段

1）搭建测试环境：性能测试要求在实际环境下，或尽可能模拟实际运行环境：

❑ 服务器环境：数据库、应用、Web 服务器端，部署软件环境。

❑ 互联网网络环境。

❑ 满足测试需求的 LoadRunner 服务器和压力机。

2）编写测试计划。依据该系统实际情况制订测试计划，安排测试工作内容，根据业务流程及功能模块提炼性能测试点，以保证测试工作的顺利进行。

性能测试的重点在于对系统业务流程进行测试，根据测试需求识别不同的测试过程以及测试条件，并形成测试计划，验证被测系统的业务处理能力。测试计划中明确了以下方面内容：测试任务和范围；人员安排、时间安排；测试方法和流程；测试启动和终止条件；可交付成果等。

3）测试内容。此次性能测试的业务应覆盖整个购物流程的关键业务。在对系统进行需求分析的基础上，本着覆盖测试需求的原则，组织本系统效率测试。

❑ 基准测试：在满足要求的测试数据基础上进行单用户访问"页面浏览""商品查询""新增订单"和"报表统计"，考查相关功能的时间特性，主要表现为响应时间。

❑ 并发测试：在满足要求的测试数据基础上进行多用户并发访问"页面浏览""商品查询""新增订单"和"报表统计"，考查相关功能的时间特性，主要表现为响应时间。

❑ 综合场景测试：在满足要求的测试数据基础上执行多用户在线持续系统操作，测试点由"页面浏览""商品查询""新增订单"和"报表统计"构成，通过综合场景测试验证系统的在线用户支持能力、相关操作的事务吞吐能力和响应时间。

❑ 疲劳强度测试：通过综合场景在线测试方法，模拟真实环境压力下对系统进行长时间（如 8h）的持续测试，验证系统在该条件下是否能持续稳定运行，并考查系统的相关指标是否符合要求，如响应时间、资源利用情况。

4）测试执行和测试结果。结合 LoadRunner 工具的使用，下面以"疲劳强度测试"为例进行说明。

❑ 场景说明。模拟 10 000 名用户在线疲劳强度测试：各 2500 名用户分别在线执行"页面浏览""商品查询""新增订单"和"报表统计"操作，思考时间为 60 ～ 300s 之间的随机数，持续测试 8h。

❑ 测试结果。"页面浏览""商品查询""新增订单"和"报表统计"的成功完成事务数分别为 323 801 个、402 312 个、5986 个和 397 107 个，共成功完成 1 519 145 个事务。测试过程中有 2745 个交易失败，其中"页面浏览""新增订单"和"报表统计"分别失败 1701 个、54 345 个和 200 个，"商品查询"无失败事务。

在执行 10 000 用户在线疲劳强度测试过程中，服务器报错信息为 Error-27792: Failed to transmit data to network [10054] Connection reset by peer。

测试结果表明，系统可以完成 10 000 用户在线 8h 疲劳强度测试，其中成功完成事务数为 1 129 206 个，失败 56 246 个，失败比例为 4.71%，失败比例较高。

测试过程中，数据库、应用服务器资源占用情况均表现为正常范围之内。

❑ 调优建议。10 000 名用户在线 8h 疲劳强度测试时的失败比例为 4.71%，失败比例较高，建议针对失败原因，对系统参数进行重新优化，并对优化后的结果重新测试。

本章小结

本章主要从服务器的角度出发，阐述了与移动智能终端有所交互的服务平台的概念、组成和性能测试指标，提出了对服务平台进行性能测试的重要性；随后介绍了服务平台性能测试的主要内容、测试方法、性能测试流程，并做了详细说明；接着介绍了先进性能测试方面最常用的开源和商业化的测试工具；最后用实际的案例让读者更深入地了解服务平台的性能测试是如何进行的。

第 10 章 *Chapter 10*

服务平台端安全测试

本章导读

本章首先介绍服务平台端相关服务器的基本概念、服务器安全的重要性、常见的安全威胁与漏洞，以及服务器安全相关的测试内容，然后介绍了针对不同部分的测试方法和测试流程，并对一些常见测试工具进行了介绍和比较，最后列举一些测试案例与分析，针对服务平台端安全测试进行综合分析。

应掌握的知识要点：

- 安全测试概述
- 常见安全威胁与漏洞
- 安全测试内容
- 安全测试方法
- 安全测试流程
- 安全测试工具
- 测试案例与分析

10.1 服务平台端安全测试概述

10.1.1 服务器分类

在学习服务平台端安全测试的内容之前，首先应该明确服务器的概念。服务器也称伺服器，指一个网络环境中管理资源并为用户提供服务的高性能计算机。它侦听网络上的其他计算机（客户机）提交的服务请求，并提供相应的服务，为此，服务器必须具有承担服务并且保障服务的能力。有时，这两种定义会引起混淆，如后面会提到的 Web 服务器。

1. 按照体系架构分类

服务器主要分为两大类：

（1）非 X86 服务器

非 X86 服务器包括大型机、小型机和 UNIX 服务器，它们是使用 RISC（精简指令集）处理器或 EPIC（并行指令代码）处理器，并且主要采用 UNIX 和其他专用操作系统的服务器。RISC 处理器主要有 IBM 公司的 POWER 和 PowerPC 处理器，Sun 与富士通公司合作研发的 SPARC 处理器、EPIC 处理器主要是 Intel 研发的安腾处理器等。这种服务器价格昂贵，体系封闭，但是稳定性好，性能强，主要用在金融、电信等大型企业的核心系统中。

（2）X86 服务器

X86 服务器又称 CISC（复杂指令集）架构服务器，即通常所讲的 PC 服务器。它是基于 PC 体系结构，使用 Intel 或其他兼容 X86 指令集的处理器芯片和 Windows 操作系统的服务器。X86 服务器价格便宜，兼容性好，但是稳定性较差，安全性不算太高，主要用在中小企业和非关键业务中。

这类服务器通常分为文件服务器、数据库服务器和应用程序服务器。运行以上软件的计算机或计算机系统也称为服务器。相对于普通 PC 来说，服务器在稳定性、安全性、性能等方面都要求更高，因此 CPU、芯片组、内存、磁盘系统、网络等硬件和普通 PC 有所不同。

2. 按照服务器的应用层次分类

这种划分方法有时又称为按服务器档次划分、按服务器规模划分或者按计算能力划分，实际上这是服务器的最为普遍的一种划分方法，主要根据服务器在网络中应用的层次来划分。注意，这里的服务器档次并不是指服务器 CPU 主频的高低，而是整个服务器的综合性能，特别采用了一些服务器的专用技术来衡量。按这种方法，服务器可分为入门级服务器、工作组服务器、部门级服务器、企业级服务器。

（1）入门级服务器

入门级服务器是最基础的一类服务器，也是最低档的服务器。随着 PC 技术的日益提高，许多入门级服务器与 PC 的配置差不多，所以也有部分人认为入门级服务器与 PC 服务器等同。这类服务器所包含的服务器特性并不是很多，通常具备以下几方面特性：

- ❑ 有一些基本硬件的冗余，如硬盘、电源、风扇等，但不是必需的。
- ❑ 通常采用 SCSI 接口硬盘，也有采用 SATA 串行接口的。
- ❑ 部分部件支持热插拔，如硬盘和内存等，这些也不是必需的。
- ❑ 通常只有一个 CPU，但不是绝对。
- ❑ 内存容量最大支持 16GB。

这类服务器主要采用 Windows 或者 NetWare 网络操作系统，可以充分满足办公室型的中小型网络用户的文件共享、数据处理、Internet 接入及简单数据库应用的需求。入门级服务器所连的终端比较有限（通常为 20 台左右），并且在稳定性、可扩展性和容错冗余性等方面表现较差，仅适用于没有大型数据库数据交换、日常工作网络流量不大、无需长期不间断开机的小型企业。

（2）工作组服务器

工作组服务器是一个比入门级服务器高一个层次的服务器，但仍属于低档服务器。从其名称也可以看出，它只能连接一个工作组（50 台左右）用户，网络规模较小，服务器的稳定性也不像后面要讲的企业级服务器那样要求高，在其他性能方面的要求也相应低一些。工作组服务器具有以下几方面的主要特点：

- ❏ 通常仅支持单或双 CPU 结构的应用服务器（但也不是绝对的，特别是 Sun 的工作组服务器就有能支持多达 4 个处理器的工作组服务器，当然这类服务器在价格方面也有所不同）。
- ❏ 可支持大容量的 ECC 内存和增强服务器管理功能的 SM 总线。
- ❏ 功能较全面，可管理性强，且易于维护。
- ❏ 采用 Intel 服务器 CPU 和 Windows/NetWare 网络操作系统，但也有一部分是采用 UNIX 系列操作系统的。
- ❏ 可以满足中小型网络用户的数据处理、文件共享、Internet 接入及简单数据库应用的需求。

工作组服务器比入门级服务器的性能有所提高，功能有所增强，有一定的可扩展性，但容错和冗余性能仍不完善，也不能满足大型数据库系统的应用，而且价格也比入门级服务器贵许多，一般相当于 2～3 台高性能的 PC 品牌机总价。

（3）部门级服务器

部门级服务器属于中档服务器之列，一般都是支持双 CPU 以上的对称处理器结构，具备比较完全的硬件配置，如磁盘阵列、存储托架等。部门级服务器的最大特点是，除了具有工作组服务器的全部服务器特点外，还集成了大量的监测及管理电路，具有全面的服务器管理能力，可监测温度、电压、风扇、机箱等状态参数，结合标准服务器管理软件，使管理人员及时了解服务器的工作状况。同时，大多数部门级服务器具有优良的系统可扩展性，能够满足用户在业务量迅速增大时及时在线升级系统的需求，充分保护了用户的投资。它是企业网络中分散的各基层数据采集单位与最高层的数据中心保持顺利连通的必要环节，一般为中型企业的首选，也可用于金融、邮电等行业。

部门级服务器一般采用 IBM、Sun 和 HP 各自开发的 CPU 芯片，这类芯片一般是 RISC 结构，所采用的操作系统一般是 UNIX 系列操作系统，Linux 也在部门级服务器中得到了广泛应用。

部门级服务器可连接 100 个左右的计算机用户，适用于对处理速度和系统可靠性要求高一些的中小型企业网络，其硬件配置相对较高，其可靠性比工作组级服务器要高一些，当然其价格也较高（通常为 5 台左右高性能 PC 的价格总和）。由于这类服务器需要安装比较多的部件，因此机箱较大，通常采用机柜式。

（4）企业级服务器

企业级服务器属于高档服务器行列，正因如此，能生产这种服务器的企业也不是很多。企业级服务器至少采用 4 个以上 CPU 的对称处理器结构，有的高达几十个。

另外，企业级服务器一般具有独立的双 PCI 通道和内存扩展板，具有高内存带宽、大容量热插拔硬盘和热插拔电源、超强的数据处理能力和群集性能等。企业级服务器的机箱更大，一般为机柜式，有的由几个机柜组成，像大型机一样。企业级服务器的产品除了具有部门级服务器的全部服务器特性外，还具有高度的容错能力、优良的可扩展性、故障预报警功能、在线诊断功能，并支持热插拔 RAM、PCI、CPU 等。有的企业级服务器还引入了大型计算机的许多优良特性。这类服务器所采用的芯片是几大服务器开发、生产厂商自己开发的独有 CPU 芯片，所采用的操作系统一般是 UNIX（Solaris）或 Linux。

企业级服务器适用于需要处理大量数据、高处理速度和对可靠性要求极高的金融、证券、交通、邮电、通信或大型企业。企业级服务器通常用于联网计算机在数百台以上、对处理速度和数据安全要求非常高的大型网络。它的硬件配置最高，系统可靠性也最强。

在服务器中配置固态硬盘已经是一个普遍的选择，当只有很小比例的服务器存在性能问题时尤其如此。固态硬盘可以帮助用户解决服务器性能的瓶颈。固态硬盘也可以让高速存储更加接近处理器并解决了共享存储网络这个潜在的瓶颈。目前有 3 种固态硬盘的形式，即硬盘驱动型 SSD、SSD DIMM 和 PCI SSD。

3. 按服务器软件分类

除了按照硬件标准对服务器进行分类外，还可以根据不同的软件将服务器分为以下类型：文件服务器、数据库服务器、邮件服务器、网页服务器（Web 服务器）、FTP 服务器、应用服务器、代理服务器。这些服务器软件大多采用 C/S 或者 B/S 模式。

10.1.2 服务器安全

目前，互联网的普及使得 Web 应用遍布世界每一个角落，Web 甚至成为互联网的代名词。这些基于互联网的 Web 应用如雨后春笋般迅猛发展，各种各样的网站数量也迅速增长，与此同时，安全问题也日益凸显。那些不断被爆出的安全漏洞、黑客们的恶意攻击、疯狂爬行在网络上的蠕虫、盗取信息的木马、迅速扩散的病毒等威胁着我们的互联网安全。Web 归根结底是基于互联网和 TCP/IP 协议族的一种 C/S 模式的应用系统。

服务器安全具有以下特点：

互联网的双向性。与传统的发布环境（诸如电话、电报、传真）相比，Web 系统暴露在互联网上的服务器很容易被攻击者达到，这使得各种服务器基于互联网的 Web 前台或者各种移动智能终端在面对攻击时的防御力是极其脆弱的。

安全威胁的严重性。现如今随着各大银行的手机支付客户端、手机支付宝客户端、POS 机等的普及，使用这些服务器提供交互的终端越来越成为信息发布、整合以及商业交易的平台时，一旦服务器受到攻击而失效，造成的物质损失和企业声誉损失是巨大的。尽管智能终端上的应用使用起来很方便，其服务器部署的配置和维护也不复杂，智能终端应用的开发也相对容易，但在这些智能系统、应用平台以及服务器平台之下的一整套软件系统是极其复杂的，这意味着系统中可能存在各种安全漏洞。一旦这些服务器被攻破，攻击者将侵入企业、组织的内部网络系统。攻击者能够做到的不只是针对网络系统的破坏，还会泄露整个骨干网络上的所有资源，这些潜在的威胁是相当巨大和可怕的。

管理人员的专业性。目前，很多企业、组织的服务器管理员和维护人员是没有受过安全方面的专业培训的普通管理员，他们更多的只是对服务器进行一些硬件保养、数据备份等常规维护，对网络攻击的威胁没有足够的认识，不了解自己的疏忽将面临的严重后果以及发生网络攻击时应该采取怎样的应对防御措施。

安全研究的局限性。现今和未来相当一段时间内，国内外关于互联网安全的研究主要从安全协议的制定、系统平台的安全、程序的安全编程、安全产品的研发、服务器的安全控制等方面着手。其中系统平台的安全方面主要研究安全操作系统、安全数据库等，以及现有常用系统（诸如 Windows、UNIX、Linux）的安全配置，对服务器安全的研究并不完善，只是在针对 Web 服务器的安全控制方面对时下流行的 Apache、IIS 的安全缺陷分析与安全配置方面有一些研究，包括 Apache 的访问控制机制、安全模块、IIS 的安全锁定等。

针对服务器平台的安全测试是将已经确认的服务器软件、服务器硬件、服务器外设、网络等其他元素结合在一起，进行信息系统的各种安全功能性需求的测试。安全测试是针对整个服务器端系统进行的测试，目的是验证服务器系统是否满足了相关安全等级需求规格的定义，找出与需求规格不符或与之矛盾的地方，从而提出更加完善的安全防护或改进方案。

在安全测试发现问题之后要进行调试，找出不达标的原因和缺陷漏洞位置，然后进行完善。安全测试是基于服务器端平台系统整体安全需求说明书的黑盒类测试，应覆盖系统所有联合的部件，其对象不仅包括需要测试的服务器软件及其依赖的硬件、外设，而且包括安全管理制度的制定和日常操作人员的安全管理。

10.2　常见安全威胁与漏洞

10.2.1　常见安全威胁

在互联网安全中，服务器平台端的安全是最基本的，也是最难保障的，因为服务器的源代码庞大又复杂。例如，FreeBSD 6.0 的汇编行数达到 1271723 行，OpenBSD 达到了 1260707 行，而 Windows Vista 更是达到了惊人的 5000 万行。服务器的安全威胁通常包括以下几个部分。

（1）Web 服务器本身所存在的安全问题

Web 服务器本身存在一些漏洞，黑客可能通过这些漏洞入侵系统，从而获取重要信息或者破坏一些重要的数据，甚至造成系统瘫痪。目前常见的 Web 服务器普遍存在的问题如下：

服务器配置问题。管理混乱是最大的安全问题，系统配置的不合理将会产生致命的安全威胁。

SSI 问题。SSI（Server Side Include）是一段 HTML 代码，可以把一个文件或者一段命令的输出放到用户请求的页面中，允许根据用户的请求而在服务器上运行程序，其本身是一种安全漏洞。

服务器程序存在的安全漏洞。常用的 Web 服务器（如 Apache、IIS 等）存在各种各样的漏洞，如物理路径泄露、CGI 源代码泄露、遍历目录、执行任意命令、缓冲区溢出和拒绝服务等。

（2）Web 服务器操作系统面临的攻击威胁

Web 服务器操作系统是运行 Web 服务器的平台，暴露在互联网中会使它受到各种各样的攻击。因为操作系统软件在逻辑设计上的缺陷或在编写代码时产生的错误，会出现可以被黑客利用的各种漏洞，从而使黑客可以绕过安全策略而控制整个计算机。

（3）Web 服务器上应用程序面临的攻击威胁

服务器上应用程序面临的攻击威胁主要分为以下三类：

认证和授权。在大多数情况下，并非所有用户都能访问 Web 服务器的数据资源。Web 服务器需要对每个访问的用户进行访问权限控制，给这些用户提供用户名和口令，由 Web 服务器来鉴别用户的真伪。目前常用的认证技术主要有 HTTP 基础认证和证书认证。

脚本带来的安全威胁。如果 Web 服务器不接受来自用户的数据，那么它的安全性就可以达到很高的程度，但是这样也会使其丧失网络服务器的价值。因此目前绝大多数的 Web 服务器都具有交互功能，能对用户提交的数据信息等进行处理，这样在用户提交数据信息时，Web 服务器就会存在一定的安全隐患。

脚本带来的问题。如果 Web 服务器只提供静态内容，那么它的安全性可以达到很高，因为它不接受来自用户的数据，减少了攻击者和服务器通信的机会。但是目前绝大多数的 Web 服务器都具有交互功能，用于处理用户递交的数据和提供动态的内容。只要服务器具有交互功能，就会存在安全隐患。

（4）数据库服务器的安全威胁

数据库服务器用来存储 Web 系统中的数据，涉及大量敏感信息，也是黑客攻击的主要目标，面临的安全威胁主要有 SQL 注入攻击和针对数据库管理系统漏洞的攻击。前者主要是在用户输入中注入一些额外的特殊字符或者 SQL 语句，使系统构造出来的 SQL 语句在执行时改变了查询条件，或者附带执行了攻击者注入的 SQL 语句；后者主要是对配置不当的数据库管理系统（Database Management System，DBMS）和 DBMS 本身存在的漏洞进行攻击，包括弱口令攻击、零长度字符串绕过 MySQL 身份验证漏洞攻击和 SQL Server 的单字节溢出攻击等。

10.2.2 常见漏洞

黑客攻击服务器所利用的漏洞或者 Web 应用中存在的常见漏洞大致分为以下几类：

- ❑ **未被验证的输入。**攻击者可以篡改 HTTP 请求的任何部分，包括 URL、查询字符串、HTTP 头部、Cookie、表单等，试图越过站点的安全机制。常见的输入篡改攻击方式有 SQL 注入、跨站点脚本、缓冲区溢出等。
- ❑ **SQL 注入。**SQL 注入指攻击者在输入域中插入特殊字符，改变 SQL 查询的本意，欺骗数据库服务器执行非法操作，从而破坏数据库非法获取存储在数据库中的数据清单的行为。SQL 注入是 Web 应用漏洞中较普遍、较严重的漏洞之一。

❑ **跨站点脚本**。跨站点脚本是指攻击者在客户端（通常是 Web 浏览器）通过 Web 页面提交的输入数据中嵌入恶意代码，若服务器将这些数据不经过滤或转义而直接返回，那么其他用户在访问该 Web 页面时，这些恶意代码将在这些用户的客户端执行，从而达到攻击者恶意攻击目的。

❑ **缓冲区溢出**。攻击者可以利用这个漏洞发送特定请求给 Web 应用，使其执行任意代码。

❑ **隐藏的字段**。用户可以通过在 Web 浏览器中执行"查看源文件"等操作查看这些字段的内容，然后手动修改这些字段的参数值，再通过 URL 参数传回给服务器端。攻击者可以通过修改 HTML 源文件中的这些隐藏字段达到恶意攻击的目的。

❑ **不恰当的异常处理**。用户提交给 Web 应用的正常请求有可能频繁地产生错误和异常情况，如内存不足、系统调用失败、数据库链接错误等。不恰当的异常处理会将详细的内部错误信息如堆栈追踪（stack trace）、数据库结构以及错误代码等提供给攻击者，给 Web 应用带来安全隐患。

❑ **远程命令执行**。服务器可能简单地将用户提供的输入数据传递给其他应用或操作系统本身。如果这些输入数据没有经过适当的验证，那么攻击者可以直接执行目标系统上的命令。

❑ **远程代码注入**。引起这类漏洞的主要原因是 Web 应用开发者不良的编码习惯，例如，允许将未经验证的用户输入传递给 include( ) 或 require( ) 这样的方法，导致允许本地应用或远程的 PHP 代码被包含进来，攻击者可将他们自己的 PHP 代码注入目标 Web 应用中。

10.3　服务平台端安全测试内容

下面将从服务器平台有关的物理安全、网络安全、主机安全、应用安全、数据安全以及管理安全 6 个方面来讨论服务器平台安全测试的相关内容。每部分将根据不同安全等级的要求进行介绍，首先对不同安全等级的保护力度进行定义。

❑ **第一级安全级别**：应能够防护系统免受来自个人的、拥有很少资源的威胁源发起的恶意攻击、一般的自然灾害，以及其他相当危害程度的威胁所造成的关键资源损害，在系统遭到损害后，能够恢复部分功能。

❑ **第二级安全级别**：应能够防护系统免受来自外部小型组织的、拥有少量资源的威胁源发起的恶意攻击、一般的自然灾害，以及其他相当危害程度的威胁所造成的重要资源损害，能够发现重要的安全漏洞和安全事件，在系统遭到损害后，能够在一段时间内恢复部分功能。

❑ **第三级安全级别**：应能够在统一安全策略下防护系统免受来自外部有组织的团体的、拥有较为丰富资源的威胁源发起的恶意攻击、较为严重的自然灾难，以及其他相当危害程度的威胁所造成的主要资源损害，能够发现安全漏洞和安全事件，在系统遭到损害后，能够较快恢复绝大部分功能。

❏ 第四级安全级别：应能够在统一安全策略下防护系统免受来自国家级别的、敌对组织的、拥有丰富资源的威胁源发起的恶意攻击、严重的自然灾难，以及其他相当危害程度的威胁所造成的资源损害，能够发现安全漏洞和安全事件，在系统遭到损害后，能够迅速恢复所有功能。

10.3.1 物理安全

本部分将着重阐述物理方面的安全威胁，包括人为地通过物理方式接触的攻击以及自然环境因素带来的破坏。从边界防御的背后来访问目标数据网络的基础设施，远比从网络上突破层层防御的外部入侵要容易。虽然潜入目标公司、企业或组织内部获取敏感信息可能并非轻而易举，可事实上，物理接触已经成为网络攻击重要的途径，尤其是在窃取个人隐私信息进行身份盗用后，再完成其他攻击方面。

根据不同核心服务器所在企业或组织所部署的系统以及安全防护的严密性不同，突破其所构筑的安全防线的难度也不尽相同。现实中，我们常常会发现，即使一些企业部署了非常高端的防御系统，诸如各种红外感应、压力感应等传感器，或者指纹、瞳孔等生物锁，但也可能由于松懈或者后续措施的不完善而被攻击者轻易绕开这些防线。相反，对于一些看似开放的环境，如果管理人员训练有素并且遵守严格的工作规程，那么攻击者也难以潜入其中进行破坏。许多信息安全培训班或者信息安全会议都会把数据网络安全模型与糖果进行一个类比：外脆内软。很多网络外围的安全控制往往比较牢靠，但是内部防御不够，很容易遭到攻击，这是现在很多企业或组织普遍存在的现象。

另外，一些自然环境因素，诸如火灾、雷击、静电、水害等都会对硬件系统带来严重的破坏，导致其无法正常工作。

下面分类列举出各项因素的安全威胁，并对其具体要求进行阐述。

（1）物理访问控制

物理访问控制的具体要求如下：

❏ 第一级基本要求：机房出入应安排专人负责控制、鉴别和记录进入的人员。

❏ 第二级基本要求：在第一级基本要求的基础上，需要对进入机房的来访人员实施申请和审批流程，并限制和监控其活动范围。

❏ 第三级基本要求：在第二级基本要求的基础上，应对机房划分区域，各区域之间设置物理隔离，在重要区域前设置过渡区域；并给重要区域配置电子门禁系统。

❏ 第四级基本要求：在第三级基本要求的基础上，应该在机房出入口配置第一道门禁系统，并在重要区域配置第二道门禁系统。

（2）防盗窃和防破坏

防盗窃和防破坏的具体要求如下：

❏ 第一级基本要求：主要设备应该放置在机房内，并对设备和主要部件进行固定，设置明显的、不易除去的标记。

❏ 第二级基本要求：在第一级基本要求的基础上，应将通信线材敷设在隐蔽处，对介质分类标识并存储在档案室，在主机房安装必要的防盗报警系统。

❑ 第三级基本要求：在第二级基本要求的基础上，应该利用光电等技术设置机房的防盗报警系统，并在机房设置监控报警系统。

❑ 第四级基本要求：与第三级基本要求相同。

（3）防雷击

防雷击的具体要求如下：

❑ 第一级基本要求：机房建筑物应该设置避雷装置。

❑ 第二级基本要求：在第一级基本要求的基础上，机房应设置交流电源接地线。

❑ 第三级基本要求：在第二级基本要求的基础上，应该设置防雷保护器以防止感应雷。

❑ 第四级基本要求：与第三级基本要求相同。

（4）防火

防火的具体要求如下：

❑ 第一级基本要求：机房应设置灭火设备。

❑ 第二级基本要求：在第一级基本要求的基础上，机房应设置火灾自动报警系统。

❑ 第三级基本要求：在第二级基本要求的基础上，应设置火灾自动消防系统；机房及相关辅助房应采用具有耐火等级的建筑材料；机房布局应采取区域隔离防火措施，将重要设备隔离。

❑ 第四级基本要求：与第三级基本要求相同。

（5）防水和防潮

防水和防潮的具体要求如下：

❑ 第一级基本要求：对穿过机房墙壁和楼板的水管增加必要的保护，采取措施防止雨水通过机房窗户、屋顶和墙壁渗透。

❑ 第二级基本要求：在第一级基本要求的基础上，水管不得穿过机房屋顶或者活动地板下方，应该采取措施防止机房内水蒸气结露和地下积水的转移渗透。

❑ 第三级基本要求：在第二级基本要求的基础上，应该安装对水敏感的检测仪器，对机房进行防水检测和报警。

❑ 第四级基本要求：与第三级基本要求相同。

（6）温湿度控制

温湿度控制的具体要求如下：

❑ 第一级基本要求：机房应设置必要的温湿度控制设施，使机房温湿度的变化在设备运行所允许的范围内。

❑ 第二级基本要求：在第一级基本要求的基础上，设置温湿度自动调节设施。

❑ 第三级基本要求：与第二级基本要求相同。

❑ 第四级基本要求：与第三级基本要求相同。

（7）电力供应

电力供应的具体要求如下：

❑ 第一级基本要求：应该在机房的供电线路上装配稳压器和过电压保护设备。

❑ 第二级基本要求：在第一级基本要求的基础上，应提供短期的备用电力，至少满足关键设备在断电时能正常运行。
- ❑ 第三级基本要求：在第二级基本要求的基础上，应设置冗余或并行的电缆线路为计算机系统供电，并建立备用供电系统。
- ❑ 第四级基本要求：在第三级基本要求的基础上，在断电时应满足设备的正常运行。

（8）防静电

防静电的具体要求如下：
- ❑ 第一级不做要求。
- ❑ 第二级基本要求：关键设备应采用必要的接地防静电措施。
- ❑ 第三级基本要求：在第二级基本要求的基础上，机房应采用防静电地板。
- ❑ 第四级基本要求：在第三级基本要求的基础上，应采用静电消除装置。

（9）电磁防护

电磁防护的具体要求如下：
- ❑ 第一级不做要求。
- ❑ 第二级基本要求：电源线和通信线缆应该隔离敷设，避免相互干扰。
- ❑ 第三级基本要求：在第二级基本要求的基础上，应采用接地方式防止外界电磁干扰和设备寄生耦合干扰，并对关键设备和磁介质实施电磁屏蔽。
- ❑ 第四级基本要求：在第三级基本要求的基础上，应对关键区域实施电磁屏蔽。

10.3.2 网络安全

针对服务器的网络安全在这里主要指服务器网络系统的硬件、软件及其系统中的数据受到保护，不因偶然的或者恶意的原因而遭受到破坏、更改、泄露，系统连续、可靠、正常地运行，网络服务不中断。下面主要通过对结构安全、访问控制、网络设备防护、安全审计、边界完整性检查、入侵防范以及恶意代码规范等方面来对服务器平台端的网络安全测试内容进行阐述。

（1）结构安全

结构安全的具体要求如下：
- ❑ 第一级基本要求：
  - 应该保证关键网络设备的业务处理能力满足基本业务需要。
  - 应该保证接入网络和核心网络的带宽满足基本业务需要。
  - 应该绘制与当前运行情况相符的网络拓扑结构图。
- ❑ 第二级基本要求（在满足第一级基本要求的基础上新增）：
  - 关键设备的处理能力应具备冗余空间，满足高峰期需求。
  - 关键设备带宽应满足业务高峰期的需求。
  - 根据各部门的工作职能、重要性和所涉及信息的重要程度等因素，划分不同的子网或网段，并遵循管理方便和便于控制的原则为各子网、网段分配地址段。
- ❑ 第三级基本要求（在满足第二级基本要求的基础上新增）：
  - 主要网络设备的处理能力应具备冗余空间，满足高峰期需求。

- 网络各个部分带宽应满足业务高峰期的需求。
- 应在业务终端与业务服务器之间进行路由控制，建立安全的访问路径。
- 避免将重要网段部署在网络边界处且直接连接外部信息系统，重要网段与其他网段之间采取可靠的技术隔离手段。
- 应按照对业务服务的重要次序来制定带宽分配优先级别，保证在网络拥塞时优先保护重要主机。

❑ 第四级基本要求（在满足第三级基本要求的基础上新增）：应保证所有网络设备的业务处理能力具备冗余空间，满足业务高峰期的需求。

（2）访问控制

访问控制的具体要求如下：

❑ 第一级基本要求：

- 应该在网络边界部署访问控制设备，启用访问控制功能。
- 根据访问控制列表对源地址、目的地址、源端口、目的端口和协议等进行检查，以允许/拒绝数据包出入。
- 通过访问控制列表对系统资源实现允许或拒绝用户访问，控制粒度至少为用户组。

❑ 第二级基本要求（在满足第一级基本要求的基础上新增）：

- 应能根据会话状态信息为数据流提供明确的允许/拒绝访问的能力，控制粒度为网段级。
- 按照用户和系统之间的允许访问规则，决定是否允许用户对受控系统进行访问，控制粒度为单个用户。
- 应限制具有拨号访问权限的用户数量。

❑ 第三级基本要求（在满足第二级基本要求的基础上新增）：

- 应能根据会话状态信息为数据流提供明确的允许/拒绝访问的能力，控制粒度为端口级。
- 应对进出网络的信息内容进行过滤，实现对应用层 HTTP、FTP、Telnet、SMTP、POP3 等协议命令级的控制。
- 应在会话处于非活跃一定时间或会话结束后终止网络连接。
- 应限制网络最大流量数及网络连接数。
- 重要网段应采取技术手段防止地址欺骗。

❑ 第四级基本要求（在满足第三级基本要求的基础上新增）：

- 应不允许数据带通用协议通过。
- 应根据数据的敏感标记允许或拒绝数据通过。
- 应不开放远程拨号访问功能。

（3）网络设备防护

网络设备防护的具体要求如下：

❑ 第一级基本要求：

- 应该对登录网络设备的用户进行身份鉴别。

- 应该具有登录失败处理功能，可以采取结束会话、限制非法登录次数和网络登录连接超时自动退出等措施。
- 当对网络设备进行远程管理时，应采取必要措施防止鉴别信息在网络传输过程中被窃听。

❑ 第二级基本要求（在满足第一级基本要求的基础上新增）：
- 应限制网络设备管理员的登录地址。
- 网络设备用户的标识应该唯一。
- 身份鉴别信息应具有不易被冒用的特点，口令应具有一定的复杂度并要求定期更换。

❑ 第三级基本要求（在满足第二级基本要求的基础上新增）：
- 对于主要网络设备，应对同一用户选择两种或以上组合的鉴别技术来进行身份鉴别。
- 应实现设备特权用户的权限分离。

❑ 第四级基本要求（在满足第三级基本要求的基础上新增）：网络设备用户的身份鉴别信息至少应有一种是不可伪造的。

（4）安全审计

❑ 第一级不做要求。

❑ 第二级基本要求：
- 应对网络系统中的网络设备运行状况、网络流量高、用户行为等进行日志记录。
- 审计记录应包括事件的日期和时间、用户、事件类型、事件是否成功及其他与审计相关的信息。

❑ 第三级基本要求（在满足第二级基本要求的基础上新增）：
- 应能根据记录数据进行分析，并生成审计报表。
- 应对审计记录进行保护，避免受到未预期的删除、修改或覆盖。

❑ 第四级基本要求（在满足第三级基本要求的基础上新增）：
- 应定义审计跟踪极限的阈值，当存储空间接近极限时，能采取必要的措施；当存储空间被耗尽时，终止可审计事件的发生。
- 应根据信息系统的统一安全策略，实现集中审计，网络设备时钟与时钟服务器保持同步。

（5）边界完整性检查

边界完整性检查的具体要求如下：

❑ 第一级不做要求。

❑ 第二级基本要求：应能对内部网络中出现的内部用户未通过准许私自连接外部网络的行为进行检查。

❑ 第三级基本要求（在满足第二级基本要求的基础上新增）：
- 应能对非授权设备私自连接到内部网络的行为进行检查，准确定出位置，并对其进行有效阻断。

- 应能对内部网络中用户私自连接外部网络的行为进行检查，准确定出位置，并对其进行有效阻断。
- ❑ 第四级基本要求同第三级。

（6）入侵防范

入侵防范的具体要求如下：

- ❑ 第一级不做要求。
- ❑ 第二级基本要求：应在网络边界处监视诸如强力攻击、端口扫描、木马攻击、拒绝服务攻击、缓冲区溢出攻击、网络蠕虫攻击和IP碎片攻击等行为。
- ❑ 第三级基本要求（在满足第二级基本要求的基础上新增）：当检测到攻击行为时，记录攻击源IP、攻击类型、攻击目的、攻击时间，并在发生严重入侵事件时提供报警功能。
- ❑ 第四级基本要求（在满足第三级基本要求的基础上新增）：当检测到攻击行为时，除自动提供报警功能外还应自动采取相应动作。

（7）恶意代码防范

恶意代码防范的具体要求如下：

- ❑ 第一级与第二级均不做要求。
- ❑ 第三级基本要求：应在网络边界处对恶意代码进行检测和清除，并维护恶意代码库的升级和检测系统的更新。
- ❑ 第四级基本要求等同第三级。

10.3.3　主机安全

服务器主机安全主要是保证主机在数据存储和处理的保密性、完整性、可用性，它包括硬件、固件、系统软件的自身安全，以及一系列附加的安全技术和安全管理措施，从而建立一个完整的主机安全保护环境。本部分主要从身份鉴别、访问控制、入侵防范、恶意代码防范、资源控制、安全审计、剩余信息保护、安全标记和可信路径等方面分级阐述主机安全。

（1）身份鉴别

身份鉴别的具体要求如下：

- ❑ 第一级基本要求：应对登录操作系统和数据库系统的用户进行身份标识和鉴别。
- ❑ 第二级基本要求（在第一级基本要求的基础上新增）：
  - 操作系统和数据库系统管理用户身份标识用具有不易被冒用特点，口令应有复杂度并要求定期更换。
  - 应启用登录失败处理功能，可采取结束会话、限制非法登录次数和自动退出等措施。
  - 当对服务器进行远程管理时，应采取必要措施防止鉴别信息在网络传输过程中被窃听。
  - 应为操作系统和数据库系统的不同用户分配不同的用户名，确保用户名具有唯一性。
- ❑ 第三级基本要求（在第二级基本要求的基础上新增）：应采取两种或以上组合的鉴别技术对管理用户进行身份鉴别。

❑ 第四级基本要求（在第三级基本要求的基础上新增）：

- 应设置鉴别警示信息以描述未授权访问可能导致的后果。
- 身份鉴别信息中至少有一种是不可伪造的。

（2）访问控制

❑ 第一级基本要求：

- 应启用访问控制功能，依据安全策略控制用户对资源的访问。
- 应限制默认账户的访问权限，重命名系统默认账户，修改这些账户的默认口令。
- 应及时删除多余的、过期的账户，避免共享账户的存在。

❑ 第二级基本要求（在第一级基本要求的基础上新增）：应实现操作系统和数据库系统特权用户的权限分离。

❑ 第三级基本要求（在第二级基本要求的基础上新增）：

- 应根据管理用户的角色分配权限，实现管理用户的权限分离，仅授予管理用户所需的最小权限。
- 应对重要信息资源设置敏感标记。
- 应依据安全策略严格控制用户对有敏感标记的重要信息资源的操作。

❑ 第四级基本要求（在第三级基本要求的基础上新增）：

- 应依据安全策略和所有主客体设置的敏感标记控制主体对客体的访问。
- 访问控制的粒度应达到主体为用户级或进程级，客体为文件、数据库表、记录和字段级。

（3）入侵防范

❑ 第一级基本要求：操作系统应遵循最小安装的原则，仅安装需要的组件和应用程序，并保持系统补丁程序的及时更新。

❑ 第二级基本要求（在第一级基本要求的基础上新增）：通过设置升级服务器等方式保持系统补丁程序及时得到更新。

❑ 第三级基本要求（在第二级基本要求的基础上新增）：

- 应能够检测到对重要服务器的入侵行为，能够记录入侵的源 IP、攻击类型、攻击目的、攻击时间，并在发生严重入侵事件时提供报警功能。
- 应能够对重要应用程序的完整性进行检测，并在检测到完整性受到破坏后具有恢复的措施。

❑ 第四级基本要求等同第三级。

（4）恶意代码防范

恶意代码防范的具体要求如下：

❑ 第一级基本要求：应安装防恶意代码软件，并及时更新防恶意代码软件版本和恶意代码库。

❑ 第二级基本要求（在第一级基本要求的基础上新增）：应支持防恶意代码软件的统一管理。

❑ 第三级基本要求（在第二级基本要求的基础上新增）：主机防恶意代码产品应具有与

网络防恶意代码产品不同的恶意代码库。

❑ 第四级基本要求等同第三级。

（5）资源控制

资源控制的具体要求如下：

❑ 第一级不做要求。

❑ 第二级基本要求：

- 应通过设定终端接入方式、网络地址范围等条件限制终端登录。
- 应根据安全策略设置登录终端的操作超时锁定。
- 应限制单个用户对系统资源的最大或最小使用限度。

❑ 第三级基本要求（在第二级基本要求的基础上新增）：

- 应对重要服务器进行监视，包括监视 CPU、硬盘、内存、网络等资源的使用。
- 应能对系统的服务水平降低到预先规定的最小值进行检测和报警。

❑ 第四级基本要求等同第三级。

（6）安全审计

安全审计的具体要求如下：

❑ 第一级不做要求。

❑ 第二级基本要求：

- 审计范围应覆盖到服务器上的每个操作系统用户和数据库用户。
- 审计内容包括重要用户行为、系统资源的异常使用和重要系统命令的是用等系统内重要的安全相关事件。
- 审计记录应包括事件的日期、时间、类型、主客体标识和结果等。
- 应保护审计记录，避免受到未预期的删除、修改或覆盖等。

❑ 第三级基本要求（在第二级基本要求的基础上新增）：

- 审计范围扩展覆盖到重要客户端上。
- 应能根据记录数据进行分析并生成审计报表。
- 应保护审计进程避免受到未预期的中断。

❑ 第四级基本要求（在第三级基本要求的基础上新增）：应能根据信息系统的统一安全策略，实现集中审计。

（7）剩余信息保护

剩余信息保护的具体要求如下：

❑ 第一级和第二级均不做要求。

❑ 第三级基本要求：

- 应保证操作系统用户和数据库系统用户的鉴别信息所在的存储空间，在被释放或再分配给其他用户前得到完全清除，无论这些信息是存放在硬盘还是内存中。
- 应确保系统内的文件、目录和数据库记录等资源所在的存储空间，在被释放或再分配给其他用户前得到完全清除。

❑ 第四级基本要求等同第三级。

（8）安全标记

安全标记的具体要求如下：

❑ 第一、二、三级均不做要求。

❑ 第四级基本要求：应对所有的主体和客体设置敏感标记并启用。

（9）可信路径

可信路径的具体要求如下：

❑ 第一、二、三级别不做要求。

❑ 第四级基本要求：

- 在系统对用户进行身份鉴别时，系统与用户之间应能建立一条安全的信息传输路径。
- 在用户对系统进行访问时，系统与用户之间应能建立一条安全的信息传输路径。

10.3.4　应用安全

目前，服务器端平台面临的安全威胁主要是各种恶意应用，它可以定义为任何在用户不知情或不愿意的情况下在系统上无意地且未经同意而安装的软件。目前主要的恶意应用可以分为病毒、特洛伊木马、蠕虫、间谍软件或广告软件。对这些恶意应用进行防护评估时，最重要的一点是它们在计算机重启之后的存活性及时间长度考量，大多数攻击者制造的恶意应用采用了一些措施来保护恶意应用免遭安全检测。本部分主要从身份鉴别、安全标记、访问控制、可信路径、安全审计、剩余信息保护、通信完整性、通信保密性、抗抵赖、软件容错和资源控制方面来分级阐述。

（1）身份鉴别

身份鉴别的具体要求如下：

❑ 第一级基本要求：

- 应提供专用的登录控制模块对登录用户进行身份标识和鉴别。
- 应提供登录失败处理功能，可采取结束会话、限制非法登录和自动退出等措施。
- 应启用身份鉴别和登录失败处理功能并根据安全策略配置相关参数。

❑ 第二级基本要求（在第一级基本要求的基础上新增）：

- 应提供用户身份标识唯一性检查和鉴别信息复杂度检查功能，保证应用系统中不存在重复的用户身份标识，身份鉴别信息不易被冒用。
- 应启用用户身份标识唯一性检查、用户身份鉴别信息复杂度检查功能。

❑ 第三级基本要求（在第二级基本要求的基础上新增）：应对同一用户采用两种或以上组合的鉴别技术实现用户身份鉴别。

❑ 第四级基本要求（在第三级基本要求的基础上新增）：应保证至少其中一种身份鉴别技术是不可伪造的。

（2）安全标记

安全标记的具体要求如下：

❑ 第一、二、三级不做要求。

❑ 第四级基本要求：应提供为主体和客体设置安全标记的功能并在安装后启用。

（3）访问控制

访问控制的具体要求如下：

❏ 第一级基本要求：
- 应提供访问控制功能控制用户组／用户对系统功能和用户数据的访问。
- 应由授权主体配置访问控制策略并严格限制默认用户的访问权限。

❏ 第二级基本要求（在第一级基本要求的基础上新增）：
- 应依据安全策略控制用户对文件、数据库表等客体的访问。
- 访问控制的覆盖范围包括与资源访问相关的主客体及它们之间的操作。
- 应授予不同账户未完成各自承担任务所需的最小权限，并在它们之间形成相互制约的关系。

❏ 第三级基本要求（在第二级基本要求的基础上新增）：
- 应具有对重要信息资源设置敏感标记的功能。
- 应依据安全策略严格控制用户对有敏感标记重要信息资源的操作。

❏ 第四级基本要求（在第三级基本要求的基础上新增）：
- 应有授权主体配置访问控制策略，并禁止默认账户的访问。
- 应通过比较安全标记来确定是授予还是拒绝主体对客体的访问。

（4）可信路径

可信路径的具体要求如下：

❏ 第一、二、三级不做要求。

❏ 第四级基本要求：
- 在应用系统对用户进行身份鉴别时，应能够建立一条安全的信息传输路径。
- 在用户通过应用系统对资源进行访问时，应用系统应保证在被访问的资源与用户之间能够建立一条安全的信息传输路径。

（5）安全审计

安全审计的具体要求如下：

❏ 第一级不做要求。

❏ 第二级基本要求：
- 应提供覆盖到每个用户的安全审计功能，对应用系统重要安全事件进行审计。
- 应保证无法对审计记录进行删除、修改或覆盖。
- 审计记录的内容至少应包含事件日期、时间、发起者信息、类型、描述和结果等。

❏ 第三级基本要求（在第二级基本要求的基础上新增）：
- 应保证无法单独中断审计进程。
- 应提供对审计记录数据进行统计、查新、分析及生成审计报表的功能。

❏ 第四级基本要求（在第三级基本要求的基础上新增）：应根据系统统一安全策略提供集中审计接口。

（6）剩余信息保护

剩余信息保护的具体要求如下：

❑ 第一、二级不做要求。
❑ 第三级基本要求：
- 应保证用户鉴别信息所在的存储空间，在被释放或再分配给其他用户前得到完全清除，无论这些信息是存放在硬盘还是内存中。
- 应确保系统内的文件、目录和数据库记录等资源所在的存储空间，在被释放或再分配给其他用户前得到完全清除。

❑ 第四级基本要求与第三级等同。

（7）通信完整性

通信完整性的具体要求如下：

❑ 第一级基本要求：应采用约定通信会话方式的方法保证通信过程中数据的完整性。
❑ 第二级基本要求：应采用校验码技术保证通信过程中数据的完整性。
❑ 第三级基本要求：应采用密码技术保证通信过程中数据的完整性。
❑ 第四级基本要求与第三级等同。

（8）通信保密性

通信保密性的具体要求如下：

❑ 第一级不做要求。
❑ 第二级基本要求：
- 在通信双方建立连接之前，应用系统应利用密码技术进行初始化验证。
- 应对通信过程中的敏感信息字段进行加密。

❑ 第三级基本要求（在第二级基本要求的基础上新增）：应对通信过程中的整个报文或会话过程进行加密。
❑ 第四级基本要求（在第三级基本要求的基础上新增）：应基于硬件化的设备对重要通信过程进行加解密运算和密钥管理。

（9）抗抵赖

抗抵赖的具体要求如下：

❑ 第一、二级不做要求。
❑ 第三级基本要求：应具有在请求的情况下为数据原发者或接收者提供数据原发证据和接收证据的功能。
❑ 第四级基本要求与第三级等同。

（10）软件容错

软件容错的具体要求如下：

❑ 第一级基本要求：应提供数据有效性检验功能，保证通过人机接口或通过通信接口输入的数据格式或长度符合系统的设定要求。
❑ 第二级基本要求（在第一级基本要求的基础上新增）：在故障发生时，应用系统应能继续提供一部分功能以确保实施必要的措施。
❑ 第三级基本要求（在第二级基本要求的基础上新增）：应提供自动保护功能，当故障发生时自动保护当前所有状态，保证系统能够进行恢复。

❏ 第四级基本要求（在第三级基本要求的基础上新增）：应提供自动恢复功能，当故障发生时立即自动启动新的进程，恢复原来的工作状态。

（11）资源控制

资源控制的具体要求如下：

❏ 第一级不做要求。

❏ 第二级基本要求：

- 当应用系统的通信双方中的一方在一段时间内未做任何响应，另一方应能自动结束会话。
- 应能对应用 ITON 给的最大并发会话连接数进行限制。
- 应能对单个账户的多重并发会话进行限制。

❏ 第三级基本要求（在第二级基本要求的基础上新增）：

- 应能够对各时间段内可能的并发会话连接数进行限制。
- 应能对一个访问账户或一个请求进程占用的资源分配最大限额和最小限额。
- 应能对系统服务水平降低到预先规定的最小值进行检测和报警。
- 应提供服务优先级设定功能，并在安装后根据安全策略设定访问账户或请求进程的优先级，根据优先级分配系统资源。

❏ 第四级基本要求与第三级等同。

10.3.5　数据安全

服务器平台端的数据安全包括服务器数据本身的安全和数据防护的安全。数据本身的安全主要指采用现代密码算法对数据进行主动性保护，如数据保密、数据完整性、身份认证等。数据防护的安全主要指采用现代信息存储手段对数据进行主动防护，如通过磁盘阵列、数据备份、异地容灾等手段保护数据的安全。数据安全是一种主动的保护措施，数据本身的安全必须基于可靠的加密算法与安全体系。

（1）数据完整性

数据完整性的具体要求如下：

❏ 第一级基本要求：应能检测到重要用户数据在传输过程中完整性受到破坏。

❏ 第二级基本要求：应能检测到鉴别信息和重要业务数据在传输过程中完整性受到破坏。

❏ 第三级基本要求（在第二级基本要求的基础上新增）：

- 应能检测到系统管理数据受到的破坏，并在检测到完整性错误时采取必要的恢复措施。
- 应能检测到系统管理数据、鉴别信息和重要业务数据在存储过程中完整性受到破坏，并在检测到完整性错误时采取必要的恢复措施。

❏ 第四级基本要求（在第三级基本要求的基础上新增）：应对重要通信提供专用通信协议或安全通信协议服务，避免来自基于通用通信协议的攻击破坏数据完整性。

（2）备份和恢复

备份和恢复的具体要求如下：

❑ 第一级基本要求：应能对重要信息进行备份和恢复。

❑ 第二级基本要求（在第一级基本要求的基础上新增）：应提供关键网络设备、通信线路和数据处理系统的硬件冗余，保证系统的可用性。

❑ 第三级基本要求（在第二级基本要求的基础上新增）：

- 应提供本地数据备份与恢复功能，完全数据备份至少一天一次，被分解至场外存放。
- 应提供异地数据备份功能，利用通信网络将关键数据定时批量传送至备用场地。
- 应采用冗余技术设计网络拓扑结构，避免关键节点出现单点故障。
- 应提供主要网络设备、通信线路和数据处理系统的硬件冗余，保证系统的高可用性。

❑ 第四级基本要求（在第三级基本要求的基础上新增）：

- 应建立异地灾难备份中心，配备灾难恢复所需的通信线路、网络设备和数据处理设备，提供业务应用的实时无缝切换功能。
- 应提供异地实时备份功能，利用通信网络将数据实时备份至灾难备份中心。

（3）数据保密性

数据保密性的具体要求如下：

❑ 第一级不做要求。

❑ 第二级基本要求：应采用加密或其他保护措施实现鉴别信息的存储保密性。

第三级基本要求（在第二级基本要求的基础上新增）：应采用加密或其他有效措施实现系统管理数据、鉴别信息和重要业务数据的传输和存储的保密性。

第四级基本要求（在第三级基本要求的基础上新增）：应对重要通信提供专用通信协议或安全通信协议服务，避免来自基于通用协议的攻击破坏数据保密性。

10.3.6 管理安全

管理安全主要从安全管理制度机构以及人员及系统操作管理方面来阐述。在机房中，除了因为物理网络等故障引起的安全威胁外，不健全的管理机制会带来人员的不当操作，这些不当操作引起的内部破坏会给服务器安全带来极大的威胁，尤其是来自内部人员的攻击，所以对于所有涉及机房操作，特别是服务器的操作维护，需要制定严格的管理制度来保障服务器端的安全。

管理安全的主要测试内容分为以下几个方面，各级指标详见《信息安全技术 信息系统安全等级保护基本要求》（GB T 22239—2008）。

安全管理制度。安全管理制度主要包括应该建立的安全管理制度，并由专门人员负责制定、发布、评审、修订。

安全管理机构。安全管理机构主要负责各种安全岗位的设置、各岗位人员的配备、对各职责的授权审批、各部门间的沟通与合作，以及定期审核和检查。

人员安全管理。人员安全管理主要包括人员的录用审查、离岗安排、对人员的考核、对人员安全意识教育培训以及外部来访人员的管理。

系统建设管理。系统建设管理包括对系统进行安全保护等级的评定、设计系统的安全方案、对安全产品的采购及使用、对自行软件的开发和外包软件的开发、施工过程的管理、对系统的测试验收及交付、对系统进行备案及等级测评，以及安全服务商的选择几部分。

系统运维管理。系统运维管理主要包括对系统运行外部环境的管理、对信息系统相关的资产管理、对各类保存介质的管理、对各种设备的维护管理、对监控的管理、对网络安全的管理、对系统安全的管理、针对恶意代码防范的管理、对密码的管理、对系统变更的管理、对系统备份与恢复的管理、针对应急预案的管理以及对安全事件的处置。

10.4　服务平台端测试方法

10.4.1　测试原则

在对各项指标进行测评前，应遵循下述原则：

客观性和公正性原则。测评工作虽然不能完全摆脱个人主张或判断，但测评人员应当在没有偏见和最小主观判断情形下，按照测评双方相互认可的测评方案，基于明确定义的测评方法和过程，实施测评活动。

经济性和可重用性原则。基于测评成本和工作复杂性，鼓励测评工作重用以前的测评结果，包括商业安全产品测评结果和信息系统先前的安全测评结果。所有重用的结果，都应基于这些结果还能适用于目前的系统，并能反映目前系统的安全状态。

可重复性和可再现性原则。无论谁执行测评，依照同样的要求，使用同样的方法，对每个测评实施过程的重复执行都应该得到同样的测评结果。可重复性体现在同一测评者重复执行相同测评的结果的一致性。可再现性体现在不同测评者执行相同测评的结果的一致性。

符合性原则。测评所产生的结果应当是在对测评指标的正确理解下所取得的良好的判断。测评实施过程应当使用正确的方法以确保其满足了测评指标的要求。

10.4.2　测试方法

对安全的测评主要采用以下方式：

单元测评。单元测评是测评工作的基本活动，每个单元测评包括测评指标、测评实施和结果判定 3 部分。其中，测评指标来源于 GB/T 22239—2008 中的第五级目录中的各要求项；测评实施描述测评过程中使用的具体测评方法、涉及的测评对象和具体测评取证过程的要求；结果判定描述测评人员执行测评实施并产生各种测评数据后，如何依据这些测评数据来判定被测系统是否满足测评指标要求的原则和方法。

整体测评。整体测评是在单元测评的基础上，通过进一步分析信息系统的整体安全性，对信息系统实施的综合安全测评。整体测评主要包括安全控制点间、层面间和区域间相互作用的安全测评以及系统结构的安全测评等。整体测评需要与信息系统的实际情况相结合，因此全面地给出整体测评要求的全部内容、具体实施过程和明确的结果判定方法是非常困难的，测评人员应根据被测系统的实际情况，结合本标准的要求，实施整体测评。

测评方式。测评方式指测评人员在测评实施过程中的具体做法，主要包括访谈、检查和测试 3 种测评方式。

❑ 访谈：访谈是指测评人员通过引导信息系统相关人员进行有目的的（有针对性的）交流以帮助测评人员理解、分析或取得证据的过程。

❑ 检查：检查是指测评人员通过对测评对象（如管理制度、操作记录、安全配置等）进行观察、查验、分析以帮助测评人员理解、分析或取得证据的过程。

❑ 测试：测试是指测评人员使用预定的方法／工具使测评对象产生特定的行为，通过查看和分析结果以帮助测评人员获取证据的过程。

10.5　服务平台端测试流程

针对安全测试的内容，依照服务平台端测试方法，下面给出详细的测试流程。

10.5.1　物理安全测试流程

1. 物理位置选择
（1）测评指标

参考 GB/T 22239—2008，根据不同安全等级的要求来设置测试的标准。

（2）测评实施

以下各项为测试的全部流程条目，在测试过程中可根据不同的安全等级需要来测试对应安全等级的条目内容：

1）应访谈物理安全负责人，询问现有机房和办公场地（放置终端计算机设备）的环境条件是否能够满足信息系统业务需求和安全管理需求，是否具有基本的防震、防风和防雨等能力；询问机房场地是否符合选址要求，机房与办公场地是否尽量安排在一起或物理位置较近的地方。

2）应访谈机房维护人员，询问是否存在因机房和办公场地环境条件引发的安全事件或安全隐患；如果某些环境条件不能满足，是否及时采取了补救措施。

3）应检查机房和办公场地的设计或验收文档，是否有机房和办公场地所在建筑具有防震、防风和防雨等能力的说明；是否有机房场地的选址说明文档；是否与机房和办公场地实际情况相符合。

4）应检查机房和办公场地是否在具有防震、防风和防雨等能力的建筑内。

5）应检查机房场地是否不在建筑物的高层或地下室，以及用水设备的下层或隔壁。

2. 物理访问控制
（1）测评指标

参考 GB/T 22239—2008，根据不同安全等级的要求来设置测试的标准。

（2）测评实施

以下各项为测试的全部流程条目，在测试过程中可根据不同的安全等级需要来测试对应安全等级的条目内容：

　　1）应访谈物理安全负责人，了解部署了哪些控制人员进出机房的保护措施。

　　2）应访谈物理安全负责人，如果业务或安全管理需要，是否对机房进行了区域管理，是否对各个区域都有专门的管理要求；是否严格控制来访人员进入或一般不允许来访人员进入。

　　3）应访谈机房值守人员，询问是否认真执行有关机房出入的管理制度，是否对进入机房的来访人员记录在案。

　　4）应检查机房安全管理制度，查看是否有关于机房出入方面的规定。

　　5）应检查机房出入口是否有专人值守，是否有值守记录以及进出机房的来访人员登记记录；检查机房是否不存在电子门禁系统控制之外的其他出入口。

　　6）应检查是否有来访人员进入机房的审批记录，进出机房的有关记录是否保存足够的时间。

　　7）应检查机房区域划分得是否合理，是否在机房重要区域前设置交付或安装等过渡区域。是否在不同机房间和同一机房不同区域间设置了有效的物理隔离装置。

　　8）应检查机房和重要区域配置的电子门禁系统是否有验收文档或产品安全认证资质。

　　9）应检查每道电子门禁系统是否都能正常工作；查看是否有每道电子门禁系统的运行和维护记录；查看进入机房的电子门禁系统监控记录，是否能够鉴别和记录进入人员的身份。

3. 防盗窃和防破坏

（1）测评指标

参考 GB/T 22239—2008，根据不同安全等级的要求来设置测试的标准。

（2）测评实施

以下各项为测试的全部流程条目，在测试过程中可根据不同的安全等级需要来测试对应安全等级的条目内容：

　　1）应访谈物理安全负责人，了解采取了哪些防止设备、介质等丢失的保护措施。

　　2）应访谈机房维护人员，询问主要设备放置位置是否安全可控，设备或主要部件是否进行了固定和标记，通信线缆是否敷设在隐蔽处；是否对机房安装的防盗报警系统和监控报警系统定期进行维护检查。

　　3）应访谈资产管理员，询问介质是否进行了分类标识管理，介质是否存放在介质库或档案室内进行管理。

　　4）应检查主要设备是否放置在机房内或其他不易被盗窃和破坏的可控范围内；检查主要设备或设备的主要部件的固定情况，查看其是否不易被移动或被搬走，是否设置明显的不易除去的标记；是否有设备物理位置图，是否经常检查设备物理位置的变化。

　　5）应检查通信线缆是否敷设在隐蔽处。

　　6）应检查介质的管理情况，查看介质是否有正确的分类标识，是否存放在介质库或档案室中。

　　7）应检查机房防盗报警设施是否正常运行，并查看是否有运行和报警记录；应检查机房的摄像、传感等监控报警系统是否正常运行，并查看是否有运行记录、监控记录和报警记录。

　　8）应检查是否有通信线路布线文档、介质清单和使用记录，是否有机房防盗报警设施和监控报警设施的安全资质材料、安装测试和验收报告。

9）应检查通信线缆的敷设情况，查看通信线缆敷设的实际情况是否与相关文档相一致。

4.防雷击
（1）测评指标
参考 GB/T 22239—2008，根据不同安全等级的要求来设置测试的标准。
（2）测评实施
以下各项为测试的全部流程条目，在测试过程中可根据不同的安全等级需要来测试对应安全等级的条目内容：

1）应访谈物理安全负责人，询问为防止雷击事件导致重要设备被破坏采取了哪些防护措施，机房建筑是否设置了避雷装置，是否通过验收或国家有关部门的技术检测；询问机房计算机系统接地是否设置了专用接地线，是否在电源和信号线上安装了避雷装置。

2）应访谈机房维护人员，询问机房建筑避雷装置是否有人定期进行检查和维护；询问机房交流工作接地、安全保护接地和防雷接地等是否符合机房设计相关国家标准的要求。

3）应检查机房是否有建筑防雷设计或验收文档，查看是否有接地线连接要求的描述，与实际情况是否一致。

4）应检查机房是否在电源和信号线上安装避雷装置。

5）应测试机房安全保护地、防雷保护地、交流工作地的接地电阻，是否达到接地电阻的相关国家标准要求。

5.防火
（1）测评指标
参考 GB/T 22239—2008，根据不同安全等级的要求来设置测试的标准。
（2）测评实施
以下各项为测试的全部流程条目，在测试过程中可根据不同的安全等级需要来测试对应安全等级的条目内容：

1）应访谈物理安全负责人，询问机房是否设置了灭火设备，是否设置了自动检测火情、自动报警、自动灭火的自动消防系统，是否有专人负责维护该系统的运行，是否制定了有关机房消防的管理制度和消防预案，是否进行了消防培训。

2）应访谈物理安全负责人，询问机房及相关的工作房间和辅助房是否采用具有耐火等级的建筑材料。

3）应访谈机房维护人员，询问是否对火灾自动消防系统定期进行检查和维护。

4）应访谈机房值守人员，询问对机房出现的消防安全隐患是否能够及时报告并得到排除；是否参加过机房灭火设备的使用培训，是否能够正确使用灭火设备和自动消防系统；是否能够做到随时注意防止和消灭火灾隐患。

5）应检查机房是否设置了自动检测火情、自动报警、自动灭火的自动消防系统，自动消防系统的摆放位置是否合理，其有效期是否合格；应检查自动消防系统是否正常工作，查看是否有运行记录、报警记录、定期检查和维修记录。

6）应检查是否有机房消防方面的管理制度文档；检查是否有机房防火设计或验收文档；检查是否有机房自动消防系统的设计或验收文档，文档是否与现有消防配置状况一致；检查是否有机房及相关房间的建筑材料、区域隔离防火措施的验收文档或消防检查验收文档。

7）应检查机房及相关的工作房间和辅助房是否采用具有耐火等级的建筑材料。

8）应检查机房是否采取区域隔离防火措施，将重要设备与其他设备隔离开。

6. 防水和防潮

（1）测评指标

参考 GB/T 22239—2008，根据不同安全等级的要求来设置测试的标准。

（2）测评实施

以下各项为测试的全部流程条目，在测试过程中可根据不同的安全等级需要来测试对应安全等级的条目内容：

1）应访谈物理安全负责人，询问机房是否部署了防水防潮措施；如果机房内有上 / 下水管安装，是否避免穿过屋顶和活动地板下，穿过墙壁和楼板的水管是否采取了保护措施；在湿度较高地区或季节是否有人负责机房的防水防潮事宜，配备除湿装置。

2）应访谈机房维护人员，询问机房是否没有出现过漏水和返潮事件；如果机房内有上 / 下水管安装，是否经常检查其漏水情况；如果出现机房水蒸气结露和地下积水的转移与渗透现象，是否及时采取防范措施。

3）应检查机房是否有建筑防水和防潮设计或验收文档，文档是否与机房防水防潮的实际情况相一致。

4）应检查穿过主机房墙壁或楼板的管道，是否采取必要的防渗防漏等防水保护措施。

5）应检查机房的窗户、屋顶和墙壁等是否未出现过漏水、渗透和返潮现象，机房及其环境是否不存在明显的漏水和返潮的威胁；如果出现漏水、渗透和返潮现象，则查看是否能够及时修复解决。

6）对于湿度较高的地区，应检查机房是否有湿度记录，是否有除湿装置并能够正常运行，是否有防止出现机房地下积水的转移与渗透的措施，是否有防水防潮处理记录和除湿装置运行记录。

7）应检查是否设置对水敏感的检测仪表或元件，对机房进行防水检测和报警，查看该仪表或元件是否正常运行，是否有运行记录，是否有人负责其运行管理工作。

7. 温湿度控制

（1）测评指标

参考 GB/T 22239—2008，根据不同安全等级的要求来设置测试的标准。

（2）测评实施

以下各项为测试的全部流程条目，在测试过程中可根据不同的安全等级需要来测试对应安全等级的条目内容：

1）应访谈物理安全负责人，询问机房是否配备了温湿度自动调节设施，保证温湿度能够满足计算机设备运行的要求，是否在机房管理制度中规定了温湿度控制的要求，是否有人负责此项工作，是否定期检查和维护机房的温湿度自动调节设施；询问是否没有出现过温湿度影响系统运行的事件。

2）应检查机房是否有温湿度控制设计或验收文档，是否能够满足系统运行需要，是否与当前实际情况相符。

3）应检查温湿度自动调节设施是否能够正常运行，查看是否有温湿度记录、运行记录和维护记录；查看机房温湿度是否满足计算站场地的技术条件要求。

8. 电力供应

（1）测评指标

参考 GB/T 22239—2008，根据不同安全等级的要求来设置测试的标准。

（2）测评实施

以下各项为测试的全部流程条目，在测试过程中可根据不同的安全等级需要来测试对应安全等级的条目内容：

1）应访谈物理安全负责人，询问计算机系统供电线路上是否设置了稳压器和过电压防护设备；是否设置了短期备用电源设备，供电时间是否满足系统最低电力供应需求；是否安装了冗余或并行的电力电缆线路；是否建立备用供电系统。

2）应访谈机房维护人员，询问冗余或并行的电力电缆线路在双路供电切换时是否能够对计算机系统正常供电；备用供电系统是否能够在规定时间内正常启动和正常供电。

3）应检查机房是否有电力供应安全设计或验收文档，查看文档中是否标明配备稳压器、过电压防护设备、备用电源设备、冗余或并行的电力电缆线路以及备用供电系统等要求；查看与机房电力供应实际情况是否一致。

4）应检查机房，查看计算机系统供电线路上的稳压器、过电压防护设备和短期备用电源设备是否正常运行，查看供电电压是否正常。

5）应检查是否有稳压器、过电压防护设备、短期备用电源设备以及备用供电系统等设备的检查和维护记录，冗余或并行的电力电缆线路切换记录，备用供电系统运行记录；以及上述计算机系统供电的运行记录，是否能够符合系统正常运行的要求。

6）应测试安装的冗余或并行的电力电缆线路，是否能够进行双路供电切换。

7）应测试备用供电系统是否能够在规定时间内正常启动和正常供电。

9. 防静电

（1）测评指标

参考 GB/T 22239—2008，根据不同安全等级的要求来设置测试的标准。

（2）测评实施

以下各项为测试的全部流程条目，在测试过程中可根据不同的安全等级需要来测试对应安全等级的条目内容：

1）应访谈物理安全负责人，询问机房主要设备是否采取必要的接地防静电措施，是否不存在静电问题或因静电引发的安全事件；在静电较强地区的机房是否采取了有效的防静电措施，存在静电时是否及时采取消除静电的措施。

2）应检查机房是否有防静电设计或验收文档，查看其描述内容与实际情况是否一致。

3）应检查主要设备是否有安全接地，查看机房是否不存在明显的静电现象。

4）应检查机房是否采用了防静电地板。

5）应检查机房是否采用了防静电工作台、静电消除剂或静电消除器等防静电措施；应查看是否有使用静电消除剂或静电消除器等的除湿操作记录。

10. 电磁防护

（1）测评指标

参考 GB/T 22239—2008，根据不同安全等级的要求来设置测试的标准。

（2）测评实施

以下各项为测试的全部流程条目，在测试过程中可根据不同的安全等级需要来测试对应安全等级的条目内容：

1）应访谈物理安全负责人，询问是否有防止外界电磁干扰和设备寄生耦合干扰的措施；是否对处理秘密级信息的设备和磁介质采取了防止电磁泄漏的措施；是否在必要时对机房采用了电子屏蔽或安装屏蔽机房。

2）应访谈机房维护人员，询问是否对设备外壳做了良好的接地；是否做到电源线和通信线缆隔离；是否出现过因电磁防护问题引发的故障；处理秘密级信息的设备是否为低辐射设备；重要设备和磁介质是否存放在具有电磁屏蔽功能的容器中。

3）应检查机房是否有电子屏蔽或屏蔽机房设计或验收文档；是否有电子屏蔽或屏蔽机房的管理制度文档。

4）应检查机房设备外壳是否有安全接地。

5）应检查机房布线，查看是否做到电源线和通信线缆隔离。

6）应检查关键设备和磁介质是否存放在具有电磁屏蔽功能的容器中。

7）对于采用了电子屏蔽的机房，应检查在机房有设备运行时是否开启了电子屏蔽装置；检查进入机房的电源线和非光纤通信线是否经过滤波器，光纤通信线是否经过波导管，机房门是否及时关闭。

8）对于屏蔽机房，应检查是否有定期测试电磁泄漏的报告。

9）对于屏蔽机房，应测试机房的电磁泄漏状况。

10.5.2 网络安全测试流程

1. 结构安全

（1）测评指标。

参考 GB/T 22239—2008，根据不同安全等级的要求来设置测试的标准。

（2）测评实施

以下各项为测试的全部流程条目，在测试过程中可根据不同的安全等级需要来测试对应安全等级的条目内容：

1）应访谈网络管理员，询问网络设备的性能以及目前业务高峰流量情况。

2）应访谈网络管理员，询问网段划分情况以及划分原则；询问重要网段有哪些，其具体的部署位置，与其他网段的隔离措施有哪些。

3）应访谈网络管理员，询问网络的带宽情况；询问网络中带宽控制情况以及带宽分配的原则。

4）应访谈网络管理员，询问网络设备的路由控制策略有哪些，这些策略设计的目的是什么。

5）应检查网络拓扑结构图，查看其与当前运行的实际网络系统是否一致。

6）应检查网络设计或验收文档，查看是否有网络设备业务处理能力、接入网络及核心网络的带宽满足业务高峰期的需要以及不存在带宽瓶颈等方面的设计或描述。

7）应检查网络设计或验收文档，查看是否有根据各部门的工作职能、重要性和所涉及信息的重要程度等因素，划分不同的子网或网段，并按照方便管理和控制的原则为各子网和网段分配地址段的设计或描述。

8）应检查边界和网络设备，查看是否配置路由控制策略以建立安全的访问路径。

9）应检查边界和网络设备，查看重要网段是否采取了技术隔离手段与其他网段隔离。

10）应检查边界和网络设备，查看是否有对带宽进行控制的策略，这些策略是否能够保证在网络发生拥堵的时候优先保护重要业务。

2. 访问控制
（1）测评指标
参考 GB/T 22239—2008，根据不同安全等级的要求来设置测试的标准。
（2）测评实施
以下各项为测试的全部流程条目，在测试过程中可根据不同的安全等级需要来测试对应安全等级的条目内容：

1）应访谈安全管理员，询问网络访问控制措施有哪些；询问访问控制策略的设计原则是什么；询问访问控制策略是否做过调整，以及调整后和调整前的情况如何；询问是否不允许远程拨号访问网络。

2）应检查网络设计或验收文档，查看其是否有根据数据的敏感标记允许或拒绝数据通过，不提供拨号访问网络功能的描述。

3）应检查边界网络设备，查看是否有相应的访问控制措施来实现禁止数据带通用协议通过。

4）应检查边界网络设备，查看是否能有根据数据的敏感标记允许或拒绝数据通过的功能。

5）应检查边界网络设备，查看是否禁用远程拨号访问功能。

6）应测试边界网络设备，可通过发送带通用协议的数据，测试访问控制措施是否有效阻断这种连接。

3. 网络设备防护
（1）测评指标
参考 GB/T 22239—2008，根据不同安全等级的要求来设置测试的标准。

（2）测评实施

以下各项为测试的全部流程条目，在测试过程中可根据不同的安全等级需要来测试对应安全等级的条目内容：

1）应访谈网络管理员，询问网络设备的防护措施有哪些，询问网络设备的登录和验证方式做过何种特定配置；询问网络特权用户的权限如何分配。

2）应访谈网络管理员，询问网络设备的口令策略是什么。

3）应检查边界和主要网络设备，查看是否配置了登录用户身份鉴别功能，口令设置是否有复杂度和定期修改要求。

4）应检查边界和主要网络设备，查看是否对同一用户选择两种或两种以上组合的鉴别技术来进行身份鉴别且其中一种是不可伪造的。

5）应检查边界和网络设备，查看是否配置了鉴别失败处理功能。

6）应检查边界和网络设备，查看是否配置了对设备远程管理所产生的鉴别信息进行保护的功能。

7）应检查边界和网络设备，查看是否对网络设备的管理员登录地址进行限制；查看是否设置网络登录连接超时，并自动退出；查看是否实现设备特权用户的权限分离。

8）应对边界和网络设备进行渗透测试，通过使用各种渗透测试技术对网络设备进行渗透测试，验证网络设备防护能力是否符合要求。

4. 安全审计

（1）测评指标

参考 GB/T 22239—2008，根据不同安全等级的要求来设置测试的标准。

（2）测评实施

以下各项为测试的全部流程条目，在测试过程中可根据不同的安全等级需要来测试对应安全等级的条目内容：

1）应访谈安全审计员，询问对边界和网络设备是否实现集中安全审计，审计内容包括哪些；询问审计内容是什么，对审计记录的处理方式有哪些。

2）应检查边界和网络设备，查看审计策略是否对网络设备运行状况、网络流量、用户行为等进行全面的监测、记录。

3）应检查边界和网络设备，查看审计记录是否包括事件的日期和时间、用户、事件类型、事件成功情况及其他与审计相关的信息。

4）应检查边界和网络设备，查看其是否为授权用户浏览和分析审计数据提供专门的审计工具，并能根据需要生成审计报表。

5）应检查边界和网络设备，查看其审计跟踪设置是否定义了审计跟踪极限的阈值，当存储空间被耗尽时，是否能够采取必要的保护措施，例如，报警并导出、丢弃未记录的审计信息、暂停审计或覆盖以前的审计记录等。

6）应检查边界和主要网络设备，查看时钟是否保持一致。

7）应测试边界和网络设备，可通过以某个非审计用户登录系统，试图删除、修改或覆盖审计记录，验证安全审计的保护情况与要求是否一致。

5. 边界完整性检查

（1）测评指标

参考 GB/T 22239—2008，根据不同安全等级的要求来设置测试的标准。

（2）测评实施

以下各项为测试的全部流程条目，在测试过程中可根据不同的安全等级需要来测试对应安全等级的条目内容：

1）应访谈安全管理员，询问是否对内部用户私自连接到外部网络的行为以及非授权设备私自接入到内部网络的行为进行监控。

2）应检查边界完整性检查设备，查看是否设置了对非法连接到内网和非法连接到外网的行为进行监控并有效阻断的配置。

3）应测试边界完整性检查设备，测试是否能够确定出非法外联设备的位置，并对其进行有效阻断。

4）应测试边界完整性检查设备，测试是否能够对非授权设备私自接入内部网络的行为进行检查，并准确定出位置，对其进行有效阻断。

6. 入侵防范

（1）测评指标

参考 GB/T 22239—2008，根据不同安全等级的要求来设置测试的标准。

（2）测评实施

以下各项为测试的全部流程条目，在测试过程中可根据不同的安全等级需要来测试对应安全等级的条目内容：

1）应访谈安全管理员，询问网络入侵防范措施有哪些；询问是否有专门设备对网络入侵进行防范；询问网络入侵防范规则库的升级方式；

2）应检查网络入侵防范设备，查看其是否能检测以下攻击行为：强力攻击、端口扫描、木马攻击、拒绝服务攻击、缓冲区溢出攻击、网络蠕虫攻击、IP 碎片攻击等。

3）应检查网络入侵防范设备，查看入侵事件记录中是否包括攻击源 IP、攻击类型、攻击目的、攻击时间等；查看是否设置了安全警告方式；查看是否设置了在发生严重入侵事件时自动采取相应动作的配置。

4）应检查网络入侵防范设备，查看其规则库是否为最新。

5）应测试网络入侵防范设备，验证其检测策略是否有效。

6）应测试网络入侵防范设备，验证其报警策略是否有效。

7. 恶意代码防范

（1）测评指标

参考 GB/T 22239—2008，根据不同安全等级的要求来设置测试的标准。

（2）测评实施

以下各项为测试的全部流程条目，在测试过程中可根据不同的安全等级需要来测试对应安全等级的条目内容：

1）应访谈安全管理员，询问网络恶意代码防范措施是什么；询问恶意代码库的更新策略。

2）应检查网络设计或验收文档，查看其是否有在网络边界及核心业务网段处对恶意代码采取相关措施的描述，防恶意代码产品是否有实时更新功能的描述。

3）应检查在网络边界及核心业务网段处是否有相应的防恶意代码措施。

4）应检查防恶意代码产品，查看其运行是否正常，恶意代码库是否为最新版本。

10.5.3 主机安全测试流程

1. 身份鉴别

（1）测评指标

参考 GB/T 22239—2008，根据不同安全等级的要求来设置测试的标准。

（2）测评实施

以下各项为测试的全部流程条目，在测试过程中可根据不同的安全等级需要来测试对应安全等级的条目内容：

1）应访谈系统管理员和数据库管理员，询问操作系统和数据库管理系统的身份标识与鉴别机制采取何种措施实现。

2）应访谈系统管理员和数据库管理员，询问对操作系统和数据库管理系统是否采用了远程管理，如采用了远程管理，查看是否采取了防止鉴别信息在网络传输过程中被窃听的措施。

3）应检查服务器操作系统和数据库管理系统账户列表，查看管理员用户名分配是否唯一。

4）应检查服务器操作系统和数据库管理系统，查看是否提供了身份鉴别措施，身份鉴别信息是否具有不易被冒用的特点，如对用户登录口令的最小长度、复杂度和更换周期进行了要求和限制。

5）应检查服务器操作系统和数据库管理系统，查看是否采用两个以上身份鉴别技术的组合来进行身份鉴别，并且有一种是不可伪造的。

6）应检查服务器操作系统和数据库管理系统，查看是否配置了鉴别失败处理功能，并设置了非法登录次数的限制值；查看是否配置网络登录连接超时自动退出的功能。

7）应测试服务器操作系统和数据库管理系统，通过正常登录，查看是否有登录警示信息，并且在警示信息中是否有未授权访问可能导致的后果的描述。

8）应渗透测试服务器操作系统，可通过使用口令破解工具等，对服务器操作系统进行用户口令强度检测，查看是否能够破解用户口令，破解口令后是否能够登录进入系统。

9）应渗透测试服务器操作系统，测试是否存在绕过认证方式进行系统登录的方法。

2. 访问控制

（1）测评指标

参考 GB/T 22239—2008，根据不同安全等级的要求来设置测试的标准。

（2）测评实施

以下各项为测试的全部流程条目，在测试过程中可根据不同的安全等级需要来测试对应安全等级的条目内容：

1）应检查服务器操作系统的安全策略，查看是否对重要文件的访问权限进行了限制，是否对系统不需要的服务、共享路径等进行了禁用或删除。

2）应检查主要服务器操作系统和主要数据库管理系统，查看匿名 / 默认用户的访问权限是否已被禁用或者严格限制，是否删除了系统中多余的、过期的和共享的账户。

3）应检查主要服务器操作系统和主要数据库管理系统的权限设置情况，查看是否依据安全策略对用户权限进行了限制。

4）应检查数据库服务器的数据库管理员与操作系统管理员是否由不同管理员担任。

5）应检查服务器操作系统和数据库管理系统，查看特权用户的权限是否进行分离，如可分为系统管理员、安全管理员、安全审计员等；查看是否采用最小授权原则。

6）应检查主要服务器操作系统和主要数据库管理系统，查看是否依据安全策略和所有主体和客体设置的敏感标记控制主体对客体的访问；访问控制的粒度是否达到主体为用户级或进程级，客体为文件、数据库表、记录和字段级。

3. 入侵防范

（1）测评指标

参考 GB/T 22239—2008，根据不同安全等级的要求来设置测试的标准。

（2）测评实施

以下各项为测试的全部流程条目，在测试过程中可根据不同的安全等级需要来测试对应安全等级的条目内容：

1）应访谈系统管理员，询问是否采取入侵防范措施，入侵防范内容是否包括主机运行监视、特定进程监控、入侵行为检测和完整性检测等方面内容。

2）应检查入侵防范系统，查看是否能够记录攻击者的源 IP、攻击类型、攻击目标、攻击时间等，在发生严重入侵事件时是否报警（如声音、短信和 E-mail 等）。

3）应检查重要服务器是否提供对重要程序的完整性进行检测，并在检测到完整性受到破坏后具有恢复的措施的功能。

4）应检查主要服务器操作系统中所安装的系统组件和应用程序是否都是必需的。

5）应检查是否设置了专门的升级服务器实现对主要服务器操作系统补丁程序的升级。

6）应检查主要服务器操作系统和主要数据库管理系统的补丁程序是否得到了及时安装。

4. 恶意代码防范

（1）测评指标

参考 GB/T 22239—2008，根据不同安全等级的要求来设置测试的标准。

（2）测评实施

以下各项为测试的全部流程条目，在测试过程中可根据不同的安全等级需要来测试对应安全等级的条目内容：

1）应访谈系统安全管理员，询问主机系统是否采取恶意代码实时检测与查杀措施，恶意代码实时检测与查杀措施的部署覆盖范围如何。

2）应检查主要服务器，查看是否安装了实时检测与查杀恶意代码的软件产品并进行及时更新。

3）应检查防恶意代码产品是否实现了统一管理。

4）应检查网络防恶意代码产品，查看其厂家名称、产品版本号和恶意代码库名称等，查看其是否与主机防恶意代码产品有不同的恶意代码库。

5. 资源控制

（1）测评指标

参考 GB/T 22239—2008，根据不同安全等级的要求来设置测试的标准。

（2）测评实施

以下各项为测试的全部流程条目，在测试过程中可根据不同的安全等级需要来测试对应安全等级的条目内容：

1）应检查服务器操作系统，查看是否设定了终端接入方式、网络地址范围等条件限制终端登录。

2）应检查服务器操作系统，查看是否设置了单个用户对系统资源的最大或最小使用限度。

3）应检查服务器操作系统，查看是否在服务水平降低到预先规定的最小值时，能检测和报警。

4）应检查主要服务器操作系统，查看是否对 CPU、硬盘、内存和网络等资源的使用情况进行监控。

5）应检查能够访问服务器的终端是否设置了操作超时锁定的配置。

6. 安全审计

（1）测评指标

参考 GB/T 22239—2008，根据不同安全等级的要求来设置测试的标准。

（2）测评实施

以下各项为测试的全部流程条目，在测试过程中可根据不同的安全等级需要来测试对应安全等级的条目内容：

1）应访谈安全审计员，询问主机系统的安全审计策略是否包括系统内重要用户行为、系统资源的异常和重要系统命令的使用等重要的安全相关事件。

2）应检查主要服务器操作系统、重要终端操作系统和主要数据库管理系统，查看安全审计配置是否符合安全审计策略的要求。

3）应检查主要服务器操作系统、重要终端操作系统和主要数据库管理系统，查看审计记录信息是否包括事件发生的日期与时间、触发事件的主体与客体、事件的类型、事件成功或失败、事件的结果等内容。

4）应检查主要服务器操作系统、重要终端操作系统和主要数据库管理系统，查看是否对审计记录实施了保护措施，使其避免受到未预期的删除、修改或覆盖等。

5）应检查主要服务器和重要终端操作系统，查看是否为授权用户提供浏览和分析审计记录的功能，是否可以根据需要自动生成不同格式的审计报表。

6）应检查服务器操作系统、重要终端操作系统和数据库管理系统，查看是否实现了集中审计功能，通过集中审计平台将服务器操作系统、重要终端操作系统和数据库管理系统的审计记录进行集中存储、管理、查看和统计分析。

7）应测试主要服务器操作系统、重要终端操作系统和主要数据库管理系统，可试图通过非审计员的其他账户来中断审计进程，验证审计进程是否受到保护。

7. 剩余信息保护

（1）测评指标

参考 GB/T 22239—2008，根据不同安全等级的要求来设置测试的标准。

（2）测评实施

以下为测试的全部流程条目，在测试过程中可根据不同的安全等级需要来测试对应安全等级的条目内容：应检查操作系统和数据库管理系统维护操作手册，查看是否明确用户的鉴别信息存储空间被释放或再分配给其他用户前的处理方法和过程；是否明确文件、目录和数据库记录等资源所在的存储空间被释放或重新分配给其他用户前的处理方法和过程。

8. 安全标记

（1）测评指标

参考 GB/T 22239—2008，根据不同安全等级的要求来设置测试的标准。

（2）测评实施

以下各项为测试的全部流程条目，在测试过程中可根据不同的安全等级需要来测试对应安全等级的条目内容：

1）应检查服务器操作系统和数据库管理系统，查看是否能对所有主体和客体设置敏感标记，这些敏感标记是否构成多级安全模型的属性库，主体和客体的敏感标记是否以默认方式生成或由安全员建立、维护和管理。

2）应测试服务器操作系统和数据库管理系统，对主体和客体设置敏感标记，以授权用户和非授权用户身份访问客体，验证是否只有授权用户可以访问客体，而非授权用户不能访问客体。

9. 可信路径

（1）测评指标

参考 GB/T 22239—2008，根据不同安全等级的要求来设置测试的标准。

（2）测评实施

以下各项为测试的全部流程条目，在测试过程中可根据不同的安全等级需要来测试对应安全等级的条目内容：

1）应访谈安全管理员，询问在什么情况下启用可信路径进行初始登录，目前系统提供了哪些方式的可信路径。

2）应检查服务器操作系统文档，查看系统提供了哪些可信路径功能。

3）应检查服务器操作系统，查看文档声称的可信路径功能是否有效。

4）应检查数据库管理系统文档，查看系统提供了哪些可信路径功能。

5）应检查数据库管理系统，查看文档声称的可信路径功能是否有效。

10.5.4 应用安全测试流程

1. 身份鉴别

（1）测评指标

参考 GB/T 22239—2008，根据不同安全等级的要求来设置测试的标准。

（2）测评实施

以下各项为测试的全部流程条目，在测试过程中可根据不同的安全等级需要来测试对应安全等级的条目内容：

1）应访谈应用系统管理员，询问应用系统是否提供专用的登录控制模块对用户进行身份标识和鉴别，具体措施有哪些；系统采取何种措施防止身份鉴别信息被冒用。

2）应访谈应用系统管理员，询问应用系统是否具有登录失败处理功能。

3）应检查设计或验收文档，查看其是否有系统采用了保证唯一标识的措施的描述。

4）应检查操作规程和操作记录，查看其是否有添加、删除用户和修改用户权限的操作规程、操作记录和审批记录。

5）应检查应用系统，查看其是否采用了两个及两个以上身份鉴别技术的组合来进行身份鉴别，并且保证至少有一种是不可伪造的。

6）应检查应用系统，查看其是否提供身份标识和鉴别功能；查看其身份鉴别信息是否具有不易被冒用的特点；查看其鉴别信息复杂度检查功能是否能够保证系统中不存在弱口令等。

7）应检查应用系统，查看其提供的登录失败处理功能，是否根据安全策略配置了相关参数。

8）应测试应用系统，可通过试图以合法和非法用户分别登录系统，查看登录是否成功，验证其身份标识和鉴别功能是否有效。

9）应测试应用系统，验证其登录失败处理功能是否有效。

10）应渗透测试应用系统，验证应用系统身份标识和鉴别功能是否不存在明显的弱点。

2. 安全标记

（1）测评指标

参考 GB/T 22239—2008，根据不同安全等级的要求来设置测试的标准。

（2）测评实施

以下各项为测试的全部流程条目，在测试过程中可根据不同的安全等级需要来测试对应安全等级的条目内容：

1）应访谈应用系统管理员，询问应用系统是否提供所有主体和客体设置敏感标记的功能。

2）应检查设计或验收文档，查看文档中是否有应用系统敏感标记的说明。

3）应检查应用系统，查看是否能对所有主体和客体设置敏感标记，这些敏感标记是否构成多级安全模型的属性库，主体和客体的敏感标记是否以默认方式生成或由安全员建立、维护和管理。

4）应测试应用系统，对主体和客体设置敏感标记，以授权用户和非授权用户身份访问客体，验证是否只有授权用户可以访问客体，而非授权用户不能访问客体。

3. 访问控制

（1）测评指标

参考 GB/T 22239—2008，根据不同安全等级的要求来设置测试的标准。

（2）测评实施

以下各项为测试的全部流程条目，在测试过程中可根据不同的安全等级需要来测试对应安全等级的条目内容：

1）应访谈应用系统管理员，询问应用系统是否提供访问控制措施，以及具体措施和访问控制策略有哪些，访问控制的粒度如何。

2）应检查应用系统，查看系统是否提供访问控制机制，是否依据安全策略控制用户对客体的访问。

3）应检查应用系统，查看其访问控制的覆盖范围是否包括与信息安全直接相关的主体、客体及它们之间的操作；访问控制的粒度是否达到主体为用户级，客体为文件、数据库表级。

4）应检查应用系统，查看其是否有由授权用户设置其他用户访问系统功能和用户数据的权限的功能。

5）应检查应用系统，查看系统是否授予不同账户为完成各自承担任务所需的最小权限，特权用户的权限是否分离，权限之间是否相互制约。

6）应检查应用系统，查看其是否不存在默认账户，如果有是否禁止了默认账户的访问。

7）应检查应用系统，查看其是否具有通过比较安全标签来确定是授予还是拒绝主体对客体的访问的功能。

8）应测试应用系统，可通过以不同权限的用户登录系统，查看其拥有的权限是否与系统赋予的权限一致，验证应用系统访问控制功能是否有效。

9）应测试应用系统，可通过以默认用户登录系统并进行一些操作，查看系统是否禁止了默认账户的访问。

10）应渗透测试应用系统，进行试图绕过访问控制的操作，验证应用系统的访问控制功能是否不存在明显的弱点。

4. 可信路径

（1）测评指标

参考 GB/T 22239—2008，根据不同安全等级的要求来设置测试的标准。

（2）测评实施

以下各项为测试的全部流程条目，在测试过程中可根据不同的安全等级需要来测试对应安全等级的条目内容：

1）应访谈应用系统管理员，询问在系统对用户进行身份鉴别和用户对系统进行访问时能否在系统与用户之间建立一条安全的信息传输路径。

2）应检查设计或验收文档，查看文档中是否有在系统对用户进行身份鉴别和用户对系统进行访问时系统与用户之间应能够建立一条安全的信息传输路径的说明。

3）应测试应用系统，可通过获取并查看系统对用户进行身份鉴别和用户对系统进行访问的通信数据包，验证在系统对用户进行身份鉴别和用户对系统进行访问时系统能否在系统与用户之间建立一条安全的信息传输路径。

5. 安全审计

（1）测评指标

参考 GB/T 22239—2008，根据不同安全等级的要求来设置测试的标准。

（2）测评实施

以下各项为测试的全部流程条目，在测试过程中可根据不同的安全等级需要来测试对应安全等级的条目内容：

1）应访谈安全审计员，询问应用系统是否设置安全审计功能，对事件进行审计的选择要求和策略是什么，对审计日志的保护措施有哪些。

2）应检查应用系统，查看其当前审计范围是否覆盖到每个用户。

3）应检查应用系统，查看其审计策略是否覆盖系统内重要的安全相关事件，例如，用户标识与鉴别、访问控制的所有操作记录、重要用户行为、系统资源的异常使用、重要系统命令的使用等。

4）应检查应用系统，查看其审计记录信息是否包括事件发生的日期与时间、触发事件的主体与客体、事件的类型、事件成功或失败、身份鉴别事件中请求的来源、事件的结果等内容。

5）应检查应用系统，查看其是否为授权用户浏览和分析审计数据提供专门的审计分析功能，并能根据需要生成审计报表。

6）应检查应用系统，查看其安全审计是否有集中审计接口，并根据信息系统的统一安全策略实现集中审计。

7）应测试主要应用系统,，在应用系统上试图产生一些重要的安全相关事件（如用户登录、修改用户权限等），查看应用系统是否对其进行了审计，验证应用系统安全审计的覆盖情况是否覆盖到每个用户；如果进行了审计则查看审计记录内容是否包含事件的日期、时间、发起者信息、类型、描述和结果等。

8）应测试应用系统，试图非授权删除、修改或覆盖审计记录，验证安全审计的保护情况是否无法非授权删除、修改或覆盖审计记录。

6. 剩余信息保护

（1）测评指标

参考 GB/T 22239—2008，根据不同安全等级的要求来设置测试的标准。

（2）测评实施

以下各项为测试的全部流程条目，在测试过程中可根据不同的安全等级需要来测试对应安全等级的条目内容：

1）应访谈应用系统管理员，询问系统是否采取措施保证对存储介质中的残余信息进行删除（无论这些信息是存放在硬盘上还是在内存中），具体措施有哪些。

2）应检查设计或验收文档，查看其是否有关于系统在释放或再分配鉴别信息所在存储空间给其他用户前如何将其进行完全清除（无论这些信息是存放在硬盘上还是在内存中）的描述。

3）应检查设计或验收文档，查看其是否有关于释放或重新分配系统内文件、目录和数据库记录等资源所在存储空间给其他用户前如何进行完全清除的描述。

4）应测试主要应用系统，用某用户登录系统并进行操作后，在该用户退出后用另一用户登录，试图操作（读取、修改或删除等）其他用户产生的文件、目录和数据库记录等资源，查看操作是否不成功，验证系统提供的剩余信息保护功能是否正确（确保系统内的文件、目录和数据库记录等资源所在的存储空间，在被释放或重新分配给其他用户前得到完全清除）。

7. 通信完整性

（1）测评指标

参考 GB/T 22239—2008，根据不同安全等级的要求来设置测试的标准。

（2）测评实施

以下各项为测试的全部流程条目，在测试过程中可根据不同的安全等级需要来测试对应安全等级的条目内容：

1）应访谈安全管理员，询问应用系统是否具有在数据传输过程中保护其完整性的措施，具体措施是什么。

2）应检查设计或验收文档，查看其是否有关于保护通信完整性的说明，如果有则查看其是否有用密码技术来保证通信过程中数据的完整性的描述。

3）应测试应用系统，可通过获取通信双方的数据包，查看通信报文是否含有加密的验证码。

8. 通信保密性

（1）测评指标

参考 GB/T 22239—2008，根据不同安全等级的要求来设置测试的标准。

（2）测评实施

以下各项为测试的全部流程条目，在测试过程中可根据不同的安全等级需要来测试对应安全等级的条目内容：

1）应访谈安全管理员，询问应用系统数据在通信过程中是否采取保密措施，具体措施有哪些。

2）应检查应用系统，查看其是否基于硬件化的设备，产生密钥，进行加、解密运算。

3）应检查相关证明材料（证书），查看主要应用系统采用的密码算法是否符合国家有关部门的要求。

4）应测试应用系统，通过查看通信双方数据包的内容，查看系统是否能在通信双方建立连接之前，利用密码技术进行会话初始化验证；在通信过程中，是否对整个报文或会话过程进行加密。

9. 抗抵赖

（1）测评指标

参考 GB/T 22239—2008，根据不同安全等级的要求来设置测试的标准。

（2）测评实施

以下各项为测试的全部流程条目，在测试过程中可根据不同的安全等级需要来测试对应安全等级的条目内容：

1）应访谈安全管理员，询问系统是否具有抗抵赖的措施，具体措施有哪些。

2）应测试应用系统，通过双方进行通信，查看系统是否提供在请求的情况下为数据原发者和接收者提供数据原发证据的功能；系统是否提供在请求的情况下为数据原发者和接收者提供数据接收证据的功能。

10. 软件容错

（1）测评指标

参考 GB/T 22239—2008，根据不同安全等级的要求来设置测试的标准。

（2）测评实施

以下各项为测试的全部流程条目，在测试过程中可根据不同的安全等级需要来测试对应安全等级的条目内容：

1）应访谈应用系统管理员，询问应用系统是否具有保证软件容错能力的措施，具体措施有哪些。

2）应检查应用系统，查看应用系统是否对人机接口或通信接口输入的数据进行有效性检验。

3）应测试应用系统，可通过对人机接口输入的不同长度或格式的数据，查看系统的反应，验证系统人机接口有效性检验功能是否正确。

4）应测试应用系统，验证其是否提供自动保护功能，当故障发生时自动保护当前所有状态，保证系统能够进行恢复。

5）应测试应用系统，验证其是否具有自动恢复能力，当故障发生时，是否能立即启动新的进程，恢复原来的工作状态。

11. 资源控制

（1）测评指标

参考 GB/T 22239—2008，根据不同安全等级的要求来设置测试的标准。

（2）测评实施

以下各项为测试的全部流程条目，在测试过程中可根据不同的安全等级需要来测试对应安全等级的条目内容：

1）应访谈应用系统管理员，询问应用系统是否有资源控制的措施，具体措施有哪些。

2）应检查应用系统，查看是否限制单个账户的多重并发会话；系统是否有最大并发会话连接数的限制，是否对一个时间段内可能的并发会话连接数进行限制；是否能根据安全策略设定主体的服务优先级，根据优先级分配系统资源，保证优先级低的主体处理能力不会影响优先级高的主体的处理能力。

3）应检查应用系统，查看是否对一个访问账户或一个请求进程占用的资源分配最大限额和最小限额。

4）应检查应用系统，查看是否有服务水平最小值的设定，当系统的服务水平降低到预先设定的最小值时，系统报警，并合理自动调整资源分配，是否对全部资源采用优先服务机制。

5）应测试应用系统，可通过对系统进行超过规定的单个账户的多重并发会话数进行连接，验证系统是否能够正确地限制单个账户的多重并发会话数。

6）应测试应用系统，试图使服务水平降低到预先规定的最小值，验证系统是否能够正确检测并报警。

7）应测试重要应用系统，当应用系统的通信双方中的一方在一段时间内未做任何响应，查看另一方是否能够自动结束会话。

10.5.5　数据安全测试流程

1. 数据完整性

（1）测评指标

参考 GB/T 22239—2008，根据不同安全等级的要求来设置测试的标准。

（2）测评实施

以下各项为测试的全部流程条目，在测试过程中可根据不同的安全等级需要来测试对应安全等级的条目内容：

1）应访谈安全管理员，询问应用系统数据在存储和传输过程中是否有完整性保证措施，具体措施有哪些；在检测到完整性错误时是否能恢复，恢复措施有哪些。

2）应访谈管理人员（系统管理员、网络管理员、安全管理员、数据库管理员），询问信息系统中的操作系统、网络设备、数据库管理系统和应用系统等是否为重要通信提供专用通信协议或安全通信协议服务，避免来自基于通用通信协议的攻击，破坏数据的完整性；并询问具体的专用通信协议或安全通信协议服务是什么。

3）应检查操作系统、网络设备、数据库管理系统和应用系统，查看其是否配备检测系统管理数据、鉴别信息和用户数据在传输过程中完整性受到破坏的功能；是否配备检测系统管理数据、身份鉴别信息和用户数据在存储过程中完整性受到破坏的功能；是否配备检测重要系统/模块完整性受到破坏的功能；在检测到完整性错误时能否采取必要的恢复措施。

4）应检查操作系统、网络设备、数据库管理系统和应用系统中是否为专用通信协议或安全通信协议服务，避免来自基于通用通信协议的攻击破坏数据完整性。

2. 备份和恢复

（1）测评指标

参考 GB/T 22239—2008，根据不同安全等级的要求来设置测试的标准。

（2）测评实施

以下各项为测试的全部流程条目，在测试过程中可根据不同的安全等级需要来测试对应安全等级的条目内容：

1）应访谈网络管理员，询问是否对网络设备中的配置文件进行备份，备份策略是什么；完全数据备份是否每天一次，备份介质是否场外存放；是否提供异地实时数据备份功能；当其受到破坏时，恢复策略是什么；是否提供主要网络设备、通信线路的硬件冗余。

2）应访谈系统管理员，询问是否对操作系统中的重要信息进行备份，备份策略是什么；完全数据备份是否每天一次，备份介质是否场外存放；是否提供异地实时数据备份功能；当其受到破坏时，恢复策略是什么；是否提供主要服务器的硬件冗余。

3）应访谈数据库管理员，询问是否对数据库管理系统中的主要数据进行备份，备份策略是什么；完全数据备份是否每天一次，备份介质是否场外存放；是否提供异地实时数据备份功能；当其受到破坏时，恢复策略是什么。

4）应访谈安全管理员，询问是否对应用系统中的应用程序进行备份，备份策略是什么；当其受到破坏时，恢复策略是什么；完全数据备份是否每天一次，备份介质是否场外存放；是否提供异地实时数据备份功能。

5）应检查设计或验收文档，查看其是否有关于主要主机操作系统、网络设备操作系统、数据库管理系统和应用系统配置本地和异地实时数据备份和恢复功能及策略的描述。

6）应检查主要主机操作系统、主要网络设备、主要数据库管理系统和主要应用系统，查看其是否提供备份和恢复功能，其配置是否正确，并且查看其备份结果是否与备份策略一致。

7）应检查主要网络设备、主要通信线路和主要数据处理系统是否采用硬件冗余、软件配置等技术手段提供系统的高可用性。

8）应检查网络拓扑结构是否不存在关键节点的单点故障。

9）应检查是否建立异地灾难备份中心，配备灾难恢复所需的通信线路、网络设备和数据处理设备，将备份数据实时备份至灾难备份中心，提供业务应用的实时切换功能。

10）应测试业务应用系统，验证其异地切换功能是否有效。

3. 数据保密性

（1）测评指标

参考 GB/T 22239—2008，根据不同安全等级的要求来设置测试的标准。

（2）测评实施

以下各项为测试的全部流程条目，在测试过程中可根据不同的安全等级需要来测试对应安全等级的条目内容：

1）应访谈网络管理员，询问网络设备的管理数据、鉴别信息和重要业务数据是否采用加密或其他有效措施实现传输保密性，是否采用加密或其他有效措施实现存储保密性。

2）应访谈系统管理员，询问主机操作系统的管理数据、鉴别信息和重要业务数据是否采用加密或其他有效措施实现传输保密性，是否采用加密或其他有效措施实现存储保密性。

3）应访谈数据库管理员，询问数据库管理系统的管理数据、鉴别信息和重要业务数据是否采用加密或其他有效措施实现传输保密性，是否采用加密或其他有效措施实现存储保密性。

4）应访谈安全管理员，询问应用系统的管理数据、鉴别信息和重要业务数据是否采用加密或其他有效措施实现传输保密性，是否采用加密或其他有效措施实现存储保密性。

5）应检查主机操作系统、网络设备操作系统、数据库管理系统和应用系统，查看其管理数据、鉴别信息和重要业务数据是否采用加密或其他有效措施实现传输保密性和存储保密性。

6）应检查操作系统、网络设备、数据库管理系统和应用系统中是否为专用通信协议或安全通信协议服务，避免来自基于通用通信协议的攻击破坏数据保密性。

7）应测试应用系统，通过用嗅探工具获取系统传输数据包，查看其是否采用了加密或其他有效措施实现传输保密性。

10.5.6 管理安全测试流程

1. 安全管理制度
（1）测评指标

参考 GB/T 22239—2008，根据不同安全等级的要求来设置测试的标准。

（2）测评实施

以下各项为测试的全部流程条目，在测试过程中可根据不同的安全等级需要来测试对应安全等级的条目内容：

1）应访谈安全主管，询问机构是否形成全面的信息安全管理制度体系，制度体系是否由总体方针、安全策略、管理制度、操作规程等构成。

2）应检查信息安全工作的总体方针和安全策略文件，查看文件是否明确机构安全工作的总体目标、范围、原则和安全框架等。

3）应检查各项安全管理制度，查看是否覆盖物理、网络、主机系统、数据、应用、建设和管理等层面的各类管理内容。

4）应检查是否具有日常管理操作的操作规程（如系统维护手册和用户操作规程等）。

2. 安全管理机构
（1）测评指标

参考 GB/T 22239—2008，根据不同安全等级的要求来设置测试的标准。

（2）测评实施

以下各项为测试的全部流程条目，在测试过程中可根据不同的安全等级需要来测试对应安全等级的条目内容：

1）应访谈安全主管，询问是否设立指导和管理信息安全工作的委员会或领导小组，其最高领导是否由单位主管领导委任或授权的人员担任。

2）应访谈安全主管，询问是否设立专职的安全管理机构（即信息安全管理工作的职能部门）；机构内部门设置情况如何，是否明确各部门的职责分工。

3）应访谈安全主管，询问信息系统设置了哪些工作岗位，各个岗位的职责分工是否明确；询问是否设立安全管理各个方面的负责人。

4）应访谈安全主管、安全管理各个方面的负责人、系统管理员、网络管理员和安全管理员，询问其岗位职责包括哪些内容。

5）应检查部门、岗位职责文件，查看文件是否明确安全管理机构的职责，是否明确机构内各部门的职责和分工，部门职责是否涵盖物理、网络和系统安全等各个方面；查看文件是否明确设置安全主管、安全管理各个方面的负责人、机房管理员、系统管理员、网络管理员、安全管理员等各个岗位，各个岗位的职责范围是否清晰、明确；查看文件是否明确各个岗位人员应具有的技能要求。

6）应检查信息安全管理委员会或领导小组最高领导是否具有委任授权书，查看授权书中是否有本单位主管领导的授权签字。

7）应检查信息安全管理委员会职责文件，查看是否明确委员会职责和其最高领导岗位的职责。

8）应检查安全管理各部门和信息安全管理委员会或领导小组是否具有日常管理工作执行情况的文件或工作记录。

3. 人员安全管理

（1）测评指标

参考 GB/T 22239—2008，根据不同安全等级的要求来设置测试的标准。

（2）测评实施

以下各项为测试的全部流程条目，在测试过程中可根据不同的安全等级需要来测试对应安全等级的条目内容：

1）应访谈安全主管，询问各个安全管理岗位人员的配备情况，包括数量、专职还是兼职等，关键事务的管理人员配备情况如何。

2）应检查人员配备要求管理文档，查看是否明确应配备哪些安全管理人员，是否包括机房管理员、系统管理员、数据库管理员、网络管理员、安全管理员等重要岗位人员并明确应配备专职的安全管理员；查看是否明确对哪些关键事务的管理人员应配备 2 人或 2 人以上共同管理，是否明确对配备人员的具体要求。

3）应检查安全管理各岗位人员信息表，查看其是否明确机房管理员、系统管理员、数据库管理员、网络管理员和安全管理员等重要岗位人员的信息，确认安全管理员是否是专职人员。

4. 系统建设管理

（1）测评指标

参考 GB/T 22239—2008，根据不同安全等级的要求来设置测试的标准。

（2）测评实施

以下各项为测试的全部流程条目，在测试过程中可根据不同的安全等级需要来测试对应安全等级的条目内容：

1）应访谈安全主管，询问是否授权专门的部门对信息系统的安全建设进行总体规划，由何部门负责。

2）应访谈系统建设负责人，询问是否根据系统的安全级别选择基本安全措施，是否依据风险分析的结果补充和调整安全措施，具体做过哪些调整。

3）应访谈系统建设负责人，询问是否根据信息系统的等级划分情况统一考虑总体安全策略、安全技术框架、安全管理策略、总体建设规划和详细设计方案等，是否经过论证和审定，是否经过审批，是否根据等级测评、安全评估的结果定期调整和修订，维护周期多长。

4）应检查系统的安全建设工作计划，查看文件是否明确了系统的近期安全建设计划和远期安全建设计划。

5）应检查系统总体安全策略、安全技术框架、安全管理策略、总体建设规划、详细设计方案等配套文件，查看各个文件是否经过机构管理层的批准。

6）应检查专家论证文档，查看是否有相关部门和有关安全技术专家对总体安全策略、安全技术框架、安全管理策略、总体建设规划、详细设计方案等相关配套文件的论证意见。

7）应检查是否具有总体安全策略、安全技术框架、安全管理策略、总体建设规划、详细设计方案等相关配套文件的维护记录或修订版本，查看维护记录日期间隔与维护周期是否一致。

5. 系统运维管理

（1）测评指标

参考 GB/T 22239—2008，根据不同安全等级的要求来设置测试的标准。

（2）测评实施

以下各项为测试的全部流程条目，在测试过程中可根据不同的安全等级需要来测试对应安全等级的条目内容：

1）应访谈安全主管，询问是否指定专人对系统进行管理，对系统管理员用户是否进行分类，明确各个角色的权限、责任和风险，权限设定是否遵循最小授权原则。

2）应访谈系统管理员，询问是否根据业务需求和系统安全分析制定系统的访问控制策略，控制分配信息系统、文件及服务的访问权限。

3）应访谈系统管理员，询问是否定期对系统安装安全补丁程序，在安装系统补丁程序前是否对重要文件进行备份，采取什么方式进行，是否先在测试环境中测试通过再安装。

4）应访谈系统管理员，询问是否对系统资源的使用进行预测，是否监视系统资源的使用情况，包括处理器、存储设备和输出设备等。

5）应访谈安全管理员，询问是否定期对系统进行漏洞扫描，扫描周期多长，对发现的漏洞是否及时修补。

6）应检查系统安全管理制度，查看其内容是否覆盖系统安全策略、安全配置、日志管理、日常操作流程等具体内容。

7）应检查是否有详细操作日志（包括重要的日常操作、运行维护记录、参数的设置和修改等内容）。

8）应检查是否有定期对运行日志和审计结果进行分析的分析报告，查看报告是否能够记录账户的连续多次登录失败、非工作时间的登录、访问受限系统或文件的失败尝试、系统错误等非正常事件。

9）应检查系统漏洞扫描报告，查看其内容是否包含系统存在的漏洞、严重级别和结果处理等方面，检查扫描时间间隔与扫描周期是否一致。

10.6 服务平台端测试工具

在商业测试工具方面，目前较为流行的主要有以下几款：SPI Dynamics 公司开发的测试工具 WebInspect 以构件的形式提供了图形化的 SPI 模糊器；Beyond Security 开发的 beSTORM 工具可以为包括 HTTP 在内的多种协议产生模糊测试集；HP 推出的下一代 Web 应用安全性测试工具集 WebInspect 中附带的一款具有图形化界面的模糊测试工具能够对 Web 服务器以及 Web 应用进行模糊测试，有很强的实用性；Microsoft 发布的一款针对 Web 应用安全的模糊测试工具 SDL Regez Fuzzer 等。

下面对几种开源或商业测试工具从可视化界面、自动化程度、针对漏洞、可扩展性等方面进行了对比，如表 10-1 所示。

表 10-1　模糊测试工具对比

工具名称	开发语言	可视化界面	自动化程度	针对漏洞	可扩展性
WebScarab	Java	有	中等	单一	较差
JBroFuzz	Java	有	较低	全面	中等
RatProxy	C	无	中等	单一	较差
WebFuzz	C#	有	中等	全面	较差
SPI 模糊器	C#	有	中等	全面	较差
WFT	C#	有	较低	单一	中等
WSFuzzer	Python	无	较低	单一	较差
Wfuzz	Python	无	较低	单一	较强
ProxyStrike	Python	有	较低	单一	中等

10.7 测试案例与分析

服务器平台的安全测试通常包括技术要求和管理要求两个方面，具体可参照执行的标准为《信息安全技术信息系统安全等级保护基本要求》（GB/T 22239—2008）。下面就以实际的测试情况为基础，阐述以下 5 个方面的内容：即服务器平台测流程、关键测试项目分析、对整体测评的理解、整体测评结论和测试工具。

10.7.1 服务平台测试流程

开展服务器平台测试大体分为 4 个阶段：前期准备阶段、测试计划阶段、测试实施阶段、报告阶段。

（1）前期准备工作

前期准备工作主要由被测信息系统的所有者进行前期相关资料的整理工作，整理收集的资料通常包括网络拓扑图、信息系统资产列表（包括网络设备资产、安全设备资产、主机设备资产、管理资产等）、信息系统安全威胁调研表等。

（2）测试计划阶段

测试实施机构根据委托方提供的前期准备资料，首先要明确信息系统的定级情况，其次对网络拓扑图进行核实，再次对资产进行核查，最后根据资产的重要程度，从资产列表中选择重要资产，并确定为被测对象，进而编写出测试计划和测试原始记录空表。

（3）测试实施阶段

测试实施机构采取访谈、检查、测试等手段，依据 GB/T 22239—2008 标准逐条对物理安全（机房）、网络安全、主机安全、应用系统、数据安全和管理安全等方面进行测试，并填写好原始记录。此外，还要将测试中发现的问题形成问题列表，并与测试委托方确认这些问题的存在。

测试实施阶段包括单元测评阶段、整体测评阶段。其中单元测评阶段测试的内容包括物理安全、网络安全、主机安全、应用安全、数据安全和管理安全。整体测评主要考虑技术要求中，不同安全控制点间、不同层面间和不同区域间是否存在关联补偿。

（4）报告阶段

根据测试实施阶段的原始记录，编写出测试报告，在测试报告中要给出主要问题及整改建议。

10.7.2 关键测试项目分析

为了强调重点，下面只对部分难理解的测试内容进行解释。除此之外，在进行安全测试前，要准备好原始记录，原始记录一定要按照设备列出测试项目。通常，网络安全中的测试项目包括结构安全、访问控制、安全审计、边界完整性检查、入侵防范、恶意代码防范和网络设备防护。并不是针对所有设备都要测评上述所有项目，对于入侵防范测试项目而言，其只适用于入侵检测设备，如 IDS、IPS；恶意代码防范测试项目只适用于网络恶意代码防范设备，如防毒墙、防病毒网关；而网络设备防护测试项目属于通用的测试项目。

（1）应用安全测试

应用安全测试的安全控制点包括身份鉴别、访问控制、剩余信息保护、通信完整性、通信保密性软件容错、抗抵赖等，下面对其中较难理解的测试项进行简要的解释和说明。

身份鉴别测试。在进行身份鉴别测试时应注意，两次口令鉴别不属于两种鉴别技术。

访问控制测试。标准中提出了敏感标记的概念，实际上对应的是强制访问控制。标记是实施强制访问控制的基础和依据，为正确实施强制访问控制，必须对信息系统中的主体和客体进行安全标记。

安全标记的实现方式有以下两种：

❑ 物理绑定：是指直接修改文件数据结构，将安全标记作为文件属性之一存储于硬盘。
❑ 逻辑绑定：是指不对主/客体本身的数据结构进行修改，而是通过维护全局主/客体标记列表为主/客体绑定安全属性。

此外，在标准的原文中还要求控制用户对重要信息资源的访问和操作，实际上，我们所了解的 BLP 模型就是实现这种控制措施的一种手段和方法。

剩余信息保护测试。对剩余信息保护的测试，有时要结合审查程序源代码的方式进行，例如，在源代码中查看，申请过的指针是否被释放、申请过的内存空间是否被释放，等等。实际上，该测试项就是要求一个用户退出系统后，要释放其使用过的任何信息，而不应让这些重要信息留在内存或其他位置。

通信完整性测试。通信完整性是指防止通信双方传递的报文、身份鉴别等信息被恶意修改的情况发生。VPN 设备、SSL 协议可以实现数据通信的完整性校验。

通信保密性测试。通信保密性是指数据通信的双方采用一种事先约定好的数据通信方式，对数据进行加密传输。例如，采用 https 方式访问数据库资源，对数据采用 MD5 加密后再进行数据传输。

软件容错测试。在对软件容错这个安全控制点进行测试过程中，一般都会利用专业的检测工具对应用系统进行扫描，从而发现系统是否存在 SQL 注入、跨站脚本等高风险的安全漏洞，造成这种安全漏洞的原因就在于软件对用户输入的数据检查不到位，例如，允许用户输入单独的单引号，等等。

抗抵赖测试。抗抵赖主要是考证信息传递双方身份的真实性，在实际的测评过程中，可以检测应用系统是否采用了数字签名等方式，以确保通信双方身份的真实性。

（2）网络安全测试

结构安全测试。对结构安全进行测试，首先要学会分析网络拓扑图，分析网络中各个安全区域的设置、重要服务器区域的设置、重要安全区域边界安全设备的设置，等等。此外，也要核实网络拓扑与现实设备配置的一致性。

在大型网络中常常会采用动态路由方式来建立业务终端与服务器之间的连接。如果采用动态路由方式，就必须对其身份验证信息进行加密。例如，OSPF 就属于动态路由。

访问控制测试。对于一些常用的应用层协议，能够在访问控制设备上实现应用层协议命令级的控制和内容检查。该测试项一般在防火墙设备上实现。

在交换机、路由器中也可以利用访问控制列表，实现访问控制措施。

边界完整性检查测试。一般在实际测试中，我们可以发现，边界完整性要求靠设置相应的准入控制装置来实现，如内网准入控制系统、桌面安全管理系统。

恶意代码防范测试。计算机病毒、木马和蠕虫的泛滥使得防范恶意代码的破坏显得尤为重要。在网络测评中，该安全控制点的要求是靠部署专业的安全设备来实现的，如防毒墙、防病毒网关。

（3）主机安全测试

访问控制测试。

标准原文：应对重要信息资源设置敏感标记。

敏感标记代表着强制访问控制措施的实现。通过敏感标记来记录主 / 客体的安全级别。通常，敏感标记是由强认证的安全管理员来进行设置。通过敏感标记，实现主 / 客体之间的安全访问控制策略。

敏感标记的实现方式有两种：一是物理绑定，是指直接修改文件数据结构，将安全标记作为文件属性之一存储于硬盘；二是逻辑绑定，是指不对主 / 客体本身的数据结构进行修改，而是通过维护全局主 / 客体标记列表为主 / 客体绑定安全属性。

安全审计测试。安全审计要求能够及时记录事件发生的详细内容。为了避免审计信息受到恶意的修改或删除，对于主机安全来说，有必要设置专用的日志服务器，统一来收集主机设备的安全审计信息。

剩余信息保护测试。对剩余信息保护的检测需要在测试前，对主机管理员进行访谈，了解是否采用了专业的安全工具或其他技术措施，对主机信息进行及时的清除，避免相关信息被非授权人员意外获取。

10.7.3 对整体测评的理解

在单元测评结束后，需要结合被测信息系统的单元测评结果分别从控制点间、层面间和区域间进行分析以发现是否存在关联补偿。

控制点间的补偿是指一个层面中的不同控制点间的补偿关系，例如，安全测试中物理安全层面中的两个控制点，分别为物理访问控制和防盗窃或防破坏，在防盗窃或防破坏中要求安装防盗报警器，若在实际测试中发现物理机房中未安装防盗报警器，但是该机房 7×24 小时有专人值守，也即物理访问控制措施符合标准要求，物理访问控制措施的实施可以弥补防盗窃或防破坏方面的不足。

层面间的关联补偿是指不同层面间的补偿关系，层面包括物理层面、网络层面、主机层面、应用层面和数据安全层面。例如，服务器主机存在弱口令，但是该服务器主机设置在机房中，而且不支持远程管理，物理安全层面的措施可以弥补主机方面的不足。

区域间的关联补偿指的是不同安全区域间的补偿管理。例如，在对某单位应用系统的身份鉴别测试中发现，应用系统本身未提供身份鉴别功能。但是，该单位的所有应用系统实现了单点登录，即所有用户都是先登录安全管理区的认证服务器，认证成功后，方可使用应用系统。因此，安全管理区提供的身份鉴别功能弥补了单个应用系统身份鉴别方面的不足。

10.7.4 整体测评结论

在执行主机平台测试中，难免会存在差距项，此时，需要运行风险分析的方法来分析这种安全差距的安全风险，有些安全差距是可以暂缓整改的，有些安全差距是可以通过系统已经采取的安全措施进行互补的，而有些安全差距是必须要立即整改的。

通过上面的分析，主机平台测试结论可以分为 3 个层次，即符合、基本符合和不符合，具体判定原则如表 10-2 所示。

表 10-2 判定原则

检查结论	判别依据
符合	测试结果中不存在部分符合项或不符合项
基本符合	测试结果中存在部分符合项或不符合项，但不会导致服务器平台面临高等级安全风险
不符合	测试结果中存在部分符合项或不符合项，导致服务器平台面临高等级安全风险

10.7.5 测试工具

开展服务器平台测试工作，离不开测试工具的支持，下面就根据实际的应用情况，给出可能采用的工具列表（见表 10-3）。

表 10-3 工具列表

序号	工具名称	用途
1	安全漏洞扫描工具	服务器主机系统的安全漏洞扫描（Windows/Linux）
2	安全配置核查系统	服务器主机系统、数据库系统的安全配置核查（Windows/Linux，SQL Server/Oracle）
3	脆弱性扫描与管理系统	服务器主机系统、Web 应用系统安全漏洞扫描
4	应用安全审计工具软件	Web 应用系统安全漏洞扫描
6	数据库弱点扫描器	数据库安全漏洞扫描

本章小结

本章首先对服务平台端的主要服务器概念、分类及服务器安全进行了详细的概述，然后介绍了常见的安全威胁与漏洞，通过物理、网络、主机、应用、数据、管理 6 个角度来阐述安全测试的内容，紧接着阐述每个角度所对应的测试方法、测试流程以及常用的测试工具，最后对一些测试案例进行分析。

第 11 章

服务平台端其他测试技术

本章导读

本章将介绍服务平台端其他测试技术，主要针对服务平台端功能测试、可靠性测试、可维护性测试、易用性测试和可移植性测试分别进行介绍；主要介绍测试的目的、内容和方法，指出服务平台端应测试的细节，有针对性地对服务平台端进行测试；根据测试的目的和内容，设计了相关测试方法。

应掌握的知识要点：
- 服务平台端功能测试技术
- 服务平台端可靠性测试技术
- 服务平台端可维护性测试技术
- 服务平台端易用性测试技术
- 服务平台端可移植性测试技术

11.1 服务平台端功能测试技术

服务平台端的功能测试是服务平台端测试过程中最基本的测试，是测试人员必须认真思考的问题。下面介绍服务平台端功能测试的相关知识。

11.1.1 测试目的

服务平台端功能测试是指测试产品在服务平台端能否实现其所设计的功能，通过对一个系统所有的特性和功能进行测试确保其符合需求和规范。服务平台端功能测试的主要目的是测试产品在服务平台端能否正确运行，功能上有无错误，是否满足用户的需求；文件服务器、数据库服务器、应用程序服务器能否正常运行，满足调用。服务平台端功能测试希望能以最少的人力和时间发现潜在的各种错误和缺陷。测试人员应根据开发各阶段的需求、设计等文档或程序的内部结构精心设计测试用例，并利用这些实例来运行程序，以便发现错误。

一个好的功能测试应具备以下特性：

❑ 适用性：适用性是指服务平台端功能好用和适合用户使用。
❑ 准确性：准确性是指系统能够准确地响应客户请求。
❑ 互操作性：包括人机交互和与其他软件、系统之间的互操作性。
❑ 安全性：安全性是指服务平台系统对信息、数据的保护能力。

11.1.2 测试内容

对服务平台端的功能测试将从以下 3 个方面对其进行分析。

（1）数据库测试

若只是在前端用户界面进行测试，结果具有偶然性，所以十分有必要对数据库和访问它的数据操作语句进行专门的测试。若是没有对系统的数据库方面进行测试，系统中很有可能存在很大的潜在问题，不利于产品的发行。访问数据库一般要使用 SQL 语句，所以对数据库的测试重点应放在有关 SQL 语句的测试上。

注册数据库。注册数据库是访问数据库的第一步，注册数据库要输入用户名和口令。所以，输入的用户名或口令不正确，应该不能进入程序。

查询语句。查询语句常需要对细节进行大量测试，以确定是否返回了所需的列。特别要在测试时检查查询结果是否和定义的查询条件一致。当条件为"与、或、非"这些逻辑表达式或涉及多表操作时，更应仔细测试查询结果的准确性。如果一个选择语句涉及多个表，那么这些表中的一个或多个列有可能有相同的名字，在这种情况下，这些列的引用不能有二义性。

修改语句。修改数据库的 SQL 语句可能比查询语句更加危险。这些语句包括对表的插入、删除和更改操作。每个可能修改数据库的语句，都要被完全测试以便确认，并且都要经过用户确认，同时，用户都应该被告知此操作可能引起的不确定性。还要在输入无效语句、相同记录、部分数据、超过边界值数据、空记录等条件下对数据库进行重点测试，检查其能否得到正确结果。

合计函数。合计函数运算作用于表中某一列中的一些值。它们包括了基于数据库中一组行的数据。包含了合计函数的 SQL 语句容易出现错误。因为并非每一行都被显示出来，很难判断哪些行被包含在合计函数的计算中。

表的连接。表的连接很可能使大量的错误进入 SQL 语句。关于不正确连接的表的警告对于使用合计函数特别重要。因为这些函数并不显示单独的数据行，一个看起来正确但实际上错误的结果很容易被接受。所以，对表与表之间的连接关系进行测试是十分必要的。

日期和时间。日期的设定是编程和测试时非常需要技巧的地方，因为每个 RDBMS 使用自己的方式来处理日期和时间的值。因此，在不同系统互联时，对日期和时间要进行特别的测试。在向不同格式系统输入所涉及的日期和时间值时，验证系统能否正常工作。从一个平台到另一个平台移植日期、时间时，也要进行必要的测试。

　　事务的处理。事务指逻辑上不可分割的工作单元。对事务进行不合理的处理很可能将会导致数据的丢失或系统崩溃。测试事务处理首先要准确定义一个事务的构成方式，其次要准确编写进行数据库操作的 SQL 语句，最后要验证事务的代码。还要特别注意系统允许事务无限延长的可能性。

　　（2）Cookies 测试

　　Cookies 通常用来存储用户信息和用户在某应用系统的操作。当一个用户使用 Cookies 访问了某一个应用系统时，Web 服务器将发送关于用户的信息，把该信息以 Cookies 的形式存储在客户端计算机上，可用来创建动态和自定义页面或者存储登录等信息。

　　Cookies 测试主要包含以下几个方面：

- ❏ Cookies 的作用域。
- ❏ 是否按预定的时间进行保存。
- ❏ Cookies 的变量名和其值。
- ❏ Cookies 安全问题。
- ❏ 如果使用 Cookies 来统计次数，需要验证次数累计是否正确。

　　（3）硬件冗余测试

　　磁盘冗余。磁盘冗余（Redundant Array of Independent Disks，RAID）是指独立磁盘冗余阵列，简称磁盘阵列。简单来说，RAID 是一种把多个独立的硬盘（物理硬盘）以不同方式组合，以形成一个硬盘组（逻辑硬盘），从而提供比硬盘更高的存储性能和支持数据冗余的技术。根据组成磁盘阵列的不同方式划分了不同的 RAID 级别（RAID levels）或 RAID 类型。

　　RAID 技术在不断的发展过程中，目前已拥有从 RAID 0 到 RAID 6 7 种基本的 RAID 级别，其中 RAID 0、RAID 1、RAID0+1、RAID 5 等是较常用的方式。此外，还有一些基本 RAID 级别的组合方式，如 RAID 10（即 RAID 0 与 RAID 1 的组合形式）、RAID 50（即 RAID 0 与 RAID 5 的组合形式）等。而不同的 RAID 级别则代表着不同的存储成本、存储性能和数据安全性。下面就针对上述一些常用的 RAID 级别进行简单的介绍。

- ❏ RAID 0：它是所有 RAID 级别中存储性能最高的。而其提高存储性能的原理是把连续的数据分散到多个磁盘上存取，以致系统在有数据请求时就可以被多个磁盘并行地执行，每个磁盘执行属于它自己的那部分数据请求。
- ❏ RAID 1：它的最大特点是最大限度地保证用户数据的可用性和可修复性。RAID 1 的操作方式是把用户写到硬盘 Disk 0 的数据通过自动复制方法完全复制到另外一个硬盘 Disk 1 上。在读取数据时，系统首先就会读取 Disk 源盘的数据，若读取数据成功，则系统就会自动忽视 Disk 1 上的数据；若读取源盘数据失败，则系统会自动读取备份盘 Disk 1 上的数据，不会造成用户工作任务的中断。
- ❏ RAID 0+1：RAID 0+1 是存储性能和数据安全性兼顾的方案，它不仅提供了与 RAID 1 一样的数据安全保障特性，还有与 RAID 0 近似的存储性能。
- ❏ RAID 2：磁盘驱动器组中的第一个、第二个、第四个、…、第 $2n$ 个磁盘驱动器，这些磁盘驱动器是专门的校验盘，用于校验和纠错。例如，7 个磁盘驱动器的 RAID 2，其第一、二、四个磁盘驱动器是纠错盘，其余的用于存放数据。使用的磁盘驱动器越多，校验盘在其中占的百分比越少。RAID 2 对大量数据有很高的输入 / 输出性能，但对少量数据的输入 / 输出性能相对不好。RAID 2 在实际中很少使用。

❑ RAID 3 和 RAID 4：又称奇校验或偶校验的磁盘阵列。不论有多少数据盘，均使用一个校验盘，采用奇偶校验的方法检查错误，任何一个单独的磁盘驱动器损坏都可以恢复。RAID 3 和 RAID 4 的数据读取速度很快，但写数据时要计算校验位的值以写入校验盘，速度有所下降。RAID 3 和 RAID 4 的使用也不多。

❑ RAID 5：RAID 5 是一种存储性能、数据安全和存储成本兼顾的存储解决方案。RAID 5 可以理解成 RAID 0 和 RAID 1 的折衷方案。RAID 5 可以为系统提供数据安全保障，但保障程度要比镜像低而磁盘空间利用率要比镜像高。RAID 5 具有和 RAID 0 相近似的数据读取速度，只是多了一个奇偶校验信息，写入数据的速度比对单个磁盘进行写入操作稍慢。同时由于多个数据对应一个奇偶校验信息，RAID 5 的磁盘空间利用率要比 RAID 1 高，存储成本相对较低。

总之，磁盘阵列与单个硬盘的操作是一样的，不同的是，磁盘阵列的存储性能要比单个硬盘高很多，而且可以支持数据冗余。

电源冗余。服务器的电源冗余通常指配备双份或多份支持热插拔的电源。这种电源在正常工作时，各台电源各输出一部分功率，从而使每台电源都处于轻松的负荷状态，这样便会有利于电源的稳定工作。如果其中一台发生故障，则另外几台就会在没有任何影响的情况下接替服务平台端的工作，并通过灯光或声音发出告警。此时，系统管理员可以在不关闭系统的前提下更换损坏的电源，所以采用热插拔冗余电源可避免系统因为电源损坏而产生停机现象。

风扇冗余。风扇冗余是指在服务器的关键发热部件上配置的降温风扇有主、备件两套，这两套风扇都具有自动切换功能，并支持实时监测风扇的转速、发现故障时可自动报警并启用备用风扇等功能。若系统正常，备用风扇则不工作，而当主风扇出现故障或转速低于规定要求时，备用风扇就会马上自动启动，从而避免由于系统风扇损坏而导致系统内部温度升高，使得服务器工作不稳定或停机。

11.1.3 测试方法

服务平台端的功能测试通常采用黑盒测试，即通过测试来检测每个功能是否都能正常使用。软件功能测试的工具有 QuickTest Professional、Selenium WebInject、WinRunner、Rational Functional Tester 等。

数据库测试是根据数据库的需求规格说明书和以源代码内部结构而精心设计的一批测试用例，再利用这些测试用例去执行数据库的运行，其主要目的是发现数据库中存在的错误和缺陷。数据库测试通常采用黑盒测试和白盒测试相结合的方式。

数据库黑盒测试是指在已知数据库所具有的功能的基础上，通过测试来验证每个功能是否能正常运行并能实现预期结果。可以使用数据库的自动生成工具 DataFactory，生成任意数据库并且对其进行填充，最主要的是它可以生成大量我们所需要的数据去验证数据库中的功能是否正确。针对数据库测试所提出的内容运用等价类划分法、边界值划分法、错误推断法、因果图法、判定表驱动法等设计测试用例。

数据库白盒测试是指在已知数据库内部结构和工作过程的基础上，通过测试来验证数据库是否能够按照需求规格说明书的要求实现正常运行。可以使用数据库功能的测试框架 DBunit 工具和类似于 Junit 的方式对数据库进行基本操作，对输入/输出案例进行验证。再通过自动测试工具 QuickTest Professional 对对象的捕捉识别来模拟用户的操作流程，通过其中的校验方法或者结合数据库后台的监控对整个数据库中的数据进行测试。

❑ 对数据库中的独立路径至少测试一次。

❑ 数据库中逻辑判断是测试通常出错的地方，应对"真""假"取值至少测试一次。

❑ 在循环的边界和运行的边界内执行循环体。

❑ 查看并测试数据库内部数据结构的有效性。

（1）Cookies 测试方法

Cookies 通常用来存储用户信息和用户在某应用系统的操作，当一个用户使用 Cookies 访问了某一个应用系统时，Web 服务平台端将发送关于用户的信息，把该信息以 Cookies 的形式存储在客户端计算机上，可用来创建动态和自定义页面或者存储登录等信息。如果 Web 应用系统使用了 Cookies，就必须检查 Cookies 是否能正常工作。

对上面提到的测试内容可以采取黑盒测试的方法，用等价类划分、边界值分析、决策表、状态转换图等对测试案例进行设计。还可以采用 Cookie Editor、IECookiesView、Cookies Manager、My Cookie 等工具辅助测试。

Cookies 的作用域。如何界定 Cookie 的作用域，即如何确定哪些页面可以共享 Cookie。Domain 用于设置 Cookie 的有效域，Path 限制有效路径。

是否按预定的时间进行保存。当用户访问编写 Cookies 时，浏览器会将已过期的 Cookies 删除，如果设定的是永不过期，那么可以设置日期为 50 年。若未设置有效期，虽仍会创建 Cookies 文件，但不会将该文件存储在用户硬盘上。

Cookies 的变量名和其值。需要测试 Cookies 文件中的每个变量名与其值是否对应，并保证其正确性。

Cookies 的安全问题。如果在 Cookies 中保存了注册信息，应确认该 Cookie 能够正常工作而且已对这些信息加密。

统计次数。如果使用 Cookies 来统计次数，需要验证次数累计的正确性。

（2）**硬件冗余测试方法**

当发生一个错误时，系统将进入退化模式继续提供服务。发生第二个错误时，系统将会产生数据丢失。RAID 硬件是主要的错误。测试中通过软件模拟一个磁盘，可以方便通过软件插入磁盘故障。测试中使用了 6 类测试案例：

❑ 可更正的介质读写错误：模拟磁头因磨损而变得不稳定的情况。

❑ 不可更正的介质读写错误：模拟磁盘扇区产生了不可恢复的损坏。

❑ 硬件 SCSI 命令错误：模拟系统固件或主板错误。

❑ SCSI 命令级的奇偶校验错误：模拟 SCSI 总线错误。

❑ 电源故障：模拟在 SCSI 命令阶段，磁盘停止工作。

❑ 磁盘挂起：模拟 SCSI 命令阶段的回件故障。

所有的错误可以是瞬态植入或是持续植入。在实际应用中，RAID 产生的错误都是瞬态植入的，没有缓慢失效的过程，所以瞬态植入错误更有意义。

SATA RAID 测试。在人为拔掉硬盘后，系统可以启动，在远程计算机平台验证中所做的开户、销户、修改资料等所有数据保存完整。插上另一块新硬盘数据恢复正常，这一系列活动在后台完成，不需人为干涉。

SCSI RAID 测试。在人为拔掉硬盘后，系统可以启动，在远程计算机平台验证中所做的开户、销户、修改资料等所有数据保存完整。恢复阵列硬盘后在 Global Array Manager 中双击新硬盘图标并开始重建，重建进度完成后阵列恢复正常工作状态。重建期间可以进行其他数据操作。

11.2　服务平台端可靠性测试技术

通常可靠性测试是指根据可靠性结构（单元与系统之间可靠性关系）、寿命类型和各个单元的可靠性试验信息，利用概率统计方法，评估出系统的可靠性特征量。而对于服务平台端的可靠性测试则是指为了保障和验证服务平台端的可靠性而对服务平台端进行的测试。服务平台端的可靠性测试一般不单是对软件的测试，还包括硬件可靠性的测试，因为元器件也可能会出现失效的情况，导致服务平台端失效或产生故障。

11.2.1　测试目的

服务平台端的可靠性测试是评估服务平台端可靠性水平及服务平台端是否达到可靠性要求的一种有效途径。该测试必须使用专有的测试数据生成方法和可靠性评估技术，在测试数据中查看服务平台端是否符合要求及其使用情况，在评估过程中检查可靠性测试定量化的评估度量。

通过服务平台端可靠性测试主要达到以下目的：

❑ 用于验证服务平台端可靠性是否满足一定要求。可以通过用户对服务平台端和产品对服务平台端的可靠性需求确定可靠性验证方案，进行可靠性测试，从而验证服务平台端可靠性的定量化是否满足要求。

❑ 通过对服务平台端的可靠性测试，可以使服务平台端隐藏的缺陷暴露出来，并进行排错和纠正，使服务平台端的可靠性得到增长。一般可靠性测试所暴露出来的缺陷对服务平台端的应用影响很大，所以，服务平台端的可靠性测试对服务平台端的长期应用是必不可少的测试环节。

❑ 通过对服务平台端的可靠性增长测试中观察到的缺陷数据进行分析，可以评估当前测试服务平台端可靠性水平，预测未来能达到的水平，从而为服务平台端的管理维护提供依据。

一般的服务平台端测试，主要是为了发现服务平台端的错误及故障，而服务平台端可靠性测试是为了评估服务平台端可靠性水平，有效地达到服务平台端可靠性增长，还需要收集测试输出结果和失效时间等数据。所以，一般服务平台端的测试结果无法直接用来评估服务平台端可靠性测试，服务平台端可靠性测试在服务平台端的测试中必不可少。

11.2.2 可靠性技术

下面介绍使服务平台端可靠性增强的有效技术：服务平台端的硬件在线诊断技术。其主要包括热插拔技术、内存检查和纠错技术、内存保护（memory protection）技术、内存镜像（memory mirroring）技术，内存热添加/热交换（hot-add/hot-swap memory）技术、活动PCI（active PCI-X）技术，活动诊断（active diagnostics）技术等，下面分别进行简单介绍。

（1）热插拔技术

热插拔技术指有些部件可以在系统带电的情况下对部件进行插、拔操作。这非常重要，因为有时一些部件已损坏，但因为支持硬件冗余，所以系统仍能继续保持良好运行。损坏的设备需要更换下来，这时如果这些硬件不支持热插拔技术，则必须关掉服务器的电源才能进行，这样就会严重影响服务器所管网络的正常长期不间断运行。一般来说具有热插拔性能的硬件主要有硬盘、CPU、RAM、电源、风扇、PCI适配器、网卡等。

（2）内存检查和纠错技术

服务器的内存一般采用错误检查和纠正（Error Checking and Correcting，ECC）技术，从其名称就可以看出它的主要功能是发现并纠正错误。ECC内存可以同时检测和纠正单一比特错误，但如果同时检测出两个以上比特数据有错误，则一般不能纠正。但随着基于Intel处理器架构的服务器的CPU性能在以几何级的倍数提高，硬盘驱动器的性能同期却只提高了5倍，为了获得良好的性能，服务器需要大量的内存来临时保存CPU上读取的数据，这样大的数据访问量导致单一内存芯片上每次访问时通常要提供4（32位）或8（64位）比特以上的数据。一次性读取这么多数据，出现多位数据错误的可能性会大大地提高，而ECC又不能纠正双比特以上的错误，这样就很可能造成全部比特数据的丢失，系统很快就会崩溃。IBM的Chipkill技术利用内存的子结构方法来解决这一难题。

Chipkill技术内存子系统的设计原理是，单一芯片，无论数据宽度是多少，对于一个给定的ECC识别码，它的影响最多为一比特。举个例子来说明，如果使用4位宽的DRAM，4位中的每一位的奇偶性将分别组成不同的ECC识别码，每个ECC单元可单独用一个数据位来保存的，即保存在不同的内存空间地址。因此，即使整个内存芯片出了故障，每个ECC单元也将最多出现一位坏数据。这种情况完全可以通过ECC逻辑修复，从而保证内存子系统的容错性，保证了服务器在出现故障时有强大的自我恢复能力。采用这种Chipkill内存技术的内存可以同时检查并修复4个错误数据位。

（3）内存保护技术

IBM的内存保护技术用于保护由于意外的内存错误而带来的损失，它比ECC技术有效得多，同时它使用的是标准的ECC 168线内存。它的工作方式是在Windows NT的NTFS文件系统下的在线备份磁盘扇区，当操作系统在磁盘上检测到坏的磁盘扇区时，它将在另外的扇区中写下这些数据留做备用，我们可以认为内存保护就是提供在线备份数据位。内存错误的纠正是通过内存控制器来完成的，所以不会增加操作系统的工作量，也不需要操作系统来提供支持，完全与操作系统无关。这是在标准的 ECC 168 线内存起作用的，无需为这种保护增加另外的开支。

内存保护（在其他系统中也有称"多余的数据位"）技术最初是在 IBM 大型机上发展起来的，而且在 Z 系列和 I 系列服务器上使用了许多年。IBM 的高可靠性测试和分析使得带有内存保护技术的服务器每年因内存出错的机会比使用标准的 ECC 内存的少 200 倍。例如，有多台同样 8GB 内存的服务器，用户希望经过测试，每 132 台使用 ECC 内存的服务器中每年只允许 1 台出现错误，而使用内存保护技术后每 26 042 台服务器中每年只有 1 台因内存出错。这种先进技术可以减少停机时间，使服务器持续保持高效的计算平台。这对大型的数据库系统尤其重要。

（4）内存镜像技术

另一种防止服务器因内存错误的发生而导致整个服务器不稳定性事件发生的措施是内存镜像技术。当服务器不知什么原因遇到了许多内存保护和 Chipkill 修复技术都不能完全修复的情况时，内存镜像就会在系统中运行。

内存镜像很像磁盘镜像，就是将数据同时写入两个独立的内存中（每个内存的配置是一样的），平时的内存数据读取只从激活的内存卡中进行。如果一个内存中有足以引起系统报警的软件故障，并频繁向系统管理员发出警告信息——这个内存条将要出故障，或者整个内存都要彻底损坏，服务器会自动地切换到使用镜像内存卡，直到这个有故障的内存被更换。系统能够正常运行，直到方便的时候对出故障的内存单元进行检测。镜像内存允许进行热交换和在线添加内存（因为镜像内存的存在，所以对于软件系统来说，只有整个内存的一半容量是可用的，如果不希望镜像，在 BiOS 中进行禁止即可）。

（5）内存热添加／热交换技术

热交换技术允许在服务器运行中将失效的内存进行更换，热添加技术指在需要的时候允许在服务器运行状态下添加新的内存。IBM X 系列服务器已经允许服务人员在需要时在线热添加新的驱动器、适配器、电源和风扇。

在一个服务器上安装的内存越多，在系统中发生与内存有关的错误的可能性也就越大。现在，由于服务器可以容纳几十上百 GB 的内存，可靠性就显得比以前更重要了。就像磁盘容量的增加，现在的磁盘容量远远超过 20 年前用户希望寻找方法来提高硬盘性能和保护他们的数据时所做的希望。这些都需要一个确切的方法，如离线存储、磁带驱动器。Chipkill 修复技术、内存保护、内存镜像和热交换性能属于纯硬件方法，并没有依靠操作系统，而内存热添加技术需要进一步的软件支持。

这些内存保护机制都是经过试验的可靠的技术，已在 IBM 大型机和其他大型系统中经过多年的考验。最重要的一点是，这些技术都是在普通的工业标准 ECC 168 线内存实现的，所以内存也不会特别贵。

（6）活动 PCI-X 技术

首先说明，PCI-X 是一种新的过渡型的总线标准，它的主频带宽比原来的 PCI 总线宽一倍，可以提供更高的 I/O 访问速度，现有一种更新的总线技术 PCI-Express 接口将全面替代 PCI 和 PCI-X 接口。IBM 在成功实现活动 PCI 技术的基础之上，在基于企业级服务器 X 架构设计的一些 X 系列服务器中引入同时支持 PCI 和 PCI-X 两种适配器接口的活动 PCI-X 技术。活动 PCI-X 总线技术为 IBM 提供了提升服务器总体性能的另一个解决方案。活动 PCI-X 的主要特性如下：

❏ 热交换（hot swap）：允许在不用关闭和重启服务器的情况下更换适配器。

❏ 热添加（hot add）：提供了一种容易的升级方式，允许在服务器运行的状态下添加新的适配器（在工业标准中 IBM 是第一个提供这种性能的）。

❏ 切换（failover）：允许在主适配器出现故障的情况下极快地用另一个备用适配器接替原来适配器的工作继续运行。

（7）活动诊断技术

活动诊断是 IBM 企业级服务器 X 架构的另一个特征，这种特征将会在使用这种芯片的服务器上得到整合。基于通用信息模块的分布式任务管理面，活动诊断技术允许管理员在用户工作的时候在系统上实施诊断，所以提高了系统的开机时间，使 IBM 客户真正接近"永远计算"的高性能水平。这在工业服务器市场中是很少见的特性，而这个空白被 IBM 企业级 X 架构技术填补了。

IBM 在 1999 年与 Intel、PC-Doctor 公司合作引入工业标准中的扩展技术到通用信息模块以支持协作诊断。这个通用信息模块通过操作系统去分界面协同诊断标准化（也称"当前操作系统诊断"，或者叫做"在线诊断"），使所有通用信息模块诊断应用常规化。因为现在诊断扩展到通用信息模块，IBM 正在与独立的硬件生产厂商一起努力去重新定义这种方法，建立协同诊断的工具，以使 X 系列服务器永远运行。IBM 活动诊断是用通用诊断模块来执行的，结合 IBM 的预先失效分析技术、活动诊断和热交换组件，这就意味着再也不必关闭的 X 系列服务器去运行、诊断或者更换热交换部件。活动诊断可以通过 IBM Director 管理软件来提供一致的、非常容易用的管理界面来控制许多系统功能。

11.2.3 测试内容

由于可靠性测试不仅要对服务平台端进行软件测试还要进行硬件测试，因此，测试内容将服务平台端的可靠性测试分为软件方面的测试和硬件方面的测试。

1. 服务平台端软件测试

软件的可靠性是指在规定条件和时间下，软件不引起系统失效的概率。该概率是系统输入和系统使用的函数，也是软件中存在故障的函数，系统输入将确定是否会遇到存在的故障。

（1）软件可靠性增长测试

在可靠性增长测试中，观察到故障发生，就要进行错误检测和排除，这样软件的可靠性才能得到逐步提高。同时，要记录下故障的发生时间，它将成为用来估计软件可靠性增长模型的参数，进行软件可靠性的度量。将度量的结果与阶段性可靠性目标相比较，获得可靠性的进展情况，用以指导资源的分配，以便及时有效地达到最终可靠性目标。软件可靠性增长的速率取决于"测试—发现故障—排错"过程进行的快慢。

缺陷密度是通过分析每个版块或模块中每千行代码的缺陷数（defects/KLOC）来测量的。其测量单位是 defects/KLOC。缺陷密度是软件缺陷的基本度量标准，可用于设定产品质量目标，支持软件可靠性模型，预测潜在的软件缺陷，进而对软件质量进行跟踪或管理。它支持基于缺陷计数的软件可靠性增长模型，对软件质量目标进行跟踪并评判能否结束软件测试。

计算公式为：

$$缺陷密度 = 缺陷数量 / 代码行或功能点的数量$$

可按照以下步骤来计算一个程序的缺陷密度：

❏ 累计开发过程中每个阶段发现的缺陷总数（D）。

❏ 统计程序中新开发的和修改的代码行数（N）。

❏ 计算每千行的缺陷数 $Dd=1000D/N$。

例如，一个 29.6 万行的源程序总共有 145 个缺陷，则缺陷密度是 $Dd=1000 \times 145/296\,000 \approx 0.49$（defects/KLOC）。

通过按严重性分类将计算的故障密度与目标值比较，用来确定是否已完成足够的测试。故障密度的计算公式为

$$故障密度 = （故障的数量 / 错误出现的可能）\times k（从实验或调查中获得的一个常数）$$

应当注意的是，故障密度是一个大概的数值，因为错误出现的可能性是不可知的；其次，我们观察到的故障不一定是软件的所有故障。

（2）软件安全性

软件安全性和软件可靠性是相关的，但有所不同。可靠性要求软件不发生故障，而安全性则是验证应用程序的安全等级和识别潜在安全性缺陷的过程。可靠性与软件可能发生的每一个错误相关，而安全性只与可能造成严重故障的软件错误相关。由于测试阶段将错误全部消除几乎是不可能的，以至于软件中总会存在一定数量的错误。这些错误往往给系统的安全性造成严重的威胁。所以在测试阶段要对安全性进行可靠性分析，以减少错误或漏洞，防止服务平台出现大量数据泄露等安全性问题。

❏ 全面检验软件在需求规格说明书中规定的防止危险状态措施的有效性和每一个危险状态的反应。

❏ 对软件设计中用于提高安全性的结构、算法、容错和中断处理方案等，应进行针对性的测试。

❏ 在正常条件下和异常条件下测试软件，判断软件对环境的适应能力。

❏ 对安全性关键的软件部件进行单独测试，以确定该软件部件满足安全性需求。

❏ 对变更了安全性关键软件部件进行全面的回归测试。

❏ 对安全性关键软件进行安全测试，以确保其满足安全性要求。

❏ 对关键故障事件进行测试，使其发生根源消除或控制在可接受的水平。

2. 服务平台端硬件测试

硬件失效一般是由元器件的老化引起的，因此硬件可靠性测试强调随机选取多个相同的产品，统计它们的正常运行时间。正常运行的平均时间越长，则硬件就越可靠。对服务

平台端硬件可以进行内存可靠性测试、开关电源测试、包处理器处理器外挂缓存（buffer）的并行总线测试、热测试等，下面分别进行介绍。

（1）内存可靠性

现在的虚拟化数据中心，仅仅一台服务器就可以运行多台虚拟机，但每一个虚拟机都会作为一个文件驻存在内存中。但是当新的服务器添置更多更快的内存以满足更大的计算需求时，内存可靠性问题就变得尤为重要。所以应当注意内存的故障，保障内存可靠性的特征。

内存可靠性面临的威胁并不单单来自于彻底的故障，还可能来自于生产缺陷和其他物理异常引起的故障。服务平台端的内存面临的最大威胁来自于随机比特错误，即某个比特出现自发逆转。若对此未加以检查，仅仅只是这一个比特错误就会带来突如其来甚至是灾难性的方式，改动指令或改变数据流。

内存受 CPU 速度、内存列以及每通道 DIMM（双列直插内存模块）数的影响。主要对服务器的内存进行 3 方面测试：功耗、速度和填充限制。

（2）开关电源测试

现如今任何网络都是以服务器为中心，而电源又是整个服务器的核心部件，其在服务器有着不可比拟的重要地位。因为在互联网网络中服务器的电源都需要日夜不停地运作，而在运行中服务器又往往不能检修或只能从事简单的维护，以至于电源对整个网络系统的可靠性的影响越来越大。

对于服务平台端开关电源测试，不仅要考虑使用环境本身参数，还要考虑电源本身的稳压特性、时序特性、纹波及杂讯、电源功率等可靠性测试。开关电源主要由整流滤波电路、控制电路和直流 – 直流功率变换器构成。主要从以下几个方面对开关电源进行测试：

❑ 开关电源的输出可靠性测试：开关电源在实际应用中常常遇到输入电压波动，例如，夏天时电源电压低，冬天时电源电压高。又如，内部 PCI 设备最少且硬盘光驱均没有工作的情况下其负载电流最低，而内部达到满配且硬盘在大量工作时其负载电流最高，以及电压和载带的同时波动等，电源开关必须满足这几种情况下的输出电源。电压波动范围为 3% ～ 5%，电压对整个系统的稳定运行起关键作用。

❑ 开关电源的时序测试：电源是一个非常复杂的大规模电子基层电路，这些电路被用于实现不同的功能，每个电子电路都对时序有所约定，因而一个良好的开关电源必须拥有正确有效的时序才能满足系统应用的要求。开关机时序中最重要的是 P.G 信号的时序，主板要通过它来决定是否进行上电。除了要考查其各项时序指标是否符合规格外，还要进行重复开关机测试。

❑ 开关电源的输出纹波与杂讯测试：是指在电源电路的直流输出电压上所叠加的交流分量，在经过稳压及滤波后仍然存在于直流输出电压上所不需要的交流和噪声部分的总称。若纹波与杂讯过大，则会直接影响直流输出电压的质量，使得某些逻辑电路发出错误指令。

❑ 开关电源的功率和效率测试：输入功率和输出功率两种电源输入级的可控整流器和高压大滤波电容易产生谐波电流干扰，造成强噪声发射，对电网构成严重的电磁干扰，令电网测到的功率因数大大下降，严重危害了电网的正常工作。效率是检验服务平台端电源的重要指标，若效率低于规范范围，则说明电源在设计上或在零件材料上有问题。通常服务平台端开关电源的效率为 65% ～ 80%。

❑ 开关电源的耐环境测试：测试服务平台端电源的温度适应性，在进行测试时需要增加多项温度适应性实验，如老化试验、高温实验等。而对其他环境适应性也应进行测试，如振动、碰撞、冲击等。

（3）包处理器外挂缓存的并行总线测试

为了应对网络的突发流量和进行流量管理，网络设备内部的包处理器通常都外挂了各种随机访问存储器（即 RAM）用来缓存包。由于包处理和 RAM 之间通过高速并行总线互联，一般该并行总线的工作时钟频率可能高达 800MHz，并且信号数量众多，拓扑结构复杂，在产品器件密度越来越高的情况下，产品很可能遇到串扰、开关同步噪声（SSN）等严重的信号质量问题。针对上述可能遇到的问题，需进行仔细的业务设计，让相应硬件电路充分暴露在不利的物理条件下，看其工作是否稳定。

简单地说，串扰是一种干扰，由于 ASIC 内部、外部走线的原因，一根信号线上的跳动会对其他信号产生不期望的电压噪声干扰。为了提高电路工作速率和减少低功耗，信号的幅度往往很低，一个很小的信号干扰可能导致数字 0 或者 1 电平识别错误，这会对系统的可靠性带来很大影响。在测试设计时，需要对被测设备施加一种特殊的业务负荷，让被测试总线出现大量的特定的信号跳变，即让总线暴露在尽可能大的串扰条件下，并用示波器观察整个总线信号质量是否可接受、监控业务是否正常。以 16 位并行总线为例，为了将这种串扰影响极端化，设计测试报文时使 16 根信号中的 15 根信号线（即攻击信号线 Agressor）的跳变方向一致，即 15 根信号线同时从 0 跳变到 1，同时让另一根被干扰的信号线（即 Victim）从 1 下跳到 0，让 16 根信号线都要遍历这个情况。

开关同步噪声也是 RAM 高速并行接口可能出现的我们所不期望的一种物理现象。当 IC 的驱动器同时开关时，会产生瞬间变化的大电流，在经过回流途径上存在的电感时，形成交流压降，从而产生噪声（称为 SSN），它可能影响信号接收端的信号电平判决。这是并行总线非常恶劣的一种工作状态，对信号驱动器的高速信号转变能力、驱动能力、电源的动态响应、电源的滤波设计构成了严峻的考验。为了验证产品在这种的工作条件下工作是否可靠，必须在被测设备（DUT）加上一种特殊的测试负荷，即特殊的测试报文。

举例：如果被测总线为 16 位宽，要使所有 16 根信号线同步翻转，报文内容应该为 FFFF 0000 FFFF 0000；如果被测总线为 32 位宽，要使所有 32 根信号线同步翻转，测试报文内容应该为 FFFF FFFF 0000 0000 FFFF FFFF 0000 0000；如果被测总线为 64 位宽，要使所有 64 根信号线同步翻转，测试报文内容应该为：FFFF FFFF FFFF FFFF 0000 0000 0000 0000 FFFF FFFF FFFF FFFF 0000 0000 0000 0000。

如果报文在 DUT 内部的业务通道同时存在上述位宽的总线，业务测试必须加载上述的报文，看 DUT UUT 在每种报文下工作是否正常，同时在相应总线上进行信号测试，看信号是否正常。

（4）热测试

热测试通过使用多通道点温计测量产品内部关键点或关键器件的温度分布状况，测试结果是计算器件寿命（如 E-Cap）以及产品可靠性指标预测的输入条件，它是产品开发过程中的一个重要的可靠性活动。

一般而言，热测试主要是为了验证产品的热设计是否满足产品的工作温度范围规格，是实验室基准测试，这意味着为了保证测试结果的一致性，必然对测试环境进行严格要求，例如，要求被测设备在一定范围内无热源和强制风冷设备运行、表面不能覆盖任何异物。

对于一些机框式设备，由于槽位比较多，风道设计可能存在一定的死角。如果被测对象是一块业务板，而且可以随便插在多个业务卡槽位，热测试时必须将被测单板放在散热最差的槽位，并且在其旁边槽位插入规格所能支持的大功耗业务板，然后让被测单板辅助单板满负荷工作，在这种业务配置条件下进行热测试。

11.2.4　测试方法

为进行软件可靠性估计采集准确的数据。软件可靠性一般可分为 4 个步骤，即数据采集、模型选择、模型拟合以及软件可靠性评估。可以认为，数据采集是整个软件可靠性估计工作的基础，数据的准确与否关系到软件可靠性评估的准确度。

1. 服务平台端软件测试方法

软件失效是由设计缺陷造成的，软件的输入决定是否会遇到软件内部存在的故障。使用同样一组输入反复测试软件并记录其失效数据是没有意义的。在软件没有改动的情况下，这种数据只是首次记录的不断重复，不能用来估计软件可靠性。软件可靠性测试强调按实际使用的概率分布随机选择输入，并强调测试需求的覆盖面。

（1）软件可靠性增长测试方法

软件可靠性测试的主要思想是按照用户对系统实际使用的统计规律进行随机测试。当前，主要使用操作剖面的形式对软件的使用情况进行建模，然后在建模的基础上生成测试数据并进行测试。常见的操作剖面有 Musa 的操作剖面图、Markov 的操作剖面图、使用剖面等方法。

- ❑ Musa 的操作剖面图：其操作是一个主要的系统逻辑任务，持续时间短，结束时将控制权交给系统，并且它的处理与其他操作显著不同，主要与软件的功能需求和特征相关。
- ❑ Markov 的操作剖面图：增强的有限状态机，由状态、边、输入、输出和转移概率 5 个元素构成，主要识别信息源、构造初始 FSM、模型精化与确认、分配转移概率。
- ❑ 使用剖面：在操作剖面的基础上提出的一种层次化网络化的软件使用构建方法，是对 Musa 剖面的有力扩展，为操作剖面增加了动态的使用信息，使可靠性测试数据生成更加接近于用户的真实使用。

然后，对软件进行黑盒测试，采用等价类划分法、边界值分析法等进行满负荷的程序运行，利用实际使用的概率分布随机选择输入和测试需求的覆盖面来进行测试。采用尽可能多的覆盖（如输入覆盖、环境覆盖）方式，使用自动测试工具 RPT（Rational Performance Tester）、Load Runner 等工具大量测试，查看在长时间运营和负载的情况下，是否存在隐藏的错误。

（2）软件安全性

故障树分析是一种主要的系统可靠性分析方法，在系统设计过程中，通过对可能造成系统失效的各种因素进行分析，绘制出故障树，从而确定系统失效原因的各种可能组合方式及发生概率，以计算系统失效概率，并采取相应纠正措施来提高系统安全性的一种设计分析方法和评估方法。故障树分析法在系统可靠性安全性分析中获得了广泛应用，也常用于软件安全性分析。利用这种方法可以确定软件故障模式的发生原因，同时确定其发生概率，或证明这一故障模式不会发生。

对关键故障事件进行测试，使其发生根源消除或控制在可接受的水平。

对以上情况进行测试时，均可以采用传统的软件测试技术，包括黑盒测试和白盒测试，并在测试中考虑到以下具体情况：

- ❏ 软件测试必须包含非正常路径测试。
- ❏ 软件测试必须包含硬件及软件输入故障模式测试。
- ❏ 软件测试必须包含边界、界内、界外及边界交叉处的测试。
- ❏ 软件测试必须包括"0"、"穿越0"以及"从两个方面趋近于0"的输入值的测试。
- ❏ 软件测试必须包括安全性关键操作中的操作错误的测试，验证系统对这些操作错误的反应。

2. 服务平台端可靠性综合测试方法

通常用错误发生的平均间隔时间（Mean Time Between Failure，MTBF）来衡量系统的稳定性，MTBF越大，系统的稳定性越强。可靠性测试的方法：采用24×7（$24h \times 7$天）的方式让系统不间断运行，至于具体运行多少天，是一周还是一个月，视项目的实际情况而定。

（1）使用组件压力测试

压力测试是指模拟巨大的工作负荷以查看应用程序在峰值使用情况下如何执行操作。利用组件压力测试，可隔离构成组件和服务，推断出它们公开的导航方法、函数方法和接口方法以及创建调用这些方法的测试前端。对于那些进入数据库服务平台端或一些其他组件的方法，可创建一个提供所需格式的哑元数据的后端。测试仪器在观察结果的同时，反复插入哑元数据。

这里的想法是在隔离的情况下，对每个组件施加远超过正常应用程序将经历的压力。例如，以尽可能快的速度使用10 000 000循环，查看是否有暴露的问题。单独测试每个DLL可帮助确定组件的失败总次数。

（2）使用集中压力测试

对每个单独的组件进行压力测试后，应对带有其所有组件和支持服务的整个应用程序进行压力测试。集中压力测试主要关注于其他服务、进程以及数据结构（来自内部组件和其他外部应用程序服务）的交互。集中测试从最基础的功能测试开始，需要知道编码路径和用户方案，了解用户试图做什么以及确定用户运用应用程序的所有方式。

测试脚本应根据预期的用法运行应用程序。例如，对于某购物网站，如果所用应用程序显示 Web 页，而且 99% 的客户只是搜索该站点，只有 1% 的客户将真正购买商品，这使得提供对搜索和其他浏览功能进行压力测试的测试脚本才有意义。当然，也应对购物车进行测试，但是预期的使用暗示搜索测试应在测试中占很大比例。

在日程和预算允许的范围内，应始终尽可能延长测试时间。不是测试几天或一周，而是延续测试达一个月、一个季度或者一年之久，并查看应用程序在较长时期内的运行情况。

（3）使用真实环境测试

在隔离的受保护的测试环境中可靠的软件，在真实环境的部署中可能并不可靠。虽然隔离测试在早期的可靠性测试进程中是有用的，但真实环境的测试环境才能确保并行应用程序不会彼此干扰。这种测试经常发现与其他应用程序之间的意外地导致失败的交互。

测试人员需要确保新应用程序能够在真实环境中运行，即能够在具有所有预期客户事件配置文件的服务平台端空间中，使用最终配置条件运行。测试计划应包括在最终目标环境中或在尽可能接近目标环境的环境中运行新应用程序。这一点通常可通过部分复制最终环境或小心地共享最终环境来完成。

（4）使用随机破坏测试

测试可靠性的一个最简单的方法是使用随机输入。这种类型的测试通过提供虚假的不合逻辑的输入，努力使应用程序发生故障或挂起。输入可以是键盘或鼠标事件、程序消息流、Web 页、数据缓存或任何其他可强制进入应用程序的输入情况。应该使用随机破坏测试测试重要的错误路径，并公开软件中的错误。这种测试通过强制失败以便可以观察返回的错误处理来改进代码质量。

随机破坏测试故意忽略程序行为的任何规范。如果该应用程序中断，则未通过测试。如果该应用程序不中断，则通过测试。这里的要点是随机破坏测试可高度自动化，因为它完全不关心基础应用程序应该如何工作。

可能需要某种测试装备，以驱使混乱的、高压力的、不合逻辑的测试事件进入应用程序的接口中。Microsoft 使用名为"注射器"的工具，将错误注射到任何 API 中，而无需访问源代码。"注射器"可用于：模拟资源失败，修改调用参数，注射损坏的数据，检查参数验证界限，插入定时延迟，以及执行许多其他功能。

11.3　服务平台端可维护性测试技术

可维护性是指维护人员为纠正软件系统出现的错误或缺陷，以及满足新的要求而理解、修改和完善软件系统，使系统能够保持在某一种状态或恢复到某一种状态的能力。可维护性测试是测试中所不能缺少的一个环节，否则会使系统的维护变难并且增大系统的开销，不利于其长久使用。当系统出错时，测试人员需要测试服务平台端能否在指定时间间隔内修正错误并重新启动系统。

11.3.1　测试目的

服务平台端可维护性测试是指测试服务平台端是否能够满足用户的维护需求。服务平台端可维护性非常重要，因为它对总体拥有成本（Total Cost of Ownership，TCO）有着直接的影响。TCO 包括购买价格、管理成本和维护成本。服务平台端可维护性测试的目的是确保正常的维护和维修功能对正常运行时间和工作效率的影响最小。在当今要求 7×24 全天候运行的时代，不能由于计划内（和意外）维护降低许多关键任务服务的质量。

（1）服务平台端可维护性测试的类型

根据引起服务平台端维护的原因，可维护性测试通常可分为以下 4 种类型：

❏ 改正性维护：改正性维护是指在服务平台端使用过程中发现隐蔽错误后，为了诊断和改正这些隐蔽错误而修改的活动。

❏ 适应性维护：适应性维护是指为了适应环境变化而修改服务平台端的活动。

❏ 完善性维护：完善性维护是指为了扩充并完善原有服务平台端的功能或性能而修改软件的活动。

❏ 预防性维护：预防性维护是指为了提高软件服务平台端可维护性和可靠性，为未来的进一步改进打下基础而修改软件的活动。

（2）服务平台端可维护性测试的目的

服务平台端可维护性测试主要为达到以下目的：

❏ 建立明确的服务平台端的质量目标，由于服务平台端要满足可维护性测试特性的全部要求，是要付出很大代价的甚至是不现实的，但有些可维护性是相互促进的，所以需要明确服务平台端追求的质量目标。

❏ 要使服务平台端管理员能理解系统的结构、界面功能和内部过程的难易程度。模块化、详细的设计文档、结构化设计和良好的高级程序设计语言等，都有助于提高服务平台端系统的可理解性。

❏ 测试服务平台端的可维护性是为了让诊断和测试变得容易与系统设计所制定的设计原则有直接关系。模块的耦合、内聚、作用范围与控制范围的关系等都对可维护性有所影响。

❏ 软件系统的文档可以分为用户文档和系统文档两类。用户文档主要描述系统功能和使用方法，并不关心这些功能是怎样实现的；系统文档描述系统设计，服务平台端的可维护性测试要对测试文档的实现等各方面的内容进行测试。

11.3.2 测试内容

进行服务平台端可维护性测试前应该对服务平台端的硬件、软件组件、系统配置以及系统功能的特点有所了解。对服务平台端进行分析可以确保使用的测试环境能够在测试中精确反映服务平台端的环境和配置，使测试人员能够精确地测试系统。

（1）可恢复性测试

服务平台端管理员能够通过系统提供的数据使用完全恢复功能成功地进行数据恢复。例如，遇见系统崩溃、硬件损坏或其他灾难性出错的时候，需要进行数据恢复。数据可恢复性测试是一种抗性的测试过程。在测试中把应用程序或系统置于极端条件下或模拟条件下以产生故障，然后调试恢复进程，并监测、检查和核实应用程序和数据能否得到正确恢复。

通过可恢复性测试，一方面使系统具有异常情况的抵抗能力，另一方面使系统测试质量可控。可恢复性测试包括以下几个方面：

硬件及有关设备故障。测试硬件及设备故障是否具备有效的保护及恢复能力，系统是否具有诊断、故障报告及指示处理方法的能力，是否具备冗余及自动切换能力，故障诊断方法是否合理和即时。例如，服务平台端去电后的可恢复程度。

软件系统故障。测试系统的程序及数据是否有足够可靠的备份措施，在系统遭破坏后是否具有重新恢复正常工作的能力，对系统故障是否具备自动检测和诊断的功能。故障发生时，系统是否能对操作人员发出完整的提示信息和指示处理完成的能力，是否可以自动隔离局部故障和进行系统重组，让系统不中断运行。若系统局部故障，可否进行占线维护，而且不中断系统的运行。在异常情况下是否能够记录故障前后的状态，搜集有用信息供测试分析。

数据故障。主要测试数据处理周期未完成时的恢复程度，例如，数据交换或同步进程被中断、异常终止或提前终止进程、操作异常等情况。

通信故障和错误。测试有没有纠正通信传输错误的措施，有没有恢复到与其他系统发生通信故障前的原状的措施，对通信故障所采取的措施是否满足运行要求等。

数据可恢复性测试通常需要关注恢复所需时间和恢复程度。例如，当系统出错时能否在指定时间间隔内纠正错误并重新启动系统。对于自动恢复，需验证重新初始化、检查点、数据恢复和重新启动等机制的正确性。可恢复性测试对系统的稳定性、可靠性影响很大。但可恢复性测试很容易被忽略，因为可恢复性测试相对来说很困难，一般情况下，很难设想让系统出错和发生灾难性的错误，这需要足够的时间和精力，也需要更多的设计人员、开发人员的参与。

（2）文档测试

通常情况下，软件的维护工作都发生在系统开发完成后，而当初负责系统开发的人员可能早已经转移到其他项目中去。所以文档成为维护人员获得相关信息的重要渠道。这里所提到的文档既包括开发文档，也包括操作规程。维护人员在对软件进行维护之前，必须通过阅读相关文档，尽可能多地了解需要维护的对象。维护人员可以通过文档了解系统的具体功能、设计、实现和其他维护相关的内容。但是有时系统的文档可能并不准确或者已经过时了，和当前的软件并不一致。在这种情况下，维护人员不得不通过代码来还原相关的文档。为了提高文档的可维护性，需要考虑以下几个方面：

❏ 写作风格：使用清晰、易理解的文字，例如，尽量使用主动句，减少使用被动句；对于复杂的对象，可以从多个角度进行解释。

❏ 符合文档规范：采用标准的字体、章节编号可以使维护人员能够很容易地从系统文档中获得信息，而且维护人员在阅读不同的文档时，能够很快适应；同时标准的封面和历史记录有助于跟踪文档的变化信息。

❏ 提供工具支持：采用合适的工具可以提高文档的可维护性，将文档和具体的实现相关联，当软件实现发生变化的时候，可以通知作者及时更新文档。

（3）系统清理

服务器系统清理功能测试主要包括系统垃圾数据清理功能测试、自定义用户数据清理功能测试和自定义系统数据清理功能测试。

- ❏ 系统垃圾数据清理功能：系统通过系统垃圾数据清理功能进行系统的垃圾数据清理。一些临时文件、缓存文件、Windows 注册表中的无效键值等都可以视为垃圾数据。
- ❏ 自定义用户数据清理功能：系统通过自定义用户数据清理功能进行用户数据的清理，例如，删除某个用户后可以清除此用户相关的数据和管理信息。而对于服务平台端数据库来说，自定义用户数据清理功能系统能够通过自定义用户数据清理功能进行用户数据的清理，主要包括用户日志信息的清理、用户历史痕迹和缓存数据的清理等。
- ❏ 自定义系统数据清理功能：系统通过自定义系统数据清理功能进行系统数据的清理，主要包括系统日志信息的清理、系统缓存数据的清理等。例如，服务平台端系统下的 var 目录就是一个需要经常清理的系统目录结构。

用户在真实的环境中高密度、多样性地使用系统，要保证在硬盘中制造的数据类型、数量和比例要尽量接近真实系统环境。

（4）配置优化

配置优化测试主要包括自动优化功能测试和自定义优化功能测试。测试人员要确定操作系统在某种应用需求下正常工作时的配置需求，通过系统使用说明书中系统的配置需求、配置文件和配置项的说明，充分了解系统，以便对系统的各项维护功能进行精确的测试。

- ❏ 自动优化功能测试用户能够通过系统提供的自动优化功能进行系统的配置优化，如文件系统优化、交换分区优化、启动优化等。而对于服务平台端数据库来说，自动优化功能测试用户能够通过系统提供的自动优化功能进行系统的配置优化，包括数据库文件系统优化、最大连接数优化、存储优化、日志记录优化、缓冲池优化等。
- ❏ 自定义优化功能测试用户能够通过系统提供的自定义优化功能进行系统的配置优化，例如，文件系统优化、交换分区优化、启动优化等，以及管理信息系统允许用户根据应用需求优化系统的最大连接数、网络连接失败时的等待时间和探测次数、网络上传／下载速度设置、缓存大小设置等。自定义优化功能测试用户能够通过系统提供的自定义优化功能进行系统的配置优化，包括数据库文件系统优化、最大连接数优化、存储优化、日志记录优化、缓冲池优化等。

系统需要在真实的环境中使用一段时间，并在使用过程中根据应用需求对系统进行相应的配置。为了检查优化功能，可以对系统的配置进行任意修改，包括极端的设置，例如，交换分区设为最小或最大、开启大量服务和进程等，使系统进入一个需要优化的状态。

11.3.3 测试方法

服务平台端可维护性测试可采用维护功能点检查的黑盒测试方法。可维护性测试流程包括测试需求分析、测试环境及数据准备、测试用例设计、测试执行和测试总结。首先要采用各种办法强迫系统失败，然后验证系统是否能尽快恢复。对于自动恢复，需验证重新初始化（reinitialization）、检查点（checkpointing mechanism）、数据恢复（data recovery）和重新启动（restart）等机制的正确性；对于人工干预的恢复系统，还需估测平均修复时间，确定其是否在可接受的范围内。

1.可恢复性测试

（1）测试环境

测试环境包括 3 个条件：模拟故障、实际值工作负载、数据收集。模拟故障可以使用故障插入（fault injection）技术，如模拟磁盘读取错误、拔出内存、杀死进程、断电、断网等。加上实际的工作负载后进行测试。首先要测试正常工作负载下的系统反应，然后进行错误负载测试。错误负载指负载的急剧增大、负载中包含的错误输入等。错误负载又分为单一错误负载和多错误负载。单一错误负载用于测试孤立系统片段中未考虑到的系统设计缺陷和错误。多错误负载用于评估新系统，鉴别系统弱点。

（2）测试流程

首先，需要制订可恢复性测试计划，并准备好可恢复性测试用例和可恢复性测试规程。其次，要对照基线化服务平台端等级和基线化需求进行分配。最后，进行服务平台端可恢复性测试。在此过程中，记录可恢复性测试期间所出现的问题并跟踪直到结束。然后，将可恢复性测试结果写成文档，说明测试所揭露的软件服务平台端能力、缺陷和不足，以及可能给软件运行带来的影响。最后，说明能否通过测试和测试结论，并提交可恢复性测试分析报告。

系统在真实的运行环境中使用一段时间之后，会对一些主要的配置文件、日志文件等系统数据进行更新，从而得到系统恢复功能所需要的一个数据状态，即若在此状态执行备份，则执行恢复功能后，系统将恢复到此状态。阅读系统说明文档和设计文档，明确系统对哪些关键功能点设置了故障恢复功能；明确什么情况导致的故障可以恢复，从而可以准备故障数据和设计制造故障的手段。

（3）测试用例

对系统数据恢复能力设置以下用例（见表 11-1）：

表 11-1　系统数据恢复测试用例

测试用例					
测试类型	系统数据可恢复性测试		编制人		编制时间	
功能特性	当存储介质出现损伤或由于人员误操作、操作系统本身故障造成数据看不见、无法读取、丢失。工程师通过特殊的手段读取在正常状态下不可见、不可读、无法读的数据					
测试目的	服务平台端管理员能够通过系统提供的数据完全恢复功能成功地进行数据恢复，如系统崩溃、硬件损坏或其他灾难性出错。数据恢复测试是一种抗性的测试过程					
测试前置条件	测试环境包括 3 个条件：模拟故障、实际值工作负载、数据收集					
操作步骤	操作描述				期望结果	
1	执行系统数据的完全备份功能，对系统数据进行完全备份。对系统的部分关键数据进行备份，从而得到自定义系统恢复功能所需要的数据					
2	继续使用系统，改变系统数据，使系统进入另一个状态					
3	执行系统完全恢复功能，进行系统数据恢复				数据可以正常恢复	
4	对比两个状态，检查恢复功能是否执行成功				系统数据可以恢复到指定的状态	

❑ 执行系统数据的完全备份功能，对系统数据进行完全备份。对系统的部分关键数据

进行备份，从而得到自定义系统恢复功能所需要的数据。

❏ 继续使用系统，改变系统数据，使系统进入另一个状态。

❏ 执行系统完全恢复功能，进行系统数据恢复。

❏ 对比两个状态，检查恢复功能是否执行成功，即系统数据是否恢复到了指定的状态。

对系统故障恢复能力设置以下用例（见表11-2）：

❏ 执行故障数据或者执行制造故障的其他手段，制造关键功能点的故障。

❏ 执行系统故障恢复功能，进行故障修复。

❏ 检查故障是否成功修复，即系统是否恢复到了故障之前的状态。

表 11-2　系统故障恢复测试用例

测试用例					
测试类型	系统故障可恢复性测试	编制人		编制时间	
功能特性	若系统在运行过程中，由于某种原因，造成系统停止运行，以致事务在执行过程中以非正常的方式终止，致使内存中的信息丢失，而存储在外存上的数据未受影响。系统能够通过系统故障恢复功能，使系统恢复正常				
测试目的	服务平台端管理员能够通过系统提供的系统故障恢复功能成功地进行故障恢复				
测试前置条件	测试环境包括3个条件：模拟故障、实际值工作负载、数据收集				
操作步骤	操作描述			期望结果	
1	执行故障数据或者执行制造故障的其他手段，制造关键功能点的故障。				
2	执行系统故障恢复功能，进行故障修复			故障修复成功	
3	检查故障是否成功修复			系统恢复正常运行	

2. 文档测试

下面是针对系统需求规格说明的可维护性要求，即它可以作为文档可维护性测试的检查表，对系统需求规格说明进行有效的测试。

（1）一致性

一致性指的是在产品内部或在不同产品之间是否存在相互矛盾或容易引起误解的需求描述。这就需要对一些名词和术语进行清楚而一致的定义，避免在设计和执行阶段产生不一致。随着软件功能的不断加强，现在的软件系统需求越来越庞大。一个软件的需求可能由多个团队共同开发完成，因此，不同的团队之间也要保证一致性。

（2）可测试性

需求的条目可以通过测试用例进行验证，并且对测试的输出可以进行明确的判断。假如不能进行需求的测试，至少需要在文档中明确标识，并评估可能存在的风险。不可测试的需求包括"工作正常"、"良好的用户界面"和"通常应该发生"之类的描述。因为"正常"、"良好"、"通常"等不易定义，因此，这些需求不可能被测试。

（3）可修改性

系统需求应该具有连贯和方便使用的结构，包括目录、索引以及清晰的相互引用，这样能够保证对任何需求进行修改都比较容易。需求中尽量减少冗余，尽管冗余本身不是缺陷，但它容易导致错误。尽管少量的冗余可能有助于系统需求的可读性，但当对存在冗余的内容进行更新时，可能会引起问题，例如，可能对多次出现的某个需求仅在一处进行了修改，导致需求内容不一致。当需要冗余的时候，可以采用交叉索引表的形式，以增加可修改性。

（4）可跟踪性

对某个需求的修改，应该能够知道系统中所有与之相关或受影响的部分。比较好的一种方法是将需求划分为可管理的不同需求组。这样，需求之间的关联存在两种情况：需求组内的关联和需求组间的关联。同时，每个需求都要有一个明确的标识，这样有利于跟踪关系的建立。

3. 系统清理

首先，需要制订系统清理计划，并准备系统清理测试用例和系统清理测试规程。其次，要对照基线化服务平台端等级和基线化需求进行分配。最后，进行系统清理。在此过程中，记录系统清理测试期间所出现的问题并跟踪直到结束。然后，将系统清理测试结果写成文档，说明测试所揭露的服务平台端能力、缺陷和不足，以及可能给运行过程中带来的影响。最后，说明能否通过测试和测试结论，并提交系统清理测试分析报告。

对系统垃圾数据清理功能或自定义用户数据清理功能设置以下测试用例（见表11-3）：

❏ 让系统在真实的环境中运行一段时间，在这段时间中用户要尽可能地高密度、多样性地使用系统，使系统产生的各类文件的比例尽可能地接近真实。

❏ 执行系统垃圾数据清理功能或自定义用户数据清理功能，进行垃圾数据清理。

❏ 检查维护功能的执行结果，查看是否能够根据维护需求清理掉相应的垃圾数据。

表 11-3　系统垃圾数据清理功能或自定义用户数据清理功能测试用例

测试用例				
测试类型	系统垃圾数据清理功能或自定义用户数据清理功测试	编制人		编制时间	
功能特性	清除服务平台端不再使用的垃圾文件，以腾出更多硬盘空间；清除使用者的上网记录				
测试目的	系统垃圾数据清理功能测试系统能够通过系统垃圾数据清理功能进行系统的垃圾数据清理，例如，一些临时文件、缓存文件、Windows注册表中的无效键值等都可以视为垃圾数据。 自定义用户数据清理功能系统能够通过自定义用户数据清理功能进行用户数据的清理，主要包括用户日志信息的清理、用户历史痕迹和缓存数据的清理等				
测试前置条件	测试环境包括3个条件：模拟真实使用环境、实际值工作负载、数据收集				
操作步骤	操作描述			期望结果	
1	让系统在真实的环境中运行一段时间，在这段时间中用户要尽可能地高密度、多样性地使用系统，使系统产生的各类文件的比例尽可能地接近真实				
2	执行系统垃圾数据清理功能或自定义用户数据清理功能，进行垃圾数据清理			垃圾文件清理成功或自定义用户数据清理	
3	检查维护功能的执行结果，查看是否能够根据维护需求清理掉相应的垃圾数据			数据清理成功	

4. 配置优化

首先，需要制订配置优化计划，并准备配置优化测试用例和配置优化测试规程。其次，要对照基线化服务平台端等级和基线化需求进行分配。最后，进行系统配置优化。在此过程中，记录在配置优化测试期间所出现的问题并跟踪直到结束。然后，将配置优化测试结果写成文档，说明测试所揭露的服务平台端能力、缺陷和不足，以及可能给运行过程中带来的影响。最后，说明能否通过测试和测试结论，并提交配置优化测试分析报告。

对优化功能设置测试用例（见表11-4）：

❑ 参考系统的系统配置手册，对系统的一些关键性的配置文件进行修改，如修改虚拟内存的大小、系统的启动选项、文件系统类型、服务进程最大连接数、进程的优先级等。

❑ 执行自动优化功能或自定义优化功能，进行系统的配置优化。

❑ 对比系统优化之前和优化之后的状态，检查优化配置功能是否成功执行。

表 11-4 优化功能测试用例

测试用例					
测试类型	优化功能测试	编制人		编制时间	
功能特性	确定操作系统在某种应用需求下正常工作时的配置需求。通过系统使用说明书中系统的配置需求、配置文件和配置项的说明，以充分了解系统，以便对系统的各项维护功能进行精确的测试				
测试目的	自动优化功能测试用户能够通过系统提供的自动优化功能进行系统的配置优化，如文件系统优化、交换分区优化、启动优化等				
测试前置条件	测试环境包括3个条件：模拟修改下环境、实际值工作负载、数据收集				
操作步骤	操作描述			期望结果	
1	参考系统的系统配置手册，对系统的一些关键性的配置文件进行修改，如修改虚拟内存的大小、系统的启动选项、文件系统类型、服务进程最大连接数、进程的优先级等				
2	执行自动优化功能或自定义优化功能，进行系统的配置优化			配置优化	
3	对比系统优化之前和优化之后的状态，检查优化配置功能是否成功执行			配置优化成功	

运用等价类划分法、边界值划分法、错误推断法、因果图法、判定表驱动法等方法设计测试用例。采用黑盒测试方法，通过测试来验证每个功能是否都能正常运行并能实现预期结果。

11.4 服务平台端易用性测试技术

易用性（usability）是交互的适应性、功能性和有效性的集中体现。《软件工程 产品质量》质量模型中，提出易用性包含易理解性、易学习性和易操作性，即在指定条件下使用时，软件产品被理解、学习、使用以及吸引用户的能力。易用性测试是指测试服务平台端是否能让人感觉方便，例如，是否最多单击3次就可以达到用户的目的。易用性和可用性存在一定的区别，可用性是指是否可以使用，而易用性是指是否方便使用。

11.4.1 测试目的

易用性测试包括对应用程序、用户手册系统文档、帮助文档以及硬件外观的测试。通常采用质量外部模型来评价易用性。

服务平台端易用性测试主要为达到以下目的：

❑ 易理解性：是指服务平台管理员认识服务平台端的结构、功能、向导、逻辑、概念、应用范围、接口等的难易程度。为了使文档内容容易理解，文档语言要精练，所写内容要与实际情况保持一致，且所有文档的语句无歧义。对于功能界面显示的向导也应该清楚明了，能够很好地解释每一步骤的含义，要使服务平台管理员一看便理解其含义。

❑ 易学习性：是指服务平台管理员使用服务平台端的难易程度（运行控制、输入、输出）。易学习性有两方面的约束：一是所需文档应该内容详尽、结构清晰、语言准确；二是要容易上手，例如，菜单选项容易找到，一般菜单选项不超过 3 级，各图标含义明确、简单易懂，操作步骤向导解释清楚、易懂，具有很好的引导性。

❑ 易操作性：是指服务平台管理员操作和运行控制服务平台的难易程度。易操作性要求人机界面友好、界面设计科学合理、操作简单等。目的是让服务平台管理员能够在无需多的参考使用说明书和培训的条件下，根据窗口提示进行使用。要求各项流程设计直接明了，尽量在一个窗口完成一套操作。

❑ 易用的依从：是指服务平台端依附于同易用性相关的标准、约定、风格指南或规定的能力。测试服务平台端的易用性是否符合国家系统与易用性标准。而各个企业对易用性也有自己的一套标准，所以在测试时都应该有所兼顾。

11.4.2 测试内容

服务平台端的功能相对于 PC 来说复杂许多，不仅指其硬件配置，更多是指其软件系统配置。服务平台端要实现如此多的功能，没有全面的软件支持是无法实现的。但是软件系统较多，可能造成服务平台端的使用性能下降，管理人员无法有效操纵。所以许多服务平台端厂商在进行服务平台端设计时，除了在服务平台端的可用性、稳定性等方面要充分考虑外，还必须考虑在服务平台端的易使用性方面。

服务平台端的易使用性主要体现在服务平台端是不是容易操作，用户导航系统是不是完善，机箱设计是不是人性化，有没有关键恢复功能，是否有操作系统备份，以及有没有足够的培训支持等方面。对软件的易学习性、易用性，各个功能是否易于完成，软件界面是否友好等方面进行测试，这点在很多类型的管理类软件中是非常重要的。

通常界面设计都按 Windows 界面的规范来设计，即包含"菜单条、工具栏、工具箱、状态栏、滚动条、右键快捷菜单"的标准格式，可以说，界面遵循规范化的程度越高，则易用性相应地就越好。

对于 UI，应主要注意测试以下几点：

（1）符合标准和规范

服务平台端的界面要符合行业标准和规范。行业的标准与规范一般是由 UI 开发工程师、工业设计师以及一些易用性专家制定，这些标准和规范必须经过大量测试和验证。但在实际情况中，并不是一成不变地按照标准与规范来设计，因为 UI 评审带有主观性，所以在测试时，应该注意这些 UI 的新设计是否符合标准和规范的提高。

（2）直观性

服务平台端的直观性是指管理员是否一看即能明白按键的功能、作用。服务平台端的直观性应该符合以下几点：

- ❑ 服务平台端的界面要干净，不能唐突，布局需要有规则。界面上的按钮要有引导性，使管理员知道哪个按钮可以单击，哪些是只显示内容的。
- ❑ 测试界面的组织和布局的合理性。界面的导航、标题栏等都应该布局合理，方便在任何时刻快捷地切换到任何界面，并可以随时退出系统。
- ❑ 没有冗余的功能，页面信息不能太过复杂，功能需要简洁。
- ❑ 如果一个功能多次实验都无法成功，需要通过帮助文件找到答案。

（3）一致性

服务平台端的一致性是指测试服务平台端在一些与其他服务平台类似或相同的功能上，其属性是否具有一致性。服务平台端的一致性应该符合以下几点：

- ❑ 快捷键和菜单选项一致性。例如，一般按 Ctrl+S 组合键表示保存，按 F1 键可以弹出帮助信息。
- ❑ 术语一致性。当一个术语有多种翻译时，需要保证每处的翻译一致，如查询的翻译不能在一处显示"Find"，而在另一处显示"Search"。
- ❑ 按钮位置和按钮等价的一致性。按钮位置是指页面上按钮位置的排列情况，例如，一般情况下，对话框的"正确"按钮在左边，"取消"按钮在右边。按钮等价是指某个按钮的功能使用另一种方式也可以实现一样的功能，例如，一般对话框中的"正确"按钮的功能等价于按 Enter 键，取消功能等价于按 Esc 键。
- ❑ 操作步骤一致性。相同和类似功能的操作步骤需要一致。

（4）灵活性

服务平台端的灵活性是指管理员可以在界面上灵活地选择其所需要的功能，而不需要经过多个步骤才能达到目的。服务平台端的灵活性应该符合以下几点：

- ❑ 状态实现。一般情况下，同一任务或功能可以通过多种方式可以实现，但这样会导致状态转换图变得过于复杂。
- ❑ 状态跳过。如果管理员对系统的使用很熟悉，在使用某个功能时会跳过其中众多提示或对话框，而直接达到目的地。例如，不知道快捷键 Ctrl+X 表示剪切，那么就需要选中需要剪切的内容后右击，在弹出的快捷菜单中选中剪切选项。
- ❑ 数据的输入/输出。一般情况下，系统支持多种输入方法，输出结果也支持多格式。

（5）舒适性

服务平台端的舒适性是指界面使管理员感到舒适而非为其操作制造困难。服务平台端的舒适性应该符合以下几点：

- ❑ 风格恰当、合理。服务平台端的外观应该与服务平台端的性质和属性相一致。
- ❑ 错误提示信息。当管理员在执行一些严重错误的操作时，系统应该给出相应提示，并允许管理员恢复由于错误而导致的数据丢失。
- ❑ 帮助信息。对一些按钮或对话框的功能应给予相应的帮助信息提示。

❑ 进度提示。很多系统的错误信息一闪而过，导致管理员无法看清内容或操作比较缓慢，但没有任何提示信息。所以，应该让管理员有反馈操作的响应时间，做到良好的人机交互。

（6）正确性

UI 的正确性是指 UI 是否正确地实现了其所需功能。服务平台端的正确性应该符合以下几点：

❑ 是否有错误或遗漏功能。

❑ 翻译或拼写的正确性。

（7）实用性

服务平台端的实用性是指服务平台端的特征、属性是否实用。如果一个功能的实用性很差，就需要分析如何使界面更符合人们的使用习惯。

11.4.3 测试方法

（1）导航测试

导航描述了用户在一个页面内的操作方式和在不同用户接口（按钮、对话框、列表和窗口等）之间或在不同链接页面之间的操作方式。通过考虑下列问题，可以决定一个应用系统是否易于导航：导航是否直观，系统的主要部分是否可通过主页存取，系统是否需要站点地图、搜索引擎或其他的导航帮助。

在一个页面上放太多的信息往往起到与预期相反的效果。使用应用系统的用户趋向于目的驱动，很快地扫描一个应用系统，看是否有满足自己需要的信息，如果没有，就会很快地离开。很少有用户愿意花时间去熟悉应用系统的结构，因此，应用系统导航帮助要尽可能地准确。导航的另一个重要方面是应用系统的页面结构、导航、菜单、连接的风格是否一致。确保用户凭直觉就知道应用系统里面是否还有内容，内容在什么地方。

应用系统的层次一旦决定，就要着手测试用户导航功能，让最终用户参与这种测试，效果将更加明显。

（2）图形测试

在应用系统中，适当的图片和动画既能起到广告宣传的作用，又能起到美化页面的功能。一个应用系统的图形可以包括图片、动画、边框、颜色、字体、背景、按钮等。图形测试的内容如下：

❑ 要确保图形有明确的用途，图片或动画不要胡乱地堆在一起，以免浪费传输时间。应用系统的图片尺寸要尽量地小，并且能清楚地说明某件事情，一般都链接到某个具体的页面。

❑ 验证所有页面字体的风格是否一致。

❑ 背景颜色应该与字体颜色和前景颜色相匹配。

❑ 图片的大小和质量也是一个很重要的因素，一般采用 JPG 或 GIF 格式压缩。

（3）内容测试

内容测试用来检验应用系统提供信息的正确性、准确性和相关性。

信息的正确性是指信息是可靠的还是误传的。例如，在商品价格列表中，错误的价格可能引起财政问题甚至导致法律纠纷。信息的准确性是指信息是否有语法或拼写错误。这种测试通常使用一些文字处理软件来进行，例如，使用 Microsoft Word 的"拼音与语法检查"功能。信息的相关性是指是否在当前页面可以找到与当前浏览信息相关的信息列表或入口，即一般 Web 站点中的"相关文章列表"。

（4）整体界面测试

整体界面是指整个应用系统的页面结构设计，应给予用户整体感。例如，当用户浏览应用系统时是否感到舒适，是否凭直觉就知道要找的信息在什么地方，整个应用系统的设计风格是否一致。

对整体界面的测试过程其实是一个对最终用户进行调查的过程。一般应用系统采取在主页上做一个调查问卷的形式来得到最终用户的反馈信息。对于所有的可用性测试来说，需要有外部人员（与应用系统开发没有联系或联系很少的人员）的参与，最好有最终用户的参与。

（5）硬件测试

硬件测试应该注意：点状与线状的测试，间隙或断差的测试，注塑、丝印、喷涂、电镀的测试，按键、镜片、LCD、LED、显示屏、摄像头、配合类的测试，以及包装、附件的测试等。

11.5　服务平台端可移植性测试技术

可移植性是指软件从某一环境转移到另一环境下的难易程度。为获得较高的可移植性，在设计过程中常采用通用的程序设计语言和运行支撑环境，尽量不用与系统的底层相关性强的语言。良好的可移植性可以提高软件的生命周期。代码的可移植性的主体是软件。可移植性是软件产品的一种能力属性，其行为表现为一种程度，而表现出来的程度与环境密切相关。可移植性测试（portability testing）是指测试软件是否可以被成功移植到指定的硬件或软件平台上。

11.5.1　测试目的

服务平台端的可移植性是指测试软件在各服务平台端是否可以成功移植，无论是服务平台端的硬件还是软件，都可以使其正常运行。可移植性测试的主要目的是发现软件在某个环境下能否正常使用。所以可移植性要使待发布的软件在服务平台端的软件、硬件环境中正常运行，并且测试移植后的软件是否对服务平台端其他软件有所影响。

服务平台端可移植性测试主要为了达到以下目的：

❑ 可移植性测试是为了发现服务平台端的软件是否出现不可兼容的各种错误，修正潜在的错误并对其进行改进。

❑ 测试部分系统或软件在进行移植前必须要修改部分代码来适应目标环境，代码变更测试的目标是得到代码的变更行数，这里的变更包括增加、删除和修改。

❏ 验证服务平台端是否满足预期的可移植性需求。

❏ 测试系统或软件在正常情况的多种条件或设置时是否都能进行安装以及是否能正常卸载。

❏ 测试目标软件的界面是否与预期目标吻合。

11.5.2 测试内容

常用的服务平台端的可移植性策略是向上移植、向下移植和交叉移植 3 种。

❏ 向上移植：向上移植指在服务器中，配置较低档的服务器上的软件或硬件可移植到配置较高档的服务器上使用的性能。向上移植具有非常重要的意义，一些大型的软件开发工作量是极大的，如果这些软件或硬件能够做到向上移植，则无需在高档服务平台上重新开发，并节省很多的人力和物力。

❏ 向下移植：向下移植指在服务平台系列中，配置较高档的服务器上的软件或硬件可移植到配置较低档的服务器上使用的性能，即指当前软件版本能够在以前的硬件平台上运行。但不是对所有的软件都考虑向下移植，主要依据其对市场的影响来衡量向下移植的必要性。

❏ 交叉移植：验证两个同类但不同厂商的服务平台端的软件是否能够在一个服务平台端上运行。

（1）软件可移植性

软件可移植性的提出是以软件应用环境的多样化为背景的。软件的应用环境包括编译器、操作系统、辅助软件运行的支持库和运行软件的计算机系统及外围设备等。软件可移植性的概念有广义和狭义之分。广义的可移植性涉及软件在规定环境下的安装、运行及与相关标准的匹配等不同方面，可分解为适应性、可安装性、兼容性和易（可）替换性。狭义的可移植性即指软件对目标环境的适应性，可分解为两个层次：源代码级和可执行代码级。前者要求软件源代码在目标环境下重新编译，而后者则是在目标环境下直接运行软件的可执行代码。

在把软件移植到新环境的过程中，往往由于涉及软件整体架构的变化而不得不在新环境下重新进行分析、设计、实现和测试。这样，不仅增加了开发成本，而且由于存在多个独立的版本，软件维护的成本也提高了。软件可移植性工程弥补了这一不足，它以可移植性为焦点，在分析、设计、实现与测试等软件工程的各个环节引入可移植性策略，避免对具体环境的依赖，从而开发出具有高可移植性的软件。目前关于软件可移植性工程的研究还处于积累阶段，是软件工程的必要补充。

在概要设计阶段，应基于层次化的设计思路，把软件分解为两部分：与目标环境无关的主体层和与目标环境相关的适配层。前者是软件实现自身功能的主体部分，后者则是软件主体与目标环境的接口。与目标环境接口的适配层是可移植性设计的关键所在。它是由与不同应用环境相对应的 n 个适配单元组成的，主要任务是屏蔽不同目标环境之间的差异，为主体层访问目标环境提供一致的接口，从而使与目标环境相关的部分得以从软件主体中分离出来。这样，主体层的实现就不会依赖于某一具体的目标环境；同时，软件移植的过程也不会影响主体层，而只针对适配层。

可移植性测试分两步完成：首先，在开发环境下对软件进行测试；然后，在目标环境下对软件进行测试。第一步主要考虑软件的功能是否满足预期要求，是实施第二步测试的必要前提；而第二步主要针对软件可移植性进行。可移植性需要在不同的平台上重复进行，因此一个可重用的测试计划对于可移植性测试来说是必不可少的。对测试过程中发生的错误应详细记录，这对软件移植工作是非常重要的。

（2）硬件可移植性

测试硬件在移植后是否和服务器软件相冲突。对于服务平台端来说，硬件包括主板、处理器、内存、显卡、显示器等。在测试硬件配置时，要注意不同硬件配置在不同服务平台操作系统下的运行情况。首先要考虑的是液晶监视器在服务平台端操作系统及应用软件上的测试，因为不同液晶监视器所支持的最佳分辨率不同，而分辨率会影响应用软件的显示效果，所以测试时应该考虑液晶监视器分辨率的测试。然后要考虑主板、处理器在应用软件或操作系统上的运行情况，特别是底层通信的程序，由于它使用硬件中断，因此即使同样的中断方式，在不同的主板和处理器上也可能产生不同影响。另外，还要考虑新内存空间和旧内存空间是否同频率等。

（3）数据库可移植性

数据库移植主要有两种情况：一是主动升级数据库，二是被动升级数据库。数据库可移植性测试应满足以下情况：

- ❏ 完整性测试：检查原数据库中各种对象是否全部移入新数据库，比较数据表中的数据内容是否与升级前数据库的内容相同。
- ❏ 应用系统测试：模拟普通用户的应用操作过程，并结合其应用操作的运行结果进行检查，在数据库移植过程中，存储过程比较容易出错。
- ❏ 性能测试：数据库升级后，需要对升级后的数据库进行详细测试，并与升级后的数据库性能进行比较，检查数据库升级后的性能变化情况。

（4）数据共享可移植性

数据共享可移植性是指系统与其他系统进行数据传输的能力。应用程序之间共享数据可以增强系统的可用性，并且使用户可以轻松与其他系统进行数据共享、传输。数据共享测试需要注意以下几点：

- ❏ 是否支持文件保存和文件读取操作。
- ❏ 是否支持文件导入与导出操作。
- ❏ DDE（Dynamic Data Exchange，动态数据交换）和OLE（Object Linking Embedding，对象链接与嵌入）是操作系统中在两个程序之间传输数据的方式，DDE和OLE数据可以实时地在两个程序之间流动。
- ❏ 是否支持磁盘的读写。

11.5.3　测试方法

可移植性并不是在开发后期才开始考虑的事情，在整个软件开发生命周期都必须要考虑系统的可移植性，尤其是在早期的需求分析和设计阶段。在需求分析阶段，最好能够明确地定义可移植性需求。例如，虽然当前软件版本仅仅支持在 Windows 平台上运行，但是需要考虑将来移植到 Linux 上的需求。

一个大型的软件可能包括多个不同级别的设计。设计阶段要重点关注外部接口，如文件访问接口、内存管理和用户界面等。这些接口是最容易发生可移植性问题的地方。业界有很多针对这些接口的标准，软件产品如果能够符合这些标准，将会大大地提高软件自身的可移植性，如针对字符集的 ASCII、针对操作系统接口的 POSIX 等。

从测试层面而言，可移植性测试应该重点关注测试对象的不同接口。可移植性测试至少需要考虑可安装性测试、共存性/兼容性测试、适应性测试和可替换性测试。

（1）可安装性测试

可安装性测试是针对在目标环境安装软件的安装程序所进行的测试。软件可以包括安装操作系统的软件或在客户个人计算机上安装软件产品的安装向导软件。

- ❑ 使用安装向导或遵照安装手册的步骤（包括执行必需的安装脚本），验证是否可以成功地进行软件安装。其中包括选择相应的选项针对不同的软硬件配置进行安装，以及进行不同程度的安装（如完全安装或部分安装）。
- ❑ 测试安装软件是否能够正确处理安装过程中所出现的失败（例如，无法安装某些 DLL）现象，而不致使系统处于某个不确定的状态（如软件只安装了一部分或造成错误的系统配置）。
- ❑ 测试部分（不完全的）安装/卸载能否完成。
- ❑ 测试安装向导是否可以成功地识别无效的硬件平台或操作系统配置。
- ❑ 衡量是否在一定时间内或在一定步骤内完成整个安装过程。
- ❑ 验证是否可以成功地进行软件降级或卸载。

（2）共存性/兼容性测试

如果不存在相互依赖关系的计算机系统可以在同一环境（如同一个硬件平台）中运行，而不影响彼此的行为（如资源冲突），则称之为是兼容的。例如，当新的或升级之后的软件被大量装入已经安装了应用程序的服务平台端时，需要执行兼容性测试。

假如系统上没有安装其他应用程序，则可能无法检测出软件的兼容性问题。假如将系统部署到另一个安装了其他应用程序的环境（如产品环境），则可能会出现兼容性的问题。

- ❑ 评估在运行环境中加载其他应用程序所导致的功能上的负面影响（如当服务平台端上运行多个应用程序时的资源分配冲突）。
- ❑ 评估因修复或升级操作系统给应用程序带来的影响。

（3）适应性测试

适应性测试用于测试一个应用程序是否能够在所有特定的目标环境（硬件、软件、中间件、操作系统等）中正确地运行。在针对适应性进行测试时，需要明确各种指定的目标环境并完成配置，供测试团队使用。

适应性还涉及通过完成一个预定过程将软件移植到各种特定运行环境的能力。测试可以对该过程进行评估。适应性测试还可以与可安装性测试共同进行，然后辅以功能测试，以检验软件在其他运行环境中是否会出现问题。

（4）可替换性测试

可替换性所关注的是系统中软件组件能被替换的能力，尤其对于那些以商业现货软件（COTS）为特定组件的软件系统。

在集成过程中会有一些可替换的组件集成以构成一个完整的系统，因而可替换性测试可以与功能集成测试并行进行。可以通过技术评审和检查评估系统的可替换性，其关键点在于可被替换组件的接口是否定义得非常清楚。

本章小结

本章主要对服务平台端的测试目的、测试内容、测试方法进行了描述，详细介绍了服务平台端的功能测试、可靠性测试、可维护性测试、易用性测试和可移植性测试的相关内容。

第四部分 *Part 4*

交 互 测 试

- 第12章 数据推送和接收测试
- 第13章 通信安全测试

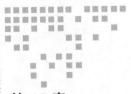

Chapter 12 第 12 章

数据推送和接收测试

本章导读

本章首先介绍数据推送的基本概念、移动智能终端的推送、服务器的推送和推送的评价标准；其次介绍移动智能终端到服务平台的数据传输测试，包括移动智能终端对移动通信网络的安全标准、移动环境、移动端数据传输测试；最后介绍服务平台到移动智能终端的数据传输测试，包括服务器推送技术方式和实现方式、基于 SOAP 协议的网络性能测试、Web 服务器负载测试、Web 服务器压力测试等。

应掌握的知识要点：

- 数据推送的基本概念
- 移动通信网络的安全标准
- 移动环境
- 传输测试原理
- 基于 JOSN 技术的数据传输测试
- Wi-Fi、3G 数据传输能耗测试
- USB、红外、蓝牙测试
- 服务器推送技术方式和实现方式
- 基于 SOAP 协议的网络性能测试
- Web 服务器负载测试
- Web 服务器压力测试

12.1 数据推送的基本概念

如今，移动智能终端的快速更新和计算机网络的迅速发展给人们的生活带来巨大的方便，尤其是移动智能终端变得越来越轻便小巧、方便携带，人们无论身处何时何地，都能通过移动智能终端连接到网络，通过相应的软件进行浏览、平台交流、上传、下载等操作，如 QQ 离线发送文件，而这些都要通过数据推送和接收技术才能实现。

下面将介绍数据推送相关的基本概念，并从移动智能终端的推送、服务器的推送和推送的评价标准等方面进行阐述。

12.1.1　推送相关知识

推送技术（push technology）存在于 C/S 的应用程序中，能够向客户机传送数据而无需其发出请求。传播媒介属于推送技术的应用范畴，因为不管是否有人接收，它们的信息都照发不误。与之对应的是万维网，万维网是基于拉技术（pull technology）的，因此客户机浏览器必须事先向网页发出请求，所需信息才能被传送过来。

现如今，推送技术的应用十分广泛，运用在各种应用中，服务于人们的工作和生活。

推送服务通常事先表达出喜好的信息，这就是发布 / 订阅模型。一个客户端可能"订阅"各种信息"通道"。每当新的内容出现在这些通道之一，服务器会推出信息给用户。用户在"订阅"自己喜欢的内容后，每次只需打开客户端，"订阅"的内容会自动提示，供用户快速浏览。

同步会议和即时消息是推动服务的典型例子，如电子邮件和聊天。推送服务将来自用户的消息或文件尽可能快地推送到接收者一端。无论是非中心式结构（如 WASTE）还是中心式结构（如 IRC 或 XMPP），都允许发送者而不是接收者主动地推送信息，这意味着由发送者发起数据传输，而不是由接收者发数据传输。

电子邮件同样可以是一个推送系统：SMTP 协议可以成为一种推送技术，然而，从邮件服务器到接收者桌面的最后一步通常仍在使用传统的拉取协议，如 POP3 或 IMAP。现代邮件客户端可以通过不断重复收信来实施这一步。IMAP 技术还包含了 IDLE 命令，这样就能够允许服务器在有新邮件到达的时候通知客户端。

另一种普及型互联网推送技术为点播（pointcast）公司网络，它传递新闻和股市数据。Netscape 和 Microsoft 在浏览器竞争时期都整合了这种功能，但是在 2000 年代，其逐渐被 RSS 等技术取代并淡出市场。

其他用途的 Web 应用包括推动市场数据发布（股票行情）、在线聊天 / 消息系统（网上聊天）、拍卖、网上博彩和游戏、监测主机和传感器网络监控。

12.1.2　移动智能终端的推送

在移动智能终端通信中，大多智能终端都支持推送功能。例如，用户手机上有一个即时消息软件，当它运行时，它是和服务器相连的；但是一旦退出后，就与服务器失去了连接。这时推送服务就开始工作了。

程序后台运行时都会采用这样的一种提醒方式，如提醒用户升级、实时更新消息等。很多用户以为，不上网就不会有流量，其实不然。智能手机都有推送功能，电子邮件、天气、部分程序等都会自动更新，这也是很多用户反映的"偷流量"问题。即便用户退出这些程序，手机还是会通过后台运行悄悄产生流量。

移动智能终端主要涉及手机推送，手机推送服务的原理很简单，就是通过建立一条手机与服务器的连接链路，当有消息需要发送到手机时，通过此链路发送即可。推送服务的使用流程虽然略有差别，但是大致和 iOS 的 APNS 相似。

- ❏ 首先应用程序注册消息推送。
- ❏ iOS 跟 APNS 服务要 deviceToken。应用程序接受 deviceToken。
- ❏ 应用程序将 deviceToken 发送给推送服务端程序。
- ❏ 服务端程序向 APNS 服务发送消息。
- ❏ APNS 服务将消息发送给 iPhone 应用程序推送服务方案评价表。

目前市场上使用最多的 Android 和 iPhone 手机，推送服务实现方式如下。

（1）Android 推送服务实现方式

C2DM 服务。使用 C2DM（Cloud to Device Messaging）服务允许第三方开发者开发相关的应用来推送少量数据消息（1024Bytes）到用户的手机上，但 C2DM 服务将在短期内结束，将不再接受新用户。第二代的 G2DM 即 Google 推出的云消息（Google Cloud Messaging）服务，其优缺点如下：

- ❏ 优点：简单，无需实现和部署服务端。
- ❏ 缺点：受 Android 版本限制，该服务在国内不够稳定，需要用户绑定 Google 账号，受限于 Google。

XMPP 协议。XMPP 协议（Openfire + Spark + Smack）是基于 XML 协议的通信协议，前身是 Jabber，目前已由 IETF 国际标准化组织完成了标准化工作。其优缺点如下：

- ❏ 优点：协议成熟、强大，可扩展性强，目前主要应用于许多即时通信系统中，且已有开源的 Java 版的开发实例 AndroidPN（Android Push Notification）。
- ❏ 缺点：协议较复杂，有冗余（基于 XML），费流量，费电，部署硬件成本高。

MQTT 协议。MQTT 协议是轻量级的、基于代理的"发布 / 订阅"模式的消息传输协议。其优缺点如下：

- ❏ 优点：协议简洁、小巧，可扩展性强，省流量，省电、目前已经应用到企业领域，且已有 C++ 版的服务端组件 RSMB。
- ❏ 缺点：不够成熟，实现较复杂，服务端组件 RSMB 不开源，部署硬件成本较高。

第三方推送服务。通过嵌入 SDK 使用第三方提供的推送服务，目前主流的有个推、PubNub、蝴蝶等。其优缺点如下：

- ❏ 优点：稳定，成熟，节省开发和探索时间，相对自己开发成本低，推送管理界面及统计程序完善。
- ❏ 缺点：有程序嵌入顾虑。

（2）iOS 推送服务实现方式

推荐使用 APNS 服务，稳定、方便，缺点是没有推送到达的回执和统计，不方便产品运营。如对此方面有需求可以使用个推等第三方推送服务解决。

12.1.3 服务器的推送

HTTP 服务器推送又叫 HTTP 流（HTTP streaming），是一个从 Web 服务器发送数据到 Web 浏览器的机制。HTTP 服务器推送可以通过几种机制来实现。

一般来说，Web 服务器在响应后，就终止了与客户端的数据连接。推送是指该网站的服务器连接一直保持打开状态，这样如果接收到事件，可以立即将响应发送到一个或多个客户端；或者将数据放入队列，直到客户端的下一个请求来到时，响应被客户端接收。大多数 Web 服务器通过 CGI 提供这一功能（如非解析头在 Apache 脚本）。

另一种机制由网景通信公司于 1995 年引入，是基于一种特定的名叫"multipart/x-mixed-replace"的 MIME 类型。当服务器推送一些新数据时，浏览器将解释变化为文档。时至今日，此协议仍然被 Firefox、Opera 和 Safari 支持，却无法被 Internet Explorer 支持。其可以应用于 HTML 文档，也可以用于网络摄像头应用中的图片流。

网页超文本技术工作小组的 Web 应用 1.0 版推荐标准同样包含一种向客户端推送内容的机制。2006 年 9 月 1 日，Opera 浏览器引入了一种名为"服务器发送事件"的实验性系统，如今已经成为了 HTML5 标准的一部分。与之相关的另一部分 HTML5 标准是 WebSocket API，这将允许客户端和服务器通过一个全双工 TCP 连接通信。

12.1.4 推送方案的评价标准

推送方案的公认评价采取 4S 标准：安全（Safe）、稳定（Stable）、省电省流量省成本（Save）、体积小（Slim）。

（1）安全

推送方案应支持透传及各种加密方案，保障信息传递安全。

推送方案的 ID 系统应该独立于已有的网站或服务的 ID 系统，这样保障用户在不同手机上登录后信息投递的准确性，避免因为取消绑定事件失败，使得网络传输造成信息的错误投送。

（2）稳定

稳定包括两个方面：服务器端的稳定性和移动终端的稳定性。

服务端稳定性。因为使用长连接方案，对服务器的开销和要求很大，推送方案对服务器开发要求很高，海量线程连接下的服务器稳定性是非常具有挑战性的。一般的评判标准包括：

❏ 同时在线时峰值（一般按照百万并发连接时服务器稳定性评测）。

❏ 高并发时消息平均延迟时间（一般按照 1min 处理 1 百万条信息评测）。

❏ 服务稳定性（一般要求全年 99.9% 以上可用，有备份，有负载均衡等）。

鉴于服务器稳定的开发难度很大，不建议小团队自己开发，建议使用稳定的第三方推送方案，如个推、蝴蝶云推送等。

移动终端的稳定性。在中国复杂的网络状况及智能终端型号难于适配的情况下，要做到手机长时间稳定联网较困难，所以稳定性非常重要，一般的评判标准包括：

❑ 每日联网 23.5h 以上用户比例（表征联网稳定性）。

❑ 消息发送后 9h 内收到率（表征到达率）。

一般来说，推送方案要做网络的分运营商、分省、分机型适配，自己开发工作量较大。

（3）省电、省流量、省成本

省电应注意 CPU 休眠，一般用服务缩短待机时间百分比评判。

省流量应注意协议的修改和冗余数据包的处理，一般用空载待机月流量评判。

省成本应考虑单服务器承载同时连接数，可承载同时连接数越多，成本越低。

（4）体积小

推送服务应该体积尽量小，不影响主程序的大小和复杂度，一般以小于 300KB 为宜。

通过以上标准，用户或者开发者可以自己建立一个推送方案，但由于开发时要保证服务器稳定性的难度较大，因此不建议小规模团队自行开发，既耗费资金，又耗费人力，应用稳定的第三方推送方案是更加有效的措施。

12.2 移动智能终端到服务平台的数据传输测试

时代的快速发展，使得人们对终端的要求越来越高，短短数十年，从笨重的台式机到笔记本，再到今天的各种手持式移动智能终端设备，移动终端的发展不断地改变我们的生活和工作方式，而这一系列变化也显著地影响着软件开发和测试的活动。

移动智能终端的测试非常富有挑战性，甚至比大多数的其他软件类型和平台都要困难，主要是因为移动智能终端测试涉及设备和移动环境，这两种因素便引入了很多变量和复杂性，从而导致移动智能终端测试中涉及的真正问题被掩盖，以至于软件测试人员不容易设计出健全的测试方案。例如，网络性能和可靠性、人机交互体验的一致性、不同设备的多样性等。

12.2.1 移动通信网络的安全标准

（1）移动智能终端安全能力框架

移动智能终端安全能力框架主要包括应用层安全要求、操作系统安全能力、硬件安全能力、外围接口安全能力以及用户数据保护安全能力 5 个部分。

移动智能终端硬件安全能力是框架的最底层，之上为操作系统安全能力，顶层为应用层安全要求，外围接口安全能力涉及操作系统层面和硬件安全层面，用户数据保护安全能力涉及硬件、操作系统和应用软件 3 个层次，如图 12-1 所示。

（2）移动智能终端安全目标

硬件安全目标。移动智能终端硬件安全目标是在芯片级保证移动通信终端内部闪存和基带的安全，确保芯片内系统程序、终端参数、安全数据、用户数据不被篡改或非法获取。

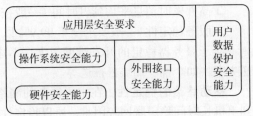

图 12-1 移动智能终端安全能力框架

操作系统安全目标。操作系统安全目标是达到操作系统对系统资源调用的监控、保护和提醒，确保涉及安全的系统行为总在受控的状态下，不会出现用户在不知情情况下某种行为的执行，或者用户不可控行为的执行。

外围接口安全目标。外围接口包括无线外围接口、有线外围接口。外围接口安全目标是确保用户对外围接口的连接及传输的可知和可控。

应用层安全目标。应用层安全目标是要确保移动智能终端可对要安装在其上的应用软件进行来源的识别，对已经安装在其上的应用软件进行敏感性行为的控制。另外，还要确保预置在移动智能终端中的应用软件无损害用户利益和危害网络安全的行为，如恶意吸费、未经授权的修改、删除、向外传送数据等。

用户数据保护安全目标。用户数据保护安全目标是要保证用户数据的安全存储，确保用户数据不被非法访问、不被非法获取、不被非法篡改，同时能够通过备份保证用户数据的可靠恢复。

移动智能终端的安全非常重要，用户在使用移动智能终端的过程中也越来越重视它的安全性。只有不断提高和完善移动智能终端的安全防护能力，才能防止用户信息在传输过程中受到损害，同时防止移动智能终端对移动通信网络安全产生不利影响。

12.2.2 移动环境

随着移动通信网络的发展，移动终端不仅可以用来打电话、发消息，还可以上网，使用多种多样的数据业务，而且多种在计算机领域中应用的成熟技术也出现在移动终端上。随着无线网络的普及，移动设备的无线网络行为得到了更加充分的利用。移动设备是指能够运行那些需要访问移动网络的应用程序的电子产品，包括大多数的智能手机、笔记本电脑、平板和PDA。

移动环境是移动应用所发生的环境的简称，移动应用是指运行在移动设备上的在联网状态下使用的程序。可以说，熟悉移动应用环境是创建成功测试计划的重要环节。表12-1列出了一些需要考虑的关键因素。

表12-1 移动环境下测试设计需要考虑的因素

类别	描述
连接	设备硬件配置 网络速度 网络延迟 偏远地区网络可用性 服务可靠性
设备多样性	需要测试的众多浏览器 针对不同语言（Java、Objective-C、C#等）的运行库版本
设备的各种限制	有限的处理器和内存资源 小型屏幕尺寸 多操作系统 对多任务应用的支持能力 数据缓存大小

（续）

类别	描述
输入设备	触摸屏 触摸笔 鼠标 按键 滚球

　　首先，移动智能终端的传输测试主要涉及设备连接问题、网络速度、有效区域和网络延迟。设备连接问题是指在无线热点的范围内，移动智能终端能够搜索到附近的无线网络，并在输入网络安全密钥的情况下成功进行连接；有些无线热点没有设置网络安全密钥，可直接进行连接；或者在终端自身的 2G/3G/4G 的数据连接中成功连接到网络。网络速度简称网速，是指数据传输的速度。速度越高，下载的速度越快，打开网页的时间也会越短。无线热点或数据连接是在一定范围之内实现的，该范围称为有效区域。现在的网络虽然很发达，但还没达到无线热点和数据信号遍及全国覆盖的地步。目前最常用的公共场所的无线热点都是在一定范围内，范围是根据无线路由器参数中提到的"有效工作距离"而定的，也就是说只有在无线路由器的信号覆盖范围内，其他移动设备才能进行无线连接。网络延迟是指数据在传输介质中传输所用的时间，即从报文开始进入网络到它开始离开网络之间的时间。造成网络延迟的原因是各种各样的数据在网络介质中通过网络协议（如 TCP/IP）进行传输，如果信息量过大而不加以限制，超额的网络流量就会导致设备反应缓慢。以上 4 种因素是移动智能终端传输测试首要考虑的因素，举一个简单例子，假设有一个基于位置的服务或者电子邮件应用，测试时应该检查软件在运营商网络中是否可用或网速太慢时所出现的问题。

　　其次，要考虑设备的多样性（包括众多的浏览器以及针对不同语言的运行库版本）、设备的各种限制（有限的处理器和内存资源、小型屏幕尺寸、多操作系统、对多任务应用的支持能力以及数据缓存大小）、设备的输入手段。市场上移动智能终端的品牌多而复杂，设备配置差别悬殊，要创建成功的测试计划，必须考虑到这些方面。

12.2.3　测试面临的挑战

　　移动应用测试充满了挑战，总结来说包括以下 4 个方面：设备多样性、运营商网络基本设施、自动化脚本编程与开发、可用性测试。设计测试用例时，要综合考虑这几个方面。将设备类型、操作系统、用户输入手段以及网络问题等因素进行交叉组合，这意味着我们必须在测试上花费大量的时间、资金以及劳动力，由此制定一个最佳的移动应用测试方法。对于移动智能终端的数据传输测试，我们主要从现有的一些技术、运营商网络基本设施以及硬件接口进行测试。

12.2.4　传输测试原理

　　由于电子时代的快速发展，人们对生活、工作的应用需求越来越多，移动智能终端的应用也逐渐丰富化,从最早的文本编辑功能到现在的图片、音频和视频的发送,移动终端和其他设备之间的数据传输也越来越频繁。这里的数据传输不仅仅是终端和 2G/3G 网络之间的数据下载与上传,也包括手机和其他设备之间的数据传输,例如,手机和 PC 服务器、其他手机、无线路由器之间都有大量的传输频率。

数据传输的测试原理是,在移动智能终端和参考系统(主要是服务器)之间进行数据传输,并对其间的介质进行严格定义。基本原理如图 12-2 所示。

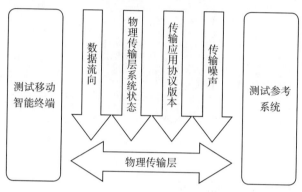

图 12-2　数据传输的测试原理图

测试移动智能终端即需要测试的设备,主要以智能手机和平板电脑为主。测试参考系统即和测试终端进行数据传输的设备,可以是 2G/3G 网络,也可以是一台测试服务器。在测试移动智能终端和测试参考系统之间,即传输介质。首先是物理传输层,可以是无线传输,如连接 2G/3G/4G 或 Wi-Fi 进行数据发送;也可以是有线传输,如 USB 连接。在物理连接明确后,传输介质还应着重考虑以下几点:

❑ 数据流向,即俗称的上行或者是下行。
❑ 物理传输层系统状态,如有线连接线长、无线功率等。
❑ 传输应用协议版本,例如,是 USB 2.0 还是 USB 3.0。
❑ 传输噪声,即该环境下有无其他影响测试结果的输入。

以上 4 点是数据传输测试的主要测试点,测试人员在测试这些传输介质时需要注意,但在具体测试时,具体问题需要具体分析,确保测试结果的准确性。

12.2.5　基于 JSON 技术的数据传输测试

随着移动智能手机的流行,使用移动终端访问数据的需求量越来越大,人们获取信息的途径也越来越多,因此具有可移植性、稳健性和易开发性的 Servlet 技术被广泛使用,它的主要功能在于交互式地浏览和修改数据,从而生成动态 Web 内容,其交互过程为:首先客户端发送请求至服务器端,接着服务器将请求信息发送至 Servlet,然后 Servlet 生成响应内容并将其传给 Server,最后服务器将响应返回给客户端。

下面以 Android 客户端向学校教务系统的 Web 服务器发送 HTTP 的 GET 和 POST 请求为例来进行说明,其系统框架设计如图 12-3 所示。在发送 HTTP 请求的过程中,使用

JSON 进行数据传输。

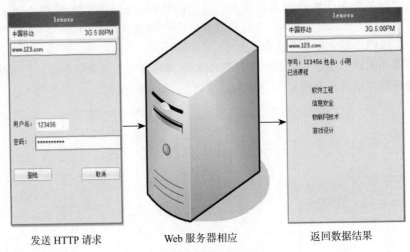

发送 HTTP 请求　　　　　Web 服务器相应　　　　　返回数据结果

图 12-3　系统框架设计图

（1）JSON 和 XML 数据传输时间对比

与 XML 比较，JSON 的优势在于数据的体积小，速度比 XML 快；占用带宽小，浏览器解析速度快；数据格式较简单，都是压缩的。而 XML 文件正好与之相反，格式文件不仅庞大且复杂，传输占用带宽也比 JSON 大许多，因此客户端和服务器端都需要花费大量代码来解析 XML。为了更好地比较 JSON 和 XML 的传输效率，使用 JSON 和 XML 两种数据传输格式对同一个数据库文件进行数据传输并记录传输时间，如表 12-2 所示。

数据表明，对于轻量级的数据，JSON 的传输效率明显高于 XML。这是因为在 Android 开发框架中，数据持久层是使用面向对象的对象关系映射框架开发的，开发者必须完全遵守面向对象的开发方法。以 XML 格式文件作为信息交换媒介，需要将数据持久层查询的对象映射为 XML 文件，然后传送给 Android 客户端，再由 Android 客户端进行解析并封装成对象，或者是与上述相反的过程。而 JSON 利用 JSON 对象将其直接转化为脚本，大大提高了其传输效率，提高了用户体验。

表 12-2　JSON 和 XML 数据传输时间对比

元素个数	消耗时间 /ms	
	JSON	XML
100	16	25
200	16	25
500	28	42
1000	47	69

（2）JSON 和 XML 数据传输安全性对比

JavaScript 的 Eval 函数。相对于数据传输效率，数据安全性的保障也至关重要。JSON 本身是 JavaScript 的一个安全子集，不含有赋值和调用。在将 JSON 数据转换成为 JavaScript 对象时，开发者和许多 JavaScript 库都使用 Eval 函数。在交互时需要用户输入信息，获取的 JSON 数据在用户输入信息后被解析并执行，此时可能会存在意想不到的安全性问题。攻击者利用这点可以发送恶意的 JSON 数据，此时 Eval 函数就会执行这些恶意代码。因此，在使用 JSON 作为数据交换格式时，可以使用正则表达式来检查 JSON 数据是否包含恶意代码关键字，以此来保障 JSON 的安全性。

跨站访问问题。 JSON 数据传输的另外一个安全性问题是跨站请求伪造（Cross-Site Request Forgery，CSRF 或 XSRF），增加了用户数据传输的安全性隐患。对于这个问题，JavaScript 采用"沙盒"机制，这种机制限制 JavaScript 引擎仅能引入同一个站点的代码，因而某种程度上提高了 JSON 的安全性，确保用户数据安全传输而不会使数据泄漏。

数据交换格式对比。 对于移动和嵌入式应用程序，JSON 是一种基于文本的、具有良好可读性且易于调试的轻量级的数据交换格式。JSON 支持所有基本数据类型的表示法，并提供将这些数据类型相互解析为 Java 类型的方法。对于轻量级应用，JSON 数据交换格式能够较好地节省手机的计算资源，减少网络传输时间，加快网络传输速度。

12.2.6 Wi-Fi、3G 数据传输能耗测试

近些年，随着互联网应用的普及，作为移动终端总体能耗中的重要组成部分之一，无线数据传输能耗正在急速增长。影响传输能耗的主要因素包括信号强度、数据传输速率等网络特性。移动设备的能耗主要分为两个部分：计算能耗和传输能耗。计算能耗即由移动设备的计算部件的操作导致的能耗。这些操作包括 CPU 计算操作、用户空间、内核空间和网络接口之间的数据复制操作等。传输能耗大多数由无线网卡（Wireless Network Interface，WNI）的工作导致。由于与计算能耗相比，传输能耗对网络环境的敏感性更强，因此在测试中，测试人员更着重于传输能耗。

（1）Wi-Fi 传输模式

在 Wi-Fi 传输中，大多数设备支持两种主要的传输模式：持续唤醒模式（Constantly Awake Mode，CAM）与能量节省模式（Power Saving Mode，PSM）。在 CAM 中至少有 3 种功率状态，分别为 TRANSMIT、RECEIVE 和 IDLE。其中，TRANSMIT 状态代表 WNI 正在发送数据；RECEIVE 状态代表 WNI 正在接收数据；当没有数据发送和接收时，WNI 处于 IDLE 状态。在 IEEE 802.11 协议中又提出了 PSM，它在 CAM 的基础上增加了另外一种功率状态——SLEEP。在 SLEEP 状态下，WNI 在每一段监听间隔后被唤醒之前期间，PSM 都不会发送或接收任何数据。因此在 SLEEP 状态下，移动智能终端的能耗远远低于 IDLE 状态的能耗。然而，由于在休眠时间到达的数据包需要先进行缓存，与 CAM 相比，PSM 会带来潜在的性能下降和更长的延迟。

为了减少 PSM 所带来的可能的性能下降，许多 Wi-Fi 设备使用了改良版本的 PSM，称为 Adaptive PSM。在 Adaptive PSM 中，移动设备在传输完所有的缓存数据之后直到休眠之前会在 IDLE 状态保持一段时间，这段时间为 PSM 延时。这段时间的长度会随着移动终端的不同而改变。

（2）3G 传输模式

3G 数据传输的两个主要影响因素：无线资源控制（Radio Resource Control，RRC）协议和传输能耗。

RRC 负责处理 UE（User Equipment）和 eNodeB（Evolved Node-B）之间控制平面的第三层信息。在 RRC 中有 3 个典型的状态：

❏ IDLE：在 UE 和 E-UTRAN（Evolved-Universal Terrestrial Radio Access Network）之间没有任何上行物理连接。

❏ DCH：在此状态下，专用物理信道（DPCH）及最后的下行链路公用物理信道（PDSCH）都分配给 UE。

❏ FACH：在此状态下，不向 UE 分配 DPCH，但可以使用随机接入传输信道（RACH)和向前接入传输信道（FACH)来传输信令和少量用户数据。

在 RRC 状态机中有两种状态转化模式，如图 12-4 所示。

状态上升转换包括 IDLE → FACH、IDLE → DCH 和 FACH → DCH，这些状态的转换均是由低功率状态转换到高功率状态。而状态下降转换包括 DCH → FACH、FACH → IDLE 和 DCH → IDLE，这些转化与状态上升转换相反，是由高功率状态转换到低功率状态。不同状态间的转化由一个静态计时器控制。传输能耗与发送数据包的大小和信号强度有关。

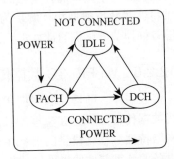

图 12-4　RRC 状态机的状态转换

（3）3G 数据包划分

在数据包发送完将要从高能耗状态转换到低能耗状态时，UE 会持续一段不活动但耗能的状态，我们将这段时间的耗能称为尾部能耗。在实际测量中出现的尾部能耗代表了 RRC 状态转换的过程。将数据包划分得过细过小，就会导致在每个小数据包发送完后出现尾部能耗。尾部能耗的频繁出现，将使整体能耗大大提高。

（4）3G 信号强度

当信号强度差时，移动设备的能耗会增加。较差的信号强度一般意味着移动设备在网络覆盖区的边缘，因此移动设备需要放大接收功率来传输数据，并且对于相同大小的数据而言，较差的信号会导致移动设备的发送时间更长。

（5）测试环境

❏ 客户端：作为测试的重要组成部分之一，客户端在测试过程中会持续进行数据传输，包括上传和下载。有很多的移动设备可以充当测试中的客户端，本次测试的客户端选用的是智能手机。

❏ 服务器端：本次测试中，服务器端可以从用户端接收传输请求和数据，并且也可以向客户端发送数据。测试中的 linux 主机将承担服务器端的职责。

❏ 能量监测仪：能量监测仪是本测试中的一个重要单元，它可以记录传输的功率，所得到的传输功率的数据可以被用来分析无线传输能耗的特点。

❏ 流量监控软件：测试中还有很多的流量监控软件，用来在服务器端和用户端抓包并分析传输特性。

❏ TCP 网络搭建：在服务器端和客户端分别开发了一个基于 TCP 协议的 Python 应用和一个 Android 应用。

（6）Wi-Fi 测试

在 Wi-Fi 网络的测试中，首先针对理想网络环境中移动终端数据传输的能耗进行多组测量，每组测量条件中的数据传输速率均通过不同的 TCP 窗口规模设定进行限制。在此之后，测试同样条件下的多 TCP 连接数据传输的能耗，测试结果表明，无论是单连接还是多连接测试样例，均可以观察到平均功率和传输速率之间明显的线性关系。

（7）3G 网络测试

由于 3G 信号无法保持在一个稳定的状态，为了保证测试的精确性，需要在测量功率的同时实时地记录下 3G 的信号强度。只要 3G 的信号强度一变化就立即记录下当前的时间和信号强度值，单位精确到毫秒。根据时间同步机制可以精确地将同一个时间点上的信号强度值和功率对应起来，并且总结出信号强度和功率的关系。

在记录信号强度的同时，也要记录下总传输的数据包和总传输字节。这样就能得到在信号稳定的一段时间内的总传输数据包和总传输字节的数量，用这些总数除以时间便得到了相较精确的包传输速率和字节传输速率。同样，也可以得到包传输速率和字节传输速率与信号强度的关系。在 3G 测试中，发现在差的信号强度下传输数据所消耗的能量几乎是好的信号强度下的 6 倍，并且信号强度与功率也呈现出一种趋于线性的关系。

12.2.7 USB、红外、蓝牙测试

（1）测试原理

USB、红外、蓝牙的传输测试结构比较简单，即手机通过这 3 种连接方式和测试 PC 服务器相连。测试原理如图 12-5 所示。

USB、红外、蓝牙测试的基本测试流程：

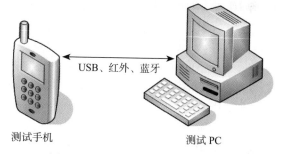

图 12-5　USB、红外、蓝牙测试原理

- ❏ 设备连接：连接手机、传输相关设备和测试 PC。
- ❏ 测试数据准备：根据数据传输测试的要求，准备确定文件大小的测试数据，一般情况下选用较大一点的文件，标准为传输时间能达到 1min 以上的文件。
- ❏ 测试设备开启：根据测试的传输类型，开启测试设备。
- ❏ 数据传输测试：按照测试要求进行数据传输，USB/ 蓝牙 / 红外相关测试一般和测试 PC 之间进行固定大小的数据传输，对应用服务器进行数据下载，记录下载时间。
- ❏ 多次测量：采用多测量求平均值的策略，一般测试 3 次求平均值。
- ❏ 结果分析：根据数据传输时间和文件大小，计算传输速度（注意单位是 B 或 bit）。

$$传输速度 = 文件大小 / 传输时间$$

- ❏ 缺陷报告：如果该传输速度小于需求 10%，则需要提交缺陷报告。

（2）测试结果

由于蓝牙和红外的功能相近，且大多移动智能终端（例如智能手机）带有蓝牙的概率超过红外，因此测试仅以 USB、蓝牙的传输测试为基础，测试用例如表 12-3 所示。

表 12-3　USB、蓝牙的传输测试结果

编号	测试用例	测试目标 /（Mbit/s）	测试结果 /（Mbit/s）
01	通过 USB 2.0 连接 PC，上传文件	36	50.7
02	通过 USB 2.0 连接 PC，下载文件	48	74.3
03	通过蓝牙 2.0 连接 PC，上传文件	0.8	1.39
04	通过蓝牙 2.0 连接 PC，下载文件	0.8	1.01

12.3　服务平台到移动智能终端的数据传输测试

12.3.1　服务器推送技术的发展

随着 Web 技术的流行，越来越多的应用从原有的 C/S 模式转变为 B/S 模式，享受着 Web 技术所带来的各种优势（如跨平台、免客户端维护、跨越防火墙、可扩展性好等）。但是基于浏览器的应用也有其不足的地方，主要在于界面的友好性和交互性。由于浏览器中的页面每次需要全部刷新才能从服务器端获得最新的数据或向服务器传送数据，这样产生的延迟所带来的用户体验非常糟糕。

Web 应用中通常使用超文本传送协议（HTTP），而 HTTP 是没有状态的，服务器处理完客户端请求并收到应答后就断开连接，所以并不能实现"服务器推送"。早期的"服务器推送"是通过浏览器端的套接字 socket 和服务器端的远程调用实现的。网景通信公司于 1995 年推出适用于推送技术的专用浏览器和经过修改的 HTML 语言，但是这仅仅在部分浏览器中才能使用，由于厂商之间竞争的结果，常用的 IE 浏览器就支持这种技术；另外，还可采用安装浏览器插件的方式实现，例如，使用 ActiveX、Applet、Flash，但是需要用户使用时必须先安装插件，经常出现操作系统和插件版本兼容性问题，系统的防火墙也会因非标准的端口（非 80 端口）而拦截这些通信。

最近，随着 AJAX（Asynchronous JavaScript And XML）技术的发展，人们重新关注基于纯 HTTP 的服务器推送技术，这种基于 HTTP 长连接、无需在浏览器端安装插件的服务器推送技术为 Comet，Comet 的精髓在于服务器端处完要发送的数据后，并不立即断开连接，而是保持现有的 HTTP 连接不断，服务器通过这个保持的连接就可以将更新的数据发送给客户端，实现实时通信。目前一些主流网站的消息动态都是采用类似的技术实现的，只是具体实现方式不一样。

由此，服务器推送技术孕育而生，成为 Web 技术中的一个流行术语。它运用的技术主要有以下几种方式：

（1）传统轮询

在 Web 早期，轮询常使用 META 刷新实现，自动指示浏览器在指定秒数之后重新装载页面，从而支持简陋的轮询（polling）。例如，在 HTML 文件中加入 <META HTTP-RQUIV="Refresh" CONTENT=12>，实际上就是 HTTP 头标告知浏览器每 12s 更新一次文档。传统轮询方式不需要服务器端的配置，因此用户体验非常糟糕，而且服务器的压力很大，并且

会造成带宽的极大浪费。

（2）AJAX 轮询

AJAX 隔一段时间（通常使用 JavaScript 的 setTimeout 函数）就去服务器查询是否有改变，从而进行增量式的更新。由于性能和即时性呈严重的反比关系，因此间隔多长时间去查询成了问题。间隔时间太短，连续不断的请求会冲垮服务器；间隔时间太长，服务器上的新数据就需要越多的时间才能到达客户机。AJAX 轮询不需要太多服务器端的配置，可以大大降低带宽的负荷（因为服务器返回的不是完整页面），但是它对服务器造成的压力并不会有明显的减少，并且实时性差，有一定的延迟。这是一项非常常见的技术，例如，大多数 webMail 应用程序就是通过这种技术在电子邮件到达时显示电子邮件的。

（3）Comet 实现原理

通俗地说，Comet 方式是一种 HTTP 长连接机制。同样是由浏览器端主动发起请求，但是服务器端以一种似乎非常慢的响应方式给出回答，这样在这个期间内，服务器端可以使用同一个连接把要更新的数据主动发送给浏览器。因此请求可能等待较长的时间，期间没有任何数据返回，但是一旦有了新的数据，它将立即被发送到客户机。Comet 有很多种实现方式，服务器端的负载会有所增加。虽然对于单位操作来说，每次只需要建议一次连接，但是由于连接是保持较长时间的，需占用的服务器端资源有所增加。

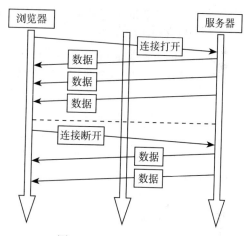

图 12-6 Comet 实现原理

Comet 一般通过 AJAX 技术实现。浏览器端通过调用 JavaScript 代码的 XMLHttpRequest 对象发出 HTTP 请求，请求返回值的回调函数将收到的服务器信息更新到页面，如图 12-6 所示 Comet 技术与传统的 AJAX 轮询的区别在于：

❏ 服务器端会保持请求连接直到超时或有新数据返回。

❏ 浏览器端每次收到新数据后会重新发出请求，以保持长连接。

❏ 当连接正在建立不能发送数据时，服务器端可以缓存数据直到连接建立，再发送给客户端。

Comet 技术具有以下一些优点：主流的服务器（如 IE、Mozilla FireFox 等）都支持 AJAX，不需要安装任何插件，请求发出异步。在这种长轮询方式下，客户端是在 XMLHttpRequest 的 readystate 为 4（即数据传输结束）时调用回调函数，进行信息处理。当 readystate 为 4 时，数据传输结束，连接关闭。Mozilla Firefox 提供了对 Streaming AJAX 的支持，即 readystate 为 3 时（数据仍在传输中），客户端可以读取数据，无需关闭连接，就能读取处理服务器端返回的信息。IE 在 readystate 为 3 时，不能读取服务器返回的数据，目前 IE 不支持 Streaming AJAX。

（4）Flash XMLSocket

这种方案实现的基础是 Flash 提供了 XMLSocket 类。JavaScript 和 Flash 的紧密结合体现在，在 JavaScript 中可以直接调用 Flash 程序提供的接口。其缺点是，因为 XMLSocket 没有 HTTP 隧道功能，XMLSocket 类不能自动穿过防火墙；另外使用套接口，需要设置一个通信端口，防火墙、代理服务器也可能对非 HTTP 通道端口进行限制。这种方式主要应用在网络聊天室、网络互动游戏。

（5）Java Applet 套接口

在客户端使用 Java Applet，通过 java.net.Socket、java.net.DatagramSocket 或 java.net. MulticastSocket 建立与服务器端的套接口连接，从而实现"服务器推送"。采用这种方式时，客户端需要安装 Java 虚拟机。

12.3.2 服务器推送技术实现方式

常用的服务器推送技术实现方式有以下 3 种。

（1）服务端代码编程

最简单的方法是通过服务端代码编程实现，响应代码中使用死循环。当 Web 服务器接收到客户请求后开启一个线程执行服务端代码，而该方法由于迟迟不肯结束，使线程无法释放。这种方法的缺点是当客户端数量增加时，服务器依然会承受很大的负担。

（2）使用特定的 Web 服务器

目前的趋势是从 Web 服务器内部入手，用 NIO（JDK 1.4 提出的 java.nio 包）改写 Request/Response 的实现，再利用线程池增强服务器的资源利用率，从而实现服务器推送。JDK 1.4 版本最显著的新特性是增加了 NIO，能够以非阻塞的方式处理网络的请求，这使得在 Java 中只需要少量的线程就能处理大量的并发请求了。目前支持这一非 J2EE 官方技术的服务器有 Glassfish 和 Jetty。

Jetty 6 用来处理大量并发连接，它使用 Java 语言的不堵塞 I/O（java.nio）库并且使用优化的输出缓冲架构。Jetty 也有一个处理长连接的机制，即 Continuations 的特性。

Grizzly 作为 GlassFish 中非常重要的一个项目，利用 NIO 的技术来实现应用服务器中的高性能纯 Java 的 HTTP 引擎。Grizzly 还是一个独立于 GlassFish 的框架结构，可以单独用来扩展和构建自己的服务器软件。NIO 不是一个简单的技术，它的某些特点使得编程的模型比原来阻塞的方式更为复杂。

（3）使用框架

基于 Java 的成熟的服务器推送框架有 DWR（Direct Web Remoting）。DWR 是开源的基于 Apache 许可协议的解决方案，通过将服务器端的 JAVA 代码映射成浏览器端可使用的 JavaScript 来实现远程调用，本质上还是 AJAX 实现。DWR 从 2.0 开始增加了服务器推送功能。

Java 平台上 AJAXRPC（AJAX Remote Procedure Call）还有 Dojo、Comet4J、Pushlet 等框架，但 DWR 相对成熟且功能完善。DWR 可以将 Java 对象中需要远程调用的 public 方法自动转换成浏览器端可直接调用的 JavaScript 代码，这些代码发出的请求由指定的 DWR

Servlet 处理后自动直接调用相应的 Java 方法。这样在整个过程中，开发者不需要直接处理 XMLHttpRequest，也不需要处理方法参数或转化返回值，这些均由 DWR 自动实现。这种实现技术成熟，配置简单。DWR 与 Spring、Struts 2、ExtJS 都能整合。

12.3.3　基于 SOAP 协议的网络性能测试

Web 服务是面向服务体系结构（Service Oriented Architecture，SOA）中的核心技术之一，它通过标准接口将软件的功能以服务的方式向外提供，并可以通过服务发现、组合等步骤实现新的功能，从而满足不同的需求，其理念符合移动平台软件的发展趋势。现有的移动平台软件面临客户端应用和服务器接口耦合度高、接口不统一、软件更新频繁而复杂、软件可靠性难以保证等问题，将 Web 服务引入到移动平台软件中，可以很好地解决以上问题，进而能够更好地适应移动平台。同时，通过引入 Web 服务，能够把客户端和服务器的开发分割开来，使软件开发更有针对性，有利于功能的集成。

1. SOAP 推送协议

将服务器推送技术应用到 Web 服务中，面向移动平台，使用服务器代理的方法，同时考虑客户端和服务器，针对不同的应用场景，提出了 SOAP 流（SOAP streaming）和 SOAP 长轮询（SOAP long-polling）两种 SOAP 信息交互方式，并将其和现有的 SOAP 协议结合，形成 SOAP 推送协议。

（1）SOAP 流信息交换方式

SOAP 流信息交换方式是使用长连接技术，在稳定的网络和硬件环境中，长连接可以不进行同步。但是在移动网络和智能移动平台上，网络或者客户端软件问题经常导致连接断开，例如，在移动操作系统中，长期待机会自动关闭数据连接。因此，客户端和服务器需要实现一定的同步。

（2）SOAP 长轮询信息交换方式

当服务器接收到相对频繁的数据更新时，更新频率通常为每秒几条，如论坛、企业邮件等。服务器在没有数据更新的情况下接收到客户端的数据更新请求后，如果延迟一段时间，可能就有数据更新。在该场景下，可以采用长轮询信息交换方式。

长轮询的核心思想是延迟响应。服务器接收到数据更新请求后，如果有数据更新，则立即返回；如果没有，则延迟一个固定的时间再返回结果。在面向 Web 服务的推送技术中，也可以引入这种信息交换方式，称为 SOAP 长轮询。在 SOAP 长轮询中，首先需要定义服务器接收到客户端数据更新请求后请求延迟响应的时间 Δt，可根据客户端和服务代理之间的同步间隔和客户端能接受的最大等待时间决定。通常同步间隔会远远高于客户端的最大等待时间，可通过客户端具体确定。

2. 数据交换管程

为了在现有的软件框架内提供 Web 服务推送，同时提高移动平台的数据传输效率，使用数据交换管程（data transmission monitor）机制能够起到很好的作用。数据交换管程是用来管理数据发送和接收的进程。使用这个机制来屏蔽使用 SOAP 推送协议所进行的数据传输，将数据传输和数据呈现分隔开来，即数据交换管程主要负责网络数据的收发，应用软件则负责数据的呈现以及与用户的交互。实现数据交换管程机制，需要解决两个关键问题：

- ❏ 如何进行数据交换管程和应用软件之间的交互。
- ❏ 如何处理类型和数据更新频率不同的应用。

3. 移动 Web 服务推送框架

在数据更新频繁和数据更新时刻不确定时，SOAP 推送方法能发挥其优势，而数据交换管程方法则可以屏蔽底层协议、优化网络传输和降低能耗。因此，可以结合这两种方法，形成移动 Web 服务推送框架：

- ❏ 使用服务代理对 Web 服务或相关数据更新服务进行数据更新。
- ❏ 数据交换管程向智能移动设备中上层应用提供数据更新服务，分配数据更新线程。
- ❏ 数据交换管程和服务代理之间使用 SOAP 推送协议进行数据的收发。

具体的框架层次结构如图 12-7 所示。移动 Web 服务推送框架主要有两部分：数据交换管程和服务代理。其中数据交换管程的更新调度器通过 SOAP 推送协议和服务代理的客户端服务推送模块相互通信，实现 Web 服务的推送。服务代理的服务器数据刷新模块主要针对 Web 应用或者其他服务代理，使用轮询方式或者推送方式向对应的服务器发送数据请求，更新数据。服务代理同时支持 SOAP 推送协议、SOAP 协议、Web 应用接口以及其余一些相关的协议，以满足和数据交换管程以及 Web 应用服务器通信的需求。由于 SOAP 协议和SOAP 推送协议使用 XML 进行数据传输，数据交换管程和服务代理均支持 XML 协议，而服务代理为了和 Web 应用通信，还需要支持其他的数据交换协议。

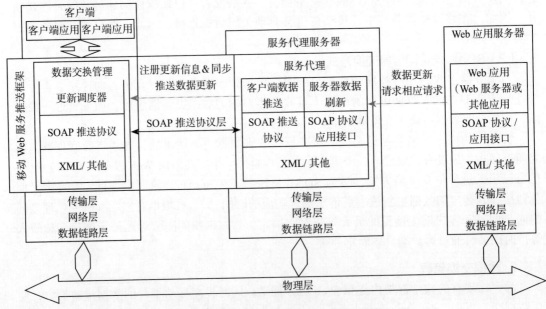

图 12-7 移动 Web 服务推送框架层次结构

4. 网络性能测试

目前有众多主流的移动平台（如 iOS、Android、Windows Phone 等）以开源的 Android 平台作为测试平台。测试中，在硬件运行环境方面，客户端程序选择了 Moto MB860 作为运行平台，服务器端程序则运行在 Intel Core2 Q8400、4 GB 内存组成的主机环境中。在网络连接方面，客户端和服务器主机使用 100 Mbit/s 无线局域网络相连，同时通过 2 Mbit/s 带宽与广域网相连。在软件环境方面，手机操作系统使用 Android 2.2，服务器操作系统使用 Windows 7，服务器软件使用 J2EE 1.4 进行开发，客户端软件使用 Android SDK 2.2 进行开发。

为了具体分析移动 Web 服务推送框架的网络性能，选择了常见的团购网站、RSS 新闻和微博 3 类 Web 应用进行测试，并与传统的客户端轮询方法进行比较。测试中对比两种方法的数据通信量，由于测试使用微博应用传输的大多为结构化的 XML 数据，为了直观反映数据量，使用更新量作为计数单位。

为了比较轮询方式和移动 Web 服务推送方式在微博中数据更新量的差异，使用团购网站和 RSS 应用，它们传输的大多为结构化的 XML 数据，并使用新浪微博提供的 SDK 对其进行数据访问。为了便于表述，只选取几个具有代表性的用户微博进行数据分析。

为了比较轮询方式和移动 Web 服务推送方式在团购网站和 RSS 应用中数据更新量的差异，测试选择了 9 个团购和 RSS 站点，如表 12-4 所示。

表 12-4　实验站点表

站点名称	站点类型	站点名称	站点类型
拉手	拉手团 RSS	新浪新闻要闻	新浪 RSS
糯米	糯米 API	新浪体育新闻	新浪 RSS
大众点评网	点评网团 RSS	Engadged	Engadged RSS
团票	团票 API	cnBeta	cnBeta RSS
嘀嗒团	嘀嗒团 API		

在使用轮询方式进行测试时，由于智能客户端的计算能力较低，更新周期设置为 1h。使用移动 Web 服务推送方式进行测试时，更新周期统一为 30min，在有数据更新时，服务代理对移动客户端进行数据推送，使用 SOAP 推送协议进行通信。收集并统计 7 天内轮询方式的数据更新量以及移动 Web 服务推送方式的数据更新量。表 12-5 给出了使用两种方法测得的数据更新条数。

表 12-5　团购网站、RSS 新闻数据更新量表

统计数据	团购网站					RSS 新闻			
	拉手网	糯米网	大众点评团	团票	嘀嗒团	新浪新闻要闻	新浪体育新闻	Engadged	cnBeta
轮询方式更新量 / 条	15 120	3864	3360	1344	168	2856	2520	6720	10 080
移动 Web 服务推送方式更新量 / 条	95	85	38	10	13	1206	2376	111	798
更新量减少率 /(%)	99.4	97.8	98.9	99.3	92.3	57.7	5.7	98.3	92.1

为了进一步分析测试结果，针对"新浪体育新闻"这一 RSS 站点，图 12-8 给出了使用两种不同方法的一周数据更新量。一周内，随着 RSS 站点数据更新量的变化，两种方法数据更新量差距较小，甚至移动 Web 服务推送方式数据更新量会超过轮询方式。

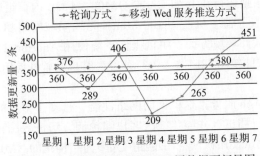

图 12-8　新浪体育新闻 RSS 一周数据更新量图

通过以上测试，使用移动 Web 服务推送方式进行数据更新时，大量的数据访问和数据处理可以交给服务代理完成，这样能够针对智能移动设备进行数据的增量更新，同时能够减少数据的更新量。在数据更新频率较低时，使用移动 Web 服务推送方式的数据更新条数会小于轮询方式。在数据更新频率较高时，其差距会有所缩小，但轮询方式可能会丢失很多更新信息，而移动 Web 服务推送方式则不会。因此，在智能移动设备这一类数据实时性和数据传输效率要求较高的平台中，使用 SOAP 移动 Web 服务推送技术可以提高数据传输性能，保证数据的实时更新。

12.3.3　Web 服务器负载测试

负载测试（load testing），通过测试系统在资源超负载情况下的表现，发现设计上的错误或验证系统的负载能力。在这种测试中，使测试对象承担不同的工作量，以评测和评估测试对象在不同工作量条件下的性能行为，以及持续正常运行的能力。负载测试的目标是确定并确保系统在超出最大预期工作量的情况下仍能正常运行。负载测试是在一种需要反常数量、频率或资源的方式下对系统整体执行重复性的测试，以检查软件系统对异常情况的抵抗能力，找出性能瓶颈。异常情况主要指峰值、处理大量数据的能力、长时间运行等情况。压力测试总是迫使系统在异常的资源配置下运行。例如：

❑ 如果中断的正常频率为 1 ～ 2 次 /s，则运行每秒产生 10 个中断的测试用例。
❑ 定量地增加数据输入量，检查对数据处理的反应能力。
❑ 运行需要最大存储空间（或其他资源）的测试用例。
❑ 运行可能导致虚拟机崩溃或对磁盘进行大数据量存取操作的测试用例等。

1. 负载测试的加载方式

要高质量地完成负载测试，必须通过测试工具准确模拟被测系统实际运行时所承受的真实负载。虽然这种模拟不可能和现实完全吻合，但借助一些方法基本上能实现。例如，以并发用户为例，最常见的加载方法有 4 种，如图 12-9 所示。

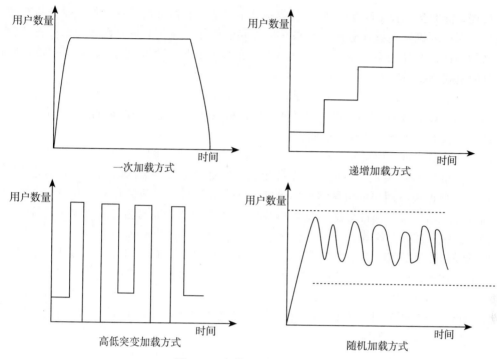

图 12-9　负载测试的加载方法

❏ 一次加载。一次加载即一次性加载一定数量的用户，在特定的时间段内持续运行。例如，网上抢购产品时，用户访问网站或登录网站的时间非常集中，基本属于扁平（flat）负载模式。

❏ 递增加载。递增加载即有规律地逐渐增加用户，每几秒增加一些新用户，交错上升。这种负载方式的测试可以容易地发现性能的拐点，即性能瓶颈的地方。

❏ 高低突变加载。高低突变加载即某个时间段用户数量很大，突然降到很低，然后过一段时间，又突然很高，反复几次。这种负载方式的测试可以容易地发现资源释放、内存泄漏等问题。

❏ 随机加载。随机加载即由随机算法自动生成某个数量范围内变化的、动态的负载，这种方式可能是和实际情况最为接近的一种负载方式。这种负载方式的测试虽然不容易模拟系统运行出现的瞬时高峰期，但可以模拟长时间的高位运行过程。

2. 负载测试的准备工作

测试环境准备包括硬件环境（服务器、客户机等）、网络环境（网络通信协议、带宽等）、测试程序（能正确模拟客户端的操作）、数据准备等。虽然测试环境的准确配置在任何测试中都是重要的，但在负载测试中，在配置环境之前就需要关注负载测试的输入参数（测试条件），如系统关键业务流程、所承受的最大负载、负载模拟的持续时间和间隔，以及负载测试的输出参数。

系统关键业务流程（负载用例）。负载测试不可能执行所有的系统操作或模拟所有的业务流程，所以要确定关键业务流程和与其相关联的操作，这些业务流程的操作被设计为负载测试的用例，并作为系统负载测试输入的等价类。如果这种测试用例通过了，就说明这个系统的负载测试通过了。

通过和用户、产品经理的沟通，了解系统的操作特点，如经常进行的业务类型、业务操作的频率。对于 Web 应用，以新浪微博为例，可以选定一些主要的页面操作，例如：

- ❏ 登录页面，容易发生在高峰期。
- ❏ 微博浏览页进行信息发布和回复，这是用户最常用的功能。

对于复杂的 Web 应用，可能存在多种角色，关键业务对于不同的角色要分别处理，以便最恰当地模拟最终用户的负载情况。例如，网上会议系统的角色有主持人和与会者，主持人需要导入通讯录、预订会议、浏览/修改/启动会议等，而与会者的业务比较简单，主要是浏览会议、加入会议等。

所承受的最大负载。对于系统负载，可以根据产品说明书的设计要求和以往版本的实际运行经验来估算，也可以和产品经理讨论，给出合理的估算结果。例如，单台服务器实际使用时一般只有 100 个并发用户，但在某一时间段的用户峰值可达到 500 个，那么事先预测满足要求的负载为 500 个用户的 1.5 至 2 倍，而且要考虑到每个用户的实际操作所产生的事务处理和数据量。如果产品说明书已说明最大设计容量，则最大设计容量为最大负载。

负载模拟的持续时间和间隔。负载测试的持续时间对测试结果有影响，对于 Web 服务器来说，建议采用 8h 作为一次循环的时间。其次，用户进行操作时，不可能像计算机似的不停顿地操作，往往需要停顿或思考，这就是间隔时间，也称为思考时间（think-time）。持续时间和间隔时间作为负载测试的参数，需要不断地变化、调整，用来考查系统所做出的反应。

3. 负载测试的输出参数

加载模式、关键业务流程、持续时间和间隔时间等都是负载测试的输入参数，因为最终需通过输出结果来发现系统在可靠性、健壮性和可伸缩性等方面的问题，所以还要确定哪些参数是系统的输出参数，这些参数也需要得到监控。作为 Web 服务器负载测试，一般要监控下列响应参数：数据传输的吞吐量（transactions）、数据处理效率（transactions per second）、数据请求的响应时间（response time）、内存泄漏、CPU 使用率。每个值都可以获得 4 个值——最小值、最大值、平均值和当前值，而且也可以将数据成功（Successful）和失败（failed）两部分分开考虑。许多负载测试工具还可以提供更多的监控指标，方便测试人员对数据进行分析，以下是常用的一些指标：负载数据量（load size）、连接时间（connect time）、发送时间（sent time）、处理时间（process time）、一轮来回时间（round time）、平均事务响应时间、每秒事务总数、每秒点击次数、每秒 HTTP 响应数、每秒下载页数、每秒重试次数、连接数、每秒连接数、每秒 SSL 连接数、页面下载时间、第一次缓冲时间、已下载组件大小。

概括起来，负载测试的准备工作有：

- ❏ 选定一种或多种加载方式。主要的加载方式有一次加载、递增加载、高低突变加载和随机加载等。

- ❏ 了解系统的用户角色，确定所要模拟的角色及其对应的关键业务操作路径。可以对用户组设置具体业务负载百分比，用以模拟不同用户组对被测系统造成的负载比例。
- ❏ 确定模拟关键业务操作的负载持续时间和间隔时间，这应包含多种组合，以及循环次数等。
- ❏ 如果需要，可选择随机选择器，模拟用户组内部各种随机业务操作（用例及其事件流）所占的不同负载比例。比例的调节可以通过加权因子来实现。
- ❏ 确定要监控的测试指标，包括数据吞吐量、响应时间、资源占有率等。

4. 负载测试的执行

在做好充分的准备工作之后，执行就比较容易了。录制或开发测试脚本，通过相应的负载测试工具（如 Jmeter、WebLoad 等）来运行脚本，获得测试结果，并通过图表工具来分析结果。由于刚开始设定的负载量、持续时间、间隔时间甚至加载方式等不一定合理，有时需要反复执行几次，不断调整这些输入参数，以达到预期的测试效果。负载测试执行的步骤如图 12-10 所示。

执行负载测试时，必须借助测试工具来模拟用户，而不是让测试工程师来执行测试。所模拟的用户称为虚拟用户（Virtual Users，VU)。大量的虚拟用户要运行在多个客户端，并由控制器管理、代理（agent）驱动。一般来说，一个客户端可以运行 10 ～ 100 个虚拟用户，如图 12-11 所示。

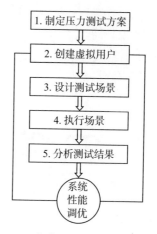

图 12-10 负载测试执行的步骤示意图

服务器上的负载受两个因素影响：同时与服务器通信连接（或虚拟用户）的数目和每个虚拟用户请求之间的间隔时间的长短。很明显，与服务器通信的用户越多，负载就越大。同样，请求之间的间隔时间（也称思考时间）越短，负载也越大。这两个因素的不同组合会产生不同的服务器负载等级。

有些测试人员在压力测试中喜欢让整个系统重启（如服务器 Reboot），以确保后续的测试能在一个"干净"的环境中进行。这样确实有利于问题的分析，但不是一个好习惯，因为这样往往会忽略了累积效应，使得一些缺陷无法被发现。有些问题短时间内的表现并不明显，但日积月累就会造成严重问题。例如，某进程每次调用时申请占用的内存在运行完毕时并没有完全释放，在平常的测试中无法发现，最终可能导致系统的崩溃。

负载测试通常采用黑盒测试方法，测试人员很难对出现的问题进行准确的定位。测试报告中只有现象会造成调试修改的困难，而开发人员没有相应的环境和时间去重现问题，所以在负载测试执行中，适当的分析和详细的记录是十分重要的。

- ❏ 查看服务器上的进程及相应的日志文件也许可以立刻找到问题的关键（如某个进程的崩溃）。如果程序不产生日志文件，就不能满足负载测试的要求，所以需要开发人员配合，临时增加后台写日志文件的功能，以供参考。

❑ 查看监视系统性能的日志文件，记录问题出现的关键时间、在线用户数量、系统状态等数据。

❑ 检查测试运行参数，进行适当的调整并重新测试，查看问题是否能够重现。如果可以重现，可以进一步分解问题，屏蔽某些因素或功能，再次查看问题能否重现。如果能重现，则继续屏蔽某些因素或功能，缩小问题产生的部位，这可以大大增加发现问题产生的概率，问题产生的真正原因可能就会被找到。

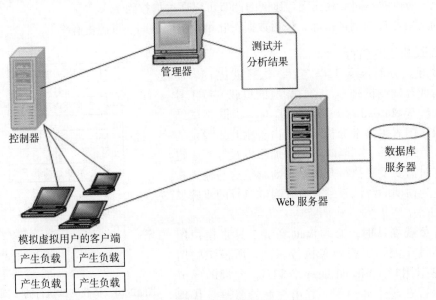

图 12-11　负载测试现场环境示意图

5. 负载测试的结果分析

在测试过程中，要善于捕捉被监控的数据曲线发生突变的地方——拐点，拐点是饱和点或性能瓶颈。例如，以数据吞吐量为例，刚开始，系统有足够的空闲线程去处理增加的负载，所以吞吐量以稳定的速度增长，然后在某一个点上稳定下来，即系统达到饱和点。在达到饱和点后，所有的线程都已投入使用，传入的请求不再被立即处理，而是放入队列中，新的请求不能及时被处理。因为系统处理的能力是一定的，如果继续增加负载，执行队列开始增长，系统的响应时间也随之延长。当服务器的吞吐量保持稳定时，表示达到了给定条件下的系统上限。系统吞吐量、响应时间随负载增加的变化过程如图 12-12 所示。

如果继续加大负载，系统的响应时间可能会发生突变，即执行队列过长，无法处理，服务器接近死机或崩溃，响应时间就变得很长或无限长。但这种极限点有参考价值，可帮助改进设计和系统部署，但不应该作为正常的控制点。正常的控制点应该是饱和点。

分析负载测试中系统容易出现瓶颈的地方，从而有目的地调整测试策略或测试环境，使压力测试结果真实地反映出软件的性能。例如，服务器的硬件限制、数据库的访问性能设置等常常会成为制约软件性能的重要因素。对于 Web 服务器的测试，可以重点分析 3 项参数：

  ❏ 页面性能报告显示每个页面的
   平均响应时间。

  ❏ 响应时间总结报告显示所有页
   面和页面元素的平均响应时间
   在测试运行过程中的变化情况。

  ❏ 响应时间详细报告，即详细显
   示每个页面的响应时间在测试
   运行过程中的变化情况。

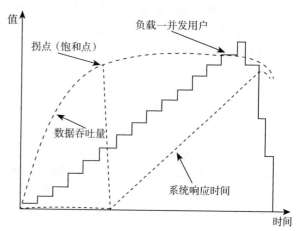

图 12-12 系统吞吐量、响应时间随负载增加的变化过程示意图

12.3.4　Web 服务器压力测试

  在软件工程中，压力测试是对系统不断施加压力的测试，是通过确定一个系统的瓶颈或者不能接收的性能点来获得系统能提供的最大服务级别的测试。具体来说，压力测试是在一定约束条件下测试系统所能承受的并发用户量、运行时间、数据量，以确定系统所能承受的最大负载压力。压力测试用来测试系统是否满足性能需求，以及是否满足预期的负载增长，其目的不只是关注不同负载场景下的响应时间等指标，也为了发现在不同负载场景下会出现的情况，例如，速度变慢、内存泄漏等问题的原因；测试一个 Web 站点在大量的负载下，何时系统的响应会退化或失败。

（1）负载压力解决方案

  压力测试包括并发性能测试、疲劳强度测试、大数据量测试等内容。具体测试项的解决方案如下：

  并发性测试。并发性测试的过程是一个负载测试和压力测试的过程，即逐渐增加并发用户负载，直到系统的瓶颈或者不能接收的性能点。并发测试分为以下 3 类。

  ❏ 应用在客户端的测试。在客户端模拟大量并发用户执行不同业务操作，达到实施负载压力的目的。可使用测试工具来模拟大量并发用户，如 LoadRunner 负载压力测试工具。

  ❏ 应用在网络上的测试。其目标是显示网络带宽、延迟负载和 TCP 端口的变化如何影响用户的响应时间。通过测试可以优化网络性能，预测系统响应时间，确定网络带宽需求，定位应用程序和网络故障。

  ❏ 应用在服务器的测试。可以利用工具监控服务器的各项指标，包括操作系统、数据库、中间件是否运行正常。

  疲劳强度测试。疲劳强度测试是采用系统稳定运行情况下能够支持的最大并发用户数，持续执行一段时间业务，强调长时间的考核，通过综合分析交易执行指标和资源监控指标来确定系统处理最大工作量强度性能的过程。可以采用自动化工具的方式来完成，也可以手工编写测试程序。

大数据量测试。大数据量测试指的是针对某些系统存储、传输、统计、查询等业务进行单用户大数据量测试和多用户高频率长时间的测试。在生成大数据量的测试数据时可以借助自动化测试工具，如 TestBytes。也可以针对被测软件自主开发数据生成工具进行测试。

（2）压力测试的实施

下面是实施压力测试的主要步骤。

❏ 进行简单的多任务测试。

❏ 在简单的压力缺陷被修正后，增加系统的压力直到中断。

❏ 在每个版本循环中重复进行压力测试。

一些压力测试具体的示例包括：

❏ 对于一个固定输入速率的单词处理响应时间，如每分钟 120 个单词。

❏ 在一个非常短的时间内引入超负载的数据容量，例如，传入一个大小为 10MB 的附件。

❏ 改变交互、实时、过程控制方面的负载，例如，不停地切换双工控制。

❏ 模拟成千上万的用户在同一时间登录到 Internet 上。

表 12-6 为一个局域网测试用例的说明表。

表 12-6　局域网试用例

案例名称		并发用户数	网络环境	数据量	备注说明
制度文档	信息上传	50、100		50 个用户并发，上传 50 条记录；100 个用户并发，上传 100 条记录	只上传信息，不带附件
	文件上传/下载	50、100		50 个用户并发，上传 50 条记录；100 个用户并发，上传 100 条记录	信息和附件都带上（附件大约 200KB）
	项目管理	50、100	100MB 局域网	50 个用户并发，上传 50 条记录；100 个用户并发，上传 100 条记录	
	工作记事	50、100		50 个用户并发，上传 50 条记录；100 个用户并发，上传 100 条记录	

注：记录操作前后数据库记录数目，每个虚拟用户循环执行 3 次压力过程

本章小结

本章介绍了有关数据推送技术的相关知识，并对移动智能终端（主要是 Android 和 iPhone）推送和服务器推送进行了全面的介绍，以及建立推送的 4S 标准；明确了数据传输的概念并且对移动智能终端和移动环境进行了定义，通过现有的一些数据传输测试技术对移动智能终端到服务平台的数据传输测试进行阐述，包括基于 JOSN 技术的数据传输测试、Wi-Fi 和 3G 数据传输能耗测试以及 USB、红外、蓝牙测试；最后，针对服务平台到移动智能终端的数据传输测试，重点介绍基于 SOAP 协议的网络性能测试、Web 服务器负载测试和 Web 服务器压力测试等相关内容。

第 13 章 *Chapter 13*

通信安全测试

本章导读

本章将介绍无线通信与移动通信的基本概念和相应的安全知识，这是进行通信安全测试的基础；然后讲述对数据加密的相关测试方法和安全信道测试中安全信道的设计及分析的相关知识。

应掌握的知识要点：

- 无线通信与移动通信的基本概念
- 无线通信安全基础
- 数据加密测试
- 常见的数据加密方法
- 常见的数据安全加密技术
- 加密协议
- 协议安全测试
- 安全信道测试
- 安全信道的设计
- 安全信道分析
- 4G 网络

飞速发展的移动通信技术、功能多样的卫星服务、不断完善的无线局域网技术正为通信和网络带来巨大的改变，使人们的生活越来越多地依赖于手机、PDA 等无线移动终端。这些通信技术的核心就是无线技术，它已经成为电信业和网络世界最重要的领域。

经济社会的快速发展伴随着网络通信技术的传播，网络通信已经遍布我们生活的方方面面，与我们的日常生活息息相关。由于网络通信的监管还不成熟，导致现阶段的网络犯罪非常常见，严重威胁了人民的人身财产安全。因此对网络通信安全方面的要求也更高，通过通信安全的控制，实现网络环境的健康、文明发展。

13.1 无线通信与移动通信的基本概念

13.1.1 无线通信基本技术

在无线通信（wireless communication）技术当中，射频（Radio Frequency，RF）表示可以辐射到空间的电磁频率，频率范围为300kHz～300GHz。射频也可以表示射频电流，它是一种高频交流变化电磁波的简称。每秒变化小于1000次的交流电称为低频电流，每秒变化大于10 000次的交流电称为高频电流，而射频就是这样一种高频电流。高频（大于10kHz）；射频（300kHz～300GHz）是高频的较高频段，而微波频段（300MHz～300GHz）又是射频的较高频段。很多系统，如有线电视系统就是采用射频传输技术。

电信号分为模拟信号和数字信号两类。模拟信号是指信息参数在给定范围内表现为连续的信号，或在一段连续的时间间隔内，其代表信息的特征量可以在任意瞬间呈现为任意数值的信号。模拟信号分布于自然界的各个角落，如气温的变化。数字信号是人为地抽象出来的在幅度取值上不连续的信号。电学上的模拟信号主要是指幅度和相位都连续的电信号，此信号可以被模拟电路进行各种运算，如放大、相加、相乘等。数字信号指自变量是离散的、因变量也是离散的信号，这种信号的自变量用整数表示，因变量用有限数字中的一个数字来表示。

不同的数据必须转换为相应的信号才能进行传输：模拟数据一般采用模拟信号，例如，用一系列连续变化的电磁波，或电压信号来表示；数字数据则采用数字信号，例如，用一系列断续变化的电压脉冲，或光脉冲来表示。当模拟信号采用连续变化的电磁波来表示时，电磁波本身既是信号载体，同时作为传输介质；而当模拟信号采用连续变化的信号电压来表示时，它一般通过传统的模拟信号传输线路来传输。当数字信号采用断续变化的电压或光脉冲来表示时，一般需要用双绞线、电缆或光纤介质将通信双方连接起来，才能将信号从一个节点传到另一个节点。

传输介质是连接通信设备，为通信设备之间提供信息传输的物理通道，是信息传输的实际载体。从本质上讲，无线通信和有线通信中的信号传输实际上都是电磁波在不同的介质中传输的过程。无线传输介质指的是大气和外层空间，它们只提供了传输电磁波信号的手段，但不引导电磁波的传播方向，这种传输形式通常称为无线传播（wireless transmission）。

无线传输有两种基本的类型，分别是定向的和全向的。在定向的结构中，电磁波由发送天线聚集成波束后发射出去，因此，发送无线和接收天线必须精确校准。在全向的情况下，发送信号沿所有方向传输，并能够被大多数天线收到。

无线通信技术中常常涉及以下基本概念：

❑ 带宽（band width）：用来描述频率范围，等于器件或应用中最高频率和最低频率的差，用"周数每秒"或"赫兹（Hz）"来表示。带宽和数据速率有直接关系，无线系统的带宽越宽，在一定时间内所承载的数据就越多，数据速率也就越高。

❏ 误码率（error rate）：即差错发生率。差错是指发送的为 0，而接收的是 1，或者发送的为 1，而接收的是 0。

❏ 数据速率（Data Rate）：是指数据进行通信的速率，用"位每秒（bit/s）"表示。

13.1.2　无线通信网络的分类

无线通信可按不同的要求、内容、特点、服务对象、性质和使用场合等来进行分类。

❏ 按照工作方式可分为单工制、半双工制和全双工制。

❏ 按照业务种类和性质可分为移动电话系统、指挥调度系统、无线数据网络等，目前的发展趋势是各种网络可以提供语音和数据兼有的通信，甚至还包括图像传输。

❏ 按照网络覆盖的范围可分为无线广域网、无线城域网（Wireless Metropolitan Area Network，WMAN）和无线局域网（Wireless Local Area Network，WLAN）。我国常见的无线广域通信网络主要指各种移动通信网络。而移动通信网络又可以按照使用性质分为公用移动通信、专用移动通信和特种移动通信系统，也可以分为民用移动通信和军用移动通信。蜂窝通信系统、寻呼通信系统和卫星通信系统一般是为广大公众提供语音和数据业务服务的，因此属于公用移动通信系统。集群移动通信系统是一种典型的专用移动通信系统。特种移动通信系统是根据不同部门特殊要求而组成的，它既不同于公用移动通信系统，又不同于专用移动通信系统，如铁路移动系统，军用移动系统等。

❏ 按照网络所支持的基础设施的特性可分为带有固定基础设施的无线通信网、可移动的无线通信网和无基础设施的无线通信网。大多数的无线网络属于带有固定基础设施的无线通信网，移动用户连接到一个基站、接入点或卫星网关，其余的通信路径都由有线网络构成。例如，蜂窝移动电话需要一个固定的基础设施，该设施包括基站和使用基站彼此之间以及到公共电话交换网络之间相连接的通信电缆。可移动的无线通信网是指网络基础设施具有可移动性，如移动交通工具上的蜂窝基站。无基础设施的无线通信网是指该系统中只有移动节点，没有网络基础设施，这种完全移动的网络也称为移动对等网络。

无线通信网络主要包括几类：

❏ 蜂窝移动通信网：蜂窝移动通信网采用蜂窝无线组网方式，将终端和网络设备之间通过无线通道连接起来，进而使用户可以相互通信。其主要特征是终端的移动性，并具有越区切换和跨本地网自动漫游功能。蜂窝移动通信业务是指经过由基站子系统和移动交换子系统等设备组成的蜂窝移动通信网来提供话音、数据、视频图像等业务。

❏ 寻呼通信网：这是一种单向的移动通信系统，它以广大的程控电话网为依托，采用单向的无线电呼叫方式将主叫用户的信息传送给持机用户。

❏ 无绳电话网：使用无绳电话的用户只有在同一个基站下才能够进行通信，用户不能在通话过程中从一个基站移动到另一个基站。

❑ 集群通信系统：这是指"专用移动通信系统"，数字集群通信是 20 世纪末兴起的新型移动通信系统，它除了具备公众移动通信网 GSM（Global System for Mobile Communication，全球移动通信系统）、CDMA（Code Division Multiple Access，码分多址）系统所能提供的个人移动通信服务外，还能实现个人与群体之间的任意通信，并可以进行自主编控，是集对讲机、GSM、CDMA 和图像传输于一体的智能化通信网。

❑ 无线局域网：是使用无线连接的局域网，即利用无线连接，取代由旧式的双绞铜线构成的局域网。它使用无线电波作为数据传输的媒介，传送距离一般为几十米。它支持较高的数据传输速率（2 ～ 11Mbit/s），是采用微蜂窝、微微蜂窝结构的自主管理的计算机局域网络，可以提供传统有线局域网的所有功能。无线局域网的主干网路通常使用电缆，无线局域网用户通过一个或多个无线接入器（Wireless Access Points，WAP）接入无线局域网。无线局域网现在已经广泛应用在商务区、大学、机场及其他公共区域。无线局域网最通用的标准是 IEEE 802.11 系列标准。

❑ 无线城域网：是以无线方式构成的城域网，提供面向互联网的高速连接。无线城域网的标准主要是 IEEE 802.16。

13.2   无线通信安全基础

13.2.1   无线通信安全历史

无线通信技术经历了从无到有、再到充分发展的过程，例如，移动通信技术从基于模拟蜂窝系统的第一代发展到基于宽带 CDMA 技术的第三代（3G），无线局域网技术也从最初的 802.11 标准发展到 802.11i。伴随着无线通信技术的发展，无线通信安全技术也在不断地发展和完善，但从总体上来看，无线安全的发展滞后于无线通信技术的发展。

（1）移动通信方面

第一代移动通信系统几乎没有采取安全措施，移动台把其电子序列号（ESN）和网络分配的移动台识别号（MIN）以明文的方式传送至网络，若二者相符，即可实现用户的接入。这时，用户面临的最大威胁是自己的手机有可能被克隆，而手机克隆也给运营商造成了巨大的经济损失。

第二代数字蜂窝移动通信系统采用了基于私钥密码体制的安全机制，通过系统对用户进行鉴权来防止非法用户使用网络，通过加密技术防止对无线信道进行窃听，但在身份认证及加密算法等方面存在着许多安全隐患。以 GSM 为例，首先，在用户 SIM（Subscriber Identity Module）卡和鉴权中心共享的安全密钥可在很短的时间内被破译，从而导致对物理接触到的 SIM 卡进行克隆；此外，GSM 系统只对空中接口部分（即移动终端和基站之间）进行加密，在固定网中信息以明文方式进行传输，这给攻击者提供了机会；同时，GSM 网络没有考虑数据完整性保护的问题，难以发现数据在传输过程中是否被篡改。而且，GSM

系统的安全机制还存在算法安全性不够、不支持由用户认证网络等其他安全缺陷。

针对这些问题，在设计第三代移动通信系统的同时，加强了安全方面的设计，提出了一个完整的移动通信安全体系，从 3 个层面、5 个安全域上提供安全措施，有效地增强了移动通信系统安全。与第二代移动通信系统相比，主要改进的方面有：

❑ 重新设计了相关的安全算法，提高了算法的安全性，同时把密钥长度增加到 128bit。

❑ 提供了双向认证机制。

❑ 把 3GPP 接入链路数据加密延伸至无线接入控制器。

❑ 提供了接入链路信令数据的完整性保护。

❑ 提出了固定网中的信息安全措施。

❑ 向用户提供了可随时查看自己所用的安全模式及安全级别的安全可视性操作。

（2）无线局域网方面

在无线局域网标准中，最著名的是 IEEE 802.11 系列标准，从最早的 802.11 到 802.11b、802.11a 一直到 802.11i 构成了一系列标准。

最早出现的无线局域网标准是 IEEE 802.11 标准，该标准规定了数据加密和用户认证的有关措施，但研究表明，这些措施存在很大的缺陷，使得用户对无线局域网的安全性缺乏信心，使得一些国家政府出台政策，规定在无线局域网的安全问题没有解决之前，不允许在政府办公网中使用无线局域网技术，这在某种程度上妨碍了无线局域网的普及和应用。

后来出现的 802.1x 标准对原标准进行了改进，主要的改进是增强了身份认证机制，并且设计了动态密钥管理机制。随后 802.11i 任务组受到了 IEEE 的委托制定新的标准，以加强无线局域网的安全性。802.11i 工作组从 2001 年成立，一直到 2004 年才使其制定的 802.11i 规范得到 IEEE 的批准。

在 802.11i 被批准之前，由于市场对无线局域网的安全要求十分急迫，急需一个临时方案，使得无线局域网的安全问题不至于成为制约无线局域网市场发展的瓶颈，Wi-Fi（Wi-Fi 是一个非盈利性的国际组织，全称是 Wireless-Fidelity）联合 802.11i 专家组共同提出了 Wi-Fi 网络安全接入（Wi-Fi Protected Access，WPA）标准。WPA 相当于 802.11i 的一部分。WPA 标准成为 802.11i 标准发布以前的无线局域网安全过渡方案，它兼容已有的有线等效保密（Wired Equivalent Privacy，WEP）协议和 802.11i 标准。

我国针对无线局域网的安全问题，参考无线局域网的国家标准，提出了自己的安全解决方案：无线局域网鉴别和保密基础结构（Wireless LAN Authentication and Privacy Infrastructure，WAPI），WAPI 主要给出了技术解决方案和规范要求。

可以看出，在无线通信的最初阶段，无线安全并没有受到足够的重视，研究人员更关心的是通信性能的提高、系统容量的增大、终端处理能力的提高和价格的降低等，换句话说，在无线通信的初始阶段，人们更关注无线通信这种方式能否被公众所接受。人们在推动无线通信技术的同时，有意无意地在淡化无线通信中存在的安全隐患，因此，即使在美国，对于无线业务的早期宣传也是声称"无线业务和办公电话一样安全"。

现在，各种各样的无线通信技术得到了充分的发展，无线安全也将引起更多的关注：

1）保护移动终端设备上的数据会变得越来越困难。随着移动设备（如手机和 PAD 等）

的广泛应用，企业正试图通过设置登录密码和其他保护措施防范其对企业内部网络造成安全问题。然而，这样做会使很多企业遗漏掉真正的威胁。它们忽视了企业网以外的东西，例如，保存在移动设备中的数据不仅对于其所有者来说非常重要，而且正日益成为犯罪分子进行身份欺诈和盗用的目标。

2）随着更多客户使用移动设备进行交易，银行在保护客户的数据和和金融资产方面将面临重大的挑战。根据最新报告显示，国内外手机银行业务增长很快，并将作为一种重要的交易渠道。随着这一趋势的发展，国内外金融安全风险将进一步提高。

嵌入了无线射频识别（Radio Frequency Identification，RFID）技术和"近场"芯片的手机尤其如此，其中后者的交易类似于加油站的快速支付。由于近场技术的设计和消费者使用它的方式，这种设备很容易受到攻击，如"网络钓鱼"（即以假冒电子邮件消息诱骗账户持有人透漏个人数据）。另外一种威胁是恶意代码，它旨在绕过安全技术，使未经授权的用户能够盗取他人的身份证明。例如，电子银行攻击会使银行和金融部门的消费者信息泄露，从而导致经济损失；同时由于银行需要承担更多与安全有关的风险，使得银行需要支付出更多的保费。

随着金融机构继续发展电子银行用户，他们必须更好地集成业务流程和安全解决方案以防止欺诈活动，并考虑新的业务模式。银行必须与电信公司组成更好的联盟，共享安全知识，使消费者从中受益。此外，服务提供商还应该在风险和银行客户应该采取的保护措施方面开发全面的、交互式的客户培训项目。

3）更多人对移动环境发起攻击。间谍软件、网络钓鱼软件、域名欺骗软件、恶意软件、零时差浏览器攻击以及僵尸网络等攻击软件正在迅速蔓延。无线通信技术的发展，对无线安全提出了更高的要求，反过来，只有在无线通信系统中提供完善的安全服务，才能更好地促进无线通信技术的使用。

13.2.2 无线通信网的主要安全威胁

首先需要明确几个概念：

❑ 无线终端。无线终端也称为移动台或者移动终端，可以是手机、PAD 等可移动的终端设备，也可以是利用无线方式进行通信的笔记本或台式机等设备。

❑ 无线接入点。在移动通信系统中，无线接入点主要指基站；在无线局域网中，无线接入点主要指无线路由器。这些设备负责接收和发送无线信号。

❑ 网络基础设施。网络基础设施是满足通信基本要求的各种硬件与服务的总称。在移动通信系统中，网络基础设施主要是指包括基站、交换机在内的基本通信设备及其软件。

❑ 空中接口。空中接口是指无线终端和无线接入点之间的接口，它是任何一种移动通信系统的关键模块之一，也是其"移动性"的集中体现。

无线通信系统的安全威胁根据攻击的位置可分为无线链路威胁、服务网络威胁和终端威胁等；也可以根据攻击破坏安全服务的种类分为与鉴权和访问控制相关的威胁、与机密性相关的威胁及与完整性相关的威胁等。根据威胁的对象可将移动通信系统面临威胁分为以下 3 类：

❏ 对传递信息的威胁。这类威胁直接针对在系统中传输的个人消息，如系统中两个用户之间、网络运营商之间、用户和服务提供商之间的消息等。

❏ 对用户的威胁。这类威胁直接针对系统中用户的一般行为，如试图找出用户在什么时间、什么地点在做什么等。

❏ 对通信系统的威胁。这类威胁直接破坏整个系统的完整性或为得到系统的访问权而破坏局部系统或破坏系统的功能等。

1. 对传递信息的威胁

这类威胁包括那些直接针对通信消息的威胁，主要包括侦听、篡改和抵赖等。

（1）侦听

侦听是指非授权方可能获悉传输或存储在系统中的信息，空中接口和固定网络中的信息都存在被非法侦听的威胁。

由于无线通信系统的无限性，导致在空中接口中对信息进行侦听相对简单。任何人都可以使用数字无线接口的扫描设备在空中监视用户的数据，或者伪装成无线接口某一侧的一个实体来获得敏感数据。攻击者可以通过重放的数据伪装成另一个用户（或者终端）来接收发给该用户的信息；攻击者也可以伪装成一个基站吸引来自移动台的呼叫。考虑到成本和所需要掌握的知识，后一种攻击非常昂贵，所以这种攻击只有在非常大的利益驱动下才会实施，攻击者可能是犯罪组织或恐怖组织等。

为侦听在固定网络内传输的信息，需要和移动通信系统或相连网络的实体或线缆进行物理连接。攻击者可能从任意系统的接口处引出一段线，然后采用普通的协议分析仪来分析传送的信息，这种攻击只需要很少的知识。攻击者可能是系统内部的维护或运行人员，可能截获系统的某个内部的所有的处理信息或存储信息。在固定网络伪装成一个固定的实体比在无线接口中伪装成假基站要复杂，而且这类攻击需要切断已有的连接。

一般地，攻击者所截取的信息类型包括语音或用户数据、控制数据、管理数据。攻击者所获得的利益取决于他所截取的信息，攻击者还可以利用截获的信息实施其他攻击。因为大部分的管理数据是在网络的有线连接上进行传输的，所以，在固定网络可以截获更多的管理数据。

尽管系统无法通过使用安全机制来检测和避免对数据进行侦听，但可以通过使用加密机制使截获的信息只能够被合法的接收者所理解，也可以通过使用鉴权机制防止伪装攻击。

（2）篡改

篡改是指非授权方更改系统中的各种信息，主要指信息的非法修改和重放，其中信息非法修改包括简单更改（如数据位的颠倒）、删除或插入部分消息或文件、删除整个消息或文件、插入新数据或语音信号、调整信息顺序。同样，在系统的无线接口和固定网络中的信息都存在被篡改的威胁。

由于移动通信的无线特性，在无线接口进行篡改攻击相对简单。攻击者需要配备能够与某个移动台使用同一信道发送数据的发射器，但是要具有更大的发射功率，以便压制原移动台。然而，不是上面提到的所有的修改都能够在无线接口被随意使用，在无线接口上，消息不能被重新排序；数据或语音信号只能被间接删除，消息可以被修改，从而使接收者（如语音编码器）由于有太多的错误而丢掉该数据；同时，只能在传送间隔实现插入。为了插入新的或事先记录好的数据或语音信号，同侦听的情况一样需要伪装成一个用户或基站。由于无线特性，重放攻击易于实现，攻击者甚至不需要理解某个信息就可以简单地重放它们。

同在无线接口中不同，在网络的固定部分的所有类型的篡改都有可能发生：数据的删除、重新排序和插入均可能出现。这种攻击需要能够物理访问某个网络节点（如基站等），并了解系统的内部工作过程。攻击者很可能是内部人员，如维护或运行人员。

篡改的主要方式有：

❑ 可以使用一些辅助工具进入系统的任何接口，以篡改在该处传输的数据和语音信号。

❑ 采用诸如切断线缆等物理方式或使数据改变路径（篡改数据头信息）等方式来删除数据。

❑ 获取系统的某个实体的访问权限，如基站等，篡改在该实体中处理/存储的数据或语音信号。

攻击者在无线接口处伪装成系统的有线实体比在无线接口处伪装成基站要复杂，而且需要切断现有的连接，因此可能被发现。攻击者可通过充分消息来帮助实现伪装。

大多数的篡改通常是为了获得更大的利益，同侦听类似，篡改所获得的利益依赖于所篡改的数据类型（语音或用户数据、控制数据、管理数据）。篡改攻击不能通过使用安全机制来防止，但可以采用某种机制使信号的接收者以更大的概率检测到篡改。

（3）抵赖

抵赖是指参与通信的一方否认或部分否认自己的行为。抵赖分为接收抵赖和源发抵赖。其中接收抵赖是指接收到信息的用户否认他接收到了信息；源发抵赖是指发送信息的用户否认发送了信息。潜在的攻击者是系统中发送或接收消息的正常用户。在公共网络和私有网络中，如果用户之间无法相互信任，则存在这种威胁。

这种攻击可以采用密码安全机制来防止。发送者具有不可否认的证据，证明接收者接收到了数据，以及接收者具有不可否认的证据，证明发送者发送了数据。这种证据能够被用来向第三方进行证明。在大多数情况下，也可以采用有一个可信中心全面记录所有通信情况的非密码学机制。

2. 对用户的威胁

这类威胁不是针对某个单独的消息，而是直接对系统中的用户造成的威胁。它可分为流量分析和监视。

流量分析是指分析网络中的通信流量，包括信息速率、消息长度、接收者和发送者的标识等，进行这种攻击的方法通常与侦听的方法相同，这种攻击的实施者一般是系统外人员。防止流量分析的方法是对消息内容和可能的控制信息进行加密。

监视是指监视一个特殊用户的行为。攻击者可能要了解这个用户在何时何地使用哪个呼叫、属于哪个组织或具有哪些优先权等，也可能对计费信息进行分析。对于外部的攻击者，这种威胁只是流量分析的一种特殊情况。监视还包括系统的用户或运行人员收集其他用户的信息，而这超出了他们的权力范围。防止监视的主要措施是使用假名来实现匿名发送、接收和计费。但是如果假名被系统用来标识用户，只要这个用户的假名不变，这个用户的不同呼叫就可以被互相连接。如果攻击者能够连接这个特殊用户的一个呼叫，则攻击者就能够连接这个用户的所有呼叫。

3. 对通信系统的威胁

对通信系统的威胁包括直接针对这个系统或系统的一部分的威胁，而不是针对某个用户或单个消息。这种威胁可分为拒绝服务和资源的非授权使用。

拒绝服务是指系统内部或外部的非法攻击者故意削弱系统的服务能力，或使系统无法提供服务。攻击者可能通过删除经过某个特殊接口的所有消息，使某个方向或双向的消息产生延迟，发送大量的消息导致系统溢出，篡改系统配置或物理破坏（如切断电缆）使某个节点无法与系统连接，在无线信道上造成拥塞，滥用增值服务等导致系统拒绝对正常用户提供服务。

防止系统遭遇拒绝服务攻击非常困难。有效保护系统防止有意损害的方法同系统在意外故障时保证它的普遍可用性相同。另外全面的审计可有效阻止某些潜在的攻击。

资源的非授权使用是指使用禁用资源或越权使用无线信道、设备、服务或系统数据库等系统资源。

禁用资源是指用户根本不允许使用的资源。例如，攻击者伪装成其他用户，执行该用户的访问权力，企图访问禁止使用的资源；攻击者使用偷来的或未被认可的设备；攻击者了解系统的内部工作，可能获得附加的访问权限或绕开访问控制机制等。防止这类威胁的主要手段是对用户和操作员进行身份鉴别、合理设计管理员的访问权限和实施强制的访问控制技术等。

越权使用资源是指该用户允许使用一些资源，但是该用户所访问的资源超过了其权限的范围。可能的攻击手段包括：攻击者滥用某些信息，例如，网络运行人员或服务提供商可能滥用用户的个人信息；攻击者越权使用借用的设备，如基站等；攻击者企图独占系统资源，例如，总是首先强占信道等。除了鉴权和访问控制措施外，系统对关键事件的全面审计也能有效防止这类威胁。

13.2.3 移动通信系统的安全要求

目前，包括 3G 在内的现代移动通信系统一般包括如下的安全需求：
- ❏ 应能唯一地标识用户。
- ❏ 冒充合法用户是困难的。
- ❏ 信令、传输数据和身份等信息应是保密的。
- ❏ 双向认证。不仅需要提供网络对用户的认证，确保只有合法的用户能够使用网络；而且需要提供用户对网络的认证，因为用户希望确保与所有信任的网络和服务提供商建立连接。

- ❑ 机密性。商业上可以获得的无线探测器很容易拦截窃听空中接口的无线电信号，为避免这一问题，用户和网络服务器之间需要协商会话密钥用于消息加密。密钥协商通常是认证过程的最后部分，为了增强安全性，每次通信的会话密钥必须不同。

- ❑ 用户身份的匿名性。在传统通信中，为了对用户进行认证，一旦呼叫建立，用户的身份就会自动暴露给归属网络的服务器，甚至是访问网络的服务器。随着用户对通信隐秘性要求的提高，用户可能不希望向第三方暴露自己的身份。用户身份的匿名性包括用户移动终端、SIM卡和增值业务系统中所用的唯一标识号的保密性。

- ❑ 不可否认性。防止发送方或接收方抵赖传输的消息，对于已接受的服务引起的收费，用户应无法否认。

- ❑ 完整性。完整性保证消息在传输过程中不会被篡改、插入数据、增加冗余、重排序或销毁。在移动增值业务系统中，还包括业务的完整性机制。

- ❑ 新鲜性。消息新鲜性是防止重传攻击的重要手段，可以采用时间戳服务来保证消息的新鲜性，也可以采用随机数或者计数器来防止重传攻击。

- ❑ 公平性。公平性主要是指交换双方处于公平的地位，不会因为任何一方的欺骗行为，使另一方处于不利的地位。

- ❑ 端到端保密。除了在空中接口中传输的消息需要保密外，一些应用场合需要传输保密语音，某些更高安全级别用户要求支持端到端加密的语音和数据的传输，从而保证只有通信的发起方和接收方了解通信的内容，而移动通信系统只是一个透明的传输平台。

- ❑ 合法的监视。合法的监视指网络的组织管理者、调度台（专业通信系统的设备）和授权的用户能够对网络中的流量和通信进行监视。

- ❑ 具有调度功能。在专业通信系统中，一般需要通信系统含有调度功能，完成调度功能的调度台具有：①认证，对调度台用户身份、组成员身份和连接链路的认证；②通信的机密性，应该确保组成员无法绕过安全模块，从而保证本组通信的机密性，同时需要确保调度控制信息的机密性；③通信的完整性，应该确保组成员无法绕过安全模块，从而保证本组通信的完整性。

13.2.4　移动通信系统的安全体系

开放系统互联参考模型中提出的概念性安全体系结构框架（OSI/RM）定义了5组安全服务：认证服务、保密服务、数据完整性服务、访问控制服务、抗抵赖服务。基于OSI参考模型的七层协议之上的信息安全体系结构是由安全属性、OSI协议层和系统部件组成的三维矩阵，对具体网络环境的信息安全体系结构有重要的指导意义。

1. 安全服务

移动通信安全体系的安全服务包括认证和密钥管理服务、访问控制服务、完整性服务、机密性服务以及不可否认性服务等方面。各种安全服务之间存在相互依赖的关系，单独采用其中的一种安全服务无法满足移动通信系统的安全需求，这些安全服务之间的关系可以看成一种层次关系。

（1）认证和密钥管理服务

对一个实体进行认证指接收到该实体的标识后证明该标识是真实的。在移动通信系统的接入域中，根据实际需要，认证可以是双向的，也可以是单向的。一般在移动终端接入网络或一次通话开始时需要认证，由系统的安全策略来决定认证的频度。密钥管理是产生、分发、选择、删除和管理在认证和加密解密过程中使用的密钥的过程。没有发送和接收密钥的双方的双向认证，就无法安全分发密钥，因此认证和密钥管理的关系非常紧密。

移动通信系统中的认证服务包括用户和网络之间鉴权、网络实体之间的认证以及在终端内安全服务模块和终端的认证等。密钥管理包括空中接口认证密钥的密钥管理、空中接口机密性和完整性服务的密钥管理、端到端保密通信的密钥管理等部分。

（2）访问控制服务

访问控制的目标是防止对任何资源（这里主要是通信资源和信息资源）进行非授权访问。非授权范围包括未经授权地使用、泄露、修改、销毁以及颁发指令等。访问控制直接支持保密性、完整性、可用性以及合法使用等安全目标。在移动通信系统中访问控制的需求广泛存在，例如，为了包括系统基础设施，网络运营商需要：

❏ 防止对无线资源的非授权使用。
❏ 防止对服务的非授权使用。
❏ 对数据库需要进行访问控制。
❏ 对配置和网络管理需要进行访问控制。
❏ 对终端的使用／禁用。

（3）完整性服务

数据完整性是指接收方能接收到的数据和发送方发送的数据保持一致。数据源鉴别用来检测数据源标识的真实性和发送该级别数据的资格。显然，只有在进行通信的双方进行鉴权后，数据完整性和数据源鉴别服务才有用。鉴权过程可用来提供安全参数和所需的密钥。

移动通信系统中的完整性服务主要是指信令数据的完整性和数据源的鉴别功能，该服务可以确保和检查终端与核心网络之间的控制信息的完整性，并提供检查信息源的方法。

（4）机密性服务

移动通信系统机密性服务的目的是保护敏感数据，防止存储在系统内和传输过程中的敏感数据被某个无权得到该数据的用户、实体或过程故意或偶然获得。一般采用加密、解密机制来实现机密性服务。机密性服务需要和其他的安全服务共同配合才能达到保护敏感数据的目的，例如，采用访问控制机制来防止对存储数据和加密／解密过程的非授权访问，在终端进行通信前需要进行鉴权，一般鉴权协议执行过程会产生用于空中接口加密的会话密钥。

移动通信系统的机密性服务不仅包括移动终端和核心网络之间（即空中接口）的语音、信令和数据保密通信，还包括端到端的语音和数据保密通信，以及用户标识和组标识的机密性服务等。其中用户标识的机密性服务是指保障移动通信的个人用户标识或个人用户短标识不被非授权的个人、实体或过程获得；组标识的机密性服务特指在集群移动通信系统中，组用户标识不被未授权的个人、实体或过程获得，而且保证从个人用户标识无法得到组标识，反之亦然。当然，组标识的保密可以通过部分信令的机密性服务来实现。

（5）不可否认性服务

不可否认性服务的主要目的是保护通信用户免遭来自于系统其他合法用户的威胁，而不是来自于未知攻击者的威胁，具体是指防止参与某次通信交互的一方事后否认曾经发生过本次交换。

在专有网络中经常通过合法的监听来防止用户否认自己的通话。一般某个组织管理者需要监听其组织内部的流量和通信，调度台用户需要监听其他所管理的各个组织的流量和通信，某个授权用户需要监听他所在的组或其他组的流量和通信。在某种程度上，监听与机密性等安全服务有些对立，这需要系统的规划者、管理者以及使用者合理设计、实施和使用这些安全服务。

2. 安全需求

移动通信安全体系的安全需求包括物理层、数据链路层、控制层、用户层和管理层。相应的安全需求定义如下：

物理层。移动通信系统的物理层由定时结构、无线电射频发射和接收等部分组成，其安全主要是防止物理同类的损坏、对物理通路的窃听和攻击干扰等；防止机房、电源、监控等场地设施和 UPS 周围环境的破坏，同时应具备对系统关键设备的备份手段。

数据链路层。数据链路层主要保证数据在无线电线路上传输的正确性和安全性，一般采用 TDMA 帧同步、交织/去交织、信道编码、差错保护、空中接口加密等技术实现。

控制层。控制层负责网络过程，其中鉴权和用户管理等安全服务需要在该层的子网络接入功能中实现。

用户层。用户层提供事务处理的端到端安全。如果安全业务是用户层特有的，或者需要经过用户层中继，则其安全性需要在本层上进行设置。移动通信系统中的端到端保密通信需求一般处在这个层面上。如果对通话内容进行端到端的保护，只有通信的端用户知道所用的密钥，则尽管信息经过了基站、交换机等中继系统，因为这些中继系统对所用的密钥一无所知，因此也无法了解通信的内容。

在其他基于用户层的应用中，如数据检索等需要保护特定服务的信息和处理，可能的安全服务包括验证、加密、数字签名、日志以及恢复机制等。有些安全服务（如不可抵赖）只能在用户层实现。

管理层。管理层位于安全需求的最上层，包括对安全威胁的管理和定制合理的管理标准。管理层对所有信息的安全负责，确定移动通信系统与其他系统连接时可能会暴露的漏洞，确定被保护的资源和使用的安全技术。

3. 安全域

网络接入安全域。网络接入安全域安全主要提供安全接入服务，包括用户身份机密性、用户认证、在网络接入信道和设备间传输数据的机密性和完整性、移动设备的鉴定。网络接入安全域主要通过临时身份号码来保证用户身份号码的机密性；采用基于对称密钥算法的双向认证吸引来进行用户接入的认证和加密密钥与完整性密钥的协商；利用国际移动设备号来鉴别移动设备。

网络域安全。网络域安全主要提供网络实体间（如交换机和基站之间、交换机和交换机之间）的认证、数据传输机密性和完整性、攻击信息的监视等安全机制。

用户域安全。用户域安全主要提供终端安全服务模块（可能是终端内的模块或智能卡）与用户间的认证以及终端安全服务模块与移动终端间的认证。用户与终端安全服务模块间认证通常采用个人识别码（Personal Identification Number，PIN）实现，而终端安全服务模块与移动终端间的认证通常采用共享秘密信息的方法实现。

13.3 数据加密测试

随着时代的快速发展，计算机网络通信安全问题面临更多的挑战，网络通信安全问题日益严重，数据加密技术越来越被人们所重视。当今世界已经进入全球普及网络时代，网络通信中，数据加密技术大规模应用。由于各个学科领域的专家都积极投身到密码事业中，数据加密设计呈现出复杂、灵活、多样等特点。

13.3.1 网络通信与数据加密技术的内涵

网络通信。网络通信通常是指网络通信协议，主要针对传输代码、传输控制步骤、信息传输速率、出错控制等做出规定标准。常见的网络协议有交叉平台 TCP/IP、Novell 的 IPX/SPX、Microsoft 的 NetbeuI。

数据加密技术。网络通信安全技术的基石是数据加密技术。数据加密技术通常是指某个信息经过密钥及某种函数规律转换之后，转换成完全无意义的密文，而接收方依靠此密钥或规律可以将其还原成明文。一般情况下，数据加密技术对其使用的环境有一定要求，即在特定的网络通信中，拥有指定的用户，依靠一定密钥，这样才可以进行数据加密。密钥是指一种在明文与密文中转化时使用的参数与算法。

数据加密的必要性。如今，网络的开放性越来越强，而随着网络技术的普及，各种黑客、漏洞也随之出现，这就使得加密成为我们的必然选择。在网络中，加密的作用主要是防止有用的信息在传输的过程中被拦截或者被窃取。密码的传输是最为简单的加密案例，计算机防护体系的建设就是建立在密码加密的基础之上的，从某种意义上说，密码的泄露实际上就意味着计算机安全防护体系的崩溃。在网络上进行登录时，首先以明文的形式将密码传输到服务器上面，而网络传输过程中对密码进行窃听是很容易的事情，因此这个过程很容易被黑客监听，如果密码是由单纯的数字或者字母组成的，则被监听的可能性更大。所以，为了防止密码被窃听，确保文件和密码的传输过程能够顺利完成，需要采用加密技术。

13.3.2 常见的数据加密方法

数据加密方法通常分为两大类：对称式加密与非对称式加密。

对称式加密。对称式加密最大的特点是加密解密使用同一密钥。对于一般对称密码学，加密运算与解密运算使用完全相同的密钥。通常，使用的对称式加密算法比较简便、高效，密钥简短，破译极其困难，由于系统的保密性主要取决于密钥的安全性，因此，在公开的计算机网络上安全地传送和保管密钥是一个严峻的问题。正是由于对称密码学中双方都使用相同的密钥，因此无法实现数据签名和不可否认性等功能。对称式加密技术的解密速度较快，被广泛地应用于各行各业。美国政府曾经使用过的 DES（Data Encryption Standard）就是一种标准的对称式加密技术。DES 是一种分组加密算法，将数据分成 64 位，其中 8 位作为奇偶校验，其余 56 位是密码长度。使用方法是先将原文置换成 64 位数据组，此数据组是杂乱无章的，之后将此数据组分为相等的两个部分，最后将密钥植入其中，使用函数进行运算，多次代入后得到加密密文。但是对称式加密有不可回避的问题，即对单一密钥如何进行管理，密钥本身的安全也受到威胁。

非对称式加密。非对称式加密与对称式加密最大的区别在于，其在解密和加密的过程中，使用的密钥是完全不相同的。一般情况下，非对称式加密有两组密钥，即公钥与私钥。在加密过程中，两组密钥是配对使用的。公钥一般是可以公开的，私钥是绝对保密的。其最大的优越性在于，两组密钥在解密时，接收人只需要开启私钥即可，这可以有效地对数据进行保密。公钥相对私钥更加灵活，但是加密速度和解密速度相对私钥要慢得多。

13.3.3 常见的数据安全加密技术

链路加密。链路加密又称为在线加密，是指对网络节点中的通信链路进行加密，有效保证网络传输安全。链路加密在数据传输前就加密信息，然后在网络节点间进行解密，然后再进行加密，在不停的解密／加密过程中，通过使用不同的密钥，对数据安全进行保护。一般一条数据在到达接收人的过程中要经过众多的通信链路，在这个过程中，包括路由信息在内的数据都是以密文形式进行传递的。链路加密覆盖了数据传递、收发过程。

节点加密。节点加密虽然广泛应用在网络中，其还是有一定缺陷的。节点加密的前提是在点对点的异步或者同步线路基础之上的，必须要求节点两端加密设备达到完全同步才可以进行传输加密，非常考验网络的可管理性。特别是在海外或者通信无法完全覆盖的卫星连接中，这个问题就更加明显。经常出现数据重传或者丢失的严重后果。与链路加密有所不同，节点加密不会在网络节点出现明文形式，其首先把收到的数据进行解密，然后使用不同的密钥再一次对数据进行加密，这一过程是在节点上的一个安全模块中进行的。节点加密要求报头和路由信息均以明文形式传输，使中间节点得到如何处理消息的信息。这种方法无法完全防止攻击者分析通信业务。

端到端加密。对于端到端加密，数据从源点到终点的传输过程中都是以密文形式存在的。端到端加密，又称脱线加密或包加密，数据在被传输时到达接收人之前不进行解密，数据在传输过程中完全受到保护。其有效规避了节点加密中，如果节点被损坏，数据无法传输的问题。在端到端加密过程中，通常不允许数据接收地址进行加密，因为数据在传输过程中必须经过的节点要依靠接收地址确定如何传递数据。端到端加密最大的缺点是无法掩盖收发两点，这是需要用户了解的。端到端加密的优势在于使用成本相对低廉，对比以上两种加密，从加密设计、使用、维护都相对稳定简单，容易操作。端到端加密有效解决了加密系统常见的同步问题；在使用过程中，更加人性化，贴近人的思维习惯。任何一个个人用户，可以选择这种加密方法，其完全不会影响同网络中的其他用户，用户只要注意保密就可以轻松使用端到端加密。

13.3.4 加密协议

21世纪是网络化的世纪，政府、企业以及个人越来越多地依赖于互联网进行信息交换。互联网是一个公共的信息交互平台，正常用户、恶意攻击者都可以使用这个平台。计算机与计算机之间的通信使用约定好的语言——协议。网络协议可以分为文本协议、二进制协议及文本与二进制混合协议。另外，网络协议还可以分为公开协议和私有协议，公开协议一般有说明文档，如RFC（用来说明协议的格式内容）、FTP、HTTP、Telnet、DNS等。另一类是私有协议，大多商业软件和恶意程序使用自己开发的私有协议，并不对公众公开。

分析协议格式，是对程序进一步研究分析的基础。人工对私有协议进行逆向分析是一项繁重的工作，特别是对复杂的协议。事实证明，对复杂的私有协议格式的人工分析可耗费数年的研究时间。研究人员面临的问题不仅仅只是协议私有的困扰，还有协议加密问题。一些商业软件通过协议加密，保护了用户的数据安全传输，如即时通信工具Skype、QQ。加密协议同样也被恶意软件加以利用，例如，僵尸网络为防止安全人员的追踪而加密网络流量。

协议加密一方面保证了传输数据的安全，另一方面由于其数据格式加密，保护了自身软件的安全，也使得漏洞挖掘变得困难。然而这种安全并不是绝对的，例如，著名的Skype软件虽然使用了加密协议，研究人员仍然发现了它的漏洞。就连使用了加密技术的恶意软件，也存在着漏洞，例如，MegaD僵尸网络所使用的控制传输协议就存在着大量的漏洞。对加密协议进行格式逆向不但有利于对恶意软件进行逆向分析和破解，还可以对正常的软件进行Fuzzing测试和漏洞挖掘，减少其安全风险，所以具有重要的研究意义。

目前，自动化的协议逆向解析已十分热门，近几年涌现了许多有代表性的研究成果。这些方法总体可分为两类：一类是基于网络流量分析的方法，代表性的研究成果有PI、Discoverer、GAPA、网络协议的自动化Fuzzing漏洞挖掘方法、基于net-trace的网络协议逆向工程方法研究等；另一类是基于动态污点分析的方法，代表性的研究成果有Polyglot、AutoFormat、Tupni、ReFormat、Dispatcher、Automatic Network Protocol Analysis、Prospex等。

明文协议格式分析。在明文协议自动化分析方面，比较有代表性的是Polyglot和AutoFormat。在它们之后出现的研究成果中多是模仿和改进。它们都采用了动态污点分析，这种技术近几年刚被提出，但是在协议逆向、检测蠕虫攻击和特征自动提取等方面已经取得了令人瞩目的成果。

密文协议格式分析。最具代表性的是2008年发表的ReFormat指出，在明文协议分析时，污染源是接收到的网络数据，程序直接解析这些数据。对于加密数据，程序将有很大一部分代码用来解密，而不是直接解析。解决方法是找到解密后的明文缓冲区，将这一缓冲区作为污染源，通过观察程序对它的处理来提取协议格式。

13.3.5 加密协议测试与内存模糊测试

对于明文协议，可以按照格式生成数据，然后测试。如果对加密报文随意变异并发送给被测试程序，可能导致程序无法解码，或者解码后协议格式被破坏，在解析的早期就被程序丢弃。唯一和加密协议测试直接相关的资料是美国的一项专利——Fuzzing encoded data，在该专利中，介绍了测试加密协议的整体流程：作者根据加密数据里面的特征来判别加密算法，如果这种算法是某个已知算法，就对其解密，再对解密后的明文进行变异，再加密；如果无法判别，则使用各种解密算法尝试破解。如果解密后的数据是一个单独的域，就直接进行 Fuzzing 测试；如果带有复杂的结构，则按照格式进行变异，而且这个结构必须是预先得到的，它要么来源于公开文档，要么来源于人工分析。可以看出，这种方法在很多情况下都会失效：

❑ 程序使用的是私有的加密算法。

❑ 所使用的算法的特征并不明显。

❑ 不知道算法的加解密密钥。

❑ 协议的格式复杂，人工分析困难极大，等等。

所以该方法缺乏通用性，应用价值也不大。

传统的 Fuzzing 测试要想取得好的效果，需要弄清输入数据的格式。对于一些非公开的协议或者文件，对数据格式进行逆向研究将会有很大的困难，特别是对于加密的数据，更是一筹莫展。内存 Fuzzing 最初被提出就是为了解决这个难题。内存 Fuzzing 是指，在程序运行到某个时刻，直接修改目标程序的内存数据，观察程序是否出现异常。该测试方法适合测试不开源的应用程序，特别是那种在解析前对输入数据进行校验或者解密的程序。

1. 动态污点分析与协议格式逆向

动态污点分析是一种重要的软件分析手段，它将外部数据作为污染源，通过插装程序代码的方式，在虚拟环境中运行并监控程序的执行，记录程序执行轨迹（trace），最后分析轨迹，得到想要的逆向结果。目前这种方法已经在安全分析方面得到了广泛的应用，如协议格式逆向、恶意代码分析、漏洞检测与分析等。

协议格式逆向的原理是：处理报文的目标程序预先知道协议格式，针对不同协议字段，程序会使用不同的指令进行处理，所以可以根据这些处理方式来得到协议格式。例如，协议中的分隔符用来分割不同域，会和污染源数据的多个连续字节进行比较；而程序在寻找关键字的时候，会用多个常量字符与污染源数据的多个连续字节进行比较，且比较容易操作成功。

目前在协议格式逆向方面已经取得了巨大的成功，继 Polyglot 之后涌现了大量协议逆向成果。然而，这些研究工作都集中于对明文协议进行格式逆向，很少对加密协议格式进行逆向，加密协议格式分析方面仅有的成果是 ReFormat 和 Dispatcher。在进行明文协议格式分析的时候，直接插装网络接收函数或者文件读取函数就可以知道接收到的污染数据的位置与长度；分析加密报文的时候则不能直接标记接收到的数据。要想分析解密后明文数据的格式，首先要定位解密后明文所在位置。

2. 解密后缓冲区定位原理

如果要分析一块数据的格式，首先将它作为污染源进行标记，然后通过动态污点进行跟踪，记录程序处理轨迹，最后分析轨迹文件就可以得到数据格式。分析明文协议格式的时候，污染源很容易定位：插装接收外部数据的函数，如文件相关的函数 ReadFile、CreateFileW、CreateFileA、CreateFileMappingA 等，以及网络相关的函数 recv、WSARecvEx、recvfrom 等。当这些函数被调用后，记录接收数据的首址、长度，然后将这块数据标记为污染源。如果数据是加密的，将密文作为污染源是得不到格式信息的。接收到加密的报文后，程序会先解密，解密完成后，再对解密后的明文进行解析和处理。所以，要想分析加密协议格式，首先要定位解密后的明文缓冲区。

不管是哪种加解密算法，它们都有共同的特征：使用大量的运算指令，如逻辑运算指令 not、or、xor 等，移位运算指令 rol、ror、sar 等，以及算术运算指令 add、dec、sub 等，有些指令可以同时被划分到几个不同的类别中去。现将这一特征简称为比例特征。函数分为两种，一类函数是加解密函数，如 DES、RC4 等；另一类函数是普通函数，如 HTTP 请求处理函数等。在加解密函数中，这类指令的比例均大于 80%，而在非加解密函数中，比例低于 25%。根据这一特征，可以找到程序中加解密相关函数。在加解密函数中，程序会将解密后的明文写入缓冲区，解密完成后，再读取明文数据，进行解析。所以，先找到解密函数，然后监控函数对内存的读写，就可以找到解密后的明文缓冲区。ReForormat和 Dispatcher 的核心思想也基于这一特征——比例特征，在具体实现中它们都有一些不足之处。

3. 加密协议格式分析

定位了解密后的明文缓冲区后，标记这片缓冲区，作为污染源，然后跟踪记录轨迹，后续工作是分析明文协议格式。在对加密协议进行格式分析的时候，准确地定位解密后的明文数据至关重要，如果找不到或者找错位置，都不能得到有效的格式信息。找到解密数据后，可以使用任何一款已有的基于动态污点分析的明文协议分析工具（如 Polyglot、AutoFormat）对这块数据进行格式分析。

4. 内存模糊测试

传统的 Fuzzing 测试方法是指通过不断给目标软件发送各种畸形数据来挖掘目标软件可能包含的安全漏洞。根据数据变异的方式，可以将模糊测试分为两大类：基于变异的模糊测试和基于生成的模糊测试。基于变异的模糊测试通过对已有的数据样本进行变异来创建新的测试用例，这种测试方法的优点是简单，缺点是生成数据有效性差，测试效果也差。基于生成的模糊测试需要先对目标协议或文件进行格式分析，依据格式生成各种有效数据，这种方法生成的数据有效性高，测试效果也好，但是需要大量的逆向分析工作，特别是对于私有协议或文件格式。

传统的 Fuzzing 测试无法对加密协议或者文件进行测试，因为传统 Fuzzing 测试不断地改变外部输入数据，如果是明文信息，程序会接收并进行解析。但如果外部输入数据是加了密的，在解密完成之后，程序才开始进行解析，所以真正应该进行测试的数据是解密后的明文缓冲区，真正应该被测试的对象应该是解密后的解析流程。如果 Fuzzing 测试所修改的是密文数据，那么测试的就是解密过程，而不是解析过程。在这种情况下，因为密文数据非法，所以在解密过程中就有可能被丢弃；即使解密得以完成，解密后的数据也是随机数据，测试效果非常差。所以传统 Fuzzing 无法对加密协议进行有效测试。

内存模糊测试是一种很少被人们关注的测试方法，而且这种方法和传统的模糊测试截然不同。当今许多软件为了增强程序的安全性，都对外部输入数据进行了验证，如检查和校验、哈希校验，甚至加密处理，这样不但阻止了大部分恶意数据的输入，也为安全研究人员设置了障碍，但它为内存 Fuzzing 提供了用武之地。内存 Fuzzing 可以绕过验证过程或者解密过程，直接修改内存数据，测试后续的解析流程。下面将详细介绍这种测试方法。

（1）内存 Fuzzing 原理

传统的模糊测试作用于程序外部，一般先要分析输入数据格式，然后根据格式构造不同输入数据，发送给程序处理。而内存模糊测试几乎全部作用于程序内部，具体流程可以分为 3 个部分：

❏ 需要对目标软件进行逆向分析，寻找适合进行测试的代码块起始位置 [StartAddr，StopAddr]，通常是程序中某些函数的开始地址和结束地址。如果输入数据是明文的，一般的做法是在调试器中对网络接收函数或文件读取函数设置断点，跟踪输入数据的流向，看哪些函数处理了输入数据，这些函数内部有没有使用不安全的 C 语言的库函数，如 strcpy、memcpy、printf 等，进而测试这些函数。如果输入数据被加密，因为不知道明文数据的位置，无法确定明文数据流向了哪些函数，所以先要分析解密后明文的位置。

❏ 确定代码块的输入数据位置 [MemAddr，Size]，如函数参数，即需要进行变异的数据位置。

❏ 使用某种手段，让程序在 [StartAddr，StopAddr] 之间循环不断地运行。有两种方式可以让程序在 [StartAddr，StopAddr] 之间循环运行：基于无条件跳转和基于快照恢复。

基于无条件跳转是在 StopAddr 处插入一个无条件跳转，跳转的目标地址 StartAddr。这种方法的缺点是：程序的全局变量或某些局部变量在前一轮的测试中已经被修改，所以每次测试的环境都不同，程序行为也就不同。另外，每次运行都会耗用堆栈空间和内存空间，如果没有正确处理，极有可能导致内存泄漏或者耗尽。应用实践证明这种方法的误报率很高，而且不利于大量测试。

基于快照恢复的方法是在 StartAddr 处保存进程快照，变异内存 [MemAddr，Size] 中的数据，等到程序运行到 StopAddr 处时恢复进程快照，就可以回到 StartAddr 处进行下一轮的测试。因为快照内容不仅包括线程上下文环境，而且包括所有的可变内存页，所以每次在 StopAddr 处恢复后程序的运行环境都能保持一致。这种方式远远优于基于无条件跳转的方法，也利于大量的测试。

（2）内存Fuzzing的优点

因为传统的模糊测试方法无法绕过检验，所以无法测试程序对数据的解析过程。内存模糊测试可以解决这种问题：使用正常的输入数据，让程序执行到 StartAddr 处，然后变异内存 [MemAddr，Size] 中的数据，进行内存模糊测试，这样就绕过了数据验证过程，也可以对后续的数据解析过程进行测试。这一点是传统 Fuzzing 测试所无法比拟的。

除了可以绕过校验过程，这种测试方法还有其他优点：

测试深度。内存 Fuzzing 可以在程序运行到某个位置后开始测试，这个位置可以是接收到第几条报文后，或者是读入哪个文件之后，甚至是程序执行到某个函数的时候。

❑ 测试速度。一方面，内存 Fuzzing 专门测试 [StartAddr，StopAddr] 间的代码，不用运行无关代码；另一方面，当要测试的位置位于许多次报文交互之后，内存 Fuzzing可以让程序保持在这个阶段，这样可以免除前面交互过程。

（3）内存Fuzzing的缺点

内存 Fuzzing 虽然很早就被提出并使用，但是到现在为止，应用却并不广泛，而且没有突出的成果。这和它自身的一些缺点有关，具体包括如下方面：

❑ 用户不可控。程序中多数函数与输入数据无关，即使这些函数有漏洞，用户也无法控制和利用。

❑ 逆向分析要求太高。要想达到好的内存 Fuzzing 效果，要进行大量的逆向分析工作。如果输入数据是明文的，一般的做法是在调试器中对网络接收函数或文件读取函数设置断点，跟踪输入数据的流向，查看哪些函数处理了输入数据，这些函数内部有没有使用不安全的 C 语言库函数等，进而测试这些函数。如果输入数据被加密，因为不知道明文数据的位置，甚至根本无法确定明文数据流向了哪些函数。

❑ 数据格式未知。函数的参数有可能是一种复杂的数据结构，会随意变异导致格式错误，立马被程序丢弃，达不到比较好的测试效果。

❑ 测试范围太小。在各种内存 Fuzzing 相关的资料中，千篇一律的都是测试程序中的单个函数，也就是通过不断修改内存中函数参数来测试函数是否有漏洞。因为测试的是单个函数，所以覆盖范围极小。

可见，目前对于加密协议，传统 Fuzzing 方法根本无法进行有效测试。内存 Fuzzing 理论上虽然能够测试，但是在实践应用中存在许多缺点。将加密协议格式分析和内存模糊测试结合，可以克服这些缺点，也为加密协议的漏洞挖掘提供了一种解决方法。

5. 加密协议模糊测试

加密协议模糊测试主要包括 3 部分的工作：解密后缓冲区的定位、污染源重标记与格式分析以及根据数据格式进行内存模糊测试。在解密后缓冲区的定位方面，可以使用基于相关度和计算强度的方法。在内存模糊测试方面，将加密协议格式分析与内存模糊测试结合使用，使传统的内存 Fuzzing 有了更多的优点和更广泛的应用。因为格式分析可以使用已有的明文协议格式分析工具，所以难点和重点集中在解密后缓冲区定位和内存模糊测试方面，而且这二者是内存模糊测试的基础。

❑ 解密后缓冲区的定位。在解密函数中会将解密出来的明文数据写入内存，解密函数结束后，程序会读取并处理明文数据，找到了解密函数的位置，也就找到了解密后缓冲区的位置。除了对 Dispatcher 所使用的比例特征进行改进之外，还引入了另外两个有效的度量特征——输入相关度和计算强度。如果一个函数同时具备了这 3 个特征，就可以判定其为解密函数。找到解密函数后，再次运行程序，并监控解密函数内部写入内存的数据，在解密完成后被读取的数据就是解密后的明文数据。

❑ 污染源重标记与格式分析。在定位到解密后的明文缓冲区后，删除之前所有污染源，将这块明文数据标记为新的污染源，再跟踪记录轨迹，最后从轨迹文件中提取协议格式。在协议格式分析的时候，可以使用现有协议格式逆向的成果，例如，使用 Polyglot、AutoFormat 等。

❑ 加密协议模糊测试。加密协议格式分析得到两个结果：第一个是解密后缓冲区的位置，另一个是缓冲区数据格式。有了这两个结果，再结合内存 Fuzzing 的测试方法，就可以根据数据格式对这块数据进行变异，进行内存 Fuzzing 测试。因为解密后缓冲区可以自动定位，所以逆向分析要求大大降低。解密后的数据来源于输入的密文，用户完全可控，而通过格式分析后，得到了数据的格式，依照格式进行 Fuzzing 测试，可以大大提高生成数据的有效性。因为修改的是解密后的整体数据，而不是个别函数的参数，所以可以测试解密后的整个解析过程，测试范围大大提高。将加密协议格式分析与传统内存 Fuzzing 测试结合之后，不但继承了传统方法的优点，解决了原有方法的不足，也为加密协议的漏洞挖掘提供了一种解决办法。

6. 针对加密协议的内存模糊测试

在对标准的、公开的协议进行 Fuzzing 测试的时候，可以根据已有资料（如 RFC）生成格式有效的数据，直接测试程序的解析过程，测试非常简单。对于未知协议，要进行有效的 Fuzzing 测试首先要对协议格式进行逆向，依据格式生成数据，然后测试程序的解析过程。

（1）加密协议内存 Fuzzing 的难点分析

内存 Fuzzing 整体流程分为 3 步：①对目标软件进行逆向分析，寻找适合测试的代码块位置 [StartAddr,StopAddr]；②确定代码块的输入数据位置及大小 [MemAddr,Size]，即进行变异的数据位置和长度；③使用某种手段，让程序在 [StartAddr,StopAddr] 之间不断地循环运行。

因为基于快照恢复的方法的误报率远远低于基于无条件跳转的方法，而且利于大量的测试，所以采用这种方法进行加密协议内存 Fuzzing 测试。对加密协议进行内存 Fuzzing 测试首先要考虑的问题是快照恢复位置（StopAddr）的选取。已有的内存 Fuzzing 测试案例都是测试单个函数，而加密协议测试的是解密后的整个解析流程。传统的内存 Fuzzing 测试因为测试的是单个函数，所以在快照点（StartAddr）以及快照恢复点（StopAddr）的选取上比较简单，直接是函数的入口地址和返回地址。而且不管是什么样的输入数据，函数都会执行到返回地址 StopAddr。测试加密协议的时候，StartAddr 选取的是解密完成后第一条读取明文数据的指令的位置。StopAddr 的选取比较复杂，因为解密后的数据相当于解析过程的"全局数据"，这块全局数据被变异之后，程序的执行流程很可能发生巨大的变化，如果选取的是一个固定位置，很有可能程序根本不会执行到这个位置，所以快照无法进行恢复，测试也难以继续进行。

另外，还有一个需要考虑的问题是怎样对数据进行变异。已有的内存 Fuzzing 测试案例在测试单个函数的时候，可以申请一块任意大小的内存，填入测试数据，然后修改函数参数指针指向这里（数据重定向）。加密协议模糊测试却不能这样做，因为解密后的数据是解析过程的"全局数据"，而不是某个函数的参数，在解析过程中程序可能会有大量的函数以不同的方式访问这块数据，难以将所有的这些访问都重定向到另一个地址。

（2）快照提取点与恢复点的选取

在加密协议格式分析的时候，分析一条合法报文的处理流程是，先找到它被解密后明文数据所在的位置，然后通过污染源重标记，记录程序处理明文的执行轨迹，分析轨迹得到明文数据的格式。首先根据轨迹文件来确定快照提取点和恢复点的位置，StartAddr 选取的是解密完成后第一条读取明文数据的指令位置；StopAddr 的选取则比较灵活，因为解密后的明文数据可以影响后续的整个协议解析过程，所以 StopAddr 可以选取 StartAddr 后面的任意位置，如果 StopAddr 越靠后，则测试的范围就越大。因为 StopAddr 是根据轨迹文件得到的，而且位置固定，所以称之为静态位置。

在内存 Fuzzing 测试的时候，修改缓冲区内容之后，因为明文内容不同，程序的执行路径很有可能发生改变，所以程序有可能不会执行到 StopAddr，这样也就不能进行快照恢复，测试也会停止，可见静态方法的稳定性差。为了进行稳定的测试，可以采用动静结合的快照恢复点的选取方法：

- ❏ 可以依据轨迹确立一个静态地址，如果程序执行到了这个位置，则恢复快照。如果出现了这种情况，表明修改后的数据和原始报文的执行路径一致。
- ❏ 在 StartAddr 开始执行后，监控网络数据接收和发送函数，在发送或者接收下一条报文的时候，进行快照恢复。因为 StartAddr 之后是明文报文被解析的过程，如果程序在某处发送或者接收了其他报文，通常表明上一条报文已经处理完毕，所以适合进行快照恢复。称这种快照恢复位置为动态位置。
- ❏ 假如以上两种情况都没有遇到，如果不采取措施，就不能进行快照恢复，测试也就不能进行下去。为了解决这种问题，在 StartAddr 之后，使用了一个计时器线程，记录 StartAddr 之后程序运行的时间，如果遇到了任何静态位置或者动态位置，都将计时器置 0。如果超过了一个时间阈值，还没有进行快照恢复，则强制进行快照恢复，这样就保证了在任何情况下都能让测试继续进行。

（3）数据变异方案

传统的内存 Fuzzing 测试的是单个函数，并在函数结束位置进行快照恢复，修改的是函数参数，测试范围小，影响也小，虽然缺点很多，但是对输入数据进行变异的灵活度很大，不论是内容、位置，还是长度都可以修改。加密协议内存 Fuzzing 测试在数据变异方面需要考虑各种复杂的情况：

- ❑ 测试内容。解密后的数据本身具有复杂的协议格式，如果随意变异，程序在解析的早期就有可能丢弃。在进行加密协议格式分析后，这一问题可以得到有效解决。
- ❑ 测试位置。传统内存 Fuzzing 测试在测试函数的时候，通常申请一块内存，写入测试数据，然后将函数参数指针指向这片内存，可以称之为重定向方法。解密后的数据并不是个别函数的参数。解密后会有许多函数以不同的方式对这块数据进行访问，假设使用重定向方法，可能造成大量的访问异常。所以最好在缓冲区原有位置进行数据变异。
- ❑ 测试数据长度。解密后缓冲区可能位于栈、堆或者全局数据区域，因为数据位置已经固定，而原始的解密后的明文数据大小也固定，如果随意写入超出长度范围的数据，会破坏其他数据，甚至直接导致程序崩溃。虽然不能直接修改数据长度，但是可以间接地修改：在对明文进行格式分析后，如果知道其中某个字段是用户可控的，例如，HTTPS 中可以传入一个超长 URL 字段，对缓冲区进行扩充，这样在内存模糊测试的时候就可以测试超长的数据。

由此，可以不改变数据位置，仅在原始数据长度范围内进行变异。如果可以控制协议某些字段长度，也可以使用间接方式控制缓冲区的大小，测试超长数据。

13.3.6 协议安全测试

通信协议是通信网络中各种通信实体或进程之间交换信息所遵守的规则集合，是网络能够正常运作的前提。协议决定了交换信息中涉及的数据格式和传输规则，各个互联的计算机系统必须遵守相应协议才能相互理解并成功通信。为了给网络硬件、软件、协议、存取控制提供标准，国际标准化组织提出了开放系统互联七层参考模型。同时，以 TCP/IP 为核心的 Internet 体系结构在实际网络中得到了广泛应用，已经成为了事实上的计算机网络工业标准。

随着网络技术的不断发展，计算机网络日趋复杂，协议的种类和数量日渐增多，复杂性也日趋增大。空间分布性、并发性、异步性和多样性等特点的出现，不仅提高了协议系统的开发难度，也增加了协议的潜在错误可能性。协议开发过程中的任何错误和缺陷都可能给通信系统的稳定性、可靠性、安全性、坚固性、容错性，以及系统之间的互通性和互操作性等带来极大的危害。

渗透测试作为当前实施最多的安全测试手段，在协议安全测试中可以用于检验被测网络设备上的协议栈对各种已知协议攻击的抵御能力，即协议攻击测试。协议测试涉及的协议种类多，攻击原理各异，要在一个统一的测试框架下执行测试，首先需要有协议攻击描述模型，能将各种不同的协议攻击纳入统一描述范围；其次需要测试方法和测试系统的支持，以及基于测试结果对被测设备的安全性评定方法。

协议攻击测试针对的是已知的协议安全漏洞，它并不能发现未知的安全问题；并且它通常检验的是网络设备上加载的协议族的整体安全性，对单个协议进行攻击测试的意义相对不大。因此还需要能针对单个协议发现潜在安全威胁的测试方法。虽然一致性测试不能保证协议实现的安全性，但一致性测试经过多年发展，已经相当成熟，在形式化模型和测试序列生成方法两方面都已经有不少有效成果，并且一般来说对于协议实现是必需的测试项目。如果能在协议一致性测试的基础上结合安全测试方法进行安全测试，就可能在具有发现潜在安全威胁的能力的同时，达到重用一致性测试成果的目的，也利于进行测试的覆盖性度量。

1. 协议安全测试基础

为了设计出功能可靠的、完全的协议并将其有效地实现，协议开发需要使用工程化的方法。这种基于形式化的协议开发理论和技术，使用工程化的方法以保证协议开发效率以及通信系统性能的一体化、形式化的协议开发过程，就称为协议工程。

协议工程是以协议软件为研究对象的软件工程，协议形式化理论是整个协议工程的基础。在此之上，协议工程对协议的设计、验证、实现、测试以及维护等各个阶段的活动进行研究，由协议说明、协议综合、协议验证、协议测试、协议转换、性能分析和自动实现7个主要部分组成。

协议测试是协议工程的一个重要内容，是保证协议实现正确性的重要环节。关于它的理论和技术的研究在学术界和工业界都很受重视。传统的协议测试包括一致性测试、性能测试、互操作性测试、健壮性测试等多个方面。其中，一致性测试通过检验所测试的协议和它的协议规范之间的一致程度来保证协议实现按照协议规范来运作；性能测试用于检测协议实现的各方面性能指标，如传输率、速度、并发度等；互操作性测试用于检验同一个协议的多种不同实现版本之间的互操作能力；健壮性测试主要检验协议实体或系统在各种恶劣环境下的运行情况。

形式化方法是一种采用形式化语言来描述计算机系统的方法，一般基于一定的数学理论，由符号集合和对符号进行操作的规则集合组成。对协议进行形式化的描述能够帮助人们更加精确地分析协议，以便确定协议设计和实现的正确性。协议形式化作为协议验证、实现和测试的基础，有利于实现协议工程过程的自动化或半自动化。同时，在协议测试中使用形式化描述，还能有助于建立不同层次的测试覆盖标准，对测试的完备性和有效性进行分析。

软件安全测试是当前测试领域内的一个重要研究方向。传统的测试关注的是验证功能需求，往往并不会对软件设计中未设定允许的行为进行测试，测试的重点并没有放在查找大部分的安全漏洞上。同时，传统测试方法通常假定程序运行在一个完全安全的环境中，忽略了恶意用户和入侵者的存在。这些因素都导致传统测试方法并不能保证软件的安全性。

通信协议作为对网络通信至关重要的软件，同样可能面临着多种安全威胁。协议一致性测试作为一种传统的功能测试，同样不能完全保证通信协议的安全性。因此，协议安全测试必须作为协议测试的有效补充被加入到协议工程中来。

在协议安全测试领域，比较多的实践集中在错误注入和变异分析方法上。OUSPG（Oulu University Secure Programming Group）项目组提出了一种基于语法测试（syntax testing）的黑盒协议漏洞测试方法，并给出了一个测试工具的框架。该方法使用一些精心构造的不合协议语法的协议数据单元（Protocol Data Unit，PDU）来测试网络协议实现，一个被测协议在接收了畸形的 PDU 之后如果不出现挂起、崩溃、非法访问等问题就算通过了当前的测试。实际上是将协议安全性定义为，协议能正确地处理畸形的 PDU 而不引起安全漏洞，这是一个类似于健壮性的定义。此外，OUSPG 组还讨论了协议依赖性对安全漏洞影响力的影响。

基于上述的安全性定义，随机测试（Ad-hoc testing）、变异分析等方法纷纷被引入协议安全测试。可以将协议头部的域值视为模块接口参数，试图通过操纵非法的报文头部来检验协议实现是否缺乏健壮性，也可以将协议报文表示为一个单纯的长字符串，并对字符串的内容进行随机扰乱测试，使用 ASN.1 语法来对 PDU 进行抽象，设计一个更普适的工具来进行具体协议无关的安全语法测试。

2. 协议渗透测试方法

大部分的软件安全性错误和漏洞实际上都与软件安全措施无关，而是从攻击者的异常行为中产生的。如果我们认为功能性测试是对软件正面因素的测试，则安全测试就是对软件负面因素的测试。协议一致性测试作为一种传统的功能测试，对负面因素的关注不够，因此不能完全保证通信协议的安全性。通过了一致性测试的协议实现，仍然有可能存在安全问题。

渗透测试是当前最常用的安全测试方法，它通过深入安全风险来确定系统在攻击下的可能行为。渗透测试是受信任的第三方进行的一种评估网络安全的活动，通常基于已知的一个漏洞知识库或风险模型由具有丰富专业知识的测试组来实施。在测试过程中，测试组的成员以攻击者的立场和思维方式进行思考，通过运用黑客攻击的方法与工具来对被测系统进行安全性检验，找出系统存在的漏洞，从而给出网络系统存在的安全风险，整个测试过程类似于真实的攻击。渗透测试能证实恶意攻击者是否有可能获取或破坏数据资产。

传统的渗透测试的主要步骤包括：

（1）信息收集和分析

使用各种扫描工具、社会工程等多种方法收集被测系统的相关信息。此外，还需要理解被测系统的哪些资源是必须加以保护以防攻击者取得或滥用的。

一般来说，回顾被测对象的设计文档（尤其是数据流图）可以清楚地了解系统组件的框架以及各组件间主要的数据流。在渗透测试中特别要重视来自系统空间之外的数据流，这些都是可能的攻击面。另外，由于设计可能不总是和真实情况相符，还应该使用运行时检查（或称痕迹检查）来了解被测系统实际上使用了哪些外部对象或数据。

对收集到的信息进行分析，确定被测系统的攻击入口点，揭示系统的高风险区域。

（2）威胁建模

渗透测试中的威胁建模过程是为了找出测试区域并排定测试优先级，典型的例子是 Mierosoft 推出的"应用程序咨询和工程化"（Application Consulting and Engineering，ACE）。该过程分为 4 步：

❑ 识别威胁路径。为被测系统确定级别最高的风险领域，包括确定系统平台及其实现语合一的整体安全强度，以及各类用户的访问类别，并在数据流图中找出穿越不同权限安全域的威胁路径，并对所有的威胁路径进行初步排序。

❏ 识别威胁。对于每一条威胁路径，更深入地识别沿着这条路径上系统所进行的操作，并逐一给出与每个操作相关的可能威胁。

❏ 识别漏洞。如果系统对于某个威胁未能采取有效的安全措施，则该威胁就会变成一种漏洞。判断系统是否对每个可能的威胁都有对应的安全特性。

❏ 漏洞分级。区分漏洞的严重程度级别。例如，使用 DREAD 模型来判定漏洞在潜在破坏性（damage potential）、再现性（reproducibility）、可利用性（exploitability）、受影响的用户（affected user）和可发现性（discoverability）这 5 个属性上的严重程度。

（3）实施测试

依据漏洞列表对被测系统进行模拟攻击测试，并观察其行为以判断该漏洞是否真的存在。

上述是普遍意义上的渗透测试概念和步骤。由于渗透测试涉及的对象种类繁多，不同对象的渗透测试步骤显然不可能完全一致。尤其是实施测试的过程，更是因对象的不同而不同。在我们所研究的协议安全测试领域，被测对象是相关网络设备上运行的协议栈系统。协议攻击测试是测试者模拟已有的网络协议攻击方式对协议栈系统进行测试，从而确认其抵御攻击的能力的过程。它本质上是对设备协议栈的一种渗透测试。由于网络设备上运行的协议栈的特性，我们可以明确地得知协议攻击测试的攻击点是各协议的网络接口。威胁路径是攻击者与协议之间的报文操作序列。

3. 通用安全测试方法

安全测试的目的是检测软件系统中可能存在的安全漏洞。传统的安全测试方法包括对安全内核的形式化验证和渗透测试。前者使用数学形式描述系统，从而验证其行为是否达到了安全需求的要求。然而对于复杂的软件系统而言，软件需求和系统两方面都非常难于用数学形式来定义，这一点极大地限制了形式化方法的使用。渗透测试是当前使用较多的验证型安全测试方法。研究者已经指出渗透测试存在一些缺陷，包括：通常不存在简单的确定合适测试用例的过程，错误判定依赖于测试者的技巧、经验和对系统的熟悉程度，以及因为没有良定义的测试的标准而难以确定何时停止测试。但渗透测试仍然因其简单易行和在检验已知漏洞上的有效性成为了安全测试的一个重要组成部分。

由于传统的两种安全测试方法存在上述的缺陷，人们开发了一些新的安全测试方法，大致上可以分为静态代码扫描、反汇编、错误注入这 3 种。

❏ 静态代码扫描。应用静态代码扫描法虽然能发现一些漏洞，但缺点也是显而易见的。该方法必须取得软件系统的源代码，在代码量很大的情况下工作量也很大，并且误报率较高。并且，考虑到程序的运行是动态的和交互的，仅仅考虑静态代码的安全测试显然是不完备的。

❏ 反汇编。反汇编安全测试技术的优点是从理论上来说，不管多么复杂的问题，总能通过反汇编来解决。但其缺点也是明显的，费时费力，对测试者的要求非常高，需要丰富的经验，通常不可能自动完成，在当前的安全测试中使用比较少。

❏ 错误注入。错误注入类方法在当前的安全测试领域应用相对广泛，如 AVA（Adaptive

Vulnerability Analysis）方法。该方法在源码级别上模拟分属不同威胁级别的攻击者的输入，通过改变数据流和赋值给内部状态的应用变量来对软件系统的内部状态进行扰乱。环境错误的概念将安全测试视为对软件容错能力的测试，认为大部分安全缺陷都是程序和环境之间不适当的交互引起的，并且由用户对环境的恶意操作而触发。该方法基于对漏洞的分析，将环境错误注入被测系统，然后观察系统行为。一次容错失败被认为是一个潜在安全漏洞的指示。此外，随机测试、变异分析等方法也是常用的安全测试方法，在作用机制上与错误注入方法类似，都是通过向系统提供异常的输入来观察系统是否正确处理的。

13.4 安全信道测试

无线信道即常说的无线频段（channel），是以无线信道信号作为传输媒体的数据信号传送通道。

在进行无线网络安装，一般使用无线网络设备自带的管理工具，设置连接参数，无论哪种无线网络，主要的设置项目都包括网络模式（集中式还是对等式无线网络）、服务集标识（Service Set Identifier，SSID）、信道、传输速率4项，只不过一些无线设备的驱动或设置软件将这些步骤简化了，一般使用默认设置（也就是不需要任何设置）就能很容易地使用无线网络。

Web是一个基于Internet的、全球连接的、分布的、动态的、跨平台的交互式超媒体信息系统。由于Web的种种优势，许多应用被移植到Web中来，而各种新型应用也层出不穷，如电子商务、电子政务等。但同时一个问题也浮现出来——如何保障系统的安全性，特别是在需要通过网络传递敏感信息的时候。为此，设计了一个安全信道，进行敏感信息的传输。

13.4.1 安全信道的设计

为了保证在Web应用中各种数据信息的传输安全，保障数据的保密性和完整性，防止各种形式的攻击，（如非法窃听、冒充、篡改等），针对Web系统所面临的安全威胁，设计了一个安全信道来达到安全保密的目的。安全信道指的是信息以加密的形式经过网络传播，以确保信息的机密性、完整性。网络攻击者虽然可能截获在网络上传输的数据，但无法得到有用的信息。安全信道主要进行两项工作：一是通过验证身份确立相互信任的关系；二是协商确定所使用的会话密钥。

对于使用安全信道的Web系统而言，其系统流程如下所述。首先登录客户端，开始一次会话。服务器与客户端通过身份鉴别、交换信息、共同协商会话密钥来建立一个安全信道，随后的通信均建立在安全信道的基础之上。此时即可开始进行正常的业务处理流程。客户生成操作请求，将其发送到服务器端。服务器对请求进行验证并处理操作请求，将操作结果通过安全信道传输到客户端。客户端对相应结果进行操作。至此，该次会话结束。

综合多方面的考虑，最后确定本系统的安全信道建立在应用层上。具体而言，此安全信道建立在 HTTP 协议的基础之上，其本质是一种问答式协议，对通信信息进行保护，提供包括实体认证、完整性和保密性在内的安全保障。

采用 Diffie-Hellmna 算法交换密钥信息，共同协商会话密钥；为抵抗中间人攻击采用 DSA 算法对密钥信息进行数字签名，协商出会话密钥后采用新一代加密标准 AES 对所传输的敏感数据进行加密。

在确定建立安全信道的算法后，一个非常重要的工作是确定各个算法的密钥长度。密钥长度并非一成不变，也不是越长越好。在确定一个系统的密钥长度时，应将受保护对象的价值、安全保护期、潜在攻击者的资源情况等因素综合起来加以考虑。

根据安全保护中最薄弱链接原则，一个系统的强度取决于它的最薄弱处。因此在同时使用对称密钥算法和公开密钥算法的混合系统中，必须谨慎地确定每种算法的密钥长度，使它们被不同方式攻击时有着同样的难度，即保持强度的均衡性。单纯提高某种算法的密钥长度，并不能提高系统的整体安全强度。同时使用 128 位对称密钥算法和 386 位公开密钥算法将毫无意义。

密钥长度的确定除了要考虑安全强度方面的因素外，还要顾及系统的响应速度。用户不太可能容忍长达数分钟之久的安全处理过程。

除去保证数据完整性的消息摘要外，使用了 Diffie-Hellmna 密钥交换算法、DSA 签名算法和 AES 加密算法，各算法的密钥长度如表 13-1 所示。

表 13-1　算法的用途和密钥长度

算法名称	用途	密钥长度 / 位
Diffie-Hellman	协商会话密钥	1024
DES	进行数字签名	1024
AES	加密通信数据	128

13.4.2　安全信道分析

作为一种在开放的网络环境下使用的通信方法，安全信道需要必要的保护机制来抵抗可能出现的各种攻击。下面分别对安全信道的协议和加密算法进行安全性分析。

（1）协议安全性分析

在会话密钥的产生过程中综合使用了 Diffie-Henmna 密钥交换算法和 DSA 数字签名算法。下面对信道的建立协议进行安全性分析：

用 CA 机构签发的证书进行数字签名，可以解除互不信任的会话双方之间的疑虑，也是验证对方身份的过程。不需要有密钥中心或第三方产生密钥的介入。

❑ 在建立安全信道的整个过程中，没有出现需要保密的信息。根据 Diffie-Henmna 算法的原理，即使线路上的窃听者偷听整个密钥协商过程也不可能计算出最后的会话密钥。

❑ 在消息中附上时间标识，可以预防重放攻击和消息延迟。

❑ 整个协商过程封闭完整。攻击者不知道相应的私有密钥，无法进行正确的数字签名，因而中间人在插入、删除报文时，协议将无法完成，从而抵御了中间人攻击。

（2）加密算法安全性分析

在安全信道建立后，双方采用 AES 算法进行数据通信的加密，以实现数据的保密性。AES 算法是用于替代第一代对称密钥数据加密标准 DES 的高级数据加密标准。由 NIST

（National Institute of Standard Technology）发起征集。2000 年 10 月 2 日，NIST 宣布采用来自比利时的 Rijndeal 作为 AES 的唯一算法。该标准的正式文本 FIPS PUB197(AES) 在 2002 年 11 月 26 日公布。

Rijndael 算法汇聚了高安全、高性能、高效率、易用和灵活等优点。Rijndeal 算法是一个迭代分组密码算法，分组长度和密钥长度都是可变的，但为了满足 AES 的要求，其分组长度设为 128 位，密钥长度为 128/192/256 位，相应的迭代次数为 10/12/14 轮。Rijndeal 算法在设计时就以抗已知攻击为设计准则。在大多数密码中都有 Feistel 结构，在这一结构中，通常将中间状态的部分不加改变地简单置换到其他位置。Rijndeal 算法中没有 Fesitel 结构，而是采用线性网络结构，其圈变换由 3 个不同的可逆变换组成，称之为层。不同层的特定选择建立在宽轨迹策略（wide trail strategy）的应用基础之上。宽轨迹策略是针对差分分析和线性分析提出来的。它的最大优点是可以给出算法的最佳差分特征的概率以及最佳线性逼近偏差的边界。由此，可以分析该算法抗击差分密码分析及线性密码分析的能力。

13.4.3　可信信道分析

可信信道为信息产品在不安全的网络环境下提供安全服务。常见的网络服务（如远程登录、文件传输、网页浏览）都需要可信信道来提供加密、认证或完整性等保护。随着网络应用和安全技术的发展，越来越多的安全产品提供可信信道服务，因此，对可信信道的安全评估成为一个重要课题。可信信道是指在不安全的网络环境中，信息系统之间能够安全通信的通道。它有两种实现策略：物理的和逻辑的。前者主要通过专线来支持，后者通过各种密码算法和协议来实现。本文主要研究可信逻辑信道，即假定它的物理传输介质是不安全的，安全保障来自软件方面。

在评估方法上，从 TCSEC（Trusted Computer System Evaluation Criteria）到 CC（Common Criteria），一直致力于将形式化方法应用到评估工作中。形式化方法在评估中的应用包括描述系统安全功能需求的集合，建立满足功能需求的保证需求集合，确定产品满足功能需求的方法学，确定评估结果的量度（安全级别）。对于可信信道的评估，其核心是对建立信道所依赖的安全协议的评估。但是，安全协议的设计和验证理论发展了多年仍未能将理论和技术无缝地应用于实际，导致目前对可信信道的评估工作仍然以经验方法为主，带来了很大的不确定性和不完备性。众所周知，协议的设计容易出错，对其进行正确验证、发现漏洞都有相当的难度。规范的协议说明和评估方法是把协议评估纳入评估框架的前提，否则评估过程将存在过多的随意性。在目前投入使用的协议中存在着一些提供不同安全属性的子协议，这些子协议以一定的组合方式构成实现较多安全功能的复杂协议。这些子协议和组合方式可以用 Cord 演算形式化地描述，利用这样的方式辅助评估工作，同时结合在协议分析方面已有的结论进行分析与评估。这样做既考虑了评估过程的通用性，也利用了协议分析研究的一些成熟结论。

可信信道的含义随着应用上下文以及信息产品的功能要求不同而变化。例如，在网络中传输敏感信息时，可信信道需要提供加密保护；在某些情况下，无需对消息本身保密而只需确认消息的来源。为保证可信信道的安全，通常利用密码算法并结合相关消息交换流程在通信双方之间建立受密钥保护的安全会话（Security Association，SA），进而在安全会话的基础上实现要求的安全功能。面对不同安全产品对可信通道的不同要求，必须建立合理的评估框架，才能针对不同类别可信信道的要求做出既有共性，又有个性的分析评估。

CC 要求评估对象（Target Of Evaluation，TOE）与其他远程可信产品之间可以在不安全信道上进行可信通信。这里"可信"的含义包括：

- 评估对象保证逻辑通道与其他的通信通道相互隔离（机密性）。
- 评估对象提供确定的信道端点身份（认证）。
- 评估对象保证信道上传输的数据不会被篡改和窃取（完整性）。

实现可信信道的安全功能需求需要以下几种支撑：

- 评估对象与远程用户之间能够建立会话。
- 保证会话用户的身份是真实的，用户行为是不可抵赖的。
- 双方的通信内容是经过加密保护的。
- 通信内容须得到完整性保护的支持。

这些支撑都需要相应密码算法来实现，而密码算法的应用必须建立在安全的密钥交换机制的基础之上，也就是说，只有当通信双方能够产生受保护的密钥时，密码算法才能发挥作用。所以，信道是否可信是由安全协议以及应用于其上的密码算法相互合作共同决定的。

根据上述分析，可信信道的评估框架包括以下内容：

- 密码算法和密钥长度。密码算法包括端点认证算法、机密性算法、完整性算法等，分别用来保证 TOE 与远程用户的认证和签名，保护通信内容不被泄露和篡改。它们需要遵循相应的标准，密钥的长度也是评估的对象。CC 评估并不对密码算法本身进行评估，但 TOE 的开发应该选择、采用公认安全的标准算法、密钥长度，确保此项能够达到评估级别的要求。

- 安全协议在不安全信道上建立安全会话（SA）的前提是双方能得到会话密钥，获得会话密钥的密钥交换过程必须具有抗攻击性，否则，用于保证机密性、完整性的密钥、摘要都将失去意义。所以，密钥交换协议不仅是一项评估内容，而且是整个评估工作的核心。TOE 产品开发文档中应该详细描述其所采用的协议流程。

- 安全信息管理。SA 的建立必然涉及初始安全信息的分配和存储，它是整个可信信道体系结构的支点。安全信息的管理方法作为评估项，或者是物理形式（邮寄、电子邮件或其他）的方案，或者是建立在信息安全基础设施之上的技术方案。此项评估需要判断 TOE 开发所采用的管理方案在相应风险级别下是否能保证初始安全信息不会被泄露、篡改。例如，认证证书方案需要考虑认证信息的检索与获取方式、用户如何获得 CTL（Certificate Trust Lists）、认证管理机构（CA）本身的保护、CA 与 TOE 的交互方式、TOE 认证数据的保护强度能否满足特定风险级别下的要求。

上述分析仅仅根据 CC 的要求提出，当涉及具体产品评估时，会根据产品安全目标（Security Target，ST）的安全功能要求有所变化。例如，电子商务中经常要求交易双方平等占有交易相关信息，产品的安全目标中会相应出现公平性的要求，由于评估内容是可裁剪的，可以根据不同的安全目标增加或减少其包含的评估项。

13.5 4G 网络简介

第四代移动电话行动通信标准指的是第四代移动通信技术，缩写为 4G。该技术包括 TD-LTE 和 FDD-LTE 两种制式。4G 集 3G 与 WLAN 于一体，能够快速传输数据、音频、视频和图像等。4G 能够以 100Mbps 以上的速度下载，比目前的家用宽带 ADSL（4 兆）快 25 倍，并能够满足几乎所有用户对于无线服务的要求。此外，4G 可以在 DSL 和有线电视调制解调器没有覆盖的地方部署，然后再扩展到整个地区。很明显，4G 有着不可比拟的优越性。

13.5.1 4G 的核心技术

接入方式和多址方案。正交频分复用（OFDM）是一种无线环境下的高速传输技术，其主要思想就是在频域内将给定信道分成许多正交子信道，在每个子信道上使用一个子载波进行调制，各子载波并行传输。尽管总的信道是非平坦的（具有频率选择性），但是每个子信道是相对平坦的，在每个子信道上进行的是窄带传输，信号带宽小于信道的相应带宽。OFDM 技术的优点是可以消除或减小信号波形间的干扰，对多径衰落和多普勒频移不敏感，提高了频谱利用率，可实现低成本的单波段接收机。OFDM 的主要缺点是功率效率不高。

调制与编码技术。4G 移动通信系统采用新的调制技术，如多载波正交频分复用调制技术以及单载波自适应均衡技术等调制方式，以保证频谱利用率并延长用户终端电池的寿命。4G 移动通信系统采用更高级的信道编码方案（如 Turbo 码、级联码和 LDPC 等）、自动重发请求（ARQ）技术和分集接收技术等，从而在低 E_b/N_0 条件下保证系统性能。

智能天线技术。智能天线具有抑制信号干扰、自动跟踪以及数字波束调节等智能功能，被认为是未来移动通信的关键技术。智能天线应用数字信号处理技术，产生空间定向波束，使天线主波束对准用户信号到达方向，旁瓣或零陷对准干扰信号到达方向，达到充分利用移动用户信号并消除或抑制干扰信号的目的。这种技术既能改善信号质量又能增加传输容量。

MIMO 技术。多输入多输出（MIMO）技术是指利用多发射、多接收天线进行空间分集的技术，它采用的是分立式多天线，能够有效地将通信链路分解成许多并行的子信道，从而大大提高容量。信息论已经证明，当不同的接收天线和不同的发射天线之间互不相关时，MIMO 系统能够很好地提高系统的抗衰落和噪声性能，从而获得巨大的容量。例如：当接收天线和发送天线数目都为 8 根，且平均信噪比为 20dB 时，链路容量可以高达 42bps/Hz，这是单天线系统所能达到容量的 40 多倍。因此，在功率带宽受限的无线信道中，MIMO 技术是实现高数据速率、提高系统容量、提高传输质量的空间分集技术。在无线频谱资源相对匮乏的今天，MIMO 系统已经体现出其优越性，也会在 4G 移动通信系统中继续应用。

软件无线电技术。软件无线电是将标准化、模块化的硬件功能单元经过一个通用硬件平台，利用软件加载方式来实现各种类型的无线电通信系统的一种具有开放式结构的新技术。软件无线电的核心思想是在尽可能靠近天线的地方使用宽带 A/D（模数转换器）和 D/A

（数模转换器）变换器，并尽可能多地用软件来定义无线功能，各种功能和信号处理都尽可能用软件实现。其软件系统包括各类无线信令规则与处理软件、信号流变换软件、信源编码软件、信道纠错编码软件、调制解调算法软件等。软件无线电使得系统具有灵活性和适应性，能够适应不同的网络和空中接口。软件无线电技术能支持采用不同空中接口的多模式手机和基站，能实现各种应用的可变 QoS（服务质量）。

基于 IP 的核心网。移动通信系统的核心网是一个基于全 IP 的网络，同已有的移动网络相比具有根本性的优点，那就是可以实现不同网络间的无缝互联。核心网独立于各种具体的无线接入方案，能提供端到端的 IP 业务，能同已有的核心网和 PSTN 兼容。核心网具有开放的结构，允许各种空中接口接入核心网，同时核心网能把业务、控制和传输等分开。采用 IP 后，所采用的无线接入方式和协议与核心网络（CN）协议、链路层是独立的。IP 与多种无线接入协议相兼容，因此在设计核心网络时具有很大的灵活性，不需要考虑无线接入究竟采用何种方式和协议。

多用户检测技术。多用户检测是宽带通信系统中抗干扰的关键技术。在实际的 CDMA 通信系统中，各个用户信号之间存在一定的相关性，这就是多址干扰存在的根源。由个别用户产生的多址干扰固然很小，可是随着用户数的增加或信号功率的增大，多址干扰就成为宽带 CDMA 通信系统的一个主要干扰。传统的检测技术完全按照经典直接序列扩频理论对每个用户的信号分别进行扩频码匹配处理，因而抗多址干扰能力较差；多用户检测技术在传统检测技术的基础上，充分利用造成多址干扰的所有用户信号信息对单个用户的信号进行检测，从而具有优良的抗干扰性能，解决了远近效应问题，降低了系统对功率控制精度的要求，因此可以更加有效地利用链路频谱资源，显著提高系统容量。随着多用户检测技术的不断发展，各种高性能且不是特别复杂的多用户检测器算法不断提出，在 4G 实际系统中采用多用户检测技术将是切实可行的。

网络结构。4G 移动系统网络结构可分为三层：物理网络层、中间环境层、应用网络层。物理网络层提供接入和路由选择功能，它们由无线和核心网的结合格式完成。中间环境层的功能有 QoS 映射、地址变换和完全性管理等。物理网络层与中间环境层及其应用环境之间的接口是开放的，它使发展和提供新的应用及服务变得更为容易，提供无缝高数据率的无线服务，并运行于多个频带。

13.5.2 4G 的特点

通信速度快。由于人们研究 4G 通信的最初目的就是提高蜂窝电话和其他移动装置无线访问 Internet 的速率，因此 4G 通信给人印象最深刻的特征莫过于它具有更快的无线通信速度。对移动通信系统数据传输速率进行比较：第一代模拟式系统仅提供语音服务；第二代数位式移动通信系统传输速率也只有 9.6Kbps，最高可达 32Kbps，如 PHS；第三代移动通信系统数据传输速率可达到 2Mbps；而第四代移动通信系统传输速率可达到 20Mbps，最高可以达到 100Mbps，这相当于第三代手机传输速度的 50 倍。

网络频谱宽。要想使 4G 通信达到 100Mbps 的传输速度，通信营运商必须在 3G 通信网络的基础上进行大幅度的改造和研究，以便使 4G 网络在通信带宽上比 3G 网络的蜂窝系统的带宽高出许多。4G 通信的 AT&T 的执行官们称，估计每个 4G 信道会占有 100MHz 的频谱，相当于 WCDMA 3G 网络的 20 倍。

通信灵活。从严格意义上说，4G 手机的功能已不能简单划归为"电话机"的范畴，毕竟语音资料的传输只是 4G 移动电话的功能之一而已，因此未来 4G 手机更应该算得上是一台小型电脑，而且 4G 手机从外观和样式上会有新的突破。可以想象，眼镜、手表、化妆盒、旅游鞋，只要方便且有个性，任何一件物品都有可能成为 4G 终端。4G 通信使人们不仅可以随时随地通信，更可以双向传递数据、图片、影像，当然还可以联线对打游戏。也许有被网上定位系统永远锁定无处遁形的苦恼，但是与它据此提供的地图带来的便利和安全相比，这简直可以忽略不计。

智能性能高。第四代移动通信的智能性更高，不仅表现在 4G 通信的终端设备的设计和操作具有智能化，例如对菜单和滚动操作的依赖程度会大大降低，更重要的是 4G 手机可以实现许多难以想象的功能。例如 4G 手机能根据环境、时间以及其他设定的因素来适时地提醒手机的主人此时该做什么事，或者不该做什么事，4G 手机可以把电影院票房资料直接下载到 PDA 上，这些资料能够把售票情况、座位情况显示得清清楚楚，用户可以根据这些信息在线购买自己满意的电影票。4G 手机还可以被看作一台手提电视，用来观看体育比赛之类的各种现场直播。

兼容性好。要使 4G 通信尽快被人们接受，除了考虑它的强大功能外，还应该考虑现有通信的基础，以便让更多的现有通信用户在投资最少的情况下就能很轻易地过渡到 4G 通信。因此，从这个角度来看，未来的第四代移动通信系统应当具备全球漫游、接口开放、能跟多种网络互联、终端多样化以及能从第二代平稳过渡等特点。

提供增值服务。4G 通信并不是在 3G 通信的基础上经过简单的升级而演变过来的，它们的核心技术是不同的，3G 移动通信系统主要是以 CDMA 为核心技术，而 4G 移动通信系统中，正交多任务分频技术（OFDM）最受瞩目，利用这种技术人们可以实现无线区域环路（WLL）、数字音频广播（DAB）等方面的无线通信增值服务。不过考虑到与 3G 通信的过渡性，第四代移动通信系统不会在未来仅仅只采用 OFDM 一种技术，CDMA 技术会在第四代移动通信系统中与 OFDM 技术相互配合，以便发挥出更大的作用，甚至未来的第四代移动通信系统也会有新的整合技术，如 OFDM/CDMA。因此以 OFDM 为核心技术的第四代移动通信系统也会结合两项技术的优点，一部分会是 CDMA 的延伸技术。

高质量通信。第四代移动通信不仅仅是为了适应用户数的增加，更重要的是，必须要适应多媒体的传输需求，当然还包括通信品质的要求。总的来说，4G 技术必须可以容纳市场庞大的用户数、改善现有通信品质以及达到高速数据传输的要求。

频率效率高。相比第三代移动通信技术来说，第四代移动通信技术在开发研制过程中使用和引入了许多功能强大的突破性技术，例如一些光纤通信产品公司为了进一步提高无线因特网的主干带宽宽度，引入了交换层级技术，这种技术能同时涵盖不同类型的通信接口，也就是说第四代主要是运用以路由（routing）技术为主的网络架构。由于利用了几项不同的技术，所以以无线频率的使用比第二代和第三代系统有效得多。按照最乐观的情况估计，这种有效性可以让更多的人使用与以前相同数量的无线频谱做更多的事情，而且做这些事情的时候速度相当快。研究人员称，下载速率有可能达到 5Mbps 到 10Mbps。

费用便宜。 由于 4G 通信不仅解决了与 3G 通信的兼容性问题，让更多的现有通信用户能轻易地升级到 4G 通信，而且 4G 通信引入了许多尖端的通信技术，这些技术保证了 4G 通信能提供一种灵活性非常高的系统操作方式，因此相对其他技术来说，4G 通信部署起来就容易其迅速得多。同时在建设 4G 通信网络系统时，通信营运商们会考虑直接在 3G 通信网络的基础设施之上采用逐步引入的方法，这样就能够有效地降低运行者和用户的费用。

13.5.3　4G 面临的问题

作为一个多种无线网络共存的通信系统，4G 系统包括移动终端、无线接入网、无线核心网和 IP 骨干网 /Internet 四个部分。因此，其面临的安全威胁也来自于这四个方面，并且现有无线网络和 Internet 中存在的安全隐患都将共存于 4G 系统中。由于 IP 骨干网 /Internet 的安全问题早已被提上议程，且相关的研究工作很多，所以其安全问题不是本节的研究重点。我们将根据 4G 系统的特性，从移动终端、无线网络（包括接入网和核心网）和无线业务三方面来分析 4G 系统特有的安全威胁。移动终端在 4G 系统中存在安全隐患，该风险在一定程度上被前人忽视，而事实上，随着计算和存储能力的不断增强，移动终端作为所有无线协议的参与者和各种无线应用的执行者，在各种无线通信系统中变得越发重要，成为了连接用户和无线网络的桥梁。但伴随着不断提升的性能而来的安全威胁，将让移动终端变得更加脆弱。

（1）移动终端面临的安全威胁

❏ 移动终端硬件平台面临的安全威胁：
- 移动终端硬件平台缺乏完整性保护和验证机制，平台中各个模块的固件容易被攻击者篡改。
- 移动终端内部各个通信接口缺乏机密性和完整性保护，在此之上传递的信息容易被窃听或篡改。
- 现有移动平台缺乏完善的访问控制机制，特别是基于硬件的强访问控制，信息容易被非法访问和窃取，无线终端丢失后造成的损失也更加巨大。

❏ 移动终端使用不同种类的操作系统，但各种移动操作系统并不安全，存在许多公开的漏洞。

❏ 移动终端支持越来越多的无线应用，如基于无线网络的电子商务、电子邮件等。此类应用固有的安全隐患和相应程序自身的漏洞将给计算能力有限的无线终端带来更大的安全威胁。同时这些无线应用也增加了移动终端感染病毒、木马和蠕虫的渠道。

❏ 用户对移动终端的配置能力逐渐增强，不合理的配置很可能会导致安全级别的降低。

❏ 随着性能的提升，移动终端将被利用并成为新的攻击工具，用于入侵无线、有线网络。

❏ 移动终端体积逐渐缩小，品质不断提高，价格昂贵的高端手机也相继问世，但丢失和被窃取的概率也随之增大。而现有基于口令的用户认证机制难以抵抗穷搜索和字典攻击，不能满足相应安全需求。

❏ 传统防病毒软件的体积将随着病毒种类的增加而不断增大，并不适合计算、存储能力以及电池容量有限的移动终端。

（2）无线网络面临的安全威胁

❏ 移动性管理：用户可在不同的系统内和系统间任意漫游和切换。

❏ 网络结构和 QoS：4G 网络必须连接异构的非 IP 网络和正网络，并提供可靠的 QoS。

❏ 安全性：不同的无线网络拥有不同的安全机制、安全协议和安全体系。

❏ 容错性：减少因无线网络结构不同而造成的差错。

（3）无线业务面临的安全威胁

❏ 以电子商务为主的无线应用和增值业务不断发展，现有的安全机制难以满足高安全级别的需求。

❏ 多运营商和多计费系统的利益竞争将更加激烈，用户抵赖行为和运营商欺诈行为将更加复杂。而现有无线网络的很多安全方案都无法提供不否认凭证。

❏ 一次无线业务也可能涉及多个网络运营商和业务提供商，因此存在移动业务对用户全球移动性的支持问题。

通过分析可以看出，以上这些问题都与安全密切相关。比如，只有通过认证才能为移动性管理和移动业务提供有效保障，同时认证也是访问控制和计费的前提。而另一方面，只有高效的安全方案才能确保系统具有良好的 QoS，只有可靠的安全方案才能进一步推动移动终端的发展和各种无线应用的普及。

对于 4G 网络的测试，可以根据以上安全问题进行有针对性的相关测试。同时，4G 网络作为新兴的技术，在安全测试方面还有很多研究工作和标准要完成。在 4G 通信方面，可以参照其他通信网络及局域网的一些测试方法进行测试。

本章小结

本章讲述了无线通信与移动通信的基本概念和无线通信安全的基础知识，这是进行通信安全测试的基础；然后讲述了对数据加密的相关测试方法、包括常见的数据加密方法与技术、加密协议的知识、加密协议与内存模糊测试和加密协议安全测试；然后讲解了安全信道测试中安全信道的设计和安全信道分析以及可信信道评估的相关知识；最后对 4G 网络进行了简要的介绍。

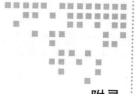

移动智能系统测试相关标准

导读

本附录将首先从国际、国内、安全等方面对软件产品质量相关标准进行介绍；然后，针对移动智能系统测试相关标准进行阐述。

应掌握的知识要点：

- 软件产品质量模型
- 软件产品测试流程
- 移动智能系统安全能力技术要求

1. 软件产品质量相关标准

随着我国软件产业的蓬勃发展以及对软件质量的重视，软件测试正在逐步成为一个新兴的产业。孟子有云"不以规矩，不能成方圆"，这句话在当今社会同样为人们所用。生活中，人们与标准有着千丝万缕的联系，有了标准，便能体现管理的优越性，同样，有了标准，更能体现测试结果的规范性。目前，国内主要在引进国际标准的基础上，结合国内软件测试情况颁布了一系列软件质量标准，软件测试的规范性正在不断提高。通过测试摒弃不符合行业标准的软件，对行业信息化的健康发展起到了很好的促进作用。

1.1 国内外通用测试标准

国际上，有关软件质量的标准有 ISO/IEC 25010：2011《系统和软件工程—系统和软件质量要求和评估（SQuaRE）—系统和软件质量模型》、ISO/IEC 9126 系列等，这些软件质量模型作为评价软件质量的通用模型被人们广泛应用。

由于国内软件质量测试起步较晚，主要还是以借鉴国际标准为主，GB/T 16260 系列标准就是根据 ISO/IEC 9126 系列改编而成的，主要描述了软件产品质量的质量模型、外部度量、内部度量与使用质量度量，其中 GB/T 16260.1—2006《软件工程 产品质量 第 1 部分：质量模型》使用得最为普遍。它可使软件产品质量从软件的获取、需求、开发、使用、评价、支持、维护、质量保证和审核相关的不同视面来确定和评价；也可以与 ISO/IEC 15504、GB/T 8566—2007、GB/T 19001 等标准一起使用，更好地为测试提供服务。它将软件质量属性划分为 6 个特性（功能性、可靠性、易用性、效率、维护性和可移植性），并进一步细分为若干子特性（见附图 1-1），并对软件的每个质量特性和影响质量特性的子特性都给予定义。而对于每个特性和子特性，软件的能力由可测一组内部属性所决定。

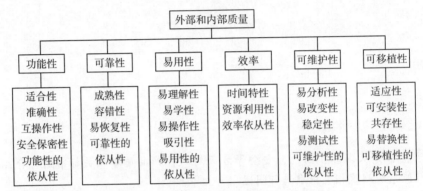

附图 1-1 外部和内部质量的质量模型

GB/T 16260.2—2006《软件工程 产品质量 第 2 部分：外部度量》定义了依据 GB/T 16260.1—2006 标准定义的特性和子特性来定量测量软件外部质量的外部度量。外部度量能在生存周期过程中的测试阶段和任何运行阶段使用，可以通过测量该软件产品作为其一部分的系统行为来测量软件产品的质量。在所属系统环境下运行该软件产品即可获得这样的测量。

GB/T 16260.3—2006《软件工程 产品质量 第 3 部分：内部度量》定义了依据 GB/T 16260.1—2006 标准定义的特性和子特性来定量测量软件内部质量的内部度量。内部度量可用于开发阶段的非执行软件产品（如标书、需求定义、设计规格说明或源代码等），为用户提供了测量中间可交付项的质量的能力，从而可以预测最终产品的质量。这样就可以使用户尽可能在开发生存周期的早期察觉质量问题，并采取纠正措施。

GB/T 16260.4—2006《软件工程 产品质量 第 4 部分：使用质量的度量》为 GB/T 16260.1—2006 中所规定的质量特性定义了使用质量的度量。使用质量的度量用于测量产品在特定的使用环境下，满足特定用户达到特定目标所要求的有效性、生产率、安全性和满意度的程度。

GB/T 16260 的第 2、3、4 部分分别提出了与第 1 部分"质量模型"一起使用的一组软件质量度量（外部质量、内部质量和使用质量的度量）的建议。这些部分的用户可以修改已定义的度量，和 / 或也可以使用为列出的度量。当使用一个已修改或一个未在各部分中定义的新度量时，用户应说明这些度量与第 1 部分中的质量模型或任何其他所用的替代质量模型之间的关系。

GB/T 16260 的用户可以从第 1 部分中选择用于评价的质量特性和子特性，确定要采用的适当的直接测度和间接测度，确定相关的度量，并以客观的方式解释测量结果，也可以从 GB/T 18905 系列标准中选择软件生命周期中的产品质量评价过程。

为了更好地服务软件质量模型，2013 年陆续出台了软件功能性、可靠性、可移植性、维护性、效率和易用性相关标准，给出了各个质量特性的指标体系、获得指标测量值的度量方法和软件测试具体执行步骤（以可靠性测试为例，如附图 1-2 所示）或相应的方法，每个系列的标准联合使用为用户或测评人员提供了方便。

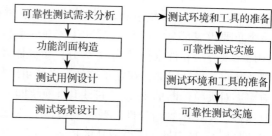

附图 1-2 可靠性测试流程

GB/T 29831.1—2013《系统与软件功能性 第 1 部分：指标体系》给出了系统与软件功能性的指标体系及其相关指标定义，规定了系统与软件功能性质量特性，将功能性划分为完备性（功能的充分性、功能实现的完整性、功能实现的覆盖率）、正确性（数据项的正确性、预期的符合性）、恰当性（功能的适用性、功能规格说明的稳定性）、互操作性（数据格式的可交换性）、安全保密性（访问的可审核性、访问的可控制性、数据的保密性、防止数据讹误）、依从性（功能依从性、界面依从性）等若干个子特性；GB/T 29831.2—2013《系统与软件功能性 第 2 部分：度量方法》在 GB/T 29831.1—2013 提出的指标体系基础上，给出了如何获得功能性指标测量值的度量方法；GB/T 29831.3—2013《系统与软件功能性 第 3 部分：测试方法》对功能性度量的测试过程进行了描述。

GB/T 29832.1—2013《系统与软件可靠性 第 1 部分：指标体系》给出了系统与软件可靠性的指标体系及其相关指标定义，规定了系统与软件可靠性质量特性，将可靠性划分为成熟性（失效度、故障度、测试度、有效度）、容错性（正常运行度、抵御误操作率）、易恢复性（重启成功度、修复成功度）等若干个子特性；GB/T 29832.2—2013《系统与软件可靠性 第 2 部分：度量方法》在 GB/T 29832.1 提出的指标体系基础上，给出了如何获得可靠性指标测量值的度量方法；GB/T 29832.3—2013《系统与软件可靠性 第 3 部分：测试方法》对可靠性度量的测试过程进行了描述（见附图 1-2），规定了如何获得可靠性指标测量值的测试方法。

GB/T 29833.1—2013《系统与软件可移植性 第 1 部分：指标体系》规定了系统与软件可移植性指标体系及相关定义，将可移植性划分为适应性（硬件适应性、操作系统适应性、数据库适应性、支撑软件适应性、有效软件共存性、组织环境适应性、通信适应性、数据适应性）、易替换性（数据的连续使用、功能内含性）、易安装性（安装正确性、安装影响性、安装难易性、安装灵活性、安装效率）、移植完整性（移植正确性、移植一致性）等若干个子特性；GB/T 29833.2—2013《系统与软件可移植性 第 2 部分：度量方法》依据软件与系统可移植性的指标体系，给出了如何获得可移植性指标测量值的度量方法，通过度量结果反映系统与软件可移植性的优劣；GB/T 29833.3—2013《系统与软件可移植性 第 3 部分：测试方法》根据可移植性的指标体系及度量方法，对可移植性评测的过程进行了描述，给出了如何获得可移植性指标测量值的测试方法。

由于交付的软件存在缺陷、用户需求的变更、环境的变化，软件常常需要进行维护，GB/T 8566—2007《信息技术 软件生存周期过程》指出软件维护已经成为软件生存周期的一个重要组成部分；GB/T 16260.1—2006 也包含了软件可维护性的陈述；GB/T 29834.1—2013《系统与软件维护性 第 1 部分：指标体系》给出了系统与软件可维护性的指标体系框架及其相关指标定义，规定了软件与系统可维护性质量特性，主要从易分析性（失效诊断的效率、对失效诊断的支持）、模块化（模块间的耦合性、模块结构的合理性）、规范性（代码易读性、文档维护指导性、数据规范性）、易改变性（可修改性、修改实施的效率、修改的可控制性）、稳定性（变更成功的比率、修改影响的局部化）、可验证性（可自动验证性、测试重启性、维护完整性）6 个方面对系统与软件的可维护性进行度量；GB/T 29834.2—2013《系统与软件维护性 第 2 部分：度量方法》在 GB/T 29834.1—2013 提出的指标体系的基础上，规定了系统与软件的维护性度量公式；GB/T 29834.3—2013《系统与软件维护性 第 3 部分：测评方法》参照 GB/T 16260.1—2006 的可维护性质量需求、评价软件产品可维护性、测量可维护性质量情况，规定了如何获得可维护性指标测量值的测试方法。

GB/T 29835.1—2013《系统与软件效率 第 1 部分：指标体系》从系统与软件的时间特性（时间效率、处理效率）、容量（用户容量、处理容量）和资源利用性（CPU 利用性、内存利用性、外存利用性、传输利用性、I/O 设备利用性）3 个方面考虑，提出了效率指标体系，给出了每个指标的具体描述和示例；GB/T 29835.2—2013《系统与软件效率 第 2 部分：度量方法》在 GB/T 29835.1—2013 提出的指标体系的基础上，规定了系统与软件效率指标体系的度量方法，使其能够尽可能满足各种不同的测试目标和测试需求；GB/T 29835.3—2013《系统与软件效率 第 3 部分：测试方法》规定了系统与软件效率的测试方法，对效率指标体系的应用方法进行了扩展，提出了效率指标体系测试应用框架（见附图 1-3）。

GB/T 29836.1—2013《系统与软件易用性 第 1 部分：指标体系》给出了系统与软件易用性的指标体系框架机器相关指标定义，规定了系统与软件易用性质量特性，将易用性划分为易理解性、易学习性、易操作性、吸引性等若干个子特性；GB/T 29836.2—2013《系统与软件易用性 第 2 部分：度量方法》对已经构建设计的系统与软件易用性指标体系中的每个测试指标，给出详细的度量目的、度量描述、度量公式以及度量公式中各个度量元素的描述说明，并对度量的最终结果值给出解释；GB/T 29836.3—2013《系统与软件易用性 第 3 部分：测评方法》提出了易用性测评方法（见附图 1.3）与测评过程。该标准适用于各种具有人机交互功能的计算机软件产品及相关系统，不适用于无人机交互功能或者在使用期间无易用性

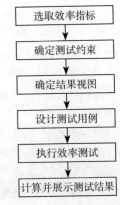

附图 1-3 基于效率指标体系应用框架的效率指标测试流程

需求的系统与软件。

1.2 信息安全测试标准

信息安全标准是我国信息安全保障体系的重要组成部分，从 20 世纪 80 年代开始，本着积极采用国际标准的原则，转化了一批国际信息安全基础技术标准，制定了一批符合中国国情的信息安全标准，同时一些重点行业还颁布了一批信息安全的行业标准，为我国信息安全技术的发展做出了很大的贡献。

GA/T 712—2007《信息安全技术 应用软件系统安全等级保护通用测试指南》对应用软件系统安全等级保护的测试提供指导，对应用软件系统所采用的安全技术是否达到其相应安全保护等级的要求进行测试，规定了按照 GB 17859—1999《计算机信息系统 安全保护等级划分准则》的 5 个安全保护等级对应应用软件系统的安全保护等级进行测试的要求。适用于按照 GB 17859—1999 的 5 个安全保护等级的要求所进行的应用软件系统安全技术的测试，对于按照 GB 17859—1999 的 5 个安全保护等级对应用软件系统进行的安全设计和管理也可以参照使用。

GB/T 18336《信息技术 安全技术 信息技术安全性评估准则》对开发具有 IT 安全功能的产品或系统以及采办具有此类功能的商用产品和系统都是一本有益的指南。其致力于保护信息面授未授权的泄漏、修改或无法使用，主要关注人为的安全威胁。在安全评估时，提供一套针对信息技术（IT）产品和系统安全功能及其保证措施的通用要求，使各个独立的安全评估结果具有可比性，能够被更多的人理解。

2. 移动智能系统相关标准

随着移动智能终端的广泛应用以及功能的不断扩展，其使用过程中的安全问题被越来越多的用户所关注。近年来，除恶意吸费、系统功能破坏及远程终端控制等传统问题外，移动支付、位置信息等新技术也对智能终端安全提出了新要求，用户对移动智能终端的安全性产生顾虑，进而影响移动智能终端和移动互联网应用的发展。为了应对这一问题，移动安全测试逐渐崛起，相关标准也陆续出台。

YD/T 1700—2007《移动终端信息安全测试方法》规定了移动终端设备的信息安全测试方法，包括终端硬件的安全测试方法、终端软件的安全测试方法、操作系统的应用安全测试方法等，同时包括移动终端接入安全和信息传输安全、移动终端个人信息的保密要求等信息安全测试方法，适用于二代（包括二代）以上移动通信网的终端设备。YD/T 1699—2007《移动终端信息安全技术要求》作为 YD/T 1700—2007 的技术依据，规定了移动终端设备的信息安全技术要求，包括总体安全要求、终端硬件的安全要求、终端软件的安全要求、操作系统的安全要求及对安全应用的支持。

YD/T 2407—2013《移动智能终端安全能力技术要求》旨在通过提高移动智能终端的自身的安全防护能力，防范移动智能终端上的各种安全威胁，避免用户的利益受到损害，同时防止移动智能终端对移动通信网络安全产生不利影响。其基本原则是：移动智能终端上发生的行为和应用要符合用户的意愿。该标准从硬件安全能力要求、操作系统安全能力要求、外围接口安全能力要求、应用软件安全要求、用户数据安全保护能力要求 5 个层面对移动智能终端的安全能力提出了要求，并从基本的安全保障、实现难度、特殊安全能力等层面对安全能力进行了分级，以便于产品具有特定品质，便于消费者选择。通过该标准，一方面能够引导移动智能终端中的预置应用软件更加规范、安全；另一方面也能引导移动智能终端提高自身的安全防护能力，可对后下载的第三方应用进行安全管控；同时也能防范移动智能终端中的预置恶意代码对网络造成的安全影响。

YD/Y 2408—2013《移动智能终端安全能力测试方法》是 YD/T 2407—2013 配套的测试方法。该标准针对技术要求提出的技术指标设计了相应的、科学的测试方法，用于验证移动智能终端是否满足技术要求规定的内容，可以用于对移动智能终端安全能力的管理。通过该标准，可从测试方法角度保证移动智能终端安全能力要求的落地实施，切实地提高移动智能终端的安全能力。

目前，国内的通用测试标准已经逐渐成熟，针对移动智能系统的相关标准也紧跟时代步伐，陆续出台。2014 年 6 月初，工业和信化部就"移动智能终端进网管理"发出了征集意见稿，并已确定于 2015 年正式执行。"进网管理"将依据安全技术要求及测试方法两个标准进行规范管理。参考移动终端的防护能力要求对相关应用软件进行安全监测，给用户更可靠的安全环境。同时在此安全标准中也提出了智能终端的安全架构，即硬件、操作系统与应用软件从下到上的架构。由安全的硬件绑定安全的操作系统，再由安全的操作系统绑定安全的应用软件，通过这种层层绑定关系最终实现安全运行环境。此外，针对智能终端丰富的外围接口，以及终端上存储的丰富用户数据，在不同层面可有不同的安全策略，通过提供安全的功能区来保护用户数据。

参 考 文 献

[1] Laurence，Yang T. 移动智能 [M]. 卓力，张菁，李晓光，等译 . 北京：国防工业出版社，2014.

[2] Jeff Hawkin, Sandra Blakeslee. 智能时代 [M]. 李蓝，刘知远，译 . 北京：中国华侨出版社，2014.

[3] 罗军舟，吴文甲，杨明 . 移动互联网：终端、网络与服务 [J]. 计算机学报，2011(11)：2029-2051.

[4] 李婷，等 . 指尖上的革命：移动智能终端 [M]. 北京：电子工业出版社，2014.

[5] 尹超，黄必清，刘飞，等 . 中小企业云制造服务平台共性关键技术体系 [J]. 计算机集成制造系统，2011(3)：495-502.

[6] 吴彦文 . 移动通信技术及应用 [M]. 北京：清华大学出版社，2009.

[7] 宋拯 . 移动通信技术 [M]. 北京：北京理工大学出版社，2012.

[8] 陈泽茂 . 信息系统安全 [M]. 武汉大学出版社，2014.

[9] 何泾沙 . 信息安全导论 [M]. 北京：机械工业出版社，2012.

[10] 罗森林 . 信息系统安全与对抗技术 [M]. 北京：北京理工大学出版社，2005.

[11] 中国信息安全产品测试认证中心 . 信息安全工程与管理 [M]. 北京：人民邮电出版社，2003.

[12] 赵翀，孙宁 . 软件测试技术：基于案例的测试 [M]. 北京：机械工业出版社，2011.

[13] 陈明 . 软件测试 [M]. 北京：机械工业出版社，2011.

[14] Aditya P Mathur. 软件测试基础教程 [M]. 王峰，郭长国，陈振华，译 . 北京：机械工业出版社，2011.

[15] 杨玲萍，蔡东华，王建强 . 软件测试有效性度量指标体系研究 [J]. 指挥信息系统与技术，2011(6)：1-5.

[16] 蔡建平，沈琦，谢会东 . 嵌入式软件测试实用技术 [M]. 北京：清华大学出版社，2010.

[17] 肖良，杨根兴，蔡立志 . 软件测试用例可复用性度量 [J]. 计算机应用与软件，2010, 27(6)：46-49.

[18] 曹丽，姜毅，甘春梅，等 . 云计算软件测试平台的构建 [J]. 现代图书情报技术，2012(11)：34-39.

[19] 史健超 . 手机软件测试流程的研究 [J]. 内江科技，2013 (1)：32-33.

[20] Ian Sommerville. 软件工程 [M]. 程成，等译 . 北京：机械工业出版社，2011.

[21] Roger Pressman. 软件工程实践者的研究方法 [M]. 郑人杰，马素霞，等译 . 北京：机械工业出版社，2011.

[22] 蔡建平 . 软件测试大学教程 [M]. 北京：清华大学出版社，2009.

[23] M G Limaye. 软件测试原理、技术及工具 [M]. 黄晓磊，曾琼，译 . 北京：清华大学出版社，2011.

[24] 赵斌 . 软件测试技术经典教程 [M].2 版 . 北京：科学出版社，2011.

[25] 何月顺 . 软件测试技术与应用 [M]. 北京：中国水利水电出版社，2012.

[26] 王英龙，张伟，杨美红 . 软件测试技术 [M]. 北京：清华大学出版社，2009.

[27] 尹平，许聚常，张慧颖 . 软件测试与软件质量评价 [M]. 北京：国防工业出版社，2008.

[28] 黎连业，王华，李淑春 . 软件测试与测试技术 [M]. 北京：清华大学出版社，2009.

[29] 马均飞，郑文强 . 软件测试设计 [M]. 北京：电子工业出版社，2011.

[30] 黄夷芯 . 基于边界检测的移动智能终端隐私泄露检测方法 [J]. 信息网络安全，2014(01)：21-24.

[31] 沈雷 . 移动智能终端操作系统安全评估方法 [J]. 电子科技，2012(03)：38-41.

[32] 李娟 . 基于故障注入的软件安全测试技术研究 [D]. 北京：中国科学技术大学 . 2009.

[33] 左玲 . 基于 Android 恶意软件检测系统的设计与实现 [D]. 成都：电子科技大学 . 2012.

[34] 于涌 . 软件性能测试与 loadrunner 实战 [M]. 北京：人民邮电出版社，2008.

[35] 赵瑞莲，赵会群，等 . 软件测试教程 [M]. 北京：机械工业出版社，2008.

[36] 范国闯，钟华，黄涛，等 .Web 应用服务器研究综述 [J]. 软件学报，2003(10)：1729-1739.

[37] 段念 . 软件性能测试过程详解与案例剖析 [M]. 北京：清华大学出版社，2006：2-5，17-20，42-46.

[38] 徐仁佐 . 软件可靠性工程 [M]. 北京：清华大学出版社，2007.

[39] 陆民燕 . 软件可靠性工程 [M]. 北京：国防工业出版社，2011.

[40] Kelley C Bourne. 客户机 / 服务器系统测试 [M]. 赵涛，张晓平，王虎东，等译 . 北京：机械工业出版社，1998.

[41] 朱少民 . 全程软件测试 [M]. 北京：电子工业出版社，2014.

[42] 李晓鹏，赵书良，魏娜娣，等 . 软件功能测试：基于 Quick Test Professional 应用 [M]. 北京：清华大学出版社，2012.

[43] 朱小凡，梅明，等 .Android 移动终端与服务器数据传输的研究 [J]. 武汉冶金管理干部学院学报，2013(1)：66-70.

[44] 李相璞 . 移动终端非功能性测试系统的设计与应用 [D]. 北京：北京邮电大学 . 2010.

[45] Glenford J Myers，Tom Badgett，Corey Sandler. 软件测试的艺术 [M]. 张晓明，黄琳，译 . 北京：机械工业出版社，2012.

[46] 颜友军，等 . 面向智能移动平台的 Web 服务推送技术研究 [J]. 计算机科学与探索，2012，6：602-611.

[47] 费日东，李定主 . 服务器推送技术研究 [J]. 电脑知识与技术，2012(7)：1516-1517.

[48] 巩晶 . 基于安全信道的信息传输安全研究 [D]. 武汉：武汉理工大学 . 2002.

[49] 朱志军 . 基于模糊测试的加密协议漏洞挖掘方法研究 [D]. 武汉：华中科技大学 . 2012.

[50] 陈伟琳 . 协议安全测试理论和方法的研究 [D]. 北京：中国科学技术大学 . 2008.

[51] 阎毅，等 . 无线通信与移动通信技术 [M]. 北京：清华大学出版社，2013.

[52] 李晖，牛少彰 . 无线通信安全理论与技术 [M]. 北京：北京邮电大学出版社，2011.

[53] 杨义先，钮心忻 . 无线通信安全技术 [M]. 北京：北京邮电大学出版社，2005.

[54] 卫剑钒 . 安全协议分析与设计 [M]. 北京：人民邮电出版社，2010.

推荐阅读

推荐阅读